Hubert Hinzen
Maschinenelemente 2
De Gruyter Studium

Weitere empfehlenswerte Titel

Maschinenelemente
Hubert Hinzen, 2022
Band 1: Betriebsfestigkeit, Federn, Verbindungselemente, Schrauben
ISBN 978-3-11-074630-3, e-ISBN 978-3-11-074645-7,
e-ISBN (EPUB) 978-3-11-074657-0
Band 3: Verspannung, Schlupf und Wirkungsgrad, Bremsen,
Kupplungen, Antriebe
ISBN 978-3-11-074715-7, e-ISBN 978-3-11-074739-3,
e-ISBN (EPUB) 978-3-11-074748-5

Basiswissen Maschinenelemente
Hubert Hinzen, 2020
ISBN 978-3-11-069233-4, e-ISBN 978-3-11-069214-3,
e-ISBN (EPUB) 978-3-11-069261-7

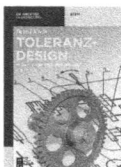

Toleranzdesign
im Maschinen- und Fahrzeugbau
Bernd Klein, 2021
ISBN 978-3-11-072070-9, e-ISBN 978-3-11-072072-3,
e-ISBN (EPUB) 978-3-11-072075-4

Automatisierungstechnik
Methoden für die Überwachung und Steuerung kontinuierlicher
und ereignisdiskreter Systeme
Jan Lunze, 2020
ISBN 978-3-11-068072-0, e-ISBN 978-3-11-068352-3,
e-ISBN (EPUB) 978-3-11-068357-8

Hubert Hinzen

Maschinenelemente 2

Lager, Welle-Nabe-Verbindungen, Getriebe

5., aktualisierte Auflage

DE GRUYTER
OLDENBOURG

Autor
Prof. Dr.-Ing. Hubert Hinzen
Hochschule Trier
FB Technik
Schneidershof
54293 Trier
hubert.hinzen@t-online.de

ISBN 978-3-11-074698-3
e-ISBN (PDF) 978-3-11-074707-2
e-ISBN (EPUB) 978-3-11-074713-3

Library of Congress Control Number: 2022930642

Bibliografische Information der Deutschen Nationalbibliothek
Die Deutsche Nationalbibliothek verzeichnet diese Publikation in der Deutschen
Nationalbibliografie; detaillierte bibliografische Daten sind im Internet über
http://dnb.dnb.de abrufbar.

© 2022 Walter de Gruyter GmbH, Berlin/Boston
Coverabbildung: Hubert Hinzen
Satz: le-tex publishing services GmbH, Leipzig
Druck und Bindung: CPI books GmbH, Leck

www.degruyter.com

Inhaltsverzeichnis

Vorwort

Ein didaktisch optimiertes Lehrbuch

Zu Beginn des zweiten Bandes sei an die Zielvorstellung erinnert, die bereits in der Einleitung von Band 1 formuliert worden ist: Es sollte vor allen Dingen ein didaktisch optimiertes Lehrbuch entstehen, hinter dem die speziellen Aspekte eines Fachbuchs zuweilen etwas zurücktreten müssen. Der Einführung in die Methoden des Fachs wird eine deutlich höhere Priorität eingeräumt als einer katalogmäßigen Auflistung von Maschinenelementen. Das vorliegende Lehrbuch soll den Studierenden für das Fach befähigen und ihn darauf vorbereiten, mit vertiefender Fachliteratur eigenständig umzugehen. Die Reihenfolge der Maschinenelemente wird im Sinne eines möglichst effizienten Studiums so angelegt, dass zunächst von Zusammenhängen ausgegangen wird, die den Studienanfängern aus der Schulphysik und der Mechanik vertraut sind. In jedem weiteren Kapitel kommen dann weitere Sachverhalte in gezielter Dosierung hinzu.

Kapitel 0 des ersten Bandes unternahm mit den „Grundlagen der Festigkeitslehre" einen knappen Exkurs in die Mechanik, um die fundamentalen Aussagen dieses Kernfachs für die folgenden Kapitel aufzubereiten. Kapitel 1 wandte diese elementaren Grundlagen auf Achsen und Wellen als allgegenwärtige Elemente des Maschinenbaus an und führte anschließend in die Betriebsfestigkeit ein. Kapitel 2 machte vor allen Dingen mit den elastischen Bauteilverformungen vertraut. Dies wurde vorzugsweise am Maschinenelement Feder demonstriert, doch der dabei eingeführte zentrale Begriff der Steifigkeit wurde so aufbereitet, dass er für die folgenden Abschnitte, besonders für Kapitel 8 von Band 3, verwendet werden kann. Eine kurze Betrachtung der Feder als Bestandteil eines schwingungsfähigen Systems schlägt die Brücke zum Fach „Dynamik". Der Begriff der Steifigkeit war auch der Ausgangspunkt zur Beschreibung von Problemen der Lastverteilung, so wie er für das Verständnis der Lastübertragung von Verbindungselementen und Verbindungstechniken in Kapitel 3 benötigt wurde. Im Kapitel 4 (Schrauben) spielte die Kenntnis der elastischen Verformungen ebenfalls eine wichtige Rolle. Im Abschnitt „Bewegungsschrauben" wurde auch mit dem Begriff des Wirkungsgrades vertraut gemacht, so wie er im abschließenden Kapitel „Getriebe" des vorliegenden Bandes von großer Bedeutung ist.

https://doi.org/10.1515/9783110747072-201

Die zu Beginn des vorliegenden zweiten Bandes beschriebenen Lager (Kapitel 5) lassen sich dann besonders gut verstehen, wenn Grundkenntnisse sowohl der Bauteildimensionierung als auch der elastischen Verformung bekannt sind. Welle-Nabe-Verbindungen (Kapitel 6) sind ein weiterführendes Anwendungsgebiet von Verbindungselementen und -techniken und bauen damit auf das Kapitel 3 von Band 1 auf. Weiterhin sollten Lager und Welle-Nabe-Verbindungen grundsätzlich verstanden sein, bevor sie in Kapitel 7 als Komponenten eines Getriebes eine wichtige Rolle spielen. Dieser Abschnitt konzentriert sich auf die grundlegenden Bauformen von Getrieben, weitere Betrachtungen sind erst in den Fachvorlesungen höherer Semester (Band 3, Konstruktionslehre, Antriebstechnik, Werkzeugmaschinen) angebracht.

In vielen Fällen ist es wünschenswert, den Stoffumfang des Buches gezielt zu reduzieren, weil die Anzahl der Semesterwochenstunden nicht den vollen Umfang zulässt. Damit ist aber das Risiko verbunden, dass Lücken gerissen werden, die die Bearbeitung der weiteren Materie unnötig erschweren oder sogar mit unüberbrückbaren Hindernissen belegen. Um dieser Gefahr vorzubeugen, werden die Lehrinhalte in drei Kategorien eingeteilt:

- **Basis**: Die mit **B** markierten Abschnitte sind nicht nur für das Verständnis des vorliegenden Kapitels, sondern auch für die Bearbeitung weiterer Abschnitte von grundlegender Bedeutung und sollten im Sinne einer geschlossenen Darstellung der Lehrinhalte nicht ausgelassen werden.
- **Erweiterung**: Die mit **E** bezeichneten Abschnitte erweitern das Basiswissen maßvoll und erarbeiten zusätzliche Ausführungsbeispiele und Bauformen.
- **Vertiefung**: Die mit **V** gekennzeichneten Abschnitte vertiefen einzelne Sachverhalte der Maschinenelemente, wobei die für das Fach typischen Methoden weiterentwickelt werden. Diese Abschnitte sind allerdings zuweilen etwas zeitaufwendig. Es wurde besonderer Wert darauf gelegt, dass sich diese Ausführungen nicht in fachspezifischen Details verlieren, sondern vielmehr dem Gesamtverständnis dienen und auch in anderem Zusammenhang genutzt werden können. Schließlich ist eine Anhäufung von Spezialwissen im Hinblick auf ein allgemeingültiges Studium verfrüht und bleibt sinnvollerweise den weiterführenden Lehrveranstaltungen und der speziellen Fachliteratur vorbehalten.

Dieses Schema gibt allerdings nur ein grobes Raster vor, welches weiter differenziert werden kann.

„Probieren geht über Studieren"

So übertrieben diese Volksweisheit auch formuliert sein mag, sie bringt einen wichtigen Sachverhalt auf den Punkt: Erst durch selbständiges Bearbeiten von Problemstellungen wird Wissen in Können überführt. Deshalb ist für die Lehre der ständige Wechsel von Vorlesung als Stoffvermittlung und Übung als Stoffverarbeitung optimal. Aus diesem Grund ist jedem Kapitel ein Aufgabenteil angefügt, der sich genau auf diesen Lehrstoff bezieht und in ähnlicher Weise gegliedert ist. An den entsprechenden Stellen des Vorlesungsteils werden deshalb immer wieder Hinweise auf Aufgaben angeführt, die zur sicheren Beherrschung des Stoffes eingeschoben werden sollen. Diese Übungen sind eher knapp und prägnant im Stil von Prüfungsaufgaben gehalten, können jedoch leicht unter Zuhilfenahme des Normenwerkes zu kleinen Konstruktionsübungen erweitert werden.

Am Ende eines jeden Kapitels ist ein ausführliches Verzeichnis von Fachliteratur und Normen angefügt. Im vorliegenden Buch werden Normen nur dann aufgeführt, wenn sie für die Vermittlung des Lehrstoffs unverzichtbar sind und für das Bearbeiten von Beispielaufgaben benötigt werden. Auf die Wiedergabe weiterer Normen wird an dieser Stelle verzichtet. Ähnlich wie in der Praxis muss der Studierende und spätere Anwender hier selbständig weitere Unterlagen beschaffen. Die Lösungen zu den Aufgaben werden am Ende des Buches tabellarisch zusammengestellt und darüber hinaus in ausführlicher Form auf der Internetseite des Buches in der Titeldatenbank des Verlages bereitgestellt. Der Web-Server hat die Adresse

http://dx.doi.org/10.1515/9783110597080.suppl

Die entsprechende Seite des Buches lässt sich über die Funktion „Titelsuche" finden.

Ein herzliches Dankeschön …

… gilt all denen, die an der Entstehung dieses Buches mitgewirkt haben: Dabei haben sich besonders die Maschinenbaustudenten der Hochschule Trier und des „Institut Universitaire de Technologie de Bourgogne" in Dijon verdient gemacht, die mit ihren zahllosen Anmerkungen, Fragen und Bildbeiträgen die Mosaiksteinchen geliefert haben, mit denen die Struktur dieses Lehrkonzepts ausgefüllt werden konnte. Weiterhin sei den Kollegen anderer Hochschulen gedankt, die mit ihren zahlreichen Zuschriften zu den bisherigen Auflagen manche Diskussion in Gang gebracht und viele Verbesserungsvorschläge beigetragen haben. Und schließlich danke ich dem Verlag, der der Weiterentwicklung dieses Buchkonzepts stets aufgeschlossen gegenübersteht und bei Neuauflagen immer neue Baustellen duldet.

5   Lagerungen

Die Bewegung ist das kennzeichnende Merkmal einer jeden Maschine: Entweder findet die Bewegung in der Maschine statt oder die Maschine bewegt sich selbst und wird damit zum Fahrzeug. Insofern unterscheiden sich die Objekte des Maschinenbaus grundlegend von denen vieler anderer Ingenieurdisziplinen. Die Bewegung lässt sich grundsätzlich unterscheiden nach

kreisförmig oder geradlinig,

Drehbewegung oder Geradeausbewegung,

Rotation oder Translation.

Entsprechend dieser Differenzierung werden die Bewegungen konstruktiv als

Lagerungen oder Führungen

ausgeführt. In der technischen Realität treten Bewegungsformen häufig als reine Rotation oder als reine Translation auf, da man bemüht ist, den technischen Aufwand von Maschinen so gering wie möglich zu halten. Werden differenziertere Bewegungsabläufe nötig, so werden sie stets aus einer Überlagerung von einer oder mehreren Bewegungen dieser beiden Grundtypen zusammengesetzt (Beispiel: Erzeugung der Evolvente als Zahnflanke eines Zahnrades, s. Kapitel 7.5.2.1). So komplex reale Bewegungen auch sein mögen, sie lassen sich stets auf diese beiden Grundtypen Rotation und Translation zurückführen.

Während die detaillierte Analyse von Bewegungsabläufen Gegenstand der Fachdisziplinen Getriebelehre und Kinematik ist, besteht die Aufgabe des Fachgebietes Maschinenelemente vor allen Dingen darin, das Kraftübertragungsverhalten von Lagerungen und Führungen zu untersuchen, für die sich auch der etwas synthetisch anmutende Sammelbegriff „Bewegungskomponenten" verwenden lässt. Bild 5.1 gibt einen generellen Überblick über die mechanischen und hydraulischen Prinzipien, die für Bewegungskomponenten ausgenutzt werden. Weiterhin gibt es noch weitere physikalische (pneumatische, magnetische und elektrische) Prinzipien, die in dieser Grundlagenbetrachtung aber keine Rolle spielen. Diese Zusammenstellung versucht weiterhin einige qualitative, modellhaft einfache Aussagen über Tragfähigkeit, Reibung und Verschleiß, die im weiteren Verlauf dieser Ausführungen jedoch noch vertieft werden müssen.

https://doi.org/10.1515/9783110747072-001

	Festkörperreibung	Rollreibung	Flüssigkeitsreibung hydrodynamisch	Flüssigkeitsreibung hydrostatisch
translatorisch	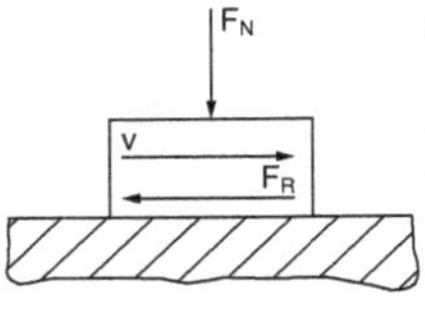	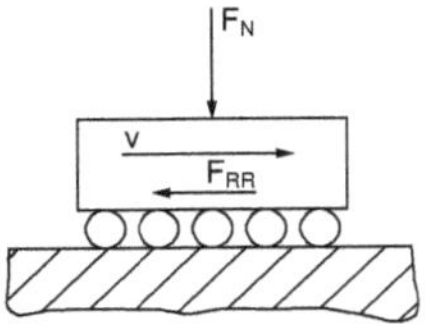	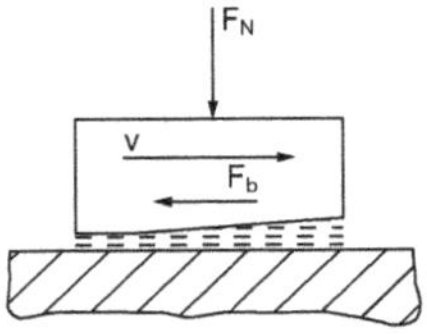	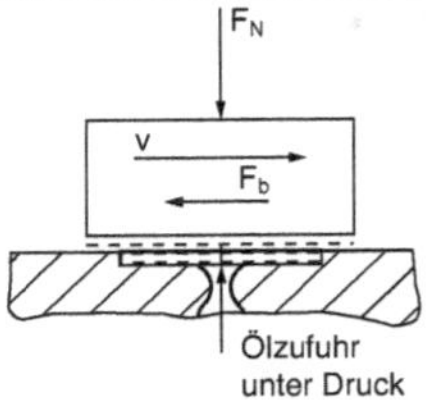
rotatorisch	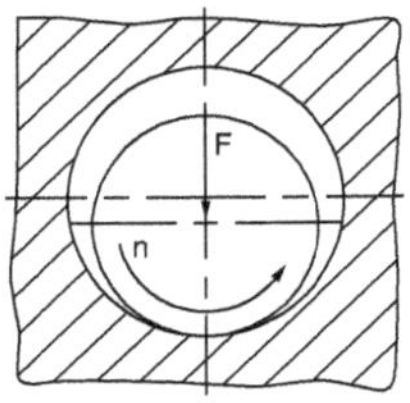	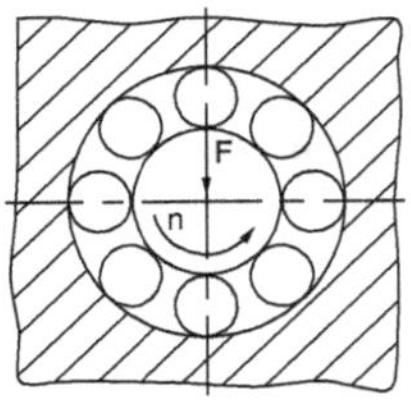	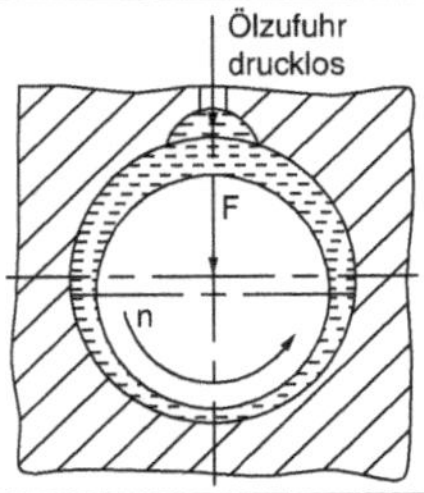	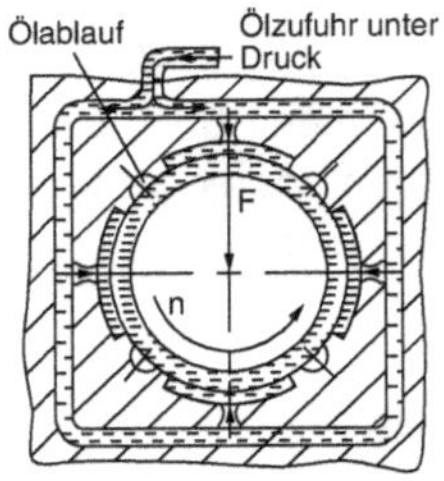
Tragfähigkeit	sich zeitlich nicht ändernde Pressung an der lastübertragenden Fläche	sich zeitlich ständig verändernde Flächenpressung zwischen Wälzkörper und Ring	steigt mit der Geschwindigkeit und der Viskosität („Zähflüssigkeit") des Öls	steigt mit der Höhe des Öldruckes
Reibung	hoch; Reibkraft F_R ist der Bewegung entgegengesetzt gerichtet (Coulomb'sches Gesetz)	gering; Formulierung der Rollreibungskraft F_{RR} kann modellhaft an das Coulomb'sche Gesetz angelehnt werden	gering; steigt mit der Geschwindigkeit und der Viskosität („Zähflüssigkeit") des Öls	gering; steigt mit der Geschwindigkeit und der Viskosität („Zähflüssigkeit") des Öls
Verschleiß	hoch; bei zu hoher Flächenpressung Fressen und Kaltverschweißung	gering; bei jeder Überrollung werden winzige Partikel aus der Oberfläche herausgelöst	im optimalen Fall verschleißfrei; in der An- und Auslaufphase wird jedoch Festkörperreibung wirksam	verschleißfrei

Bild 5.1: Wirkprinzipien Lagerungen und Führungen

Besonders in der Historie des Maschinenbaus ließen sich Rotationen konstruktiv leichter ausführen als Translationen (Beispiel: Schraubstock, Kran). Wenn es sich nicht gerade um eine Schwenk- oder Pendelbewegung handelt, so können Drehbewegungen meist beliebig weit fortgeführt werden, während translatorische Bewegungen stets einen Endpunkt haben und dann umgekehrt werden müssen. Dies hat Beschleunigungen und damit Massenkräfte zur Folge und schränkt die erzielbaren Geschwindigkeiten häufig ganz erheblich ein, während rotatorische Bewegungen meist sehr viel höhere Geschwindigkeiten erlauben. Ein Beispiel aus der Fertigungstechnik möge das verdeutlichen: Eine Kreissäge bedient sich in ihrer Schnittbewegung der Rotation und lässt deshalb sehr hohe Geschwindigkeiten zu. Die Stich- und die Bügelsäge sind hingegen wegen der zyklisch umzukehrenden translatorischen Bewegung in der Höhe ihrer Geschwindigkeit begrenzt. Die Bandsäge versucht diesen Nachteil zu vermeiden, indem sie die prozesstechnisch wirkende Translation ohne Richtungsumkehr aus einer Rotation mit relativ hoher Geschwindigkeit ableitet. Die vorliegenden Betrachtungen beschränken sich auf die Lager als rotatorische Bewegungskomponenten und konzentrieren sich dabei auf Lager mit Festkörperreibung, Wälzlager und hydrodynamische Gleitlager.

5.1   Lager mit Festkörperreibung (B)

Der Bolzen ist die einfachste Art einer Lagerung, mit der Gelenke für Schwenkbewegungen oder langsame Drehbewegungen ausgeführt werden können. Bild 5.2 stellt im oberen Bildteil ein oberes, gabelförmiges Bauteil dar, welches relativ zu einem nach unten herausgeführten Bauteil verdreht werden kann. In beiden Ausführungen verteilt sich die zu übertragende Kraft F wegen der Symmetrie der Konstruktion je zur Hälfte auf die linke und rechte Gabelseite. Dennoch unterscheiden sich die beiden Ausführungen in einem wichtigen Konstruktionsmerkmal:

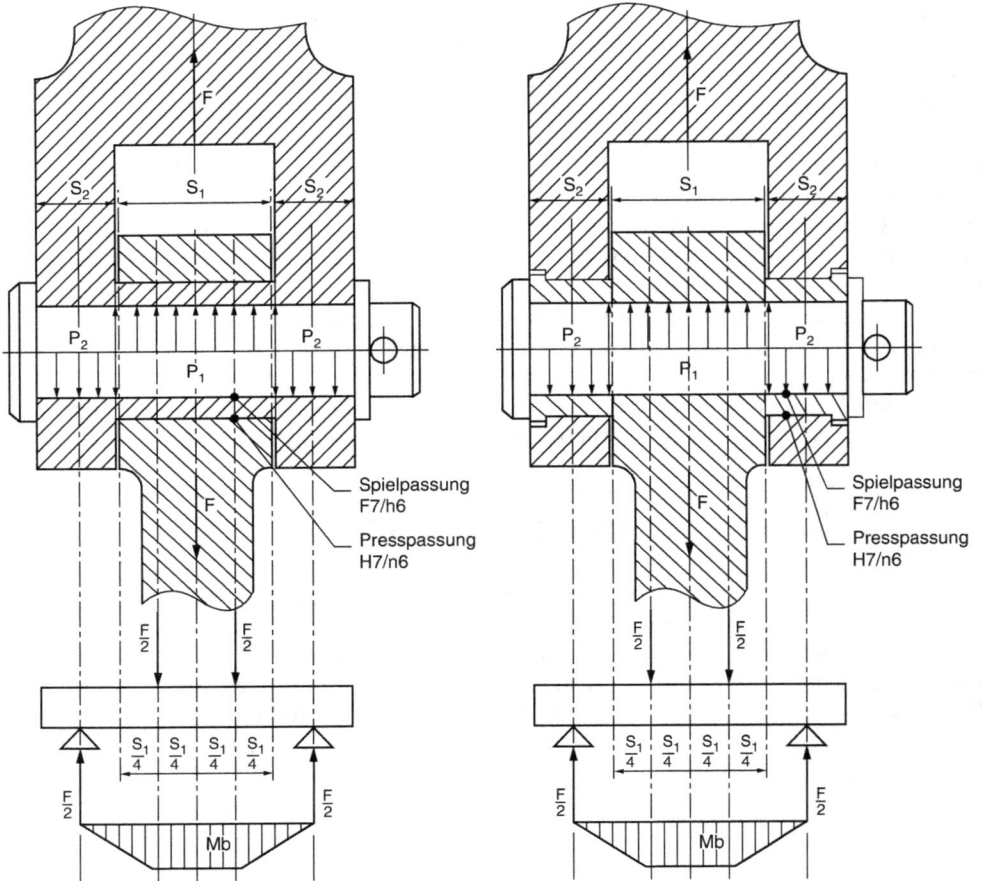

Bild 5.2: Bolzen

Die Relativbewegung des Bolzens vollzieht sich im linken Beispiel im Kontakt zur unteren Lasche. Zur Vermeidung von „Kaltverschweißungen" (s.u.) wird hier eine Buchse eingefügt. Damit die Relativbewegung tatsächlich zwischen Bolzen und Buchse und nicht etwa zwischen der Buchse und der nach unten herausragenden Lasche stattfindet, ist auf der Innenseite der Buchse eine Spielpassung, außen jedoch eine Presspassung erforderlich.

Die Relativbewegung des Bolzens findet im rechten Beispiel im Kontakt zum oberen Gabelkopf statt. Zur Vermeidung von Kaltverschweißungen wird an jeder Seite des Gabelkopfes eine Buchse eingefügt. Damit die Relativbewegung tatsächlich zwischen Bolzen und Buchse und nicht etwa zwischen Buchse und dem Gabelkopf zustande kommt, liegt auf der Innenseite der Buchse eine Spielpassung, außen jedoch eine Presspassung vor.

So simpel diese Lagerung auch erscheinen mag, sie spielt auch im heutigen Maschinenbau eine wichtige Rolle. Das Gelenk zweier benachbarter Glieder einer Fahrradkette beispielsweise wird in ähnlicher Weise ausgeführt (näheres siehe Kapitel 7.4).

Bei der Überprüfung der Festigkeit müssen grundsätzlich drei Kriterien kontrolliert werden:

a. Die **Flächenpressung** kann im einfachsten Fall wie beim zweischnittigen Niet (s. Bild 3.3 rechts) angesetzt werden, wobei auch hier die Kraft hintereinander an zwei Stellen übertragen werden muss:

$$p_1 = \frac{F}{d \cdot s_1} \le p_{zul1} \qquad\qquad p_2 = \frac{F}{d \cdot 2 \cdot s_2} \le p_{zul2} \qquad\qquad \text{Gl. 5.1}$$

Bei der Festlegung der Werkstoffkennwerte muss die Differenzierung nach Bild 5.2 berücksichtigt werden. Im linken Konstruktionsbeispiel soll die Relativbewegung bei s_1 stattfinden (Gleitsitz), während sie bei s_2 gezielt unterbunden wird (Festsitz). Im rechten Beispiel präsentiert sich dieser Sachverhalt genau umgekehrt. Beim Gleitsitz besteht die Gefahr des „Fressens" oder der „Kaltverschweißung", die nach einer vereinfachten tribologischen Modellvorstellung folgendermaßen erklärt werden kann: Der metallische Kontakt findet nicht gleichmäßig auf der gesamten Fläche statt, sondern konzentriert sich auf die Rauheitsspitzen der beiden in Berührung stehenden Kontaktflächen. Dadurch wird die tatsächliche, lokale Pressung an diesen Rauheitsspitzen deutlich höher als die hier als Mittelwert berechnete. Werden die beiden sich berührenden Flächen relativ zueinander bewegt, so kann an diesen Rauheitsspitzen so viel Reibungswärme entstehen, dass es zu einer lokalen Verschmelzung („Kalt"-Verschweißung, also Verschweißung ohne äußere Energiezufuhr) kommt, die allerdings durch die fortschreitende Relativbewegung sofort wieder aufgebrochen wird. Obwohl dieser Effekt nur von lokaler Bedeutung ist, wird die Oberfläche dadurch langfristig beschädigt und damit in ihrer Funktion gestört. Wegen der Fressgefahr sind die Werkstoffwerte für Gleitsitze wesentlich geringer als die für unbewegliche Festsitze. Die Werkstoffpaarung Stahl-Stahl ist wegen der hohen Materialsteifigkeit und der damit verbundenen Konzentration der Lastübertragung auf die Rauheitsspitzen besonders fressgefährdet und damit für Gleitsitze grundsätzlich nicht geeignet. Die Verwendung weniger steifer Materialien verteilt aufgrund lokaler elastischer Deformationen die Last auf größere Flächen, womit die Fressneigung deutlich herabgesetzt wird. Die Geschwindigkeit der relativ zueinander bewegten Flächen muss jedoch stark eingeschränkt werden, sodass mit solchen Materialpaarungen meist nur Schwenkbewegungen oder sehr langsame Drehbewegungen realisiert werden können. Tabelle 5.1 gibt die zulässigen Pressungswerte für einige gebräuchliche Werkstoffpaarungen wieder.

b. Der **Querkraftschub** wird wie beim Niet (s. Abschnitt 3.1.1) formuliert, ist aber in den meisten Fällen unkritisch. Tabelle 5.2 gibt die zulässigen Schubspannungswerte für einige Bolzenwerkstoffe an.

c. Darüber hinaus spielt die **Biegemomentenbelastung** des Bolzens eine wichtige Rolle. Dazu wird in der modellhaften Ersatzdarstellung im unteren Bildteil vereinfachend angenommen, dass die an den äußeren Laschen wirkende Pressung zur Kraft F/2 in Laschenmitte zusammengefasst werden kann und sich die an der inneren Lasche wirkende Pressung durch zwei Kräfte F/2 ersetzen lässt, die untereinander den Abstand $s_1/2$ der inneren Laschenbreite zueinander aufweisen. Daraus ergibt sich die darunter skizzierte Biegemomentenverteilung entlang des Bolzens. Die maximale Biegemomentenbelastung formuliert sich zu:

$$\sigma_{b\,max} = \frac{M_{b\,max}}{W_{ax}} = \frac{\frac{F}{2} \cdot \left(\frac{s_1}{4} + \frac{s_2}{2}\right)}{\frac{\pi \cdot d^3}{32}} \leq \sigma_{bzul} \qquad \text{Gl. 5.2}$$

In Tabelle 5.2 sind weiterhin die zulässigen Biegespannungswerte für einige Bolzenwerkstoffe aufgelistet.

Tabelle 5.1: Zulässige Pressungswerte für einige gebräuchliche Werkstoffpaarungen

	p_{zul} in [N/mm²] für Festsitz			p_{zul} in [N/mm²] für Gleitsitz
	quasistatisch	schwellend	wechselnd	Gleitsitz
E295/GG	70	50	32	5
E295/GS	80	56	40	7
E295/Rg, Bz	32	22	16	8
E295/S235	90	63	45	nicht geeignet
E295/E295	125	90	56	nicht geeignet

Tabelle 5.2: Zulässige Biege- und Schubspannungen für Bolzen

	σ_{bzul} [N/mm²]			τ_{zul} [N/mm²]		
	quasistatisch	schwellend	wechselnd	quasistatisch	schwellend	wechselnd
9S20 (4.6)	80	56	35	50	35	25
E295 (6.8)	110	80	50	70	50	35
E335, C35, C 45 (8.8)	140	100	63	90	63	45
E360	160	110	70	100	70	50

Aufgaben A.5.1 bis A.5.4

Die vorstehenden Ansätze betrachten zwar die Belastbarkeit, treffen aber keine Aussage über die Gebrauchsdauer. Tatsächlich unterliegen solche Paarungen aber stets einem Verschleiß, der die Gebrauchsdauer begrenzt. Abschnitt 9.5.1 aus Band 3 stellt beispielhaft eine solche Betrachtung an.

5.2   Wälzlager (B)

Grundprinzip aller Wälzlager ist es, die reibungs- und verschleißbehaftete Coulomb'sche Reibung durch die sehr viel vorteilhaftere Rollreibung zu ersetzen (näheres dazu im Kapitel 9 von Band 3). Wälzlager bestehen im Allgemeinen aus zwei konzentrischen Ringen, zwischen denen Wälzkörper angeordnet sind. Die am meisten verwendete Bauform des Wälzlagers ist das Kugellager, Bild 5.3 zeigt darüber hinaus auch Wälzkörper anderer Geometrien.

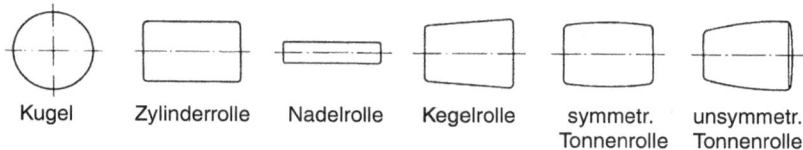

| Kugel | Zylinderrolle | Nadelrolle | Kegelrolle | symmetr. Tonnenrolle | unsymmetr. Tonnenrolle |

Bild 5.3: Wälzkörper

Entsprechend der Form der Wälzkörper handelt es sich dann um ein Kugellager, ein Zylinderrollenlager, ein Nadellager, ein Kegelrollenlager oder um ein Rollenlager (weitere Erläuterungen und spezielle Eignungen im Abschnitt 5.2.2). Das Wälzlager kann „vollrollig" ausgeführt sein, sodass sich zwei benachbarte Wälzkörper unmittelbar berühren. Dadurch wird die Tragfähigkeit des Lagers maximiert, allerdings tritt dabei auch Reibung der Wälzkörper untereinander auf. In den meisten Fällen werden die Wälzkörper jedoch durch einen Käfig geführt, der sie untereinander auf Distanz hält und für eine gleichmäßige Teilung sorgt.

5.2.1   Lageranordnungen (B)

Ein Lager soll aber nicht nur eine Drehung der beiden Lagerringe zueinander kinematisch ermöglichen, sondern auch Kräfte übertragen können. Wie bereits im Abschnitt 1.4.1 (Band 1) erläutert wurde, ist die Lagerung mit einem einzigen Lager nur dann möglich, wenn dieses eine Lager kein nennenswertes Biegemoment übertragen soll.

5.2.1.1   Fest-Los-Lagerung (B)

Im Abschnitt 1.4.4 (Band 1) wurde im Zusammenhang mit der Dimensionierung von Achsen und Wellen bereits der Grundtypus der Fest-Los-Lagerung vorgestellt. Diese Lagerung kann nicht nur Radial- und Axialkräfte aufnehmen, sondern auch Biegemomente abstützen. Bild 5.4 zeigt eine Reihe weiterer konstruktiver Beispiele von Festlager/Loslager-Anordnungen.

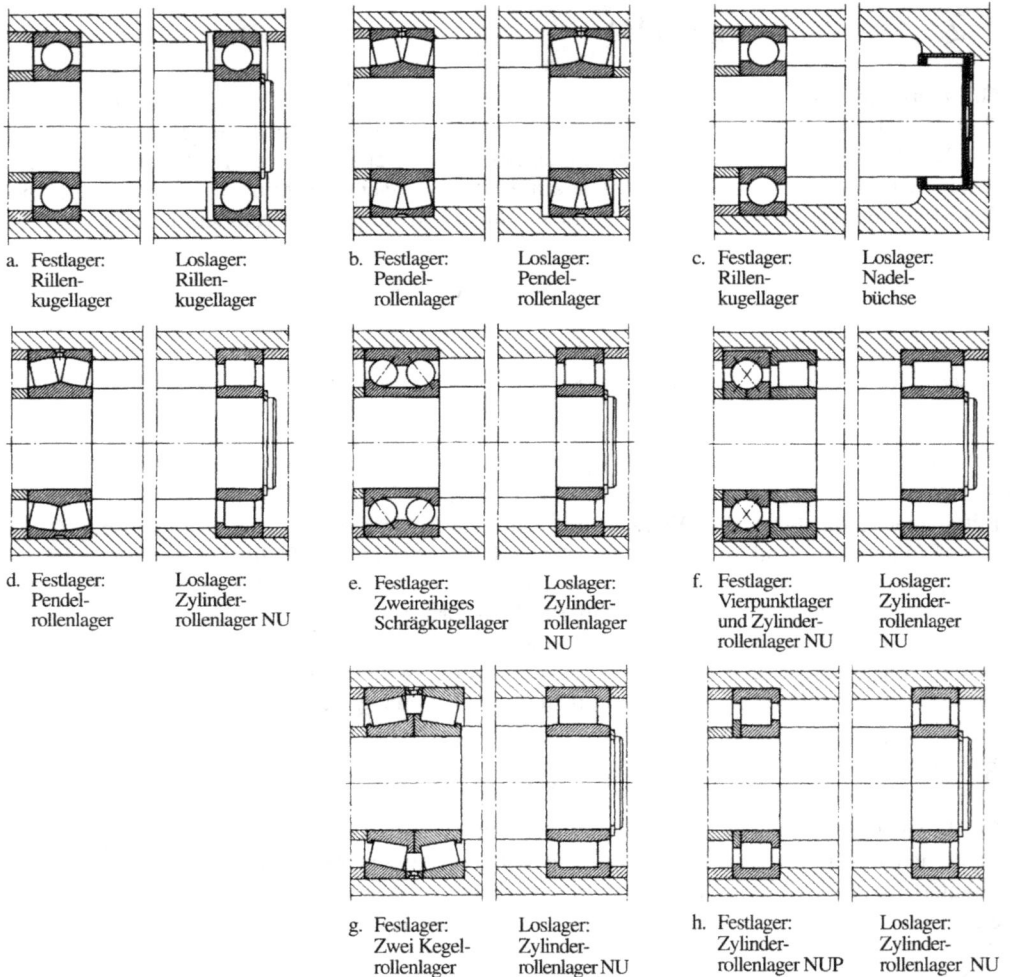

a. Festlager: Loslager: | b. Festlager: Loslager: | c. Festlager: Loslager:
Rillen- Rillen- | Pendel- Pendel- | Rillen- Nadel-
kugellager kugellager | rollenlager rollenlager | kugellager büchse

d. Festlager: Loslager: | e. Festlager: Loslager: | f. Festlager: Loslager:
Pendel- Zylinder- | Zweireihiges Zylinder- | Vierpunktlager Zylinder-
rollenlager rollenlager NU | Schrägkugellager rollenlager | und Zylinder- rollenlager
| NU | rollenlager NU NU

g. Festlager: Loslager: | h. Festlager: Loslager:
Zwei Kegel- Zylinder- | Zylinder- Zylinder-
rollenlager rollenlager NU | rollenlager NUP rollenlager NU

Bild 5.4: Beispiele von Festlager-/Loslager-Anordnungen (nach [5.2])

Bei den Beispielen c–h werden Zylinderrollenlager bzw. Nadellager als Loslager verwendet. Im Beispiel f wird die Kraftübertragung im linken Festlager durch konstruktive Maßnahmen folgendermaßen aufgeteilt: Die Radialkraft wird vom Zylinderrollenlager aufgenommen, welches aber aufgrund seiner Konstruktion der Axialkraft ausweicht. Die Axialkraft wird gezielt vom linken Vierpunktlager übertragen. Da dieses aber keine Radialkraft aufnehmen soll, wird die Gehäusebohrung am Außenring bewusst größer ausgeführt als der Außendurchmesser des Lagerringes. Im Gegensatz zu den nachfolgend aufgeführten Lagerungen ist das kennzeichnende Merkmal einer Fest-Los-Lagerung der Umstand, dass die Axialkraft stets vom gleichen Lager aufgenommen wird.

5.2.1.2   Schwimmende Lagerung (B)

Eine weitere Art von Lageranordnung ist die sog. „schwimmende Lagerung", wobei zunächst beide Lager zu „Loslagern" werden, deren Axialbewegung allerdings durch konstruktive Maßnahmen eingeschränkt wird. Bild 5.5a zeigt diese Lageranordnung in Ergänzung zu den oben aufgeführten Einbaufällen:

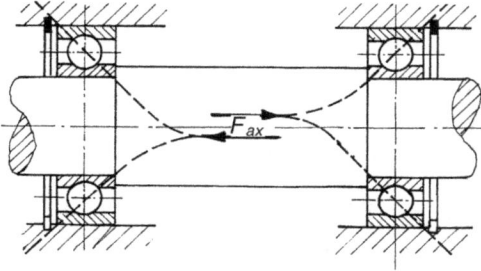

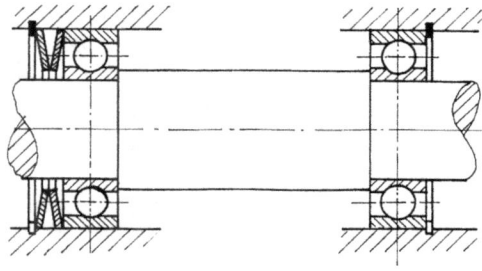

Bild 5.5a: Schwimmende Lagerung   Bild 5.5b: Angestellte Lagerung

- Auch bei dieser Art von Lageranordnung werden die Radialkräfte wie bei der Fest-Los-Lagerung übertragen, die Welle oder Achse kann als „drehbarer Balken" betrachtet werden.
- Die Übertragung der Axialbelastung hängt allerdings von deren Richtung ab: Wirkt die Axialkraft in der Welle nach rechts, so wird die Welle geringfügig nach rechts verschoben und das rechte Lager kommt nach Überbrückung des konstruktiv vorgesehenen Spiels außen zur Anlage, sodass darüber die Kraft übertragen werden kann. Bei nach links wirkender Axialkraft kommt entsprechend das linke Lager zur Anlage. Die schwimmende Lagerung hat also in jedem Fall ein axiales Spiel, welches je nach Lagergröße bis zu mehreren Zehntel Millimetern beträgt. Im Gegensatz zu der obigen Darstellung wird in manchen Konstruktionszeichnungen das Axialspiel zeichnerisch nicht dargestellt, was zu Missverständnissen führen kann.
- Für eine schwimmende Lagerung können nahezu alle Lagerbauformen verwendet werden, die nicht „angestellt" (s.u.) werden müssen.
- Die schwimmende Lagerung erlaubt gegenüber der Festlager-/Loslager-Anordnung einige fertigungstechnische Vereinfachungen und ist grundsätzlich dann möglich, wenn durch das axiale Spiel die Funktion der gesamten Lagerung nicht gestört wird.

Bild 5.6 zeigt dazu ein Beispiel: Die Anordnung als schwimmende Lagerung auf einer Buchse ermöglicht den einfachen und schnellen Einbau des Kranlaufrades als komplette Baueinheit. Die in der oberen Bildhälfte dargestellte Ausführung mit kleineren Zylinderrollenlagern reicht für geringere Belastungen aus, bei hohen Lasten muss das Kranlaufrad mit größeren (und teureren) Zylinderrollenlagern (untere Bildhälfte) bestückt werden. Wegen der relativ geringen Geschwindigkeiten werden „vollrollige" Lager (also solche ohne Käfig) eingesetzt, wodurch eine besonders hohe Tragfähigkeit erzielt wird.

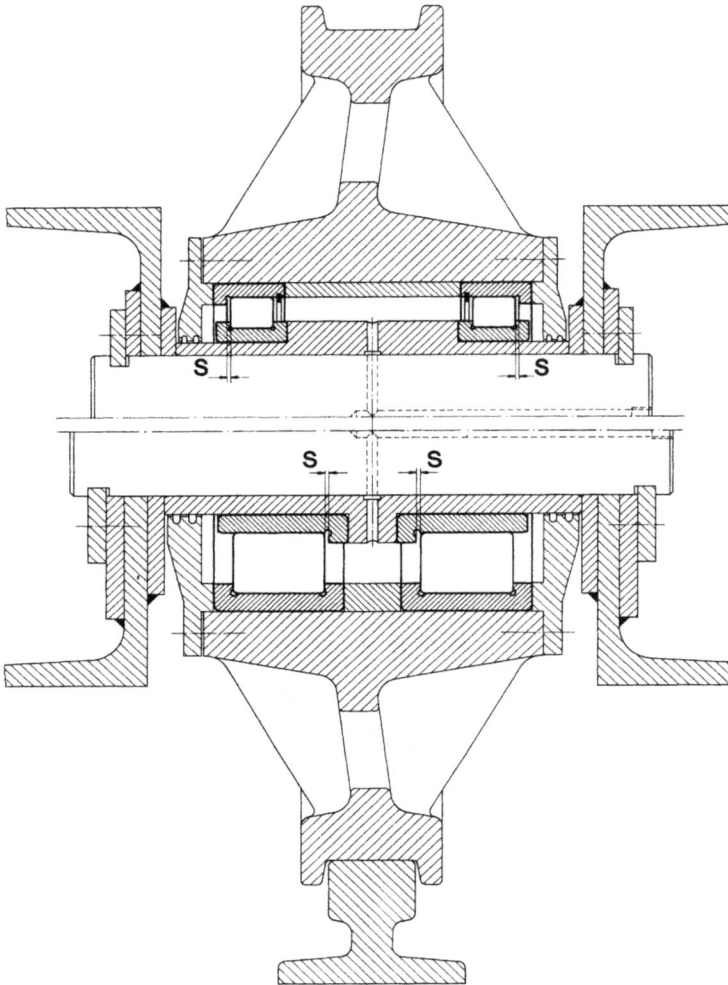

Bild 5.6:   Kranlaufrad
[Werksbild INA]

Die Lagerung eines „Vibrationsmotors" (Bild 5.7) ist ein weiteres Beispiel. Dabei handelt es sich meist um einen Asynchronmotor, an dessen Wellenenden Unwuchtmassen montiert sind, die bei Rotation Zentrifugalkräfte hervorrufen und damit Schwingungen erzeugen, die z.B. zum Betrieb eines Rüttelsiebes ausgenutzt werden.

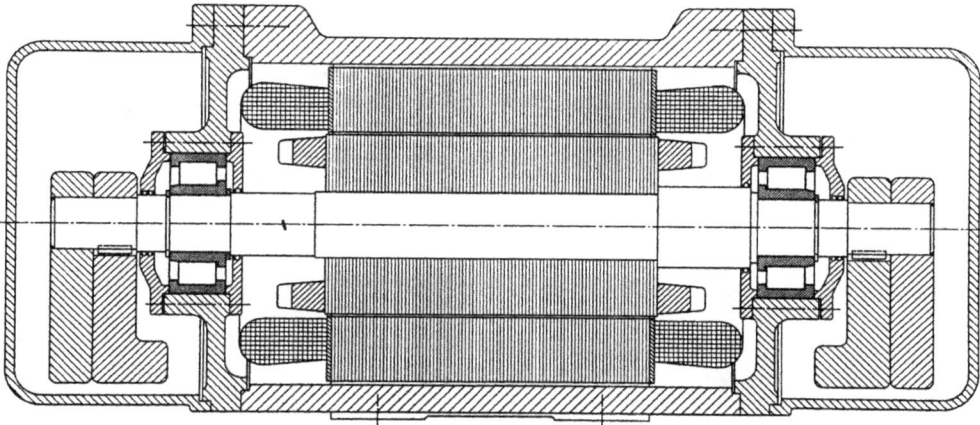

Bild 5.7: Schwimmende Lagerung eines Vibrationsmotors [Werksbild FAG]

5.2.1.3   Angestellte Lagerung (E)

Wird eine präzise axiale Führung der Welle verlangt, so reicht die schwimmende Lagerung nicht mehr aus, die Lagerung muss „angestellt" werden. Wie Bild 5.5b zeigt, geht die angestellte Lagerung aus der schwimmenden Lagerung (Bild 5.5a) dadurch hervor, dass das axiale Spiel durch Krafteinwirkung (hier Federkraft) überbrückt wird. Bei der konstruktiven Ausführung einer axial angestellten Lagerung lassen sich zwei Modellfälle unterscheiden.

Bild 5.8 zeigt die Lagerung eines kleinen Elektromotors, welche durch eine scheibenförmige Feder angestellt ist, die den Außenring des linken Lagers gegenüber dem Gehäuse abstützt. Auf diese Weise wird auch im Leerlauf eine Mindestbelastung auf die Lager aufgebracht, wodurch die Kugeln zu einem eindeutigen Abrollen gezwungen werden und die Geräuschentwicklung minimiert wird.

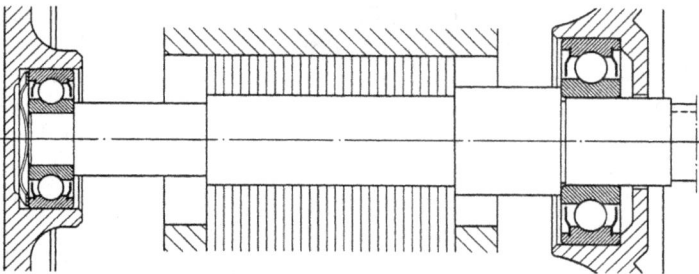

Bild 5.8: Angestellte Lagerung Elektromotor

Um eine gewünschte Vorspannung F_V aufzubringen, muss die Feder um einen Weg f_V vorge-spannt werden. Da der Federweg f_V wegen fertigungstechnischer Ungenauigkeiten und ther-mischer Ausdehnungen einer Toleranz f_{tol} unterworfen ist, variiert die Vorspannkraft um F_{tol}. Je weicher die Feder ist, desto geringer wird F_{tol} bei vorgegebenem f_{tol} (siehe Bild 5.9).

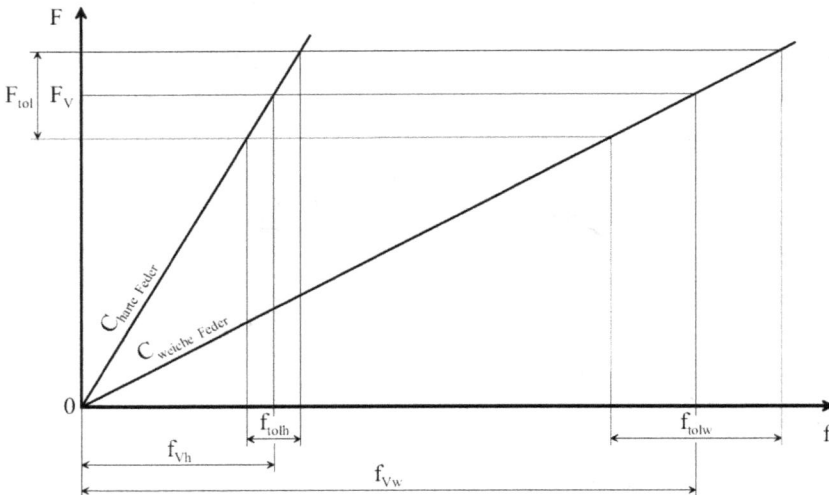

Bild 5.9: Federvorspannung bei angestellter Lagerung

Ist die Feder weich ($c_{weiche\ Feder}$), so kann zur Einhaltung einer gewissen Toleranz der Vor-spannkraft F_{tol} eine relativ große Toleranz des Federvorspannweges f_{tolw} zugelassen werden. Ist die Feder hart ($c_{harte\ Feder}$), so muss die Toleranz des Federvorspannweges f_{tolh} sehr viel ge-nauer eingehalten werden. Geringe Federsteifigkeiten sind also diesbezüglich von Vorteil, weil sie gröbere Fertigungstoleranzen und größere thermische Deformationen zulassen.

Geringe Federsteifigkeiten haben allerdings den Nachteil, dass sich die gesamte Lagerung gegenüber einer von außen eingeleiteten axialen Betriebskraft sehr weich verhält. Die Lage-rung der mit einem Kegelrad ausgestatteten Ritzelwelle nach Bild 5.10 erfordert jedoch eine genaue Lagerung, die sich gegenüber axialen Betriebskräften sehr hart verhält. Unter Inkauf-nahme der oben angesprochenen Toleranzprobleme muss also genau der umgekehrte Weg gegangen und versucht werden, die Steifigkeit gegenüber axialen Betriebskräften zu maxi-mieren. Auf eine externe Feder wird gänzlich verzichtet, sodass die Lager selbst mit ihrer hohen Steifigkeit als „Feder" betrachtet werden müssen. Die Lagerung wird durch die Mutter am linken Wellenende angestellt. Die Anstellung wird jedoch durch einen Zwischenring rechts neben dem linken Lager und dem rechts danebenliegenden Wellenbund begrenzt, kann aber durch Abschleifen dieses Zwischenringes erhöht werden.

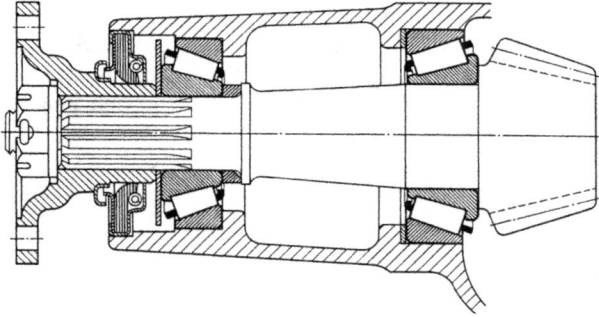

Bild 5.10: Angestellte Lagerung Ritzelwelle Kegelrad

Die hohe Steifigkeit der Lager als Feder erfordert einen eng tolerierten Federweg f_{tolh} (vergleiche Bild 5.9), was eine genaue Fertigung, eine präzise Montage und eine Kontrolle der thermischen Ausdehnungen voraussetzt, wenn die Vorspannkraft nicht über F_{tol} hinaus variieren soll. Es werden häufig Lagertypen verwendet, die speziell für die angestellte Lagerung vorgesehen sind und deren Axialbewegung konstruktionsbedingt abgestützt werden muss (Schrägkugellager und Kegelrollenlager). Dabei wird nach O- und X-Anordnung unterschieden.

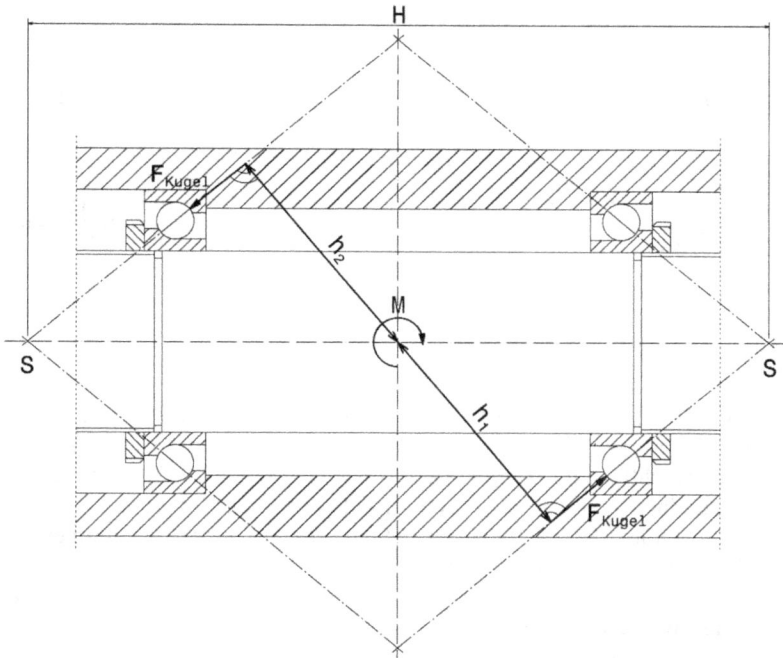

Bild 5.11: Angestellte Lagerung in O-Anordnung

Bei der O-Anordnung nach Bild 5.11 bilden die Wirkungslinien der durch die Wälzelemente übertragbaren Kräfte eine Raute bzw. ein stilisiertes „O". Es ergibt sich eine große „Stützbasis" H, sodass das im allgemeinen Fall durch die Lagerung zu übertragende Biegemoment M über große Hebelarme h_1 und h_2 abgestützt wird und dabei geringe Kräfte in den Kugeln F_{Kugel} entstehen.

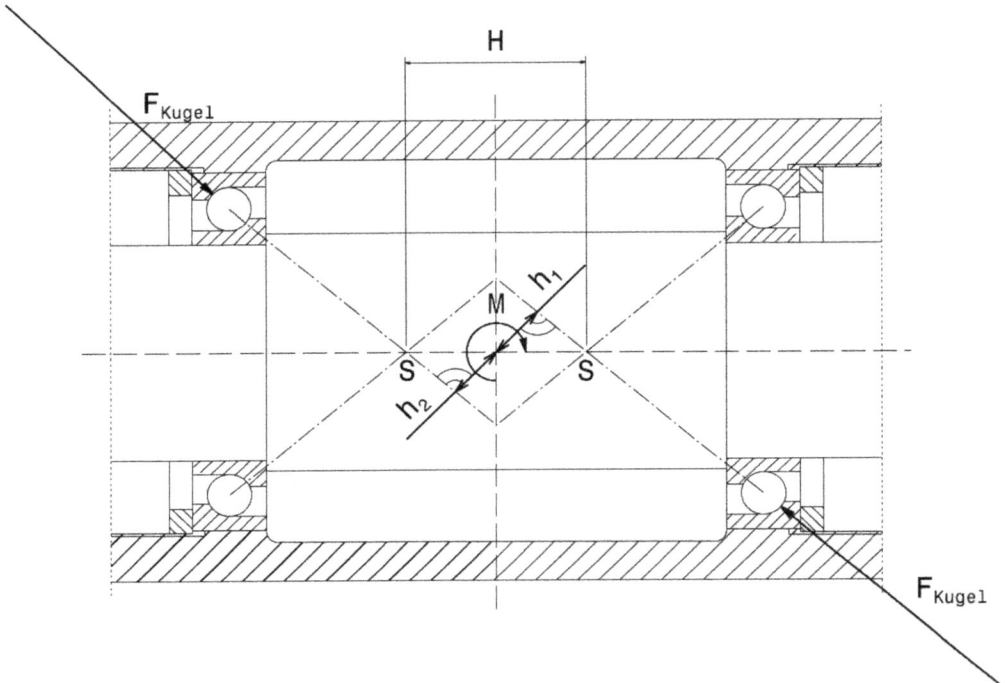

Bild 5.12: Angestellte Lagerung in X-Anordnung

Bei der X-Anordnung nach Bild 5.12 formen die Wirkungslinien der von den Wälzelementen übertragenen Kräfte eine X-förmige Figur. Diese Anordnung führt zu einer relativ kleinen Stützweite H, sodass eine Durchbiegung oder Schiefstellung der Welle zugelassen werden kann, ohne dass es dabei zu einer Verklemmung kommt. Allerdings werden auch die Hebelarme h_1 und h_2 relativ klein, sodass das von der Lagerung zu übertragende Biegemoment M große Kräfte in den Wälzelementen verursacht. In der Gegenüberstellung der Bilder 5.11 und 5.12 wird ein gleich großes Moment angenommen, sodass die dadurch verursachten Kräfte maßstäblich korrekt markiert werden können.

Der besondere Vorteil für beide Versionen der angestellten Lagerung liegt darin, dass die Lagerung durch die Anstellung steifer wird und damit auch unter Belastung präziser läuft. Wird beispielsweise von einer Werkzeugmaschine eine hohe Bearbeitungsgenauigkeit gefordert, so darf sich deren Lagerung unter Einfluss der Betriebskräfte möglichst wenig verformen, die Lagerung selbst soll in diesem Fall also möglichst steif sein. Die durch die Anstellung hervorgerufenen Kräfte und Verformungen der beiden Lager lassen sich im Verspannungsschaubild nach Bild 5.13 übersichtlich darstellen:

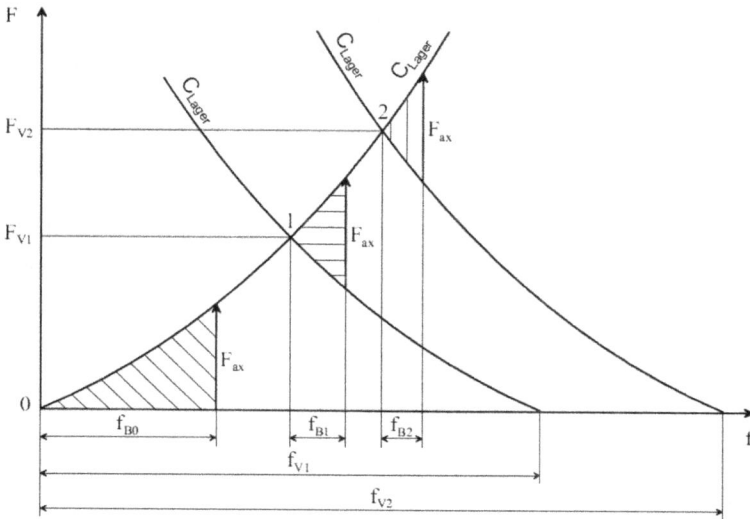

Bild 5.13: Angestellte Lagerung im Verspannungsschaubild

Über Bild 5.9 hinaus muss allerdings noch berücksichtigt werden, dass die Steifigkeitskennlinie nicht linear, sondern aus später noch zu klärenden Gründen progressiv verläuft (näheres dazu in Abschnitt 8.7.1 von Band 3).

- Wird ein nicht vorgespanntes Lager mit F_{ax} belastet, so stützt sich diese Kraft auf ein einzelnes Lager ab und es stellt sich entsprechend der Steifigkeitskennlinie der Federweg f_{B0} ein (schräg schraffiertes Dreieck).
- Die beiden Lager werden nun untereinander verspannt, wobei in Anlehnung an Bild 4.29 die axiale Steifigkeit des einen Lagers c_{Lager} als „Schraubensteifigkeit c_S" und die des anderen Lagers als „Zwischenlagensteifigkeit c_Z" wirksam wird. Die dabei entstehende Vorspannkraft F_{V1} wird dadurch herbeigeführt, dass dem System der Federweg f_{V1} aufgezwungen wird (z.B. durch definiertes Abschleifen des Zwischenringes in Bild 5.10). Damit ergibt sich eine neue Ausgangsstellung bei Punkt 1. Wird nun zusätzlich mit der Betriebskraft F_{ax} belastet, so wirkt diese Kraft wie die Betriebskraft F_{BL} einer Schraubverbindung, wobei sich ein wesentlich kleinerer Federweg f_{B1} ergibt als im nicht vorgespannten Zustand der Lagerung (waagerecht schraffiertes Dreieck). Durch die Vorspannung ist die Lagerung also bezüglich einer axial gerichteten Betriebskraft steifer geworden.
- Wird die Vorspannung durch einen größeren Vorspannweg f_{V2} auf F_{V2} erhöht, so ergibt sich die neue Ausgangsstellung bei Punkt 2 und die durch F_{ax} bedingte Deformation wird mit f_{B2} weiterhin verkleinert (senkrecht schraffiertes Dreieck), die Steifigkeit der gesamten Lagerung wird also zusätzlich erhöht.

- Die zunehmende Vorspannung hat allerdings zur Folge, dass die Kräfte, die die beiden Lager belasten, zunehmend größer werden. Dadurch wird nicht nur deren Belastung, sondern auch deren Reibung und Erwärmung erhöht.
- Die vorstehende Erläuterung bezieht sich auf die axiale Belastung und Steifigkeit der Lager, weil diese sich in Anlehnung an die Schraubenproblematik als „eindimensionales Problem" im Verspannungsdiagramm übersichtlich darstellen lassen. Ähnliche Aussagen gelten auch für die radiale Belastung und Steifigkeit, deren ausführliche Beschreibung allerdings wesentlich komplexer ist (näheres s. Kap. 8.7.1.2 in Band 3).

5.2.2   Lagerbauformen (B)

Die vorstehenden Eingangsbetrachtungen stellten bereits einige Lagerbauformen vor. Darüber hinaus geht es nun darum, die Vielfalt an Bauformen zu einer möglichst vollständigen Zusammenstellung zu ergänzen. Bei dieser Differenzierung spielen die folgenden Aspekte eine wesentliche Rolle:

- Funktion
- geforderte Genauigkeit
- Fertigungs- und Montagemöglichkeiten
- Belastung
- Kosten

Dementsprechend steht eine ganze Reihe von Lagerbauformen zur Verfügung, die in vielfachen Ausführungsformen standardisiert und international genormt sind.

Im geometrischen Modellfall berührt der Wälzkörper den Lagerring entweder in einem einzigen Punkt oder entlang einer Linie, sodass nach **Punktberührung** und **Linienberührung** unterschieden werden kann. Lager mit Punktberührung verwenden die Kugel als Wälzkörper und werden damit als Kugellager bezeichnet. Lager mit Linienberührung benutzen eine Rolle, einen tonnenförmigen Rotationskörper oder einen Kegelstumpf als Wälzkörper, was zur Bauform eines Rollenlagers oder eines Kegelrollenlagers führt. Diese Differenzierung ist in mehrfacher Hinsicht von Bedeutung:

- Die Punktberührung zieht bei gleicher Belastung eine relativ hohe Pressung nach sich, wodurch das Lager insgesamt weniger tragfähig ist. Bei Linienberührung tritt bei gleicher äußerer Kraft eine deutlich geringere Pressung auf, wodurch die **Tragfähigkeit** des Lagers wesentlich gesteigert wird.
- Der für die Punktberührung typische Wälzkörper Kugel lässt sich sehr **präzise** herstellen, was der **Laufgenauigkeit** des Lagers sehr zugute kommt.
- Der für die Punktberührung typische Wälzkörper Kugel lässt sich sehr **kostengünstig** herstellen.

5.2.2.1   Kugellager (B)

Die häufigste Bauform des Wälzlagers ist das einreihige Rillenkugellager (Bild 5.14 links). Beide Ringe haben Laufrillen mit gleich hohen Schultern, der Radius der Rillen ist geringfügig größer als der Kugelradius. Es ist vor allen Dingen wegen seiner universellen Verwendbarkeit und seiner relativ einfachen und billigen Herstellung weit verbreitet. Das Kugellager kann nicht nur Radial- sondern in gewissem Maße auch Axialkräfte aufnehmen. Die Bauform als zweireihiges Rillenkugellager (Bild 5.14 rechts) erlaubt höhere Belastungen.

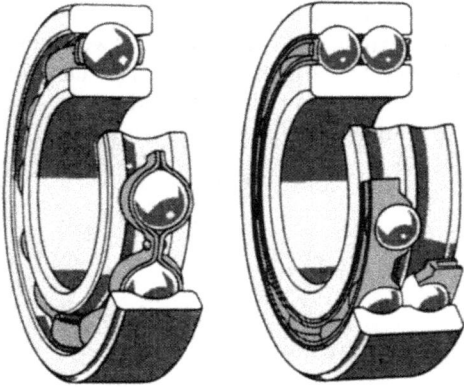

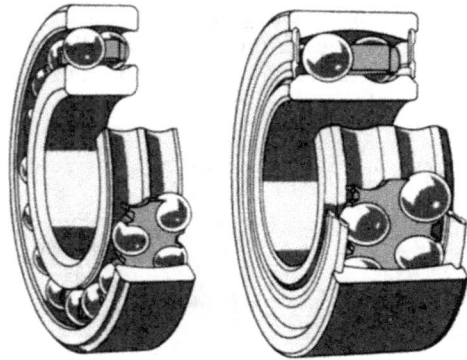

Bild 5.14: Radialrillenkugellager   Bild 5.15: Pendelkugellager

Pendelkugellager (Bild 5.15) sind am Innenring den zweireihigen Rillenkugellagern sehr ähnlich. Der Außenring weist jedoch eine hohlkugelförmige Laufbahn auf. Dadurch können die Lager Winkelfehler bis zu 4° aufnehmen und sind deshalb zum Ausgleich von Fluchtungsfehlern und Wellendurchbiegungen sehr gut geeignet. Pendelkugellager können mittlere Radiallasten und nur geringe Axialbelastungen in beide Richtungen aufnehmen.

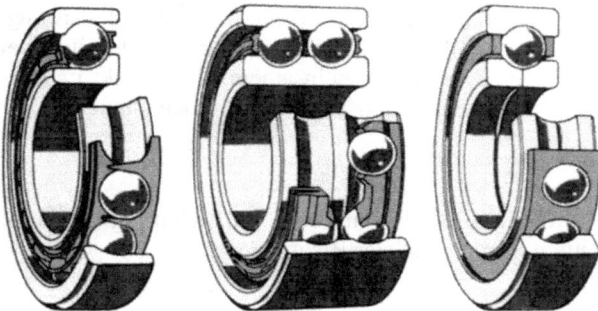

Bild 5.16: Schrägkugellager

Während das Radialrillenkugellager symmetrisch aufgebaut ist und damit vorzugsweise eine radiale Kraft übertragen kann, sind beim Schrägkugellager (Bild 5.16 links) die Laufbahnebenen so angeordnet, dass auch erhebliche Axialkräfte übertragen werden können. Mit zunehmender Axialkraft sollte auch ein Lager mit größerem Druckwinkel (handelsüblich 15°, 25°, 30° und 40°) verwendet werden. Durch den Druckwinkel entsteht selbst für den Fall, dass das Lager von außen nur mit Radialkraft belastet wird, eine in Axialrichtung wirkende Kraft, was meist eine angestellte Lagerung erforderlich macht. Das Lager ist zerlegbar, sodass Innen- und Außenring getrennt montiert werden können. Zwei gegeneinander gestellte Lager können auch zu einem einbaufertigen zweireihigen, nicht zerlegbaren Schrägkugellager zusammengefasst werden (Bild 5.16 Mitte). Vierpunktlager (Bild 5.16 rechts) können Axialkräfte in beide Richtungen aufnehmen. Im Radialschnitt besteht die Kontur der Laufbahnen von Innen- und Außenring aus Kreisbögen, deren Krümmungsmittelpunkte so angeordnet sind, dass vier Berührpunkte zwischen Kugel und Laufbahn entstehen und damit quasi ein doppelseitiges Schrägkugellager entsteht, wobei die Fertigung des Lagers eine Zweiteilung des Innenringes erfordert. Vierpunktlager sind relativ kostspielig und werden nur dann eingesetzt, wenn deren besonderer Vorteil auch genutzt wird und vorwiegend wechselnde Axialkräfte übertragen werden, also nicht alle vier Berührpunkte gleichzeitig belastet werden.

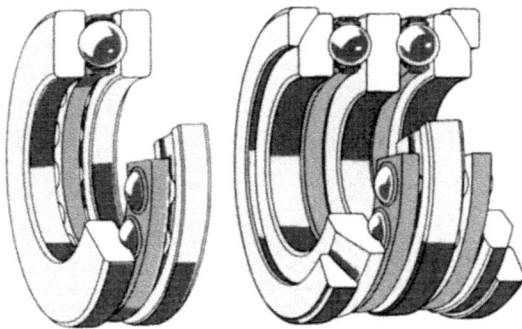

Bild 5.17: Axialrillenkugellager

Axialrillenkugellager nehmen nur reine Axialkräfte auf. Das einseitig wirkende Lager (Bild 5.17 links) darf nur in eine Richtung belastet werden, während das Lager in Doppelanordnung (rechts) Axialbelastungen in beide Richtungen erlaubt. Ist die Belastung gering, so besteht bei höheren Drehzahlen die Gefahr, dass die Kugeln infolge der Fliehkraft aus dem Rillengrund herauslaufen. Deshalb erfordern diese Lager stets eine axiale Mindestbelastung. Die gehäuseseitigen Scheiben des Lagers von Bild 5.17 rechts bestehen aus jeweils zwei Ringen, die über eine kugelige Begrenzungsfläche mit gemeinsamem Mittelpunkt untereinander in Kontakt stehen, sodass Wellenschiefstellungen ausgeglichen werden können.

5.2.2.2   Rollenlager (B)

Die Rollen eines Zylinderrollenlagers (Bild 5.18) werden entweder am Außenring (Bauform NU) oder am Innenring (Bauform N) durch Borde in axialer Richtung geführt.

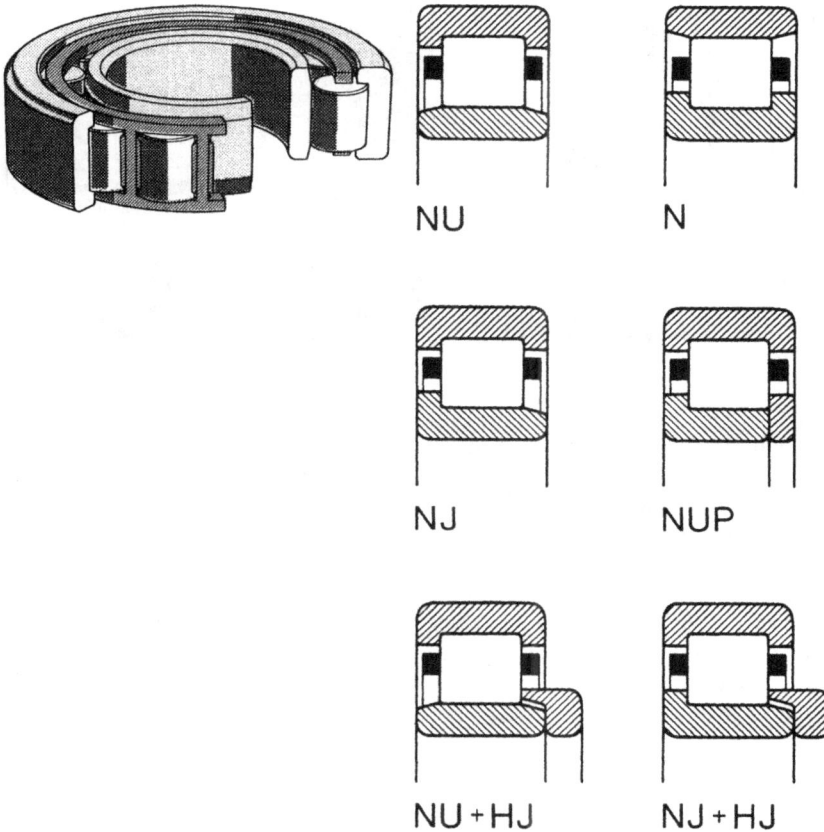

Bild 5.18: Zylinderrollenlager

- Hat der jeweils gegenüberliegende Ring keinen Bord (Bauform N und NU), so können keine Axialkräfte übertragen werden, was das Lager zum Loslager macht.
- Verfügen beide Ringe über Borde, (Bauform NUP, NJ oder HJ), so ist das Lager auch als Festlager verwendbar.
- Die Bauformen NJ, NU und HJ verfügen an einem Ring über zwei, am anderen Ring aber nur über einen Bord und sind damit vorzugsweise für schwimmende Lagerung geeignet.

Die Lager sind je nach Bauform teilbar, sodass sich Innen- und Außenring getrennt montieren lassen. Zylinderrollenlager können hohe Radialbelastungen aufnehmen, sind jedoch für hohe Axialbelastungen ungeeignet.

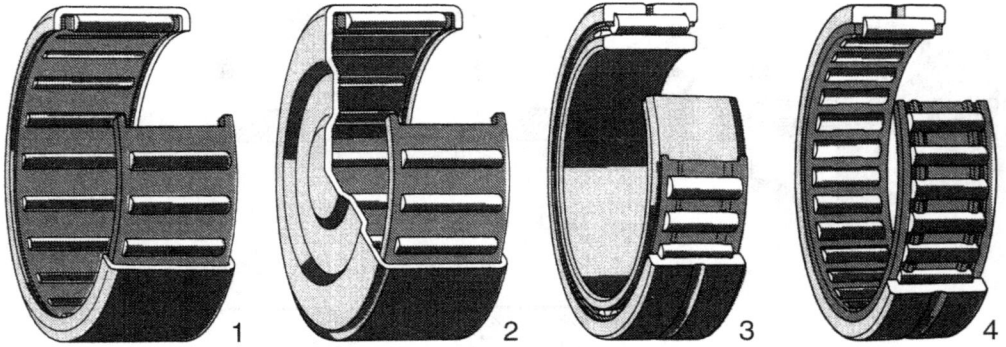

Bild 5.19: Nadellager

Nadellager (Bild 5.19) sind eine Sonderbauform des Zylinderrollenlagers mit langen, dünnen, also nadelförmigen Wälzkörpern, die durch Borde an einem der beiden Ringe geführt
werden. Da sie wegen der kleinen Stirnfläche der Nadeln praktisch keine Axialkräfte aufnehmen können, werden sie nur als Loslager verwendet. Nadellager erfordern lediglich einen
geringen radialen Bauraum. Aus diesem Grund werden sie auch ohne Innenring (Beispiel 1,
2 und 4) oder als sog. „Nadelkränze" gänzlich ohne Ringe (hier nicht dargestellt) geliefert. In
diesen Fällen muss aber sichergestellt werden, dass die Welle bzw. das Gehäuse zur Aufnahme der Kontaktpressungen am Wälzkörper geeignet ist, was in aller Regel ein Härten und
Schleifen erforderlich macht.

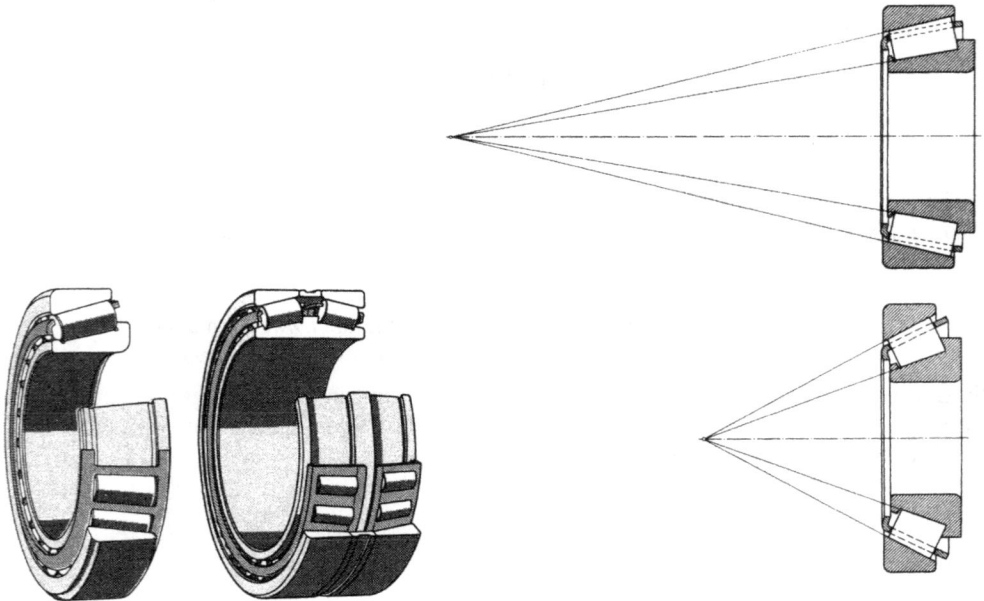

Bild 5.20: Kegelrollenlager

Kegelrollenlager (Bild 5.20) werden mit Wälzkörpern in Form eines Kegelstumpfes bestückt. Die Laufbahnen sind ebenfalls kegelig ausgebildet und in ihrer Neigung so orientiert, dass ein kinematisch eindeutiges Abrollen ohne Gleitbewegung zustande kommt. Dies setzt voraus, dass sich die verlängerten Mantellinien aller beteiligten Kegel (Wälzkörper und Ringe) in einem gemeinsamen Punkt auf der Rotationsachse der Welle schneiden (Bild 5.20, rechte Bildhälfte). Kegelrollenlager nehmen sowohl Radial- als auch Axialkräfte auf. Selbst dann, wenn das Lager nur rein radial belastet wird, wird durch den Druckwinkel eine axial wirkende Kraft hervorgerufen, die entsprechend abgestützt werden muss. Die Lager werden deshalb meist paarweise als angestellte Lagerung verwendet. Diese Forderung erübrigt sich allerdings, wenn sie in spiegelbildlicher Anordnung verwendet werden (Bild 5.20, Mitte). In ihrer Ursprungsform (Bild 5.20, links) sind Kegelrollenlager zerlegbar, sodass Innen- und Außenring getrennt montiert werden können.

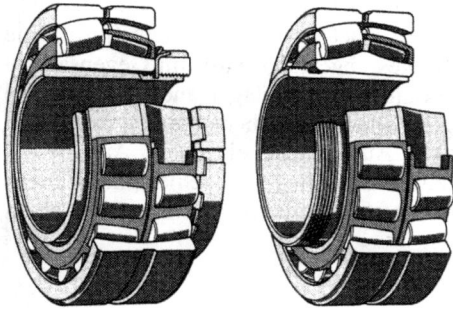

Lager auf Spannhülse   Lager auf Abziehhülse   Bild 5.21: Pendelrollenlager

Pendelrollenlager (Bild 5.21) sind mit tonnenförmigen Wälzkörpern ausgestattet, die in zwei Reihen nebeneinander angeordnet sind. Weil die gemeinsame Außenlaufbahn der Abschnitt einer Hohlkugel ist, sind Pendelrollenlager bis ca. 4° winkeleinstellbar und damit ähnlich wie Pendelkugellager unempfindlich gegen Fluchtungsfehler und Wellendurchbiegungen. Pendelrollenlager werden deshalb vorteilhafterweise bei langen Wellen verwendet. Da sie häufig auf einer Einheitswelle angebracht werden, sind sie wahlweise auch mit Spann- und Abziehhülse lieferbar. Pendelrollenlager sind allerdings axial wenig belastbar.

Das Pendant zum Axialrillenkugellager mit Punktberührung ist das Axialzylinderrollenlager mit Linienberührung (Bild 5.22). In ihrer Standardkinematik (ebene Scheiben, zylinderförmige Rollen) wird das Abrollen der Wälzkörper stets von einem Bohrreibungsanteil begleitet. Das Axialnadellager (Bauform 2) stellt eine spezielle Bauform des Axialzylinderrollenlagers dar, dessen Wälzkörper lang und dünn sind. Die Bohrreibung steigt mit der Länge der Berührlinie an. Soll dieser Reibungsanteil reduziert werden, so sind mehrere nebeneinander liegende kürzere Rollen vorteilhaft (Bauform 4). Um weiterhin die Reibung der Rollen untereinander zu reduzieren, wird an jeder Kontaktfläche eine der beiden Rollen mit einer balligen Stirnfläche versehen. Soll die Bohrreibung gänzlich vermieden werden, so müssen sowohl die Wälzkörper als auch die Ringe kegelig ausgeführt werden (Bauform 3). Da sich in diesem Fall der Wälzkörper nach außen am Käfig abstützen muss, wird an dieser Kontaktstelle eine hohe Reibung hervorgerufen.

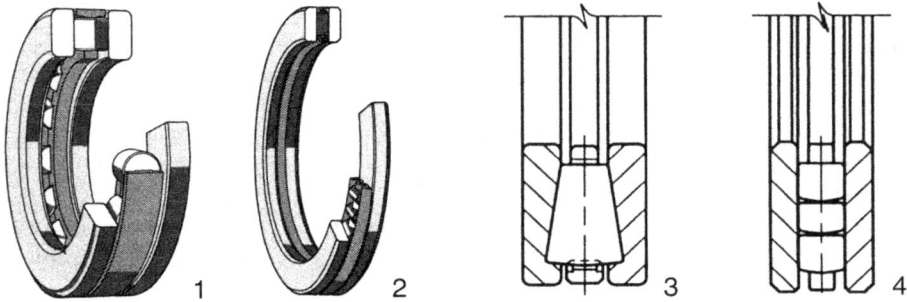

Bild 5.22: Axialzylinderrollenlager

Axialpendelrollenlager (Bild 5.23) sind mit Tonnenrollen bestückt, die unsymmetrisch und leicht kegelförmig ausgebildet sind und deren größere, nach außen gerichtete Stirnfläche durch einen Bord des mit der Welle verbundenen Ringes abgestützt wird. Im Gegensatz zu praktisch allen anderen Axialwälzlagern können Axialpendelrollenlager auch Radialkräfte aufnehmen, allerdings darf die Radialkraft 55 % der Axiallast nicht überschreiten. Die Wälzkörper können sich in der hohlkugeligen Laufbahn des Außenringes einstellen. Aus diesem Grunde lässt das Lager ein Winkelspiel bis ca. 2° zu, womit Fluchtungsfehler und Wellendurchbiegungen ausgeglichen werden können. Die Lager sind nur für geringe Drehzahlen geeignet und erfordern eine Mindestaxialbelastung.

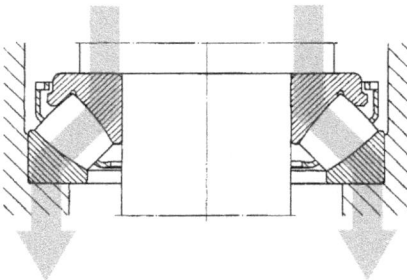

Bild 5.23: Axialpendelrollenlager

Kreuzrollenlager, Bild 5.24, sind eine Sonderbauform von Rollenlagern: Die Rollen sind gegenüber der Lagerachse um 45° geneigt, wobei die Rotationsachsen von je zwei benachbarten Rollen um jeweils 90°, also kreuzweise versetzt angeordnet sind. Dazu ist sowohl der Innen- als auch der Außenring mit jeweils zwei senkrecht zueinander angeordneten Laufbahnen ausgestattet. Damit kann ein einziges Lager nicht nur Radial- und Axialkräfte, sondern in Erweiterung zu den Eingangsbemerkungen auch Biegemomente übertragen. Aus diesem Grunde werden Kreuzrollenlager dann bevorzugt, wenn die Konstruktion keine axial ausgedehnte Welle mit einem zweiten Lager zulässt (z.B. Schwenklager von Turmdrehkranen, Roboter, Handhabungsgeräte).

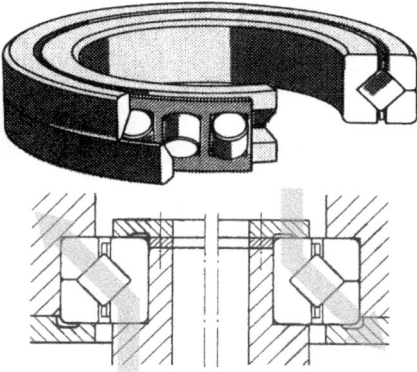

Bild 5.24: Kreuzrollenlager

Darüber hinaus werden noch eine ganze Reihe von Sonderlagern für viele spezielle Anwendungen (z.B. Lauf-, Stütz- und Kurvenrollen) angeboten. Viele der oben vorgestellten Lager sind auch mit Dichtung und umgebender Gehäusekonstruktion lieferbar und können als Stehlager oder Flanschlager an eine vorbereitete Stahlbaukonstruktion angeschraubt werden. Dadurch wird vielfach eine sinnvolle Verbindung von Maschinenbau und dem gröber tolerierten Stahlbau möglich (z.B. Fördertechnik, Landmaschinenbau).

5.2.3   Dimensionierung eines einzelnen Lagers (B)

Voraussetzung für die korrekte Dimensionierung eines einzelnen Lagers ist die Kenntnis der darauf wirkenden Belastungen in Form von Radial- und Axialkraft. In diese Problematik wurde bereits im Abschnitt „Belastung von Achsen und Wellen" (Band 1, Kapitel 1.4) eingeführt. Dabei wird meist die folgende Vorgehensweise angewandt:

a) Zunächst sind die äußeren Belastungen (Längskraft, Querkraft, Biegemoment) der gesamten Lagerung zu ermitteln.

b) Meist liegt konstruktiv zumindest ein vorläufiger Lagerabstand vor, andernfalls ist eine entsprechende (möglicherweise provisorische) Annahme zu treffen.

c) Weiterhin ist festzulegen, ob die Axialkraft durch eine Fest- und Loslagerung, eine schwimmende oder eine angestellte Lagerung aufgenommen wird.

d) Mit diesen Eckdaten lassen sich nach den Gesetzmäßigkeiten der Statik und Festigkeitslehre die Radial- und Axialkräfte auf das einzelne Lager bestimmen. Dabei ist es meist hilfreich, die Welle oder Achse als „drehbaren Balken" zu betrachten.

e) Weiterhin sollte die Bauform der Lager festgelegt werden, wobei die oben diskutierten Überlegungen eine wesentliche Rolle spielen dürften.

f) In vielen Fällen ist auch schon der erforderliche Wellendurchmesser bekannt, der sich aus der Dimensionierung der Welle bzw. der Achse ergibt. Damit steht auch der minimale Innendurchmesser des Lagers fest.

Die vorstehend beschriebenen Überlegungen und Berechnungen sowie die nachfolgend vorgestellte Dimensionierung der Lager werden normalerweise in mehreren Iterationsschritten zu einem Optimum geführt. Ist die (möglicherweise zunächst provisorische) Belastung des einzelnen Lagers bekannt, so kann das Lager hinsichtlich seiner Tragfähigkeit dimensioniert werden. Zum Verständnis dieser Berechnung sind die folgenden Vorüberlegungen hilfreich.

5.2.3.1   Belastung im Wälzkontakt (E)

Da das Wälzlager aus einer Vielzahl einzelner Wälzkontakte besteht, ist es sinnvoll, zunächst einmal einen einzelnen Wälzkontakt zu betrachten.

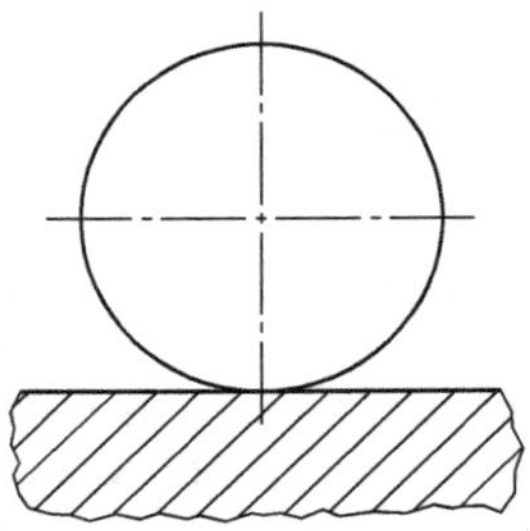 Wälzkontakt unbelastet	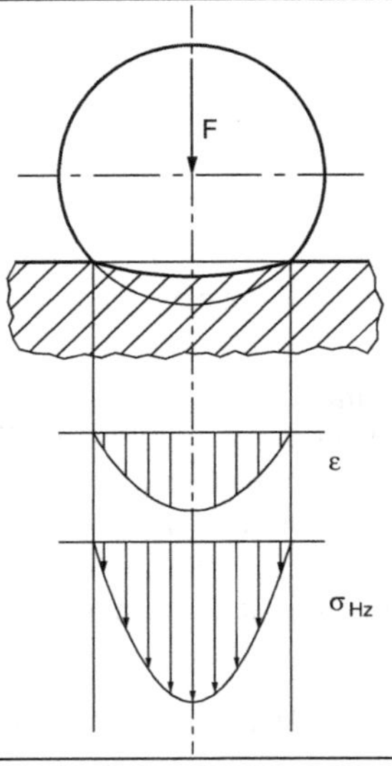 Wälzkontakt belastet	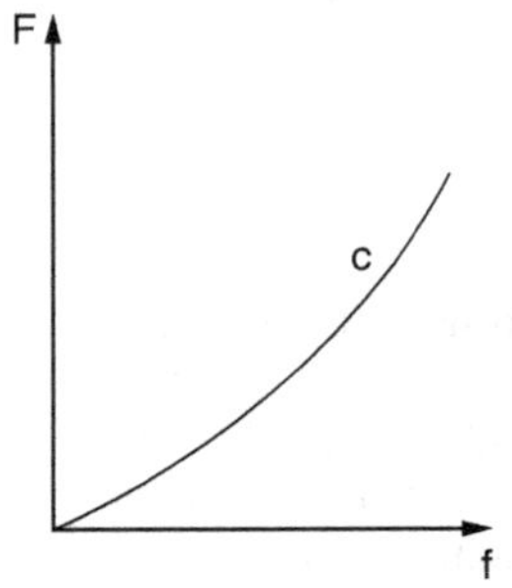 Federkennlinie Wälzkontakt
Ist der Wälzkontakt unbelastet, so findet die Berührung tatsächlich in einem Punkt (Kugel) bzw. auf einer Linie (Rolle) statt. In diesem Zustand kann jedoch keine Kraft übertragen werden, weil dann die Flächenpressung p = F/A wegen der punkt- bzw. linienförmigen Fläche unendlich große Werte annehmen würde.	Der punktförmige Wälzkontakt wird sich unter Einwirkung der Kraft elastisch zu einer Fläche ausweiten, wobei sowohl der Wälzkörper als auch die Ringe eine Deformation erfahren, die hier völlig übertrieben dargestellt ist. Da sich der Rand der Kontaktzone nicht verformt, kann auch hier kein Druck übertragen werden. Da in der Mitte die Verformung am größten ist, wird hier aufgrund der Proportionalität zwischen Verformung und Spannung die größte Spannung hervorgerufen. Am Wälzkontakt muss Kräftegleichgewicht herrschen: $F = \int \sigma_{Hz}$.	Die Verformung am Wälzkörper steigt mit der zu übertragenden Kraft. Der Zusammenhang zwischen Kraft F und dadurch bedingter Verformung f kann als Federsteifigkeit c aufgefasst werden. Da bei zunehmender Belastung des Wälzkontaktes immer mehr Fläche an der Lastübertragung teilnimmt, ist die Steifigkeitskennlinie progressiv.

Bild 5.25: Belastung im Wälzkontakt

Die dabei entstehende parabelförmige Flächenpressungsverteilung wird „**Hertz'sche Pressung**"genannt, die sich aus einer Analyse der elastischen Verformungen für den Kontakt beliebig gekrümmter Flächen berechnen lässt. Die unendliche Vielfalt beliebig gekrümmter Flächen reduziert sich hier wegen der fertigungstechnischen Regelmäßigkeiten allerdings auf die Fälle der Punktberührung kugelförmiger und der Linienberührung zylindrischer Körper, die mit folgenden Gleichungen beschrieben werden können:

$$\sigma_{Hz} = -\frac{1}{\pi} \cdot \sqrt[3]{\frac{6 \cdot F \cdot E^2}{d_0^2 \cdot (1 - v^2)}} \qquad \text{Kontakt Kugel – Ebene („Punkt"-Berührung)} \qquad \text{Gl. 5.3}$$

$$\sigma_{Hz} = -\sqrt{\frac{F \cdot E}{\pi \cdot d_0 \cdot L \cdot (1 - v^2)}} \qquad \text{Kontakt Rolle – Ebene („Linien"-Berührung)} \qquad \text{Gl. 5.4}$$

Dabei bedeuten:

σ_{Hz} maximale Hertz'sche Pressung

F   die den Wälzkontakt belastende Kraft

E   Elastizitätsmodul

d_0 Wird ein Wälzelement nicht auf eine Ebene, sondern auf ein anderes Wälzelement gedrückt, so wird ersatzweise ein „Ersatzkrümmungsdurchmesser d_0" formuliert, der den Krümmungseinfluss der beiden Durchmesser d_1 und d_2 zusammenfasst:

$$d_0 = \frac{d_1 \cdot d_2}{d_1 \pm d_2} \qquad\qquad \text{Gl. 5.5}$$

     + für Krümmung konvex – konvex am Innenring

     − für Krümmung konvex – konkav am Außenring

L   Berührlänge bei Linienberührung

v Querkontraktionszahl (bei Stahl $v = 0{,}3$)

Die Hertz'sche Pressung ist formal negativ, weil es sich hier um einen Druck handelt. Für die Festigkeitsbetrachtung interessiert aber nur deren Betrag.

5.2.3.2   Lastverteilung auf die einzelnen Wälzelemente (E)

Setzt man den zuvor betrachteten Wälzkontakt in Mehrfachanordnung zu einem vollständigen Lager zusammen, so kann entsprechend Bild 5.26 nach reinem Axiallager und reinem Radiallager unterschieden werden.

bildliche Darstellung	modellhafte Darstellung
Axiallager	
Radiallager	

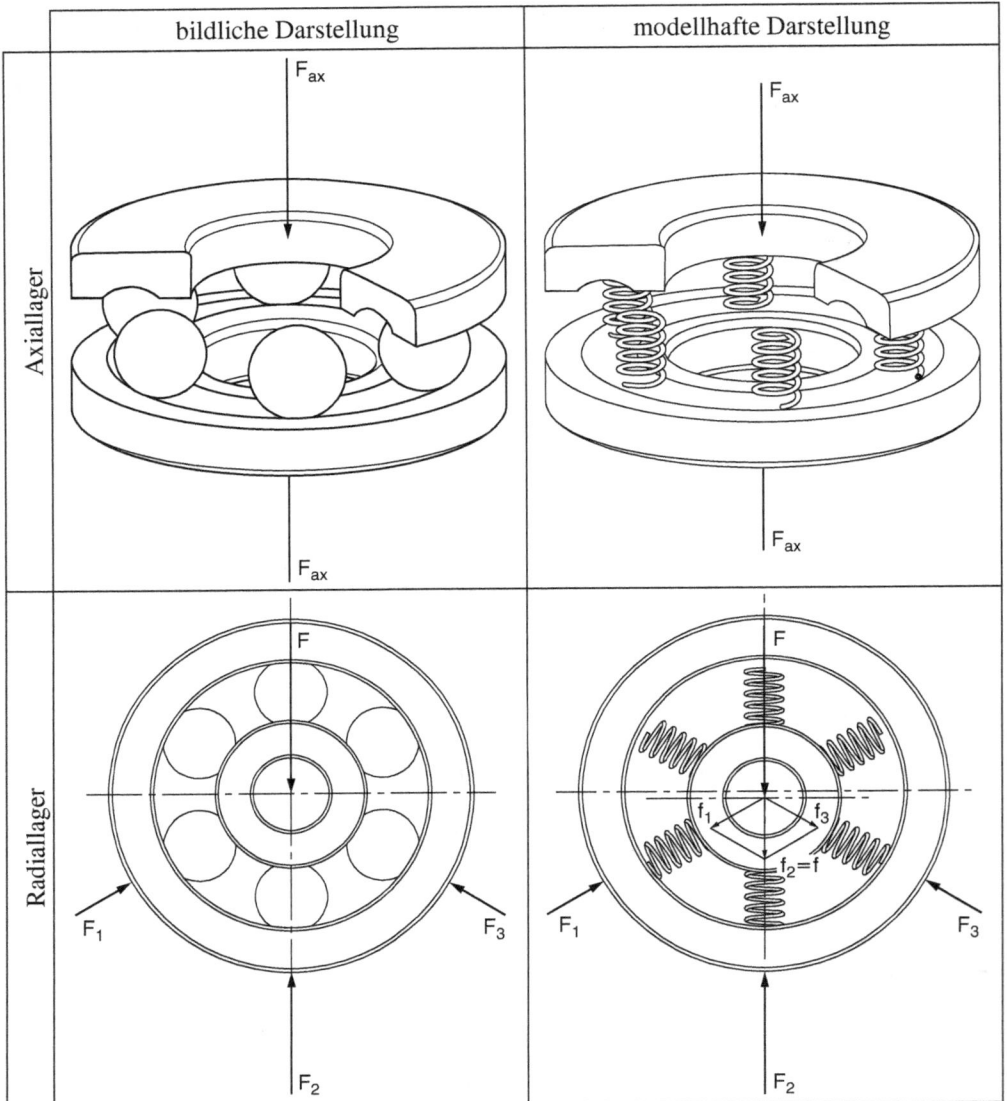

Bild 5.26: Lastverteilung beim Axial- und Radiallager

Bei einem Axiallager (obere Bildzeile) lässt sich das Last- und Verformungsverhalten des gesamten Lagers als eine Parallelschaltung von einzelnen Wälzkontakten mit progressiven Federn auffassen, die konstruktionsbedingt gleiche Elastizitäten aufweisen, sodass sich die Gesamtbelastung gleichmäßig auf alle Wälzelemente verteilt.

Beim Radiallager (untere Bildzeile) liegen zwar auch untereinander gleiche Elastizitäten mit progressiver Steifigkeit vor, aber aufgrund ihrer Stellung im Lager können sich die Wälzkörper konstruktionsbedingt nicht gleichmäßig an der Lastübertragung beteiligen, wodurch das Problem der Lastverteilung auf die einzelnen Wälzkörper erschwert wird:

- Da im einzelnen Wälzkontakt nur Druckkräfte übertragen werden können, sind die oberen drei Wälzkörper lastfrei. Die Frage nach der Lastaufteilung reduziert sich also auf die unteren drei Wälzkörper.
- Wenn man Reibeinflüsse zunächst einmal außer Acht lässt, so stehen die Wirkungslinien der Kräfte der drei unteren Wälzelemente senkrecht auf der jeweiligen Berührfläche, also radial.
- Wird nun der Innenring gegenüber dem Außenring durch die von außen wirkende Kraft F_{rad} um f ausgelenkt, so macht sich genau diese Verlagerung als Federweg f_2 bemerkbar, wodurch in der Feder 2 eine Kraft F_2 hervorgerufen wird. Bei der gleichen Auslenkung f erfahren die Federn 1 und 3 jedoch nur einen trigonometrisch bedingten geringeren Federweg f_1 und f_3 und reagieren deshalb nur mit geringeren Kräften F_1 und F_3.
- Die Vektorsumme $\vec{F}_{rad} = \vec{F_1} + \vec{F_2} + \vec{F_3}$ ergibt schließlich die Kraft F_{rad}, die auf die Welle aufgebracht werden muss, um die Wellenverlagerung f erst hervorzurufen.

Diese Verhältnisse ändern sich mit der Winkelstellung des Lagers und wiederholen sich damit zyklisch. Mit dieser Betrachtung lassen sich grundsätzlich die folgenden Feststellungen treffen:

- Die Lastverteilung auf die einzelnen Wälzelemente ist berechenbar und damit das Lager als Gesamteinheit dimensionierbar.
- Es lässt sich die Steifigkeit des gesamten Lagers ermitteln, was besonders für den Präzisions- und Werkzeugmaschinenbau wichtig ist.

Band 3 führt diese Überlegungen in Abschnitt 8.7.1 weiter aus.

5.2.3.3 Dimensionierung nach Tragzahlen (B)

Die voranstehenden Betrachtungen machen zwar die grundsätzlichen Zusammenhänge für die Lagerdimensionierung modellhaft deutlich, zeigen allerdings auch, dass diese Vorgehensweise für die praktische Auslegung viel zu unhandlich ist. Dieser Aufwand ist aber auch nicht nötig, weil Wälzlager im großen Stil standardisiert sind und sich bezüglich ihrer Tragfähigkeit durch Kennzahlen, die sog. „**Tragzahlen**", beschreiben lassen. Dabei ist zunächst einmal folgende Differenzierung notwendig:

In der Wälzlagertechnik wird nach **statisch**er und **dynamisch**er Beanspruchung unterschieden, wobei diese Begriffe aber eine andere Bedeutung haben als bei der im Kapitel 1 (Band 1) erörterten Betriebsfestigkeit.

- Bei **statisch**er Belastung führt das Lager lediglich Schwenkbewegungen aus bzw. läuft **langsam** um.
- Die meisten Lager werden jedoch **dynamisch** beansprucht, was so viel bedeutet, dass das Lager bei Belastung einer ständigen, häufig auch schnellen Bewegung unterworfen ist.

5.2.3.3.1   Statisch beanspruchte Lager (B)

Bei statischer Beanspruchung des Lagers muss sichergestellt werden, dass die im Wälzkontakt hervorgerufene Pressung keine unzulässig hohen plastischen Verformungen verursacht. Zu diesem Zweck wird die statische Tragzahl C_0 tabelliert. Diese statische Tragzahl gibt für zunächst standardisierte Erfordernisse die maximale Kraft P_0 an, mit der das Lager belastet werden darf (Radialkraft für Radiallager und Axialkraft für Axiallager):

$$P_0 \leq C_0 \qquad\qquad\qquad\qquad\qquad\qquad\qquad\qquad\qquad\qquad \text{Gl. 5.6}$$

Die statische Tragzahl C_0 wird so beziffert, dass an der Berührstelle der Wälzkörper und Laufbahn eine plastische Gesamtverformung von etwa 1/10.000 des Wälzkörperdurchmessers auftritt. Unter diesen Bedingungen werden folgende Hertz'schen Pressungen verursacht:

$\sigma_{Hz} = 4600$ N/mm² bei Pendelkugellagern

$\sigma_{Hz} = 4200$ N/mm² bei allen anderen Kugellagern

$\sigma_{Hz} = 4000$ N/mm² bei Rollenlagern

Für eine differenziertere Betrachtung wird die Kennzahl f_s formuliert:

$$f_s = \frac{C_0}{P_0} \qquad\qquad\qquad\qquad\qquad\qquad\qquad\qquad\qquad\qquad \text{Gl. 5.7}$$

In Erweiterung der oben angestellten Modellbetrachtung für $f_s = 1$ werden für folgende Ansprüche die entsprechenden f_s-Werte angestrebt:

$f_s = 0,5$–$1,0$ für Lager, die nicht umlaufen und nur Schwenkbewegungen ausführen

$f_s = 1,0$–$1,5$ für langsam umlaufende Lager mit normalen Ansprüchen an die Laufruhe

$f_s = 1,5$–$2,5$ für langsam umlaufende Lager mit hohen Ansprüchen an die Laufruhe

Das in Bild 5.27 dargestellte Axiallager eines Lasthakens gibt beispielhaft den Fall eines statisch beanspruchten Lagers wieder.

Die Lasthaken von Kranen sind meist drehbar ausgeführt, um bei Drehen der Last während des Hubvorganges ein Verdrillen der Seile zu verhindern. Da das Gewicht der Last ausschließlich nach unten wirkt, tritt eine reine Axiallast in nur einer Richtung auf, es genügt also ein einseitig wirkendes Axiallager. Es muss lediglich durch die Umgebungskonstruktion sichergestellt werden, dass das Lager nicht auseinander fällt, wenn der Lasthaken auf dem Boden abgesetzt wird.

Die bisherige Betrachtung ging davon aus, dass das Radiallager mit einer reinen Radialbelastung F_r und das Axiallager mit einer reinen Axialbelastung F_a beansprucht wird. Diese Belastung kann für diesen einfachen Fall als Lagerbelastung P_0 in die obige Berechnung einbezogen werden. Im allgemeinen Fall wird das Lager jedoch mit einer gemischten Belastung beaufschlagt. In diesem Fall werden die Einzelkomponenten mit entsprechenden „Gewichtungsfaktoren" versehen und zur „äquivalenten Lagerbelastung P_0" zusammengefasst:

$$P_0 = X_0 \cdot F_r + Y_0 \cdot F_a \qquad\qquad\qquad\qquad\qquad\qquad\qquad \text{Gl. 5.8}$$

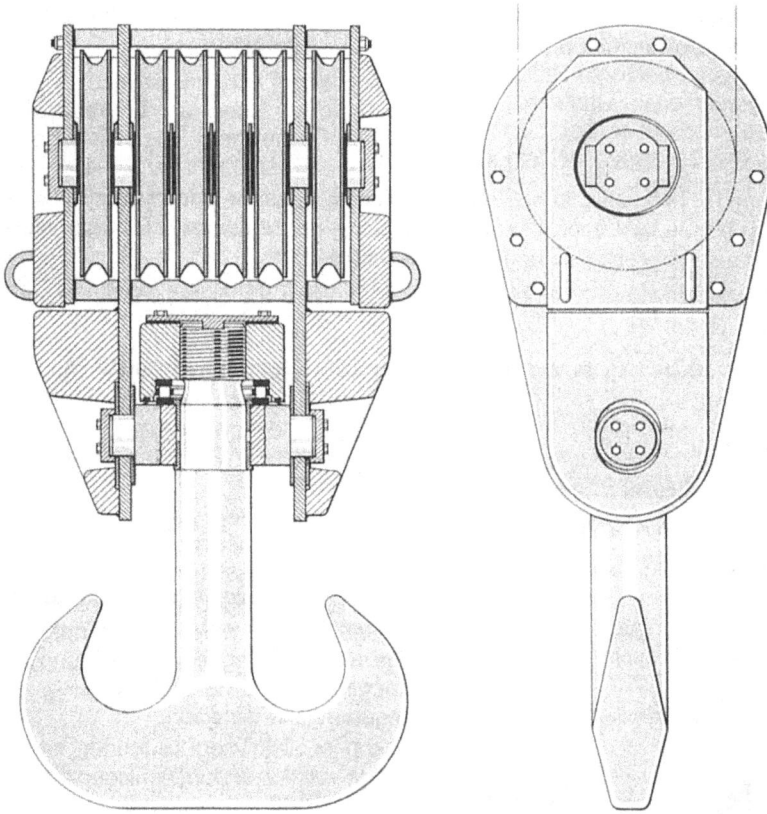

Bild 5.27: Lastha-
ken (nach INA)

Die Faktoren X_0 und Y_0 können aus den Lagertabellen entnommen bzw. nach den dort angegebenen Algorithmen ermittelt werden.

5.2.3.3.2   Dynamisch beanspruchte Lager (B)

Das lastübertragende Werkstoffelement am Umfang des Wälzelementes oder des Wälzlager-
ringes wird durch die Bewegung des Lagers auch bei konstanter äußerer Last dynamisch beansprucht: Bei jeder Überrollung baut sich die Hertz'sche Pressung zunächst auf, erreicht
ihren Maximalwert und fällt dann wieder auf null zurück. Für eine Dimensionierung unter
solchen Bedigungen muss weiterhin die werkstoffkundliche Beobachtung berücksichtigt
werden, dass die zulässige Hertz'sche Pressung keine ausgeprägte Dauerfestigkeit kennt,
sondern sich vielmehr im Zeitfestigkeitsbereich abspielt: Je höher die Belastung, desto eher
fällt die Kontaktstelle durch Materialschädigung aus. Wird eine lange Gebrauchsdauer angestrebt, so muss durch entsprechende Dimensionierung die Hertz'sche Pressung reduziert
werden.

Die Lebensdauerberechnung nach DIN ISO 281 geht zunächst von standardisierten Schmier-
stoff- und Materialbedingungen sowie von einer normalen statistischen Ausfallwahrscheinlichkeit aus. Das genormte Berechnungsverfahren beruht auf der Werkstoffermüdung (Pit-

tingbildung) als Ausfallursache. Das ausgeprägte Zeitfestigkeitsverhalten von Wälzkontakten wird dabei durch folgenden Ansatz beschrieben:

$$L_{10} = \left(\frac{C}{P}\right)^p$$ Gl. 5.9

Die Bezeichnungen C und P haben grundsätzlich die gleiche Bedeutung wie bei der Berechnungsvorschrift statisch belasteter Lager, zur Kennzeichnung der dynamischen Lagerbelastung sind jedoch die Indizes weggelassen. Im Einzelnen sind:

L_{10}:   Lebensdauer des Wälzlagers in 10^6 Umdrehungen, bis sich die ersten Materialermüdungen einstellen

C: dynamische Tragzahl des Lagers, aus den Lagertabellen (Katalog) zu entnehmen

P: Lagerlast

p: Lebensdauerexponent

        für Kugellager (Punktberührung) p = 3

        für Rollenlager (Linienberührung) p = 10/3

Bild 5.28 zeigt das Verschleißverhalten eines Wälzlagers am Beispiel des Innenringes eines Schrägkugellagers: Der fabrikneue Zustand der Laufbahn (links) weist bereits nach kurzer Gebrauchsdauer eine blanke, prägepolierte Fläche auf (Mitte). Gegen Ende der Gebrauchsdauer werden in der Laufbahn zunehmend Pittings sichtbar.

Bild 5.28: Kugellagerlaufbahn im Laufe ihrer Gebrauchsdauer

Da die Lebensdauerwerte stets einer deutlichen Streuung unterliegen, kann die obige Gleichung nur für eine bestimmte statistische Wahrscheinlichkeit gelten. Der Index „10" bei L_{10} gibt an, dass mit zehnprozentiger Wahrscheinlichkeit dieser Lebensdauerwert nicht erreicht wird, 90 % der Lager aber diesen Wert z.T. beträchtlich übertreffen.

Für Landfahrzeuge ist es zuweilen sinnvoller, die Lebensdauer in zurückgelegter Fahrstrecke zu beziffern, die aber meist mit der Anzahl der Überrollungen in einem einfachen geometrischen Zusammenhang steht. In den meisten Fällen ist jedoch die Angabe der Lebensdauer in Betriebsstunden anschaulicher, die sich nach folgender Umrechnung leicht formulieren lässt:

$$L_h[h] = \frac{L_{10} \cdot 10^6}{60\frac{min}{h} \cdot n[min^{-1}]}$$ Gl. 5.10

Dabei bedeuten:

L_h: nominelle Lebensdauer in Betriebsstunden

n: Drehzahl des Lagers in min^{-1}

Daraus können am Beispiel des Kugellagers vom Typ 6006 und des gleichgroßen Rollenlagers NU 1006 die folgenden tendenziellen Aussagen abgeleitet werden (Bild 5.29):

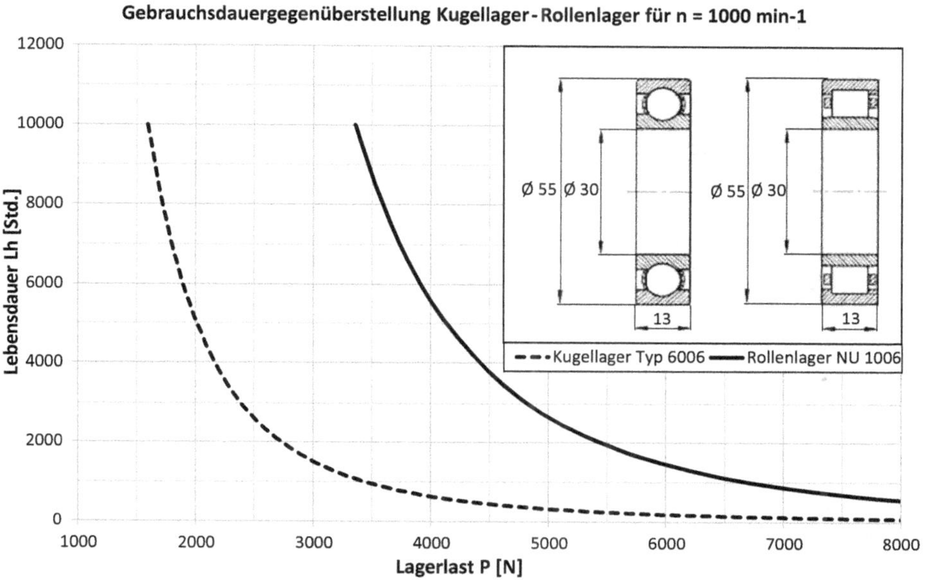

Bild 5.29: Beispielhafte Lagerlebensdauerberechnung

Die Lebensdauer beider Lager sinkt mit zunehmender Belastung (Zeitfestigkeit).

- Bei gleicher Lagerlast erreicht das Rollenlager eine deutlich höhere Betriebsdauer als das Kugellager oder bei gleicher Betriebsdauer ist das Rollenlager deutlich belastbarer als das Kugellager.
- Das Diagramm wurde für eine Drehzahl von 1.000 min^{-1} erstellt. Eine Erhöhung der Drehzahl würde die Gebrauchsdauer umgekehrt proportional verkürzen, weil die Anzahl der Überrollungen früher aufgebraucht ist (hier nicht dargestellt). Andererseits würde eine niedrigere Drehzahl die Gebrauchsdauer entsprechend verlängern.

Ähnlich wie im Fall des statisch belasteten Lagers wird in vielen Fällen das Lager nicht ausschließlich radial oder axial, sondern sowohl radial als auch axial belastet. In diesen Fällen muss eine „äquivalente dynamische Lagerlast" formuliert werden, die sich nach folgender Gleichung aus Radialbelastung F_r und Axialbelastung F_a zusammensetzt

$$P = X \cdot F_r + Y \cdot F_a$$

Gl. 5.11

Die „Gewichtungsfaktoren" X und Y sind zur Kennzeichnung des allgemeinen dynamischen Lastfalles nicht indiziert und unterscheiden sich von den zuvor aufgeführten Werten für die statische Belastung. Sie können aus den Lagertabellen entnommen bzw. nach den dort angegebenen Algorithmen berechnet werden.

Bei verschiedenartigen Konstruktionen werden höchst unterschiedliche Lebensdauerwerte gefordert. Die Aufstellung in Tabelle 5.3 gibt einige Anhaltswerte.

Tabelle 5.3: Richtwerte Lebensdauer Wälzlager

Anwendungsfall	geforderte Lebensdauer in Stunden
Kraftfahrzeug unter Volllast:	
Personenwagen	900–1.600
PKW-Getriebe (außer 1. Gang)	500–1.000
LKW-Getriebe (außer 1. Gang)	1.000–5.000
PKW- und LKW-Getriebe im 1. Gang	10–20
Lastwagen und Omnibusse	1.700–9.000
Schienenfahrzeuge:	
Straßenbahnwagen	30.000–50.000
Reisezugwagen	20.000–34.000
Lokomotiven	30.000–100.000
Getriebe von Schienenfahrzeugen	15.000–70.000
Landmaschinen	2.000–5.000
Baumaschinen	1.000–5.000
Elektromotoren für Haushaltsgeräte	1.000–2.000
Elektromotoren bis ca. 4 kW	8.000–10.000
mittelgroße Elektromotoren	10.000–15.000
Großmotoren	20.000–100.000
Werkzeugmaschinen	15.000–80.000
Getriebe im allgemeinen Maschinenbau	4.000–20.000
Schiffsgetriebe	20.000–30.000
Ventilatoren, Gebläse	12.000–80.000
Zahnradpumpen	500–8.000
Brecher, Mühlen, Siebe	12.000–50.000
Papier- und Druckmaschinen	50.000–200.000
Textilmaschinen	10.000–50.000

Die Dimensionierung eines Wälzlagers ist in den meisten Fällen ein Kompromiss zwischen angestrebter hoher Lebensdauer einerseits (möglichst hohe Tragzahl) und dem zur Verfügung stehenden Konstruktionsraum sowie den Kosten andererseits (möglichst geringe Tragzahl).

Aufgaben A.5.5 bis A.5.8

5.2.3.3.3   Äquivalente Drehzahl und äquivalente Lagerlast (B)

Das oben vorgestellte Berechnungsverfahren ging zunächst davon aus, dass sowohl die Drehzahl als auch die Lagerbelastung während des Betriebes konstant bleibt. Ist dies nicht der Fall, so wird nach Bild 5.30 die Gesamtzeitdauer t_{ges} in geeignete Abschnitte $t_1 - t_n$ zerlegt, für die die Drehzahlen $n_1 - n_n$ und die Kräfte $P_1 - P_n$ jeweils näherungsweise als konstant angenommen werden können. Daraus muss ein repräsentativer Wert n_m für die Drehzahl und P_m für die Kraft als Berechnungsgrundlage für die Lebensdauergleichung ermittelt werden.

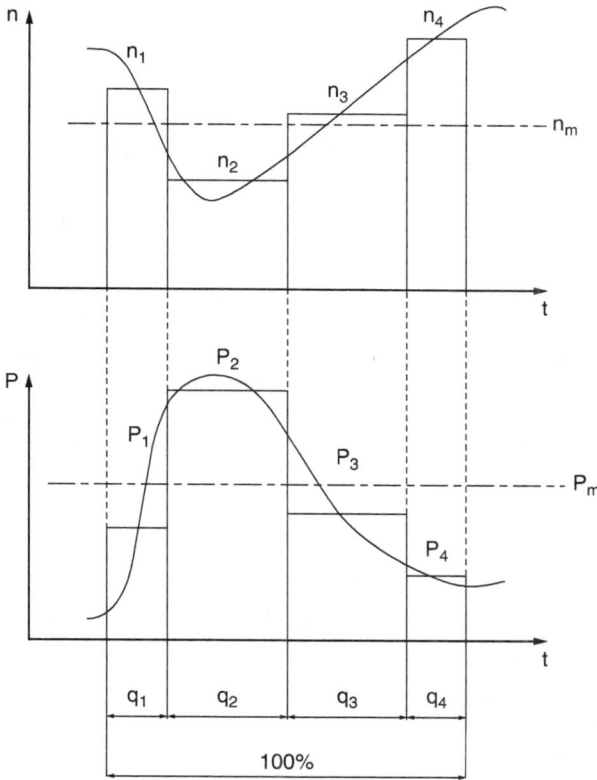

Bild 5.30: Zeitlich veränderliche Lagerlast und Drehzahl

Wäre die Drehzahl für die gesamte Betriebsdauer konstant, so würde sich die Anzahl der Überrollungen ergeben zu

$$\text{Anzahl der Überrollungen} = n \cdot t_{ges}$$

Kann die variierende Drehzahl für den einzelnen Zeitabschnitt t_n als konstanter Wert n_n angenommen oder zumindest angenähert werden, so kann für die Anzahl der Überrollungen eine Summenbildung vorgenommen werden:

$$\text{Anzahl der Überrollungen} = n_1 \cdot t_1 + n_2 \cdot t_2 + n_3 \cdot t_3 + \dots + n_n \cdot t_n = n_m \cdot t_{ges}$$

Betrachtet man diese aufsummierte Anzahl von Überrollungen als das Produkt aus einer konstanten repräsentativen Drehzahl n_m und der Gesamtbetriebsdauer t_{ges} und löst diese Gleichung nach n_m auf, so ergibt sich:

$$n_m = n_1 \cdot \frac{t_1}{t_{ges}} + n_2 \cdot \frac{t_2}{t_{ges}} + n_3 \cdot \frac{t_3}{t_{ges}} + \dots + n_n \cdot \frac{t_n}{t_{ges}}$$

Ersetzt man das Verhältnis t_n/t_{ges} durch den Prozentanteil $q_n[\%]/100\%$, so ergibt sich

$$n_m = n_1 \cdot \frac{q_1[\%]}{100\%} + n_2 \cdot \frac{q_2[\%]}{100\%} + n_3 \cdot \frac{q_3[\%]}{100\%} + \dots + n_n \cdot \frac{q_n[\%]}{100\%} \qquad \text{Gl. 5.12}$$

Weiterhin erfährt das Lager bei jeder Überrollung eine Schädigung, die progressiv mit der Höhe der Kraft P_n ansteigt. Modellhaft kann der Ausdruck P_n^p als Maß für diese Schädigung interpretiert werden. Dann steht das Produkt $P_n^p \cdot n_n \cdot t_n$ für die Schädigung, die in der Zeitspanne t_n bei der Drehzahl n_n auf das Lager aufgebracht wird. Formuliert man im Sinne der „Schadensakkumulationshypothese" die Schädigungssumme über mehrere Zeitabschnitte mit unterschiedlicher Belastung P_n, unterschiedlicher Drehzahl n_n und unterschiedlicher Zeitdauer t_n, so ergibt sich

$$P_1^p \cdot n_1 \cdot t_1 + P_2^p \cdot n_2 \cdot t_2 + P_3^p \cdot n_3 \cdot t_3 + \dots + P_n^p \cdot n_n \cdot t_n = P_m^p \cdot n_m \cdot t_{ges}$$

Setzt man diese Summe formal einer Gesamtschädigung $P_m^p \cdot n_m \cdot t_{ges}$ gleich, die mit einer äquivalenten Lagerlast P_m und der Drehzahl n_m über die gesamte Nutzungsdauer t_{ges} anhält, und löst diese Gleichung zunächst nach P_m^p auf, so ergibt sich:

$$P_m^p = P_1^p \cdot \frac{n_1}{n_m} \cdot \frac{t_1}{t_{ges}} + P_2^p \cdot \frac{n_2}{n_m} \cdot \frac{t_2}{t_{ges}} + P_3^p \cdot \frac{n_3}{n_m} \cdot \frac{t_3}{t_{ges}} + \dots + P_n^p \cdot \frac{n_n}{n_m} \cdot \frac{t_n}{t_{ges}}$$

Ersetzt man auch hier das Verhältnis t_n/t_{ges} durch den Prozentanteil $q_n[\%]/100\%$ und isoliert die Gleichung nach P_m, so ergibt sich

$$P_m = \sqrt[p]{P_1^p \cdot \frac{n_1}{n_m} \cdot \frac{q_1[\%]}{100\%} + P_2^p \cdot \frac{n_2}{n_m} \cdot \frac{q_2[\%]}{100\%} + P_3^p \cdot \frac{n_3}{n_m} \cdot \frac{q_3[\%]}{100\%} + \dots + P_n^p \cdot \frac{n_n}{n_m} \cdot \frac{q_n[\%]}{100\%}}$$

$$\text{Gl. 5.13}$$

Der Lebensdauerexponent p nimmt (wie oben) den Wert 3 für Kugellager 3 und 10/3 für Rollenlager an. Bleibt bei variierender Belastung die Drehzahl konstant, so ist der Quotient n_n/n_m stets 1. In diesem Fall kann Gl. 5.13 vereinfacht werden:

$$P_m = \sqrt[p]{P_1^p \cdot \frac{q_1[\%]}{100\%} + P_2^p \cdot \frac{q_2[\%]}{100\%} + P_3^p \cdot \frac{q_3[\%]}{100\%} + ... + P_n^p \cdot \frac{q_n[\%]}{100\%}} \quad \text{für n = const.}$$

Gl. 5.14

Die Werte für n_m und P_m sind dann in die Lebensdauergleichung Gl. 5.9 bzw. 5.10 einzusetzen. Dieser Zusammenhang gilt sowohl für die Ermittlung einer äquivalenten Radial- als auch Axialbelastung. Treten die Radialkraft F_{ra} und die Axialkraft F_{ax} gemeinsam auf, so müssen beide Lastanteile mit ihren jeweiligen Gewichtungsfaktoren X und Y zu einer Gesamtbelastung P_n zusammengesetzt werden:

$$P_n = X \cdot F_{rn} + Y \cdot F_{an}$$

Gl. 5.15

Aufgaben A.5.9 bis A.5.20

5.2.3.3.4 Erweiterte Lebensdauerberechnung (E)

Die zuvor durchgeführte Gebrauchsdauerberechnung geht von standardisierten Einbau- und Betriebsbedingungen aus, die für die normale Antriebstechnik meist recht gut zutreffen. Darüber hinaus hat die ISO 281 im Jahre 1977 eine sog. „**erweiterte Lebensdauerberechnung**" eingeführt, bei der auch vom Standard abweichende Betriebsbedingungen in die Berechnung miteinbezogen werden. Die Norm gibt zwar bis heute keine Zahlenwerte an, aber es haben sich im Laufe der Zeit einige Anhaltswerte ergeben. Danach wird folgender Ansatz formuliert:

$$L_{na} = a_1 \cdot a_{23} \cdot L \text{ [Gebrauchsdauer in } 10^6 \text{ Umdrehungen] bzw.} \qquad \text{Gl. 5.16}$$

$$L_{hna} = a_1 \cdot a_{23} \cdot L_h \text{ [Gebrauchsdauer in Stunden]} \qquad \text{Gl. 5.17}$$

Darin bedeuten:

a_1 Faktor für die Ausfallwahrscheinlichkeit

a_{23} Faktor für Werkstoff, Schmierung und Sauberkeit im Lager

L, L_h nominelle Ermüdungslebensdauer

Der Faktor a_1 für die Ausfallwahrscheinlichkeit ist genau 1, wenn mit der üblichen statistischen Ausfallwahrscheinlichkeit von 10 % gerechnet wird. Werden wie im Werkzeugmaschinenbau geringere Ausfallwahrscheinlichkeiten gefordert, so müssen die Werte nach Bild 5.39 (links) angesetzt werden:

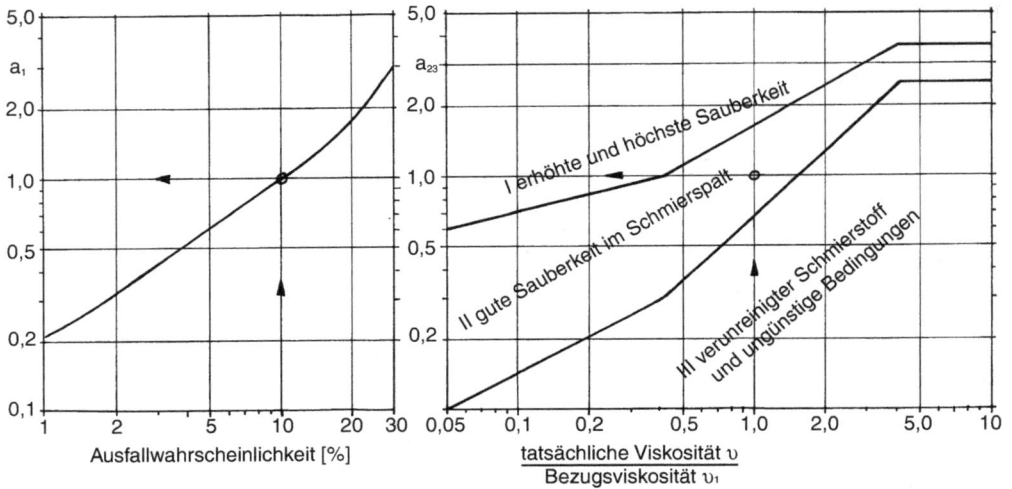

Bild 5.31: Faktor a_1 für Ausfallwahrscheinlichkeit und Faktor a_{23} für Werkstoff und Betriebsbedingungen

Ursprünglich war in der Norm ein getrennter Faktor a_2 für den Werkstoff und a_3 für die Betriebsbedingungen vorgesehen. Die betriebliche Praxis hat jedoch gezeigt, dass sich beide Einflüsse in einem einzigen Faktor a_{23} zusammenfassen lassen. Bild 5.31 (rechts) gibt einen Überblick über die Ermittlung des Faktors a_{23}: Der Faktor a_{23} ist gleich 1 für die Mitte des Bereichs II und für den Quotienten aus tatsächlicher Viskosität/Bezugsviskosität = 1. Dadurch wird der eingangs demonstrierte Standardfall charakterisiert. Das Schema gibt nun die beiden folgenden wesentlichen Abhängigkeiten wieder:

- Der Bereich II steht für „gute Sauberkeit im Schmierspalt". Wechselt man in den Bereich I über, der für „erhöhte und höchste Sauberkeit" steht, so wird auch a_{23} und damit die Lebensdauer des Lagers entsprechend größer. Umgekehrt verhält es sich, wenn man sich in den Bereich III „ungünstige Betriebsbedingungen und verunreinigter Schmierstoff" begibt.

- Weiterhin ist aus Bild 5.31 der Einfluss der Viskosität ν relativ zu einer Bezugsviskosität ν_1 abzusehen: Wird die Viskosität ν gesteigert, so verlagert sich der Betriebspunkt weiter nach rechts oben. Damit erhöht sich a_{23}, weil der hydrodynamische Effekt verbessert wird, der den metallischen Kontakt der Wälzkörper zu den Ringen zunehmend aufhebt. Dadurch schwimmt der Wälzkörper auf den Ölfilm auf, wodurch ein metallischer Kontakt vermieden und die Lebensdauer deutlich erhöht wird. Eine höhere Viskosität bedeutet allerdings auch einen höheren Bewegungswiderstand im Lager und damit eine intensivere Lagererwärmung. Eine geringere Viskosität verlagert den Betriebspunkt in Richtung Koordinatenursprung, verringert den Faktor a_{23} und damit die Lebensdauer.

Wenn auch im Rahmen dieser Betrachtung eine quantitative Aussage nicht getroffen werden kann, so ist doch absehbar, dass Wälzlager bei entsprechend konstruktivem Aufwand Lebensdauerwerte erreichen können, die z.T. beträchtlich über den Werten liegen, die sich aufgrund der einfachen Lebensdauergleichung ergeben. Man kann diese Bemühungen gezielt so weit treiben, dass Wälzlager als dauerfest angesehen werden können. Weitere Einflussnahmen wie zum Beispiel die der Temperatur sind den Unterlagen der Wälzlagerhersteller bzw. der Fachliteratur zu entnehmen.

Aufgabe A.5.21

5.2.4   Gestaltung von Wälzlagerungen (B)

Die folgenden Ausführungen konzentrieren sich auf die wichtigsten Aussagen zur Gestaltung von Wälzlagerungen. Weitere Aspekte finden sich in der Fachliteratur (z.B. [5.2]).

5.2.4.1   Axiale Festlegung des Lagers (B)

Entsprechend der Höhe der zu übertragenden Axialkraft müssen der Innenring gegenüber der Achse oder Welle und der Außenring gegenüber dem Gehäuse fixiert werden. Bild 5.32 zeigt modellhaft einige konstruktive Ausführungen für von a bis d ansteigende Axialkraft, wobei in allen Beispielen der Außenring stets durch je einen Deckel sowohl nach links als auch nach rechts abgestützt wird:

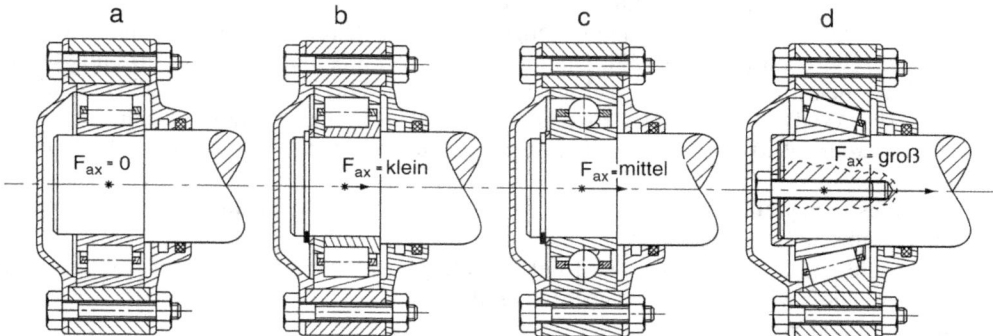

Bild 5.32: Axiale Festlegung der Lagerringe

a) Ein Rollenlager der Bauform NU oder N (s. auch Bild 5.18) ist konstruktionsbedingt bereits ein Loslager, welches bei festgelegtem Innen- und Außenring keine Axialkraft überträgt. Der Innenring braucht nur mit einer Presspassung fixiert zu werden, der rechts am Innenring anschließende Wellenabsatz dient lediglich als axialer Anschlag für die Montage.

b) Wenn mit einem Rollenlager der Bauform NUP eine geringe Axialkraft übertragen wird, so sollte die reibschlüssige Presspassung durch einen formschlüssigen Federring unterstützt werden.

c) Größere Axialkräfte werden hier durch ein Schulterkugellager übertragen. Das Aufbiegen des Federringes wird durch das Einfügen eines Zwischenringes verhindert.

d) Große Axialkräfte werden durch ein Kegelrollenlager übertragen, dessen Innenring durch eine stirnseitige Verschraubung axial auf der Welle gesichert wird.

Während die Kontaktfläche zwischen Lageraußenring und Gehäuse fast immer zylindrisch ist, kann der Lagerinnenring auch über eine kegelige Fläche mit der Welle verbunden werden (Bild 5.33):

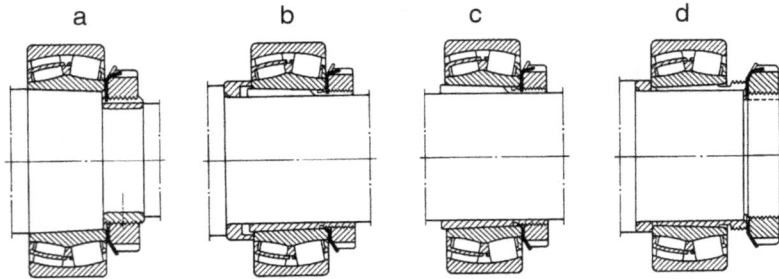

Bild 5.33: Lager mit kegeliger Innenfläche des Innenringes

a) Der Lagerinnenring wird mit seiner kegeligen Bohrung unmittelbar auf einen kegeligen Wellenabschnitt aufgebracht und mit einer Wellenmutter gesichert.

b) Die Welle selbst ist aus fertigungstechnischen Gründen zylindrisch. Der Zwischenraum zwischen zylindrischer Welle und kegeliger Innenringbohrung wird durch einen entsprechenden Zwischenring ausgefüllt. Um die Anpresswirkung nicht zu behindern, muss sich der Zwischenring möglichst ungehindert verformen können und ist deshalb geschlitzt. Wirkt die Axialkraft nach links, so kann sie am linken Wellenabsatz formschlüssig abgestützt werden. Wirkt die Axialkraft in umgekehrter Richtung, so wird sie reibschlüssig übertragen.

c) Bei Befestigung auf durchgehend zylindrischer Welle wird die Axialkraft in beiden Richtungen reibschlüssig abgestützt.

d) Die geschlitzte Zwischenhülse wird mit der Wellenmutter unter den Lagerinnenring geschoben. Die Zwischenhülse ist ebenfalls mit einem Gewinde versehen, über die sie mit einer weiteren Wellenmutter leicht demontiert werden kann.

5.2.4.2   Lagerpassungen (B)

Ohne Unterstützung durch die Umgebungskonstruktion (Achse bzw. Welle innen und Gehäuse außen) würde sich das gesamte Lager unter der angreifenden Kraft unzulässig deformieren, was zu einer lokalen Lastüberhöhung führt und damit die Lebensdauer nachteilig beeinträchtigt. Aus diesem Grund müssen die Lagerringe mit einer Passung in der Umgebungskonstruktion abgestützt werden. Mit einer Presspassung wäre diese Einbindung besonders vorteilhaft. Andererseits muss jedoch im Fall eines Loslagers eine freie axiale Beweglichkeit vorgesehen werden, was wiederum eine Spielpassung erfordert. Dazu muss zunächst folgende Unterscheidung getroffen werden (siehe auch Bild 5.34):

- Bei **Umfangslast** überstreicht die Kraft den gesamten Ringumfang. Der Ring mit der Umfangslast ist in jedem Fall mit einem festen Sitz (Presspassung) zu versehen, weil andernfalls die Gefahr besteht, dass die Last mit ihrer ständig wechselnden Richtung den Sitz des Ringes langfristig unzulässig deformiert und dabei Passungsrost entsteht.

- **Punktlast** bedeutet, dass die Last ständig auf denselben Punkt des Ringes gerichtet ist. Die zuvor genannte Gefahr besteht hier nicht, sodass unter diesen Umständen ein Spielsitz zugelassen werden kann. Im Fall eines Loslagers darf der lose Sitz (Spielpassung) zur Gewährleistung der axialen Einstellbarkeit nur dem Ring mit der Punktlast zugeordnet werden.

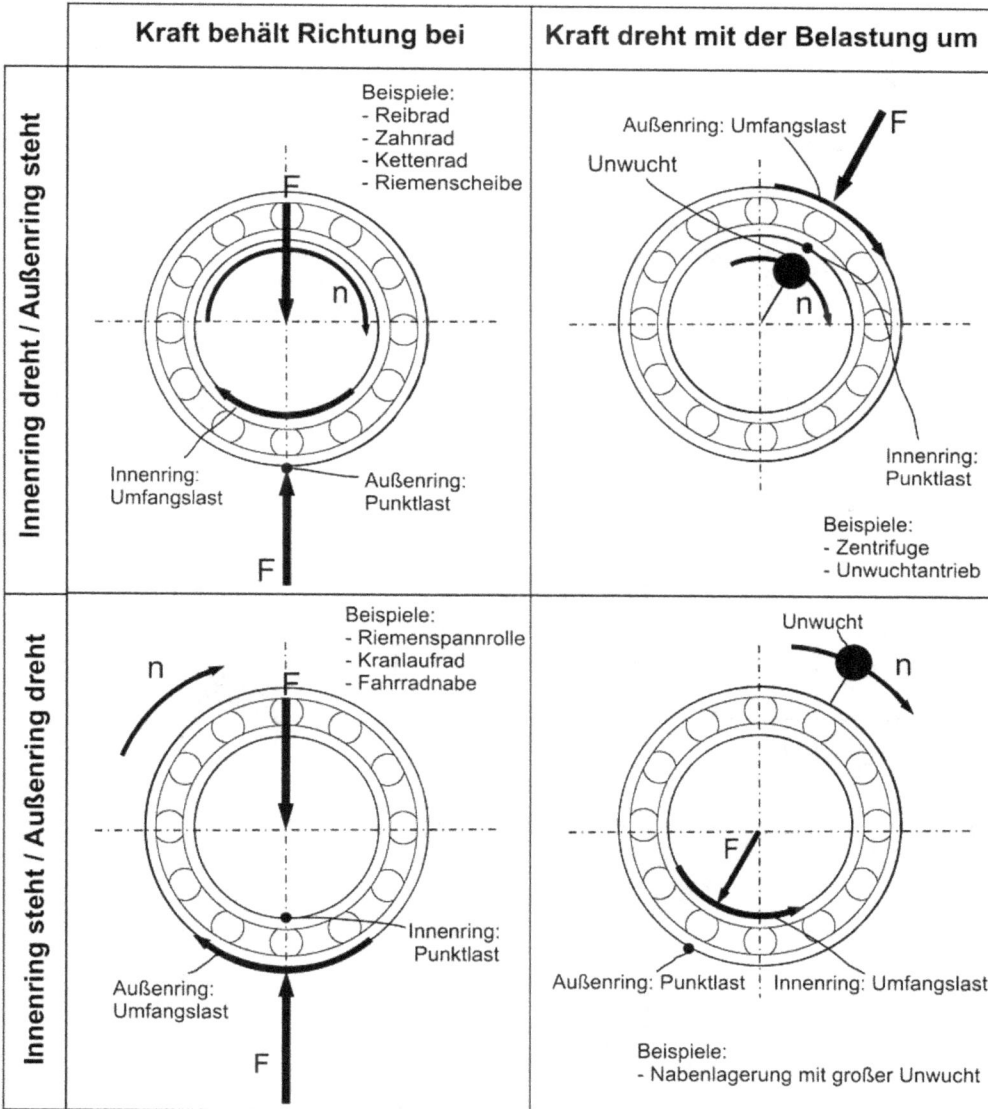

Bild 5.34: Passungen bei Umfangs- und Punktlast

Bei der Fertigung der Lagerringe sind deren Toleranzfelder bereits festgelegt worden (Manteltoleranz des Außenringes und Bohrungstoleranz des Innenringes). Die endgültige Passung kann also nur noch durch die Umgebungskonstruktion (innen durch die Welle und außen durch das Gehäuse) beeinflusst werden. Die in Bild 5.35 angegebenen Spiele und Übermaße gelten beispielhaft für den Durchmesserbereich von 14–18 mm.

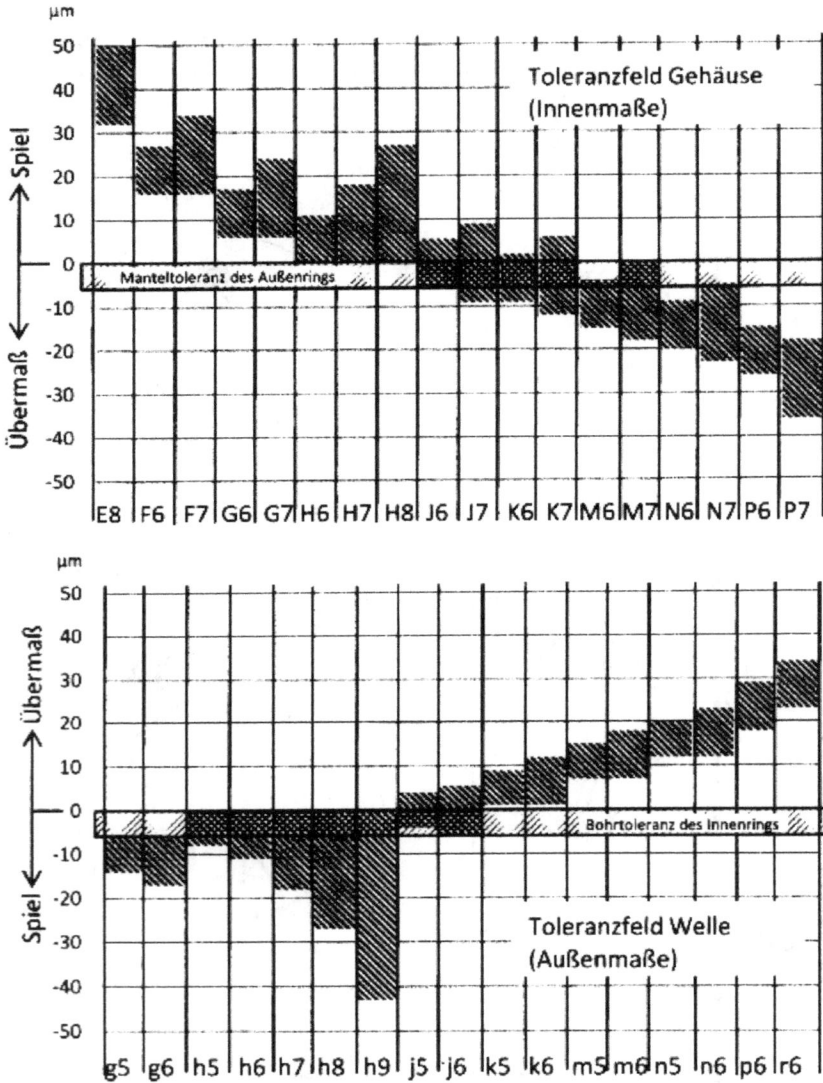

Bild 5.35: Passungen am Außenring (oben) und Innenring (unten)

Die Wälzlagerkataloge geben Empfehlungen über die endgültige Quantifizierung der Passungen. Die Einbindung eines Loslagers in die Umgebungskonstruktion wird dann besonders vorteilhaft, wenn eine axiale Verschiebbarkeit mit den Loslagerbauformen der Zylinderrollenlenlager NU und N bzw. mit entsprechenden Nadellagern realisiert wird. Dann ist sowohl innen als auch außen eine Presspassung möglich.

5.2.4.3   Reibung von Wälzlagern (E)

Das Wälzlager setzt der Bewegung einen Reibungswiderstand entgegen, der zu Wärmeentwicklung und damit zur Temperaturerhöhung im Lager führt. Der gesamte Reibwiderstand des Lagers wird beeinflusst durch

- die Kraft, die durch das Lager übertragen wird
- die Beschaffenheit des Hertz'schen Kontaktes (Punktberührung oder Linienberührung)
- die Lagerbauform
- die Lagergröße
- die Lagerdrehzahl
- die Schmierstoffbeschaffenheit und Schmierstoffmenge
- die konstruktive Ausführung und den Werkstoff des Käfigs
- eine eventuell vorhandene Dichtung

Abschnitt 9.2.1 (Band 3) formuliert einen Ansatz zur Beschreibung der Rollreibung von Wälzlagern. Darüber hinaus werden dort auch andere Fälle von Rollreibung betrachtet.

5.2.4.4   Grenzdrehzahlen (E)

Die Drehzahl von Wälzlagern kann nicht beliebig gesteigert werden. Die ohne Schaden ertragbaren Grenzdrehzahlen hängen von folgenden Parametern ab:

- **Lagergröße** Maßgebend für die maximal ertragbare Geschwindigkeit des Lagers ist die Geschwindigkeit im Wälzkontakt. Aus diesem Grund können kleine Lager größeren Drehzahlen ausgesetzt werden als große.
- **Art des Käfigs** Bei hohen Drehzahlen kann die Reibung zwischen Wälzkörper und Käfig kritisch werden. Messing- oder Kunststoffkäfige reduzieren diesen Reibungsanteil.
- **Lagerspiel** Ein geringes Lagerspiel ist von Vorteil. Bei zu großem Lagerspiel ist das kinematisch eindeutige Abrollen infrage gestellt, und bei Vorspannung des Lagers begrenzen thermische Probleme die praktizierbaren Maximaldrehzahlen.
- **Genauigkeit der Bauteile** Je genauer die Einzelteile des Lagers gefertigt sind, desto eindeutiger ist das kinematische Abrollen der Wälzkörper, was für die maximale Drehzahl von Vorteil ist.
- **Lagerlast** Ist die Last sehr gering oder wird das Lager im Leerlauf betrieben, so besteht die Gefahr, dass das Abrollen nicht mehr erzwungen wird, sondern teilweise in ein Gleiten übergeht. Schnelllaufende Lager sollen deshalb stets mit einer gewissen Mindestlast betrieben werden.
- **Schmierung** Fettschmierung lässt aufgrund der dabei auftretenden Walkarbeit keine sehr großen Drehzahlen zu. Andere Schmierungsarten können diesen Umstand wesentlich verbessern (s.u.).

- **Lagerbauart** Vorteilhaft für die maximal praktikable Drehzahl ist es, wenn die Rotationsachse der Wälzkörper zu sich selbst parallel bleibt. Ändert sich die Rotationsachse der Wälzkörper im Raum, so treten aufgrund der Kreiselwirkung zusätzliche Beschleunigungen auf, die die maximal ertragbare Drehzahl z.T. stark reduzieren. Dieser Sachverhalt wird bei einer Gegenüberstellung Kugellager einerseits und Schrägkugellager oder Pendelkugellager andererseits oder Zylinderrollenlager einerseits und Pendelrollenlager oder Kegelrollenlager andererseits deutlich.

Die Bilder 5.36 und 5.37 geben für die rechnerische Lebensdauer von 100.000 Stunden Anhaltswerte für die Grenzdrehzahlen. Die dort unter „normal" angegebenen Werte lassen sich ohne besondere Maßnahmen mit Fettschmierung praktizieren, während die mit „maximal" gekennzeichneten Werte nur mit optimalen Betriebsbedingungen (z.B. Öleinspritzschmierung, optimale Belastungsverhältnisse) erreichbar sind. Diese Diagramme können aber nur grobe Anhaltswerte liefern, die Wälzlagerkataloge geben für jedes einzelne Lager entsprechende Empfehlungen für die Drehzahlgrenze.

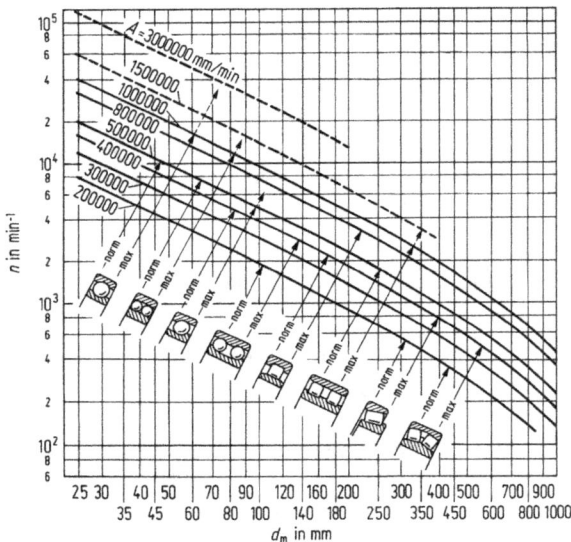

Bild 5.36: Ungefähre Drehzahlgrenzen für Radiallager [nach Dubbel]

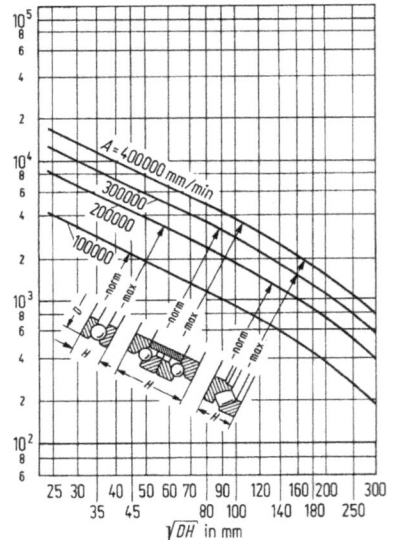

Bild 5.37: Ungefähre Drehzahlgrenzen für Axiallager [nach Dubbel]

5.2.4.5   Schmierung (E)

Schmierstoffe haben vor allen Dingen die Aufgabe, Reibung und Verschleiß zu reduzieren. Vom Vorhandensein eines ausreichenden Schmierfilms hängt es ab, ob die nach den obigen Gleichungen ermittelte Lebensdauer in der Praxis auch tatsächlich erreicht wird. Etwa 90 % aller Wälzlager werden wegen der konstruktiven Einfachheit mit Fett geschmiert, wobei zu beachten ist, dass nur so viel Fett eingefüllt werden soll, dass die Funktionsflächen ausreichend benetzt werden. Wird das Wälzlager voll befüllt, so stellt sich nur dann die notwendige Fettmenge von selbst ein, wenn das überschüssige Fett entsprechend verdrängt werden kann. Bei Fettschmierung ist keine Wärmeabfuhr durch das Schmiermittel möglich.

Die Ölschmierung wird dann bevorzugt, wenn in der Umgebung des Lagers schon mit Öl geschmiert wird (z.B. Zahnräder) oder wenn Drehzahl oder Temperatur eine Fettschmierung nicht zulassen. Es werden folgende Ölschmierungsarten unterschieden:

- Bei **Ölbad-** oder **Tauchschmierung** soll die Ölmenge so bemessen werden, dass die Wälzkörper am unteren Punkt ihrer kreisförmigen Bahn etwa zur Hälfte in das Öl eintauchen.
- Bei der **Öleinspritzschmierung** wird das Öl über Düsen auf die Funktionsflächen gespritzt.
- Eine noch intensivere Benetzung der Funktionsflächen wird durch die **Ölnebelschmierung** erzielt, bei der das Öl mittels Druckluft zerstäubt wird und damit dem Wälzkörper den geringstmöglichen Bewegungswiderstand entgegensetzt. In diesem Fall ist es aber aufgrund der geringen Wärmekapazität der Luft nur begrenzt möglich, die Lagerwärme durch das Öl abzuführen.

Tabelle 5.3 gibt Empfehlungen zur Auswahl des Schmierverfahrens. Bei dieser Betrachtung wird der sog. Drehzahlkennwert formuliert, der sich als Produkt aus der Lagerdrehzahl n und dem mittleren Lagerdurchmesser d_m ergibt und damit ein Maß für die Geschwindigkeit im Lager ist.

Tabelle 5.3: Schmierverfahren

Schmierverfahren	Drehzahlkennwert $n \cdot d_m$ in (min^{-1}·mm)
Fettschmierung	bis $0{,}5 \cdot 10^6$
Fettschmierung mit Sonderfett	bis $1{,}5 \cdot 10^6$
Tropfölschmierung	bis $0{,}5 \cdot 10^6$
Ölbad- bzw. Öltauchschmierung	bis $0{,}5 \cdot 10^6$
Ölumlauf- oder Öldurchlaufschmierung	bis $0{,}8 \cdot 10^6$
Öleinspritzschmierung	bis $0{,}8 \ldots 4{,}0 \cdot 10^6$
Ölnebelschmierung	bis $1{,}5 \ldots 3{,}0 \cdot 10^6$

5.2.4.6   Abdichtung von Wälzlagerungen (E)

Dichtungen haben die Aufgabe, sowohl ein Austreten des Schmierstoffs aus der Lagerung als auch ein Eindringen von Fremdkörpern zu verhindern. Dabei wird angestrebt, sowohl die Reibung als auch den Verschleiß so weit wie möglich zu reduzieren. Bei der Auswahl der zweckmäßigsten Dichtung spielen viele Aspekte eine Rolle:

- Art der Schmierung (Fett-, Tauchöl-, Spritzöl- oder Ölnebelschmierung)
- Geschwindigkeit im Dichtspalt
- Wellenanordnung waagerecht oder senkrecht
- Konstruktionsraum für den Einbau der Dichtung
- Konstruktionsaufwand und Kosten

Bei Fettschmierung genügt häufig die Verwendung eines Lagers mit integrierter Dichtung (Bild 5.38).

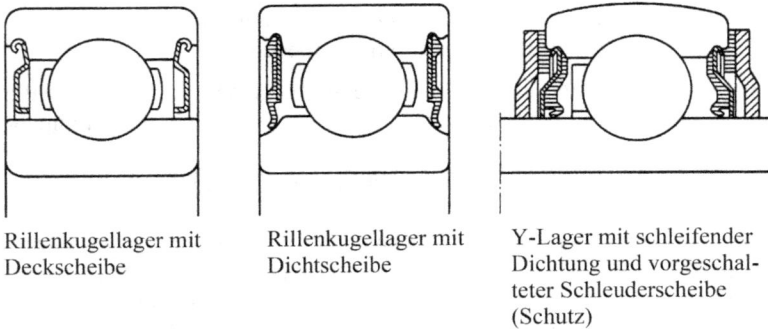

Rillenkugellager mit   Rillenkugellager mit   Y-Lager mit schleifender
Deckscheibe   Dichtscheibe   Dichtung und vorgeschal-
                                                            teter Schleuderscheibe
                                                            (Schutz)

Bild 5.38: Lager mit integrierter Dichtung

Weiterhin kann nach berührender und berührungsloser Dichtung unterschieden werden.

Berührende Dichtungen führen die Berührung der abzudichtenden Funktionsflächen durch eine geringe, definierte Andruckkraft über elastische, federnde Gestaltung der Dichtung herbei (siehe Bild 5.39):

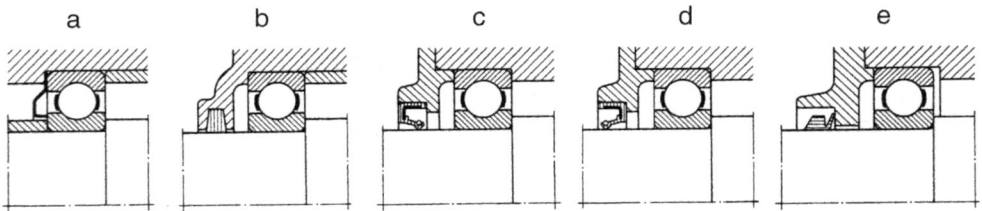

Bild 5.39: Berührende Dichtungen

a) Dichtungen in Form federnder Blechscheiben werden vor allen Dingen bei fettgeschmierten, nicht einstellbaren Lagerungen mit nicht zu hoher Drehzahl verwendet.
b) Bei Fettschmierung und bei geringen Drehzahlen kommt häufig die billige und einfache Filzringdichtung infrage.
c) Radialwellendichtringe sind einbaufertige Dichtmanschetten, die in der Regel metallisch versteift oder in einen Blechmantel gefasst werden, deren Dichtlippe mit einer rundherum eingelegten Schraubenzugfeder leicht gegen die Dichtfläche gedrückt wird. Zur Minimierung des Verschleißes an der Dichtlippe sind die Hinweise des Dichtungsherstellers zur Bearbeitung der Wellenoberfläche zu befolgen.

d) Muss besonders ein Eindringen von Fremdkörpern in das Lagerinnere befürchtet werden, so wird die Einbaulage der Dichtung im Gegensatz zu c. umgekehrt. In vielen Fällen wird dann aber auch eine doppelte, spiegelbildliche Anordnung praktiziert.

e) V-Ring-Dichtungen sind gummielastische Rotationskörper, die fest mit der Welle verbunden werden und mit ihrer Dichtlippe axial an einer vorbereiteten Lauffläche am Gehäuse anliegen. Bei großen Wellenschiefstellungen oder bei hoher Drehzahl hebt die Dichtlippe von der Gehäusefläche ab und wird damit zur Schleuderscheibe einer berührungslosen Dichtung.

Berührungslose Dichtungen (Bild 5.40) lassen bewusst einen Spalt zwischen den abzudichtenden Funktionsflächen und weisen deshalb nur ein geringes Reibmoment auf, ein Verschleiß kann in den meisten Fällen gänzlich ausgeschlossen werden.

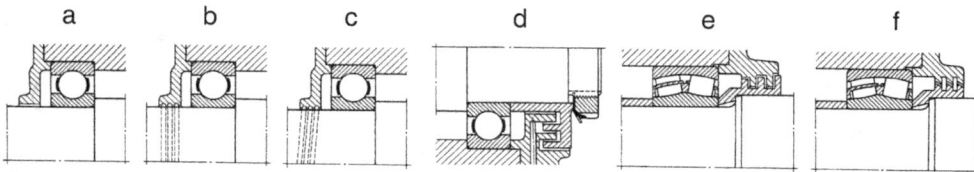

Bild 5.40: Berührungslose Abdichtung von Wälzlagern

a) Die Spaltdichtung (möglichst enger, glatter Spalt zwischen Welle und Gehäuse) stellt die einfachste Form der berührungslosen Dichtung dar.

b) Die Dichtwirkung kann durch das Eindrehen von Rillen im Gehäusedeckel verbessert werden. Das durch bewusste Überfettung nach außen drängende Fett lagert sich in diesen Rillen ab und wird damit selbst zum Dichtmedium.

c) Bei Ölschmierung können diese Rillen entweder auf der Welle oder im Gehäuse angebracht und schraubenförmig angeordnet werden, sodass die Drehung der Welle eine geringfügige Pumpwirkung hervorruft, die das an der Welle entlangkriechende Öl ständig nach innen befördert. Diese Wirkung bleibt aber auf eine Drehrichtung beschränkt.

d) Ein mehrgängiges Labyrinth steigert die Dichtwirkung erheblich. Bei ungeteiltem Gehäuse müssen die Rillen so angeordnet werden, dass eine Montage in axialer Richtung möglich ist.

e) Bei geteiltem Gehäuse ist es meist einfacher, die Rillen radial anzuordnen.

f) Bei erheblichen Wellenschiefstellungen muss eine Verengung oder sogar eine Verklemmung des Spaltes vermieden werden. Abgeschrägte Labyrinthstege ordnen den Spalt so an, dass eine Wellenschiefstellung zu einer Verlagerung in Richtung des Spaltes, nicht jedoch zu einer Verengung des Spaltes führt.

Berührungslose Dichtungen werden auch als einbaufertige Einheiten angeboten.

5.2.4.7   Konstruktionsbeispiele (B)

Bild 5.41 zeigt beispielhaft eine Festlagerung mit konstruktiver Umgebung.

Passmaß	Höchstmaß	Mindestmaß
70n6	70,039	70,020
62h11	62,000	61,810
50k6	50,018	50,002

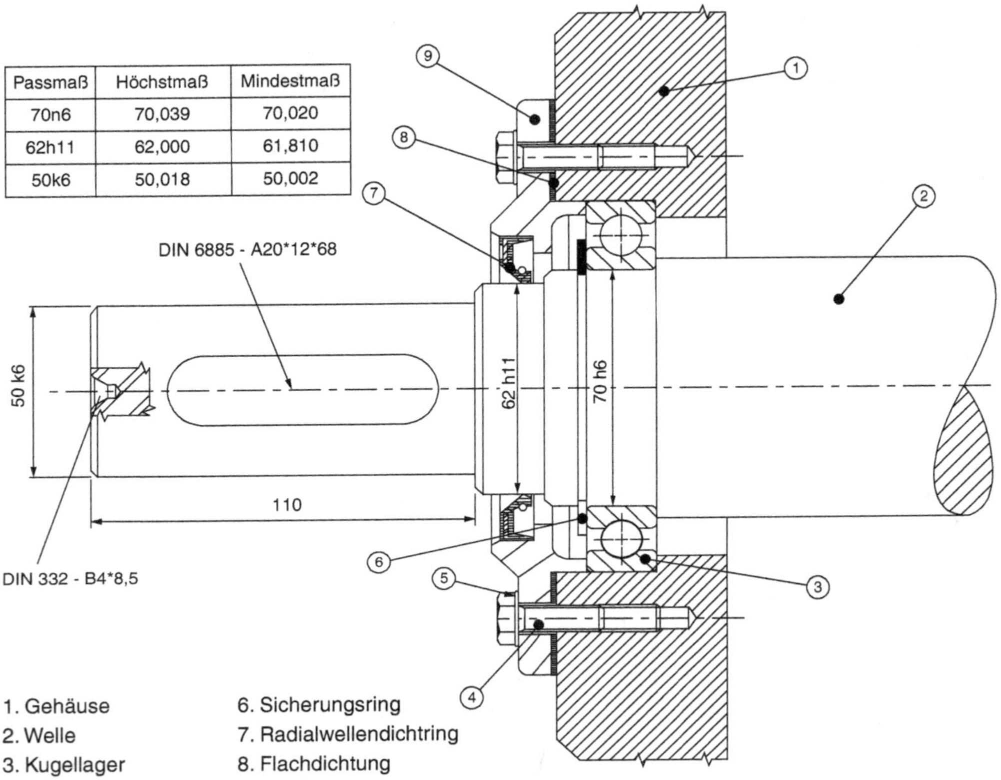

DIN 6885 - A20*12*68

DIN 332 - B4*8,5

1. Gehäuse
2. Welle
3. Kugellager
4. Sechskantschraube
5. Unterlegscheibe
6. Sicherungsring
7. Radialwellendichtring
8. Flachdichtung
9. Gehäusedeckel

Bild 5.41: Wellenlagerung

Der Lageraußenring wird nach rechts gegen eine „Gehäuseschulter" abgestützt und von der linken Seite durch einen Deckel gesichert. Zur Vermeidung einer Doppelzentrierung in axialer Richtung wird der Deckel gegen den Lageraußenring verspannt, während der Deckel selbst gegenüber dem Gehäuse einen Spalt aufweist, der mit einer elastischen Dichtung ausgefüllt wird. Der Lagerinnenring wird nach rechts gegen eine „Wellenschulter" abgestützt und von links mit einem Federring gesichert. In aller Regel ist es vorteilhaft, die sich nach links anschließende Dichtfläche der Welle mit einem geringeren Durchmesser auszuführen, um deren anspruchsvolle Oberfläche auf einen möglichst geringen Abschnitt zu beschränken. Außerdem soll so verhindert werden, dass die beim Aufpressen des Innenringes unvermeidlichen Kratzer in axialer Richtung die Dichtfläche beeinträchtigen.

Die Lagerung der Kreissägewelle nach Bild 5.42 ist als Festlager-/Loslager-Anordnung ausgeführt. Links befindet sich das Sägeblatt, am rechten Wellenende ist die Riemenscheibe für
den Antrieb (22 kW) angeordnet. Obwohl das Festlager mit 2,1 kN deutlich höher belastet ist
als das Loslager mit 0,6 kN, werden doch Rillenkugellager des gleichen Typs verwendet, um
die Steifigkeit der Welle nicht zu beeinträchtigen. Bei der Drehzahl von 6.000 min^{-1} ist eine
berührungslose Dichtung vorteilhaft.

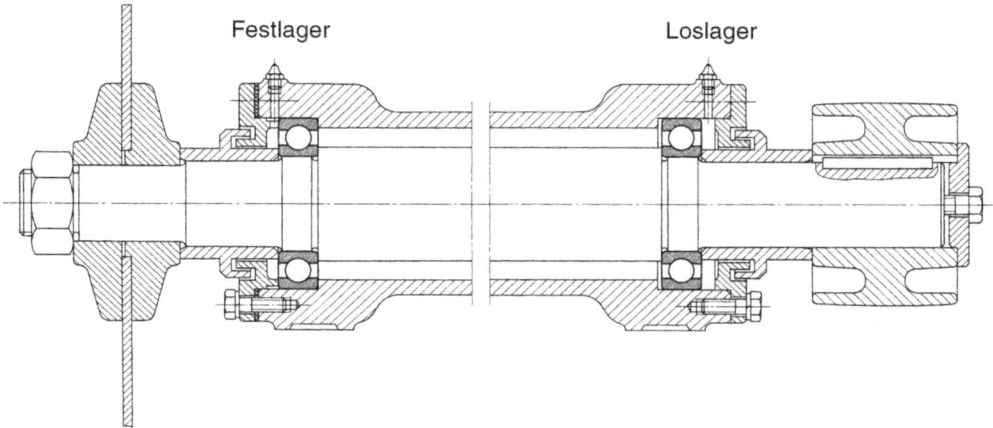

Bild 5.42: Kreissägewelle [nach FAG]

Auch die in Bild 5.43 dargestellte Messerwelle einer Hobelmaschine ist als Fest-Los-Lagerung ausgebildet. Beide Lager werden von je einem Stehlagergehäuse aufgenommen, welches nach dem Baukastenprinzip mit verschiedenen Deckeln ausgestattet werden kann und
dementsprechend Fest- oder Loslagerfunktion übernimmt. In diesem Fall werden Pendelkugellager verwendet, da aufgrund der Stahlbauumgebungskonstruktion mit Fluchtungsfehlern
und wegen der Wellenlänge mit Wellendurchbiegungen gerechnet werden muss. Der Antrieb
von 8,8 kW bei einer Drehzahl von 4.500 min^{-1} erfolgt über Flachriemen. Für die Dichtung
werden Filzringe verwendet.

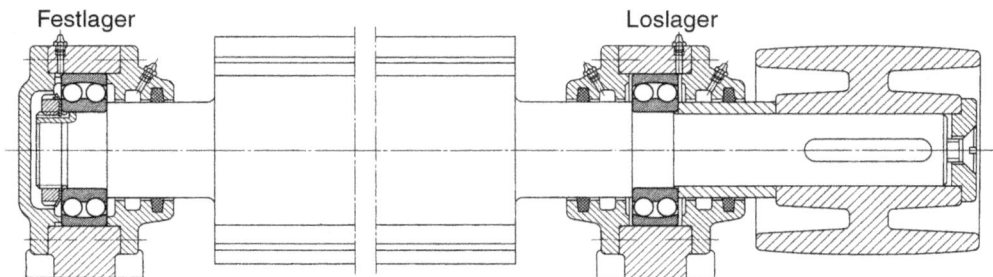

Bild 5.43: Messerwelle Hobelmaschine [nach FAG]

Der Drehstrom-Normmotor nach Bild 5.44 (3 kW bei 2.800 min^{-1}) treibt an seinem linken Wellenende an, während sich auf der rechten Seite das Lüfterrad befindet, welches die Verlustwärme des Motors abführt. Die Lagerung wird durch ein Federelement auf der Antriebsseite angestellt. Dadurch wird sichergestellt, dass die Kugeln selbst dann zu einem eindeutigen Abrollen gezwungen werden, wenn von außen keine Belastung aufgebracht wird. Damit wird eine Geräuschentwicklung im lastlosen Zustand vermieden. Die Deckscheiben verhindern den Austritt des Fettes und schützen das Lager gegen Fremdkörper aus dem Motorraum. Der relativ lange Wellenabschnitt im Bereich des linken Deckels und die davor angebrachte Schutzkappe schützen zusätzlich gegen Staub und Nässe.

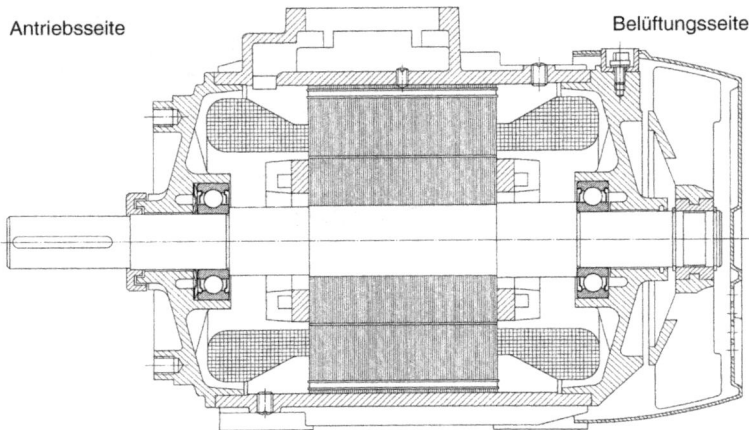

Antriebsseite   Belüftungsseite

Bild 5.44: Drehstrom-Normmotor [nach FAG]

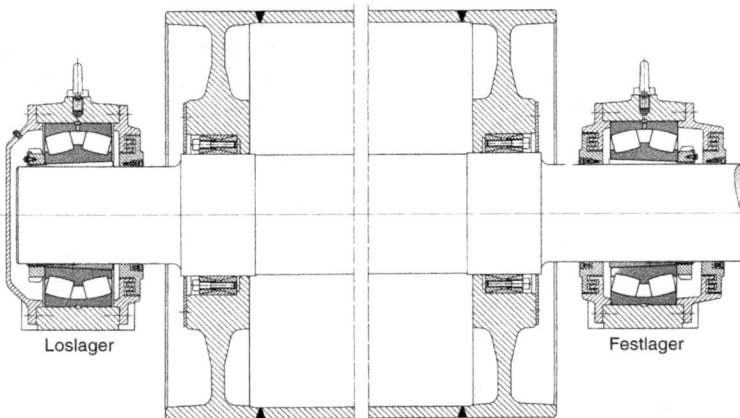

Loslager   Festlager

Bild 5.45: Lagerung der Antriebstrommel eines Gurtförderers [nach FAG]

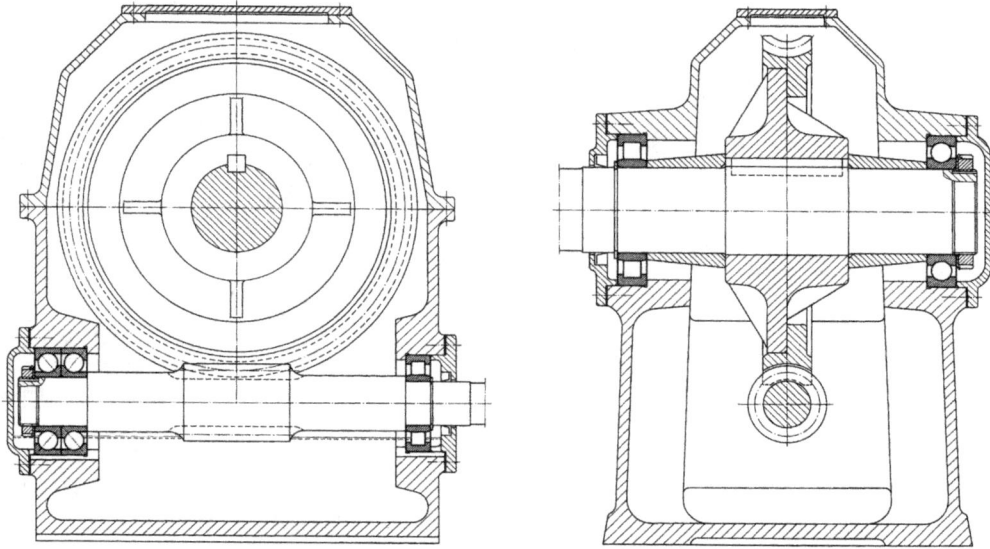

Bild 5.46: Schneckengetriebe Personenaufzug [nach FAG]

Die Lagerung der Umlenktrommel eines Förderbandes nach Bild 5.45 muss auf raue Umgebungsbedingungen Rücksicht nehmen: Die Fest-Los-Lagerung wird mit besonders tragfähigen Pendelrollenlagern in Stehlagergehäusen ausgestattet, die die unvermeidlichen Fluchtungsfehler ausgleichen können. Zur Erleichterung von Montage und Demontage werden die Lagerinnenringe über Spannhülsen fixiert. Die sehr staubige Umgebung erfordert eine erweiterte Lebensdauerberechnung mit dem Faktor a_{23}. Der Antrieb der gesamten Förderanlage („Gurtförderer") erfolgt von der Trommelwelle über Spannsätze. Bei einer Bandbreite von 2300 mm, einer Bandgeschwindigkeit von 5,2 m/s und einer Förderleistung von 7.300 m³/h ist bei einem Trommeldurchmesser von 1.730 mm eine Leistung von bis zu 430 kW erforderlich, die mit drei Motoren auf zwei Antriebstrommeln aufgeteilt wird (Näheres s. Abschnitt 12.2.4 in Band 3).

Das Schneckengetriebe für einen Personenaufzug nach Bild 5.46 überträgt eine Leistung von 3,7 kW und untersetzt die Eingangsdrehzahl von 1500 min^{-1} mit dem Verhältnis 50:1. Die Schneckenwelle wird mit hohen Axialkräften belastet. Das Festlager links wird mit zwei Schrägkugellagern bestückt, die wegen der X-Anordnung Wellendurchbiegungen zulassen. Das rechte Zylinderrollenlager der Bauform NU ist konstruktionsbedingt ein Loslager, beide Ringe müssen axial gesichert werden. Die Schneckenradwelle wird mit hohen Radialkräften belastet. Das Festlager rechts ist ein Rillenkugellager, die Loslagerkonstruktion ist ähnlich ausgeführt wie die der Schneckenwelle. Für beide Wellen liegt am Innenring Umfangslast und am Außenring Punktlast vor.

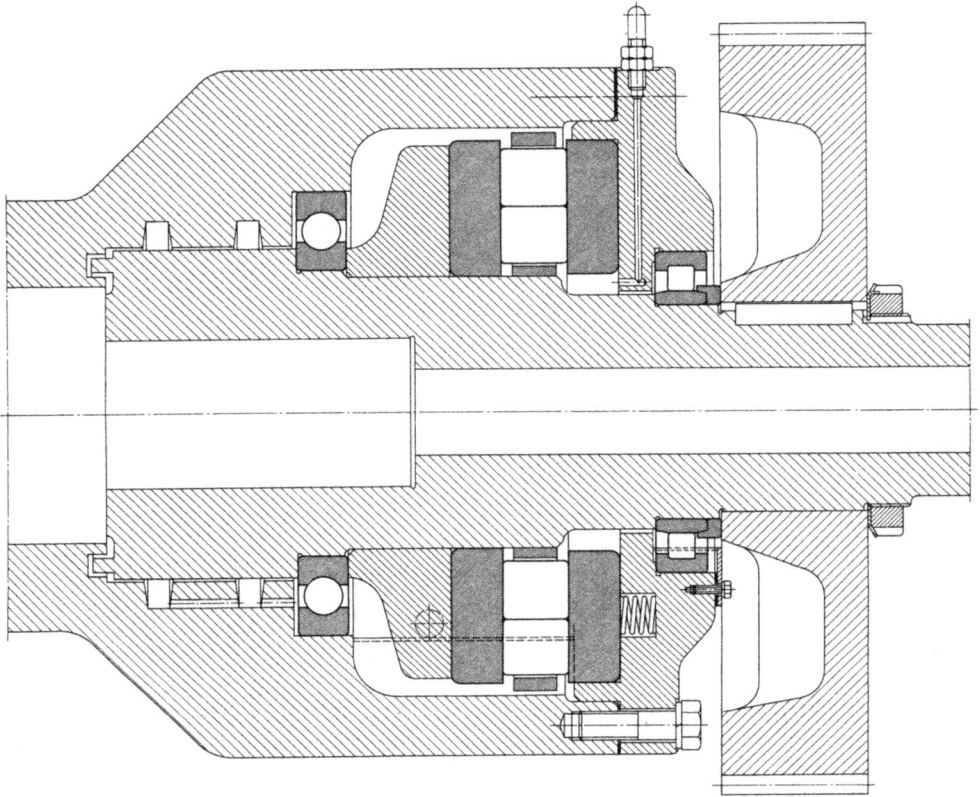

Bild 5.47: Schneckenwelle einer Kunststoffpresse [nach FAG]

Schneckenpressen (Bild 5.47) arbeiten prinzipiell wie ein Fleischwolf und dienen zur Verarbeitung von thermoplastischen Kunststoffen zu Schläuchen, Rohren, Stangen, Bändern, Folien und anderen Profilen sowie zur Ummantelung von Drähten und Seilen. Da mit der Förderschnecke hohe Drücke erzeugt werden, müssen am Wellenende hohe Axialkräfte (im vorliegenden Fall 300 kN) aufgenommen werden. Axialzylinderrollenlager sind für hohe Kräfte und geringe Drehzahlen besonders geeignet. Um die Bohrreibung zu vermindern, werden anstelle einer langen Zylinderrolle jeweils zwei kurze Zylinderrollen eingebaut. Damit das Axiallager im unbelasteten Zustand nicht abhebt, sind in der Gehäuseanlagefläche sechs Schraubenfedern angeordnet, die das Lager mit $F_V = 5$ kN vorspannen. Die relativ geringen Radialkräfte werden von einer schwimmenden Lagerung aufgenommen. Das rechte Lager wird als Radialzylinderrollenlager ausgeführt, weil die Zerlegbarkeit des Lagers den Einbau erleichtert.

Das Kegelrad-Stirnradgetriebe in Bild 5.48 überträgt eine Leistung von 135 kW und untersetzt eine Antriebsdrehzahl von 1.000 min^{-1} mit einem Verhältnis von 6,25:1. Die im Bild waagerecht angeordnete Antriebs- und die mittlere, senkrechte Zwischenwelle müssen wegen der Kegelradverzahnung axial präzise geführt werden. Die Antriebswelle ist mit einer

Fest-Los-Lagerung versehen, deren Festlager aus zwei gegeneinander angestellten Kegelrollenlagern besteht. Durch Abschleifen des Zwischenringes A kann die Vorspannung in dieser Lagerkombination definiert variiert werden. Zur exakten axialen Einstellung des Kegelritzels werden die Distanzringe B und C auf passende Breite geschliffen.

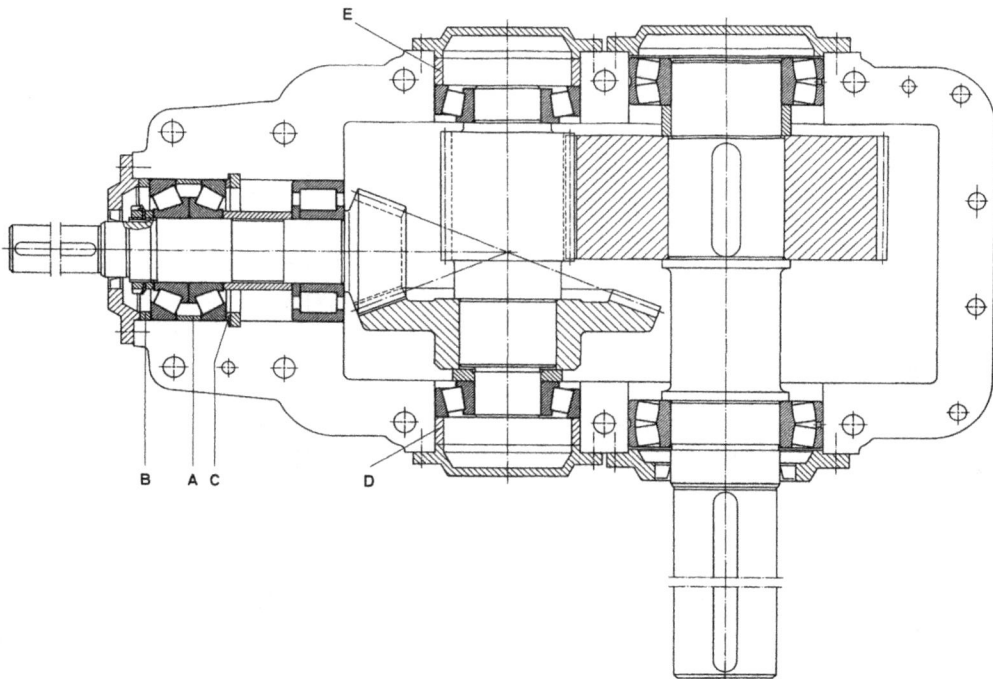

Bild 5.48: Kegelrad-Stirnradgetriebe [nach FAG]

Das Loslager ist ein Zylinderrollenlager, welches am Außenring eine axiale Verschiebung ermöglicht. Die Zwischenwelle wird über zwei Kegelrollenlager als angestellte Lagerung ausgeführt, die Vorspannung und die für die Kegelradverzahnung notwendige axiale Einstellung erfolgen durch entsprechendes Abschleifen der Distanzringe D und E. Die Abtriebswelle erfordert keine exakte axiale Führung und wird deshalb als schwimmende Lagerung ausgeführt. Sämtliche Lagerstellen erfahren am Innenring Umfangslast und am Außenring Punktlast. Deshalb sind sämtliche Lagerinnenringe mit einem festen Sitz auf der Welle zu befestigen, während am Außenring ein loser Sitz zulässig ist.

Die Straßenwalze nach Bild 5.49 verfügt über eine vordere Steuerwalze, mit der das Fahrzeug gelenkt wird. Die hinten angeordnete Vibrierwalze ist im Rahmen gelagert und mit einem Unwuchterreger ausgestattet, der die Verdichtungswirkung der Walze erheblich steigert. Zur eigentlichen Lagerung der Walze dienen die kleinen doppelreihigen schwimmend angeordneten Zylinderrollenlager, deren Innenringe auf einer feststehenden Achse befestigt sind. Die den Außenring umgebende Konstruktion des Walzenkörpers wird über das rechts angedeutete Kettenrad angetrieben. Die feststehende Achse ist mit dem Fahrzeugrahmen verbunden und in zwei Halbachsen aufgeteilt, damit dazwischen die Unwuchtwelle untergebracht werden kann. Diese wird über einen Zweifachkeilriemen an der rechten Seite angetrieben und ist in zwei weiteren Zylinderrollenlagern ebenfalls schwimmend gelagert. Diese Lager müssen wegen der großen Unwuchtkräfte sehr groß dimensioniert werden.

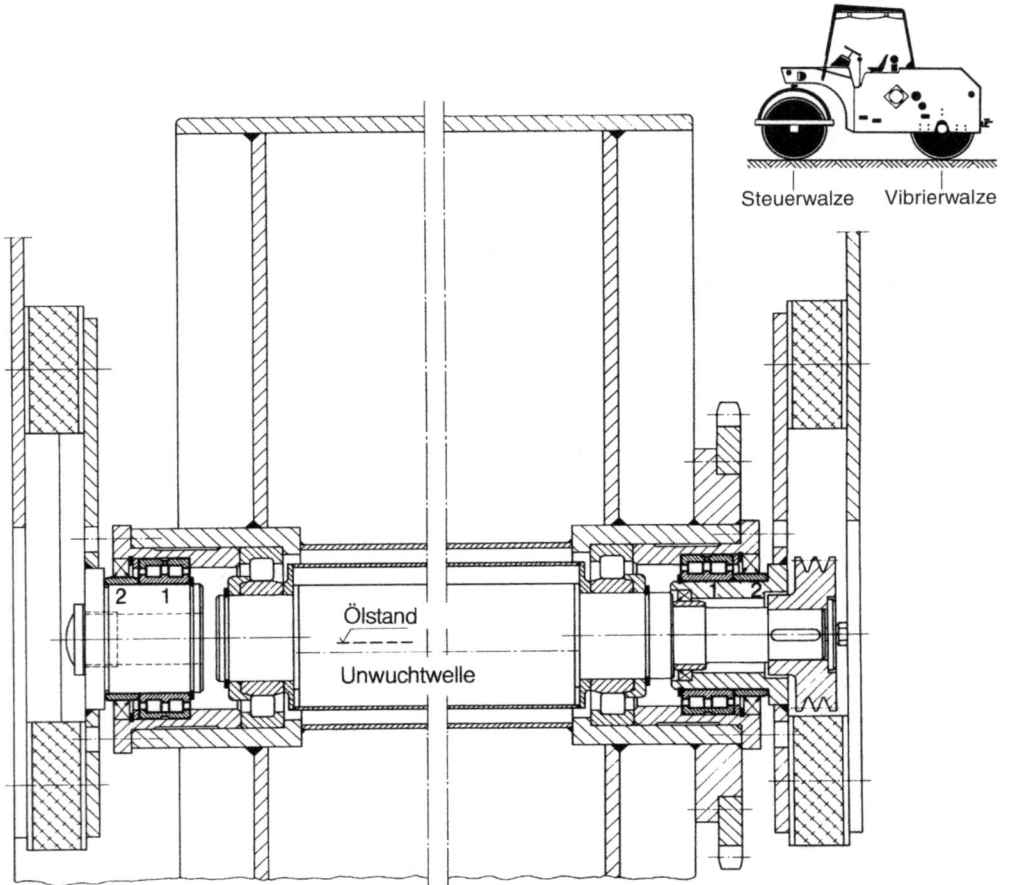

Bild 5.49: Lagerung Vibrierwalze [nach INA]

5.2.4.8   Lagerauswahl (B)

Bei dem Versuch, die oben vorgestellten Lagerbauformen und ihre Verwendbarkeit tabellarisch gegenüberzustellen, ergibt sich nach SKF die Zusammenstellung nach Bild 5.50.

		Radiallast	Axiallast	Radial- und Axiallast	hohe Drehzahl	hohe Laufgenauigkeit	hohe Steifigkeit	Winkelfehler	Eignung als Festlager	Eignung als Loslager
Rillen-kugellager		+	+	+	+++	+++	+	-	++	+
Schräg-kugellager einreihig		+	+	++	++	+++	-	-	++	--
Schräg-kugellager zweireihig	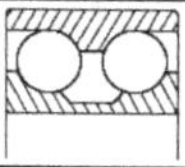	++	+	++	+	++	++	--	++	+
Vierpunkt-lager		-	+	+	++	+	+	--	++	-
Pendel-kugellager	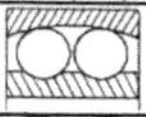	+	-	-	++	++	-	+++	+	+
Axialrillen-kugellager		--	+	--	+	++	+	--	+	--
Zylinderrol-lenlager NU	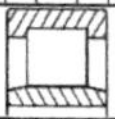	++	--	--	+++	++	++	-	--	+++
Zylinderrol-lenlager NUP	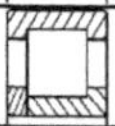	+++	+	-	-	+	+++	-	+	+
Nadellager	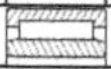	++	--	--	+	+	++	--	--	+++
Kegel-rollenlager		++	++	+++	+	++	++	-	++	--
Pendel-rollenlager		+++	+	+++	+	+	++	+++	++	+
Axialzylinder-rollenlager	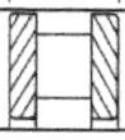	--	++	--	-	++	++	--	+	--

+++   sehr gut geeignet

++   gut geeignet

+   geeignet

-     weniger geeignet

--   ungeeignet

Bild 5.50: Wahl der Lagerbauform

Aufgaben A.5.22 bis A.5.26

5.3   Hydrodynamisches Radialgleitlager (B)

Der Begriff „Gleitlager" wird im allgemeinen Sprachgebrauch zunächst einmal für die unter 5.1 aufgeführten Lager mit Festkörperreibung benutzt. Im Zusammenhang mit Bild 5.1 wurde jedoch bereits angedeutet, dass sich Gleitlager bezüglich ihres Reibverhaltens gezielt optimieren lassen und sogar **verschleißfrei** betrieben werden können. Diese vorteilhafte Funktionsweise wird aber nur dann möglich, wenn die Festkörperreibung durch die **Flüssigkeitsreibung** ersetzt wird. Dies bedeutet, dass die metallische Festkörperberührung gänzlich vermieden wird und die Kraft durch einen Ölfilm zwischen Welle und Lagerschale übertragen wird.

Ein anschauliches Beispiel möge diese grundsätzliche Idee für einen translatorischen Bewegungsvorgang erläutern: Ein Skifahrer im Winter bewegt sich unter Ausnutzung einer sehr reibungsarmen Festkörperreibung fort, was zweierlei Konsequenzen hat:

- Reibung (hier Festkörperreibung)

  $F_R = F_N \cdot \mu$ Reibkraft, Bewegungswiderstand

  $W_R = F_R \cdot s$ Reibarbeit, Verlustarbeit, Energieverlust

  $P_R = \dfrac{W_R}{t} = F_R \cdot v$ Reibleistung, Leistungsverlust

- Verschleiß
  Die Festkörperreibung hat zur Folge, dass an den sich berührenden Flächen fortlaufend Material abgetragen wird, was sich langfristig in Verschleiß (Materialverlust) äußert.

Die Lehre von Reibung und Verschleiß wird in der sog. Tribologie als besonderer wissenschaftlicher Disziplin zusammengefasst. Der Wasserskiläufer nutzt bei seiner Bewegung einen Flüssigkeitsfilm aus, die Festkörperreibung wird also durch die völlig anders geartete **Flüssigkeitsreibung** ersetzt: Sie trennt die festen Körper durch einen unter Druck stehenden Flüssigkeitsfilm voneinander, wodurch die **Reibung erheblich reduziert** und der **Verschleiß** völlig **ausgeschlossen** werden kann. Dabei wird nach Bild 5.51 grundsätzlich zwischen hydrodynamischer und hydrostatischer Betriebsweise unterschieden.

Bei der **Hydrodynamik** wird die Flüssigkeit wie beim Wasserskiläufer durch die Geschwindigkeit v im sich verengenden Spalt unter Druck gesetzt und erlaubt damit die Übertragung der Kraft F. Das Reibungs- und Verschleißverhalten der zueinander bewegten Flächen hängt entscheidend von ihrer Relativgeschwindigkeit zueinander (hydro**dynamisch**) ab, Verschleißfreiheit wird erst bei ausreichender Geschwindigkeit erreicht. Bei der **Hydrostatik** wird der verschleißfreie Bewegungszustand dadurch erzielt, dass ein Flüssigkeitsfilm durch Einwirkung von außen unter Druck gesetzt wird. Die Trennung der zueinander bewegten Flächen ist damit vom Bewegungszustand unabhängig (hydro**statisch**), erfordert aber ein externes Organ zur Druckerzeugung.

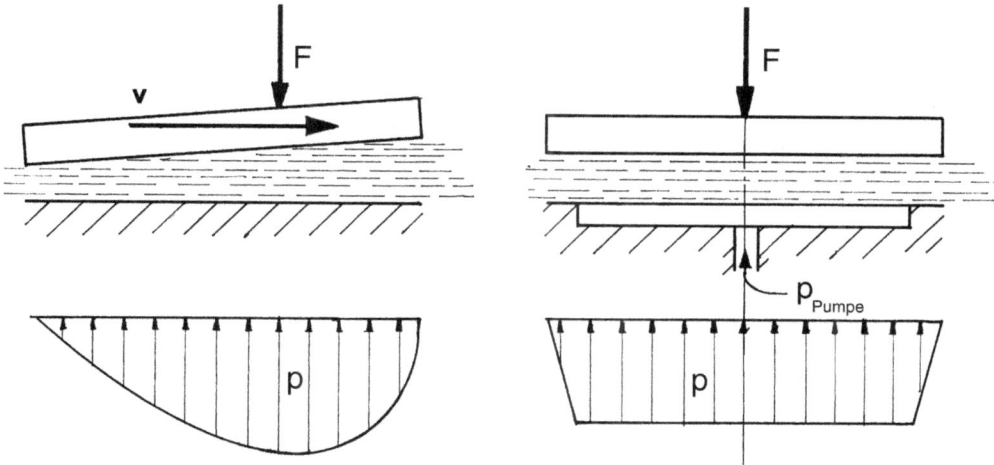

Bild 5.51: Gegenüberstellung Hydrodynamik – Hydrostatik

Beide Begriffe beginnen mit der Silbe „hydro" (hydor, griechisch: Wasser, Flüssigkeit), was darauf hindeutet, dass das Arbeitsmedium inkompressibel ist. Die nachfolgenden Ausführungen konzentrieren sich auf den Fall der Hydrodynamik, die hydrostatischen Lagerungen stehen in engem Zusammenhang mit der Ölhydraulik und werden in Abschnitt 8.7.2.4 (Band 3) weiter ausgeführt. Beim Wasserskiläufer liegt eine **translatorische** Bewegung (Führung) vor. In der technischen Realität sind **rotatorische** Bewegungen (Lagerung) jedoch häufiger anzutreffen und wegen des angestrebten gleichförmigen Bewegungszustandes übersichtlicher zu beschreiben. Aus diesem Grund liegt es nahe, sich im Folgenden besonders auf diese Bewegungsform zu konzentrieren. Hydrodynamische Mehrflächengleitlager werden in Abschnitt 8.7.2.1 und hydrodynamische Axiallager in Abschnitt 8.7.2.2 zur Sprache gebracht.

5.3.1   Funktion des hydrodynamischen Radialgleitlagers (E)

Um das Verständnis eines hydrodynamischen Gleitlagers zu erleichtern, ist es sinnvoll, zunächst einmal von einer idealisierten Modellvorstellung auszugehen, so wie sie im oberen Drittel von Bild 5.52 vorgestellt wird.

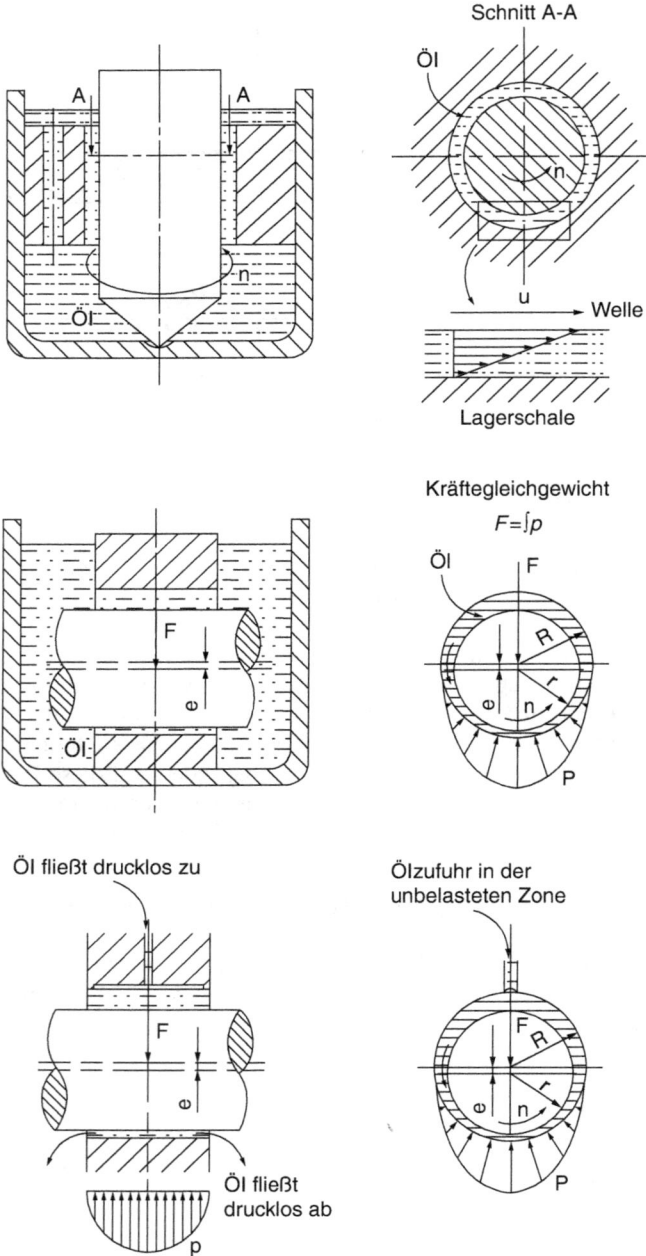

Bild 5.52: Modellvorstellung hydrodynamisches Gleitlager

Eine senkrecht angeordnete Welle befindet sich vollständig in einem Flüssigkeitsbad, wobei ihr Eigengewicht am unteren Ende axial durch ein Spitzenlager abgestützt wird. Durch die senkrechte Lagerung wird zunächst jegliche radiale Belastung des Lagers modellhaft ausgeschlossen und im Radiallager wird sich ein vollkommen zentrischer Lauf einstellen. Der Lagerspalt ist hier übertrieben groß dargestellt. Versetzt man die Welle in Drehung und betrachtet das Geschwindigkeitsprofil im Schmierspalt (Schnitt A-A bzw. darunter skizzierter Teilausschnitt), so lassen sich folgende Beobachtungen plausibel erklären:

- Die Flüssigkeitspartikel, die direkt mit der Welle in Verbindung stehen, bleiben an der Welle haften und nehmen die Geschwindigkeit der Welle an, die sich aus der Winkelgeschwindigkeit der Welle und dem Radius der Welle ergibt: $u = \omega \cdot r$
- Die Flüssigkeitspartikel, die sich in unmittelbarer Nähe der Lagerschale befinden, bleiben an der Lagerschale haften und deshalb in Ruhe: $u = 0$
- Ist der Lagerspalt eng, so bildet sich in ihm in erster Näherung ein lineares Geschwindigkeitsgefälle aus, welches für den hier angenommenen Fall des zentrischen Laufes an jeder beliebigen Stelle des Lagerumfanges wiederzufinden ist.
- Aufgrund ihrer Geschwindigkeit wird die zwischen Welle und Lagerschale befindliche Flüssigkeit global betrachtet im ringförmigen Spalt im Kreis befördert.

In einer weiteren Modellvorstellung im mittleren Bilddrittel wird die Welle waagerecht angeordnet. Durch das eigene Gewicht oder durch weitere Kräfte wird die Welle aus ihrer Mittellage heraus ausgelenkt, sodass die Mittelpunkte von Welle und Lagerschale relativ zueinander den Abstand e einnehmen. In diesem Fall müssten die Geschwindigkeiten etwas differenzierter betrachtet werden, aber auch hier wird die Flüssigkeit im ringförmigen Lagerspalt im Kreis befördert. Auf ihrer Bewegung am Umfang der Welle wird die Flüssigkeit dabei am oberen Scheitelpunkt wegen des großen Spaltes einen großen Raum einnehmen, aber auf ihrem weiteren Weg in einen sich verengenden Spalt hineingezwungen werden, der am unteren Scheitelpunkt besonders eng wird. Auf dem Weg dorthin gerät die Flüssigkeit also zunehmend unter Druck, der in dieser Skizze in Form von Polarkoordinaten aufgetragen ist. Die Welle muss dabei eine äußere Kraft F erfahren, die mit dem von unten wirkenden Druck im Gleichgewicht steht. Diese Kraft F ist aber genau die Kraft, die die Lagerauslenkung e erst hervorgerufen hat. Die skizzierte Druckverteilung wird sich in axialer Richtung nur in Lagermitte einstellen und zum Rand hin auf Umgebungsdruck abfallen.

Dies wird offensichtlich, wenn das Lager realistischerweise nicht im Ölbad betrieben wird (unteres Bilddrittel): Die Flüssigkeit folgt diesem Druckgefälle von der Lagermitte zum axialen Lagerrand und tritt dort in die Umgebung aus. Eine geringe Spaltweite und der damit verbundene hohe Strömungswiderstand begünstigen den Aufbau hoher Drücke. Zur Aufrechterhaltung der Hydrodynamik muss der durch das Abströmen verursachte Flüssigkeitsverlust ständig ausgeglichen werden. Zu diesem Zweck ist eine Zuführbohrung angebracht, durch die neues Schmiermedium weitgehend **drucklos** nachfließen kann und in eine axial angeordnete Nut einströmt, die das nachfließende Öl gleichmäßig im Schmierspalt verteilt.

Die Lage des Zuführorgans darf nicht beliebig gewählt werden. Da das Öl drucklos zugeführt wird, darf die Bohrung nur dort angebracht werden, wo sich im ringförmigen Lagerspalt noch kein hydrodynamischer Überdruck aufgebaut hat, denn andernfalls würde das Öl durch diese Bohrung hinausgedrückt werden. Das Zuführorgan muss also stets in der nicht belasteten Zone angebracht werden. Daraus ergibt sich auch schon eine wesentliche Einschränkung in der Anwendung hydrodynamischer Gleitlager: Bei einmal ausgeführter konstruktiver Festlegung darf die Richtung der auf das Lager einwirkenden Kraft nicht beliebig variieren, sondern muss soweit eingeschränkt werden, dass der Überdruckbereich nicht die drucklose Ölzufuhr erreicht. Tatsächlich ist die im Radialschnitt skizzierte Druckverteilung nach Bild 5.53 nicht symmetrisch, sondern wird von der Drehung der Welle beeinflusst.

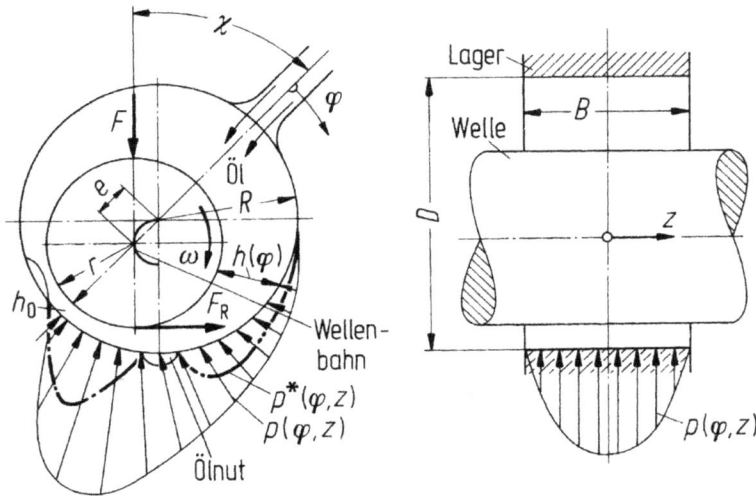

Bild 5.53: Reale Druckverteilung im hydrodynamischen Radiallager [nach Dubbel]

Die strichpunktierte Druckverteilung ergäbe sich, wenn sich die Ölzuführnut in der lastübertragenden Zone befinden würde, was eine stark reduzierte Tragfähigkeit des Lagers zur Folge hätte. Weiterhin bildet sich in aller Regel in Drehrichtung hinter der Überdruckzone eine schwache Unterdruckzone aus, weil das in der Lastzone seitlich abgeströmte Öl noch nicht wieder aufgefüllt ist. Es ist besonders vorteilhaft, das Ölzuführorgan in dieser Unterdruckzone zu platzieren, weil dann das nachfließende Öl in das Lager hineingesaugt wird.

Das Verformungsverhalten aller Lager lässt sich ähnlich wie bei Federn durch eine Steifigkeit beschreiben: Je mehr das Lager belastet wird, desto mehr wird es aus der zentrischen Lage ausgelenkt. Das hydrodynamische wie auch das hydrostatische Lager weisen darüber hinaus noch eine weitere Eigenschaft auf: Da die Auslenkung mit dem Verdrängen einer viskosen Flüssigkeit aus einem Schmierspalt einhergeht, setzt das Lager dieser Auslenkung eine geschwindigkeitsproportionale Kraft entgegen. Diese Lager weisen also nicht nur eine federnde Eigenschaft auf, sondern wirken gleichzeitig auch als Dämpfer, der bei sehr kleiner Amplitude wirksam wird. Aus diesem Grund werden diese Lager beispielsweise im Werkzeugmaschinenbau eingesetzt, um Schwingungen wirksam zu begegnen und damit die Bearbeitungsgüte zu steigern.

5.3.2 Flüssigkeitsreibung, Mischreibung, Festkörperreibung (E)

Bisher wurde nur der rein stationäre Zustand der Flüssigkeitsreibung betrachtet, wobei die hydrodynamische Tragfähigkeit des Lagers durch die Drehung der Welle bereits zustande gekommen ist, was dem Betriebszustand III der in Bild 5.54 skizzierten Gegenüberstellung entspricht.

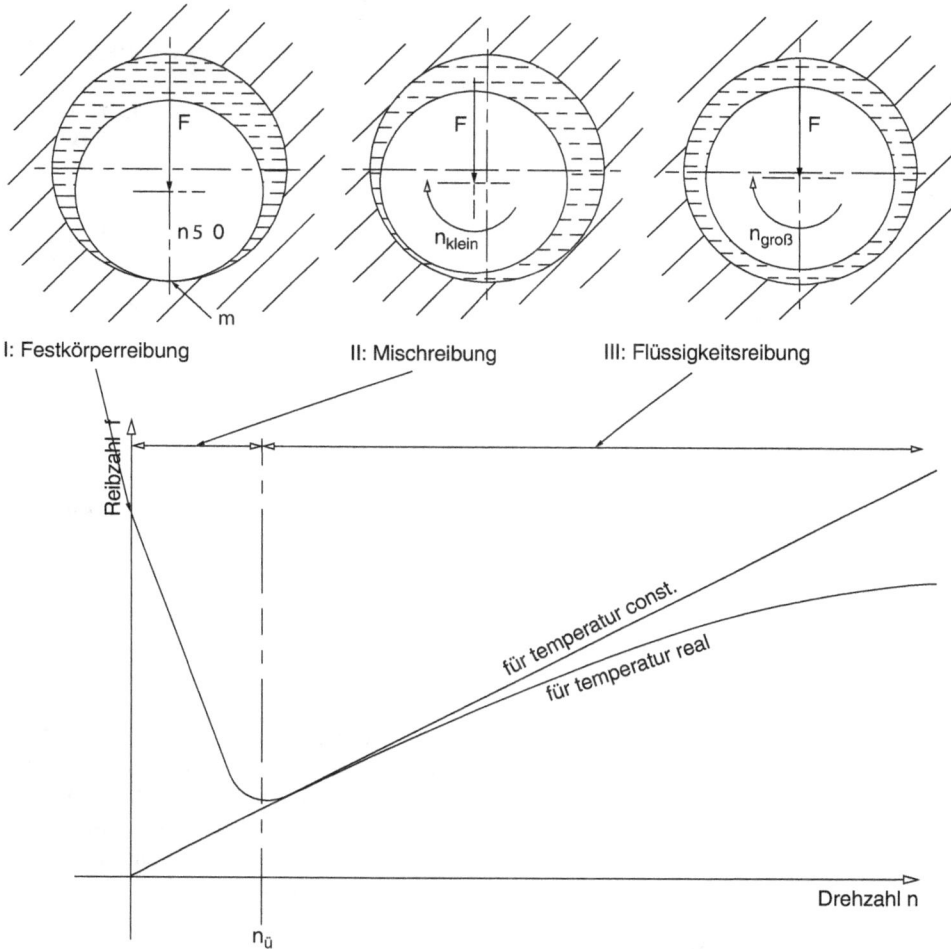

Bild 5.54: Stribeck-Kurve

Tatsächlich muss das zunächst in Ruhe befindliche Lager (Betriebszustand I) durch Steigerung der Drehzahl den hydrodynamischen Zustand erst erreichen. Im Zustand I liegt reine **Coulomb'sche Festkörperreibung** vor, die auch dann noch vorherrscht, wenn sich die Welle langsam zu drehen beginnt. Mit zunehmender Drehzahl baut sich die vorteilhafte, oberflächentrennende Flüssigkeitsreibung erst allmählich auf (Zustand II), was mit **Mischreibung** bezeichnet wird. Dabei wird die Welle nicht nur von der Lagerschale abgehoben, sondern aufgrund der sich einstellenden Drücke auch seitlich ausgelenkt. Aus diesem Grund stellt sich die Welle nicht symmetrisch bezüglich der von außen eingeleiteten Lagerlast F ein, sondern nimmt stets eine etwas seitlich versetzte Lage ein (mittleres Teilbild von 5.54), sodass sich der Mittelpunkt der Welle mit zunehmender Geschwindigkeit auf einer halbkreisförmigen Bahn bewegt. Der Zusammenhang zwischen Reibung und Drehzahl des Lagers lässt sich mit der sog. Stribeck-Kurve (benannt nach Rudolf Stribeck, 1861–1950, TU Dresden) in der unteren Bildhälfte übersichtlich darstellen. Dabei stellt sich ein Reibzustand ein, zu dessen Kennzeichnung in Anlehnung an die Coulomb'sche Reibung der Buchstabe f verwendet wird:

$$f = \frac{F_R}{F_N} \qquad\qquad\qquad Gl.\ 5.18$$

- Bei stehendem Lager (n = 0) liegt **Festkörperreibung** vor, die Reibzahl f entspricht also genau dem Coulomb'schen Reibkoeffizienten μ:

$$f = \frac{F_R}{F_N} = \mu \qquad\qquad \text{normalkraftproportional}$$

- Wird eine gewisse „Übergangsdrehzahl" $n_{ü}$ überschritten, so liegt reine **Flüssigkeitsreibung** vor. In diesem Bereich muss für die Reibzahl f eine andere Abhängigkeit formuliert werden:

$$f = \frac{F_R}{F_N} = \frac{\beta \cdot v}{F_N} \sim \frac{\beta}{F_N} \cdot n \quad \text{geschwindigkeits-, also drehzahlproportional}$$

Diese Formulierung drückt aus, dass der Bewegungswiderstand bei Flüssigkeitsreibung geschwindigkeits-, also drehzahlproportional ist. Bei weiter steigender Geschwindigkeit wird die Reibzahl größer, weil sich der Bewegungswiderstand durch die steigende Umfangsgeschwindigkeit im Schmierspalt erhöht. Dieser Anstieg in streng linearer Form würde aber nur dann gelten, wenn die Eigenschaften des Schmierstoffs gleich bleiben würden. Tatsächlich kann man jedoch nicht von einem isothermen Zustand ausgehen, weil sich der Schmierstoff mit zunehmender Lagerdrehzahl erwärmt. Dadurch wird er dünnflüssiger und weniger bewegungshemmend, die für die Flüssigkeitsreibung charakteristische Konstante β sinkt. Aus diesem Grund bleibt der Kurvenverlauf für das reale Lager hinter dem linearen Anstieg zurück.

- Zwischen der Drehzahl n = 0 und der Übergangsdrehzahl $n = n_{ü}$ liegt das Gebiet der **Mischreibung** vor. Mit steigender Drehzahl sinkt der Coulomb'sche und steigt der hydrodynamische Anteil an der Lastübertragung, sodass die Reibzahl f stetig abnimmt. Da aber jedes hydrodynamische Gleitlager diesen Bereich durchfahren muss, ist die Materialpaarung Welle-Lagerschale so auszuwählen, dass die damit verbundene Werkstoffbelastung schadlos überstanden werden kann. Der Werkstoff muss über „Notlaufeigenschaften" verfügen, also in der Lage sein, auch vorübergehend den thermischen Belastungen und den Verschleißmechanismen der Festkörperreibung standzuhalten. Hierfür kommen vor allen Dingen Blei- und Zinn-Lagermetalle nach DIN ISO 4381/4383, Kupferlegierungen nach DIN ISO 4382/4383 und Aluminiumlegierungen nach DIN ISO 4383/6279 infrage.

Bild 5.55 zeigt die messtechnisch aufgenommenen Stribeck-Kurven eines realen Lagers. In dieser Darstellung wurde die Lagerlast F_N als Parameter variiert. Weiterhin wurde in diesem Diagramm auch die Lagertemperatur aufgezeichnet.

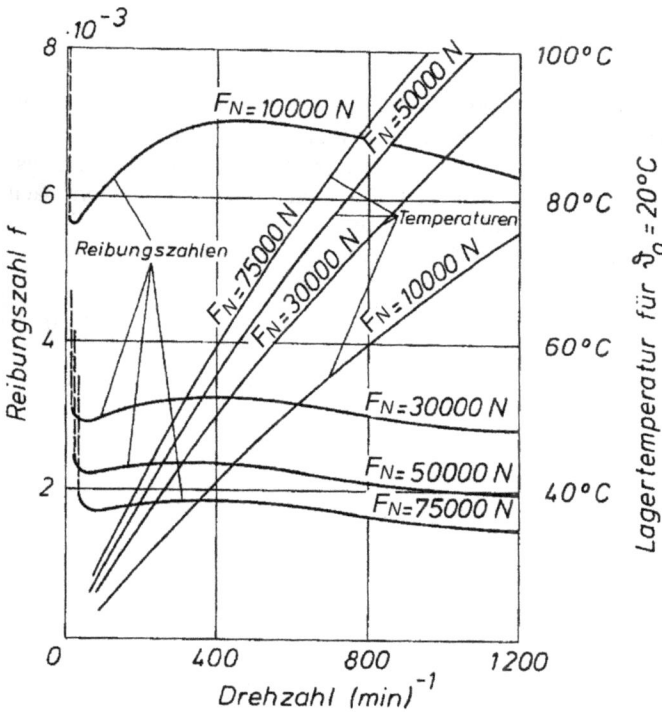

Bild 5.55: Gemessenes Reibverhalten Hydrodynamiklager

Oberhalb der Übergangsdrehzahl wird zuweilen ein mehr konstantes Verhalten der Reibzahl beobachtet, was in der Historie der Gleitlagerforschung lange Zeit für Missverständnisse gesorgt hat. Wie im Fall der Festkörperreibung wurde hier zunächst eine konstante Reibzahl für Flüssigkeitsreibung angesetzt. Erst später wurde erkannt, dass hier zwei gegenläufige Effekte wirksam werden, die sich zuweilen weitgehend kompensieren. Dieses Diagramm zeigt auch, dass mit zunehmender Lagerlast F_N die Temperatur zwar höher, die Reibzahl aber geringer wird. Die letztgenannte Feststellung ist darauf zurückzuführen, dass zwar der Bewegungswiderstand mit steigender Lagerbelastung insgesamt ansteigt, die Reibzahl aber durch die Normierung eben auf diese belastende Kraft niedriger wird, weil der Schmierstoff wegen der steigenden Temperatur dünnflüssiger, also weniger bewegungshemmend wird.

5.3.3   Rechnerische Beschreibung
des hydrodynamischen Radialgleitlagers (E)

Die vorangegangenen Betrachtungen konzentrierten sich vor allen Dingen darauf, qualitative Zusammenhänge aufzuzeigen, um damit das grundsätzliche Verständnis des hydrodynamischen Lagers zu erleichtern. Darüber hinaus muss es jedoch Ziel einer Lagerdimensionierung sein, quantitative Aussagen zu treffen. Für die rechnerische Beschreibung eines hydrodynamischen Lagers lässt sich die sog. Reynolds'sche Differentialgleichung (benannt nach Osborne Reynolds, 1842–1912, Professor in Manchester) ansetzen:

$$\frac{\partial}{\partial x}\left(h^3\frac{\partial p}{\partial x}\right)+\frac{\partial}{\partial z}\left(h^3\frac{\partial p}{\partial z}\right)=6\cdot\eta\left[\left(u_1+u_2\right)\frac{\partial h}{\partial x}+2\frac{\partial h}{\partial t}\right] \qquad \text{Gl. 5.19}$$

Die Gleichung ist geschlossen nicht lösbar, sondern erfordert den Einsatz des Differenzen- oder Finite-Elemente-Verfahrens. Diese wissenschaftlich fundierte Vorgehensweise ist allerdings wegen des damit verbundenen Rechenaufwandes für praktische Dimensionierungsaufgaben weniger geeignet. Aus diesem Grund wird auf eine von Vogelpohl (benannt nach Georg Vogelpohl, 1900–1975) entwickelte Näherungslösung zurückgegriffen, die die wesentlichen Lagerkenngrößen und Betriebsdaten in Zusammenhang bringt (Bild 5.56):

$$n_\ddot{u}=\frac{F_N}{C_\ddot{u}\cdot\eta\cdot\text{Vol}} \qquad \text{Gl. 5.20}$$

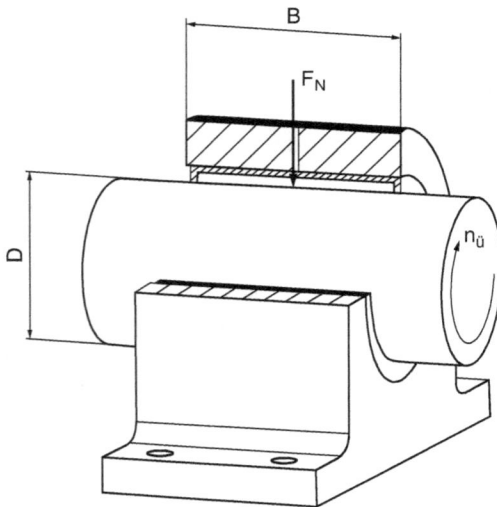

Bild 5.56: Geometriekenndaten hydrodynamisches Radialgleitlager

Diese Gleichung führt als Größengleichung nur dann zu korrekten Zahlenergebnissen, wenn die Werte in den korrekten Einheiten eingesetzt werden:

$n_{\ddot{u}}$ Übergangsdrehzahl in $[\text{min}^{-1}]$

F_N die das Lager belastende Kraft in $[\text{N}]$

$\text{Vol} = \dfrac{\pi \cdot D^2}{4} \cdot B$ Volumen des kraftübertragenden Wellenabschnittes in $[\text{mm}^3]$

         D: Wellendurchmesser, B: tragende Lagerbreite

η Ölviskosität in [Pas „Pascalsekunde"] ($1\ \text{Pa} = 1\ \text{N/m}^2$)

$C_{\ddot{u}}$ Konstruktionskonstante

         $C_{\ddot{u}} = 1 \cdot 10^{-2}$ für „normale" Lager

         $C_{\ddot{u}} = 3 \cdot 10^{-2} \dots 4 \cdot 10^{-2}$ für „genau gefertigte" Lager

         $C_{\ddot{u}} = 10 \cdot 10^{-2}$ für Prüfstände

Diese Gleichung hat Gültigkeit für das Verhältnis

$$0,8 \leq \frac{B}{D} \leq 1,2 \qquad\qquad\qquad \text{Gl. 5.21}$$

Diese Verhältnismäßigkeit muss aber aus konstruktiven Gründen ohnehin eingehalten werden, weil

- bei besonders schmalen Lagern (B / D < 0,8) Tragfähigkeit eingebüßt wird, da eine zu geringe kraftübertragende Fläche zur Verfügung steht.
- bei besonders breiten Lagern (B / D > 1,2) zunehmend Deformationsprobleme auftreten: Die Welle verformt sich elastisch unter dem Einfluss der zu übertragenden Kraft und stört damit die zunächst angenommene axiale Gleichmäßigkeit der Lagerspaltgeometrie. Dadurch wächst die Gefahr, dass es besonders an den Lagerrändern zu Festkörperberührung kommt.

Während die Gleichung 5.20 dann anzusetzen ist, wenn nach der so wichtigen Übergangsdrehzahl gefragt wird, kann dieselbe Gleichung auch genutzt werden, wenn die Kraft ermittelt werden soll, mit der das Lager maximal belastet werden darf. Für diese Fragestellung muss die Vogelpohl-Gleichung nur umgestellt und die Indizierung angepasst werden:

$$F_{N\max} = C_{\ddot{u}} \cdot \eta \cdot \text{Vol} \cdot n_{\ddot{u}} \qquad\qquad\qquad \text{Gl. 5.22}$$

Wenn das Lager erst noch konstruiert werden soll, der Lagerdurchmesser und die Lagerbreite also noch festzulegen sind, ist folgende Umstellung angebracht:

$$\text{Vol} = \frac{F_N}{C_{\ddot{u}} \cdot \eta \cdot n_{\ddot{u}}} \qquad\qquad\qquad \text{Gl. 5.23}$$

Ist andererseits das Lager konstruktiv bereits ausgeführt und sind auch die Betriebsbedingungen Kraft und Drehzahl ebenfalls festgelegt, so kann immerhin noch die Ölviskosität in gewissen Grenzen angepasst werden:

$$\eta = \frac{F_N}{C_{ü} \cdot n_{ü} \cdot Vol} \qquad\qquad \text{Gl. 5.24}$$

Die Vogelpohl-Gleichung beschreibt den Grenzfall des Zustandekommens der Flüssigkeitsreibung. Diese Bedingungen sind für den praktischen Betrieb jedoch nicht anzustreben, da dann noch nicht gewährleistet ist, dass beim Anfahren die Mischreibung auch schadlos überwunden worden ist. Aus diesem Grund muss die Betriebsdrehzahl n deutlich über der Übergangsdrehzahl $n_{ü}$ liegen, was sich wiederum in einer Sicherheit S ausdrücken lässt:

$$S_{tats} = \frac{n}{n_{ü}} \qquad\qquad \text{Gl. 5.25}$$

Die beim Durchfahren des Mischreibungsgebietes anfallende Reibarbeit muss als Wärme abgeführt werden und darf dabei die Werkstoffe an den kraftübertragenden Flächen nicht überlasten. Diese Reibarbeit lässt sich in erster grober Abschätzung durch die im Schmierspalt vorliegende Umfangsgeschwindigkeit beschreiben, wobei erfahrungsgemäß folgende Sicherheiten angestrebt werden sollen:

für $u \leq 3$ m/s	$S_{erf} \geq 3$	
für 3 m/s $< u < 10$ m/s	$S_{erf} \geq u$ [m/s]	Gl. 5.26
für $u \geq 10$ m/s	$S_{erf} \geq 10$	

Wird ein Lager mit diesen Richtwerten dimensioniert, so wird in aller Regel eine Schädigung durch Mischreibung vermieden. Zur Quantifizierung von f greift Bild 5.57 nochmals das Verhalten des Schmiermittels im Spalt auf. An der Zylindermantelfläche als Kontaktfläche zwischen Welle und Lagerschale entsteht eine „gleitende" Schubspannung als Bewegungswiderstand:

$$\tau = \frac{F_R}{A_{Mantel}} = \frac{F_R}{\pi \cdot D \cdot B} \qquad\qquad \text{Gl. 5.27}$$

Nach dem Newton'schen Schubspannungsansatz verhält sich τ proportional zur Viskosität η und zur Umfangsgeschwindigkeit u, aber umgekehrt proportional zur Spaltweite s:

$$\tau = \eta \cdot \frac{u}{s} \quad \text{(geschwindigkeitsproportionaler Bewegungswiderstand)} \qquad \text{Gl. 5.28}$$

Durch Gleichsetzen von Gl. 5.27 und 5.28 gewinnt man:

$$\frac{F_R}{\pi \cdot D \cdot B} = \eta \cdot \frac{u}{s} \qquad\qquad \text{Gl. 5.29}$$

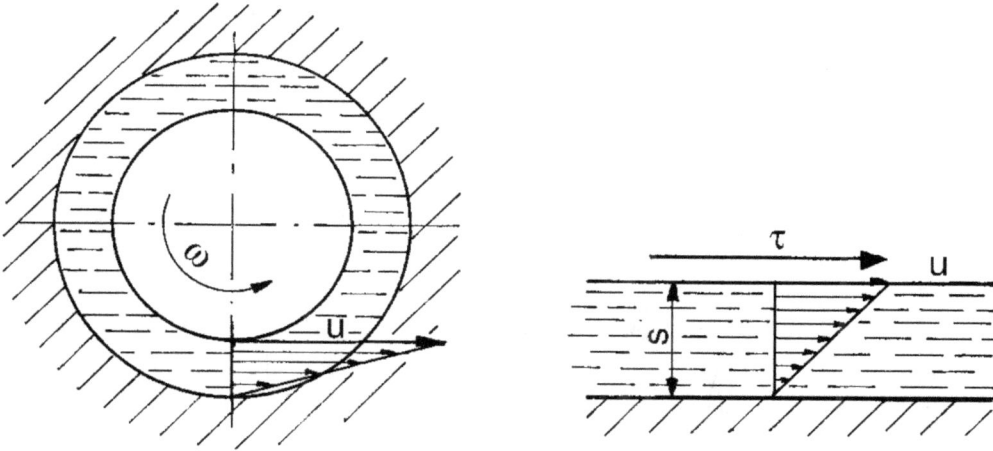

Bild 5.57: Newton'scher Schubspannungsansatz

Wird für F_R der Ausdruck nach Gl. 5.18 eingeführt, so ergibt sich:

$$\frac{f \cdot F_N}{\pi \cdot D \cdot B} = \eta \cdot \frac{u}{s} \qquad\qquad \text{Gl. 5.30}$$

Daraus lässt sich die Reibzahl f isolieren:

$$f = \eta \cdot \frac{u \cdot D \cdot \pi \cdot B}{s \cdot F_N} \qquad\qquad \text{Gl. 5.31}$$

In dieser Gleichung ist die Spaltweite s für den zentrischen Lauf noch nicht festgelegt. Sie wird sinnvollerweise zum Durchmesser des Lagers D ins Verhältnis gesetzt, sodass sich das relative Lagerspiel ψ ergibt:

$$\psi = \frac{s}{R} = \frac{2 \cdot s}{D} = \frac{S}{D} \quad \text{bzw.} \quad s = \psi \cdot \frac{D}{2} \quad \text{und} \quad S = \psi \cdot D \qquad \text{Gl. 5.32}$$

Dabei steht R für den Wellenradius. Wird dieser Quotient mit dem Faktor 2 erweitert, so ergibt sich die auf den Durchmesser D bezogene Spaltweite S, mit der das Spiel der Spielpassung beschrieben wird. Für die optimale Auslegung des Lagerspiels muss berücksichtigt werden, dass sich mit zunehmender Geschwindigkeit u das Lager erwärmt und dass damit das Spiel verengt wird. Es ist deshalb angebracht, das relative Lagerspiel ψ mit der Geschwindigkeit im Lagerspalt u in Zusammenhang zu bringen. Aus betrieblichen Erfahrungen ergibt sich ein ψ_{opt} zu:

$$\psi_{opt} = 0,8 \cdot 10^{-3} \cdot \sqrt[4]{u[m/s]} \qquad\qquad \text{Gl. 5.33}$$

In diese Größengleichung muss u in [m/s] eingesetzt werden. Der Kurvenzug in Bild 5.58 stellt diese Abhängigkeit grafisch dar.

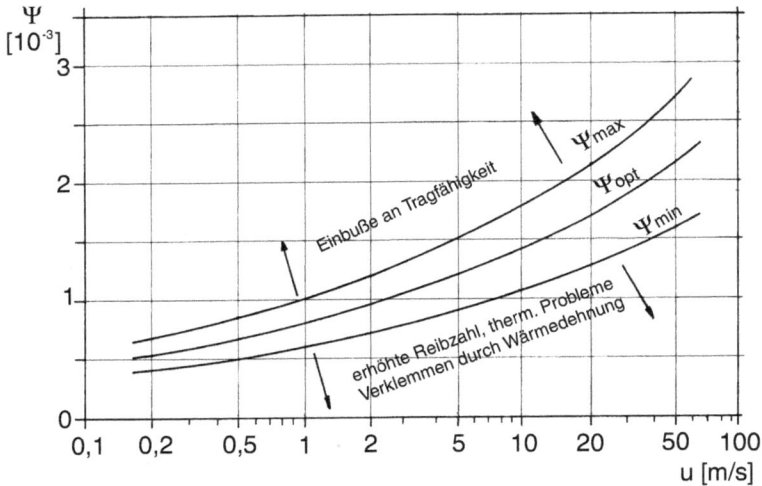

Bild 5.58: Optimierte Schmierspaltweite

Der damit ermittelte Wert für die Spaltweite S kann aus fertigungstechnischen Gründen nicht genau eingehalten werden, sondern muss als Spielpassung mit einer gewissen Toleranz ausgeführt werden. Nach betrieblichen Erfahrungen darf er um ein Viertel über- bzw. unterschritten werden:

$$S_{min} = 0,75 \cdot S \quad \text{und} \quad S_{max} = 1,25 \cdot S \qquad \text{Gl. 5.34}$$

Die Distanz zwischen S_{min} und S_{max} muss durch eine entsprechende Passung realisiert werden. Das folgende Beispiel möge diesen Sachverhalt verdeutlichen: Für eine typische Anforderung von $\psi = 1,2 \cdot 10^{-3}$ bei einem Nenndurchmesser von 60 mm ergibt sich:

$$S = \psi \cdot D = 1,2 \cdot 10^{-3} \cdot 60 \text{ mm} = 72 \text{ μm}$$

$$S_{min} = 0,75 \cdot S = 54 \text{ μm}$$

$$S_{max} = 1,25 \cdot S = 90 \text{ μm}$$

Die dadurch aufgespannte Toleranzbreite von $S_{max} - S_{min} = 90\ \mu m - 54\ \mu m = 36\ \mu m$ wird sinnvollerweise etwa zu gleichen Anteilen auf Welle (18 µm) und Bohrung (18 µm) aufgeteilt. Tabelle 5.4 gibt in Anlehnung an DIN ISO 286 einen Normauszug wieder.

Tabelle 5.4: Passungstabelle Gleitlager

Nenn Ø [mm]	Toleranzfeld Welle [µm]									Toleranzfeld Bohrung [µm]		
	c5	c6	c7	d5	d6	e5	e6	f5	f6	H5	H6	H7
3 < d ≤ 6	−70 −75	−70 −78	−70 −82	−30 −35	−30 −38	−20 −25	−20 −28	−10 −15	−10 −18	+5 0	+8 0	+12 0
6 < d ≤ 10	−80 −86	−80 −89	−80 −105	−40 −36	−40 −49	−25 −31	−25 −34	−13 −19	−13 −22	+6 0	+9 0	+15 0
10 < d ≤ 14	−95 −103	−95 −106	−95 −113	−50 −58	−50 −61	−32 −40	−32 −43	−16 −24	−16 −27	+8 0	+11 0	+18 0
14 < d ≤ 18	−95 −103	−95 −106	−95 −113	−50 −58	−50 −61	−32 −40	−32 −43	−16 −24	−16 −27	+8 0	+11 0	+18 0
18 < d ≤ 24	−110 −119	−110 −123	−110 −131	−65 −74	−65 −78	−40 −49	−40 −53	−20 −29	−20 −33	+9 0	+13 0	+21 0
24 < d ≤ 30	−110 −109	−110 −123	−110 −131	−65 −74	−65 −78	−40 −49	−40 −53	−20 −29	−20 −33	+9 0	+13 0	+21 0
30 < d ≤ 40	−120 −131	−120 −136	−120 −145	−80 −91	−80 −96	−50 −61	−50 −66	−25 −36	−25 −41	+11 0	+16 0	+25 0
40 < d ≤ 50	−130 −131	−130 −136	−130 −155	−80 −91	−80 −96	−50 −51	−50 −66	−25 −36	−25 −41	+11 0	+16 0	+25 0
50 < d ≤ 65	−140 −153	−140 −159	−140 −170	−100 −113	−100 −119	−60 −73	−60 −79	−30 −43	−30 −49	+13 0	+19 0	+30 0
65 < d ≤ 80	−150 −163	−150 −169	−150 −180	−100 −113	−100 −119	−60 −73	−60 −79	−30 −43	−30 −49	+13 0	+19 0	+30 0
80 < d ≤ 100	−170 −185	−170 −192	−170 −205	−120 −135	−120 −142	−72 −87	−72 −94	−36 −51	−36 −58	+15 0	+22 0	+35 0
100 < d ≤ 120	−180 −195	−180 −202	−180 −215	−120 −135	−120 −142	−72 −72	−72 −94	−36 −51	−36 −58	+15 0	+22 0	+35 0

Geht man dabei vom System der Einheitsbohrung aus, so wäre die Bohrungstoleranz H5 ($\varnothing 60_0^{+13}$) zu bevorzugen. Das Schema nach Bild 5.59 versucht, die dazu erforderliche Wellentoleranz zu finden:

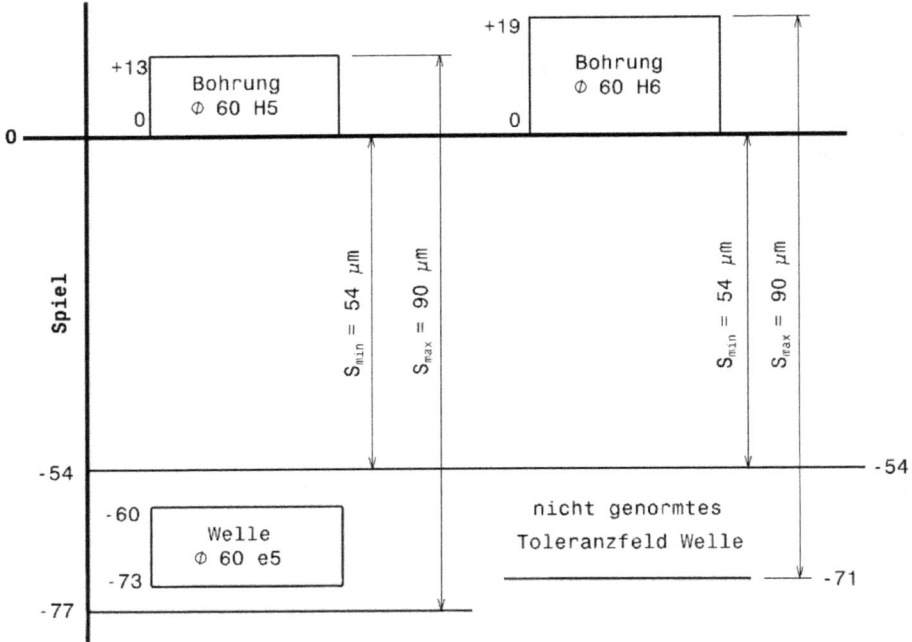

Bild 5.59: Gleitlagerpassung

Die größtmögliche Welle darf einerseits das um 54 µm verminderte Nennmaß nicht überschreiten, weil sonst das minimale Spiel zu klein werden kann. Die kleinstmögliche Welle darf aber andererseits das um 13 µm vermehrte und anschließend um das maximale Spiel von 90 µm verminderte Nennmaß nicht unterschreiten, weil sonst das maximale Spiel zu groß wird. Die Wellentoleranz muss also zwischen −54 µm und −77 µm liegen. Die Wellenpassung e5 mit $\varnothing 60_{-73}^{-60}$ erfüllt diese Forderung. In vielen Fällen findet sich jedoch keine normgerechte Passung, die diesen Anforderungen genügt. Weiterhin wird bei kleinen Lagerdurchmessern die Toleranz manchmal so knapp, dass sie nicht mit normgerechten Passungen bedient werden kann. In diesen Fällen werden dann Toleranzangaben außerhalb der Normpassungen erforderlich (s. auch [5.110]). Diese Vorgehensweise wird auch erforderlich, wenn im vorliegenden Beispiel die anstatt der Bohrungstoleranz H5 die gröbere Toleranz H6 gewählt wird.

Zur Ermittlung der Reibzahl f nach Gl. 5.31 können zwei weitere Gleichungen angesetzt werden:

$$u = \omega \cdot \frac{D}{2} \qquad\qquad \text{Gl. 5.35}$$

Die durch die Lagerlast F_N verursachte spezifische Lagerbelastung lässt sich durch eine fiktive „mittlere" Flächenpressung ausdrücken:

$$\overline{p} = \frac{F_N}{D \cdot B} \qquad \text{bzw.} \qquad F_N = \overline{p} \cdot D \cdot B \qquad\qquad \text{Gl. 5.36}$$

Setzt man Gl. 5.35 und 5.36 in Gl. 5.31 ein, so ergibt sich:

$$f = \frac{\eta \cdot \omega \cdot \dfrac{D}{2} \cdot D \cdot \pi \cdot B}{\psi \cdot \dfrac{D}{2} \cdot \overline{p} \cdot D \cdot B} = \frac{\eta \cdot \omega \cdot \pi}{\psi \cdot \overline{p}} = \frac{\pi}{\dfrac{\overline{p} \cdot \psi^2}{\eta \cdot \omega}} \cdot \psi \qquad\qquad \text{Gl. 5.37}$$

Die letzte Umformung ist vorgenommen worden, um die definitionsgemäß festgelegte Sommerfeldzahl So einfügen zu können:

$$So = \frac{\overline{p} \cdot \psi^2}{\eta \cdot \omega} \qquad\qquad \text{Gl. 5.38}$$

Damit führt Gl. 5.37 auf den Ausdruck

$$f = \frac{\pi \cdot \psi}{So} \qquad \text{zentrischer Lauf, Schnelllaufbereich} \qquad \text{Gl. 5.39}$$

Diese Formulierung trifft nur für den zentrischen Lauf zu, weil für die obige Festlegung von ψ von genau dieser Voraussetzung ausgegangen worden ist. Im Bereich hoher Drehzahlen liegt weitgehend zentrischer Lauf vor, was auf die Bezeichnung „Schnelllaufbereich" führt, der durch das Kriterium $So \leq 1$ abgegrenzt wird. Ist hingegen die Lagerlast groß und demzufolge der Lauf exzentrisch, so liegt „Schwerlastbereich" vor, der durch $So > 1$ gekennzeichnet ist. Für diesen Fall berechnet sich die Reibzahl f zu

$$f = \frac{\pi \cdot \psi}{\sqrt{So}} \qquad \text{exzentrischer Lauf, Schwerlastbereich} \qquad \text{Gl. 5.40}$$

Auf die explizite Herleitung der Reibzahl für den Schwerlastbereich soll an dieser Stelle verzichtet werden. Wenn also die Reibzahl f berechnet wird, so muss grundsätzlich die Unterscheidung nach Schnelllaufbereich und Schwerlastbereich getroffen werden:

Schnelllaufbereich	Schwerlastbereich
zentrischer Lauf	exzentrischer Lauf
$So \leq 1$	$So > 1$
$f = \dfrac{\pi \cdot \psi}{So}$	$f = \dfrac{\pi \cdot \psi}{\sqrt{So}}$

Die im Lager entstehende Reibleistung P_R ergibt sich als Produkt aus Reibkraft und Geschwindigkeit im Schmierspalt zu

$$P_R = F_R \cdot u = F_N \cdot f \cdot u \hspace{3cm} \text{Gl. 5.41}$$

Da diese Verlustleistung als Wärme abgeführt werden muss, hat sie ihrerseits auch Einfluss
auf das Viskositätsverhalten des Schmierstoffs.

5.3.4   Viskosität und Temperatur (E)

Die vorangegangenen Überlegungen gingen modellhaft davon aus, dass die Viskosität η als
„Materialkonstante" des Schmierstoffs verstanden werden kann. Tatsächlich wurde aber bereits im Zusammenhang mit der Stribeck-Kurve erkannt, dass sich die Viskosität mit der
Temperatur ändert. Die Temperatur hängt aber ihrerseits von der Wärmeentwicklung des
Lagers und damit wiederum von der Viskosität ab. Das Viskositätsverhalten eines Öls lässt
sich aus der praktischen Beobachtung qualitativ in Bild 5.60 als Kurvenzug beschreiben. Zunächst wird beispielhaft von der mittleren der drei Kurven (mittelviskoses Öl) ausgegangen.

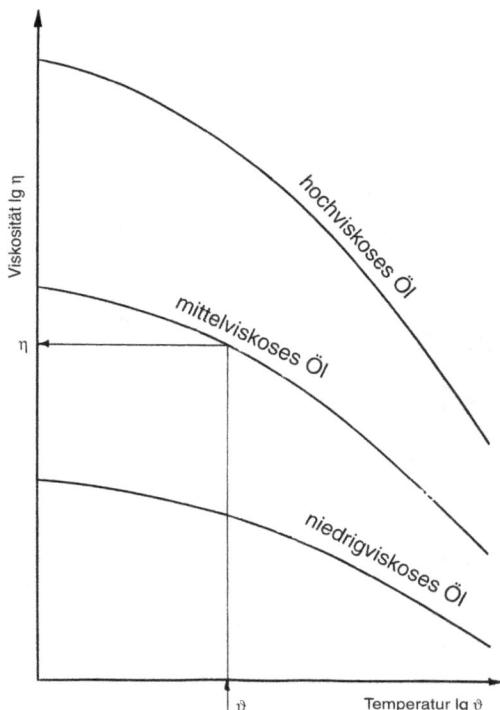

Bild 5.60: Temperaturabhängigkeit der Viskosität

Je höher die Temperatur ϑ ist, desto dünnflüssiger wird das Öl und desto mehr sinkt dessen Viskosität η ab. Andererseits steigt die Viskosität mit sinkender Temperatur. Vergleicht man hingegen verschiedene Ölsorten miteinander, so weisen sie bezüglich ihres Viskosität-Temperatur-Verhaltens prinzipiell die gleiche Tendenz auf. Die Kurven höherviskoser Öle sind dabei weiter rechts oben im Diagramm angeordnet, während niedrigerviskose Öle weiter unten links wiederzufinden sind. Ist die Auswahl des Öls einmal getroffen, so ist damit zwar noch nicht die Betriebsviskosität, wohl aber sein Viskositäts-Temperaturverhalten festgelegt. Ein hochviskoses Öl bei hoher Temperatur kann also die gleiche Betriebsviskosität aufweisen wie ein niedrigviskoses Öl bei geringer Temperatur. Ist die Ölsorte einmal ausgewählt, so muss der Betriebspunkt eines Gleitlagers also auf der Viskositätskennlinie dieses Öls liegen. Während Bild 5.60 den Zusammenhang zwischen Viskosität und Temperatur zunächst nur qualitativ skizziert, geben die Bilder 5.61 und 5.62 den messtechnisch ermittelten quantitativen Sachverhalt wieder. Beide Diagramme liefern bezüglich des Viskositäts-Temperatur-Verhaltens identische Aussagen. Weiter unten wird jedoch noch eine Fallunterscheidung getroffen, die die Darstellung in zwei getrennten Diagrammen sinnvoll macht.

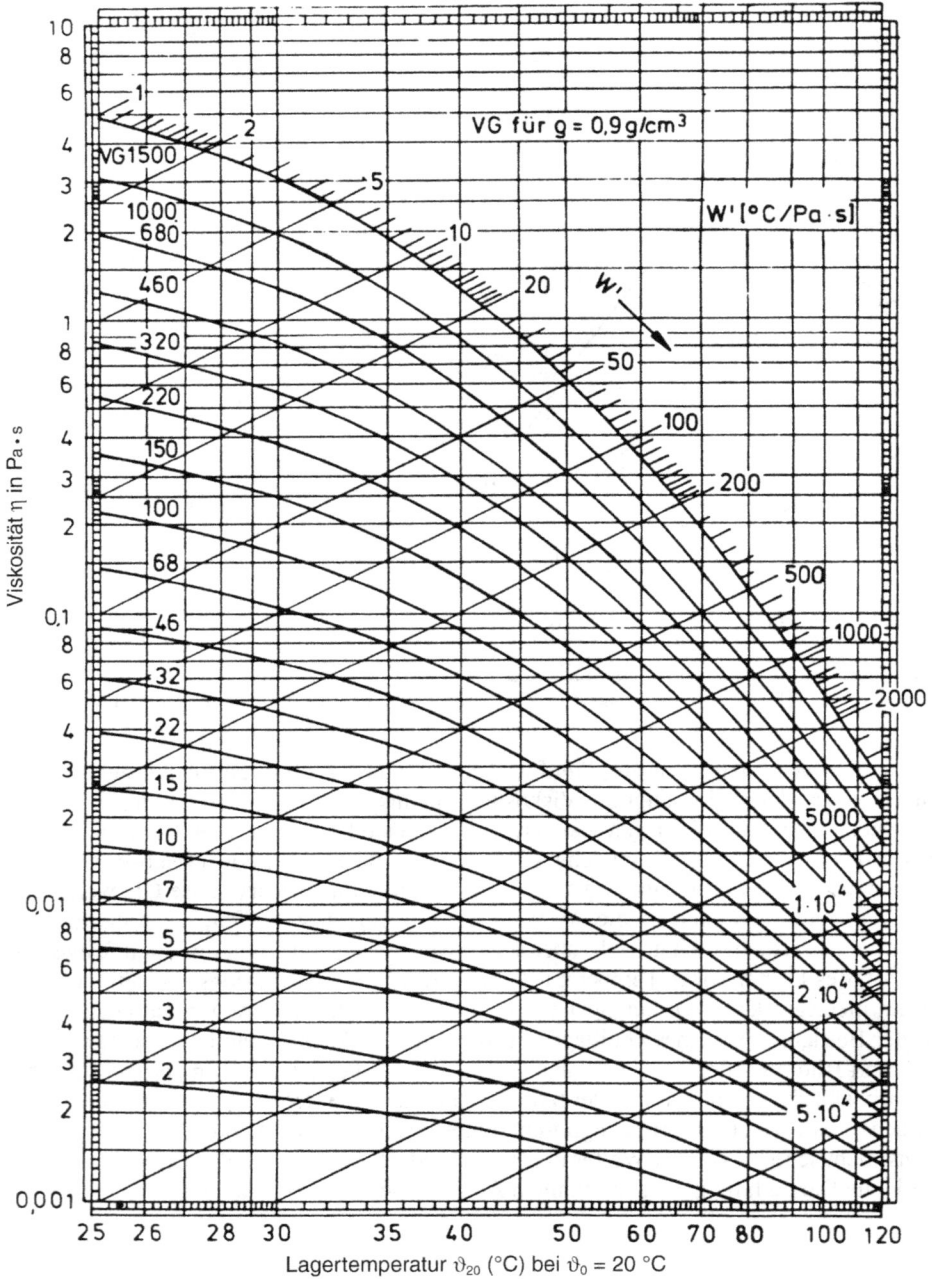

Bild 5.61: Viskositäts-Temperaturdiagramm für Schnelllaufbereich (So ≤ 1) zur Berechnung der Lagertemperatur

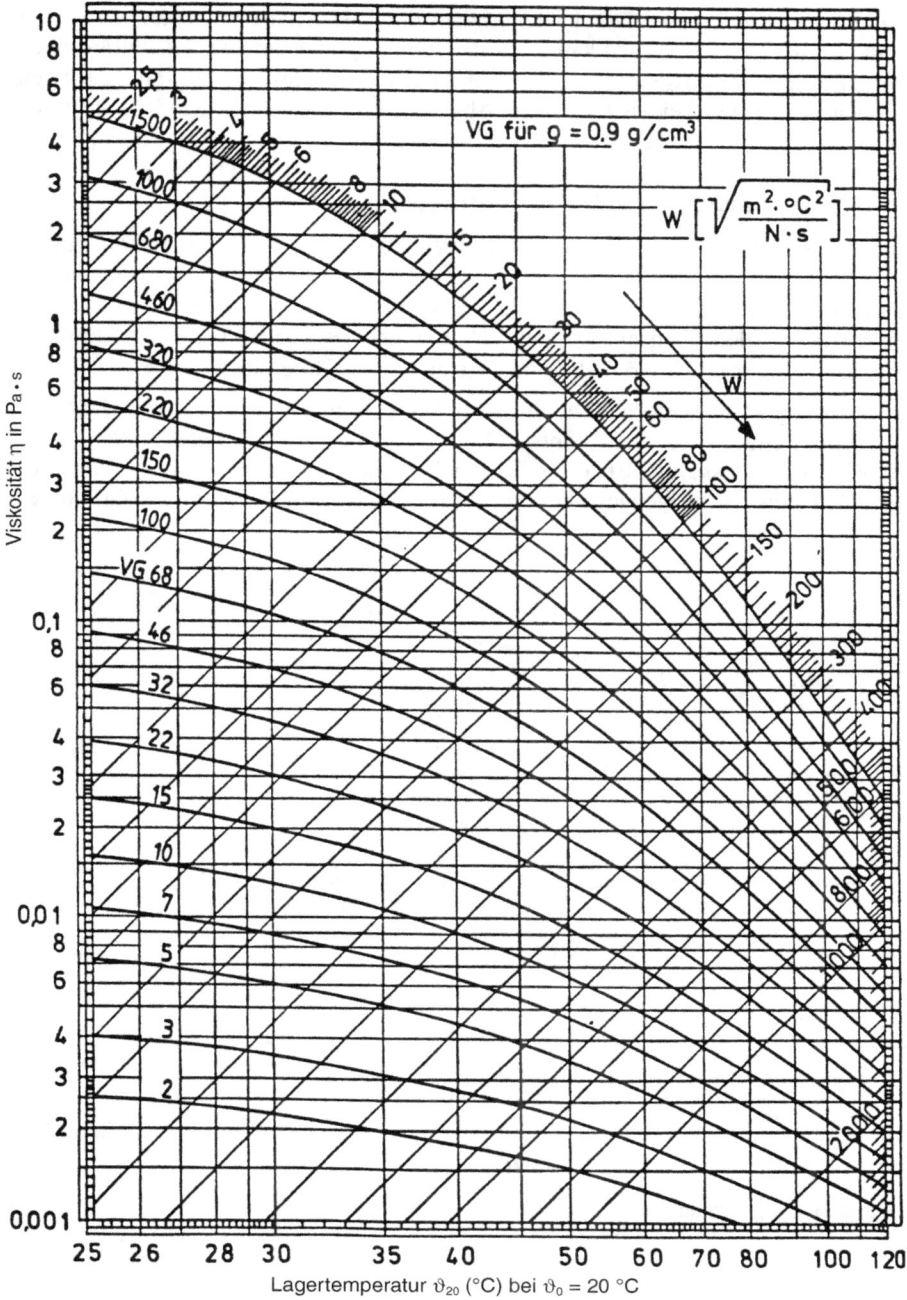

Bild 5.62: Viskositäts-Temperaturdiagramm für Schwerlastbereich (So > 1) zur Berechnung der Lagertemperatur

Tatsächlich kann auch noch eine Druckabhängigkeit der Viskosität beobachtet werden, die allerdings hier vernachlässigt werden kann. Für die endgültige Festlegung des Betriebspunktes (Temperatur ϑ und Viskosität η) ist also noch eine weitere Bestimmungsgröße notwendig, wobei sich die in den beiden folgenden Abschnitten vorgestellten Modellfälle unterscheiden lassen.

5.3.4.1   Lagerberechnung bei bekannter Temperatur (E)

Die Temperatur ist bekannt, wenn sie an einer bereits vorhandenen Gleitlagerkonstruktion gemessen oder wenn sie mit einem Ölkühler auf einem vorgegebenen Niveau gehalten werden kann. In diesem Fall ist die Ermittlung der Viskosität η besonders einfach, weil sie sich dann in einem der beiden oben angegebenen Diagramme (Bild 5.61 und 5.62) direkt als Funktion der Temperatur ϑ ablesen und in die Berechnung einführen lässt.

Wird beispielhaft ein Lager mit dem Durchmesser D = 80 mm, der Breite B = 100 mm und der relativen Spaltweite $\psi = 1{,}2 \cdot 10^{-3}$ (entspricht einer absoluten Spaltweite S = 96 μm) mit dem Öl der Viskositätsklasse VG 10 auf 68 °C gehalten und mit einer Kraft von 3.000 N belastet, so ergeben sich mit steigender Drehzahl n die in Bild 5.63 dargestellten Zusammenhänge.

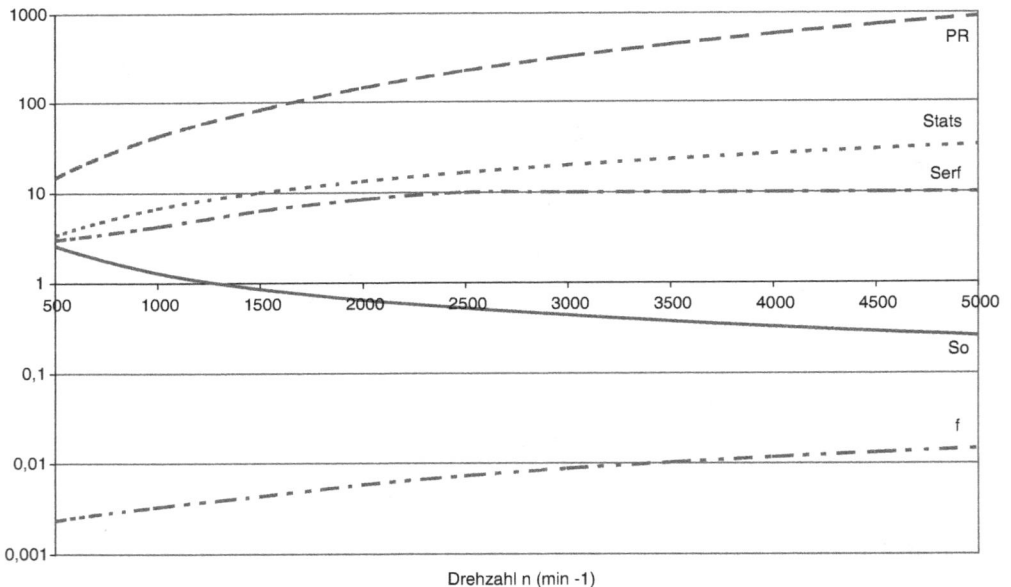

Bild 5.63: Variation der Drehzahl

- Die Sommerfeldzahl So sinkt mit steigender Drehzahl. Sie ist für Drehzahlen bis etwa 1.250 min^{-1} größer als 1 (Schwerlastbereich) und darüber hinaus kleiner als 1 (Schnelllaufbereich).

- Die Reibzahl f steigt mit zunehmender Drehzahl n, bleibt aber immer im Hundertstelbereich (bei Coulomb'scher Reibung sind Reibzahlen im Zehntelbereich üblich). Die Reibleistung P_R (hier in Watt) erhöht sich ebenfalls mit zunehmender Geschwindigkeit, die im Diagramm angegebenen hohen Drehzahlen sind praktisch jedoch kaum mehr realisierbar, weil eine Reibleistung von 1 kW aus einem Lager dieser Größenordnung nicht mehr bei diesem Temperaturniveau abzuführen ist.

- Die tatsächlich vorliegende Sicherheit S_{tats} steigt wegen der zunehmenden Hydrodynamik bei höheren Drehzahlen und ist im hier wiedergegebenen Bereich stets größer als die ebenfalls bei höheren Drehzahlen anwachsende erforderliche Sicherheit S_{erf}.

Wird dasselbe Lager mit einer Drehzahl von 1.200 min^{-1} betrieben und die Lagerbelastung variiert, so ergibt sich die in Bild 5.64 dokumentierte Situation.

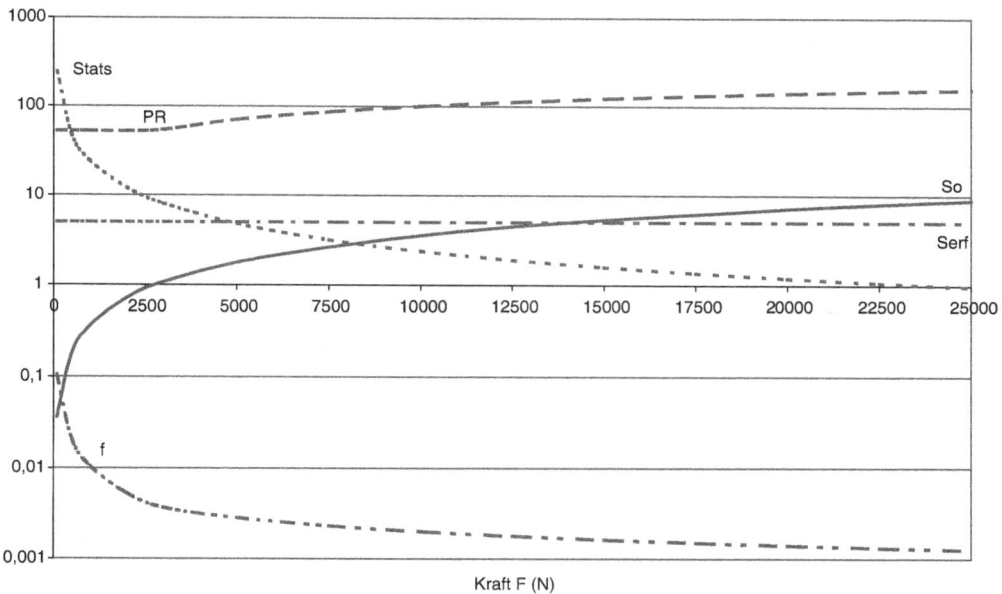

Bild 5.64: Variation der Lagerbelastung

- Die Sommerfeldzahl So steigt mit zunehmender Lagerbelastung. Bei geringer Last kommt es kaum zu einer Auslenkung des Lagers aus seiner zentrischen Lage, es liegt Schnelllaufbereich vor. Mit der Lagerlast steigt auch die Auslenkung aus der zentrischen Lage, bei einer Kraft von etwas über 2.500 N wird die Sommerfeldzahl 1 überschritten, bei größerer Last befindet sich das Lager im Schwerlastbereich.

- Die Reibzahl f sinkt mit zunehmender Last, weil sie sich definitionsgemäß durch die Division der Reibkraft durch die Lagerlast ergibt. Im Schnelllaufbereich ist die Reibleistung konstant, im Schwerlastbereich steigt sie mit zunehmender Lagerlast leicht an.
- Die erforderliche Sicherheit S_{erf} ist bei vorgegebener Drehzahl konstant. Die tatsächlich vorliegende Sicherheit S_{tats} sinkt mit zunehmender Lagerlast stetig und wird bei knapp 5.000 N kleiner als die geforderte Sicherheit. Ab hier wird der Betrieb des Lagers problematisch, auch wenn die Hydrodynamik rechnerisch noch bis zu einer Last von über 23.000 N aufrechterhalten wird.

Die Variation des Lagerspiels ψ führt zu den in Bild 5.65 aufgezeigten Konsequenzen.

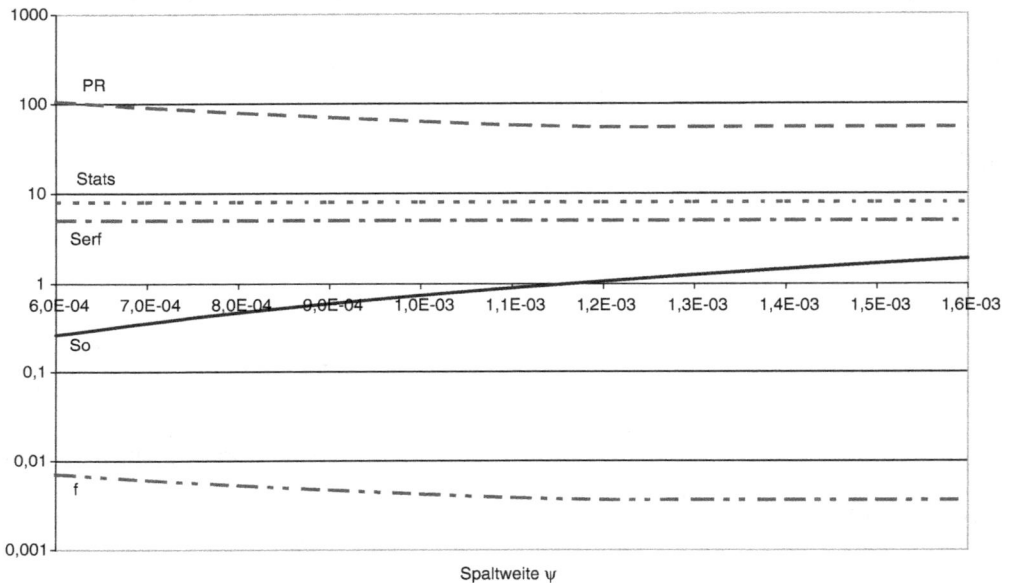

Bild 5.65: Variation des Lagerspiels

- Bei einer Vergrößerung des Lagerspiels weicht die Welle zunehmend aus der zentrischen Lage aus, was sich in einer höheren Sommerfeldzahl ausdrückt. Bei Absenkung des Lagerspiels bleibt zunehmend weniger Platz für ein Ausweichen aus der zentrischen Lage, bei den hier vorliegenden Parametern ergibt sich eine Sommerfeldzahl So im Schnelllaufbereich.
- Die Reibzahl f (und damit die Reibleistung P_R) wird mit abnehmender Spaltweite immer größer. Steigt die Spaltweite jedoch über den Wert $\psi_{opt} = 1,15 \cdot 10^{-3}$ (entspricht dem Übergang vom Schwerlast- in den Schnelllaufbereich), so ändern sich weder die Reibzahl f noch die Reibleistung P_R.
- Die erforderliche Sicherheit S_{erf} und die tatsächlich vorliegende Sicherheit S_{tats} bleiben konstant.

Abschließend zeigt Bild 5.66, dass die Variation der Temperatur zunächst Einfluss auf die Betriebsviskosität nimmt:

- Bei Erhöhung der Temperatur sinkt die Betriebsviskosität, das Öl wird „dünnflüssiger".
- Das Lager verlässt mit sinkender Viskosität zunehmend seine zentrische Lage, die Sommerfeldzahl steigt entsprechend.
- Die Tragfähigkeit des Lagers wird geringer, was zu einem Absinken der Sicherheit S_{tats} führt. Im vorliegenden Fall wird bei einer Temperatur von ca. 92 °C die erforderliche Sicherheit S_{erf} unterschritten, bei darüber liegenden Temperaturen wird der Betrieb des Lagers kritisch.
- Die Reibzahl und die Reibleistung sinken bei steigender Temperatur.

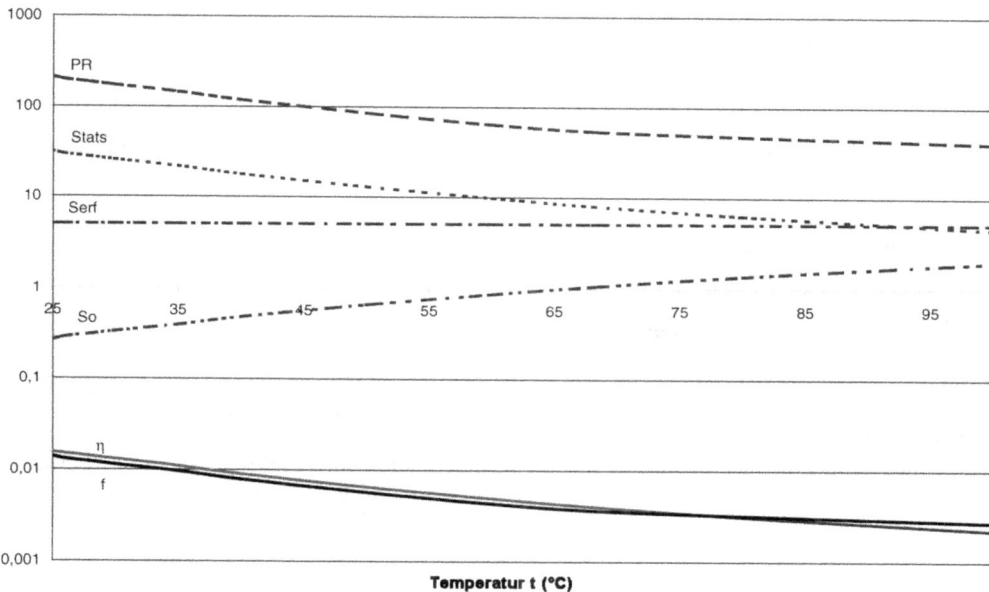

Bild 5.66: Variation der Lagertemperatur

Aufgaben A.5.27 bis A.5.33

5.3.4.2   Lagerberechnung bei Wärmeabfuhr durch Konvektion (V)

Entsteht im Lager nur eine geringe Wärmemenge, so lässt sich in vielen Fällen der konstruktive Aufwand eines Ölkühlers vermeiden. Die Lagertemperatur und damit die Viskosität des Schmierstoffs ergeben sich nach einem längeren stationären Betrieb aus einem thermodynamischen Gleichgewicht: Die durch die Flüssigkeitsreibung im Lager entstehende Reibleistung P_R nach Gl. 5.41 wird als Wärmeleistung P_{th} mittels Konvektion über die wärmeabgebende Oberfläche des Lagers A abgeführt:

$$P_{th} = \alpha \cdot A \cdot (\vartheta_{\ddot{O}l} - \vartheta_0) \hspace{4cm} \text{Gl. 5.42}$$

Dabei bedeutet α die Wärmeübergangszahl, A die wärmeabgebende Oberfläche und $(\vartheta_{\ddot{O}l} - \vartheta_0)$ die Temperaturdifferenz des Öls zur Umgebung des Lagers. Durch Gleichsetzen von P_R nach Gl. 5.41 und P_{th} nach Gl. 5.42 gewinnt man:

$$F_N \cdot f \cdot u = \alpha \cdot A \cdot (\vartheta_{\ddot{O}l} - \vartheta_0) \quad \Rightarrow \quad \vartheta_{\ddot{O}l} - \vartheta_0 = \frac{F_N \cdot f \cdot u}{\alpha \cdot A} \qquad \text{Gl. 5.43}$$

Die wärmeabgebende Oberfläche A lässt sich durch geometrische Näherung der vorliegenden Konstruktion bestimmen. DIN 31652 gibt dafür folgende Anhaltswerte:

für zylindrische Gehäuse: $\qquad A = \frac{\pi}{2} \cdot \left(D_H^2 - d^2\right) + \pi \cdot D_H \cdot B_H \qquad$ Gl. 5.44

für Stehlager: $\qquad A = \pi \cdot H \cdot \left(B_H + \frac{H}{2}\right) \qquad$ Gl. 5.45

für Lager im Maschinenverband: $\quad A = (15...20) \cdot B \cdot d \qquad$ Gl. 5.46

d: Wellendurchmesser

B_H: Gehäusebreite in Axialrichtung

D_H: Gehäuseaußendurchmesser

H: Gesamthöhe des Stehlagers

Für die Wärmeübergangszahl α muss folgende Unterscheidung getroffen werden:

Für den Fall der freien Konvektion (keine Luftbewegung) gilt:	Für den Fall der erzwungenen Konvektion muss die Luftgeschwindigkeit w berücksichtigt werden. Für $w > 1{,}2$ m/s gilt:
$\alpha = 15 \; \dfrac{W}{m^2 \cdot °C} \qquad$ Gl. 5.47 für Lager im Maschinenverband $\alpha = 20 \; \dfrac{W}{m^2 \cdot °C} \qquad$ Gl. 5.48 für frei stehende Lagergehäuse	$\alpha \left[\dfrac{W}{m^2 \cdot °C}\right] = 7 + 12 \cdot \sqrt{w\left[\dfrac{m}{s}\right]}$ Gl. 5.49 In dieser Größengleichung sind die angegebenen Einheiten zu berücksichtigen!

Da die Reibzahl f davon abhängt, ob das Lager im Schnelllauf- oder Schwerlastbereich betrieben wird, muss auch hier die bereits oben getroffene Fallunterscheidung berücksichtigt werden (Tabelle 5.5).

Tabelle 5.5: Gegenüberstellung Schnelllaufbereich – Schwerlastbereich.

Schnelllaufbereich (zentrischer Lauf)		**Schwerlastbereich** (exzentrischer Lauf)
$$\vartheta_{\ddot{O}l} - \vartheta_0 = \dfrac{F_N \cdot f \cdot u}{\alpha \cdot A}$$		
$So \leq 1$		$So > 1$
$$f = \dfrac{\pi \cdot \psi}{So}$$		$$f = \dfrac{\pi \cdot \psi}{\sqrt{So}}$$
$(\vartheta_{\ddot{O}l} - \vartheta_0) =$	(Substitutionen)	$(\vartheta_{\ddot{O}l} - \vartheta_0) =$
$$= \dfrac{F_N \cdot \dfrac{\pi \cdot \psi}{So} \cdot u}{\alpha \cdot A}$$	$$So = \dfrac{\overline{p} \cdot \psi^2}{\eta \cdot \omega}$$	$$= \dfrac{F_N \cdot \dfrac{\pi \cdot \psi}{\sqrt{So}} \cdot u}{\alpha \cdot A}$$
$$= \dfrac{F_N \cdot \dfrac{\pi \cdot \psi}{\dfrac{\overline{p} \cdot \psi^2}{\eta \cdot \omega}} \cdot u}{\alpha \cdot A}$$		$$= \dfrac{F_N \cdot \dfrac{\pi \cdot \psi}{\sqrt{\dfrac{\overline{p} \cdot \psi^2}{\eta \cdot \omega}}} \cdot u}{\alpha \cdot A}$$
$$= \dfrac{F_N \cdot \pi \cdot u \cdot \eta \cdot \omega}{\overline{p} \cdot \psi \cdot \alpha \cdot A}$$	$$\overline{p} = \dfrac{F_N}{D \cdot B}$$	$$= \dfrac{F_N \cdot \pi \cdot u}{\alpha \cdot A} \cdot \sqrt{\dfrac{\eta \cdot \omega}{\overline{p}}}$$
$$= \dfrac{F_N \cdot \pi \cdot u \cdot B \cdot D \cdot \eta \cdot \omega}{F_N \cdot \psi \cdot \alpha \cdot A}$$	$$\omega = \dfrac{2 \cdot u}{D}$$	$$= \dfrac{F_N \cdot \pi \cdot u}{\alpha \cdot A} \cdot \sqrt{\dfrac{\eta \cdot \omega \cdot B \cdot D}{F_N}}$$
$$= \dfrac{\pi \cdot u \cdot B \cdot D \cdot 2 \cdot u}{\psi \cdot \alpha \cdot A \cdot D} \cdot \eta$$		$$= \dfrac{F_N \cdot \pi \cdot u}{\alpha \cdot A} \cdot \sqrt{\dfrac{\eta \cdot \dfrac{2 \cdot u}{D} \cdot B \cdot D}{F_N}}$$
$$= \dfrac{\pi \cdot u^2 \cdot B \cdot 2}{\psi \cdot \alpha \cdot A} \cdot \eta$$		$$= \pi \cdot \sqrt{2} \cdot \sqrt{\dfrac{F_N \cdot u^3 \cdot B}{\alpha^2 \cdot A^2}} \cdot \sqrt{\eta}$$
$$\vartheta_{\ddot{O}l} - \vartheta_0 = W' \cdot \eta$$ wobei $W' = \dfrac{6,28 \cdot u^2 \cdot B}{\psi \cdot \alpha \cdot A} \left[\dfrac{°C}{Pas}\right]$ Gl. 5.50 F_N hat keinen Einfluss auf Temperatur und Betriebsviskosität		$$\vartheta_{\ddot{O}l} - \vartheta_0 = W \cdot \sqrt{\eta}$$ wobei $W = 4,44 \cdot \sqrt{\dfrac{F_N \cdot u^3 \cdot B}{\alpha^2 \cdot A^2}} \left[\dfrac{m^2 \cdot °C^2}{N \cdot s}\right]$ Gl. 5.51 ψ hat keinen Einfluss auf Temperatur und Betriebsviskosität

Die in der jeweils letzten Zeile vorgenommene Substitution durch W' bzw. W ist insofern eine Erleichterung, weil dadurch ein funktionaler Zusammenhang gewonnen wird, der sich nahezu als Geradengleichung der Form y = a · x darstellen lässt. Die Steigung dieser Geraden W für den Schwerlastbereich und W' für den Schnelllaufbereich kann mit den Gleichungen 5.50 und 5.61 berechnet und dann als Gerade in einem der beiden Diagramme Bild 5.61 und 5.62 wiedergegeben werden. Der Schnittpunkt dieser Geraden mit dem Kurvenzug des verwendeten Öls ergibt dann den Betriebspunkt des Lagers. Damit ergeben schließlich sowohl die Temperatur $\vartheta_{\text{Öl}}$ als auch die Betriebsviskosität η. Bei der praktischen Berechnung ist im allgemeinen Fall nicht bekannt, ob das Lager im Schnelllauf- oder im Schwerlastbereich betrieben wird. Es müssen also zunächst einmal beide Varianten (Schnelllauf- und Schwerlastbereich) betrachtet werden, bevor die Berechnung der Sommerfeldzahl dann darüber entscheidet, welcher Bereich tatsächlich vorliegt.

In der industriellen Praxis wird dieses Verfahren meist rein rechnerisch auf Datenverarbeitungsanlagen durchgeführt, wobei allerdings die Anschaulichkeit der Sachzusammenhänge weitgehend verloren geht. Auch mit der hier erläuterten grafischen Vorgehensweise gewinnt man ausreichend genaue Zahlenergebnisse, zumal die Ermittlung der Wärmeübergangszahl α und der wärmeabgebenden Oberfläche A weit größeren Unsicherheiten unterworfen ist.

5.3.5   Ölbedarf (V)

Der für den Betrieb des Lagers erforderliche Öldurchsatz richtet sich nach zwei verschiedenen Kriterien. Die für den sicheren hydrodynamischen Betrieb des Lagers erforderliche „Tragölmenge" Q_T kann berechnet werden zu:

$$Q_T = 1,3 \ldots 2,0 \cdot (B \cdot u \cdot S) \hspace{3cm} \text{Gl. 5.52}$$

Bei Betrieb mit Ölkühler muss andererseits der Öldurchsatz im Lager so groß sein, dass die anfallende Reibleistung als Wärme abgeführt werden kann. Dazu ist die sog. „Kühlölmenge" Q_K erforderlich:

$$Q_K = \frac{P_R}{k \cdot (\vartheta_a - \vartheta_e)} \hspace{3cm} \text{Gl. 5.53}$$

Dabei bedeutet:

k   spezifische Wärmekapazität des Öls ($1,8 \cdot 10^6 \left[\dfrac{\text{Nm}}{\text{m}^3 \cdot {}^\circ\text{C}}\right]$)

($\vartheta_a - \vartheta_e$) Temperaturdifferenz zwischen Lagereintritt und -austritt, also zwischen Ölkühlereintritt und -austritt

Ist die Kühlölmenge Q_K größer als die Tragölmenge Q_T, so wird die Ölverteilnut axial durchbrochen, damit mehr Öl durchfließen kann als zum hydrodynamischen Betrieb des Lagers erforderlich ist.

5.3.6   Konstruktionsbeispiele (E)

Die beiden Beispiele nach Bild 5.67 und 5.68 zeigen Ausführungsformen, bei denen das Lager durch Konvektion, also ohne separaten Ölkühler betrieben wird.

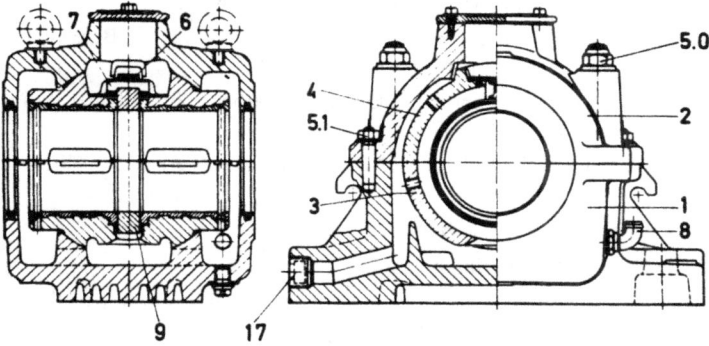

Bild 5.67: Hydrodynamisches Radialgleitlager [Werksbild Fa. Renk] Durchmesserbereich 100–520 mm, Schmierung mittels Festring, Winkeleinstellbarkeit durch kugelförmigen Stützkörper

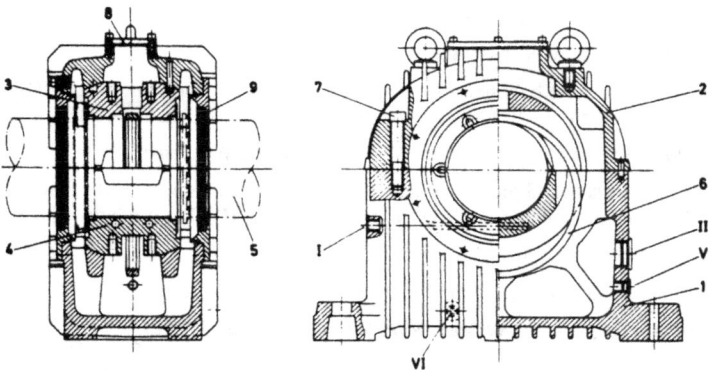

Bild 5.68: Elektro- und Turbomaschinenlager [Werksbild Fa. Renk] Durchmesserbereich 65–1180 mm, Kombination eines Radiallagers mit zwei Axiallagern, Schmierung mittels Losring (Pos. 6), Winkeleinstellbarkeit durch kugelförmigen Stützkörper

Aufgaben A.5.34 bis A.5.37

5.4   Anhang

5.4.1   Literatur

[5.1]   Bartz, W.J.: Gleitlagertechnik; Expert-Verlag Grafenau/Württemberg 1981

[5.2]   Brändlein, Eschmann, P.; Hasbargen, K.: Die Wälzlagerpraxis; Handbuch für die Berechnung und Gestaltung von Lagerungen; Vereinigte Fachverlage Mainz 1995

[5.3]   Butenschön, H.-J.: Das hydrodynamische, zylindrische Gleitlager endlicher Breite unter stationärer Belastung; Dissertation TU Karlsruhe 1976

[5.4]   Dahlke, H.: Handbuch der Wälzlagertechnik; Deutsche Koyo Wälzlager-Verkaufsgesellschaft Hamburg 1987

[5.5]   DIN-Taschenbuch 24: Wälzlager; Beuth-Verlag Berlin 1989

[5.6]   DIN-Taschenbuch 126: Gleitlager; Beuth-Verlag Berlin 1989

[5.7]   Fut, A.: Dreidimensionale thermodynamische Berechnung von Axialgleitlagern mit punktförmig abgestützten Segmenten; Institut für Grundlagen der Maschinenkonstruktion, ETH Zürich 1981

[5.8]   Gersdorfer, O.: Werkstoffe für Gleitlager; VDI-Bericht Nr. 141, Düsseldorf 1970

[5.9]   Hampp, W.: Wälzlagerungen; Springer-Verlag Berlin 1971

[5.10] Hermes, G.F.: Die Grenztragfähigkeit hochbelasteter hydrodynamischer Radialgleitlager; Dissertation Institut für Maschinenelemente und Maschinengestaltung, RWTH Aachen 1986

[5.11] Ioanides, E.; Beswick, J.M.: Moderne Wälzlagertechnik; Vogel-Verlag Würzburg 1991

[5.12] Knoll, G.: Tragfähigkeit zylindrischer Gleitlager unter elastohydrodynamischen Bedingungen; Dissertation Institut für Maschinenelemente und Maschinengestaltung, RWTH Aachen 1974

[5.13] Lang, O.R.; Steinhilper, W.: Gleitlager; Springer-Verlag Berlin 1978

[5.14] Lundberg, G.: Die dynamische Tragfähigkeit der Wälzlager; Forsch. Ing.-Wesen 18, 1952

[5.15] Mayer, E.: Axiale Gleitringdichtungen; 7. Auflage, VDI-Verlag Düsseldorf 1982

[5.16] Motosh, N.: Das konstant belastete zylindrische Gleitlager unter Berücksichtigung der Abhängigkeit der Viskosität von Temperatur und Druck; Dissertation TH Karlsruhe 1962

[5.17] Müller, H.K.: Abdichtung bewegter Maschinenteile; Medienverlag Waiblingen 1991

[5.18] NN: Anwendungsbeispiele für Wälzlager; Druckschrift der Firma INA Wälzlager Schaeffler KG, Herzogenaurach

[5.19] NN: SKF Hauptkatalog; Druckschrift der Firma SKF, Schweinfurt

[5.20] NN: Wälzlager, Bauarten, Eigenschaften, neue Entwicklungen; Verlag Moderne Industrie

[5.21] Ott, H.H.: Elastohydrodynamische Berechnung der Übergangsdrehzahl von Radialgleitlagern; Z. VDI 118 (Mai 1976), Nr. 10, S. 456–459

[5.22] Palmberg, A.: Grundlagen der Wälzlagertechnik; Francksche Verlagsbuchhandlung Stuttgart 1964

[5.23] Palmberg, J.O.: On thermo-elasto-hydrodynamic fluid film bearings; Doctoral Thesis Chalmers University Gothenburg/Sweden 1975

[5.24] Palmgren, A.: Grundlagen der Wälzlagertechnik; 3. Auflage Stuttgart 1963

[5.25] Peeken, H.: Hydrostatische Querlager; Z. Konstruktion 16 (1964)

[5.26] Peeken, H.: Tragfähigkeit und Steifigkeit von Radiallagern mit fremderzeugtem Tragdruck (Hydrostatische Radiallager); Z. Konstruktion 1 (1966)

[5.27] Peeken, H.: Verformungsgerechte Konstruktion steigert die Gleittragfähigkeit; Z. Antriebstechnik 21 (1981) Nr. 11, S. 558–563

[5.28] Peeken, H.; Benner, J.: Berechnung von hydrostatischen Radial- und Axialgleitlagern; in „Goldschmitt informiert" 61 (1984), Nr. 2, S. 42–148

[5.29] Peeken, H.; Knoll, G.: Zylindrische Gleitlager unter elastohydrodynamischen Bedingungen; Z. Konstruktion 27 (1975), S. 176–181

[5.30] Rodermund, H.: Berechnung der Temperaturabhängigkeit der Viskosität von Mineralölen aus dem Viskositätsgrad; Z. Schmiertechnik & Tribologie (1978), Nr. 2, S. 56–57

[5.31] Schmitt, E.: Handbuch der Dichtungstechnik; Expert-Verlag Grafenau/Württemberg, 1981

[5.32] Thier, B.; Faragallah, W.H.: Handbuch Dichtungen; Verlag und Bildarchiv W.H. Faragallah Sulzbach i.Ts., 1990

[5.33] Trutnovsky, K.: Berührungsdichtungen an ruhenden und bewegten Maschinenteilen; 2. Auflage, Springer-Verlag Berlin 1975

[5.34] Trutnovsky, K.: Berührungsfreie Dichtungen; 4. Auflage, VDI-Verlag Düsseldorf 1981

[5.35] VDI Richtlinie 2201 Bl 1: Gestaltung von Lagerungen; Einführung in die Wirkungsweise von Gleitlagern

[5.36] VDI Richtlinie 2201: Gestaltung von Lagerungen; VDI-Verlag Düsseldorf 1980

[5.37] VDI Richtlinie 2202: Schmierstoffe und Schmiereinrichtungen für Gleit- und Wälzlager; VDI-Verlag Düsseldorf 1970

[5.38] VDI Richtlinie 2204: Auslegung von Gleitlagerungen; VDI-Verlag Düsseldorf 1992

[5.39] VDI Richtlinie 2541: Gleitlager aus thermoplastischen Kunststoffen; VDI-Verlag Düsseldorf 1975

[5.40] VDI Richtlinie 2543: Verbundlager mit Kunststofflaufschicht

[5.41] Vogelpohl, G.: Die Stribeck-Kurve als Kennzeichen des allgemeinen Reibungsverhaltens geschmierter Gleitflächen; Z. VDI 96 (1954) S. 261–268

[5.42] Vogelpohl, G.: Betriebssichere Gleitlager; 2. Auflage; Springer-Verlag Berlin 1967

[5.43] Zargari, P.: Einfluss der Makrogeometrie auf die Tragfähigkeit und Betriebssicherheit von Gleitlagern; Dissertation Institut für Maschinenelemente und Maschinengestaltung RWTH Aachen 1980

5.4.2   Normen

[5.44] DIN 38: Gleitlager; Lagermetallausguss in dickwandigen Verbundgleitlagern

[5.45] DIN ISO 76: Wälzlager; Statische Tragzahlen

[5.46] DIN 118 T1: Antriebselemente; Stehgleitlager für allgemeinen Maschinenbau

[5.47] DIN ISO 281: Wälzlager; Dynamische Tragzahlen und nominelle Lebensdauer

[5.48] DIN 322: Gleitlager; Lose Schmierringe für allgemeine Anwendung

[5.49] DIN ISO 355: Wälzlager; Metrische Kegelrollenlager

[5.50] DIN 471: Sicherungsringe für Wellen

[5.51] DIN 472: Sicherungsringe für Bohrungen

[5.52] DIN 502: Antriebselemente; Flanschlager, Befestigung mit zwei Schrauben

[5.53] DIN 504: Antriebselement; Außenlager

[5.54] DIN 505: Antriebselemente; Deckellager, Lagerschalen, Lagerbefestigung mit zwei Schrauben

[5.55] DIN 505: Antriebselemente; Deckellager, Lagerschalen, Lagerbefestigung mit vier Schrauben

[5.56] DIN 615: Wälzlager; Schulterkugellager

[5.57] DIN 616: Wälzlager; Maßpläne für äußere Abmessungen

[5.58] DIN 617: Wälzlager; Nadellager mit Käfig

[5.59] DIN 620 T1: Wälzlager; Messverfahren für Maß- und Lauftoleranzen

[5.60] DIN 620 T2: Wälzlager; Wälzlagertoleranzen; Toleranzen für Radiallager

[5.61] DIN 620 T3: Wälzlager; Wälzlagertoleranzen; Toleranzen für Axiallager

[5.62] DIN 620 T4: Wälzlager; Wälzlagertoleranzen; Radiale Lagerluft

[5.63] DIN 620 T6: Wälzlager; Metrische Lagerreihen; Grenzmaße für Kantenabstände

[5.64] DIN 623 T1: Bezeichnung für Wälzlager; Allgemeine Lagerreihenzeichen für Kugellager, Zylinderrollenlager und Pendelrollenlager

[5.65] DIN 625 T1: Wälzlager; Rillenkugellager, einreihig

[5.66] DIN 625 T3: Wälzlager; (Radial-)Rillenkugellager, zweireihig, mit Füllnuten

[5.67] DIN 628 T1: Wälzlager; (Radial-)Schrägkugellager, einreihig und zweireihig

[5.68] DIN 628 T2: Wälzlager; (Radial-)Schrägkugellager, nicht selbsthaltend, einreihig

[5.69] DIN 630 T1: Wälzlager; (Radial-)Pendelkugellager, zylindrische und kegelige Bohrung

[5.70] DIN 630 T2: Wälzlager; (Radial-)Pendelkugellager, breiter Innenring; Innenring mit Klemmhülse

[5.71] DIN 635 T1: Wälzlager; Pendelrollenlager; Tonnenlager, einreihig

[5.72] DIN 635 T2: Wälzlager; Pendelrollenlager; Tonnenlager, zweireihig

[5.73] DIN 711: Wälzlager; Axialrillenkugellager, einseitig wirkend

[5.74] DIN 715: Wälzlager; Axialrillenkugellager, zweiseitig wirkend

[5.75] DIN 720: Wälzlager; Kegelrollenlager

[5.76] DIN 722: Wälzlager; Axial-Zylinderrollenlager, einseitig wirkend

[5.77] DIN 728 T1: Wälzlager; Axial-Pendelrollenlager, einseitig wirkend, mit asymmetrischen Rollen

[5.78] DIN 981: Wälzlagerzubehör; Nutmuttern

[5.79] DIN 983: Sicherungsringe mit Lappen für Wellen

[5.80] DIN 984: Sicherungsringe mit Lappen für Bohrungen

[5.81] DIN 620 T2: Wälzlager; Wälzlagertoleranzen; Toleranzen für Radiallager

[5.82] DIN 1494 T1: Gleitlager; gerollte Buchsen für Gleitlager

[5.83] DIN 1591: Gleitlager; Schmierlöcher, Schmiernuten und Schmiertaschen für allgemeine Anwendung

[5.84] DIN 1850 T3: Buchsen für Gleitlager, aus Sintermetall

[5.85] DIN E 1850 T5: Buchsen für Gleitlager, aus Duroplasten

[5.86] DIN 2909: Mineralölerzeugnisse; Berechnung des Viskositätsindex aus der kinematischen Viskosität

[5.87] DIN E 4381: Gleitlager; Blei- und Zinn-Gusslegierungen für Verbundgleitlager

[5.88] DIN E 4382: Gleitlager; Kupferlegierungen

[5.89] DIN E 4383: Gleitlager; Metallische Verbundwerkstoffe für dünnwandige Gleitlager

[5.90] DIN 5412 T1: Wälzlager; Zylinderrollenlager, einreihig, mit Käfig, Winkelringe

[5.91] DIN 5412 T4: Wälzlager; Zylinderrollenlager, zweireihig, mit Käfig

[5.92] DIN 5412 T9: Wälzlager; Zylinderrollenlager, zweireihig, vollrollig, nicht zerlegbar

[5.93] DIN 5417: Befestigungsteile für Wälzlager; Sprengringe für Lager mit Ringnut

[5.94] DIN E 5418: Wälzlager; Maße für den Einbau

[5.95] DIN 5425 T1: Wälzlager; Toleranzen für den Einbau; Allgemeine Richtlinien

[5.96] DIN 7473: Gleitlager; Dickwandige Verbundgleitlager mit zylindrischer Bohrung, ungeteilt

[5.97] DIN E 31651 T1: Gleitlager; Kurzzeichen und Benennungen; Grundsystem

[5.98] DIN E 31651 T2: Gleitlager; Berechnung und Konstruktion

[5.99] DIN 31651 T1: Gleitlager; Hydrodynamische Radialgleitlager im stationären Betrieb; Berechnung von Kreiszylinderlagern

[5.100] DIN 31651 T2: Gleitlager; Hydrodynamische Radialgleitlager im stationären Betrieb; Funktionen für die Berechnung von Kreiszylinderlagern

[5.101] DIN 31651 T3: Gleitlager; Hydrodynamische Radialgleitlager im stationären Betrieb; Betriebsrichtwerte für die Berechnung von Kreiszylinderlagern

[5.102] DIN E 31653: Gleitlager; Hydrodynamische Axial-Gleitlager im stationären Betrieb

[5.103] DIN E 31654: Gleitlager; Hydrodynamische Axial-Gleitlager im stationären Betrieb

[5.104] DIN E 31655 und DIN E 31655: Gleitlager; Hydrostatische Radial-Gleitlager im stationären Betrieb

[5.105] DIN 31661: Gleitlager; Begriffe, Merkmale und Ursachen von Veränderungen und Schäden

[5.106] DIN 31690: Gleitlager; Gehäusegleitlager; Zusammenstellung, Stehlagergehäuse

[5.107] DIN 31693: Gleitlager; Gehäusegleitlager; Zusammenstellung, Flanschlagergehäuse

[5.108] DIN 31696: Axialgleitlager; Segment-Axiallager; Einbaumaße

[5.109] DIN 31697: Axialgleitlager; Ring-Axiallager; Einbaumaße

[5.110] DIN 31698: Gleitlager; Passungen

[5.111] DIN 53015: Viskosimetrie; Messung der Viskosität mit dem Kugelfall-Viskosimeter nach Höppler

[5.112] DIN 53018 T1: Viskosimetrie; Messung der dynamischen Viskosität Newton'scher Flüssigkeiten mit Rotationsviskosimetern, Grundlagen

[5.113] DIN 55519: Schmierstoffe; ISO-Viskositäts-Klassifikation für flüssige Industrie-Schmierstoffe

[5.114] DIN 51561: Prüfung von Mineralölen, flüssigen Brennstoffen und verwandten Flüssigkeiten; Messung der Viskosität mit dem Vogel-Ossag-Viskosimeter: Temperaturbereich: ungefähr 10 bis 150 °C

[5.115] DIN 51562 T1: Viskosimetrie; Messung der kinematischen Viskosität mit dem Ubbelohde-Viskosimeter, Normal-Ausführung

5.5   Aufgaben: Lagerungen

Lager mit Festkörperreibung

A.5.1   Kranlaufrad

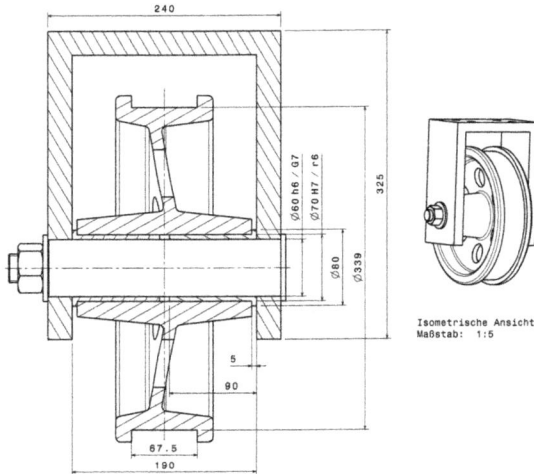

Isometrische Ansicht
Maßstab: 1:5

Welche Kraft kann mit dem nebenstehenden Kranlaufrad übertragen werden, wenn die Belastung schwellend aufgebracht wird und folgende Werkstoffe verwendet werden:

Bolzen:	S 335
Anschlusskonstruktion:	S 235
Gleitbuchse:	Rg bzw. Bz

	F_{max} [N]
aufgrund der Biegung des Bolzens	
aufgrund des Querkraftschubes im Bolzen	
aufgrund der Pressung der Gleitbuchse	
aufgrund der Pressung des Festsitzes	
insgesamt übertragbar	

An der vorhandenen Konstruktion werden die unten aufgeführten Veränderungen vorgenommen. Überprüfen Sie, ob und wie sich dabei die übertragbare Kraft F_{max} ändert.

	F_{max} wird größer	F_{max} bleibt gleich	F_{max} wird kleiner
Der Durchmesser des Bolzens wird geringfügig vergrößert			
Die Gleitbuchse wird zu beiden Seiten hin geringfügig verlängert			
Der Festsitz des Bolzens wird zu beiden Seiten hin verlängert			
Die zulässige Flächenpressung am Festsitz wird erhöht			
Die zulässige Flächenpressung am Gleitsitz wird erhöht			

A.5.2 Anhängerkupplung

Mit der nachfolgend dargestellten klassischen Anhängerkupplung wird eine Zugkraft gelenkig von der innenliegenden Lasche auf das außenliegende Anhängermaul aus GG übertragen. Damit die Relativbewegung tatsächlich zwischen Lasche und Bolzen aus E 295 stattfindet, ist der Bolzen konstruktiv verdrehsicher mit dem Anhängermaul verbunden. Um den Verschleiß im Gleitsitz möglichst gering zu halten, wird in die Lasche eine Gleitbuchse aus Bronze eingepresst.

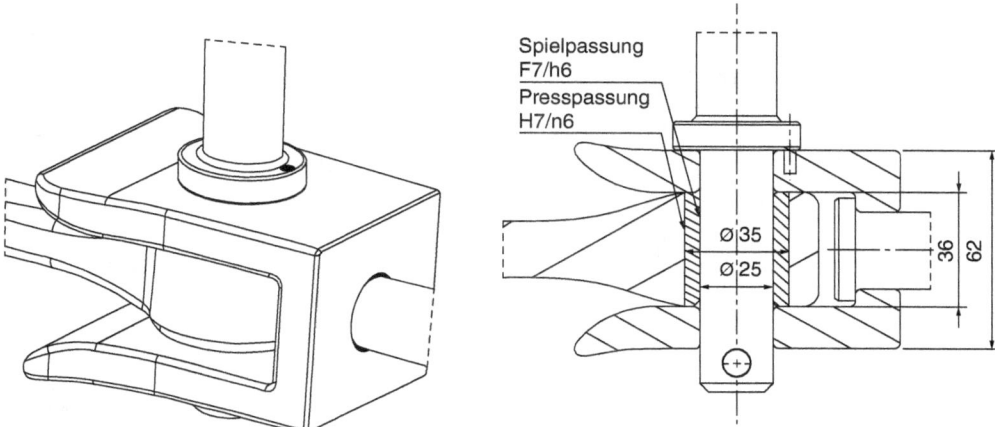

Die Bolzenverbindung ist aufgrund verschiedener Belastungskriterien zu dimensionieren. Führen Sie die Rechnung sowohl für quasistatische als auch für dynamische Lastaufbringung durch. Welche Kraft kann maximal zugelassen werden ...

		quasistatisch	wechselnd
aufgrund der Bolzenbiegung	N		
aufgrund des Querkraftschubes im Bolzen	N		
aufgrund der Pressung im Anhängermaul	N		
aufgrund der Pressung in der Lasche	N		
insgesamt übertragbar	N		

Zur Vergrößerung der übertragbaren Kraft werden die folgenden Maßnahmen vorgeschlagen. Kreuzen Sie an, ob bei der jeweiligen Maßnahme die übertragbare Kraft vergrößert oder verkleinert wird oder gleich bleibt. Dieser Aufgabenteil kann nur dann gelöst werden, wenn die vorangehende Fragestellung geklärt ist.

	wird größer	bleibt gleich	wird kleiner
Bronzebuchse wird durch GG ersetzt			
E 295 wird durch S 235 ersetzt			
Bolzendurchmesser wird vergrößert			
innenliegende Lasche wird verbreitert			
Anhängermaul wird verbreitert			

A.5.3 Laufrolle Tor

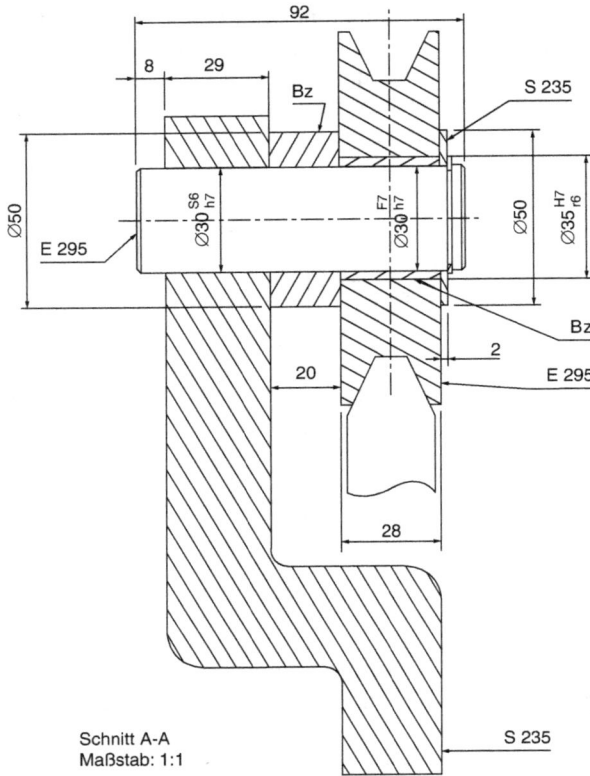

Schnitt A-A
Maßstab: 1:1

Die nebenstehende Laufrolle dient dazu, ein Tor auf einer Laufschiene in der Horizontalen zu verfahren. Wie groß darf die quasistatisch belastende Kraft F_{max} (anteiliges Gewicht des Tores) maximal werden, wenn sie

a) nach der Biegung von Stift bzw. Bolzen berechnet wird?

b) nach dem Querkraftschub von Stift bzw. Bolzen dimensioniert wird?

c) nach der Pressung an der Einspannstelle von Stift bzw. Bolzen berechnet wird?

d) nach der Pressung in der Gleitbuchse dimensioniert wird?

e) Welche Maximalkraft F_{max} ist insgesamt übertragbar?

		F_{max} [N]
a	Biegung von Stift/Bolzen	
b	Querkraftschub im Stift/Bolzen	
c	Pressung an der Einspannstelle	
d	Pressung in der Gleitbuchse	
e	insgesamt übertragbar	

An der vorhandenen Konstruktion werden die unten aufgeführten Veränderungen vorgenommen. Überprüfen Sie, ob und wie sich dabei die übertragbare Kraft F_{max} ändert.

	F_{max} wird größer	F_{max} bleibt gleich	F_{max} wird kleiner
Durchmesser von Stift/Bolzen wird geringfügig vergrößert			
Gleitbuchse wird zu beiden Seiten hin geringfügig verlängert			
Einspannlänge des Stiftes wird zu beiden Seiten verlängert			
Einspannstelle wird geringfügig nach links verlagert			
Einspannwerkstoff S 235 wird durch E 295 ersetzt			

A.5.4   Lagerung Wohnungstür

Die unten dargestellte Wohnungstür wird in Türangeln gelagert. Die Gewichtskraft der Masse von 25 kg wird im Flächenschwerpunkt wirksam.

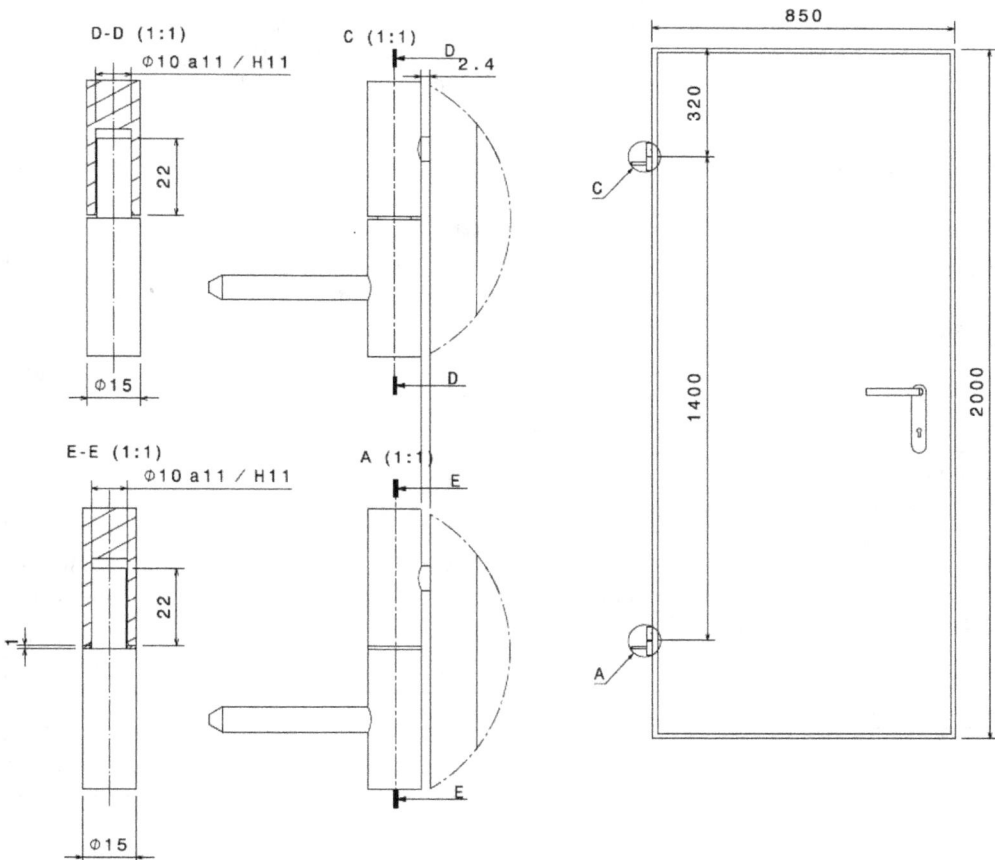

Beachten Sie, dass an der unteren Türangel eine Unterlegscheibe (sog. „Fitschenring") einge-legt ist, oben aber nicht. Berechnen Sie nach untenstehendem Schema sowohl die Kräfte als auch die Pressungen, die durch die Gewichtsbelastung zustande kommen.

		obere Türangel	untere Türangel
Axialkraft	N		
Radialkraft	N		
Flächenpressung Axiallager	N/mm²		
Flächenpressung Radiallager	N/mm²		

Wälzlager

Das Wälzlager ist ein typisches Bauelement von Getrieben. In dieser Phase des fortschrei-tenden Lehrstoffs muss jedoch darauf Rücksicht genommen werden, dass auf die Dimensio-nierung von Getrieben erst in Kapitel 7 näher eingegangen wird. Die folgenden Beispiele sind also so ausgewählt, dass noch keine speziellen Kenntnisse von Getrieben erforderlich sind.

Konstante Lagerlast

A.5.5   Belastbarkeit und Gebrauchsdauer Wälzlager

Ein Kugellager 16013 mit $C_0 = 16.600$ N und $C = 21.250$ N soll bezüglich Tragfähigkeit und Gebrauchsdauer untersucht werden. Mit welcher Kraft F_{rmax} darf das Lager maximal belastet werden, wenn das Lager

	F_{rmax} [N]
nicht umläuft, sondern Schwenkbewegungen ausführt	
langsam umläuft und an die Laufruhe keine besonderen Ansprüche gestellt werden	
langsam umläuft und an die Laufruhe hohe Ansprüche gestellt werden	

Bei schnell umlaufendem Lager ist die Gebrauchsdauer in Stunden für die in der untenste-henden Tabelle angegebenen Radiallasten F_r und Drehzahlen n zu ermitteln. Rechnen Sie die Gebrauchsdauerwerte ggf. in Tage, Wochen, Monate und Jahre um.

	$F_r = 1.000$ N	$F_r = 2.000$ N	$F_r = 4.000$ N
n = 1.000 min^{-1}			
n = 2.000 min^{-1}			
n = 4.000 min^{-1}			

A.5.6 Seilscheibenlagerung Hubvorrichtung

Mit der unten dargestellten Hubvorrichtung wird eine Last von 135 kg angehoben.

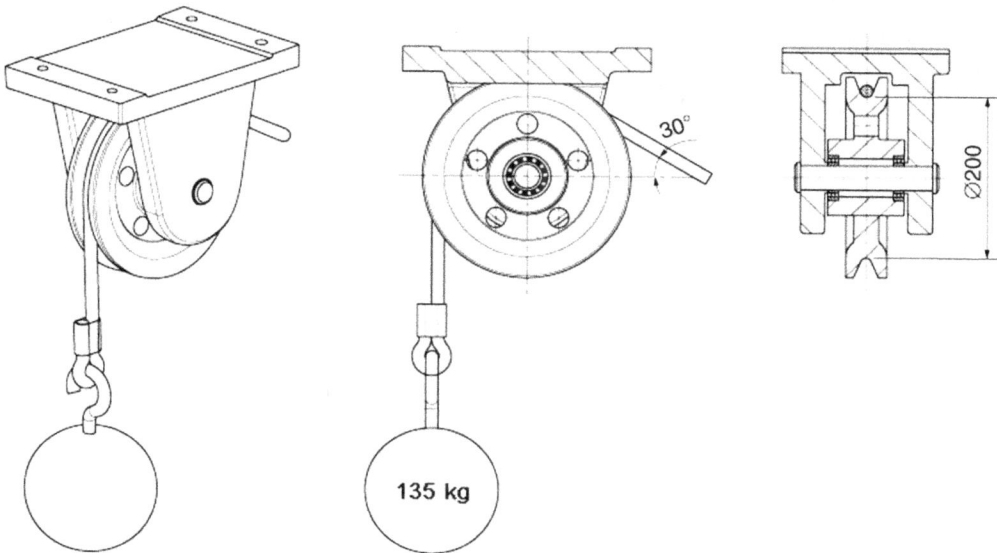

Während eines Hubvorganges wird die Last auf eine Höhe von 6 m angehoben und wieder abgesenkt. Die Lager sollen diesen Hubvorgang 10.000-mal überdauern, bevor sie ausgetauscht werden.

Ermitteln Sie die Kraft, die ein einzelnes Lager radial belastet!	F_{Lager}	N	
Wie hoch ist die Anzahl der Überrollungen, die hier gefordert wird?		–	
Wie hoch ist der Lebensdauerkennwert?	L_{10}	–	
Wie groß muss dann die dynamische Tragzahl des Lagers sein?	C	N	

A.5.7   Fahrradvorderradlagerung

Die unten dargestellt Vorderradnabe eines Fahrrades ist mit Kugellagern ausgestattet, die eine dynamische Tragzahl von 1330 N aufweisen. Das Fahrrad wiegt 16 kg, der Fahrer 78 kg, und es sind 10 kg Gepäck zu transportieren. Die Gesamtmasse verteilt sich wie 2:3 auf Vorder- und Hinterrad. Das Fahrrad ist mit einem Reifen ausgerüstet, dessen Laufflächenumfang 2100 mm beträgt. Es kann eine perfekte Dichtung vorausgesetzt werden.

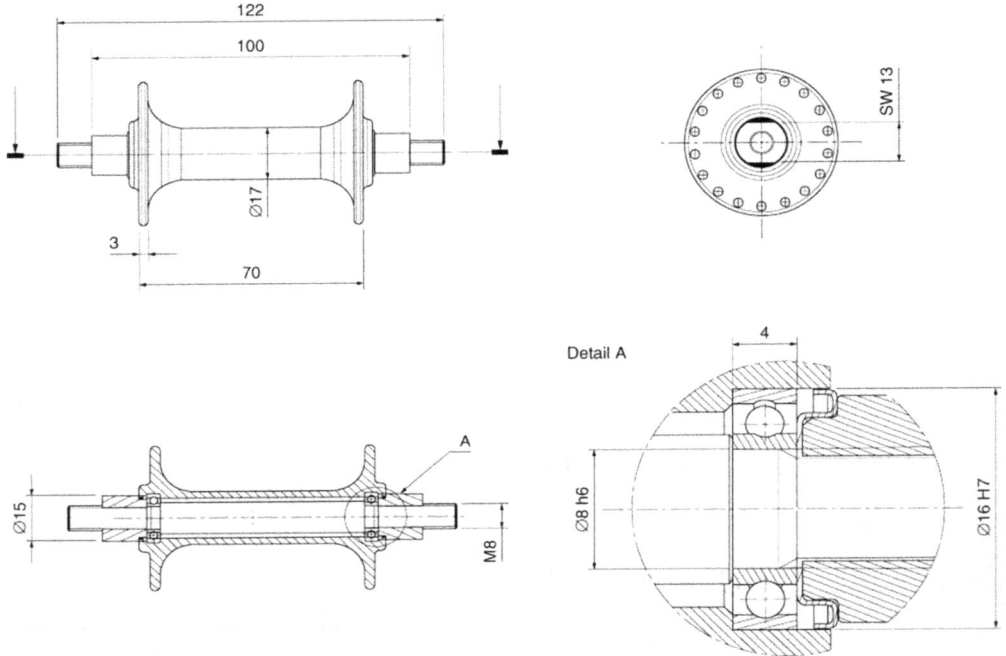

| Welche Fahrstrecke ist bei dieser Lagerung zu erwarten? | km | |
| Welche Fahrstrecke ist zu erwarten, wenn eine 55 kg leichte Beifahrerin mitgenommen wird, die im ungünstigsten Fall genau über der Vorderradnabe platziert wird? | km | |

A.5.8 Lagerung Kettenradwelle

Mit der untenstehenden Kettenradwelle wird eine Leistung von 825 W bei einer Drehzahl von 82 min^{-1} übertragen. Die Leertrumkräfte der Kettentriebe sind vernachlässigbar klein. Alle Kettenkräfte wirken in die gleiche Richtung.

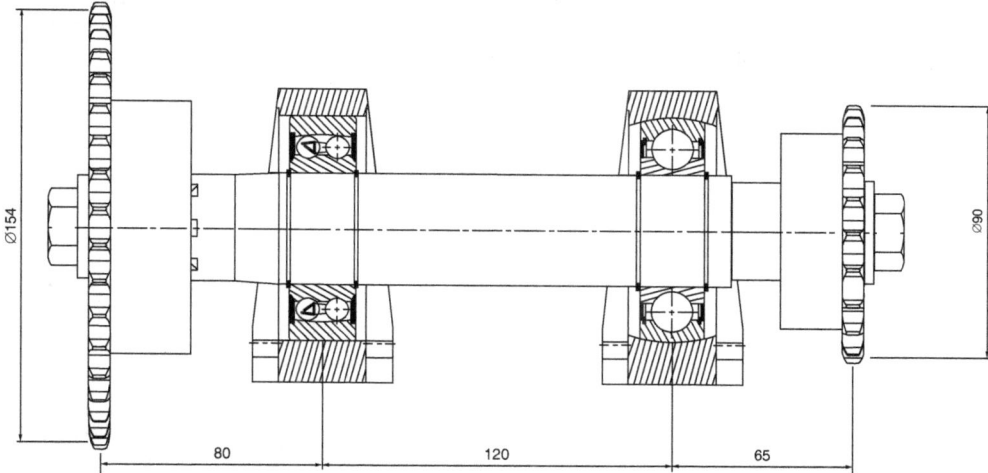

		links	rechts
Wie groß sind die Kettenkräfte?	N		
Wie groß sind die Lagerkräfte?	N		
Berechnen Sie den Lebensdauerkennwert L$_{10}$, wenn eine Gebrauchsdauer von 8.000 h gefordert wird.	–		
Wie groß sind die erforderlichen Tragzahlen?	N		

Äquivalente Lagerlast

A.5.9 Einzelnes Lager

Ein Rillenkugellager nach DIN 625 wird mit einer Radiallast $F_r = 10$ kN und einer Axiallast $F_a = 2,8$ kN bei einer Drehzahl von $n = 850$ min^{-1} betrieben und soll eine Lebensdauer von 6.000 Stunden erreichen. Es kommen die Lager 6215 und 6315 infrage. Die beiden Lager weisen folgende Daten auf:

Lager 6215: $C_{dyn} = 66,3$ kN, hier $X = 0,56$, $Y = 1,7$

Lager 6315: $C_{dyn} = 114$ kN, hier $X = 0,56$, $Y = 1,9$

Welches der beiden Lager erreicht tatsächlich die geforderte Gebrauchsdauer?

A.5.10   Schwenkbare Hubvorrichtung

Eine Last von 600 kg wird mit der untenstehenden Hubvorrichtung angehoben und dann um die senkrechte Drehachse auf einer kreisförmigen Bahn geschwenkt. Das untere Lager wirkt als Festlager und nimmt die gesamte Hublast als Axialbelastung auf. Weiterhin entsteht durch die Auskragung ein Moment, welches sich als Radiallast in beiden Lagern abstützt. Bei der Dimensionierung ist davon auszugehen, dass die Lager nur Schwenkbewegungen ausführen und deshalb als „statisch belastet" angenommen werden können.

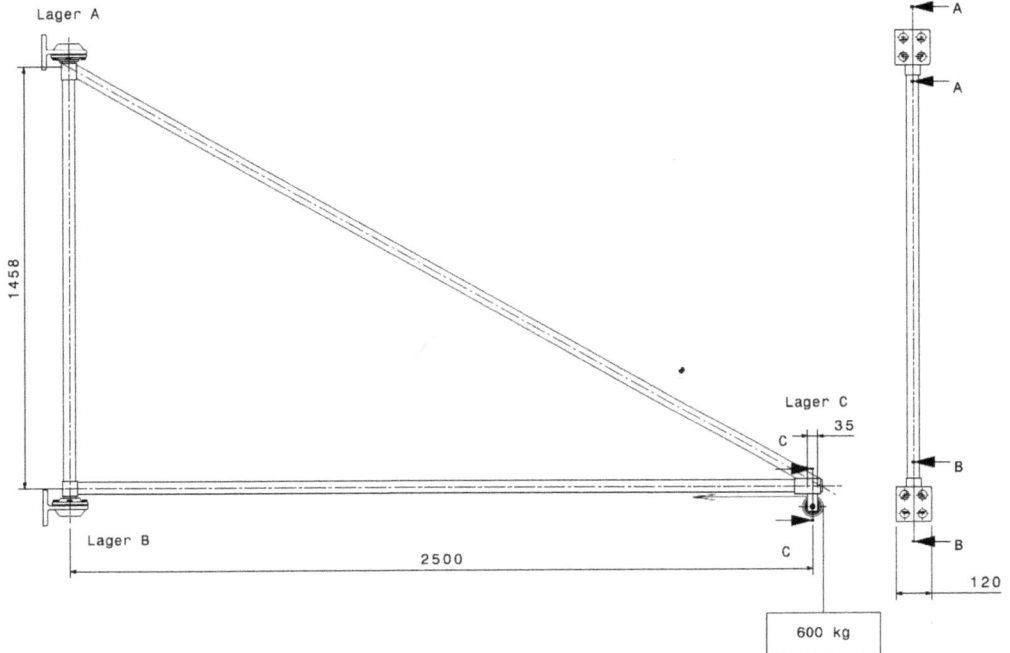

Berechnen Sie zunächst die Kräfte, die auf die Lager wirken. Bei der Ermittlung der Auflagerkräfte können die Abstände der Lager von den benachbarten Eckpunkten des Dreiecks ABC sowie der Durchmesser der Rolle bei C vernachlässigt werden. Berücksichtigen Sie, dass das Hubseil über die Rolle geführt wird und dann in der Nähe von Lager B an die Umgebung angebunden wird. Sowohl das Anheben als auch das Absetzen der Hubbewegung vollzieht sich unter Last.

A-A

$\phi 80$ H7

$\phi 40$ h6

45

58

Maßstab 1:2

B-B

Maßstab 1:2

15

45

70

6.1

$\phi 35$ h6

$\phi 40$ h11

$\phi 72$ H7

75

C-C

$\phi 25$

$\phi 40$

$\square 50$

70

45

$\phi 42$ H7

$\phi 65$

5

25

38

50

$\phi 15$ h6

Maßstab 1:1

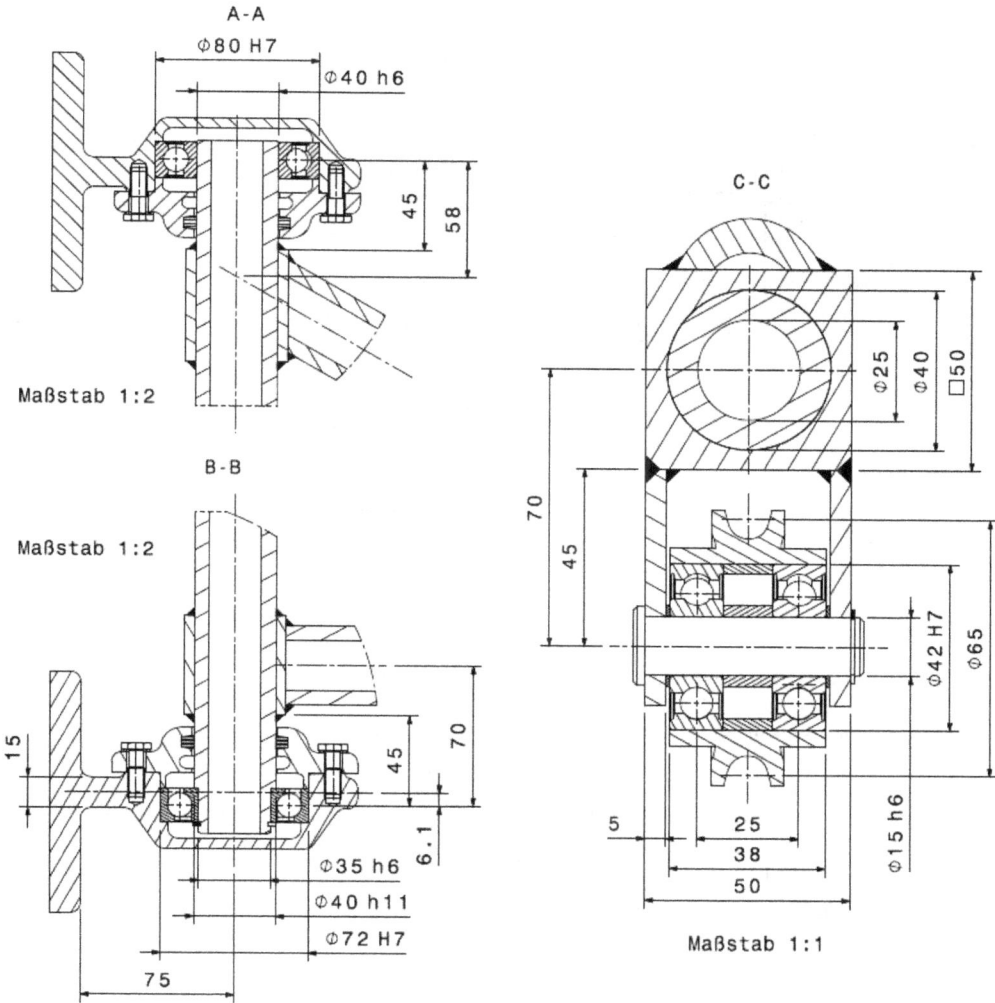

Berechnen Sie die äquivalente Lagerlast, wenn bei gleichzeitigem Auftreten von Radial- und Axialkraft die Faktoren $X_0 = 0,5$ und $Y_0 = 0,26$ angenommen werden können. Welche (statische bzw. dynamische) Tragzahl wird erforderlich, wenn $f_S = 1$ gesetzt wird und wenn 10.000 Hubvorgänge über 3 m Höhe ausgeführt werden sollen, bevor die Lager ersetzt werden?

		Axialkraft	Radialkraft	äquivalente Lagerlast	erforderliche Tragzahl
Lager bei A	N				
Lager bei B	N				
einzelnes Lager bei C	N				

A.5.11   Ventilatorlagerung

Gegeben ist die untenstehend skizzierte Lagerung eines Ventilators.

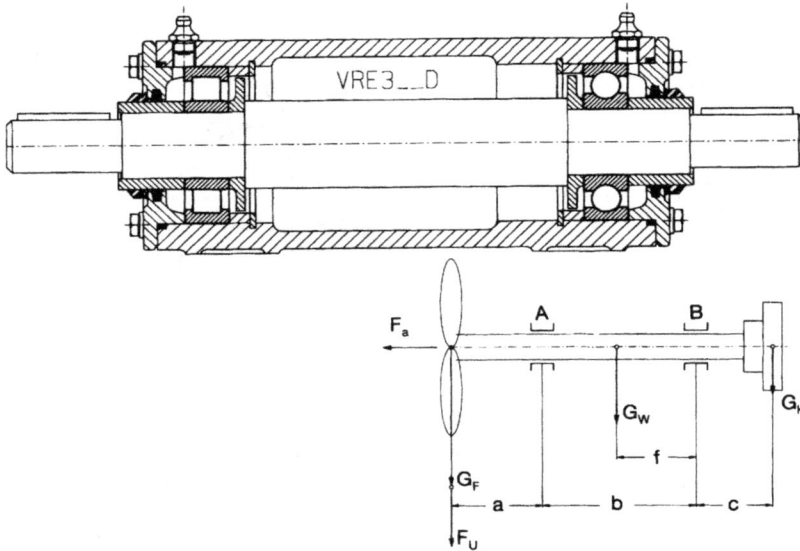

Es sind die folgenden Konstruktions- und Betriebsdaten gegeben:

Axialschub des Ventilators:	$F_{ax} = 5$ kN	Unwucht des Ventilatorflügels:	$F_u = 2$ kN
Flügelradgewicht:	$G_F = 4$ kN	Kupplungsgewicht:	$G_K = 0,15$ kN
Wellengewicht:	$G_W = 0,256$ kN	Betriebsdrehzahl:	$n = 3.000$ min^{-1}

$a = 170$ mm, $b = 423$ mm, $c = 126$ mm, $f = 216$ mm

Die dynamischen Tragzahlen der verwendeten Lager betragen:

Lager A: 190 kN   Lager B: 80 kN (hier: $X = 0,56$, $Y = 1,6$)

Berechnen Sie

			Lager A	Lager B
die Radiallast	F_r	N		
die Axiallast	F_a	N		
die äquivalente dynamische Lagerlast	P_m	N		
den Lebensdauerkennwert	L_{10}	–		
die Lebensdauer in Stunden	L_h	h		

Die Konstruktion ist nicht ausgewogen, weil die zu erwartende Lebensdauer der beiden Lager sehr unterschiedlich ist. Aus diesem Grund soll das Zylinderrollenlager A durch ein (kostengünstigeres) Kugellager ersetzt werden, welches baugleich mit dem rechten Festlager ist.

Zur Aufrechterhaltung der Loslagerfunktion muss dann der Außenring eine axiale Bewegungsmöglichkeit erhalten: Sowohl der linke Deckel als auch der rechte Zwischenring werden entsprechend abgedreht. Berechnen Sie für veränderte Lager A

			Lager A	Lager B
den Lebensdauerkennwert	L_{10}	–		wie oben
die Lebensdauer in Stunden	L_h	h		wie oben

A.5.12 Wasserturbinenlagerung

Gegeben ist die untenstehend skizzierte Lagerung einer Wasserturbine (sog. Kaplanturbine) mit Laufraddurchmesser 2,0 m, Fallhöhe 3,79 m, Nenndurchfluss 20,00 m³/s und Nennleistung 500 kW.

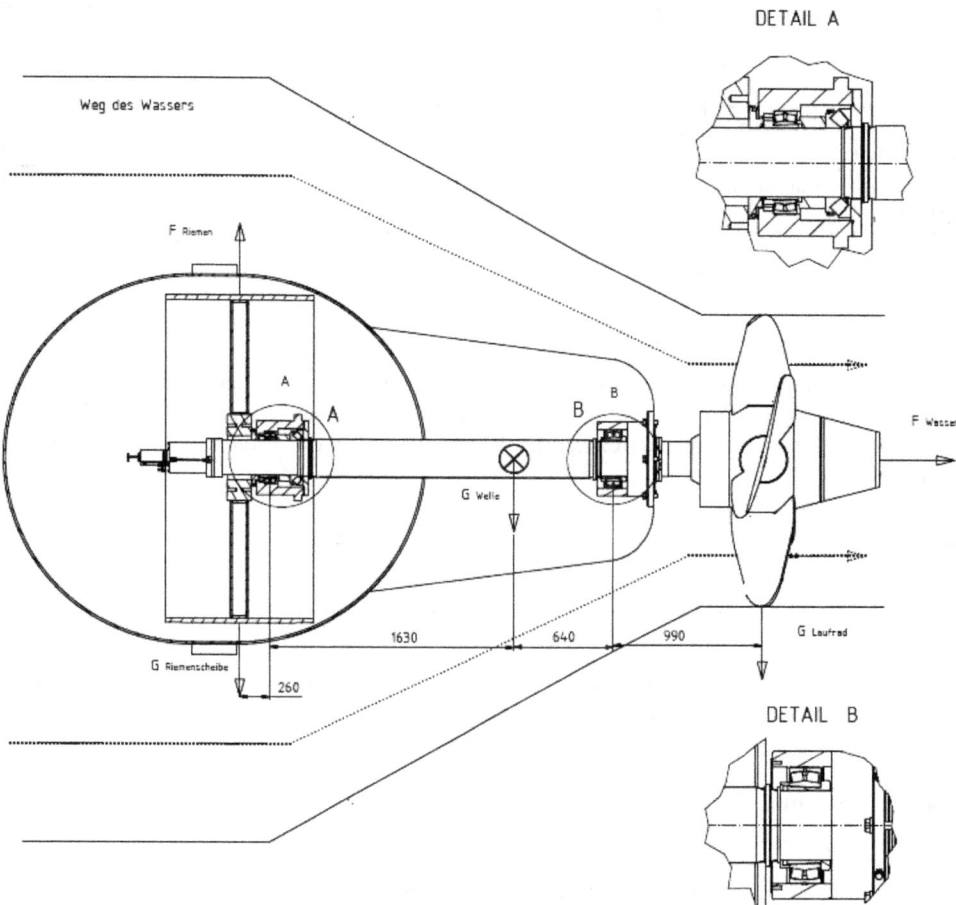

Es sind die folgenden Konstruktions- und Betriebsdaten gegeben:

Axialkraft auf das Turbinenlaufrad:	F_{Wasser}	76 kN
Riemenzug auf die Turbinenwelle:	F_{Riemen}	87 kN
Masse der Welle:	m_{Welle}	1.303 kg
Masse der Riemenscheibe:	$m_{Riemenscheibe}$	2.454 kg
Masse des Laufrades:	$m_{Laufrad}$	2.363 kg
Nenndrehzahl:	n	143 min^{-1}

Es werden Lager mit den unten angegebenen Tragzahlen installiert.

			Axiallager A	Radiallager A	Radiallager B
dynamische Tragzahl	C	kN	1.630	930	1.500
Wie groß ist die Last P auf das einzelne Lager?	P	kN			
Wie groß ist der Lebensdauerkennwert?	L_{10}	–			
Welche Lebensdauer ist zu erwarten?	L_h	h			

Zeitlich veränderliche Betriebsgrößen

A.5.13   Seilscheibenlagerung Kran

Die Seilscheibenlagerung eines Krans ist zu berechnen. Die maximale Drehzahl beträgt 280 min^{-1}, die volle radiale Belastung auf das einzelne Kugellager beträgt 12 kN. Der Betrieb des Krans lässt sich mit ausreichender Näherung durch die folgenden drei Laststufen beschreiben:

	Volllast	halbe Last	Leerlauf
Zeitanteil	20 %	30 %	50 %
n [min^{-1}]	140	280	280
P [kN]	12	6	0

Die Lebensdauer des Lagers soll bei täglich fünfstündiger Benutzung 8 Jahre betragen. Welche Tragzahl muss das einzelne Lager mindestens aufweisen, damit die geforderte Lebensdauer erreicht wird?

A.5.14   Schubkarrenrad

Die im Detailbild oben links dargestellte Schubkarre ist

- zu einem Drittel der Fahrstrecke mit 250 kg beladen,
- zu einem weiteren Drittel der Fahrstrecke mit 100 kg beladen
- und fährt zu einem Drittel der Fahrstrecke leer.

Die Masse der Schubkarre kann gegenüber der Masse des Ladegutes vernachlässigt werden. Es werden zwei Kugellager 61803-2RS1 mit einer dynamischen Tragzahl von $C = 1.680$ N montiert. Der Außendurchmesser des Schubkarrenrades beträgt 397 mm.

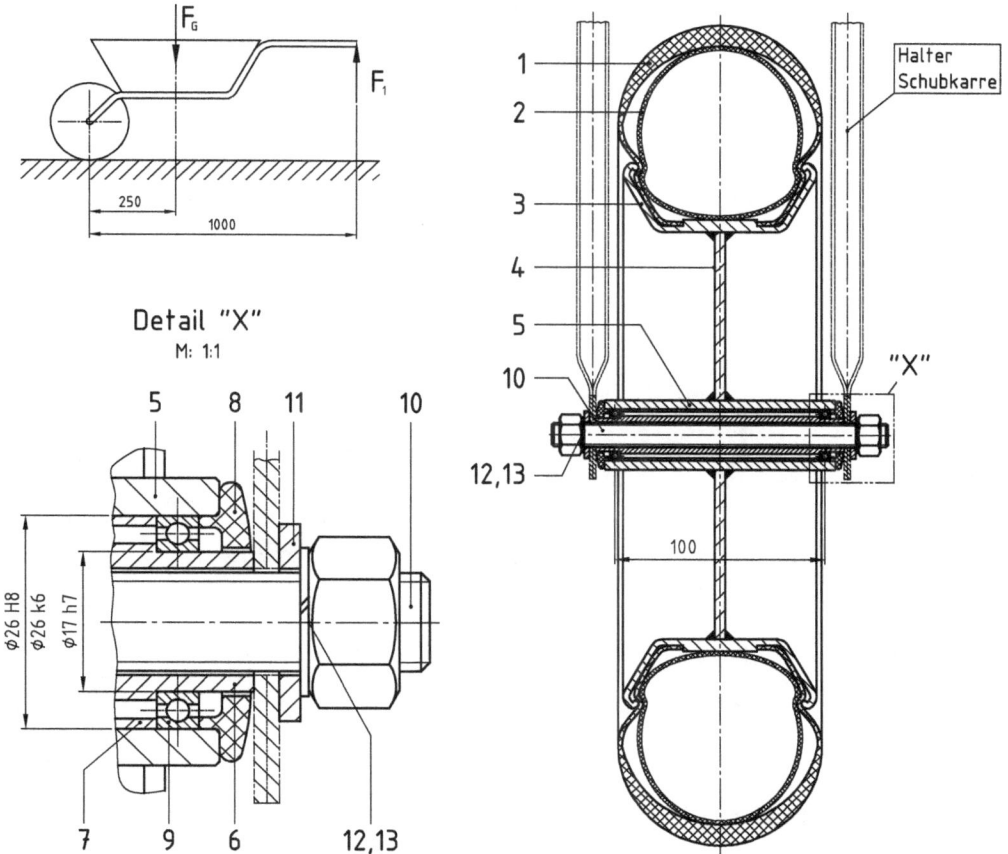

Detail "X"
M: 1:1

Wie groß ist die Radlast bei voller Beladung?	F_{Radmax}	N	
Ermitteln Sie die Lagerlast bei voller Beladung	$F_{Lagermax}$	N	
Berechnen Sie die äquivalente Lagerlast	P_m	N	
Wie groß ist der Lebensdauerkennwert?	L_{10}	–	
Anzahl Überrollungen		–	
Welche Fahrstrecke könnte zurückgelegt werden, bevor die Lager ausgetauscht werden müssten?		km	

A.5.15   Schneckenradlagerung

Die Lagerung der unten abgebildeten Schneckenradwelle ist zu dimensionieren:

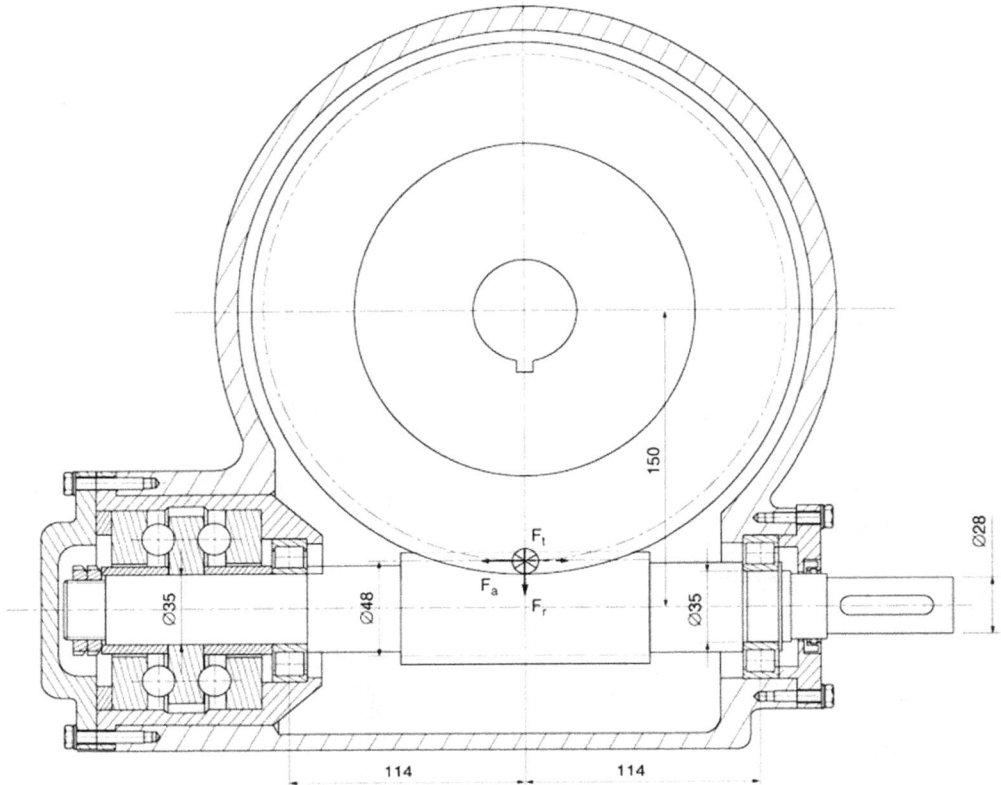

Es werden folgende Kräfte wirksam:

Axialkraft $F_a = 18$ kN

Radialkraft $F_r = 4{,}8$ kN

Tangentialkraft $F_t = 2{,}5$ kN

Die Schnecke dreht sich jeweils zur Hälfte ihrer Betriebsdauer in die eine bzw. in die andere Drehrichtung. Die dabei entstehende Axialkraft stützt sich je nach Drehrichtung nach rechts oder nach links ab. Es kann vereinfachend angenommen werden, dass F_a in Wellenmitte angreift und F_t und F_r mittig zwischen den beiden Radiallagern wirksam werden. Das Getriebe wird zur Hälfte seiner Betriebsdauer mit Volllast und zur anderen Hälfte mit halber Last betrieben. Die Schneckenwelle läuft bei einer Drehzahl von 800 min^{-1} und soll eine Lebensdauer von 30.000 h erreichen.

Berechnen Sie die erforderliche Tragzahl für jedes der beiden Axial- bzw. Radiallager. Dokumentieren Sie Zwischenergebnisse im untenstehenden Schema.

		Radiallager	Axiallager
Kraft bei Volllast	N		
äquivalente Lagerlast	N		
L_{10}	–		
erforderliche Tragzahl	N		

A.5.16   Kettengetriebene Seiltrommel

Die untenstehende Seiltrommel wird mit einer Kette am linken Wellenende angetrieben. Die Skizze auf der rechten Seite gibt an, wie die antreibende Kette geführt wird. Für die Berechnung der Lagerkräfte können folgende vereinfachende Annahmen getroffen werden:

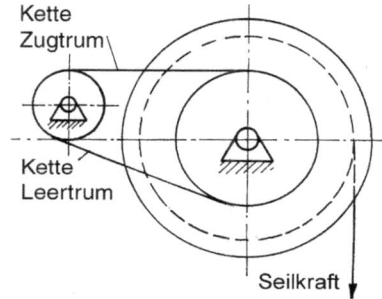

- Die Leertrumkraft des Kettentriebs ist zu vernachlässigen.
- Das Seil bewegt sich beim Auf- und Abrollen in axialer Richtung, aber langfristig kann für die Lagerbelastung die in der Skizze dargestellte mittige Lasteinleitung angenommen werden.

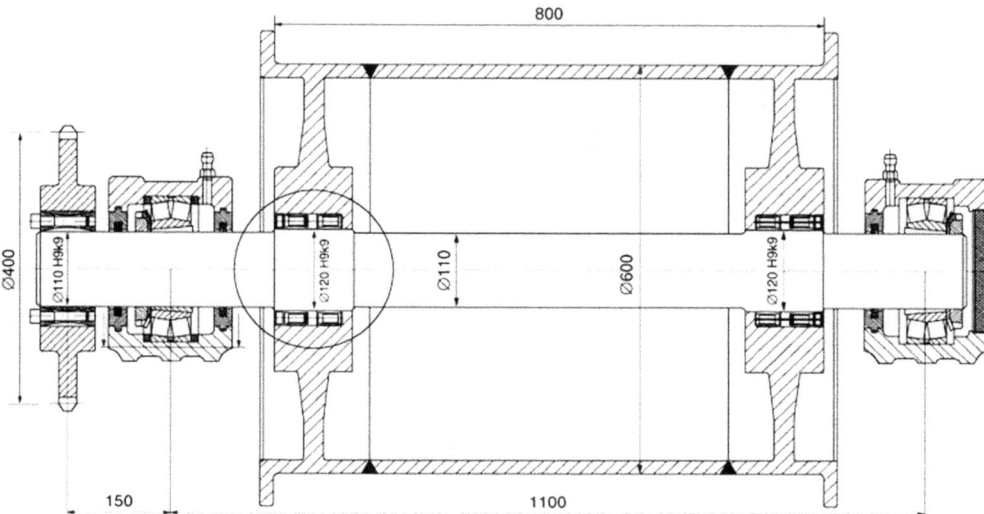

Für die Gebrauchsdauerberechnung gelten folgende Randbedingungen:

- Die Hubhöhe beträgt 12 m.
- Stündlich werden 20 Hubvorgänge (auf und ab) ausgeführt.
- Die Seiltrommel ist 8 Stunden pro Tag in Betrieb.
- Bei 200 Betriebstagen pro Jahr soll die Lagerung für eine Gebrauchsdauer von 8 Jahren dimensioniert werden.

Es soll eine maximale Last von 8.621 kg befördert werden. Für den praktischen Betrieb wird die folgende zeitliche Verteilung angenommen:

- 10% Maximallast
- 20% Dreiviertellast
- 20% halbe Last
- 50% Leerlauf (Leerfahrten)

Ziel der vorliegenden Berechnung ist die Ermittlung der Tragzahlen für beide Lager. Gehen Sie dazu folgendermaßen vor:

Berechnen Sie zunächst die im Seil und in der Kette wirkenden Kräfte:

F_{Seil} [N]		F_{Kette} [N]	

		linkes Lager	rechtes Lager
Berechnen Sie die Kraft in y-Richtung bei Volllast	N		
Berechnen Sie die Kraft in z-Richtung bei Volllast	N		
Wie groß ist die resultierende Lagerlast bei Volllast?	N		
Ermitteln Sie die äquivalente Lagerlast	N		
Wie groß ist der Lebensdauerkennwert L_{10}?	–		
Wie groß ist die erforderliche Tragzahl ?	N		

A.5.17   Seilscheibe Fördertechnik

Die unten abgebildete Förderseilscheibe wird im Untertagebergbau eingesetzt und in den Fördertürmen über den Schächten angeordnet. Der Förderkorb ist an dem senkrecht von der Seilscheibe herunterhängenden Seilende befestigt. Auf der anderen Seite wird das Seil unter einem Winkel von 40° zur Fördermaschine geführt. Der Förderkorb wiegt insgesamt 30 t, bei der Aufwärtsbewegung müssen zusätzlich 10 t Kohle transportiert werden. Die Seilscheibe selbst einschließlich der Welle wiegt 7,5 t. Der Durchmesser der Seilscheibe beträgt 6,3 m. Beschleunigungskräfte und Massewirkungen bleiben bei dieser Betrachtung unberücksichtigt. Der Förderkorb fährt auf 200 m Tiefe. Die Lager sollen erst nach 50.000 Fördervorgängen erneuert werden.

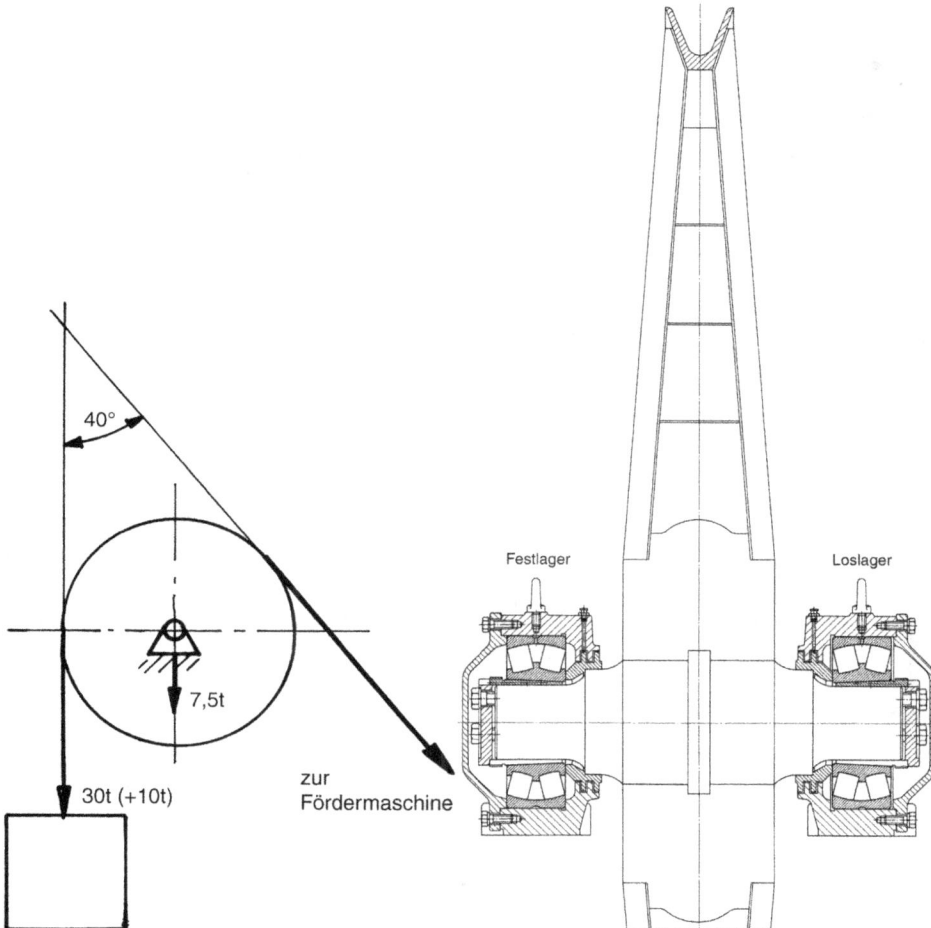

Wie groß ist die maximale Kraft, die das einzelne Lager radial belastet?	$F_{Lagermax}$	N	
Wie groß ist die minimale Kraft, die das einzelne Lager radial belastet?	$F_{Lagermin}$	N	
Wie groß ist die äquivalente Lagerlast?	P	N	
Wie hoch ist die Anzahl der Überrollungen, die hier gefordert wird?		–	
Wie hoch ist der Lebensdauerkennwert?	L_{10}	–	
Wie groß muss die dynamische Tragzahl eines einzelnen Lagers mindestens sein?	C	N	

A.5.18   Hakenflasche

Im Kranbau wird sehr häufig das Prinzip des Flaschenzugs ausgenutzt, um die Seilkräfte zu reduzieren. Die links untenstehende Skizze zeigt prinzipiell eine solche Anordnung, bei der der Flaschenzugeffekt doppelt ausgenutzt wird. Die reale Konstruktion fasst die beiden unteren Laufrollen zur sog. „Unterflasche" zusammen (rechte Darstellung).

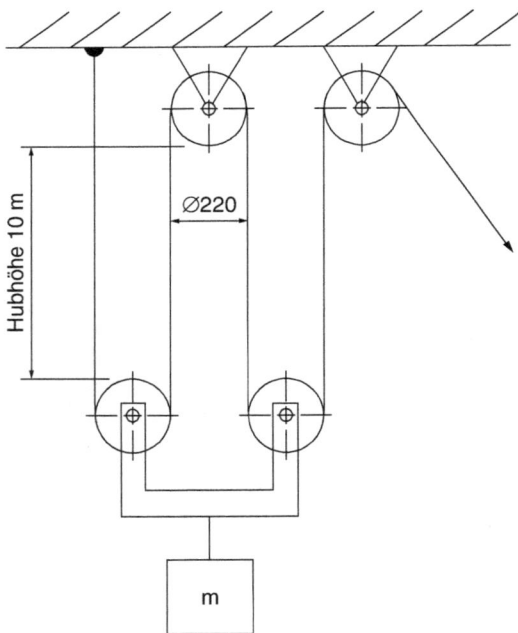

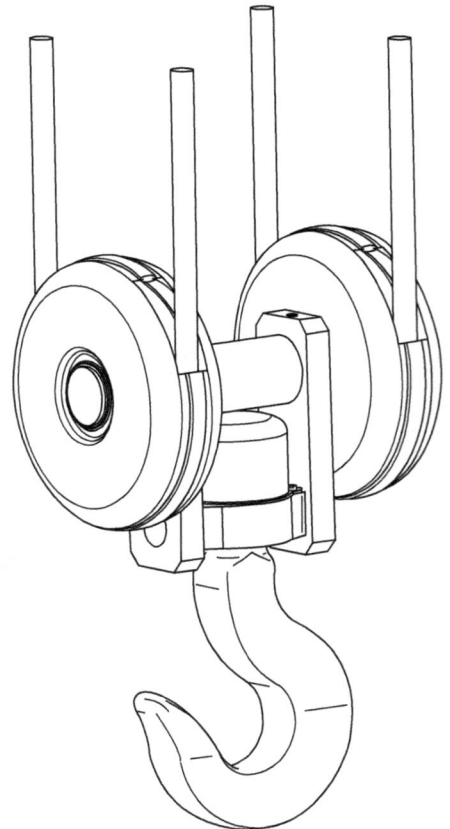

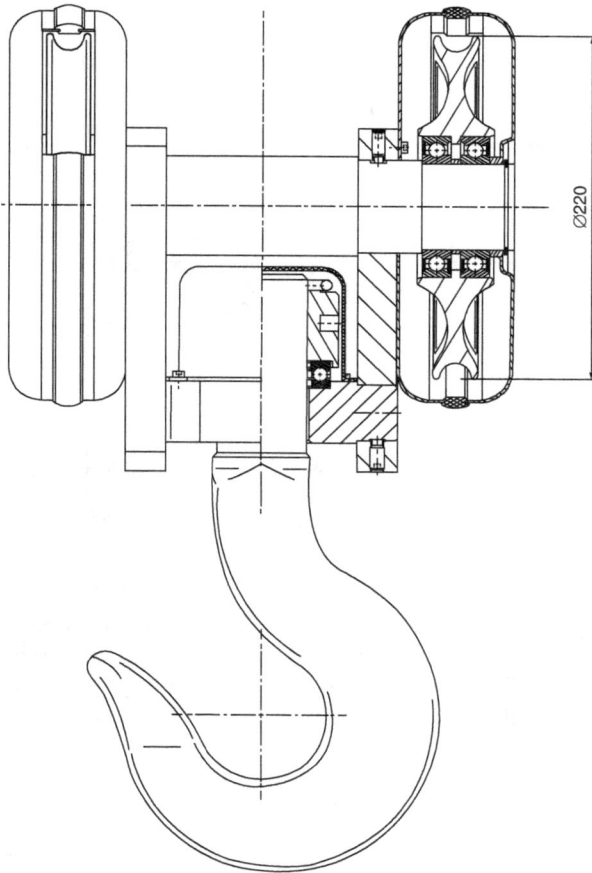

Die nebenstehende Darstellung in Form einer Zusammenstellungszeichnung zeigt auch die Lagerung der Seilrollen. Um bei einer Drehung der Last die Hubseile nicht zu verdrillen, wird der Kranhaken über ein Axiallager mit der Unterflasche verbunden. Die Hubhöhe beträgt 10 m. Für die Dimensionierung der Wälzlagerungen können folgende Annahmen getroffen werden:

- Der Kran wird zur Hälfte seiner Gebrauchsdauer unter Volllast von 10 t betrieben, zu einem weiteren Viertel seiner Gebrauchsdauer wird die halbe Last befördert und im restlichen Viertel wird keine Last befördert (Leerfahrten).
- $f_s = 1,0$
- Es sollen 30.000 Hubvorgänge ausgeführt werden können, bevor die Lager erneuert werden müssen.

Welche Tragzahl muss das Axiallager mindestens aufweisen?	C	N	
Wie groß ist die maximale Kraft, die auf ein einzelnes Radiallager einwirkt?	F_r	N	
Wie groß ist die äquivalente Lagerlast für ein einzelnes Radiallager?	P_m	N	
Wie groß ist der Lebensdauerkennwert für das kritische Radiallager?	L_{10}	–	
Welche Tragzahl muss jedes der Lager der Seilrollenlagerung aufweisen?	C	N	

A.5.19   Schiffsdrucklager

Ein mit Wälzlagern ausgestattetes Schiffsdrucklager ist bezüglich seiner Lebensdauer zu berechnen.

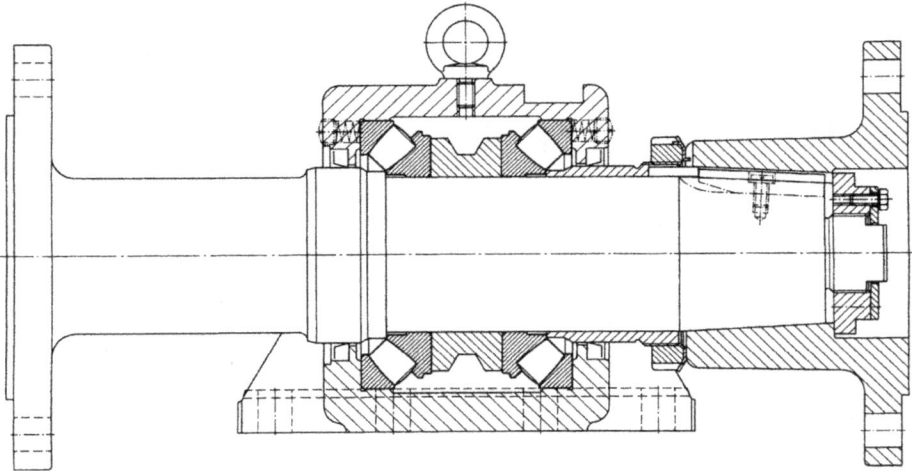

Das Drucklager überträgt die vom Propeller erzeugte Schubkraft auf das Schiff. Außer einer vernachlässigbaren Radialbelastung durch das Gewicht der Welle tritt eine rein zentrische Axialkraft auf, die je nach Drehrichtung des Propellers vorwärts oder rückwärts gerichtet ist. Durch Federn (in der oberen Bildhälfte jeweils neben den beiden Lageraußenringen) werden die beiden Lager gegeneinander verspannt, die dadurch eingeleitete Axialkraft ist jedoch so gering, dass sie bei der Lebensdauerberechnung der Lager keine wesentliche Rolle spielt. Im hier vorliegenden Fall wird eine Flussfähre angetrieben, wobei etwa gleich häufig vorwärts und rückwärts gefahren wird. Der sich zeitlich ändernde Betriebszustand der Lagerung lässt sich bei ausreichender Näherung in die drei Fahrstufen „langsam", „mittel" und „schnell" aufgliedern, wobei die unten jeweils markierten Zeitanteile, Drehzahlen und Axialbelastungen auftreten.

Welche dynamische Tragzahl C_{erf} muss das einzelne Lager mindestens aufweisen, damit die gesamte Lagerung unter den oben angegebenen Betriebsbedingungen eine Lebensdauer von 40.000 Betriebsstunden erreicht? Orientieren Sie sich bei der Berechnung an dem untenstehenden Schema, welches auch die Zwischenergebnisse dokumentiert.

	langsam	mittel	schnell
Zeitanteil [%]	20	30	50
Drehzahl [min^{-1}]	400	600	800
Axialschub [kN]	30	40	55
äquivalente Drehzahl n_m [min^{-1}]			
äquivalente Axialbelastung P_m [kN]			
L_{10}			
C_{erf} [kN]			

A.5.20   Flaschenzug

Wie in Aufgabe 5.18 erlaubt es der Flaschenzug, große Lasten mit relativ geringen Seilkräften anzuheben. Die untenstehende Konstruktion nutzt diesen Effekt gleich doppelt aus. Es ist eine Masse von 1t anzuheben, die Hubhöhe beträgt 10 m. Sowohl das Anheben als auch das Absenken vollziehen sich unter Last. Es sollen 10.000 Hubvorgänge ausgeführt werden können, bevor die Lager erneuert werden müssen.

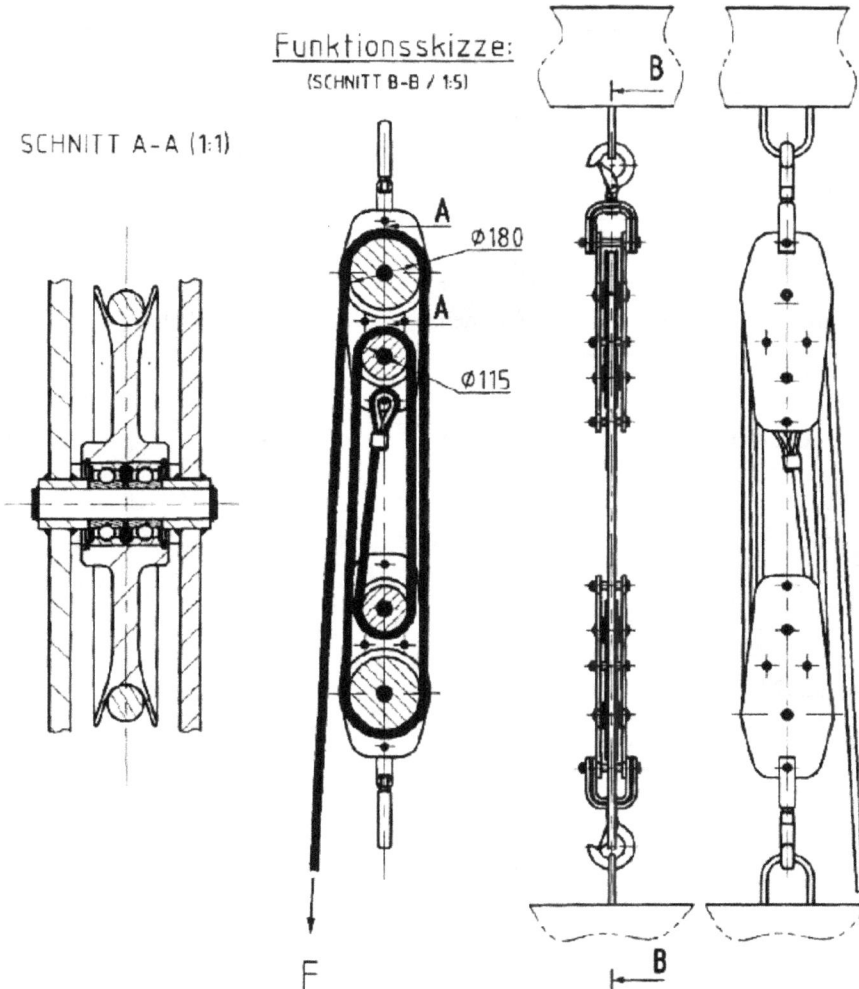

Funktionsskizze:
(SCHNITT B-B / 1:5)

SCHNITT A-A (1:1)

Ø180

Ø115

F

B

Der Flaschenzug wird mit folgendem Lastkollektiv betrieben:

- Ein Viertel seiner Betriebsdauer wird Volllast befördert.
- Ein Viertel seiner Betriebsdauer wird 75% der Volllast befördert.
- Ein Viertel seiner Betriebsdauer wird 50% der Volllast befördert.
- Ein Viertel seiner Betriebsdauer wird 25% der Volllast befördert.

Ermitteln Sie die erforderliche Tragzahl für die verwendeten Lager. Berechnen Sie zweckmäßigerweise zuvor die auf das einzelne Lager wirkende Kraft, die Überrollungen des Lagers für einen Hubvorgang sowie den Lebensdauerkennwert L_{10}.

	Kraft auf das einzelne Lager bei Volllast	äquivalente Lagerlast	Überrollungen pro Hubvorgang	Lebensdauerkennwert L_{10}	erforderliche Tragzahl
	N	N	–	–	N
obere Rolle Oberflasche					
untere Rolle Oberflasche					
obere Rolle Unterflasche					
untere Rolle Unterflasche					

Welche Kraft wird maximal vom gesamten Flaschenzug in die Decke eingeleitet?

F_{Decke}	N	

Erweiterte Lebensdauerberechnung

A.5.21   Lagerung Trockenzylinder

Das untenstehende Bild zeigt die Lagerung des Trockenzylinders einer Papiermaschine.

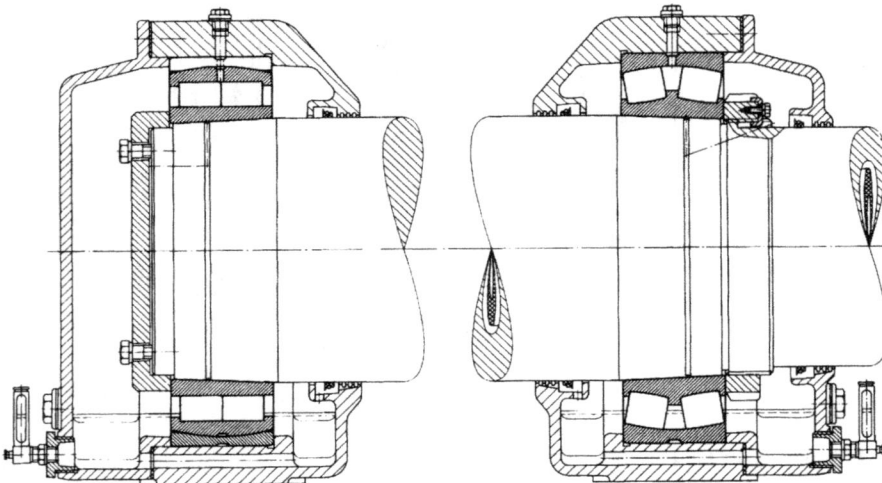

Die noch feuchte Papierbahn wird mit einer Geschwindigkeit von 800 m/min am Umfang des hohlgebohrten Trockenzylinders vorbeigeführt, der von innen beheizt werden kann, um das restliche Wasser im Papier zu verdampfen. Der Außendurchmesser des hier nicht dargestellten, zwischen den beiden Lagern befindlichen Zylinders beträgt 1240 mm. Es kann angenommen werden, dass die Lagerung radial genau mittig mit einer Kraft von 230 kN belastet wird, während keine nennenswerten Axialkräfte auftreten. Da die Anlage mit hoher Betriebssicherheit laufen muss, darf die Ausfallwahrscheinlichkeit nur 5 % betragen.

Das Festlager wird mit einem Pendelrollenlager 23144BK.MB.C4 ausgestattet (C = 1.630 kN). Welche Lebensdauer ist zu erwarten?	L_h	h	
Das Loslager wird mit einem Zylinderrollenlager NU 3144 (C = 1.460 kN) bestückt. Welche Lebensdauer ist zu erwarten?	L_h	h	

Konstruktion mit Wälzlagern

A.5.22   Lagerung Elektromotor

Das folgende Bild zeigt einen Fahrmotor für einen elektrischen Triebzug im Nahverkehr.

Beantworten Sie die untenstehenden Fragen durch Ankreuzen.

a) Geben Sie an, welche Art von Lagerung vorliegt!

    O   Fest-Los-Lagerung

    O   schwimmende Lagerung

    O   angestellte Lagerung

Belüftungsseite   Antriebsseite

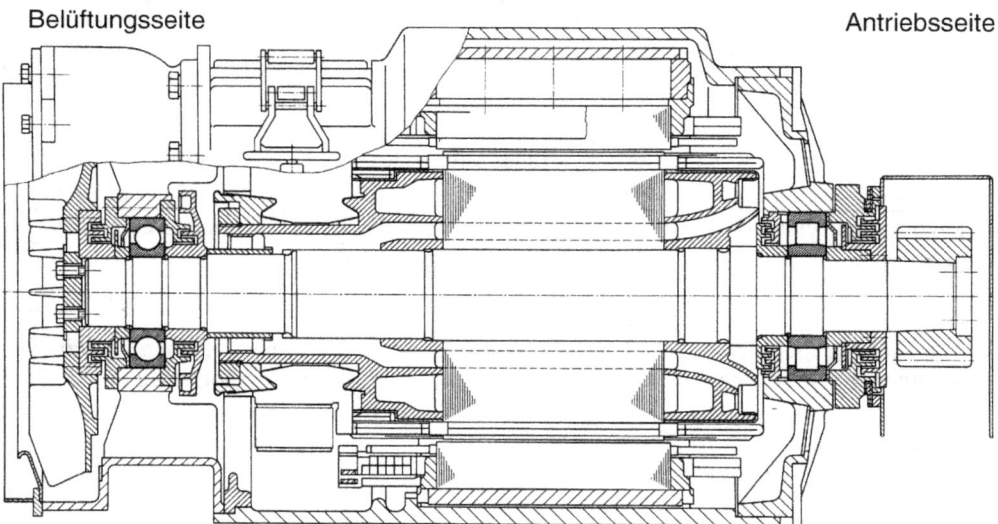

b) Klären Sie die Lastverhältnisse ab und geben Sie an, welche Passungen vorzusehen sind:

		Punktlast	Umfangslast	Spielpassung	Presspassung
linkes Lager	Innenring				
linkes Lager	Außenring				
rechtes Lager	Innenring				
rechtes Lager	Außenring				

A.5.23   Schneckengetriebe

Das Schneckengetriebe für einen Personenaufzug nach Bild 5.46 soll bezüglich seiner konstruktiven Gestaltung überprüft werden. Beantworten Sie dazu die folgenden Fragen durch Ankreuzen.

a) Geben Sie an, welche Art von Lagerung vorliegt!

	Fest-Los-Lagerung	schwimmende Lagerung	angestellte Lagerung
Schneckenwelle			
Großradwelle			

b) Geben Sie für die beiden Wellen an, welche Lastverhältnisse vorliegen!

	Innenring-Welle	Außenring-Gehäuse
Schneckenwelle linkes Lager	O Punkt- O Umfangslast	O Punkt- O Umfangslast
Schneckenwelle rechtes Lager	O Punkt- O Umfangslast	O Punkt- O Umfangslast
Großradwelle linkes Lager	O Punkt- O Umfangslast	O Punkt- O Umfangslast
Großradwelle rechtes Lager	O Punkt- O Umfangslast	O Punkt- O Umfangslast

c) Geben Sie für die beiden Wellen an, welche Passungen vorzusehen sind!

	Innenring-Welle	Außenring-Gehäuse
Schneckenwelle linkes Lager	O Presssitz O Spielsitz	O Presssitz O Spielsitz
Schneckenwelle rechtes Lager	O Presssitz O Spielsitz	O Presssitz O Spielsitz
Großradwelle linkes Lager	O Presssitz O Spielsitz	O Presssitz O Spielsitz
Großradwelle rechtes Lager	O Presssitz O Spielsitz	O Presssitz O Spielsitz

d) Das linke Lager der Schneckenwellenlagerung wird aus zwei einzelnen Lagern zusammengestellt, die gegeneinander angestellt sind. Klären Sie die Anordnung der Lager!

	X-Anordnung
	O-Anordnung

A.5.22   Festpropeller-Querschubanlage

Das untenstehende Bild zeigt eine sog. „Festpropeller-Querschubanlage" eines Schiffes. Dieser Propeller ist ein Hilfsantrieb, der die Manövrierfähigkeit eines Schiffes deutlich erhöht: Er ist um seine Hochachse schwenkbar, sodass sein Schub in jede beliebige Richtung, also auch quer zur Fahrtrichtung eingeleitet werden kann, wobei die Kegelradpaarung ständig im Eingriff bleibt. Der Propeller wird „Fest"-Propeller genannt, weil sich die Neigung der Blätter nicht verstellen lässt.

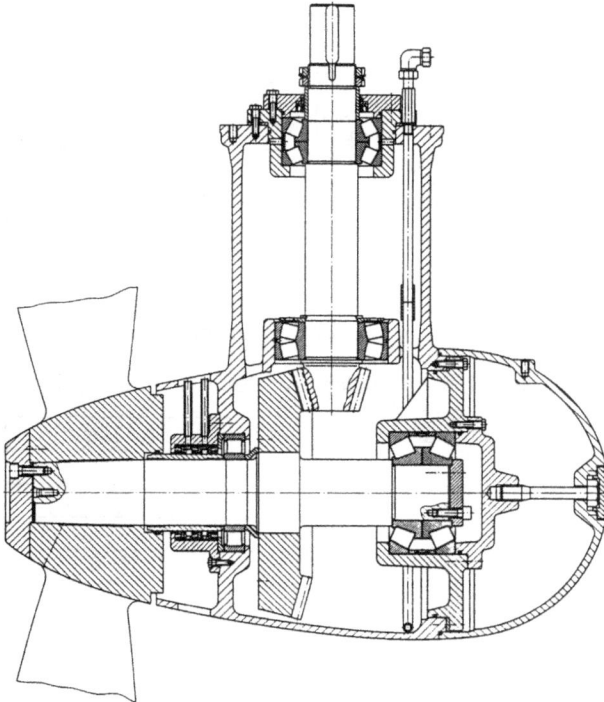

Beantworten Sie die folgenden Fragen durch Ankreuzen.

a) Geben Sie an, welche Art von Lagerung vorliegt!

	Fest-Los-Lagerung	schwimmende Lagerung	angestellte Lagerung
waagerechte Propellerwelle			
senkrechte Antriebswelle			

b) Geben Sie für die beiden Wellen an, welche Lastverhältnisse vorliegen!

	Innenring-Welle	Außenring-Gehäuse
Propellerwelle linkes Lager	O Punkt- O Umfangslast	O Punkt- O Umfangslast
Propellerwelle rechtes Lager	O Punkt- O Umfangslast	O Punkt- O Umfangslast
Antriebswelle oberes Lager	O Punkt- O Umfangslast	O Punkt- O Umfangslast
Antriebswelle unteres Lager	O Punkt- O Umfangslast	O Punkt- O Umfangslast

c) Geben Sie für die beiden Wellen an, welche Passungen vorzusehen sind!

	Innenring-Welle	Außenring-Gehäuse
Propellerwelle linkes Lager	O Presssitz O Spielsitz	O Presssitz O Spielsitz
Propellerwelle rechtes Lager	O Presssitz O Spielsitz	O Presssitz O Spielsitz
Antriebswelle oberes Lager	O Presssitz O Spielsitz	O Presssitz O Spielsitz
Antriebswelle unteres Lager	O Presssitz O Spielsitz	O Presssitz O Spielsitz

A.5.25   Stirnradgetriebekonstruktion

Das Kegel-Stirnradgetriebe nach Bild 5.48 sei bezüglich seiner konstruktiven Gestaltung näher analysiert. Beantworten Sie dazu die folgenden Fragen durch Ankreuzen.

a) Das Getriebe verfügt über drei Wellen. Geben Sie an, welche Art von Lagerung vorliegt!

	Fest-Los-Lagerung	schwimmende Lagerung	angestellte Lagerung
Antriebswelle			
Zwischenwelle			
Abtriebswelle			

Womit wird die Antriebswelle axial eingestellt?

O   durch Abstimmen des Ringes A
O   durch Abstimmen des Ringes B
O   durch Abstimmen des Ringes C

Geben Sie für die Zwischenwelle an, welche Lastverhältnisse vorliegen!

	Innenring-Welle		Außenring-Gehäuse	
oberes Lager	O Punktlast	O Umfangslast	O Punktlast	O Umfangslast
unteres Lager	O Punktlast	O Umfangslast	O Punktlast	O Umfangslast

Geben Sie für die Abtriebswelle an, welche Passungen vorzusehen sind!

	Innenring-Welle		Außenring-Gehäuse	
oberes Lager	O Presssitz	O Spielsitz	O Presssitz	O Spielsitz
unteres Lager	O Presssitz	O Spielsitz	O Presssitz	O Spielsitz

A.5.26   Vibrationsmotor

Mit sog. „Vibrationsmotoren" werden Rüttelbewegungen erzeugt, mit denen beispielsweise Siebe und Schüttelrinnen bewegt werden. Ein Vibrationsmotor nach Bild 5.7 dreht mit $3.000\,\text{min}^{-1}$ und wird mit Zylinderrollenlagern des Typs NJ 2306 EC (C = 73.700 N, C_0 = 75.000 N) ausgestattet. Auf jeder Seite ist eine Unwuchtmasse von 1,27 kg montiert, deren Schwerpunkt 52 mm von der Rotationsachse entfernt ist.

a) Wie groß ist die Gebrauchsdauer der Lagerung?

$L_h\ [\text{h}] =$

b) Geben Sie an, welche Art von Lagerung vorliegt!

O Fest-Los-Lagerung
O schwimmende Lagerung
O angestellte Lagerung

c) Klären Sie die Lastverhältnisse ab und geben Sie an, welche Passungen vorzusehen sind:

	Punktlast	Umfangslast	Spielpassung	Presspassung unbedingt erforderlich	Presspassung ratsam
Innenring					
Außenring					

Hydrodynamische Radialgleitlager

A.5.27   Basisbeispiel

Das untenstehende vollumschlossene hydrodynamische Gleitlager wird bei einer Drehzahl von 1.800 min^{-1} betrieben und soll eine Kraft von 98 kN aufnehmen. Die Lagertemperatur beträgt 70°C. Der Lagerspalt wird optimiert, und die Konstante $C_{ü}$ kann zu $3 * 10^{-2}$ („genau" gefertigtes Lager) gesetzt werden.

Detail D

Wie hoch ist die Umfangsgeschwindigkeit im Lagerspalt?	u	m/s	
Welche Mindestsicherheit muss eingehalten werden?	S_{erf}	–	
Wie groß ist die Übergangsdrehzahl?	$n_{ü}$	min^{-1}	
Welche Betriebsölviskosität ist erforderlich?	η_{erf}	Pas	
Welche Viskositätsklasse muss gewählt werden?	VG	–	
Welche mittlere Flächenpressung tritt im Lagerspalt auf?	$\bar{p}$	N/mm²	
Wie groß ist die optimierte relative Spaltweite?	ψ_{opt}	10^{-3}	
Wie groß ist die Sommerfeldzahl?	S_o	–	
Wie groß ist die Reibzahl?	f	10^{-3}	
Wie groß ist die Reibleistung?	P_R	kW	

A.5.28   Variation der Lagerlast

Das unten dargestellte hydrodynamische Gleitlager soll bei 1.500 min^{-1} betrieben werden und wird mit einem Öl der Viskositätsklasse 15 versorgt. Die Temperatur im Schmierspalt wird mit einem Ölkühler konstant auf 80°C gehalten. Bedienen Sie sich zur Dokumentation der Ergebnisse des untenstehenden Schemas.

a) Wie groß ist die optimale relative Spaltweite ψ_{opt} und die absolute Spaltweite 2s? Welche minimale Spaltweite $2s_{min}$ und maximale Spaltweite $2s_{max}$ ergibt sich daraus?

ψ_{opt}	10^{-3}	
2s	μm	
$2s_{min}$	μm	
$2s_{max}$	μm	

b) Mit welcher Kraft F_{max} kann dieses Lager belastet werden, wenn es (unrealistischerweise) bei Übergangsdrehzahl betrieben werden soll? Ermitteln Sie die mittlere Flächenpressung $\bar{p}$ sowie die Sommerfeldzahl S_o und kreuzen Sie an, ob das Lager im Schwerlast- oder Schnelllaufbereich betrieben wird. Berechnen Sie die Reibzahl f und die Reibleistung P_R!

c) Mit welcher Kraft F_{max} kann dieses Lager belastet werden, wenn (realistischerweise) die Forderungen bezüglich der Sicherheit gegenüber Mischreibung berücksichtigt werden? Berechnen Sie die Kenngrößen wie zuvor!

d) Das Lager wird nun mit einer Kraft von 1.000 N belastet. Berechnen Sie für diesen Betriebszustand die Kenngrößen wie zuvor!

		b	c	d
Lagerlast	N			1.000
Flächenpressung $\bar{p}$	N/mm²			
Sommerfeldzahl S_o	–			
Schwerlastbereich?				
Schnelllaufbereich?				
Reibzahl f	–			
Reibleistung P_R	W			

A.5.29 Variation der Ölviskosität I

Das unten dargestellte hydrodynamische Gleitlager soll bei 2.200 min^{-1} betrieben werden. Die Temperatur im Schmierspalt wird mit einem Ölkühler konstant auf 72°C gehalten.

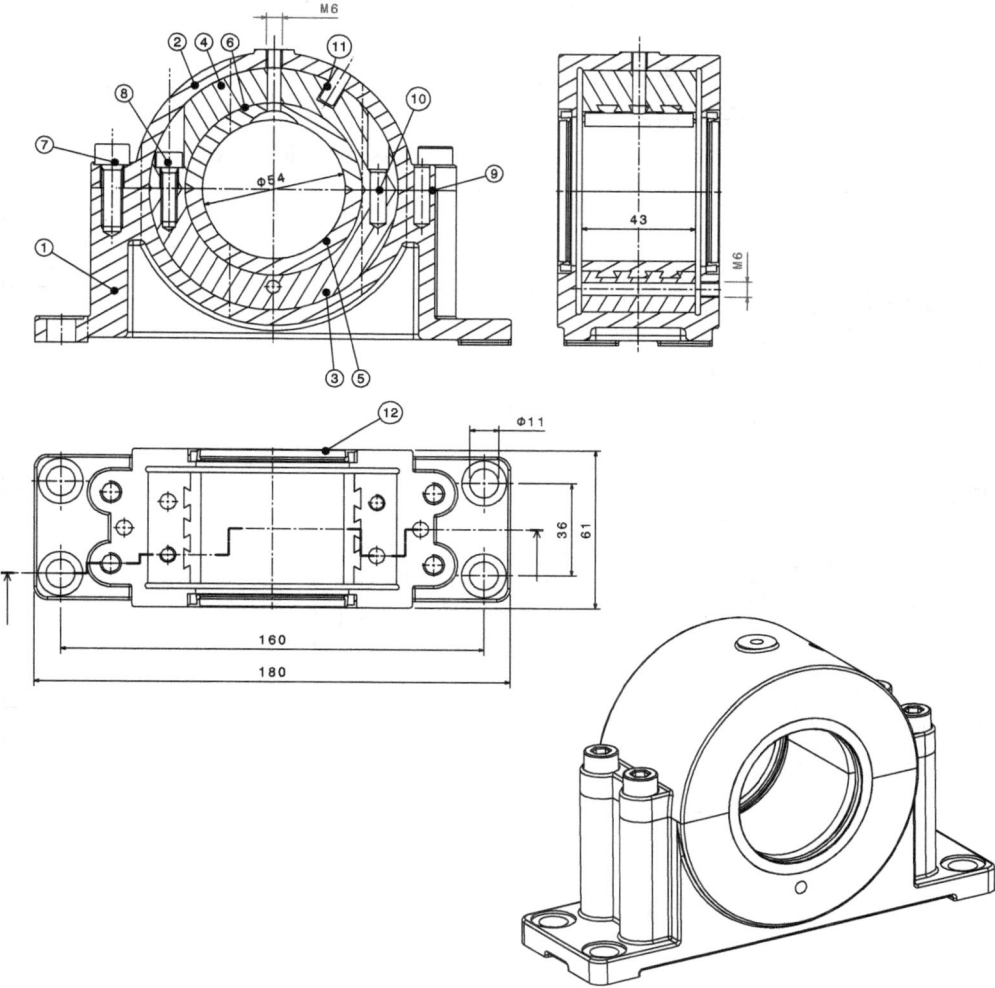

Wie groß ist die optimale relative Spaltweite?	ψ_{opt}	10^{-3}	
Wie groß ist die optimale absolute Spaltweite?	$2s$	µm	
Welche minimale Spaltweite und maximale Spaltweite ergeben sich daraus?	$2s_{min}$ $2s_{max}$	µm µm	
Wie groß ist die erforderliche Sicherheit?	S_{erf}	–	
Wie groß ist die Übergangsdrehzahl?	$n_{ü}$	min^{-1}	
Wie groß ist das Lagervolumen?	Vol	mm^3	

Das Lager soll mit den unten aufgeführten Viskositätsklassen betrieben werden.

Viskositätsklasse	VG	10	22	46
Wie hoch ist dann die Betriebsölviskosität?	Pas			
Mit welcher Kraft F_{max} kann dieses Lager belastet werden, wenn die Forderungen bezüglich der Sicherheit gegenüber Mischreibung berücksichtigt werden?	N			
Ermitteln Sie die mittlere Flächenpressung $\overline{p}$	N/mm²			
Wie groß ist die Sommerfeldzahl S_o?	–			
Kreuzen Sie an, ob das Lager im Schwerlastbereich oder Schnelllaufbereich betrieben wird!		O Schwerlast O Schnelllauf	O Schwerlast O Schnelllauf	O Schwerlast O Schnelllauf
Berechnen Sie die Reibzahl f!	10^{-3}			
Ermitteln Sie die Reibleistung P_R!	W			

A.5.30 Variation der Ölviskosität II

Ein hydrodynamisches Radialgleitlager weist folgende Konstruktionsdaten auf:

Lagerbreite:	$B = 100$ mm
Lagerdurchmesser:	$D = 80$ mm
relatives Lagerspiel:	$\psi = 1,0 \cdot 10^{-3}$
Lagertemperatur	66 °C
Lagerdrehzahl:	$n = 1.200$ min^{-1}

Variieren Sie die Viskositätsklasse VG nach folgender Tabelle.

a) Ermitteln Sie zunächst die Betriebsviskosität η und die maximale Kraft F_{Nmax}, die unter Berücksichtigung der erforderlichen Sicherheit übertragen werden kann.

b) Berechnen Sie weiterhin für den Fall der Maximallast die gemittelte Flächenpressung $\overline{p}$, die Sommerfeldzahl S_O, die Reibzahl f und die Reibleistung P_R.

c) Berechnen Sie abschließend für $F_N = 8.000$ N die gemittelte Flächenpressung $\overline{p}$, die Sommerfeldzahl S_O, die Reibzahl f und die Reibleistung P_R.

	VG	–	22	32	46
a	η	Pas			
	$F_{N\,max}$	N			
	für Maximallast				
b	$\overline{p}$	N/mm²			
	S_O	–			
	f	10^{-3}			
	P_R	W			
	für $F_N = 8.000$ N				
c	$\overline{p}$	N/mm²			
	S_O	–			
	f	10^{-3}			
	P_R	W			

A.5.31   Variation der Drehzahl

Das unten skizzierte hydrodynamische Radialgleitlager wird mit einem relativen Lagerspiel von $\psi = 1{,}2 \cdot 10^{-3}$ gefertigt und mit einer Radialkraft von $F = 1.200$ N belastet. Das Öl der Viskositätsklasse ISO VG 10 wird durch einen Ölkühler auf einer Temperatur von 68 °C gehalten. Das Verhalten des Lagers soll in Abhängigkeit von der Drehzahl betrachtet werden.

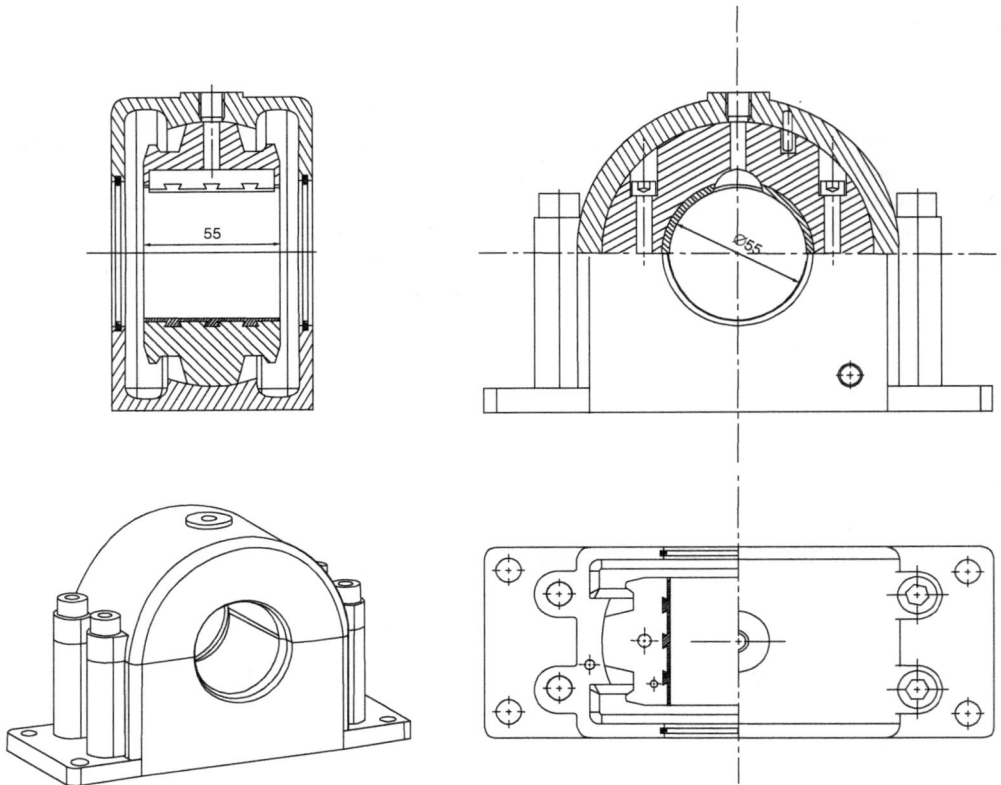

Variieren Sie die Drehzahl n in den unten angegebenen Stufen.

- Berechnen Sie jeweils die Sommerfeldzahl So.
- Ermitteln Sie jeweils die erforderliche Sicherheit S_{erf} und die tatsächliche Sicherheit S_{tats}.
- Markieren Sie, ob Mischreibung oder Flüssigkeitsreibung vorliegt und stellen Sie fest, ob die tatsächlich vorliegende Sicherheit größer als die geforderte Sicherheit ist.
- Berechnen Sie jeweils die Reibzahl f und die Reibleistung P_R.

n	min^{-1}	286	400	560	784	1.098	1.537	2.151
So	–							
S_{erf}	–							
S_{tats}	–							
Mischreibung?								
Flüssigkeitsreibung?								
$S_{tats} \geq S_{erf}$?		O nein O ja	O nein O ja	O nein O ja	O nein O ja	O nein O ja	O nein O ja	O nein O ja
f	10^{-3}							
P_R	W							

A.5.32   Variation des absoluten Lagerspiels

Ein hydrodynamisches Radialgleitlager mit einem Durchmesser von 26 mm und einer Breite von 34 mm soll bei einer Last von 3.800 N und einer Drehzahl von 7.800 min^{-1} betrieben werden. Mit einem Ölkühler wird die Lagertemperatur auf 85 °C gehalten. Wegen der präzisen Fertigung und Montage kann ein $C_{ü} = 2 \cdot 10^{-2}$ angenommen werden.

Wie groß wäre die optimale relative Spaltweite?	ψ_{opt}	10^{-3}
Welche Betriebsölviskosität ist erforderlich, wenn ein ausreichender Abstand zum Mischreibungsgebiet gewährleistet werden soll?	η	Pas
Welche Viskositätsklasse ist zu wählen?	VG	–

Es wird angenommen, dass in Erweiterung zur vorstehenden Betrachtung verschiedene Fertigungsverfahren zur Auswahl stehen, mit denen Spaltweiten 2s von 10 µm, 20 µm, 30 µm, 50 µm, 70 µm, 100 µm und 150 µm sicher beherrscht werden können. Die vorher ermittelte Viskositätsklasse und die Betriebstemperatur werden beibehalten. Wie groß sind in diesen Fällen das relative Lagerspiel ψ, die Sommerfeldzahl So, die Reibzahl f und die Reibleistung P_R? Tragen Sie die Ergebnisse in untenstehendem Schema zusammen.

Spaltweite 2s		10 µm	20 µm	30 µm	50 µm	70 µm	100 µm	150 µm
relative Spaltweite	ψ [10^{-3}]							
Sommerfeldzahl	So [–]							
Reibzahl	f [10^{-3}]							
Reibleistung	P_R [W]							

A.5.33   Variation des relativen Lagerspiels

Ein hydrodynamisches Radialgleitlager weist folgende Konstruktionsdaten auf:

Lagerbreite: B = 100 mm
Lagerdurchmesser: D = 80 mm
Drehzahl: n = 1200 min^{-1}
Lagerkraft: F = 3000 N
Ölviskositätsklasse: ISO VG 10
Lagertemperatur: 68 °C

Variieren Sie das relative Lagerspiel ψ nach folgender Tabelle und berechnen Sie die Sommerfeldzahl So, die erforderliche Sicherheit S_{erf}, die tatsächliche Sicherheit S_{tats}, die Reibzahl f und die Reibleistung P_R.

ψ	10^{-3}	0,6	0,8	1,0	1,2	1,4	1,6	1,8
So	–							
S_{erf}	–							
S_{tats}	–							
F	10^{-3}							
P_R	W							

A.5.34   Ölwechsel

Das unten dargestellte hydrodynamische Gleitlager wird bei einer Drehzahl von 800 min^{-1} betrieben. Bei Verwendung eines Öls der Viskositätsklasse 32 stellt sich bei maximaler Belastung ohne Ölkühler eine Temperatur von 60°C ein. Wegen der genauen Fertigung des Lagers kann $C_ü = 2 \cdot 10^{-2}$ gesetzt werden.

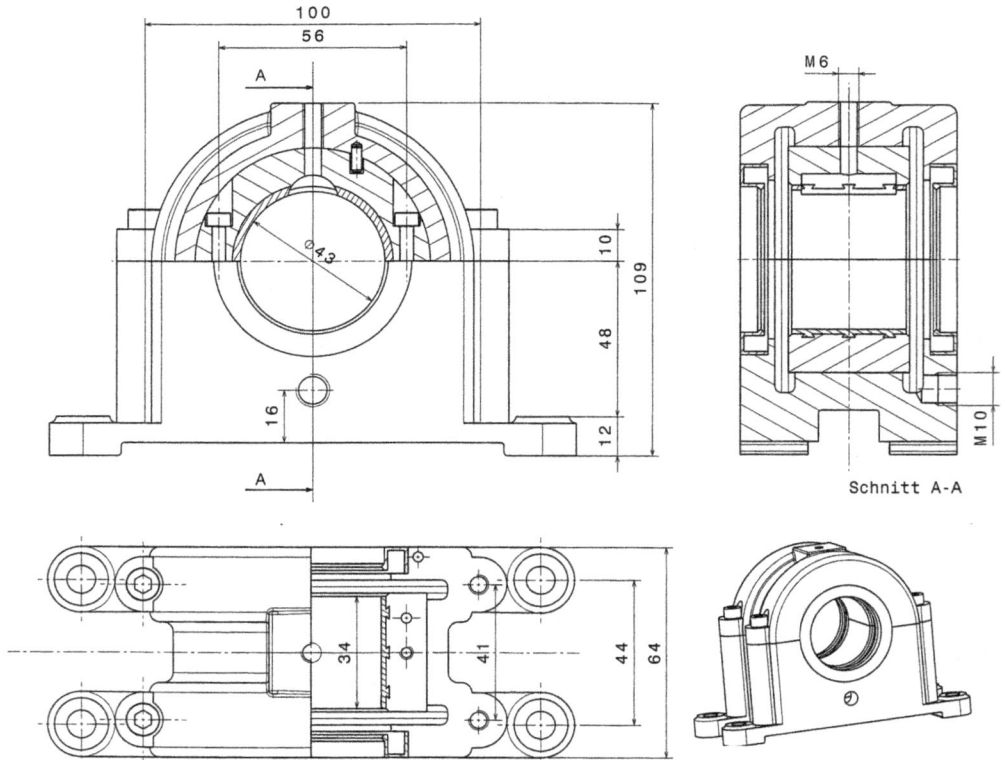

Schnitt A-A

Wie groß ist die optimale relative Spaltweite ψ?	–	

Ermitteln Sie zunächst alle unten aufgeführten Lagerkenngrößen, wenn das Lager mit einem Öl der Viskositätsklasse 32 betrieben wird.

Das Öl wird gegen ein solches der Viskositätsklasse 150 getauscht. Welche Lagerkenngrößen stellen sich dann ein?

		VG 32	VG 150
Welche Lagertemperatur stellt sich ein?	°C	60	
Welche Betriebsölviskosität ergibt sich?	Pas		
Welche maximale Lagerlast kann unter Berücksichtigung der erforderlichen Sicherheit übertragen werden?	N		
Wie groß ist die Sommerfeldzahl?	–		
Wie groß ist die Reibzahl f?	–		
Wie groß ist die Reibleistung P_R?	W		

A.5.35   Wärmeabfuhr durch freie Konvektion I

Ein hydrodynamisches Radialgleitlager weist folgende Konstruktionsdaten auf:

Lagerbreite:	$B = 90\,mm$
Lagerdurchmesser:	$D = 90\,mm$
relatives Lagerspiel:	$\psi = 1,5 \cdot 10^{-3}$
Drehzahl:	$n = 2.000\,min^{-1}$
Lagerkraft:	$F = 18.500\,N$
Ölviskositätsklasse:	ISO VG 22
Konstruktionsbeiwert:	$C_ü = 2 \cdot 10^{-2}$
wärmeabgebende Oberfläche des Lagers:	$A = 0,5\,m^2$,
	keine Luftbewegung, frei stehendes Lagergehäuse

Das Lager verfügt über keinen Ölkühler.

Wird das Lager im O Schwerlast- oder im O Schnelllaufbereich betrieben?			
Welche Lagertemperatur und welche Betriebsölviskosität sind zu erwarten?	ϑ η	°C Pas	
Ist das Lager betriebssicher?		O ja	O nein
Wie groß ist die Reibzahl?	f	10^{-3}	
Wie groß ist die Reibleistung?	P_R	W	

A.5.36   Wärmeabfuhr durch freie Konvektion II

Ein hydrodynamisches Radialgleitlager misst einen Durchmesser von 24 mm und eine Breite von 38 mm. Mit diesem Lager soll eine Last von 1.200 N bei einer Drehzahl von 1.800 min^{-1} aufgenommen werden. Das Lager wird mit der Viskositätsklasse VG 150 ohne Ölkühler betrieben, die Wärmeabfuhr erfolgt also ausschließlich über die Konvektion des Lagergehäuses. Es kann angenommen werden, dass die wärmeabführende Fläche der fünffachen Oberfläche des von der Wirkfläche des Lagers umschlossenen Volumens Vol entspricht und dass sich das Lager im Maschinenverband befindet und keiner Luftbewegung ausgesetzt ist.

Wie groß ist die optimale **relative** Spaltweite?	ψ_{opt}	10^{-3}	
Welche Lagertemperatur	ϑ	°C	
und welche Betriebsölviskosität stellen sich ein?	η	Pas	
Wird das Lager im O Schwerlast- oder im O Schnelllaufbereich betrieben?			
Besteht ausreichende Sicherheit gegenüber dem Mischreibungsgebiet?	O ja		O nein
Wie groß ist die Reibzahl?	f	10^{-3}	
Wie groß ist die Reibleistung?	P_R	W	

A.5.37   Wärmeabfuhr durch erzwungene Konvektion

Ein vollumschlossenes hydrodynamisches Radialgleitlager weist einen Durchmesser von 90 mm und eine Breite von 108 mm auf. Das Lagerspiel ψ beträgt $1{,}8 \cdot 10^{-3}$. Mit diesem Lager soll eine Last von 5.000 N bei einer Drehzahl von 800 $\min^{-1}$ aufgenommen werden. Das Lager wird ohne Ölkühler betrieben, die Wärmeabfuhr erfolgt also ausschließlich über die Konvektion des Lagergehäuses. Es kann angenommen werden, dass die wärmeabführende Fläche 120.000 mm² beträgt und dass das Lager einer Luftströmung von 2,2 m/s ausgesetzt ist.

a.   Das Lager wird zunächst mit der Viskositätsklasse VG 220 betrieben. Ermitteln Sie alle in der linken Spalte des untenstehenden Schemas aufgeführten Betriebskenngrößen.

b.   Bezüglich der Reibleistung ist das oben angegebene Öl nicht optimal. Wie müsste die Viskositätsklasse geändert werden, um die Reibverluste des Lagers zu minimieren, ohne dabei die Betriebssicherheit zu gefährden? Ermitteln Sie in der rechten Spalte die optimierte Viskositätsklasse und die Betriebsdaten wie zuvor!

	Ursprüngliche Viskositätsklasse	Optimierte Viskositätsklasse
	VG 220	
Welche Betriebsviskosität η [Pas] und welche Lagertemperatur ϑ [°C] stellen sich ein?		
Welche Sommerfeldzahl So liegt vor?		
Welche Sicherheit S_{tats} gegenüber dem Mischreibungsgebiet besteht tatsächlich und welche Sicherheit S_{erf} ist erforderlich?		
Berechnen Sie die Reibzahl f [10^{-3}]!		
Ermitteln Sie die Reibleistung P_R [W]!		

6 Welle-Nabe-Verbindungen

Es ist die Aufgabe von Lagerungen, Relativbewegungen zwischen einer Welle oder Achse gegenüber der Umgebungskonstruktion zu ermöglichen, wobei im Idealfall keine Reibleistung verloren gehen soll, also keinerlei Drehmoment zwischen Welle und Gehäuse übertragen wird. Da Wellen aber zur Übertragung von Drehmomenten dienen, muss dieses Drehmoment von einem weiteren Bauteil in die Welle eingeleitet und schließlich wieder von ihr in ein benachbartes Bauteil abgeleitet werden, wobei eine Relativbewegung gezielt ausgeschlossen werden muss. Diese Aufgabe wird von sog. Welle-Nabe-Verbindungen übernommen, wobei der Begriff „Nabe" hier umfassend gemeint ist: Als Welle-Nabe-Verbindungen werden sämtliche momentenübertragende Verbindungen einer Welle mit ihrer Umgebungskonstruktion bezeichnet. Wenn die Welle-Nabe-Verbindung neben dem Torsionsmoment auch noch eine zusätzliche Längskraft übertragen soll, so liegt ein Festsitz vor. Wird die Welle-Nabe-Verbindung hingegen so ausgeführt, dass sie axial beweglich ist und dabei gezielt der Axialkraft ausweicht, so handelt es sich um einen Schiebesitz. Lagerungen und Welle-Nabe-Verbindungen werden damit zu sich gegenseitig ergänzenden Komponenten mechanischer Antriebe.

		Lager	Welle-Nabe-Verbindung
Belastung	Torsions-moment	wird nicht übertragen (Reibmoment wird minimiert)	wird übertragen
	Längskraft	wird übertragen ⇒ Festlager wird nicht übertragen ⇒ Loslager	wird übertragen ⇒ Festsitz wird nicht übertragen ⇒ Schiebesitz
Bewegung	rotatorisch	wird ermöglicht	wird verhindert
	translatorisch	wird verhindert ⇒ Festlager wird ermöglicht ⇒ Loslager	wird verhindert ⇒ Festsitz wird ermöglicht ⇒ Schiebesitz

Welle-Nabe-Verbindungen sind also eine spezielle Anwendung von „Verbindungselementen und Verbindungstechniken" und werden in Anlehnung an Kapitel 3 (Band 1) in stoff-, form- und kraft- bzw. reibschlüssige Welle-Nabe-Verbindungen unterteilt.

https://doi.org/10.1515/9783110747072-002

6.1   Stoffschlüssige Welle-Nabe-Verbindungen (B)

Welle und Nabe werden unter Hinzufügung eines zusätzlichen „Stoffes" so miteinander verbunden, dass eine vollständige, „nicht lösbare" Materialverbindung entsteht. Der Ausdruck
„stoffschlüssig" wird damit auch hier zum Sammelbegriff für Schweißen, Löten und Kleben.
Bild 6.1 gibt einen Überblick über die stoffschlüssigen Welle-Nabe-Verbindungen.

Klebe- und Lötverbindungen:

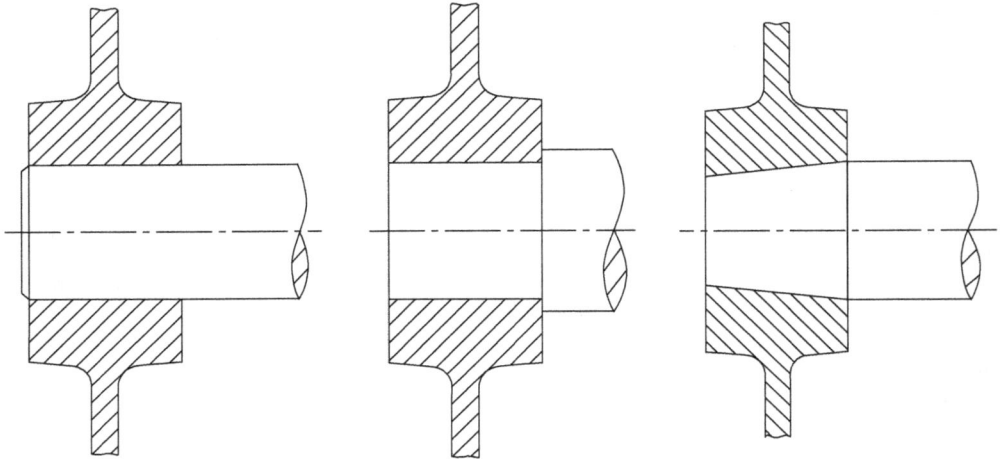

Schweißverbindungen:

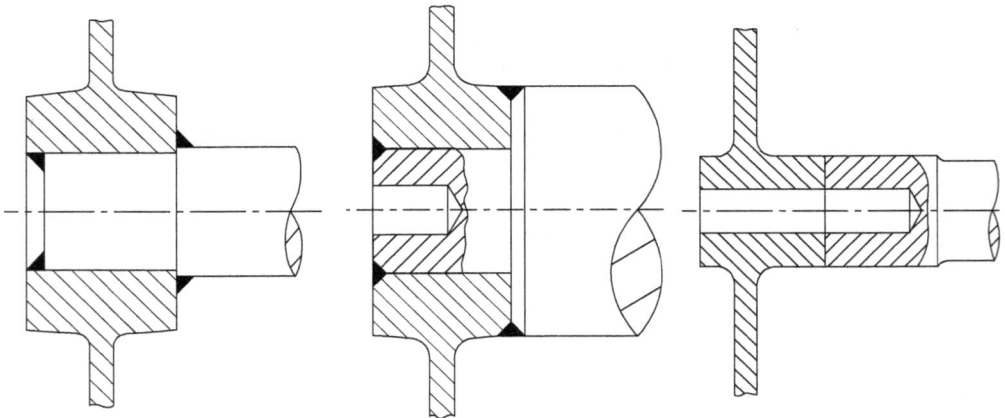

Bild 6.1: Stoffschlüssige Welle-Nabe-Verbindungen

In der oberen Bildzeile wird Klebstoff oder Lot zwischen Nabe und Welle eingebracht, wobei in den ersten beiden Beispielen die Trennfuge zylindrisch, im dritten Fall kegelig ist. In den beiden ersten Beispielen der unteren Bildzeile deuten die schwarzen Dreiecke Schweißnähte an, die hier nur im Schnitt zu sehen sind, aber über den ganzen Umfang verlaufen. Im dritten Beispiel handelt es sich um eine Reibschweißverbindung: Die rechts angedeutete Welle wird unter Drehung gegen die linke, stillstehende Nabe gepresst. Die dabei entstehende Reibungswärme schmilzt das Material an der Berührfläche so auf, dass nach dem Stillstand eine stoffschlüssige Verbindung entsteht.

Die Modellbildung für die rechnerische Beschreibung dieser Welle-Nabe-Verbindungen kann sich dabei vielfach an die der Verbindungstechniken anlehnen (s. auch Band 1, Aufgaben 3.13, 3.14 und 3.22), die nachfolgenden Ausführungen geben dazu einige zusätzliche Hinweise. Liegt die fertigungstechnisch einfache zylindermantelförmige Trennfuge zwischen Welle und Nabe vor, so lässt sich deren Geometrie nach Bild 6.2 mit dem Durchmesser d und der Länge L beschreiben.

Entsprechend der Lasteinleitung können drei Fälle unterschieden werden:

- **Längskraftbelastung**
  Bei Längskraft- oder Axialkraftbelastung (oben links in Bild 6.2) wird davon ausgegangen, dass sich die Kraft weitgehend als Schubspannung an der Trennfuge überträgt:

$$\tau_{tats} = \frac{F_{ax}}{A_{Mantel}} \leq \tau_{zul} \qquad \text{mit} \qquad A_{Mantel} = d \cdot \pi \cdot L \qquad\qquad \text{Gl. 6.1}$$

A_{Mantel} bezeichnet die Zylindermantelfläche, an der die beiden Bauteile miteinander in stoffschlüssigem Kontakt stehen. Die Schubspannung τ_{tats} darf den für das Verbindungsverfahren zulässigen Wert τ_{zul} (Band 1, Tabellen 3.4–3.7) nicht überschreiten, ggf. ist die Sicherheit als Quotient dieser beiden Werte zu formulieren.

- **Torsionsbelastung**
  Die durch das Torsionsmoment M_t hervorgerufene Belastung (oben rechts in Bild 6.2) lässt sich zunächst durch eine fiktive Umfangskraft U ausdrücken, die sich ihrerseits als reale Schubspannung τ auf der lastübertragenden Fläche abstützt.

$$M_t = U \cdot \frac{d}{2} \qquad \text{mit} \qquad U = \tau \cdot A = \tau \cdot d \cdot \pi \cdot L \qquad\qquad \text{Gl. 6.2}$$

Wird die Umfangskraft der zweiten Gleichung in die erste eingesetzt, so ergibt sich eine Beziehung zwischen Lastmoment M_t und Schubspannung τ:

$$M_t = \frac{d^2}{2} \cdot L \cdot \pi \cdot \tau \qquad \text{bzw.} \qquad M_{t\,max} = \frac{d^2 \cdot \pi \cdot L}{2} \cdot \tau_{zul} \qquad\qquad \text{Gl. 6.3}$$

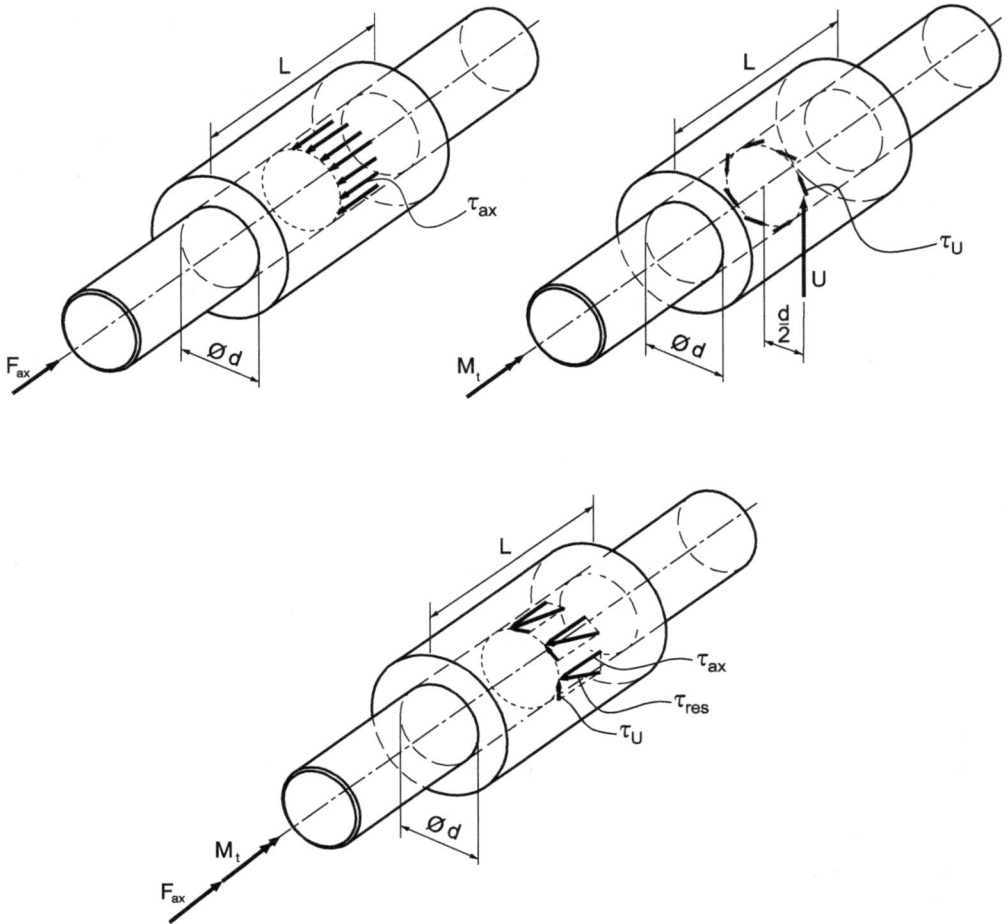

Bild 6.2: Rechenansatz zylindrische, stoffschlüssige Welle-Nabe-Verbindung

- **Kombinierte Längskraft- und Torsionsmomentenbelastung**

  Sollen ein Torsionsmoment M_{tmax} und eine Axialkraft F_{ax} gleichzeitig übertragen werden (Bild 6.2 unten), so setzt sich die insgesamt zu übertragende Kraft F_{res} als Vektorsumme aus der Umfangskraft U und der Axialkraft F_{ax} zusammen. Mit $U = 2 \cdot M_t / d$ wird dann

$$F_{res} = \sqrt{U^2 + F_{ax}^2} = \sqrt{\left(\frac{2 \cdot M_t}{d}\right)^2 + F_{ax}^2} \qquad\qquad \text{Gl. 6.4}$$

und die Schubspannungsbelastung

$$\tau_{tats} = \frac{F_{res}}{A_{Mantel}} = \frac{\sqrt{\left(\dfrac{2 \cdot M_t}{d}\right)^2 + F_{ax}^2}}{\pi \cdot d \cdot L} \leq \tau_{zul} \qquad\qquad \text{Gl. 6.5}$$

Nach den vorgenannten Ansätzen steigt die übertragbare Belastung proportional zur Länge der Verbindung L. Voraussetzung dafür ist aber eine gleichmäßige Schubspannungsverteilung. Tatsächlich kommt es jedoch zu einem Effekt, der in ähnlicher Weise bei den Klebverbindungen bereits erläutert worden ist (vgl. Bild 3.14, Band 1): Auf der Seite, wo die Belastung in die Welle-Nabe-Verbindung eingeleitet wird, ist die Welle selbst noch der vollen Belastung, also auch der vollen damit verbundenen Verformung ausgesetzt, während die sie umgebende Nabe an dieser Stelle noch keine Belastung aufzunehmen hat und sich demzufolge in diesem Bereich auch noch nicht verformt. Diese Ungleichmäßigkeit der Verformungen zweier benachbarter Bauteile verursacht eine Ungleichmäßigkeit der Schubspannungsverteilung, die mit zunehmender axialer Erstreckung der Welle-Nabe-Verbindung kritischer wird. Dieser Sachverhalt lässt sich messtechnisch erfassen oder durch die Finite-Elemente-Berechnung quantifizieren. Demzufolge kann dieser Einfluss vernachlässigt werden, wenn die Länge L nicht wesentlich größer als der Durchmesser d der Verbindung ist.

6.2 Formschlüssige Welle-Nabe-Verbindungen (B)

Der Begriff „formschlüssig" zeigt an, dass die zu verbindenden Bauteile aufgrund ihrer Formgebung ineinandergreifen und damit Kräfte und Momente übertragen können.

6.2.1   Keilwellenverbindungen (B)

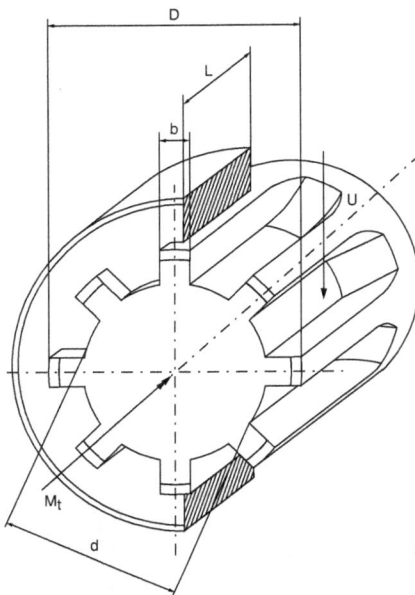

Eine Keilwelle nach Bild 6.3 weist einen inneren Durchmesser d auf, aus dem Vorsprünge mit der Breite b und der Eingriffslänge L radial bis zum äußeren Durchmesser D herausragen und dabei in entsprechende Vertiefungen in der Nabe eingreifen. Dazu werden im hier dargestellten Fall mit einem Scheibenfräser Vertiefungen in die Welle eingebracht.

Bild 6.3: Keilwelle

Während für den Festigkeitsnachweis der Welle der innere Durchmesser d maßgebend ist, vollzieht sich die Momentenübertragung zwischen Welle und Nabe über Flächenpressung an den Flanken. Zu deren Festigkeitsnachweis wird ähnlich wie bei der stoffschlüssigen Welle-Nabe-Verbindung zunächst eine Umfangskraft U eingeführt, die sich hier auf einem Hebelarm abstützt, der auf halbem Wege zwischen d/2 und D/2 liegt:

$$M_t = U \cdot \frac{D+d}{2 \cdot 2} \qquad \Rightarrow \qquad U = \frac{4 \cdot M_t}{D+d} \qquad\qquad \text{Gl. 6.6}$$

Die Pressung p an den rechteckförmigen Flanken mit den Rechteckseiten L und $(D-d)/2$ formuliert sich zu

$$p = \frac{U}{A} = \frac{\dfrac{4 \cdot M_t}{D+d}}{z \cdot \dfrac{D-d}{2} \cdot L \cdot \varphi}$$

$$p = \frac{8 \cdot M_t}{(D+d) \cdot (D-d) \cdot z \cdot L \cdot \varphi} \le p_{zul} \qquad \text{für Keilwellen} \qquad \text{Gl. 6.7}$$

Dabei bedeutet z die Anzahl der Keile und L die tragende Länge der Verbindung. Mit zunehmender Anzahl von Keilen stößt jedoch die präzise Anordnung der einzelnen Flanken zueinander auf fertigungstechnische Probleme, sodass die kraftübertragende Fläche um den Traganteil φ reduziert werden muss. Dieser hängt von den konstruktiven Randbedingungen und von den Fertigungsgenauigkeiten ab, für Keilwellen kann etwa $\varphi = 0,75$ angenommen werden. Im Hinblick auf eine industrielle Fertigung werden die Abmessungen nach Tabelle 6.1 standardisiert.

Tabelle 6.1: Keilwellen

d	leichte Reihe nach DIN ISO 14				mittlere Reihe nach DIN ISO 14				schwere Reihe nach DIN 5464			
	Kurz-zeichen	An-zahl Keile	D	b	Kurz-zeichen	An-zahl Keile	D	b	Kurz-zeichen	An-zahl Keile	D	b
16					6x16x20	6	20	4	10x16x20	10	20	2,5
18					6x18x22	6	22	5	10x18x23	10	23	3
21					6x21x25	6	25	5	10x21x26	10	26	3
23	6x23x26	6	26	6	6x23x28	6	28	6	10x23x29	10	29	4
26	6x26x30	6	30	6	6x26x32	6	32	6	10x26x32	10	32	4
28	6x28x32	6	32	7	6x28x34	6	34	7	10x28x35	10	35	4
32	8x32x36	8	36	6	8x32x38	8	38	6	10x32x40	10	40	5
36	8x36x40	8	40	7	8x36x42	8	42	7	10x36x45	10	45	5
42	8x42x46	8	46	8	8x42x48	8	48	8	10x42x52	10	52	6
46	8x46x50	8	50	9	8x46x54	8	54	9	10x46x56	10	56	7
52	8x52x58	8	58	10	8x52x60	8	60	10	16x52x60	16	60	5
56	8x56x62	8	62	10	8x56x65	8	65	10	16x56x65	16	65	5
62	8x62x68	8	68	12	8x62x72	8	72	12	16x62x72	16	72	7

Für die Festlegung der werkstoffkundlich zulässigen Flächenpressung ist folgende Differenzierung angebracht:

- **Festsitz**: Mit einer Keilwellenverbindung können **nur Torsionsmomente** übertragen werden, eventuell zu übertragende Längskräfte müssen durch weitere konstruktive Maßnahmen (z.B. Wellenbund) gesondert abgestützt werden.
- **Schiebesitz**: Sollen die Welle und die Nabe jedoch **axial zueinander verschoben** werden können, so wird die Welle-Nabe-Verbindung zum Schiebesitz.

Tabelle 6.2 gibt einen Überblick über die zulässige Flankenpressung einiger gebräuchlicher Werkstoffkombinationen für Festsitze:

Tabelle 6.2: zulässige Flankenpressung p_{zul} für Festsitz

	Drehmoment konstant	Drehmoment schwellend	Drehmoment wechselnd
St/Messing, Bronze	40 N/mm²	30 N/mm²	12 N/mm²
St/G-AlSi	56 N/mm²	42 N/mm²	18 N/mm²
St/GG	72 N/mm²	54 N/mm²	22 N/mm²
St/AlCuMg	80 N/mm²	60 N/mm²	25 N/mm²
St/GS und St/St	120 N/mm²	75 N/mm²	32 N/mm²

Liegt ein Schiebesitz vor, der ohne Momentenübertragung verschoben wird, so müssen diese Werte auf etwa die Hälfte reduziert werden. Wird der Schiebesitz auch unter Last verschoben, so ist nur etwa ein Viertel des Tabellenwertes zulässig. Die folgenden beiden Bilder zeigen zwei Konstruktionsbeispiele aus dem Getriebebau:

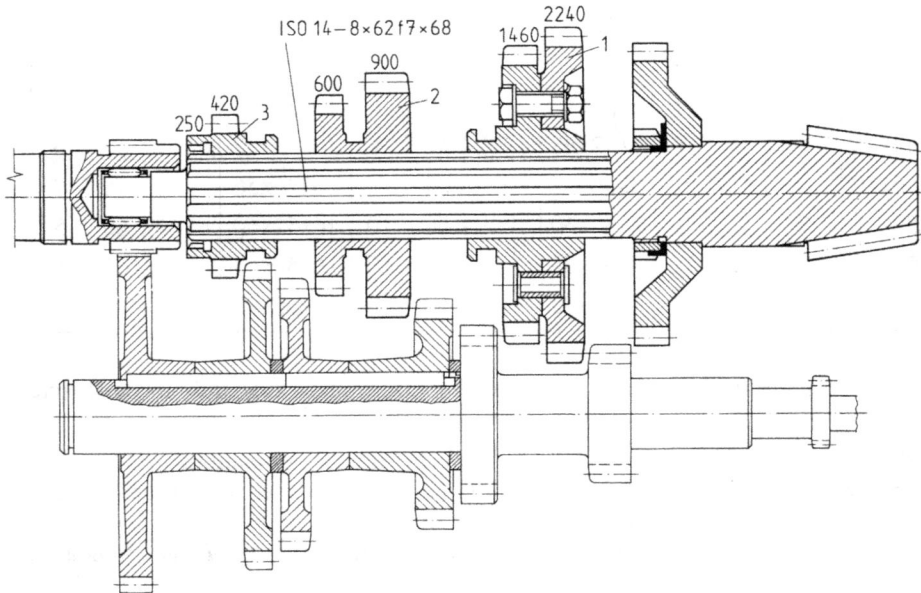

Bild 6.4: Keilwelle als längsverschiebbare Welle-Nabe-Verbindung

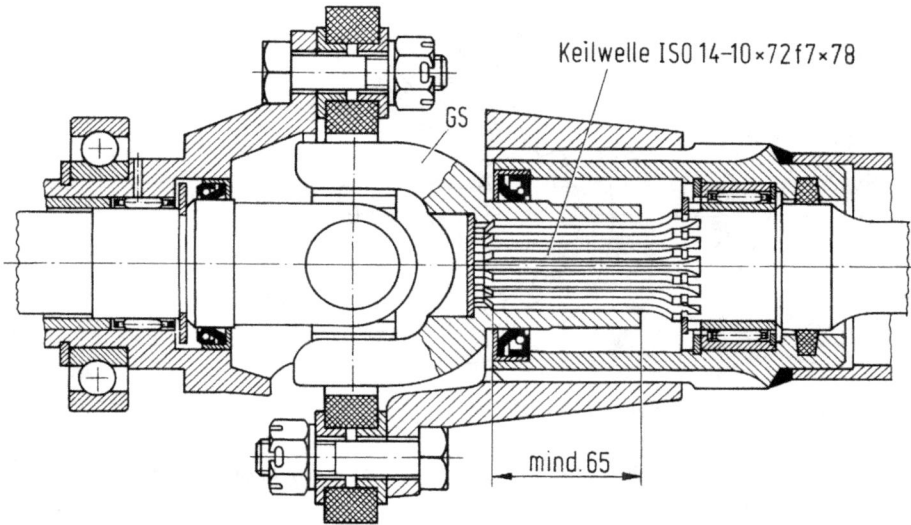

Keilwelle ISO 14–10×72f7×78

GS

mind. 65

Bild 6.5: Konzentrisch angeordnete, doppelte Keilwelle

Die in Bild 6.5 dargestellte Verbindung überträgt zwei voneinander unabhängige Drehbewegungen jeweils durch eine Keilwelle:

- Die innere Drehbewegung wird über die innere Keilwelle und ein Kardangelenk geleitet.
- Die äußere Drehbewegung wird durch die äußere Keilwelle und eine zusätzliche Flanschverbindung übertragen.
- Die Relativbewegung von innerer und äußerer Welle wird durch Nadellager ermöglicht.

6.2.2   Zahnwellenverbindungen (E)

Zahnwellenverbindungen können zunächst als eine konstruktive Abwandlung der Keilwellenverbindung betrachtet werden. Bild 6.6 zeigt die beiden Ausführungsformen als Kerbzahnwelle und als Evolventenzahnwelle:

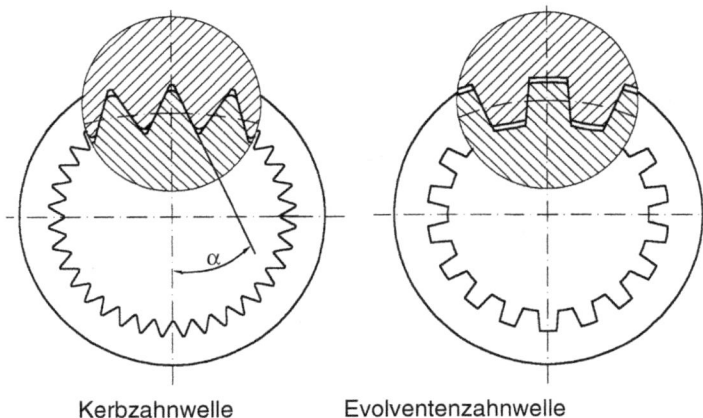

Kerbzahnwelle   Evolventenzahnwelle   Bild 6.6: Zahnwellen

Tabelle 6.3 gibt zunächst die wichtigsten Abmessungen der Kerbverzahnung in einem Auszug aus der DIN 5481 wieder.

Tabelle 6.3: Kerbverzahnung nach DIN 5481

Bezeichnung d_1 x d_3	Nennmaß Nabe d_1 A11	Nennmaß Welle d_3 a11	Zähnezahl z
10x12	10,1	12,0	30
12x14	12,0	14,2	31
15x17	14,9	17,2	32
17x20	17,3	20,0	33
21x24	20,8	23,9	34
26x30	26,5	30,0	35
30x34	30,5	34,0	36
36x40	36,0	39,9	37

Gegenüber der Keilwelle weist die Kerbzahnwelle wesentlich mehr lastübertragende Formelemente auf, die jedoch weniger tief in die Welle eingreifen, wodurch die Kerbwirkung auf die Welle deutlich reduziert wird ($\beta_{kt} \approx 1,5$). Auch hier ist für den Festigkeitsnachweis der Welle der innere Durchmesser d_1 maßgebend. Kerbzahnwellen werden über die Flanken zentriert, meist fest aufgezogen und sind deshalb axial nicht verschiebbar. Bei nicht allzu großer Axialkraftbelastung benötigen sie demzufolge auch keine axiale Sicherung. Durch die Neigung der pressungsübertragenden Flanke um 30° wird zwar die Kraft um den Faktor

1/cos 30° vergrößert, die pressungsübertragende Fläche vergrößert sich jedoch um den gleichen Faktor. Dadurch wird die Flächenpressung in dieser Näherung unabhängig von diesem Winkel:

$$p = \frac{\dfrac{U}{\cos 30°}}{\dfrac{A}{\cos 30°}} = \frac{U}{A} = \frac{\dfrac{4 \cdot M_t}{d_3 + d_1}}{z \cdot \dfrac{d_3 - d_1}{2} \cdot L \cdot \varphi}$$

$$p = \frac{8 \cdot M_t}{(d_3 + d_1) \cdot (d_3 - d_1) \cdot z \cdot L \cdot \varphi} \leq p_{zul} \qquad \text{für Kerbverzahnung} \qquad \text{Gl. 6.8}$$

Der Traganteil verschlechtert sich allerdings gegenüber der Keilwelle, sodass $\varphi \approx 0{,}5$ gesetzt werden muss. Für die Evolventenzahnwelle ergeben sich in Anlehnung an DIN 5480 die in Tabelle 6.4 gegebenen wichtigen Abmessungen.

Tabelle 6.4: Evolventenzahnwelle nach DIN 5480

Bezugs-durchmesser	Nabeninnen-durchmesser d_2	Wellenaußen-durchmesser d_3	Zähnezahl z
20	17	19,7	12
22	19	21,7	13
25	22	24,7	15
26	23	25,7	16
28	24,5	27,65	14
30	25,5	29,65	16
32	28,5	31,65	17
35	31	34,6	16
37	33	36,6	17
40	36	39,6	18
42	38	41,6	20
45	41	44,6	21
48	44	47,6	22
50	46	49,6	24

In ähnlicher Weise kann auch für die Evolventenzahnwelle mit den entsprechend angepassten Bezeichnungen formuliert werden, die sich von Gl. 6.8 nur durch die entsprechend angepasste Indizierung des Nabeninnendurchmessers unterscheidet:

$$p = \frac{\dfrac{4 \cdot M_t}{d_3 + d_2}}{z \cdot \dfrac{d_3 - d_2}{2} \cdot L \cdot \varphi}$$

$$p = \frac{8 \cdot M_t}{(d_3 + d_2) \cdot (d_3 - d_2) \cdot z \cdot L \cdot \varphi} \leq p_{zul} \qquad \text{für Evolventenzahnwelle} \qquad \text{Gl. 6.9}$$

Der Traganteil kann hier mit $\varphi \approx 0{,}75$ angesetzt werden.

6.2.3   Polygonwellenverbindung (E)

Bei Polygonwellenverbindungen wird der Formschluss so optimiert, dass eine Kerbwirkung weitestgehend vermieden wird, die Kerbwirkungszahl ist nahezu 1, sodass beim Festigkeitsnachweis der Welle kaum Abstriche gemacht werden müssen.

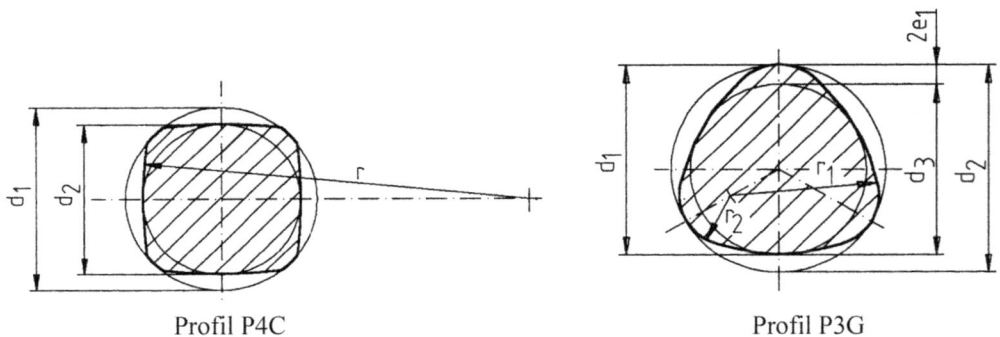

Profil P4C   Profil P3G

Bild 6.7: Polygonwellen

Die Profile von Welle und Nabe lassen sich in der Toleranzklasse 6 herstellen, sodass eine genaue Zentrierung gewährleistet ist. Die Wellen werden auf speziellen Maschinen geschliffen, die Naben werden geräumt. Eine wirtschaftliche Verwendung ist also nur in der Massenfertigung möglich. Im Gegensatz zum P3G-Profil erlaubt das P4C-Profil eine axiale Verschiebemöglichkeit auch unter Last. Der oben vorgestellte Rechenansatz bezüglich des übertragbaren Momentes in Funktion der zulässigen Flächenpressung trifft hier nur noch in ganz grober Näherung zu, es sind vielmehr die in DIN 32711 und DIN 32712 angeführten Gleichungen anzuwenden.

6.2.4   Passfederverbindungen (B)

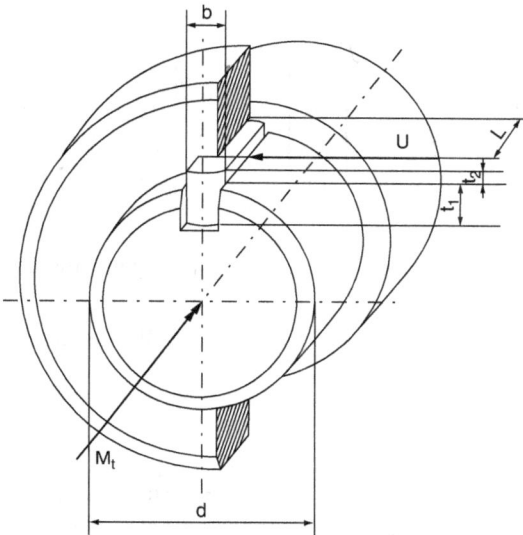

Die klassische Passfederverbindung nach nebenstehender Darstellung lässt sich bezüglich ihrer Belastbarkeit näherungsweise mit dem oben formulierten Flächenpressungsansatz beschreiben. Die Umfangskraft muss hier allerdings an zwei hintereinander geschalteten Stellen übertragen werden: Am Übergang zwischen der Passfeder und der Welle tritt die Pressung p_W und an der Kontaktfläche zwischen der Passfeder und der Nabe tritt die Pressung p_N auf. Wegen der unterschiedlichen Abmessungen und Werkstoffpaarungen müssen i.a. Fall beide Kriterien nachkontrolliert werden:

Bild 6.8: Rechenansatz Passfederverbindung

$$p = \frac{U}{A}$$

$$p_W = \frac{2 \cdot M_t}{d \cdot t_1 \cdot L \cdot \varphi} \le p_{zul} \qquad \text{Verbindungsstelle Welle-Passfeder} \qquad \text{Gl. 6.10}$$

$$p_N = \frac{2 \cdot M_t}{d \cdot t_2 \cdot L \cdot \varphi} \le p_{zul} \qquad \text{Verbindungsstelle Passfeder-Nabe} \qquad \text{Gl. 6.11}$$

Für d kann näherungsweise der Nenndurchmesser der Welle gesetzt werden, obwohl der Hebelarm an der Nabe etwas größer und an der Welle etwas kleiner ist. Dabei bedeutet t_1 die Eindringtiefe der Passfeder in die Welle und t_2 die der Nabe. Von der konstruktiv vorhandenen Passfederlänge gelangt man zur rechnerisch ausnutzbaren Länge L durch das Abziehen der eventuell vorhandenen nichttragenden Ausrundungsradien. Der Traganteil kann nahezu $\varphi \approx 1$ gesetzt werden, da hier nicht das Problem besteht, dass die Gesamtlast auf mehrere Lastübertragungsstellen aufgeteilt werden muss. Tabelle 6.5 gibt in Anlehnung an DIN 6885 die für die Dimensionierung wichtigen Abmessungen an.

Tabelle 6.5: Passfederverbindungen nach DIN 6885

| Wellendurchmesser d über | 10 | 12 | 17 | 22 | 30 | 38 | 44 | 50 | 58 | 65 | 75 | 85 |
bis einschließlich	12	17	22	30	38	44	50	58	65	75	85	95
Passfederbreite b [mm]	4	5	6	8	10	12	14	16	18	20	22	25
Passfederhöhe h [mm]	4	5	6	7	8	8	9	10	11	12	14	14
Wellennuttiefe t_1 [mm]	2,5	3	3,5	4	5	5	5,5	6	7	7,5	9	9
Nabennuttiefe t_2 [mm]	1,8	2,3	2,8	3,3	3,3	3,3	3,8	4,3	4,4	4,9	5,4	5,4

Die Norm enthält noch weitere zur Fertigung notwendige Maßangaben (Passungen, Ausrundungsradien, Passfederlängen usw.) und weitere Bauformen.

- **Festsitz**: Sowohl am Durchmesser als auch an den Flanken ist ein **leichter Presssitz** vorzuziehen, um Anlagewechsel möglichst zu vermeiden.
- **Schiebesitz**: In diesem Fall wird die Passfeder meist auf der Welle festgeschraubt und in der Nabe eine Spielpassung vorgesehen.

Wie der Normauszug nach Bild 6.9 zeigt, wird die Passfederverbindung in vielfachen Konstruktionsvarianten abgewandelt. Die in der linken Spalte aufgeführten Ausführungsformen können mit einem aus der obigen Gleichung abgeleiteten Ansatz dimensioniert werden, wobei die Rechteckfläche durch andere Geometrien ersetzt werden muss. In den Fällen der rechten Spalte handelt es sich bei der Verbindung der Passfeder zur Nabe ebenfalls um einen Formschluss. Bei den ersten beiden Varianten (Flachkeil und Nasenflachkeil) wird die Bearbeitung der Welle erleichtert, da sie lediglich abgeflacht werden muss, was nur einfache Fertigungsmittel beansprucht. Bei den beiden unteren Varianten (Hohlkeil und Nasenhohlkeil) wird die Welle überhaupt nicht bearbeitet, und die Verbindung zur Welle beruht auf einem reinen Reibschluss, der mit der Coulomb'scher Reibung beschrieben werden kann. Die Passfederverbindungen und die daraus abgeleiteten Bauformen haben in der Geschichte des Maschinenbaus eine große Rolle gespielt, ihre Momentenkapazität ist jedoch aus dreierlei Gründen begrenzt:

- Die Welle wird festigkeitsmäßig durch eine z.T. erhebliche Kerbwirkung geschwächt.
- Das Moment wird als Umfangskraft nur an einer einzigen oder an wenigen Stellen des Umfangs übertragen, was eine optimale Lastverteilung ausschließt.
- Die Vorbearbeitung von Welle und Nabe (Stoßen und Fräsen von Nuten) ist relativ aufwendig.

Einlegekeil A DIN 6886

Flachkeil DIN 6883

Detail B

Treibkeil B DIN 6886

Detail A

Nasenflachkeil DIN 6884

Nasenkeil DIN 6887

Hohlkeil DIN 6881

Detail C

Scheibenfeder DIN 6888

Nasenhohlkeil DIN 6889

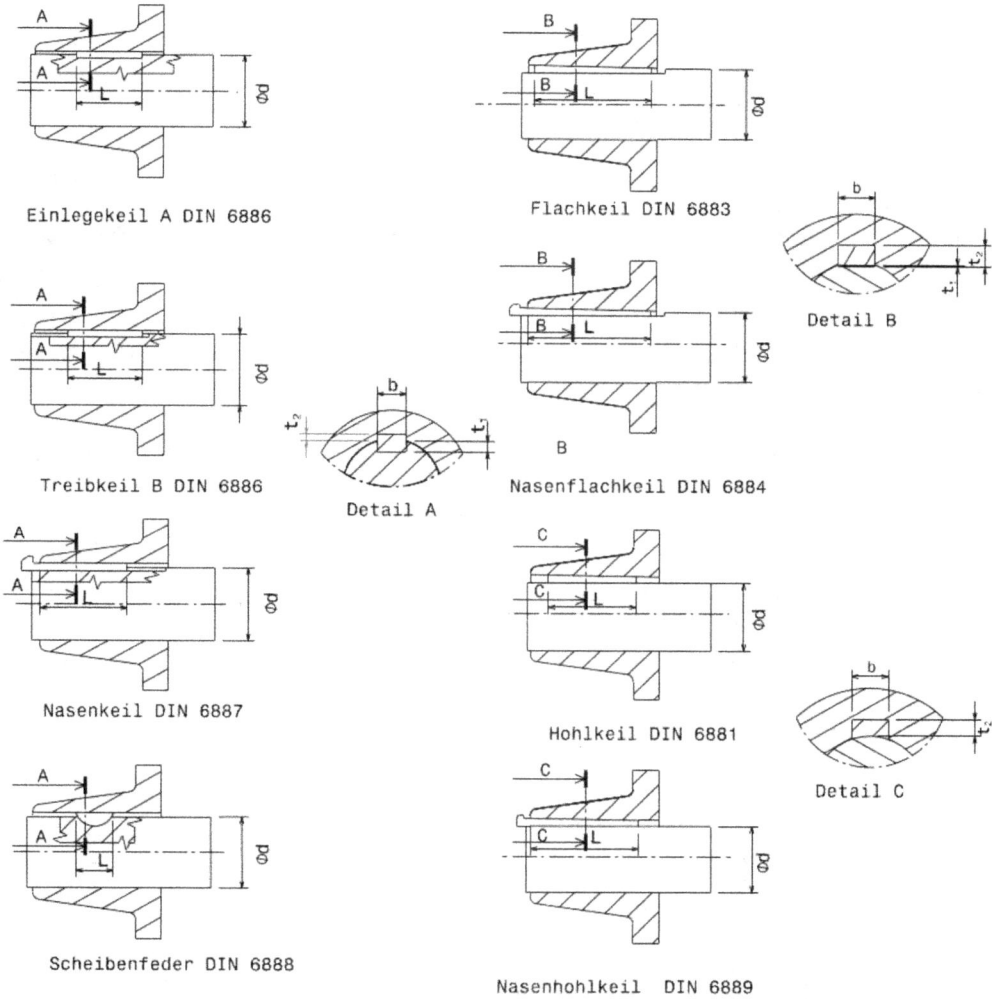

Bild 6.9: Welle-Nabe-Verbindungen mit Federn und Keilen

Diese Einschränkungen führen dazu, dass diese Konstruktionen für hochbelastete Welle-Nabe-Verbindungen immer mehr an Bedeutung verlieren.

Aufgabe A.6.1

6.3 Kraft- bzw. reibschlüssige Welle-Nabe-Verbindungen (B)

Kraft- bzw. reibschlüssige Welle-Nabe-Verbindungen verklemmen Welle und Nabe miteinander und nutzen die Coulomb'sche Reibung zur Momentenübertragung. Die Funktionsflächen dieser Welle-Nabe-Verbindungen werden in den äußeren Spalten von Bild 6.10 fertigungstechnisch besonders einfach als ebene Fläche (linke Spalte) oder in Form eines Zylinders (rechte Spalte) ausgeführt. Die zusätzlich in der mittleren Spalte aufgeführte kegelige Funktionsfläche kann als Zwischenform zwischen „axial" und „radial" angesehen werden. Kennzeichen der Kraftschlüssigkeit ist das Fehlen von ineinandergreifenden Materialvorsprüngen und -vertiefungen. Weiterhin unterscheidet dieses Schema nach direkter Momentenübertragung in der oberen Bildhälfte und nach Momentenübertragung über Zwischenelemente in der unteren Bildhälfte.

Für die Dimensionierung von reibschlüssigen Welle-Nabe-Verbindungen ist die Kenntnis des Reibwertes von entscheidender Bedeutung. Tabelle 6.6 stellt für Querpressverbände die Reibwerte einiger gebräuchlicher Werkstoffkombinationen von Welle und Nabe nach DIN 7190 zusammen.

Tabelle 6.6: Reibzahlen reibschlüssiger Welle-Nabe-Verbindungen nach DIN 7190

Werkstoffpaarung, Schmierung, Fügeverfahren	Haftbeiwert μ
Paarung Stahl/Stahl	
Druckölverbände normal gefügt mit Mineralöl	0,12
Druckölverbände mit entfetteten Pressflächen, mit Glyzerin gefügt	0,18
Schrumpfverbände, normal, nach Erwärmen des Außenteils bis 300 °C im Elektroofen	0,14
Schrumpfverbände mit entfetteten Pressflächen, nach Erwärmen des Außenteils bis 300 °C im Elektroofen	0,20
Paarung Stahl/Gusseisen	
Druckölverbände normal gefügt mit Mineralöl	0,10
Druckölverbände mit entfetteten Pressflächen	0,16
Paarung Stahl/Mg-Al, trocken	0,10–0,15
Paarung St-Cu/Zn, trocken	0,17–0,25

In Anlehnung daran können auch die Reibwerte für andere reibschlüssige Welle-Nabe-Verbindungen abgeschätzt werden.

Übertragungsfläche		
axial, eben	kegelig	radial, zylindrisch

ohne Zwischenelemente

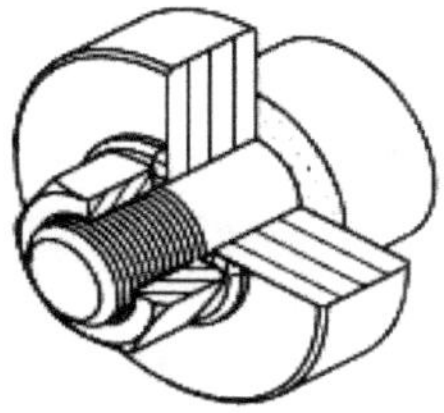

axialer Klemmverband

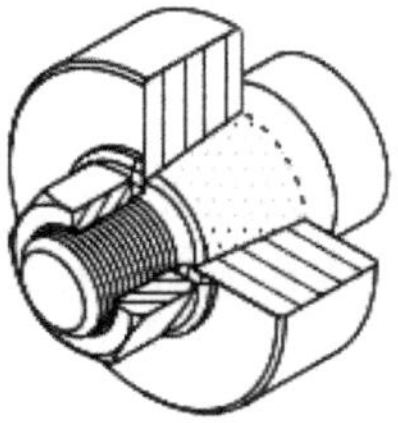

Kegelpresssitz

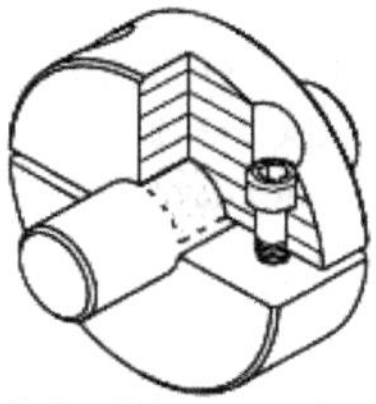

radialer Klemmverband

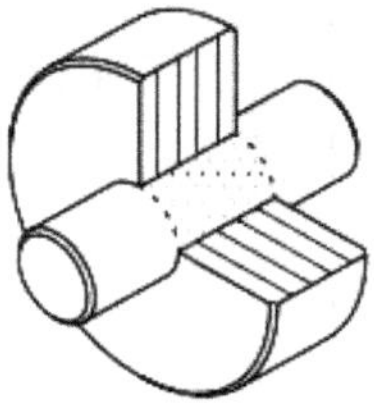

Längs- und Querpressverband

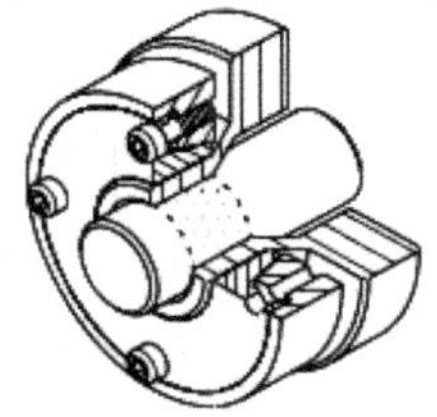

Schrumpfscheibe

mit Zwischenelementen

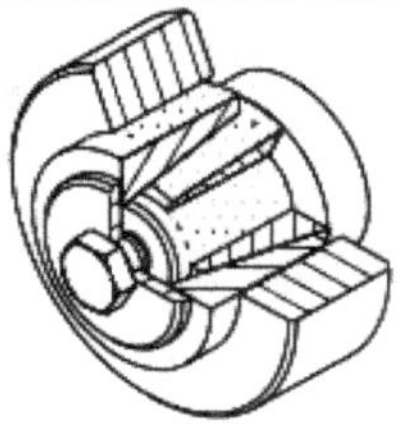

Spannelement

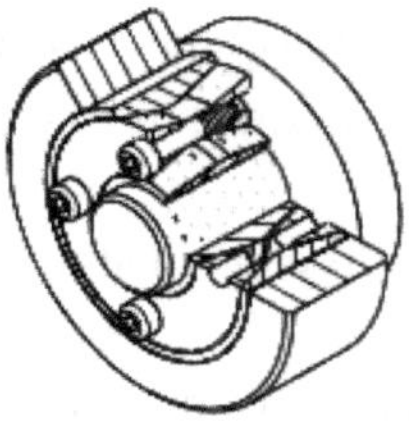

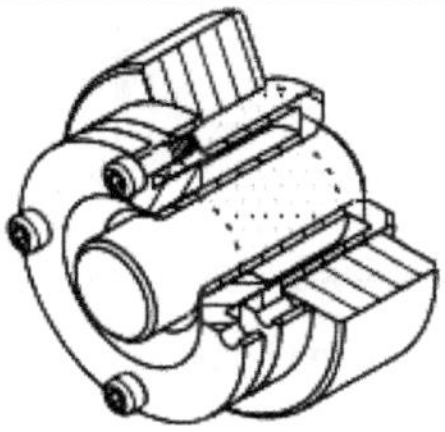

hydraulische Spannbuchse

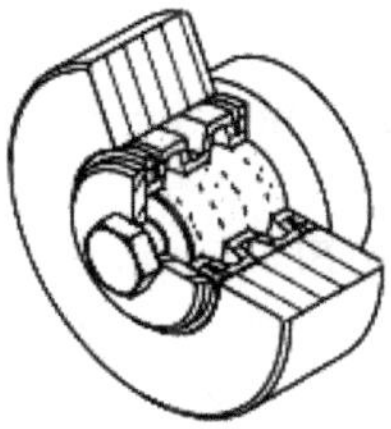

Spannsatz

Druckhülse

Bild 6.10: Übersicht kraft- bzw. reibschlüssige Welle-Nabe-Verbindungen

6.3.1   Klemmverbindungen (B)

6.3.1.1   Axialklemmverband (B)

Die wohl übersichtlichste Ausführung einer reibschlüssigen Welle-Nabe-Verbindung ver-klemmt die beiden Bauteile nach der linken Spalte von Bild 6.11, wobei die Klemmkraft in den allermeisten Fällen durch Schrauben aufgebracht wird.

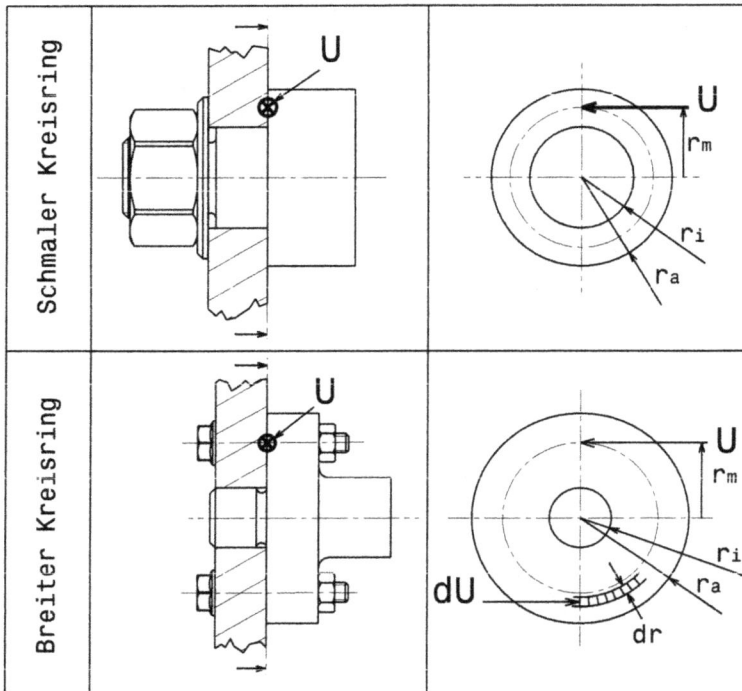

Bild 6.11: Axiales Verspannen von Welle und Nabe

Bei der Dimensionierung dieser Klemmverbindung sind drei Versagenskriterien zu berück-sichtigen, die sich qualitativ nach Bild 6.12 unterscheiden lassen:

a) Der Reibschluss kann überlastet werden, die Verbindung rutscht durch (Überlast im Be-trieb).

b) Die Flächenpressung an der reibschlussübertragenden Fläche kann überlastet werden (Überbeanspruchung bei der Montage).

c) Die Vorspannkraft von n Schrauben ist nicht in der Lage, die für den Reibschluss erfor-derliche Axialkraft F_{ax} aufzubringen (Überbeanspruchung bei der Montage).

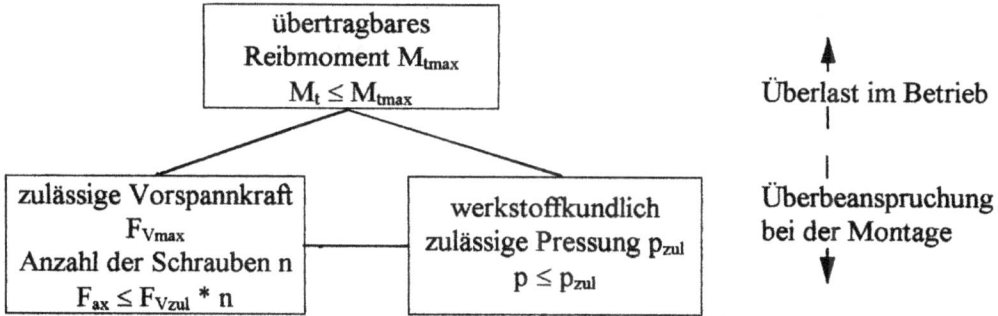

Bild 6.12: Dimensionierungsschema axialer Klemmverband qualitativ

Zur rechnerischen Beschreibung des Problems müssen für jede der im Schema markierten Verbindungen Gleichungen aufgestellt werden. Für die waagerechte Verbindungslinie zwischen der Axialkraft F_{ax} und Flächenpressung p ist dies besonders einfach:

$$p = \frac{F_{ax}}{A} = \frac{F_{ax}}{\pi \cdot \left(r_a^2 - r_i^2 \right)} \leq p_{zul} \qquad\qquad \text{Gl. 6.12}$$

Mit dieser Gleichung lässt sich die untere Dreieckseite des Schemas von Bild 6.12 in Bild 6.13 belegen. Bei der Formulierung des übertragbaren Momentes M_{tmax} muss eine Fallunterscheidung nach der rechten Spalte von Bild 6.11 getroffen werden.

• Handelt es sich um einen schmalen Kreisring, so liegt ein Fall vor, der bereits bei der Kopfreibung von Schrauben (Bild 4.7, Band 1) praktiziert wurde: Das Moment wird mit einer Umfangskraft U auf dem mittleren Hebelarm r_m übertragen:

$$M_t = U \cdot r_m \qquad\qquad \text{Gl. 6.13}$$

$$r_m = \frac{r_i + r_a}{2} \qquad\qquad \text{Gl. 6.14}$$

Andererseits muss die Vorspannkraft F_{ax} so groß sein, dass die Umfangskraft U als Reibkraft übertragen werden kann:

$$\mu = \frac{U}{F_{ax}} \quad \rightarrow \quad U = \mu \cdot F_{ax} \qquad\qquad \text{Gl. 6.15}$$

Setzt man diesen Ausdruck in Gl. 6.13 ein, so ergibt sich der einfache Zusammenhang:

$$M_{tmax} = \mu \cdot F_{ax} \cdot r_m \qquad \text{(schmaler Kreisring)} \qquad\qquad \text{Gl. 6.16}$$

- Liegt ein breiter Kreisring vor (Bild 6.11 unten), so wird der vorgenannte Ansatz ungenau. Da jeder Flächenpressungsanteil mit seinem eigenen Hebelarm r zum Gesamtmoment beiträgt, muss integriert werden:

$$M_{t\,max} = \int_{r_i}^{r_a} dU \cdot r = \int_{r_i}^{r_a} \mu \cdot p \cdot dA \cdot r$$

μ und p sind von der Integration nicht betroffen. Die Kreisringfläche dA lässt sich durch dA = $2 \cdot \pi \cdot r \cdot dr$ ausdrücken:

$$M_{t\,max} = \mu \cdot p \cdot 2 \cdot \pi \cdot \int_{r_i}^{r_a} r^2 dr = \mu \cdot p \cdot \pi \cdot 2 \cdot \left[\frac{r^3}{3} \right]_{r_i}^{r_a}$$

$$M_{t\,max} = \mu \cdot p \cdot \pi \cdot \frac{2}{3} \cdot \left(r_a^3 - r_i^3 \right) \qquad\qquad \text{Gl. 6.17}$$

Mit p = F_{ax} / A und $A = \pi \cdot \left(r_a^2 - r_i^2 \right)$ folgt:

$$M_{t\,max} = \mu \cdot F_{ax} \cdot \frac{2 \cdot \left(r_a^3 - r_i^3 \right)}{3 \cdot \left(r_a^2 - r_i^2 \right)} \qquad \text{(breiter Kreisring)} \qquad \text{Gl. 6.18}$$

Stellt man Gl. 6.13 und Gl. 6.18 gegenüber, so kann auch für den breiten Kreisring ein „effektiver" Radius r_m formuliert werden, der aber im Gegensatz zu Gl. 6.14 nicht als arithmetisches Mittel von r_i und r_a verstanden werden kann:

$$r_m = \frac{2 \cdot \left(r_a^3 - r_i^3 \right)}{3 \cdot \left(r_a^2 - r_i^2 \right)} \qquad \text{(breiter und schmaler Kreisring)} \qquad \text{Gl. 6.19}$$

Somit lässt sich also auch für den breiten Kreisring Gleichung 6.16 anwenden, bei der lediglich der effektive Radius r_m nach Gleichung 6.19 modifiziert berechnet werden muss. Diese letzte Formulierung gilt damit auch für den Fall des schmalen Kreisringes und ergibt für diesen Grenzfall den gleichen Zahlenwert. Die Gleichung für den breiten Kreisring schließt also die für den schmalen Kreisring mit ein und lässt sich damit allgemeingültig verwenden. Damit lässt sich die linke Dreieckseite von Bild 6.13 belegen.

$$\boxed{\begin{array}{c} \text{übertragbares Reibmoment} \\ M_{tmax} \\ M_t \leq M_{tmax} \end{array}}$$

$$\boxed{\begin{array}{c} M_{tmax} = \mu \cdot F_{ax} \cdot r_m \\[4pt] \text{mit } r_m = \dfrac{2 \cdot \left(r_a^3 - r_i^3\right)}{3 \cdot \left(r_a^2 - r_i^2\right)} \end{array}}$$

$$\boxed{\begin{array}{c} M_{tmax} = \mu \cdot p \cdot \left(r_a^2 - r_i^2\right) \cdot \pi \cdot r_m \\[4pt] \text{mit } r_m = \dfrac{2 \cdot \left(r_a^3 - r_i^3\right)}{3 \cdot \left(r_a^2 - r_i^2\right)} \end{array}}$$

$$\boxed{\begin{array}{c} F_{ax} \leq F_V \cdot n \\ \text{n: Anzahl der Schrauben} \end{array}} \; - \; \boxed{\; p = \dfrac{F_{ax}}{A} = \dfrac{F_{ax}}{\pi \cdot \left(r_a^2 - r_i^2\right)} \;} \; - \; \boxed{\text{zulässige Pressung } p_{zul}}$$

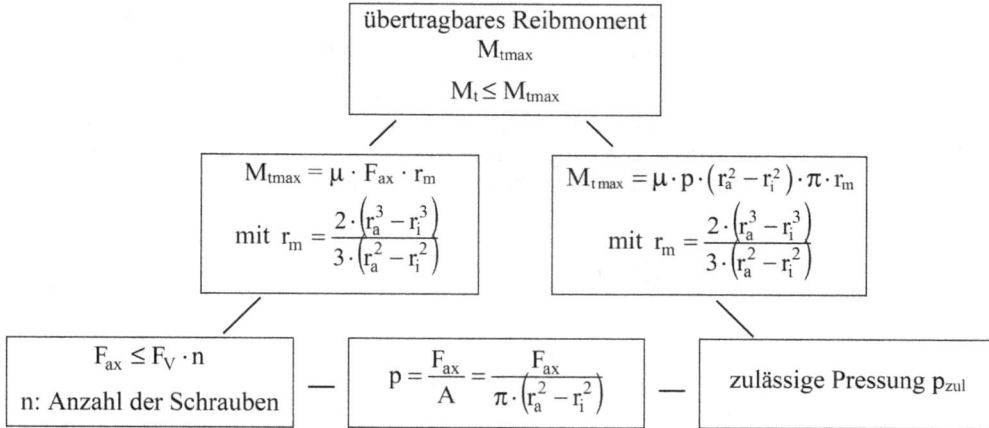

Bild 6.13: Dimensionierungsschema axialer Klemmverband quantitativ

Die Gleichung für die rechte Dreieckseite ergibt sich, wenn sowohl Gl. 6.12 als auch 6.18 jeweils nach F_{ax} aufgelöst und gleichgesetzt werden:

Gl. 6.12:　　$F_{ax} = p \cdot \pi \cdot \left(r_a^2 - r_i^2\right)$

Gl. 6.18:　　$F_{ax} = \dfrac{M_{tmax}}{\mu \cdot r_m}$

$\rightarrow$　　　$M_{tmax} = \mu \cdot p \cdot \left(r_a^2 - r_i^2\right) \cdot \pi \cdot r_m$　　　　　　Gl. 6.20

Aufgaben A.6.2 bis A.6.5

6.3.1.2　Radialklemmverband (E)

Bei Radialklemmverbänden findet die reibschlüssige Übertragung von Momenten oder Axialkräften auf der zylindermantelförmigen Kontaktfläche zwischen Welle und Nabe statt, wobei die Nabe meist aus zwei schalenförmigen Hälften besteht, die untereinander verschraubt und damit auf die Welle gepresst werden. Bei der Dimensionierung der Radialklemmverbände lassen sich wie in Bild 6.12 drei Kriterien ausmachen und ein dreieckförmiges Schema skizzieren, für dessen Verbindungslinien Gleichungen zu formulieren sind:

- Bei Überschreitung des **Moment**es rutscht die Nabe auf der Welle.
- Bei Überschreitung der **Pressung** wird die Kontaktfläche zwischen Welle und Nabe beschädigt.
- Bei Überschreitung der **Vorspannkraft** wird die zulässige Belastung der Schrauben überschritten.

Zunächst sei der Klemmverband mit geteilter Nabe betrachtet, zu dessen rechnerischer Beschreibung drei verschiedene Ansätze formuliert werden können:

6.3.1.2.1   Ansatz „weites Spiel"

Wird die Passung zwischen Welle und Nabe mit weitem Spiel ausgeführt, so ruft nach Bild 6.14 die von i Schrauben**paaren** aufgebrachte Kraft $2 \cdot F_V \cdot i$ eine Klemmwirkung nur in einem schmalen Bereich am oberen und unteren Scheitelpunkt der Verbindung hervor.

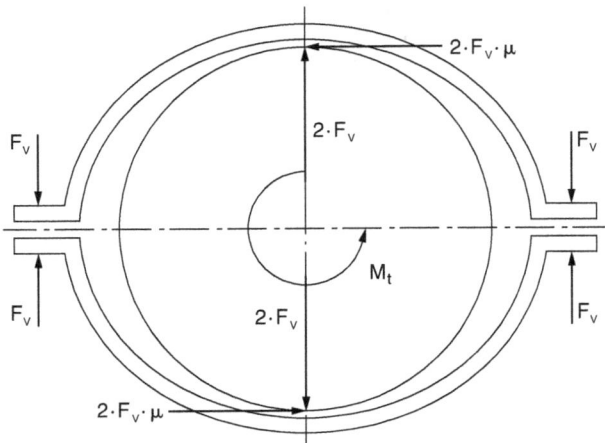

Bild 6.14: Radialklemmverband mit „weitem Spiel"

In diesem Fall ergibt sich das maximal übertragbare Moment zu zwei gleichen Anteilen aus unterer und oberer Nabenhälfte:

$$M_{t\,max} = 2 \cdot \frac{2 \cdot F_V \cdot i \cdot \mu \cdot d}{2} = 2 \cdot \mu \cdot d \cdot i \cdot F_V \qquad\qquad \text{Gl. 6.21}$$

i: Anzahl der Schrauben**paare**

Diese Einbauverhältnisse weisen die folgenden beiden Besonderheiten auf:

- An den kraftübertragenden Stellen zwischen Welle und Nabe entsteht örtlich begrenzt eine hohe Flächenpressung, was zu einer Überbeanspruchung des Werkstoffs an diesen Kontaktzonen führt.
- In der schalenförmigen Nabenhälfte selbst kommt es durch die Vorspannkräfte zu einer hohen Biegemomentenbelastung.

Sowohl die Einbauverhältnisse als auch der daraus abgeleitete Ansatz sind also wenig brauchbar, die Betrachtung würde sich auf die linke Dreieckseite des Schemas (Bild 6.12, spezifiziert in Bild 6.17) beschränken.

6.3.1.2.2   Ansatz „Presspassung mit biegestarrer Nabe"

Wird die Passung als leichte Presspassung (H8/n7) ausgeführt und ist die Nabenhälfte biege-steif, so kann angenommen werden, dass die beiden Nabenhälften flächig auf der Welle auf-liegen und keine kritische Biegeverformung auftritt. Unter diesen Umständen stellt sich an der Kontaktfläche zwischen Welle und Nabe eine weitgehend konstante Flächenpressung p nach Bild 6.15 ein.

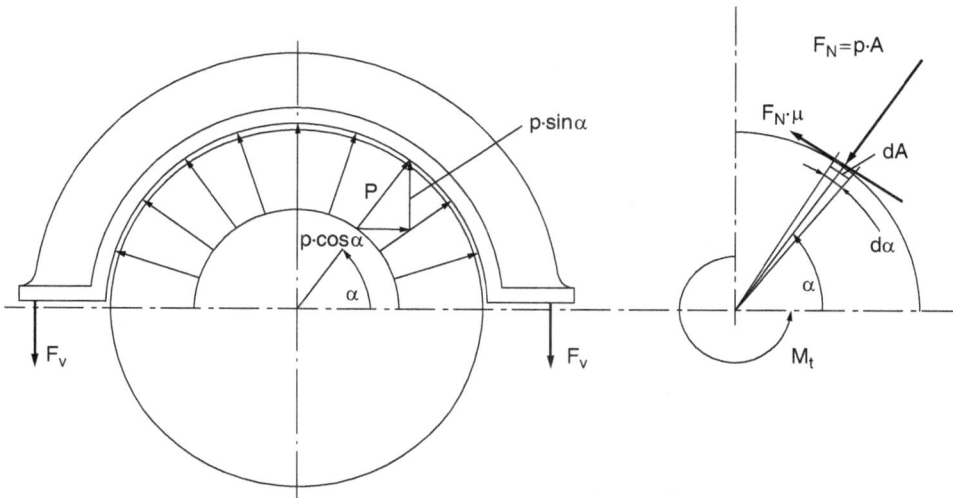

Bild 6.15: Radialklemmverband mit biegestarrer Nabe

Die Betrachtung des Zusammenhanges zwischen Pressung und Moment M_t wird wesentlich erleichtert, wenn die auf die gesamte Zylindermantelfläche wirkende Pressung zu einer Normalkraft F_N zusammengefasst wird (rechte Bildhälfte):

$$p = \frac{F_N}{A} = \frac{F_N}{\pi \cdot d \cdot L} \leq p_{zul} \qquad \text{bzw.} \quad F_N = \pi \cdot d \cdot L \cdot p \qquad\qquad \text{Gl. 6.22}$$

Mit dieser Normalkraft F_N kann eine Reibkraft $F_R = \mu \cdot F_N$ und damit das Moment M_{tmax} über-tragen werden:

$$M_{tmax} = F_N \cdot \mu \cdot \frac{d}{2}$$

Führt man den Ausdruck für F_N nach Gl. 6.22 ein, so ergibt sich das übertragbare Moment zu:

$$M_{tmax} = \frac{\pi}{2} \cdot L \cdot d^2 \cdot \mu \cdot p_{zul} \qquad\qquad \text{Gl. 6.23}$$

Damit ist die rechte Dreieckseite im Schema von Bild 6.17 geklärt. Die Pressung muss durch die Schrauben aufgebracht werden. Ein Zusammenhang zwischen der Pressung p und der Vorspannkraft der Schrauben F_V lässt sich herstellen, wenn das Kräftegleichgewicht in y-Richtung für die obere Nabenhälfte formuliert wird:

$$2 \cdot F_V \cdot i = \int_{\alpha=0}^{\alpha=180°} p \cdot \sin \alpha \cdot dA \qquad \text{i: Anzahl der Schrauben\textbf{paare}}$$

$$\text{mit } p = \text{const.} \quad \text{und} \quad dA = d\alpha \cdot \frac{d}{2} \cdot L$$

$$2 \cdot F_V \cdot i = \frac{p \cdot d \cdot L}{2} \cdot \int_{\alpha=0}^{\alpha=180°} \sin \alpha \cdot d\alpha = \frac{p \cdot d \cdot L}{2} \cdot \left[-\cos \alpha \right]_{\alpha=0}^{\alpha=180°}$$

$$2 \cdot F_V \cdot i = \frac{p \cdot d \cdot L}{2} \cdot 2 = p \cdot d \cdot L$$

Lässt man für die Pressung p einen maximalen Wert p_{zul} zu, so kann die Schraubenvorspannkraft bis F_{Vmax} gesteigert werden:

$$F_{Vmax} = \frac{d \cdot L}{2 \cdot i} \cdot p_{zul} \qquad\qquad \text{Gl. 6.24}$$

Damit wird die untere Dreieckseite im Schema des Bildes 6.17 belegt. Dabei muss sichergestellt werden, dass die Schrauben auch tatsächlich diese Vorspannkraft aufnehmen können (s. Kapitel 4, Band 1). Unter diesem kritischen Aspekt lässt sich der letztgenannte Ausdruck so umstellen, dass die infolge der zulässigen Schraubenvorspannkraft F_{Vzul} erzielbare Pressung p_{max} zum Ausdruck kommt:

$$p_{max} = \frac{2 \cdot i}{d \cdot L} \cdot F_{Vzul} \qquad\qquad \text{Gl. 6.25}$$

Setzt man den Ausdruck nach Gl. 6.25 in Gl. 6.23 ein, so lässt sich ein direkter Zusammenhang zwischen der Schraubenvorspannkraft und dem übertragbaren Moment herstellen, womit das Schema in Bild 6.17 auf der linken Dreieckseite vervollständigt wird:

$$M_{tmax} = \pi \cdot \mu \cdot d \cdot i \cdot F_{Vmax} \qquad\qquad \text{Gl. 6.26}$$

Ist die Schraube konstruktiv bereits festgelegt, so kann die erforderliche Anpresswirkung über die Anzahl der Schraubenpaare angepasst werden. Dazu wird die obige Gleichung nach der Anzahl der erforderlichen Schraubenpaare i_{min} aufgelöst:

$$i_{min} = \frac{M_{tmax}}{\pi \cdot \mu \cdot d \cdot F_{Vmax}} \qquad\qquad \text{Gl. 6.27}$$

6.3.1.2.3   Ansatz „Presspassung mit biegeweicher Nabe"

Die zuvor verfolgte Annahme trifft nicht zu, wenn die Nabe selbst nachgiebig ausgebildet ist und deshalb die Nabenhälften keinen seitlichen Druck auf die Welle ausüben können. In diesem Fall stellt sich im Grenzfall eine sinusförmige Flächenpressungsverteilung nach Bild 6.16 ein:

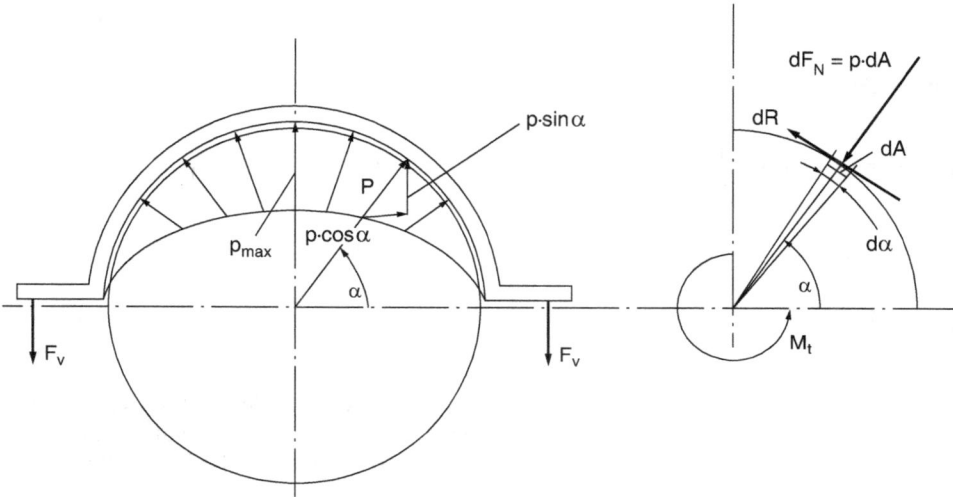

Bild 6.16: Radialklemmverband mit biegeweicher Nabe

Im Gegensatz zur biegestarren Nabe müssen zur Formulierung des gesamten übertragbaren Momentes die einzelnen Reibkraftanteile in Funktion der Pressung integriert werden. Für die vollständige Welle-Nabe-Verbindung einschließlich der unteren Nabenhälfte ergibt sich dann:

$$M_{t\,max} = 2 \cdot \frac{d}{2} \cdot \int_{\alpha=0}^{\alpha=180°} \mu \cdot p \cdot dA$$

mit $\quad p = p_{max} \cdot \sin \alpha \quad$ und $\quad dA = d\alpha \cdot \frac{d}{2} \cdot L$

$$M_{t\,max} = 2 \cdot \frac{d}{2} \cdot \int_{\alpha=0}^{\alpha=180°} \mu \cdot p_{max} \cdot \sin \alpha \cdot d\alpha \cdot \frac{d}{2} \cdot L$$

$$M_{t\,max} = \frac{d^2 \cdot L \cdot \mu \cdot p_{max}}{2} \cdot \int_{\alpha=0}^{\alpha=180°} \sin \alpha \cdot d\alpha = \frac{d^2 \cdot L \cdot \mu \cdot p_{max}}{2} \cdot \left[-\cos \alpha \right]_{\alpha=0}^{\alpha=180°}$$

$$M_{t\,max} = f_{(pmax)} = d^2 \cdot L \cdot \mu \cdot p_{max} \qquad\qquad \text{Gl. 6.28}$$

Damit ist die rechte Dreieckseite in Schema 6.17 (untere Zeile) geklärt. Der direkte Zusammenhang zwischen der Pressung p und der Vorspannkraft der Schrauben F_V lässt sich auch in diesem Fall durch die Formulierung des Kräftegleichgewichts in y-Richtung für die obere Nabenhälfte herstellen:

$$2 \cdot F_V \cdot i = \int\limits_{\alpha=0}^{\alpha=180°} p \cdot \sin \alpha \cdot dA$$

mit $p = p_{max} \cdot \sin \alpha$ $\qquad$ und $\qquad$ $dA = d\alpha \cdot \dfrac{d}{2} \cdot L$

$$2 \cdot F_V \cdot i = \frac{p_{max} \cdot d \cdot L}{2} \cdot \int\limits_{\alpha=0}^{\alpha=180°} \sin^2 \alpha \cdot d\alpha \qquad \text{mit} \qquad \int\limits_{\alpha=0}^{\alpha=180°} \sin^2 \alpha \, d\alpha = \frac{\pi}{2}$$

$$2 \cdot F_V \cdot i = p_{max} \cdot \frac{d \cdot L}{2} \cdot \frac{\pi}{2}$$

$$F_V = \frac{d \cdot L \cdot \pi}{8 \cdot i} \cdot p_{max} \qquad\qquad\qquad\qquad\qquad\qquad\qquad\qquad \text{Gl. 6.29}$$

Diese Gleichung repräsentiert die untere Dreieckseite (untere Zeile) im Schema von Bild 6.17. Lässt man für den Höchstwert der Pressung p_{max} den werkstoffkundlich zulässigen Wert p_{zul} zu, so ergibt sich die maximale Schraubenkraft F_{Vmax}, mit der die Verbindung montiert werden darf:

$$F_{Vmax} = \frac{\pi}{8} \cdot \frac{d \cdot L}{i} \cdot p_{zul}$$

Ist hingegen die Schraubenvorspannkraft F_V durch einen Wert F_{Vzul} begrenzt, so ergibt sich die damit maximal erzielbare Pressung p_{max} zu:

$$p_{max} = \frac{8 \cdot i}{d \cdot L \cdot \pi} \cdot F_{Vzul} \qquad\qquad\qquad\qquad\qquad\qquad\qquad\qquad \text{Gl. 6.30}$$

Setzt man Gl. 6.30 in Gl. 6.28 ein, so wird auch die linke Dreieckseite im Schema von Bild 6.17 mit einer Gleichung belegt:

$$M_{tmax} = \frac{8 \cdot d}{\pi} \cdot i \cdot \mu \cdot F_{Vzul} \qquad\qquad\qquad\qquad\qquad\qquad\qquad\qquad \text{Gl. 6.31}$$

Auch diese Gleichung lässt sich nach der Anzahl der erforderlichen Schraubenpaare umstellen:

$$i_{min} = \frac{\pi \cdot M_{tmax}}{8 \cdot d \cdot \mu \cdot \pi \cdot F_{Vzul}} \qquad\qquad\qquad\qquad\qquad\qquad\qquad\qquad \text{Gl. 6.32}$$

Die Formulierungen nach Gl. 6.31 und 6.32 sind unabhängig von der Länge der Verbindung L.

übertragbares Reibmoment
M_{tmax}

$M_t \leq M_{tmax}$

---

weites Spiel:

$M_t \leq 2 \cdot \mu \cdot d \cdot i \cdot F_V$

biegestarre Nabe:

$M_t \leq 3{,}14 \cdot \mu \cdot d \cdot i \cdot F_V$

biegeweiche Nabe:

$M_t \leq 2{,}55 \cdot \mu \cdot d \cdot i \cdot F_V$

---

biegestarre Nabe:

$M_t \leq 1{,}57 \cdot L \cdot d^2 \cdot \mu \cdot p_{const}$

biegeweiche Nabe:

$M_t \leq L \cdot d^2 \cdot \mu \cdot p_{max}$

---

zulässige Vorspannkraft

F_{Vmax}; Anzahl der Schraubenpaare i

$F_V \leq F_{Vzul}$

---

biegestarre Nabe:

$$p_{const} = 2 \cdot \frac{i}{d \cdot L} \cdot F_V$$

biegeweiche Nabe:

$$p_{max} = 2{,}55 \cdot \frac{i}{d \cdot L} \cdot F_V$$

---

werkstoffkundlich zulässige Pressung p_{zul}

biegestarre Nabe:

$p_{const} \leq p_{zul}$

biegeweiche Nabe:

$p_{max} \leq p_{zul}$

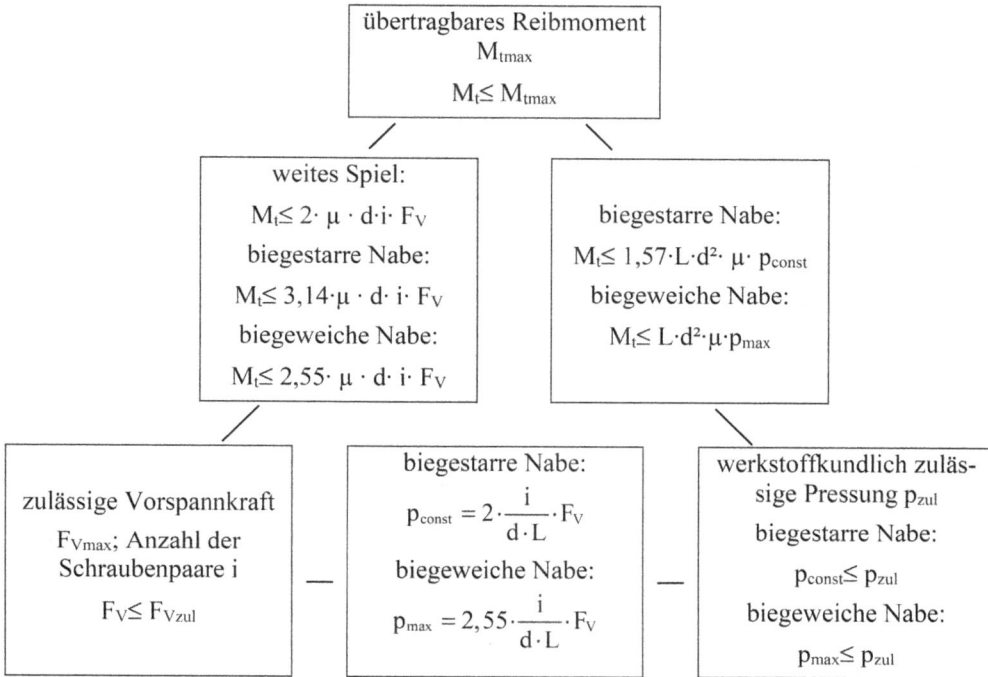

Bild 6.17: Dimensionierungsschema Radialklemmverband

Aus dieser Zusammenstellung geht hervor, dass die Rechnung für den Fall der „biegeweichen" Nabe stets auf der sicheren Seite liegt. Bei nicht klar zu übersehenden Randbedingungen ist dieser Ansatz also stets zu bevorzugen. Der erste Ansatz (weites Spiel) reduziert die ganze Problematik unzulässigerweise auf die linke Dreieckseite und muss deshalb als unbrauchbar gelten. Die Flächenpressung p darf folgende zulässige Werte nicht überschreiten:

für Stahlwelle/GG-Nabe $\qquad p_{zul} = \dfrac{R_{mNabe}}{S} \qquad S = 2 \dots 3 \qquad$ Gl. 6.33

für Stahlwelle/Stahlnabe $\qquad p_{zul} = \dfrac{R_{emin}}{S} \qquad S = 1{,}2 \dots 3 \qquad$ Gl. 6.34

Aufgaben A.6.6 bis A.6.8

6.3.1.2.4 Radialklemmverband mit geschlitzter Nabe

Die vorangegangene Betrachtung mit geteilter Nabe lässt sich ohne großen Aufwand auf eine geschlitzte Nabe erweitern. In vielen Fällen kann angenommen werden, dass sich der Schlitz bezüglich der Vorspannkraft sehr nachgiebig verhält, sodass nach Bild 6.18 für die mechanische Betrachtung des Gebildes im Schlitzgrund ein Gelenk (Biegegelenk) angenommen werden kann.

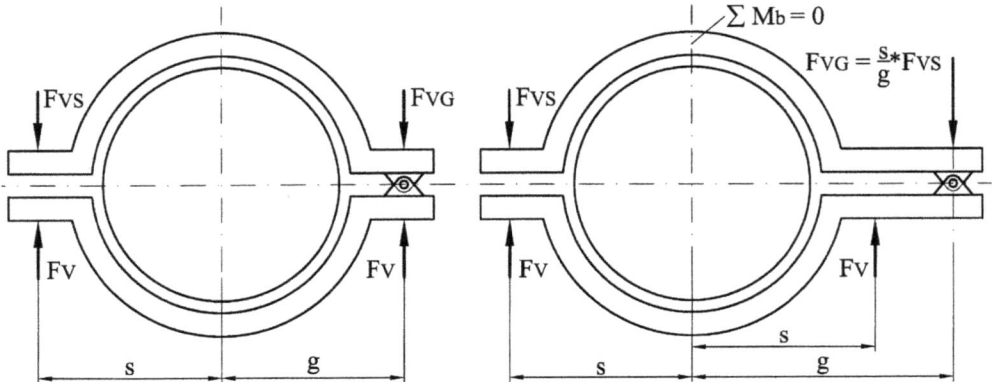

Bild 6.18: Vorspannkräfte an geschlitzter Nabe

Für den Fall, dass der schraubenseitige Abstand s gleich dem gelenkseitigen Abstand g ist (linke Bildhälfte), tritt nicht nur schraubenseitig die Vorspannkraft F_{VS}, sondern aus Symmetriegründen gelenkseitig eine gleichgroße Vorspannkraft F_{VG} auf, eine getrennte Indizierung ist also überflüssig (untere Bildhälfte). In diesem Fall können also die oben hergeleiteten Gleichungen ohne Modifikation übernommen werden, wobei die Schraube gemeinsam mit dem gegenüberliegenden Biegegelenk als ein Schraubenpaar gezählt wird.

Ist $s \neq g$ (rechte Bildhälfte), so kann eine einfache Umrechnung die Beziehung zum Fall $s = g$ herstellen: Formuliert $\sum M_b = 0$ um den Scheitelpunkt einer Nabenhälfte und setzt dabei weiterhin eine symmetrische Flächenpressungsverteilung zwischen Welle und Nabe voraus, so ergibt sich:

$$F_{VS} \cdot s = F_{VG} \cdot g \qquad \text{Gl. 6.35} \qquad \Rightarrow \qquad F_{VG} = \frac{s}{g} \cdot F_{VS} \qquad \text{Gl. 6.36}$$

Um die oben aufgestellten Gleichungen auch in diesem Fall verwenden zu können, werden ersatzweise zwei in gleichem Abstand angreifende Vorspannkräfte F_V eingeführt (hier beispielsweise s in der unteren Bildhälfte), die sich als arithmetisches Mittel von F_{VS} und F_{VG} ausdrücken lassen:

$$F_V = \frac{F_{VS} + F_{VG}}{2} = \frac{F_{VS} + \dfrac{s}{g} F_{VS}}{2} = \frac{1 + \dfrac{s}{g}}{2} \cdot F_{VS} = \frac{g + s}{2 \cdot g} \cdot F_{VS} \qquad \text{Gl. 6.37}$$

Diese Substitution gilt sowohl für die Annahme der biegestarren als auch der biegeweichen Nabe, solange die Symmetrie der Flächenpressungsverteilung zwischen Welle und Nabe nicht gestört wird. Auf jeden Fall ist aber bei geschlitzter Nabe mit Unwuchtproblemen zu rechnen, sodass solche Konstruktionen nur bei geringen Drehzahlen Verwendung finden.

Aufgabe A.6.9

6.3.2   Zylinderpressverband (B)

Ähnlich wie beim radialen Klemmverband nutzt auch der Zylinderpressverband die fertigungstechnisch einfache Zylindermantelfläche zwischen Welle und Nabe aus. Die Nabe wird allerdings weder geteilt noch geschlitzt, sondern Welle und Nabe werden mit einer Presspassung ausgeführt, sodass beim Fügen der Verbindung die Nabe aufgeweitet und die Welle zusammengedrückt wird. Die dadurch hervorgerufenen Deformationen verursachen an der Kontaktfläche zwischen Welle und Nabe eine Pressung, die die reibschlüssige Übertragung von Momenten oder Axialkräften ermöglicht. Je nach Art des Fügens unterscheidet man zwischen Quer- und Längspressverband:

- **Längspressverband**
  Der Längspressverband wird „längs" (in Axialrichtung) gefügt, also mit Axialkraft bei Raumtemperatur eingepresst. Die dabei möglicherweise verursachte plastische Deformation der Oberflächenrauheiten kann die erzielbare Pressung und damit die Momentenübertragbarkeit beeinträchtigen. Unter Umständen kann der Längspressverband wieder gelöst und erneut montiert werden.

- **Querpressverband**
  Der Querpressverband vermeidet diese Probleme, indem er ohne den Einsatz von Axialkraft gefügt wird: Die Nabe wird erwärmt oder die Welle wird abgekühlt, sodass die dadurch hervorgerufenen thermischen Verformungen das Übermaß der Passung bei der Montage überbrücken. Erst beim Abklingen des Temperaturgefälles nach dem Fügen baut sich die Pressung auf. Eine Demontage bedeutet häufig eine Zerstörung des Querpressverbandes. Dieser Nachteil wird vermieden, wenn der Querpressverband als Drucköllverband ausgeführt wird.

6.3.2.1   Minimal erforderliche Pressung: Reibschluss und Lastübertragung (B)

Im Gegensatz zur radialen Klemmverbindung ist beim Zylinderpressverband die Differenzierung nach biegeweicher und biegestarrer Nabe gegenstandslos: Die Klemmwirkung ist stets radial gerichtet, sodass sich bei rotationssymmetrischer Nabe in jedem Fall eine konstante Pressungsverteilung einstellt. Der mit Gl. 6.23 ausgedrückte Zusammenhang zwischen der in der Fügefläche wirkenden Flächenpressung p und dem maximal übertragbaren Moment $M_{t\,max}$ gilt also hier in gleicher Weise:

$$M_{t\,max} = \frac{d^2 \cdot \pi \cdot L}{2} \cdot \mu \cdot p \qquad bzw. \qquad p_{min} = \frac{2}{\pi \cdot L \cdot d^2} \cdot \frac{1}{\mu} \cdot M_t \qquad \text{Gl. 6.38}$$

Soll mit dieser Welle-Nabe-Verbindung Axialkraft übertragen werden, so muss gelten:

$$F_{ax} = \mu \cdot A \cdot p_{min} \qquad bzw. \qquad p_{min} = \frac{F_{ax}}{\mu \cdot d \cdot \pi \cdot L} \qquad \text{Gl. 6.39}$$

Sollen ein Torsionsmoment M_{tmax} und eine Axialkraft F_{ax} gleichzeitig übertragen werden, so sind die beiden am Umfang wirkenden Kraftanteile vektoriell zu addieren (vgl. Gl. 6.5). Damit erweitert sich der obige Ausdruck für die minimal erforderliche Flächenpressung zu

$$p_{min} = \frac{\sqrt{\left(\frac{2 \cdot M_t}{d}\right)^2 + F_{ax}{}^2}}{\pi \cdot d \cdot L \cdot \mu} \qquad \text{Gl. 6.40}$$

Auch hier muss sichergestellt werden, dass aus den bereits bekannten Gründen die Länge (axiale Erstreckung) der Verbindung nicht wesentlich größer ist als ihr Durchmesser:

$$\frac{L}{d} \leq 1,2 \dots 1,5 \qquad \text{Gl. 6.41}$$

Aufgaben A.6.10 bis A.6.12

Die so ermittelte Flächenpressung p_{min} stellt aber nur einen minimalen Wert dar, der auf jeden Fall vorhanden sein muss, um die reibschlüssige Übertragung des Momentes und der Axialkraft sicherzustellen. Bei der weiteren Analyse des Problems treten zwei Fragestellungen in den Vordergrund:

- Eine höhere Flächenpressung wäre bezüglich des Reibschlusses zwar vorteilhaft, belastet aber zunehmend sowohl die Nabe als auch die Welle. Ein Festigkeitsnachweis muss diesen Sachverhalt klären und eine festigkeitsmäßig zulässige Flächenpressung p_{max} ermitteln (Abschnitt 6.3.2.2).
- Die Flächenpressung muss über eine Presspassung definiert aufgebracht werden. Für diesen Zusammenhang zwischen Pressung p und Übermaß U ist eine Analogie zu Kapitel 2 (Federn) hilfreich: Die Steifigkeit c einer Feder setzt die Kraft F zum Federweg f in Beziehung. Auch der Zylinderpressverband ist eine „Feder" mit einer Steifigkeit, die einen Zusammenhang zwischen der Pressung p als Belastung und dem Übermaß U als „Federweg" herstellt (Abschnitt 6.3.2.3).

6.3.2.2 Maximal mögliche Pressung: Festigkeit von Welle und Nabe (E)

Im allgemeinen Fall liegt sowohl in der Welle als auch in der Nabe ein Spannungszustand vor, der eine Differenzierung nach Radialspannung σ_r und Tangentialspannung σ_t erforderlich macht. Bild 6.19 gibt beide Spannungsverläufe für den Fall der Nabe und der Hohlwelle wieder (die Hohlwelle ist aufgrund ihrer Bohrung gefährdeter als die Vollwelle).

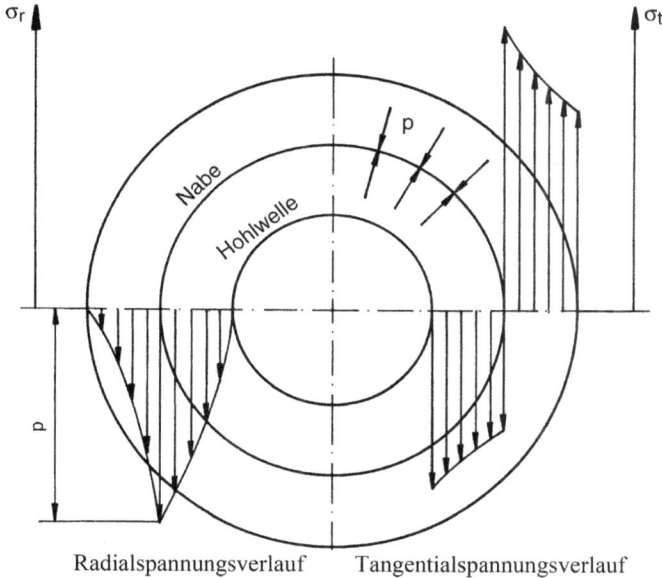

Bild 6.19: Spannungsverläufe eines Zylinderpressverbandes mit hohlgebohrter Welle

Der an der Trennfuge zwischen Welle und Nabe wirkende Druck p macht sich in genau dieser Größe in den benachbarten Zonen von Welle und Nabe als negative Radialspannung σ_r bemerkbar (linke Bildhälfte). Diese Spannung muss jedoch innerhalb des Bauteils in radialer Richtung abklingen, da sowohl am Außenrand der Nabe als auch am Innenrand der Welle keine Radialspannung vorliegen kann. Weiterhin erzeugt der Druck p, der von innen auf die Nabe wirkt, über deren Querschnittsfläche eine (Zug-)Tangentialspannung σ_t (rechte Bildhälfte). Für dünne Wandstärken kann eine konstante Zugspannungsverteilung angenommen werden (Kesselformel), aber für die hier vorliegenden dickeren Wandstärken erhöht sich die Zugspannung innen, während sie nach außen hin abklingt (nähere Diskussion siehe [0.2]). An der Hohlwelle liegen ähnliche Verhältnisse vor, allerdings wirkt hier der Druck von außen, wodurch die Tangentialspannung negativ (Druck) wird. Für den Sonderfall der Vollwelle liegt in der Welle ein „hydrostatischer Spannungszustand" vor, d.h. dass sowohl die Radial- als auch die Tangentialspannung an jedem Punkt gleich sind und damit die Spannungsverteilung konstant ist.

Sowohl die Radialspannung σ_r als auch die Tangentialspannung σ_t ließen sich an jeder beliebigen Stelle der Verbindung ermitteln. Für die hier erforderliche Festigkeitsbetrachtung interessiert jedoch nur die Vergleichsspannung σ_V an der meistbeanspruchten Stelle, die nach Bild 6.19 am Innendurchmesser des jeweiligen Bauteils lokalisiert werden kann. Nach der Schubspannungshypothese lassen sich die folgenden einfachen Ansätze formulieren:

für die Nabe: $\qquad \sigma_{VN} = \dfrac{2}{1-\rho_N^2} \cdot p \qquad$ mit $\qquad \rho_N = \dfrac{d_{iN}}{d_{aN}} \qquad$ Gl. 6.42

für die Hohlwelle: $\qquad \sigma_{VW} = \dfrac{2}{1-\rho_W^2} \cdot p \qquad$ mit $\qquad \rho_W = \dfrac{d_{iW}}{d_{aW}} \qquad$ Gl. 6.43

für die Vollwelle: $\sigma_{VW} = p$ $\hspace{2cm}$ Gl. 6.44

Dabei gibt ρ_N das konstruktiv festgelegte Verhältnis von Innendurchmesser d_{iN} zu Außendurchmesser d_{aN} der Nabe wieder, der Ausdruck ρ_W gilt in entsprechender Weise für die Welle. Ist die werkstoffkundlich zulässige Spannung σ_{zul} gegeben, so lässt sich daraufhin der maximal zulässige Druck p_{max} durch Umstellen der obigen Gleichung berechnen:

für die Nabe: $\hspace{1cm} p_{max\,N} = \dfrac{1-\rho_N^2}{2} \cdot \sigma_{zul\,N}$ $\hspace{2cm}$ Gl. 6.45

für die Hohlwelle: $\hspace{0.5cm} p_{max\,W} = \dfrac{1-\rho_W^2}{2} \cdot \sigma_{zul\,W}$ $\hspace{2cm}$ Gl. 6.46

für die Vollwelle: $\hspace{0.7cm} p_{maxW} = \sigma_{zul\,W}$ $\hspace{2cm}$ Gl. 6.47

Der Pressverband ist nach dem kleineren der beiden berechneten Werte zu dimensionieren, da weder in der Welle noch in der Nabe die zulässige Spannung überschritten werden darf. Die Beanspruchung ist statisch, es können für die zulässigen Spannungen folgende Richtwerte angesetzt werden:

für Stahl: $\hspace{1cm} \sigma_{zul} = \dfrac{R_e}{S_S} \hspace{1cm} S_S = 1,1 \dots 1,3$ $\hspace{1.5cm}$ Gl. 6.48

für Gusseisen: $\hspace{0.5cm} \sigma_{zul} = \dfrac{R_m}{S_B} \hspace{1cm} S_B = 2 \dots 3$ $\hspace{1.5cm}$ Gl. 6.49

Bestehen Vollwelle und Nabe aus einem Werkstoff ähnlicher Festigkeit, so ist in aller Regel die Nabe gefährdeter als die Welle. Die Wellenfestigkeit wird nur dann kritisch, wenn es sich um einen Werkstoff geringerer Festigkeit handelt oder wenn die Welle hohlgebohrt ist.

Die Funktion des Pressverbandes ist natürlich nur dann gewährleistet, wenn die aufgrund des zu übertragenden Momentes erforderliche Flächenpressung p_{min} tatsächlich kleiner ist als die werkstoffkundlich zulässige Flächenpressung p_{maxN} bzw. p_{maxW}:

$$p_{min} < p_{maxN}, p_{maxW} \hspace{2cm} \text{Gl. 6.50}$$

Ist diese Bedingung nicht erfüllt, so kann bereits in diesem Stadium der Betrachtung festgestellt werden, dass der Zylinderpressverband seinen vorgesehenen Zweck nicht erfüllen kann. In diesem Fall kann nur eine Änderung der Konstruktionsdaten helfen (höherwertige Werkstoffe, größerer Fügedurchmesser, größere Fügelänge).

6.3.2.3 Pressung und Übermaß (E)

Beim Fügen der Verbindung verhalten sich Welle und Nabe wie (sehr steife) Federn. Die nach den obigen Überlegungen geforderte Pressung an der Trennfuge muss also nach Bild 6.20 durch ein gezieltes Übermaß U als Federweg herbeigeführt werden.

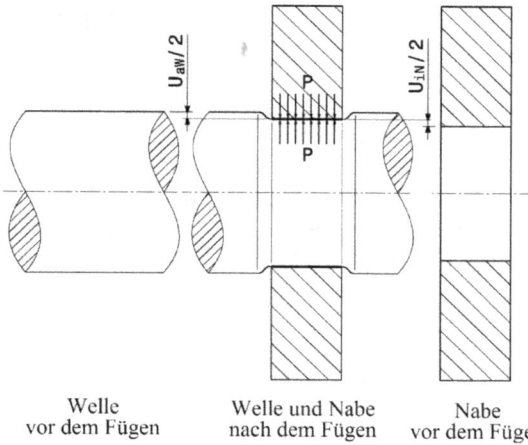

| Welle vor dem Fügen | Welle und Nabe nach dem Fügen | Nabe vor dem Fügen | Bild 6.20: Deformation von Welle und Nabe beim Fügen |

Dabei spielen die elastischen und thermischen Kenngrößen der verwendeten Werkstoffe eine entscheidende Rolle:

Tabelle 6.7: Kenngrößen verschiedener Werkstoffe des Pressverbandes

Werkstoff	Elastizitätsmodul E $[10^5$ N/mm²]	Querkontraktionszahl ν [–]	Ausdehnungskoeffizient für Erwärmen (Nabe) α_N [10^{-6}/°C]	Ausdehnungskoeffizient für Abkühlen (Welle) α_W [10^{-6}/°C]
Stahl, Stahlguss	2,00–2,35	0,30–0,31	11	−8,5
Temperguss	0,90–1,00	0,25	11	−8,5
GG-10; GG-15	0,70–0,80	0,24	10	−8
GG-20; GG-25	1,05–1,30	0,24–0,26	10	−8
GGG-50	1,4	0,28–0,29	10	−8
Bronze	0,80–0,85	0,35	16	−14
Kupfer	0,80–0,85	0,35	16	−14
Rotguss	0,80–0,85	0,35–0,36	17	−15
CuZn 40 Pb3	0,80–0,85	0,37	18	−16
CuZn 37	0,80–0,85	0,36	18	−16
Messing	0,80–0,85	0,36	18	−16
Al-Legierungen	0,65–0,75	0,30–0,34	23	−18
Mg-Legierungen	0,65–0,75	0,30–0,34	26	−21

Unter der Annahme einer elastischen Deformation kann ein Zusammenhang zwischen p und U formuliert werden (rechnerische Beschreibung s. [0.2]).

Der von innen auf die Nabe wirkende **Druck p weitet die Nabe auf.** Dieser Zusammenhang lässt sich auch an einem unter Druck stehenden Gartenschlauch anschaulich beobachten: Mit steigendem Druck p weitet sich der Durchmesser des Gartenschlauches auf. Hier interessiert vor allen Dingen die Aufweitung U_{iN} an der Innenseite der Nabe:

Der von außen auf die Welle wirkende Druck ist als Reaktion genauso groß wie der links erwähnte Druck, der die Nabe aufweitet. Dieser **Druck p drückt die Welle zusammen:** Je stärker der Druck p wird, desto größer wird auch die Zusammendrückung U_{aW} an der Außenseite der Welle.

$$U_{iN} = \frac{d}{E_N} \cdot \left(\frac{1+\rho_N^2}{1-\rho_N^2} + \nu_N \right) \cdot p \quad \text{Gl. 6.51}$$

$$U_{aW} = \frac{d}{E_W} \cdot \left(\frac{1+\rho_W^2}{1-\rho_W^2} - \nu_W \right) \cdot p \quad \text{Gl. 6.52}$$

ν_N bedeutet die Querkontraktionszahl oder Poisson'sche Zahl des Nabenwerkstoffes und ν_W die Querkontraktionszahl des Wellenwerkstoffes (s. Tabelle 6.7).

Der Zusammenhang zwischen der Belastung p und der Verformung U kann auch als Federsteifigkeit ausgedrückt werden:

$$c = \frac{p}{U} \qquad \text{bzw.} \qquad U = \frac{p}{c}$$

Ungewöhnlich bei der Formulierung der Steifigkeit ist allerdings, dass sie sich als Druck pro Längenänderung, hier also als (N/mm²) / µm, darstellt. Damit erweitern sich die o.g. Gleichungen zu:

$$U_{iN} = \frac{p}{c_N} = \frac{d}{E_N} \cdot \left(\frac{1+\rho_N^2}{1-\rho_N^2} + \nu_N \right) \cdot p \qquad\qquad U_{aW} = \frac{p}{c_W} = \frac{d}{E_W} \cdot \left(\frac{1+\rho_W^2}{1-\rho_W^2} - \nu_W \right) \cdot p$$

$$\text{Gl. 6.53} \qquad\qquad\qquad\qquad\qquad\qquad\qquad\qquad \text{Gl. 6.54}$$

$$c_N = \frac{p}{U_{iN}} = \frac{E_N}{d \cdot \left(\dfrac{1+\rho_N^2}{1-\rho_N^2} + \nu_N \right)} \qquad\qquad c_W = \frac{p}{U_{aW}} = \frac{E_W}{d \cdot \left(\dfrac{1+\rho_W^2}{1-\rho_W^2} - \nu_W \right)}$$

$$\text{Gl. 6.55} \qquad\qquad\qquad\qquad\qquad\qquad\qquad\qquad \text{Gl. 6.56}$$

Die gesamte radiale Deformation U setzt sich als Summe der Aufweitung der Nabe und der Zusammendrückung der Welle zusammen:

$$U = U_{iN} + U_{aW} = \frac{p}{c_N} + \frac{p}{c_W} = \left(\frac{1}{c_N} + \frac{1}{c_W} \right) \cdot p \qquad\qquad\qquad \text{Gl. 6.57}$$

Die beiden Einzelsteifigkeiten c_N und c_W können formal zu einer Gesamtsteifigkeit c_{ges} zusammengezogen werden. Da die Kraft (bzw. der Druck) auf die Nabe und auf die Welle gleich ist und sich die Federwege (Aufweitungen) addieren, handelt es sich hier um eine Hintereinanderschaltung von Federn, es müssen also die Nachgiebigkeiten (Kehrwerte der Steifigkeiten) addiert werden:

$$\frac{1}{c_{ges}} = \frac{1}{c_N} + \frac{1}{c_W}$$
Gl. 6.58

Mit dieser Gesamtsteifigkeit kann ein Zusammenhang zwischen Pressung und Gesamtverformung hergestellt werden:

$$U = \frac{1}{c_{ges}} \cdot p$$

$$U = \left[\frac{1}{E_N} \cdot \left(\frac{1+\rho_N^2}{1-\rho_N^2} + \nu_N \right) + \frac{1}{E_W} \cdot \left(\frac{1+\rho_W^2}{1-\rho_W^2} - \nu_W \right) \right] \cdot d \cdot p$$
Gl. 6.59

Die Gesamtnachgiebigkeit

$$\frac{1}{c_{ges}} = \left[\frac{1}{E_N} \cdot \left(\frac{1+\rho_N^2}{1-\rho_N^2} + \nu_N \right) + \frac{1}{E_W} \cdot \left(\frac{1+\rho_W^2}{1-\rho_W^2} - \nu_W \right) \right] \cdot d$$
Gl. 6.60

enthält dann sämtliche Daten zum Verformungsverhalten der Verbindung und kann für eine einmal ausgeführte Verbindung als Konstante angesehen werden. Dieser Term lässt sich in vielen praktischen Fällen noch deutlich vereinfachen: Sind sowohl Welle als auch Nabe aus einem Werkstoff mit gleichem Elastizitätsverhalten (z.B. Stahl/Stahl), so sind deren Elastizitätsmodule und Querkontraktionszahlen gleich ($\nu_N = \nu_W = \nu$; $E_W = E_N = E$). Dadurch ergibt sich:

$$\frac{1}{c_{ges}} = \frac{1}{E} \cdot \left[\frac{1+\rho_N^2}{1-\rho_N^2} + \frac{1+\rho_W^2}{1-\rho_W^2} \right] \cdot d \qquad \text{für Werkstoffe gleicher Elastizität} \qquad \text{Gl. 6.61}$$

Wird darüber hinaus noch eine Vollwelle ($\rho_W = 0$) verwendet, so vereinfacht sich der Ausdruck nochmals:

$$\frac{1}{c_{ges}} = \frac{1}{E} \cdot \left[\frac{1+\rho_N^2}{1-\rho_N^2} + 1 \right] \cdot d = \frac{1}{E} \cdot \left[\frac{1+\rho_N^2+1-\rho_N^2}{1-\rho_N^2} \right] \cdot d$$

$$\frac{1}{c_{ges}} = \frac{1}{E} \cdot \frac{2}{1-\rho_N^2} \cdot d \qquad \text{für Werkstoffe gleicher Elastizität und Vollwelle}$$

Gl. 6.62

Diese letztgenannte Gleichung lässt sich ohne großen Aufwand so umstellen, dass die Steifigkeit c_{ges} explizit zum Ausdruck kommt:

$$c_{ges} = E \cdot \frac{1-\rho_N^2}{2 \cdot d} \qquad \text{für Werkstoffe gleicher Elastizität und Vollwelle}$$

Gl. 6.63

6.3.2.4   Darstellung im Verspannungsdiagramm (E)

Geht man wieder zu den getrennt formulierten Steifigkeiten c_N und c_W zurück, so lässt sich der Verspannungszustand des Querpressverbands ähnlich wie der einer Schraubverbindung im Verspannungsdiagramm darstellen, womit die Betrachtung der wesentlichen Einflussparameter anschaulich wird. Während das Verspannungsdiagramm der Schraube die Belastung als Kraft in der Senkrechten aufträgt, wird hier die Belastung als Pressung aufgeführt.

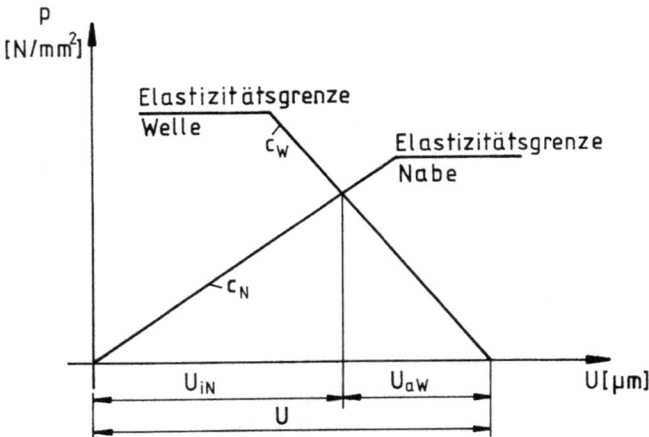

Bild 6.21: Querpressverband im Verspannungsschaubild

Bild 6.21 stellt nicht nur die Steifigkeit von Nabe (früher „Schraube") und Welle (früher „Zwischenlage"), sondern auch deren Belastbarkeit dar: Die Elastizitätsgerade endet da, wo die Streckgrenze des Werkstoffs erreicht ist. In den meisten Fällen kann die Welle einen höheren Druck aufnehmen als die Nabe. Die weitere Diskussion wird durch ein konkretes Rechenbeispiel erleichtert, wobei folgende Daten angenommen werden:

Innendurchmesser der Hohlwelle: $d_{iW} = 10\ \mathrm{mm}$

Außendurchmesser der Welle = Innendurchmesser der Nabe: $d_{aW} = d_{iN} = 20\ \mathrm{mm}$

Außendurchmesser der Nabe: $d_{aN} = 30\ \mathrm{mm}$

axiale Erstreckung der Verbindung: $L = 22\ \mathrm{mm}$

Reibwert an der Trennfuge: $\mu = 0{,}12$

Elastizitätsmodul für Stahl: $E_W = E_N = 2{,}1 \cdot 10^5\ \mathrm{N/mm^2}$

Querkontraktionszahl für Stahl: $\nu = 0{,}3$

zulässige Spannung für Welle und Nabe: $\sigma_{zulW} = \sigma_{zulN} = 450\ \mathrm{N/mm^2}$

zu übertragendes Moment: $M_{tmax} = 50\ \mathrm{Nm}$

Daraus lässt sich zunächst errechnen:

$$\rho_N = \frac{d_{iN}}{d_{aN}} = \frac{20\ \mathrm{mm}}{30\ \mathrm{mm}} = 0{,}667 \quad \text{und} \quad \rho_W = \frac{d_{iW}}{d_{aW}} = \frac{10\ \mathrm{mm}}{20\ \mathrm{mm}} = 0{,}5$$

Dabei ergibt sich eine Nabensteifigkeit von

$$\text{Gl. 6.55} \quad c_N = \frac{E_N}{d \cdot \left(\dfrac{1+\rho_N^2}{1-\rho_N^2} + \nu_N\right)} = \frac{2,1 \cdot 10^5 \, \dfrac{N}{mm^2}}{20mm \cdot \left(\dfrac{1+0,667^2}{1-0,667^2} + 0,3\right)} = 3,617 \frac{\dfrac{N}{mm^2}}{\mu m}$$

und eine Wellensteifigkeit von

$$\text{Gl. 6.56} \quad c_W = \frac{E_W}{d \cdot \left(\dfrac{1+\rho_W^2}{1-\rho_W^2} - \nu_W\right)} = \frac{2,1 \cdot 10^5 \, \dfrac{N}{mm^2}}{20mm \cdot \left(\dfrac{1+0,5^2}{1-0,5^2} - 0,3\right)} = 7,683 \frac{\dfrac{N}{mm^2}}{\mu m}$$

Die Welle ist in diesem Beispiel steifer als die Nabe, die Nabe nimmt also den größeren Anteil der Gesamtverformung auf. Für die weitere Berechnung ergibt sich die Gesamtnachgiebigkeit zu

$$\frac{1}{c_{ges}} = \frac{1}{c_N} + \frac{1}{c_W} = \frac{1}{3,617 \dfrac{N}{mm^2}} + \frac{1}{7,683 \dfrac{N}{mm^2}} = 0,4066 \frac{\mu m}{\dfrac{N}{mm^2}} \Rightarrow c_{ges} = 2,459 \frac{\dfrac{N}{mm^2}}{\mu m}$$

Der Verspannungszustand kann nicht beliebig gewählt werden, sondern hat zwei Aspekte zu berücksichtigen:

- **Kriterium Rutschgrenze**
  Der Querpressverband muss mit U_{min} mindestens so weit vorgespannt werden, dass eine zur Momenten- bzw. Axialkraftübertragung erforderliche Mindestpressung p_{min} nach Gl. 6.38–40 sichergestellt ist:

$$U_{min} = \frac{p_{min}}{c_{ges}}$$

- **Kriterium Festigkeitsgrenze**
  Der Querpressverband darf jedoch höchstens mit U_{max} vorgespannt werden, sodass weder die Elastizitätsgrenze der Nabe noch die der Welle überschritten wird, was durch die Gleichungen 6.45–47 für p_{max} zum Ausdruck kam:

$$U_{max} = \frac{p_{max}}{c_{ges}}$$

Die (toleranzbehaftete) Presspassung von Welle und Nabe muss also so ausgeführt werden, dass das Übermaß U den Wert U_{max} nicht übertrifft und den Wert U_{min} nicht unterschreitet.

Im Falle des vorliegenden Beispiels lässt sich die zur rutschsicheren Lastübertragung minimal erforderliche Pressung nach Gl. 6.38 ausdrücken durch

$$p_{min} = \frac{2 \cdot M_{t\,max}}{\pi \cdot \mu \cdot L \cdot d^2} = \frac{2 \cdot 50 Nm}{\pi \cdot 0,12 \cdot 22mm \cdot (20mm)^2} = 30,1 \frac{N}{mm^2}$$

Die Belastbarkeit von Welle und Nabe in Form der maximal ertragbaren Flächenpressung ergibt sich für dieses Rechenbeispiel nach Gl. 6.45 und 6.46 zu

$$p_{max\,N} = \frac{1 - \rho_N^2}{2} \cdot \sigma_{zulN} = \frac{1 - 0,667^2}{2} \cdot 450 \frac{N}{mm^2} = 124,9 \frac{N}{mm^2}$$

$$p_{max\,W} = \frac{1 - \rho_W^2}{2} \cdot \sigma_{zulW} = \frac{1 - 0,5^2}{2} \cdot 450 \frac{N}{mm^2} = 168,7 \frac{N}{mm^2}$$

Die Nabe ist also in diesem Beispiel das gefährdete Bauteil, insgesamt ist nur ein Fugendruck von 124,9 N/mm² zulässig. Zur weiteren Diskussion werden diese Zwischenergebnisse im Verspannungsschaubild (Bild 6.22) dargestellt.

Der dazu erforderliche Verspannungsweg errechnet sich zu:

$$U_{min} = \frac{p_{min}}{c_{ges}} = \frac{30,1 \frac{N}{mm^2}}{2,459 \frac{N}{mm^2}{\mu m}} = 12,2\ \mu m \qquad U_{max} = \frac{p_{max}}{c_{ges}} = \frac{124,9 \frac{N}{mm^2}}{2,459 \frac{N}{mm^2}{\mu m}} = 50,8\ \mu m$$

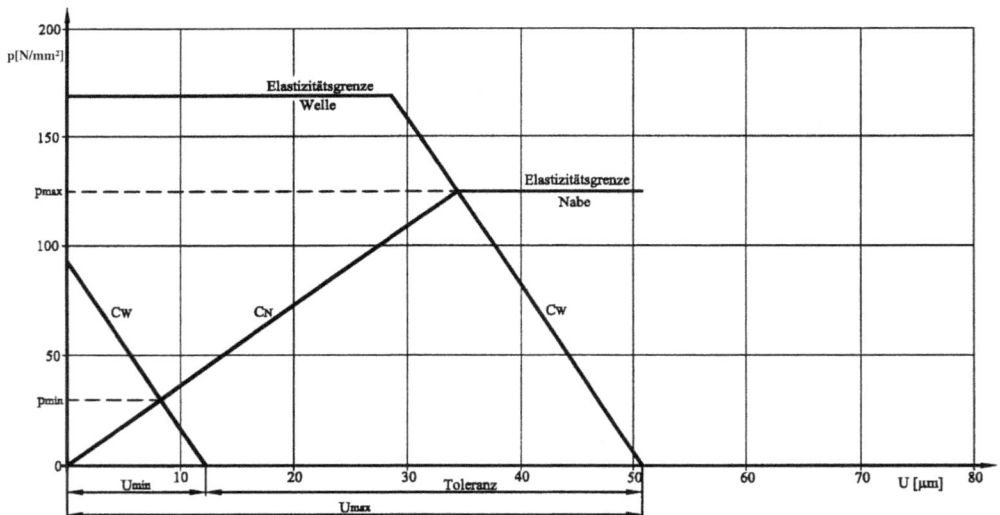

Bild 6.22: Zylinderpressverband, toleranzbehaftete Verspannung. d_{iW} = 10 mm, d_{aW} = d_{iN} = 20 mm, d_{aN} = 30 mm, L = 22 mm, μ = 0,12, E_W = E_N = 2,1 · 10^5 N/mm², ν = 0,3, σ_{zulW} = σ_{zulN} = 450 N/mm², M = 50 Nm $\Rightarrow$ Toleranzfeld: 38,6 μm

6.3.2.5   Passungsauswahl (E)

Die Distanz zwischen U_{min} und U_{max} muss durch eine entsprechende Passung konstruktiv ausgeführt werden. Tabelle 6.8 lehnt sich an die DIN 7157 an und weist für das häufig angewandte System Einheitsbohrung einige Wellentoleranzfelder aus, die für einen Querpressverband infrage kommen. Wird die Bohrungspassung H7 vorgegeben, so ergibt sich die in der Mitte von Bild 6.23 dargestellte Konstellation. Die berechneten Werte für U_{min} und U_{max} grenzen dann das Toleranzfeld der Welle in folgender Weise ein:

- Zwischen dem oberen Abmaß der Bohrungstoleranz (21 μm) und dem unteren Abmaß der Wellentoleranz muss U_{min} (12 μm) Platz finden können. Ist die Toleranz kleiner als 21 μm + 12 μm = 33 μm, so kann es zum Durchrutschen der Verbindung kommen.
- Die Differenz zwischen dem oberen Abmaß der Wellentoleranz und dem unteren Abmaß der Bohrungstoleranz (0 μm) darf höchstens so groß sein wie U_{max} (51 μm). Andernfalls wird es zu einer plastischen Deformation der Verbindung (in diesem Falle der Nabe) kommen.

Das tatsächliche Toleranzfeld der Welle muss zwischen den Grenzen 33 μm und 51 μm liegen. In diesem Fall ist das Toleranzfeld der Welle s6 tauglich, welches zwischen 35 μm und 48 μm liegt. Vom ursprünglich zulässigen Toleranzfeld von 39 μm werden in diesem Falle nur 34 μm ausgenutzt. Ist das Toleranzfeld der Welle vorgegeben, so geht man in entsprechend umgekehrter Reihenfolge vor. Vorzugsweise sind die Passungen aus Tabelle 6.8 auszuwählen, in manchen Fällen ist es jedoch auch erforderlich oder sinnvoll, Toleranzfelder außerhalb der Norm vorzusehen.

Wird im linken Beispiel von Bild 6.23 eine Bohrung Ø20H6 praktiziert, so ergeben sich nur Nachteile: Wegen der engeren Toleranz ist sie aufwendiger und damit kostspieliger in der Fertigung, aber die Wellentoleranz kann davon nicht profitieren, weil nach wie vor Ø20s6 erforderlich ist und nicht gröber gewählt werden darf. Wird im rechten Beispiel die Bohrungstoleranz auf Ø20H8 vergröbert, so wird die Wellentoleranz so eingeengt, dass sich keine normgerechnete Passung finden lässt. Die Gesamtkosten für Bohrungs- und Wellentoleranz werden dann optimiert, wenn die beiden Toleranzfelder etwa gleich groß sind. Findet sich keine geeignete Passung, so können die Abmessungen der Verbindung (d, L) vergrößert werden. Eine Aufstockung des Durchmessers ist besonders effektiv, weil das übertragbare Moment dadurch quadratisch ansteigt. Eine detaillierte Diskussion weiterer Parameter folgt in Abschnitt 6.3.2.7.

Mit der Passungsauswahl ergibt sich auch das tatsächlich auftretende größte Übermaß U^*, welches beim Fügen überbrückt werden muss. Im allgemeinen Fall ist U^* geringfügig kleiner als U_{max}.

Tabelle 6.8: Passungstabelle Zylinderpressverband

Nenn ∅ [mm]	Toleranzfeld Welle [µm]									Toleranzfeld Nabe [µm]			
	x5	x6	x7	u5	u6	u7	s5	s6	s7	H5	H6	H7	H8
1 < d ≤ 3	+24 +20	+26 +20	+30 +20	+22 +18	+24 +18	+28 +18	+18 +14	+20 +14	+24 +14	+4 0	+6 0	+10 0	+14 0
3 < d ≤ 6	+33 +28	+36 +28	+40 +28	+28 +23	+31 +23	+35 +23	+24 +19	+27 +19	+31 +19	+5 0	+8 0	+12 0	+18 0
6 < d ≤ 10	+40 +34	+43 +34	+49 +34	+34 +28	+37 +28	+43 +28	+29 +23	+32 +23	+38 +23	+6 0	+9 0	+15 0	+22 0
10 < d ≤ 14	+48 +40	+51 +40	+58 +40	+41 +33	+44 +33	+51 +33	+36 +28	+39 +28	+46 +28	+8 0	+11 0	+18 0	+27 0
14 < d ≤ 18	+53 +45	+56 +45	+58 +45	+41 +33	+44 +33	+51 +33	+36 +28	+39 +28	+46 +28	+8 0	+11 0	+18 0	+27 0
18 < d ≤ 24	+63 +54	+67 +54	+75 +54	+50 +41	+54 +41	+62 +41	+44 +35	+48 +35	+56 +35	+9 0	+13 0	+21 0	+33 0
24 < d ≤ 30	+73 +64	+77 +64	+85 +64	+57 +48	+61 +48	+69 +48	+44 +35	+48 +35	+56 +35	+9 0	+13 0	+21 0	+33 0
30 < d ≤ 40	+91 +80	+96 +80	+105 +80	+71 +60	+76 +60	+85 +60	+54 +43	+59 +43	+68 +43	+11 0	+16 0	+25 0	+39 0
40 < d ≤ 50	+108 +97	+113 +97	+122 +97	+81 +70	+86 +70	+95 +70	+54 +43	+59 +43	+68 +43	+11 0	+16 0	+25 0	+39 0
50 < d ≤ 65	+135 +122	+141 +122	+152 +122	+100 +87	+106 +87	+117 +87	+66 +53	+72 +53	+88 +53	+13 0	+19 0	+30 0	+46 0
65 < d ≤ 80	+159 +146	+165 +146	+176 +146	+115 +102	+121 +102	+132 +102	+66 +59	+78 +59	+89 +59	+13 0	+19 0	+30 0	+46 0
80 < d ≤ 100	+193 +178	+200 +178	+213 +178	+139 +124	+146 +124	+159 +124	+86 +71	+93 +71	+106 +71	+15 0	+22 0	+35 0	+54 0
100 < d ≤ 120	+225 +210	+232 +210	+245 +210	+159 +144	+166 +144	+179 +144	+94 +79	+101 +79	+114 +79	+15 0	+22 0	+35 0	+54 0

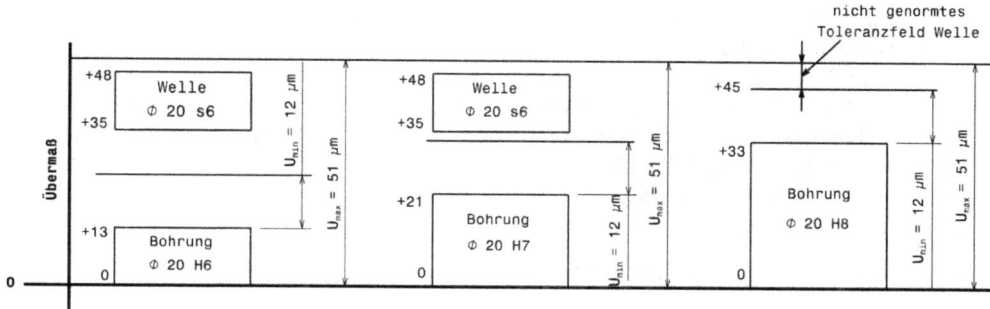

Bild 6.23: Passungsauswahl Zylinderpressverband

6.3.2.6   Thermisches Fügen von Welle und Nabe (E)

Um eine realistische Montage zu ermöglichen, muss das Übermaß U* (in diesem Beispiel 48 µm) noch um ein Fügespiel K vergrößert werden. Insgesamt muss also zum thermischen Fügen ein Betrag U_{therm} von

$$U_{therm} = U^* + K \qquad\qquad\qquad\qquad \text{Gl. 6.64}$$

thermisch überbrückt werden. Das Fügespiel berechnet sich zu

$$K = 40i \dots 64i \qquad\qquad\qquad\qquad \text{Gl. 6.65}$$

i: Toleranzeinheit nach DIN 7150: $i[\mu m] = 0,45 \cdot \sqrt[3]{d[mm]} + 0,001 \cdot d[mm]$

Im hier vorliegenden Fall ergibt sich

$$i[\mu m] = 0,45 \cdot \sqrt[3]{20[mm]} + 0,001 \cdot 20[mm] = 1,24\,\mu m$$

Wie die weitere Betrachtung noch zeigen wird, ist eine Montage nur möglich, wenn alle Reserven ausgenutzt werden. Aus diesem Grund wird hier die untere Grenze des Fügespiels ausgenutzt:

$$K \approx 40i = 49,6\,\mu m$$

Damit erhält man für U_{therm} folgenden Zahlenwert:

$$U_{therm} = 48\,\mu m + 49,6\,\mu m = 97,6\,\mu m$$

Zur Ermittlung der erforderlichen Temperaturdifferenz wird die Gleichung der Wärmeausdehnung angesetzt:

$$U_{therm} = d \cdot \alpha \cdot \Delta\vartheta \qquad\qquad\qquad\qquad \text{Gl. 6.66}$$

Dabei ist α der Wärmeausdehnungskoeffizient nach Tabelle 6.7 und $\Delta\vartheta$ die Temperaturdifferenz. Der Wärmeausdehnungskoeffizient ist genau genommen von der Temperatur abhängig. Für praktische Anwendungsfälle reicht es jedoch aus, nach einem Wärmeausdehnungskoeffizienten α_N für die Erwärmung der Nabe und einem für die Abkühlung der Welle α_W zu unterscheiden. Für das vorliegende Beispiel entsteht unter der Annahme, dass die Welle auf $-196\ °C$ abgekühlt wird und die Umgebungstemperatur $\vartheta_U = 20\ °C$ beträgt, eine Temperaturdifferenz für die Welle von $\Delta\vartheta_W = 196\ °C + 20\ °C = 216\ °C$ und damit die folgende thermisch bedingte Verformung:

$$U_{thermW} = 20\ mm \cdot 8{,}5 \cdot 10^{-6}\ 1/°C \cdot 216\ °C = 36{,}7\ \mu m$$

Der verbleibende Anteil der erforderlichen Wärmeausdehnung muss durch die Nabe ausgeführt werden:

$$U_{thermN} = U_{therm} - U_{thermW} = 97{,}6\ \mu m - 36{,}7\ \mu m = 60{,}9\ \mu m$$

Die erforderliche Erwärmung der Nabe ergibt sich dann in Anlehnung an Gl. 6.66 zu:

$$\Delta\vartheta_N = \frac{U_{thermN}}{d \cdot \alpha_N} = \frac{60{,}9\ \mu m}{20\ mm \cdot 11 \cdot 10^{-6}\ \dfrac{1}{°C}} = 276{,}8\ °C$$

Die für das Erwärmen der Nabe erforderliche Temperatur ergibt sich als:

$$\vartheta_N = \vartheta_U + \Delta\vartheta_N = 20\ °C + 276{,}8\ °C = 296{,}8\ °C$$

Die für das Fügen erzielbaren Temperaturen sind beschränkt:

- durch das Erwärmungsverfahren (Wärmeplatte bis ca. 100 °C, im Ölbad bis 370 °C)
- durch das Abkühlungsverfahren (Trockeneis -70 °C bis -79 °C, flüssige Luft -190 °C bis -196 °C)
- durch die Forderung, den Werkstoff in seinem Gefüge nicht zu verändern. Im allgemeinen Fall sollen die folgenden Grenzwerte nicht überschritten werden:

Tabelle 6.9: Maximale Erwärmungstemperatur des Nabenwerkstoffs

Nabenwerkstoff	zulässige Fügetemperatur
Baustahl niedriger Festigkeit, Stahlguss, Gusseisen mit Kugelgrafit	350 °C
Stahl oder Stahlguss, vergütet	300 °C
Stahl, randschichtgehärtet	250 °C
Stahl einsatzgehärtet oder hochvergüteter Baustahl	200 °C

Bild 6.24 dokumentiert in Anlehnung an Bild 6.12, 6.13 und 6.17 den Querpressverband mit seinen Grenzen Moment, Flächenpressung und Vorspannung.

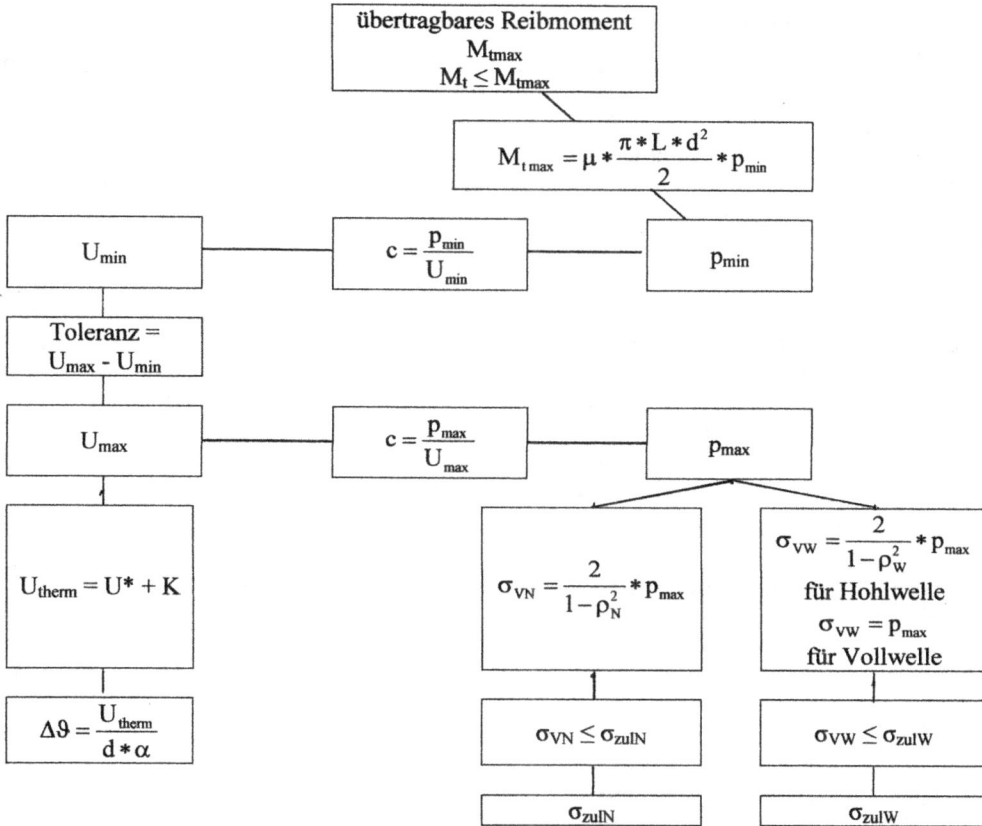

Bild 6.24: Dimensionierungsschema Querpressverband

Die rechte Dreieckseite stellt auch hier den Zusammenhang zwischen dem übertragbaren Moment und der erforderlichen Flächenpressung p_{min} in der Trennfuge her. Die untere Dreieckseite führt an ihrem linken Ende aber nicht wie gewohnt auf eine Vorspannkraft, sondern auf ein Übermaß U_{min} als Federweg unter Berücksichtigung der Steifigkeit c. Da der Federweg aber stets toleranzbehaftet ist, kann auch ein maximales Übermaß U_{max} unter Berücksichtigung der Toleranz auftreten. Dies führt zu einer größeren maximalen Pressung p_{max}, die für Fragen der Festigkeit maßgebend ist. Die Pressung p_{max} ergibt dann auf der rechten Seite die Vergleichsspannung in der Nabe σ_{VN} und in der Welle σ_{VW}. Auf der linken Seite muss der maximale Federweg dann zum thermischen Fügen durch Wärmeausdehnung realisiert werden.

Aufgaben A.6.13 bis A.6.22

6.3.2.7 Variation der entscheidenden Parameter (V)

Die Auslegung und erst recht die gezielte Optimierung eines Zylinderpressverbandes wird durch die komplexe Vielfalt der beteiligten Parameter (Abmessungen und Werkstoffeigenschaften) erschwert. Das in Bild 6.21 und 6.22 aufgeführte Verspannungsdiagramm bemüht sich um mehr Übersichtlichkeit. Darauf aufbauend sollen die folgenden Überlegungen dazu beitragen, den Einfluss der entscheidenden Konstruktionsparameter systematisch darzustellen. Ausgangspunkt der folgenden Parametervariationen ist das oben ausgeführte Rechenbeispiel. Die relativ zu diesem Standardbeispiel auftretenden Veränderungen sind in der jeweiligen Bildlegende *kursiv* markiert.

Die **Fertigungstoleranz** beeinträchtigt die Momentenübertragbarkeit der Verbindung entscheidend. Würde man ideal ohne jede Toleranz fertigen können, so würde die gesamte werkstoffkundlich zulässige Pressung p_{max} für die Momentenübertragung ausgenutzt werden können, in diesem Falle wäre $p_{min} = p_{max}$. Diese unrealistische Annahme würde im vorliegenden Beispiel das übertragbare Moment sogar vervierfachen. Bild 6.25 zeigt den etwas realistischeren Fall, dass das ursprüngliche Toleranzfeld von 38,6 µm auf 19,3 µm genau halbiert wird, was zweifellos mit einer deutlichen Kostensteigerung verbunden ist.

In diesem Fall wird das halbierte Toleranzfeld möglichst weit rechts (größtmögliche Vorspannung) angeordnet, um die werkstoffkundlich zulässige Pressung auch tatsächlich ausnutzen zu können. U_{min} wird dadurch auf 31,5 µm angehoben, wodurch sich eine Steigerung von p_{min} auf etwa 77,7 N/mm² ergibt, was eine Erhöhung des übertragbaren Momentes von 50 Nm auf ca. 129,1 Nm (Steigerung auf 258 %) bedeutet.

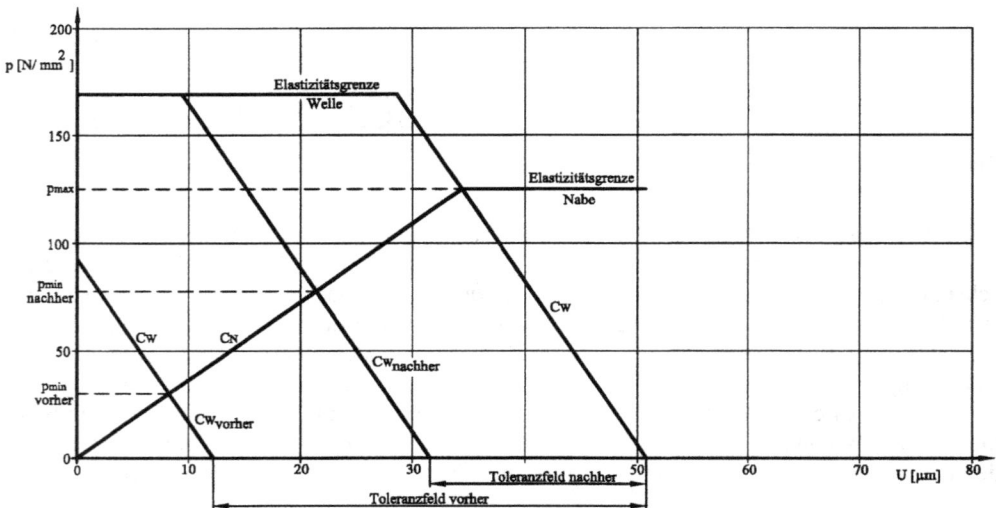

Bild 6.25: Zylinderpressverband, *Variation des Toleranzfeldes* (d_{iW} = 10 mm, $d_{aW} = d_{iN}$ = 20 mm, d_{aN} = 30 mm, L = 22 mm, µ = 0,12, $E_W = E_N = 2,1 \cdot 10^5$ N/mm², ν = 0,3, $\sigma_{zulW} = \sigma_{zulN}$ = 450 N/mm², Toleranzfeld: 19,3 µm $\Rightarrow$ M = 129,1 Nm)

Im Ausgangsbeispiel von Bild 6.22 wurde p_{max} nicht weiter gesteigert, um eine plastische Deformation des **Nabenwerkstoffs** zu vermeiden. Die Verwendung eines höherfesten Werkstoffes ist also in diesem Beispiel zunächst nur für die Nabe angebracht. Eine Steigerung der zulässigen Spannung des Nabenwerkstoffes σ_{zulN} durch Auswahl eines höherfesten Materials ist soweit sinnvoll, bis die durch die Nabe begrenzte maximale Pressung die maximale Pressung der Welle erreicht hat: $p_{maxN} = p_{maxW}$. Diese Änderung, die eine Erhöhung der zulässigen Spannung für den Nabenwerkstoff von $\sigma_{zulN} = 450$ N/mm² auf $\sigma_{zulN} = 607{,}8$ N/mm² bedeutet, ist in Bild 6.26 aufgezeigt. Diese Maßnahme erhöht aber nur dann das übertragbare Moment, wenn gleichzeitig höher vorgespannt wird, also U_{max} in entsprechendem Maße gesteigert wird. Nimmt man die gleiche Fertigungsgenauigkeit wie im Basisbeispiel an, so bleibt die Größe des Toleranzfeldes von 38,6 µm erhalten, seine Lage wird allerdings verschoben. Dadurch lässt sich eine erhöhte minimale Pressung p_{min} von 73,8 N/mm² erzielen, wodurch das übertragbare Moment von zuvor 50 Nm auf nunmehr 122,5 Nm (auf 245 %) gesteigert wird.

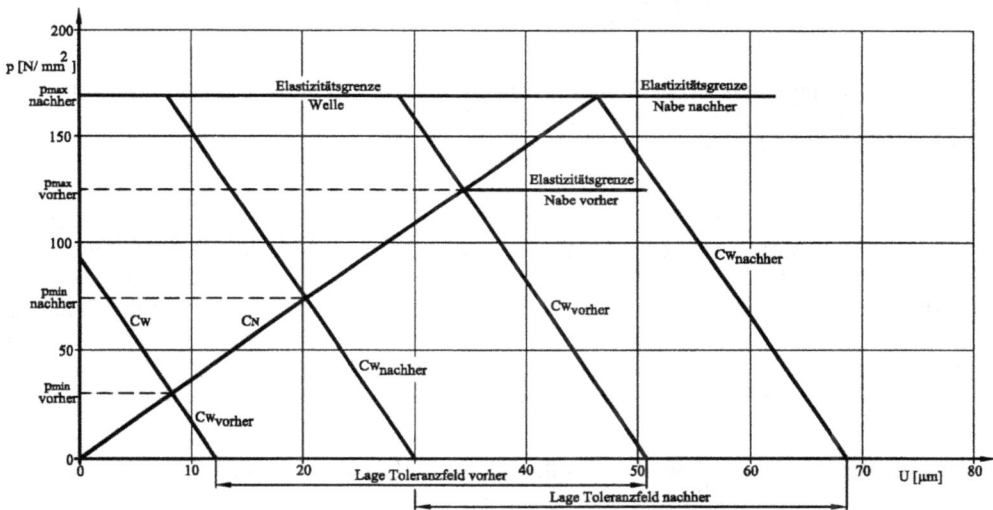

Bild 6.26: Zylinderpressverband, *Variation der zulässigen Spannung des Nabenwerkstoffes* (d_{iW} = 10 mm, $d_{aW} = d_{iN} = 20$ mm, $d_{aN} = 30$ mm, L = 22 mm, µ = 0,12, $E_W = E_N = 2{,}1 \cdot 10^5$ N/mm², ν = 0,3, $\sigma_{zulW} = 450$ N/mm², $\sigma_{zulN} = 607{,}8$ N/mm², Toleranzfeld: 38,6 µm $\Rightarrow$ M = 122,5 Nm)

Das Basisbeispiel ging von einem **Elastizitätsmodul** von $2{,}1 \cdot 10^5$ N/mm² sowohl für die Welle als auch für die Nabe aus. Wird nun in Bild 6.27 der Elastizitätsmodul der Nabe auf $1{,}3 \cdot 10^5$ N/mm² (z.B. Guss) abgesenkt, so sinkt die Nabensteifigkeit von $c_N = 3{,}617$ (N/mm²)/µm auf $c_N = 2{,}239$ (N/mm²)/µm ab. Zur direkten Vergleichbarkeit wird angenommen, dass die ursprüngliche zulässige Spannung des Nabenwerkstoffes erhalten bleibt.

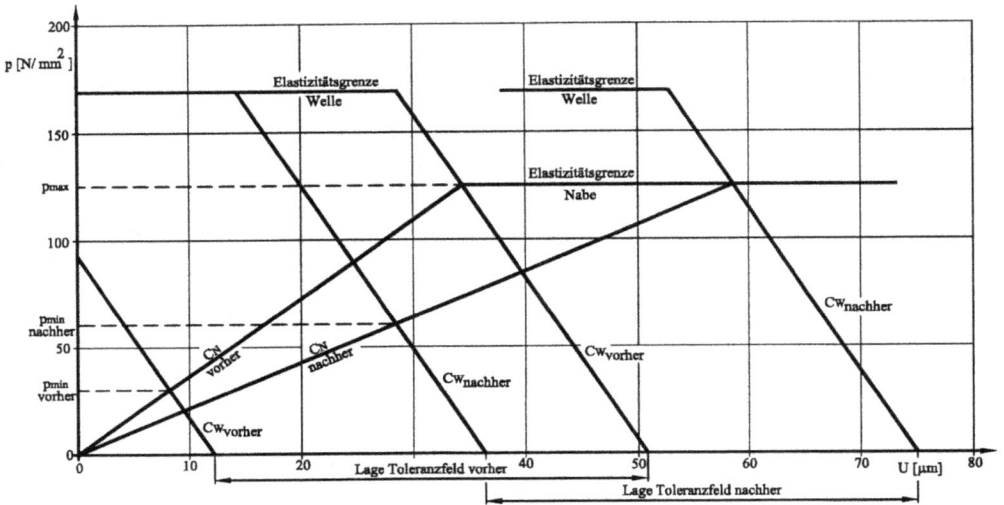

Bild 6.27: Zylinderpressverband, *Variation des Elastizitätsmoduls des Nabenwerkstoffes* ($d_{iW} = 10$ mm, $d_{aW} = d_{iN} = 20$ mm, $d_{aN} = 30$ mm, $L = 22$ mm, $\mu = 0,12$, $E_W = 2,1 \cdot 10^5$ N/mm², $E_N = 1,3 \cdot 10^5$ N/mm², $\nu = 0,3$, $\sigma_{zulW} = \sigma_{zulN} = 450$ N/mm², Toleranzfeld: 38,6 μm $\Rightarrow$ M = 96,2 Nm)

Diese Veränderung alleine würde jedoch ein Absinken von p_{min} und damit eine Reduzierung des übertragbaren Momentes bedeuten. Der reduzierte Elastizitätsmodul kann nur dann sinnvoll ausgenutzt werden, wenn gleichzeitig höher vorgespannt wird, also U_{max} in entsprechendem Maße gesteigert wird. Nimmt man die gleiche Fertigungsgenauigkeit wie im Basisbeispiel an, so bleibt die Größe des Toleranzfeldes von 38,6 μm erhalten, lediglich seine Lage wird verschoben. Dadurch lässt sich eine erhöhte minimale Pressung von 58,9 N/mm² erzielen, wodurch das übertragbare Moment von zuvor 50 Nm auf nunmehr 96,3 Nm (auf 192 %) gesteigert wird.

Neben den Werkstoffdaten können auch die Abmessungen variiert werden. Die lineare Abhängigkeit des übertragbaren Momentes von der **Fügelänge** wird aus den Gln. 6.38–6.40 unmittelbar einsichtig. Aber auch hier kann die Länge der Verbindung nicht beliebig gesteigert werden, weil es dann zu winzigen Relativbewegungen zwischen Welle und Nabe kommt, die langfristig Passungsrost nach sich ziehen. Weiterhin lässt der **Fügedurchmesser** das übertragbare Moment quadratisch ansteigen und braucht deshalb nicht gesondert dargestellt zu werden.

Wird bei ansonsten gleichbleibenden Abmessungen der **Nabenaußendurchmesser** vergrößert (vergleiche Bild 6.28), so wird damit nicht nur die Steifigkeit, sondern auch die maximale Pressung p_{max} der Nabe erhöht. Im hier vorliegenden Beispiel wird der Nabendurchmesser d_{aN} von zuvor 30 mm auf 40 mm gesteigert. Damit erreicht die nabenseitig begrenzte maximale Pressung genau die wellenseitig zulässige Pressung: $p_{maxN} = p_{maxW} = 168,7$ N/mm², die Nabensteifigkeit vergrößert sich von $c_N = 3,617$ (N/mm²)/μm auf $c_N = 5,339$ (N/mm²)/μm. Wird die Lage des gleich großen Toleranzfeldes entsprechend angepasst, so steigt die minimale Pressung auf $p_{min} = 47,1$ N/mm², wodurch sich das übertragbare Moment auf 78,3 Nm (auf 156 %) erhöht.

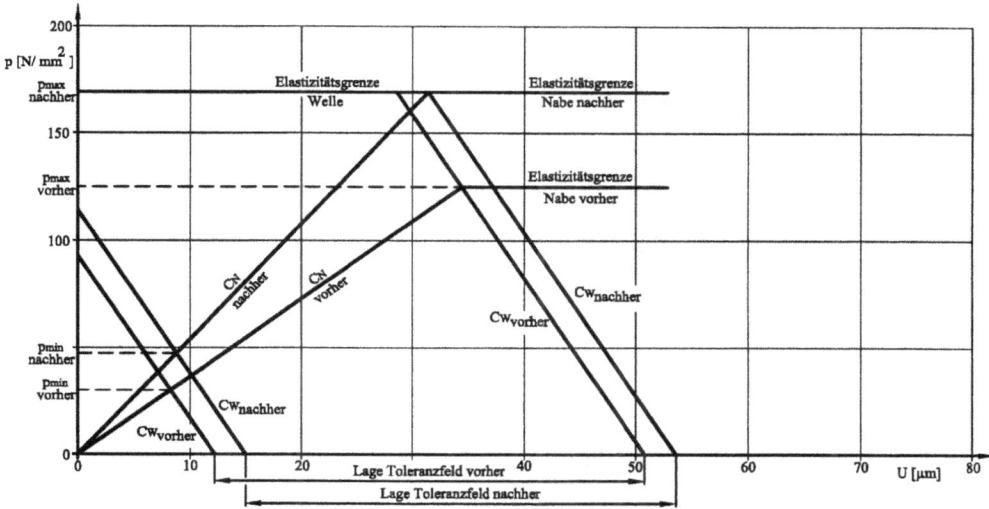

Bild 6.28: Zylinderpressverband, *Variation des Nabenaußendurchmessers* (d_{iW} = 10 mm, d_{aW} = d_{iN} = 20 mm, d_{aN} = 40 mm, L = 22 mm, μ = 0,12, E_W = E_N = 2,1 · 10^5 N/mm², ν = 0,3, σ_{zulW} = σ_{zulN} = 450 N/mm², Toleranzfeld: 38,6 µm $\Rightarrow$ M = 78,3 Nm)

Das elastische Verhalten der Welle kann nur durch eine Variation des **Welleninnendurchmessers** verändert werden, weil für den Wellenwerkstoff praktisch nur Stahl mit seinem festgelegten Elastizitätsmodul infrage kommt. Durch eine Änderung des Welleninnendurchmessers ergeben sich sowohl Konsequenzen für die Steifigkeit als auch für die Festigkeit. Im Beispiel von Bild 6.29 wird der Bohrungsdurchmesser genau so weit vergrößert, dass die Festigkeit der Welle nicht unter die Festigkeit der Nabe absinkt. Dies ist dann der Fall, wenn ρ_W = ρ_N = 0,667 ist, was einem Welleninnendurchmesser d_{iW} = 13,3 mm entspricht. Dadurch wird p_{maxW} = p_{maxN} = 124,9 N/mm², die Wellensteifigkeit sinkt auf c_W = 4,565 (N/mm²)/µm ab.

Die verminderte Steifigkeit stellt sich dadurch dar, dass die $c_{Wnachher}$-Gerade flacher verläuft als die $c_{Wvorher}$-Gerade. Diese Änderung wird dann optimal ausgenutzt, wenn maximal, also unter Ausnutzung von p_{max}, vorgespannt wird. Die Größe des Toleranzfeldes soll auch in dieser Gegenüberstellung erhalten bleiben, die $c_{Wnachher}$-Gerade für den unteren Grenzfall wird also entsprechend parallel angelegt. Dadurch steigt die minimale Pressung p_{min} auf 47 N/mm², wodurch sich das übertragbare Moment auf 78,1 Nm (auf 156 %) erhöht. Trotz Einsparung an Material (größerer Bohrungsdurchmesser) wird also die Belastbarkeit der Verbindung deutlich erhöht.

Die vorangegangenen Parametervariationen wurden anhand eines konkreten Zahlenbeispiels ausgeführt. Die dabei ermittelte Steigerung des übertragbaren Momentes soll vor allen Dingen ein Gespür dafür vermitteln, wie zusätzliche Reserven in der Momentenübertragbarkeit erschlossen werden können. Die für dieses Beispiel berechneten Steigerungsraten sind natürlich nicht auf andere Anwendungsfälle direkt übertragbar.

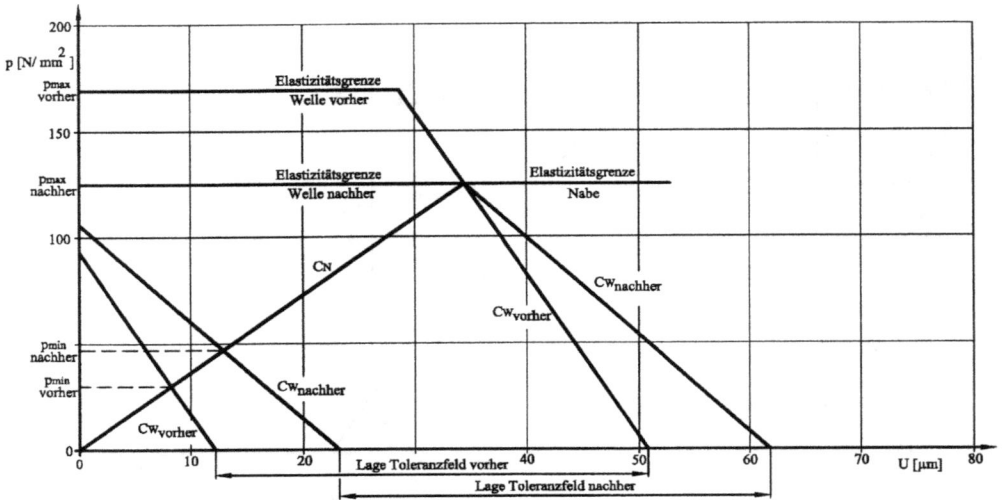

Bild 6.29: Zylinderpressverband, *Variation des Welleninnendurchmessers* ($d_{iW} = 13{,}3$ mm, $d_{aW} = d_{iN} = 20$ mm, $d_{aN} = 30$ mm, $L = 22$ mm, $\mu = 0{,}12$, $E_W = E_N = 2{,}1 \cdot 10^5$ N/mm², $\nu = 0{,}3$, $\sigma_{zulW} = \sigma_{zulN} = 450$ N/mm², Toleranzfeld: $38{,}6$ μm $\Rightarrow M = 78{,}1$ Nm)

6.3.2.8   Abschließende Bemerkungen (V)

Bei den bisherigen Betrachtungen wurde von idealen zylindrischen Fügeflächen ausgegangen. Tatsächlich handelt es sich hier jedoch um technisch reale Oberflächen, deren Rauheitsspitzen durch den Fugendruck teilweise plastisch eingeebnet werden. Dadurch kommt es zu einem „Glättungsverlust" U_{GV}:

$$U_{GV} = 0{,}8 \cdot (R_{ZWelle} + R_{ZNabe})$$

Dieser Glättungsverlust reduziert die Vorspannung und damit das übertragbare Moment. Um diesen Verlust auszugleichen, muss das Übermaß um U_{GV} erhöht werden. Dieser Einfluss ist im weiteren Sinne vergleichbar mit dem Setzen der Schraube (vgl. Abschnitt 4.4.2 in Band 1).

Reicht die elastische Deformation nicht aus, um eine ausreichend hohe Pressung p_{min} aufzubringen, so kann unter gewissen Voraussetzungen das Übermaß über die Elastizitätsgrenze hinaus gesteigert und eine plastische Deformation zugelassen werden. Nach den bisherigen Betrachtungen ist davon vor allen Dingen die Nabe betroffen. Wie bereits in Bild 6.19 aufgezeigt wurde, ist die spezifische Bauteilbeanspruchung am Innenrand der Nabe am größten, sodass dort am ehesten plastische Deformation auftritt. Je mehr über die Elastizitätsgrenze hinaus vorgespannt wird, desto größer wird der Durchmesser, innerhalb dessen die Verformung plastisch ist, während die weiter außen liegenden Bereiche weiterhin im elastischen Bereich verbleiben. In diesem Falle spricht man von einer „teilplastischen" Deformation. Diese Vorgehensweise ist bei zähen, duktilen Werkstoffen mit einer Bruchdehnung von 10 % und mehr möglich, bei spröden Werkstoffen jedoch nicht anwendbar, weil es dabei lokal schon zum Überschreiten der Bruchgrenze kommen kann. Die DIN 7190 gibt dazu ein Berechnungsverfahren an.

Bei den bisherigen Betrachtungen wurde auf die Einbeziehung von Fliehkrafteinflüssen verzichtet. Tatsächlich sind bei Drehzahlen, die normalerweise in der Antriebstechnik üblich sind, solche Zusatzbelastungen vernachlässigbar. Treten jedoch extreme Drehzahlen auf, so rufen die dadurch bedingten Fliehkräfte zusätzliche Spannungen in der Nabe hervor, die auf zweierlei Art problematisch werden können:

- Die Festigkeit der Nabe kann gefährdet werden.
- Die Nabe wird zusätzlich aufgeweitet, wodurch der Reibschluss beeinträchtigt werden kann.

Auf eine rechnerische Formulierung wird hier verzichtet. Die gleiche Problematik tritt jedoch auch bei schnell laufenden Riementrieben auf und wird dort (Abschnitt 7.3.4.2) in Ansatz gebracht. In ähnlicher Weise präsentiert Band 3 mit Bild 8.62 ein Luftlager, welches bei extremer Drehzahl Verformungen erfährt, die die Funktion letztlich unmöglich machen.

6.3.3   Hydraulisch wirkende Spannbuchse (V)

Die hydraulisch wirkende Spannbuchse lässt sich aus dem oben vorgestellten Querpressverband ableiten:

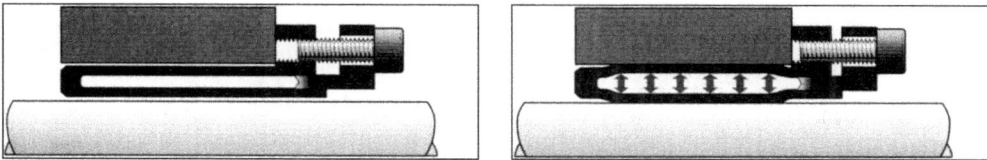

Bild 6.30: Hydraulisch wirkende Spannbuchse

Zwischen Welle und Nabe wird für eine doppelwandige Zwischenhülse Platz gelassen, die mit einem Fluid aufgefüllt ist, welches unter Druck gesetzt werden kann. Dazu wird ein ringförmiger Kolben verwendet, der mit Schrauben so vorgespannt werden kann, dass die Flüssigkeit unter Druck gesetzt wird. Unter diesem Druck weitet sich die doppelwandige Hülse auf und verspannt sich zwischen Welle (die in h9 zu fertigen ist) und Nabe (die in H7 gebohrt werden muss). Dadurch wird der Druck direkt als Druck und nicht wie beim Querpressverband über einen relativ präzisen Vorspannweg bei hoher Steifigkeit aufgebracht. Aus diesem Grund sind die Anforderungen an die Passungen hier weit weniger kritisch als beim Querpressverband ohne Zwischenelemente. In erster grober Näherung kann angenommen werden, dass die dünne Wandung der Spannbuchse dem Flüssigkeitsdruck keinen nennenswerten Verformungswiderstand entgegensetzt, sodass dieser Flüssigkeitsdruck auch in voller Höhe an den beiden Trennfugen wirksam wird.

Tatsächlich liegt hier eine zweifach hintereinander geschaltete Welle-Nabe-Verbindung vor: Das Moment bzw. die Axialkraft wird von der Welle auf die Spannbuchse und von dieser dann auf die Nabe übertragen. Da innen jedoch sowohl der Hebelarm als auch die pressungsübertragende Zylindermantelfläche kleiner sind als außen, ist der Reibschluss innen stets kritischer als außen. Bild 6.31 stellt den Zusammenhang zwischen übertragbarem Moment und Pressung in gewohnter Weise dar. Der Sachverhalt reduziert sich hier jedoch wie beim Querpressverband auf die rechte Dreieckseite (vgl. Bild 6.24), wobei aber der Maximaldruck p von drei Kriterien abhängt:

- Der Druck p_{zulRK} wird entweder durch den Ringkolben oder durch die Spannschrauben begrenzt.
- Wie beim Querpressverband darf die Belastbarkeit von Welle und Nabe nicht überschritten werden: Die in der Nabe zulässige Spannung σ_{zulN} erlaubt einen Druck p_{zulN}, die in der Welle zulässige Spannung σ_{zulW} ergibt p_{zulW}.
- Da es sich hier um eine lösbare, also wiederverwendbare Nabe-Welle-Verbindung handelt, darf der Druck p die Oberflächen der beiden Trennfugen nicht beschädigen, darf also p_{zulTF} nicht überschreiten (ähnlich wie beim Axialklemmverband in Bild 6.13).

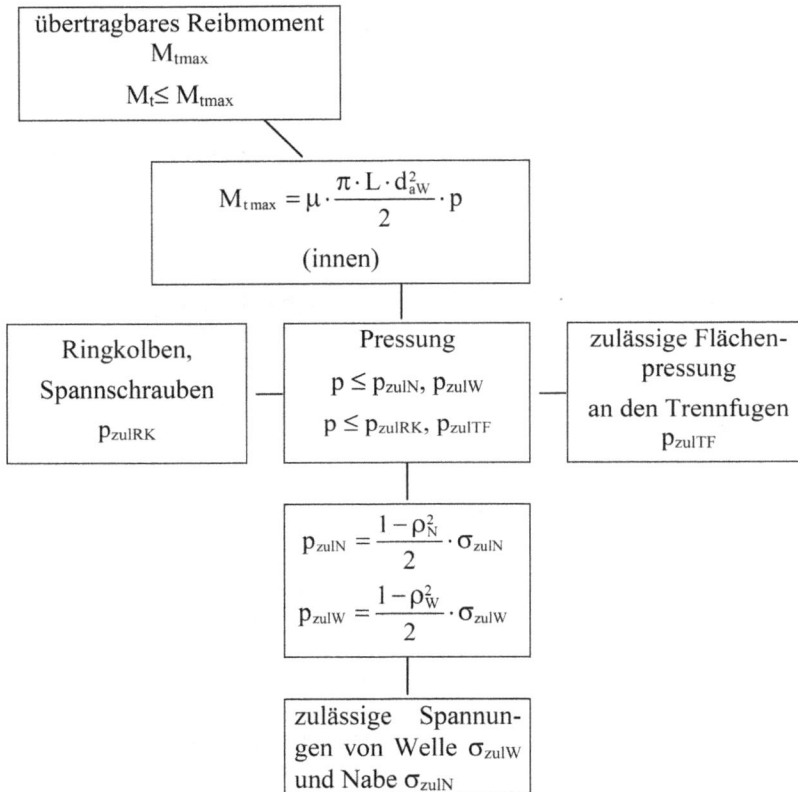

übertragbares Reibmoment
M_{tmax}

$M_t \leq M_{tmax}$

$$M_{t\,max} = \mu \cdot \frac{\pi \cdot L \cdot d_{aW}^2}{2} \cdot p$$

(innen)

Ringkolben, Spannschrauben

p_{zulRK}

Pressung

$p \leq p_{zulN}, p_{zulW}$

$p \leq p_{zulRK}, p_{zulTF}$

zulässige Flächen-pressung

an den Trennfugen

p_{zulTF}

$$p_{zulN} = \frac{1 - \rho_N^2}{2} \cdot \sigma_{zulN}$$

$$p_{zulW} = \frac{1 - \rho_W^2}{2} \cdot \sigma_{zulW}$$

zulässige Spannungen von Welle σ_{zulW} und Nabe σ_{zulN}

Bild 6.31: Dimensionierungsschema hydraulische Spannbuchse

Aufgabe A.6.23

6.3.4   Kegelpressverbindung (B)

6.3.4.1   Kegelpressverbindung ohne Zwischenelemente (B)

Die Kegelverbindung lässt sich in ihrer einfachsten Form ohne Zwischenelemente ausführen:
Eine abschnittsweise kegelig ausgebildete Welle wird mit einer Nabe zusammengefügt, die
auf der Innenseite einen Hohlkegel mit genau der gleichen Neigung aufweist. Kegel im Sinne der DIN 254 sind nicht nur vollständige Kegel, sondern auch die hier verwendeten Kegelstümpfe (Bild 6.32).

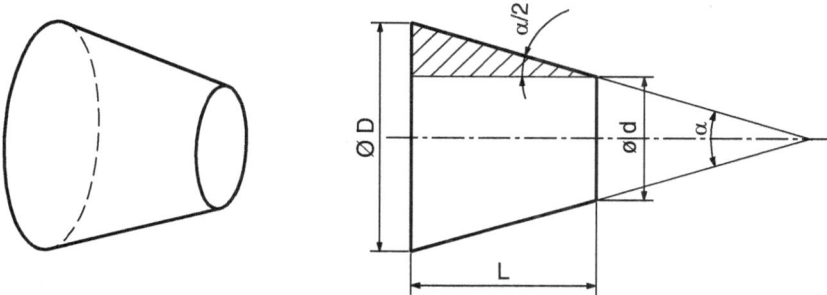

Bild 6.32: Geometrie am Kegel

$$\tan\frac{\alpha}{2} = \frac{\frac{D-d}{2}}{L} \qquad\qquad \text{Gl. 6.67}$$

Das Kegelverhältnis C wird ausgedrückt durch

$$C = \frac{D-d}{L} = 2 \cdot \tan\frac{\alpha}{2} \qquad\qquad \text{Gl. 6.68}$$

und ist eine dimensionslose Größe, die meist als Verhältnis C = 1 : x angegeben wird. Tabelle 6.10 stellt einige normgerechte Kegelabmessungen zusammen, die als Welle-Nabe-Verbindung infrage kommen und Bild 6.33 führt alle wesentlichen Bezeichnungen für die Dimensionierung des Kegelverbandes auf.

Tabelle 6.10: Normgerechte Kegelabmessungen für Welle-Nabe-Verbindungen.

Kegel-winkel α	Kegelver-hältnis C	Anwendungsbeispiele
60°	1:0,866	Spannzangen, Zentrierspitzen
16,60°	7:24	Steilkegel für Frässpindelköpfe, Fräsdorne, Werkzeugschäfte nach DIN 2079 und DIN 2080
14,25°	1:4	Spindelköpfe
5,72°	1:10	Wellenenden, Kupplungen
4,77°	1:12	Spann- und Abziehhülsen
3,82°	1:15	Propellernaben für Schiffe
2,87°	1:20	Morsekegelverbindung nach DIN 228
1,92°	1:30	Werkzeuge

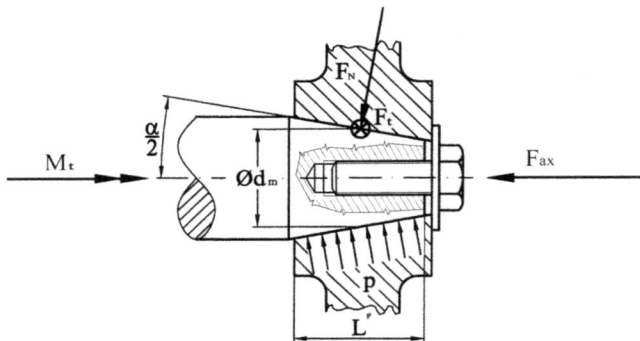

Bild 6.33: Belastungen am Kegel

Für die hier verwendeten Welle-Nabe-Verbindungen kommen vorzugsweise Kegel mit geringem Kegelwinkel in Betracht, um den Keileffekt möglichst vorteilhaft auszunutzen. Für diesen Fall lässt sich die Pressungsfläche A mit ausreichender Näherung ersatzweise als Mantelfläche eines Kreiszylinders mit dem Durchmesser d_m (s. Bild 6.33) darstellen:

$$d_m = \frac{D+d}{2} \quad \text{und} \quad A = \pi \cdot d_m \cdot L = \frac{\pi \cdot (D+d) \cdot L}{2} \qquad \text{Gl. 6.69}$$

Der Kegel verhält sich bezüglich seiner Kraftwirkung wie ein rotationssymmetrischer Keil: Die Einpresskraft F_{ax} ruft an den Kegelmantelflächen eine zunächst normal gerichtete Kraft F_N hervor, die ihrerseits eine tangential gerichtete Reibkraft F_t erlaubt, mit der das Drehmoment M_t übertragen werden kann. Die Axialkraft wird meist durch Schrauben oder durch eine Wellenmutter aufgebracht. Setzt man die Normalkraft F_N formal jeweils zur Hälfte oben und unten an, so wird damit die Analogie zum Keil deutlich, schließlich ist auch der Kegelpressverband querkraftfrei. Bei Momentenübertragung sind die Reibkräfte in Umfangsrichtung wirksam, was in Bild 6.34 als herausgeklappte Dreiecke dargestellt wird.

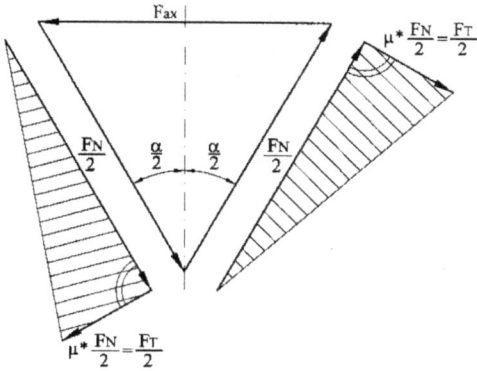

Bild 6.34: Kräfte bei Momentenübertragung

Die Normalkraft F_N entsteht durch die Keilwirkung mit F_{ax}:

$$\sin\frac{\alpha}{2} = \frac{\dfrac{F_{ax}}{2}}{\dfrac{F_N}{2}} \quad \Rightarrow \quad F_N = \frac{F_{ax}}{\sin\dfrac{\alpha}{2}} \qquad \text{Gl. 6.70}$$

Damit ergibt sich das übertragbare Moment in Abhängigkeit der Axialkraft zu:

$$M_{t\,max} = F_T \cdot \frac{d_m}{2} = \mu \cdot F_N \cdot \frac{d_m}{2} = \mu \cdot \frac{F_{ax}}{\sin\dfrac{\alpha}{2}} \cdot \frac{d_m}{2} \qquad \text{Gl. 6.71}$$

Bei der bisherigen Betrachtung wurde allerdings außer Acht gelassen, dass der Reibeinfluss nicht nur in Umfangsrichtung auftritt, sondern bei der Montage und Demontage auch in Axialrichtung wirksam wird. Die zuvor zur Momentenübertragung in Umfangsrichtung erläuterten Reibdreiecke werden dabei nach Bild 6.35 in der Axialebene wirksam.

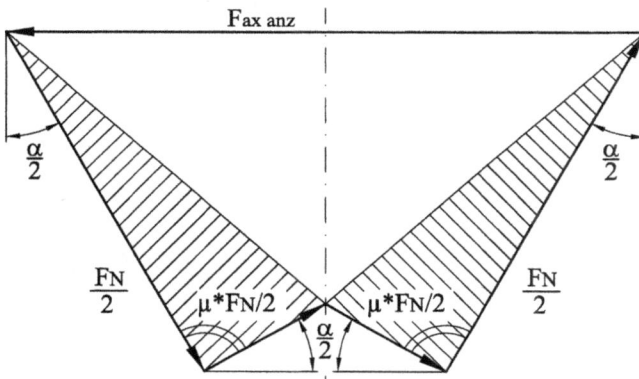

Bild 6.35: Kräfte bei der Montage

Damit die zur Momentenübertragung erforderliche Kraft F_N auch tatsächlich in der erforderlichen Höhe zustande kommt, muss neben der Keilwirkung $F_N \cdot \sin(\alpha/2)$ auch noch die axiale Reibwirkung der Normalkraft $F_N \cdot \mu \cdot \cos(\alpha/2)$ überwunden werden. Setzt man die Summe aller axial wirkenden Kräfte gleich null ($\Sigma F_X = 0$), so ergibt sich die für die Montage erforderliche Kraft F_{axanz}:

$$F_{axanz} = F_N \cdot \left(\sin\frac{\alpha}{2} + \mu \cdot \cos\frac{\alpha}{2} \right) \qquad \text{(Montage)} \qquad\qquad \text{Gl. 6.72}$$

$$\text{bzw.} \quad F_N = \frac{F_{axanz}}{\sin\dfrac{\alpha}{2} + \mu \cdot \cos\dfrac{\alpha}{2}} \qquad\qquad\qquad\qquad \text{Gl. 6.73}$$

Bei der Demontage hingegen wirkt die Reibkomponente nach der linken Hälfte von Bild 6.36 in umgekehrter Richtung.

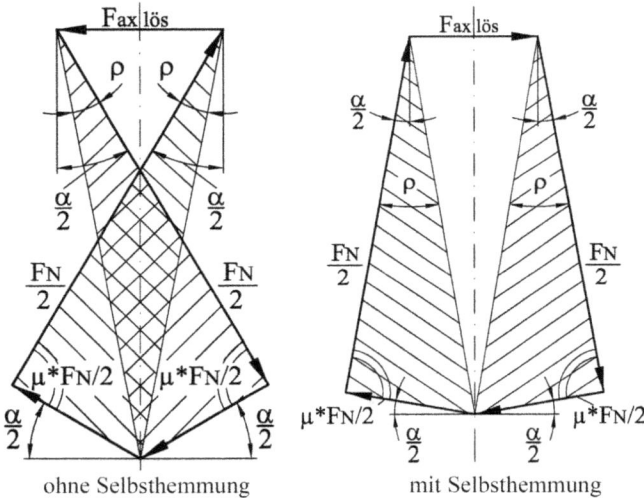

ohne Selbsthemmung   mit Selbsthemmung

Bild 6.36: Kräfte bei der Demontage

Damit ergibt sich die axiale Demontagekraft $F_{axlös}$ zu:

$$F_{axlös} = F_N \cdot \left(\sin\frac{\alpha}{2} - \mu \cdot \cos\frac{\alpha}{2} \right) \qquad \text{(Demontage)} \qquad\qquad \text{Gl. 6.73}$$

$$\text{bzw.} \quad F_N = \frac{F_{axlös}}{\sin\dfrac{\alpha}{2} - \mu \cdot \cos\dfrac{\alpha}{2}} \qquad\qquad\qquad\qquad \text{Gl. 6.74}$$

Damit erweitert sich Gl. 6.71 zu

$$M_{t\,max} = \mu \cdot \frac{F_{axanz}}{\sin\dfrac{\alpha}{2} + \mu\cos\dfrac{\alpha}{2}} \cdot \frac{d_m}{2}$$

Gl. 6.75

Die bisherige Betrachtung berücksichtigt aber nur den Zusammenhang zwischen Axialkraft und übertragbarem Moment. In Anlehnung an die Schemata für axiale Klemmverbindungen (Bild 6.13) und radiale Klemmverbindungen (Bild 6.17) lässt sich zunächst einmal nur die linke Dreieckseite mit einer Gleichung belegen:

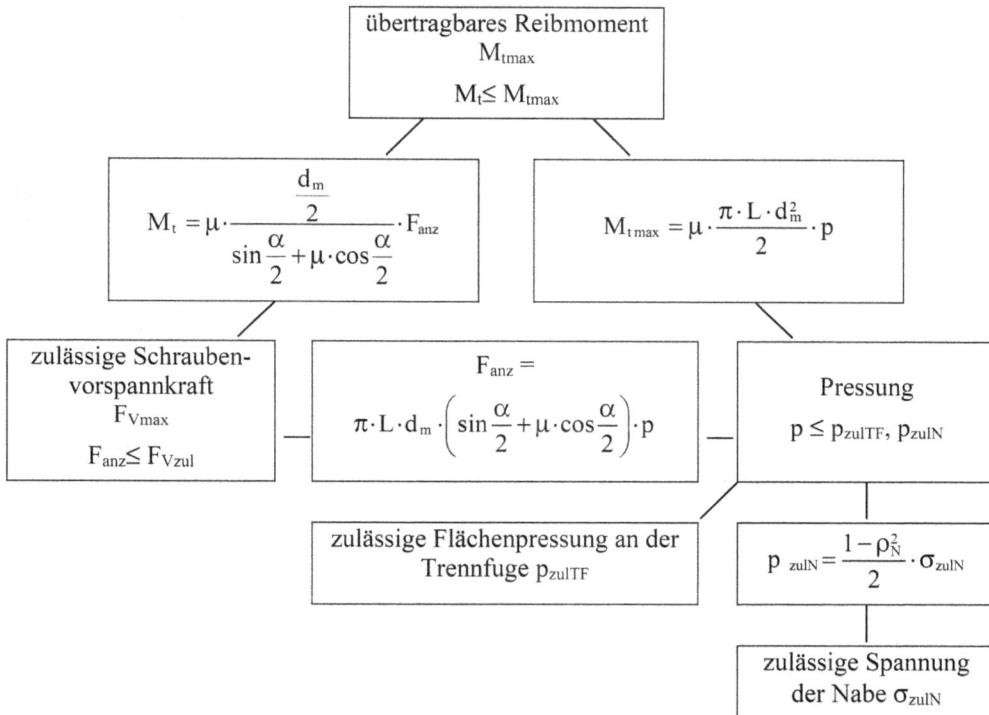

Bild 6.37: Dimensionierungsschema Kegelpressverband

Ähnlich wie beim Zylinderpressverband wird die Normalkraft F_N als Pressung in der Trennfuge wirksam, die auch hier ersatzweise als Mantelfläche eines Zylinders mit dem Durchmesser d_m betrachtet werden kann:

$$p = \frac{F_N}{\pi \cdot d_m \cdot L} \leq p_{zul}$$

Gl. 6.76

Tatsächlich ist die Mantellinie des Kegels stets länger als die hier bezeichnete Länge L, so dass der Ansatz immer auf der sicheren Seite liegt. Wird für F_N der Ausdruck nach Gl. 6.74 eingesetzt, so ergibt sich der Zusammenhang zwischen Anzugskraft und Flächenpressung:

$$p = \frac{\dfrac{F_{axanz}}{\sin\dfrac{\alpha}{2} + \mu\cdot\cos\dfrac{\alpha}{2}}}{\pi\cdot d_m\cdot L} = \frac{F_{axanz}}{\pi\cdot d_m\cdot L\cdot\left(\sin\dfrac{\alpha}{2} + \mu\cdot\cos\dfrac{\alpha}{2}\right)} \qquad \text{Gl. 6.77}$$

Wird diese Gleichung nach F_{axanz} aufgelöst, so kann damit die untere Dreieckseite besetzt werden:

$$F_{axanz} = \pi\cdot L\cdot d_m\cdot\left(\sin\frac{\alpha}{2} + \mu\cdot\cos\frac{\alpha}{2}\right)\cdot p \qquad \text{Gl. 6.78}$$

Der direkte Zusammenhang zwischen dem übertragbaren Moment M_{tmax} und der Flächenpressung p als rechter Dreieckseite kann vom Zylinderpressverband (Gl. 6.39) übernommen werden, wobei hier allerdings der mittlere Durchmesser d_m maßgebend ist. Die gleiche Formulierung würde sich auch ergeben, wenn man die Gleichung der unteren Dreieckseite (Gl. 6.78) und der linken Dreieckseite (Gl. 6.75) kombiniert.

$$M_{tmax} = \mu\cdot\frac{\pi\cdot L\cdot d_m^2}{2}\cdot p \qquad \text{Gl. 6.79}$$

Bei der Dimensionierung einer Kegelpressverbindung ist gegebenenfalls auch zu berücksichtigen, dass der zur reibschlüssigen Momentenübertragung erforderliche Druck p die Nabe mit einer Vergleichsspannung σ_{VN} beansprucht. Da die Lastverhältnisse denen des Zylinderpressverbandes weitgehend entsprechen, können die dort formulierten Ansätze auch hier verwendet werden (rechte untere Ecke in Bild 6.37).

Die Gegenüberstellung der beiden Hälften von Bild 6.36 macht noch einen weiteren Unterschied deutlich: Ist der Neigungswinkel $\alpha/2$ größer als der Reibwinkel (links), so löst sich die Verbindung von selbst, wenn die Axialkraft kleiner als $F_{axlös}$ wird. Kleinere Neigungswinkel $\alpha/2$ hingegen führen zur **Selbsthemmung** des Kegelverbandes: Zur Demontage muss $F_{axlös}$ entgegen der Montagerichtung aufgebracht werden. Dieser Grenzfall für $\alpha_G/2$ wird dann erreicht, wenn der Klammerausdruck in Gleichung 6.73 gleich null wird:

$$\sin\frac{\alpha_G}{2} = \mu\cdot\cos\frac{\alpha_G}{2} \quad \Rightarrow \quad \frac{\sin\dfrac{\alpha_G}{2}}{\cos\dfrac{\alpha_G}{2}} = \mu \quad \Rightarrow \quad \tan\frac{\alpha_G}{2} = \mu \qquad \text{Gl. 6.80}$$

Dieser Sachverhalt lässt sich auch aus der Betrachtung des selbsthemmenden Keils oder der selbsthemmenden Schraube unmittelbar ableiten. Demnach können die folgenden drei Fälle unterschieden werden, wobei der Reibwinkel $\rho = \arctan \mu$ mit $\mu = 0,10 \ldots 0,12$ angesetzt wird:

$C = 1{:}2,5$	$\alpha/2 = 11,3°$	$>$	$\rho = 5,7 \ldots 6,8°$	leicht lösbar
$C = 1{:}4$	$\alpha/2 = 7,1°$	$\approx$	$\rho = 5,7 \ldots 6,8°$	an der Grenze der Selbsthemmung
$C = 1{:}5$	$\alpha/2 = 5,7°$	$\approx$	$\rho = 5,7 \ldots 6,8°$	an der Grenze der Selbsthemmung
$C = 1{:}10$	$\alpha/2 = 2,9°$	$<$	$\rho = 5,7 \ldots 6,8°$	selbsthemmend

Die Selbsthemmung kann erwünscht sein, wenn die Klemmung nach der Montage entfernt werden soll (beispielsweise Werkzeughalter einer Bohr- oder Fräsmaschine). Handelt es sich allerdings um ein automatisches Werkzeugwechselsystem, so ist die Selbsthemmung eher hinderlich, da sie einen zusätzlichen Demontagemechanismus erforderlich macht. In diesem Fall soll die Selbsthemmung bewusst ausgeschlossen werden, was die Verwendung sog. Steilkegel erfordert.

Aufgabe A.6.24 bis A.6.27

6.3.4.2   Kegelpressverband mit Zwischenelementen (V)

Der vorgenannte Kegelpressverband ohne Zwischenelemente hat den fertigungstechnischen Nachteil, dass sowohl die Welle als auch die Nabe kegelig ausgebildet werden müssen, wozu in der Regel eine kostenaufwendige spanende Bearbeitung erforderlich ist. Zur Vermeidung dieses Aufwandes können aber auch Zwischenglieder eingesetzt werden, die zwar eine konische Wirkfläche aufweisen, aber zwischen zylindrischer Welle und zylindrischer Nabenbohrung montiert werden und damit als standardisierte Bauteile in der Massenherstellung sehr kostengünstig sind. Ringspannelemente nach Bild 6.38 bestehen aus jeweils einem Ringpaar: Der Innenring wird mit seiner zylindrischen Innenmantelfläche auf die Welle geschoben, liegt aber mit seiner konischen Außenmantelfläche am umliegenden innenkonischen Außenring an, der seinerseits mit seiner zylindrischen Außenmantelfläche mit der Nabe in Kontakt steht. Die Spannschrauben der linken Variante stützen sich an der Nabe, rechts an der Welle ab. Tabelle 6.11 führt in den beiden mittleren Spalten die standardmäßig vorgesehenen Passungen der (meist zugekauften) Ringe auf und empfiehlt in den beiden äußeren Spalten die Passungen von Welle und Nabe.

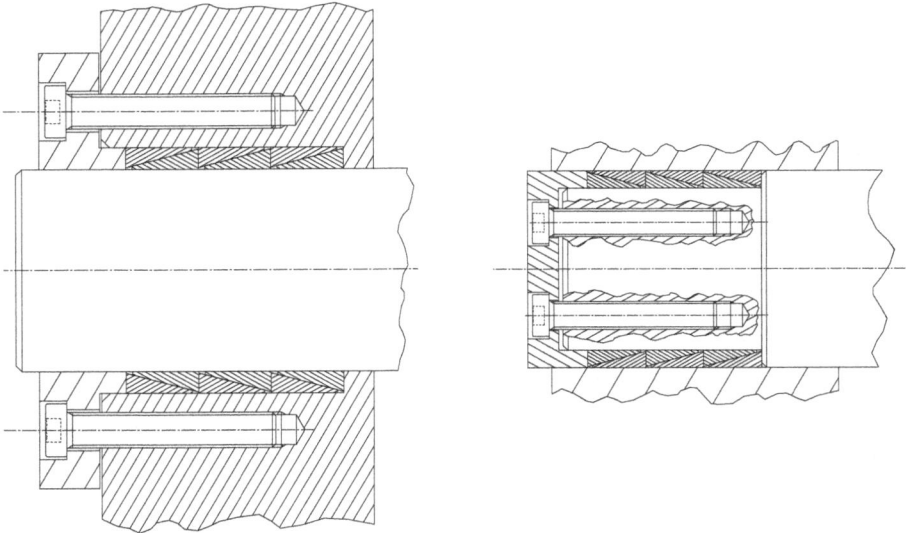

Bild 6.38: Ringspannelemente

Tabelle 6.11: Passungen Ringspannelemente

Durchmesser	Passung Welle	Passung inneres Ringspannelement innen	Passung äußeres Ringspannelement außen	Passung Bohrung Nabe
bis 36 mm	h6	E7	f7	H7
über 36 mm	h8	E8	h8	H8

Die Lage des Toleranzfeldes des Ringspannelementes in Tabelle 6.11 wurde so platziert, dass es mit dem System Einheitswelle an der Welle und Einheitsbohrung an der Nabe eine Spielpassung bildet. Wenn die einzelnen Ringe geschlitzt sind, können sie die Wirkung der Vorspannkraft nicht behindern. Festigkeitsmäßig sind die Ringe selbst unproblematisch, da sie in Umfangsrichtung weder Zug- noch Druckkräfte aufnehmen. Das Torsionsmoment wird übertragen

- von der Welle auf das innere Ringspannelement mittels Zylinderpressverband
- vom inneren Ringspannelement auf das äußere Ringspannelement mittels Kegelpressverband
- vom äußeren Ringspannelement auf die Nabe mittels Zylinderpressverband

Es handelt sich hier also um drei hintereinander geschaltete reibschlüssige Welle-Nabe-Verbindungen. Wegen der ebenfalls dreifach hintereinander geschalteten Rundlaufungenauigkeiten müssen solche Verbindungen im allgemeinen Fall zusätzlich zentriert werden. Bei dem Versuch, diese Welle-Nabe-Verbindung rechnerisch zu beschreiben, müssen die zuvor aufgeführten Ansätze entsprechend angepasst werden. Ausgangspunkt dieser Überlegung sei die linke Skizze in Bild 6.39.

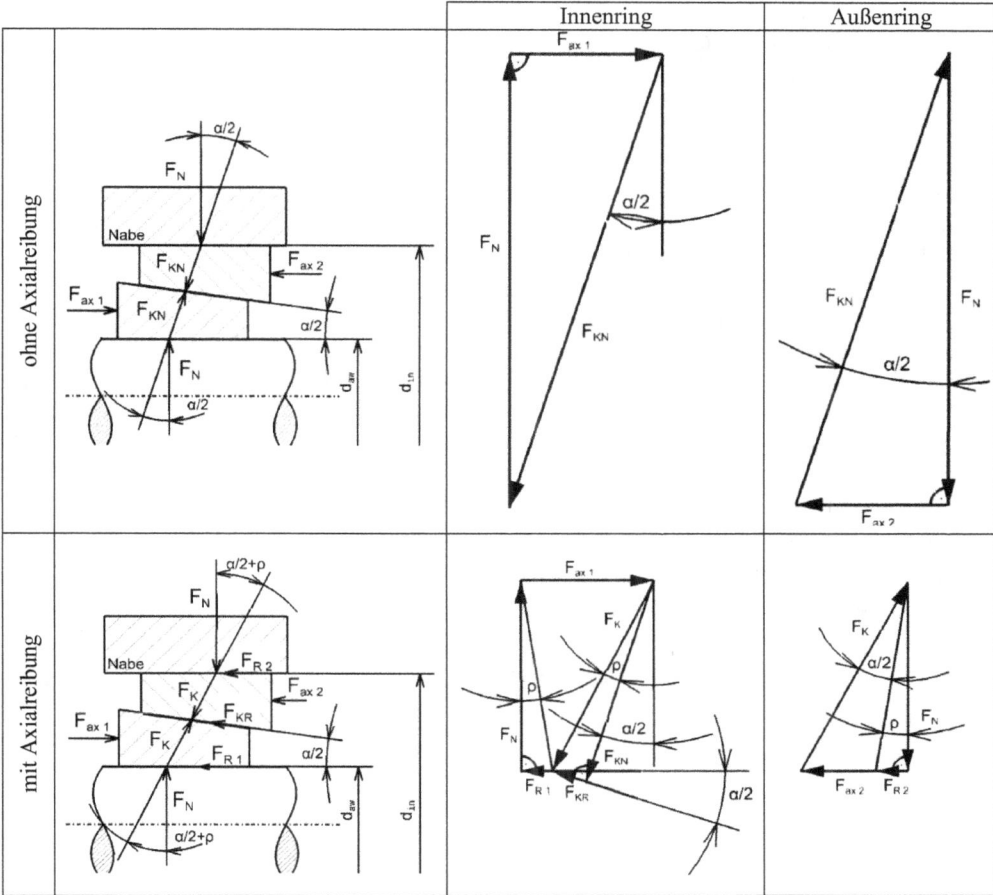

Bild 6.39: Rechenansatz Ringspannelement

Lässt man zunächst einmal die axialen Reibeinflüsse außer Acht (obere Bildzeile) und wird die axiale Kraft F_{ax1} am inneren Ringspannelement eingeleitet, so wird an der Trennfuge zur Welle die innere Normalkraft F_N und an der kegeligen Trennfuge zwischen Innenring und Außenring die Kraft F_{KN} hervorgerufen. Die letztgenannte Kraft wird als Reaktion auch am Außenring wirksam und hält dort das Gleichgewicht mit der zwischen Außenring und Nabe wirkenden Normalkraft F_N und der axial gerichteten Kraft F_{ax2}. Die einerseits zwischen Welle und Innenring wirkende Normalkraft F_N und die andererseits zwischen Außenring und Nabe auftretende Normalkraft F_N müssen untereinander gleich sein, da in radialer Richtung keine weiteren Kräfte wirksam werden. Die Reibkräfte, die die reibschlüssige Momentenübertragung erst ermöglichen, werden aber wie beim Kegelpressverband auch bei der Montage wirksam, sodass sich die in der unteren Bildzeile skizzierten Kraftecke ergeben:

- Am inneren Ringspannelement (linkes Krafteck) ruft die eingeleitete Kraft F_{ax1} nicht nur die normal gerichteten Kräfte F_N und F_{KN}, sondern auch deren jeweilige Reibkraftkomponenten F_{Ri} und F_{KR} hervor, sodass sich ein Gleichgewicht zwischen F_{ax1}, F_{KN}, F_{KR}, F_{Ri} und F_N einstellen muss.
- Die Kraft F_K als Resultierende von F_{KN} und F_{KR} wird als Reaktion auch am Außenring (rechtes Krafteck) wirksam.
- Am äußeren Ringspannelement tritt F_K mit der von der Nabe wirkenden Normalkraft F_N und deren Reibkraftkomponente F_{Ra} sowie mit der Kraft F_{ax2} ins Gleichgewicht, wobei F_N und F_{Ra} unter dem Reibwinkel ρ stehen.

Von den drei „hintereinandergeschalteten" Welle-Nabe-Verbindungen ist die Kegelverbindung zwischen Innen- und Außenring unkritisch, weil die dort wirkende Normalkraft F_{KN} größer ist als die Normalkraft F_N an den beiden anderen Verbindungen. Der Querpressverband zwischen Welle und Innenring ist kritischer als der zwischen Außenring und Nabe, weil wie bei der hydraulischen Spannbuchse innen sowohl der für die Momentenübertragung wirksame Hebelarm als auch die pressungsübertragende Fläche kleiner sind. Für die reibschlüssige Momentenübertragung ist also stets der Kontakt zwischen Innenring und Welle kritisch.

6.3.4.2.1   Momentenübertragung mit einem Paar Ringspannelemente

Für die rechnerische Beschreibung mit einem Ringpaar wird für den Innenring das Kräftegleichgewicht in Axialrichtung formuliert:

$$\text{Innenring: } F_{ax1} = F_N \cdot \tan\rho + F_N \cdot \tan\left(\rho + \frac{\alpha}{2}\right) = F_N \cdot \left[\tan\left(\rho + \frac{\alpha}{2}\right) + \tan\rho\right] \qquad \text{Gl. 6.81}$$

Dadurch ergibt sich für die Normalkraft

$$F_N = \frac{F_{ax1}}{\tan\left(\rho + \frac{\alpha}{2}\right) + \tan\rho} \qquad \text{Gl. 6.82}$$

Diese Kraft stützt sich sowohl an der Außenseite der Welle als Pressung p_{aW} als auch an der Innenseite der Nabe als Pressung p_{iN} ab:

$$p_{aW} = \frac{F_N}{d_{aW} \cdot \pi \cdot L} \qquad \text{Gl. 6.83} \qquad\qquad p_{iN} = \frac{F_N}{d_{iN} \cdot \pi \cdot L} \qquad \text{Gl. 6.84}$$

$$F_N = p_{aW} \cdot d_{aW} \cdot \pi \cdot L \qquad \text{Gl. 6.85} \qquad\qquad F_N = p_{iN} \cdot d_{iN} \cdot \pi \cdot L \qquad \text{Gl. 6.86}$$

Werden die beiden Gleichungen jeweils nach F_N aufgelöst und gleichgesetzt, so können beide Pressungen untereinander ins Verhältnis gesetzt werden:

$$\frac{p_{iN}}{p_{aW}} = \frac{d_{aW}}{d_{iN}} \qquad \text{Gl. 6.87}$$

Die Pressung an der Außenseite der Welle p_{aW} ist maßgebend für die reibschlüssige Momentenübertragung. Analog zum Zylinderpressverband (Gl. 6.38) kann angesetzt werden:

Die Pressung an der Innenseite der Nabe p_{iN} gefährdet möglicherweise die Festigkeit der Nabe. Analog zum Zylinderpressverband (Gl. 6.42) ergibt sich:

$$M_{t\,max} = \mu \cdot \frac{\pi \cdot L \cdot d_{aW}^2}{2} \cdot p_{aW} \qquad \text{Gl. 6.88}$$

$$\sigma_{VN} = \frac{2}{1 - \rho_N^2} \cdot p_{iN} \qquad \text{Gl. 6.89}$$

Setzt man Gl. 6.85 und Gl. 6.82 gleich, so gewinnt man einen Zusammenhang zwischen Axialkraft und Pressung:

$$F_{ax1} = d_{aW} \cdot \pi \cdot L \cdot \left[\tan\rho + \tan\left(\rho + \frac{\alpha}{2}\right) \right] \cdot p_{aW} \qquad \text{Gl. 6.90}$$

Diese Aussagen lassen sich zu einem zentralen Schema nach Bild 6.40 zusammenfügen (vgl. auch Bilder 6.13, 6.17 und 6.37): Gl. 6.88 beschreibt die rechte und Gl. 6.90 die untere Dreieckseite. Beide Gleichungen lassen sich jeweils nach der Pressung p_{aW} auflösen:

Gl. 6.88
$$p_{aW} = \frac{2 \cdot M_t}{\mu \cdot \pi \cdot L \cdot d_{aW}^2}$$

Gl. 6.90
$$p_{aW} = \frac{F_{ax1}}{d_{aW} \cdot \pi \cdot L \cdot \left[\tan\rho + \tan\left(\rho + \frac{\alpha}{2}\right) \right]}$$

Durch Gleichsetzung dieser beiden Gleichungen lässt sich die linke Dreieckseite in Bild 6.40 vervollständigen.

$$\boxed{\begin{array}{c} \text{übertragbares Reibmoment} \\ M_{tmax} \\ M_t \leq M_{tmax} \end{array}}$$

$$\boxed{M_t = \frac{\mu \cdot \dfrac{d_{aW}}{2}}{\tan\rho + \tan\left(\rho + \dfrac{\alpha}{2}\right)} \cdot F_{ax1}}$$

$$\boxed{M_{t\,max} = \mu \cdot \frac{\pi \cdot L \cdot d_{aW}^2}{2} \cdot p_{aW}}$$

$$\boxed{\begin{array}{c} \text{zulässige Schrauben-} \\ \text{vorspannkraft} \\ F_{Vmax} \\ F_{axi} \leq F_{Vzul} \end{array}}$$

$$\boxed{\begin{array}{c} F_{axi} = \\ d_{aW} \cdot \pi \cdot L \cdot \left[\tan\rho + \tan\left(\rho + \dfrac{\alpha}{2}\right)\right] \cdot p_{aW} \end{array}}$$

$$\boxed{\begin{array}{c} \text{Pressung} \\ p_{aW} = \dfrac{d_{iN}}{d_{aW}} \cdot p_{iN} \\ p_{iN} \leq p_{zulN} \end{array}}$$

$$\boxed{\begin{array}{c} \text{zulässige Flächenpressung} \\ \text{an der Trennfuge } p_{zulTF} \end{array}}$$

$$\boxed{p_{iNzul} = \frac{1 - \rho_N^2}{2} \cdot \sigma_{zulN}}$$

$$\boxed{\begin{array}{c} \text{zulässige Spannung} \\ \text{der Nabe } \sigma_{zulN} \end{array}}$$

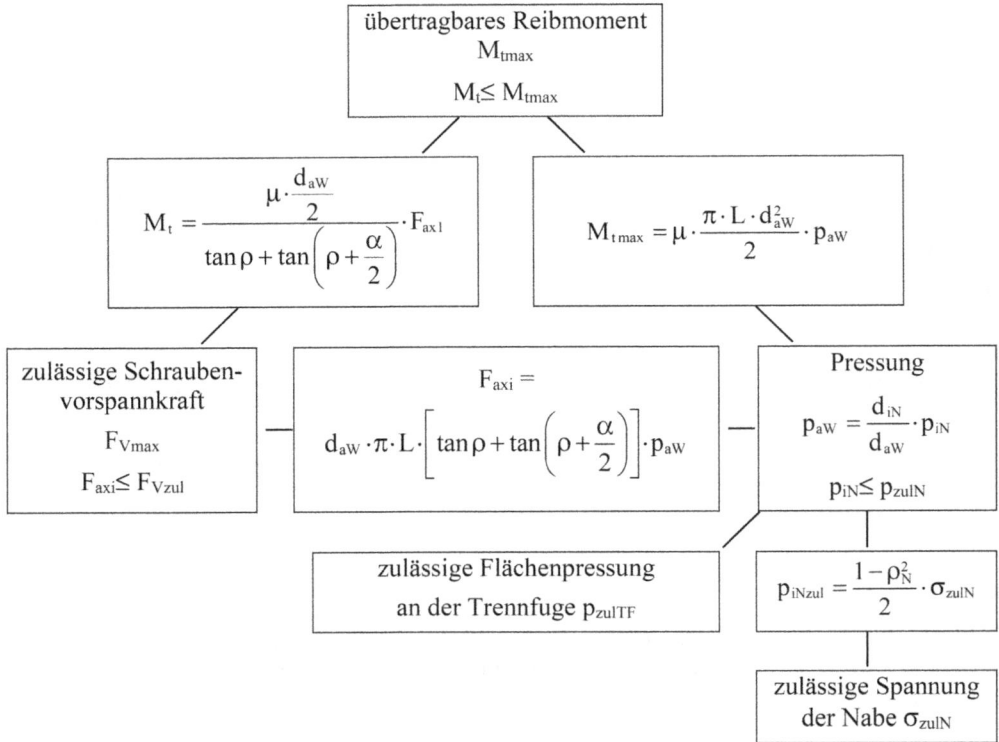

Bild 6.40: Dimensionierungsschema Welle-Nabe-Verbindung mit Ringspannelementen

6.3.4.2.2   Momentenübertragung mit mehreren Paaren Ringspannelemente

Werden nach Bild 6.38 mehrere Ringpaare zur Momentenübertragung herangezogen, so muss berücksichtigt werden, dass die Kraft F_{ax1} zwar für das erste Ringpaar zur Verfügung steht, aber für das zweite Ringpaar nur F_{ax2} nach Bild 6.39 genutzt werden kann. Dazu wird das Gleichgewicht der axialen Kräfte am Außenring nach Bild 6.39 formuliert:

$$\text{Außenring:} \qquad \tan\left(\rho + \frac{\alpha}{2}\right) = \frac{F_{ax2} + F_{Ra}}{F_N} = \frac{F_{ax2}}{F_N} + \frac{F_{Ra}}{F_N}$$

$$\frac{F_{ax2}}{F_N} = \tan\left(\rho + \frac{\alpha}{2}\right) - \frac{F_{Ra}}{F_N} = \tan\left(\rho + \frac{\alpha}{2}\right) - \tan\rho$$

$$F_{ax2} = F_N \cdot \left[\tan\left(\rho + \frac{\alpha}{2}\right) - \tan\rho\right] \qquad\qquad \text{Gl. 6.91}$$

Durch Division von Gl. 6.91 durch Gl. 6.81 gewinnt man das Verhältnis K zwischen den beiden Kräften F_{ax2} und F_{ax1}:

$$\frac{F_{ax2}}{F_{ax1}} = \frac{\tan\left(\rho + \dfrac{\alpha}{2}\right) - \tan\rho}{\tan\left(\rho + \dfrac{\alpha}{2}\right) + \tan\rho} = K \qquad\qquad \text{Gl. 6.92}$$

Der Faktor K ist stets kleiner als 1 und gibt den relativen Axialkraftverlust zum nächsten Ringpaar an. In das nächste Ringpaar wird dann nur noch die Vorspannkraft F_{ax2} und in das übernächste Ringpaar nur noch F_{ax3} eingeleitet. Für die Anordnung weiterer Ringpaare lässt sich die Reihe nach Tab. 6.12 entwickeln:

Tabelle 6.12: Reihenentwicklung Mehrfachanordnung Ringspannelemente

Ring-paar	Axialkraft	Einzelmoment	Gesamtmoment M_{ges} =
1	$F_{ax1} = 1 \cdot F_{ax1} = K^0 \cdot F_{ax1}$	$M_1 = 1 \cdot M_1 = K^0 \cdot M_1$	$1 \cdot M_1$
2	$F_{ax2} = K \cdot F_{ax1} = K^1 \cdot F_{ax1}$	$M_2 = K \cdot M_1 = K^1 \cdot M_1$	$(1 + K^1) \cdot M_1$
3	$F_{ax3} = K \cdot F_{ax2} = K^2 \cdot F_{ax1}$	$M_3 = K \cdot M_2 = K^2 \cdot M_1$	$(1 + K^1 + K^2) \cdot M_1$
4	$F_{ax4} = K \cdot F_{ax3} = K^3 \cdot F_{ax1}$	$M_4 = K \cdot M_3 = K^3 \cdot M_1$	$(1 + K^1 + K^2 + K^3) \cdot M_1$
5	$F_{ax5} = K \cdot F_{ax4} = K^4 \cdot F_{ax1}$	$M_5 = K \cdot M_4 = K^4 \cdot M_1$	$(1 + K^1 + K^2 + K^3 + K^4) \cdot M_1$
6	$F_{ax6} = K \cdot F_{ax5} = K^5 \cdot F_{ax1}$	$M_6 = K \cdot M_5 = K^5 \cdot M_1$	$(1 + K^1 + K^2 + K^3 + K^4 + K^5) \cdot M_1$

Da sich das übertragbare Moment proportional zur Vorspannkraft verhält, lässt sich für das vom jeweiligen Ringpaar übertragbare Einzelmoment die gleiche Reihenentwicklung formulieren. Das Gesamtmoment setzt sich schließlich aus der Summe der Einzelmomente zusammen. Bild 6.41 wertet diesen Zusammenhang für einen Reibwert $\mu = 0,12$ aus.

- Die abfallenden Kurvenzüge geben das durch das einzelne Ringpaar übertragbare Moment $M_{einzeln}$ wieder. Bei vorgegebener Axialkraft F_{ax1} lassen sich mit kleinen Steigungswinkeln hohe Pressungen und damit hohe übertragbare Momente übertragen, aber der Axialkraftverlust zu den nachfolgenden Ringpaaren wird auch besonders hoch. Bei größeren Kegelwinkeln lässt sich zwar weniger Pressung aufbauen und damit weniger Reibmoment übertragen, aber der Axialkraftverlust für die folgenden Ringpaare fällt nicht so hoch aus.
- Die ansteigenden Kurvenzüge repräsentieren das von der Verbindung insgesamt übertragbare Moment M_{ges}. Mit zunehmender Anzahl an Ringpaaren steigt zwar das insgesamt übertragbare Moment an, aber dieser Anstieg ist stark degressiv und läuft schließlich asymptotisch gegen einen Grenzwert. Das insgesamt übertragbare Moment lässt sich also durch das Hinzufügen weiterer Ringpaare nur mühsam steigern. Die Kurvenzüge nähern sich ungeachtet des Kegelwinkels immer mehr aneinander an.

Die Verwendung des kleinen Kegelwinkels von 5° ist übrigens sehr problematisch, weil er innerhalb der Selbsthemmung liegt, die Verbindung ist dann nur noch sehr umständlich lösbar.

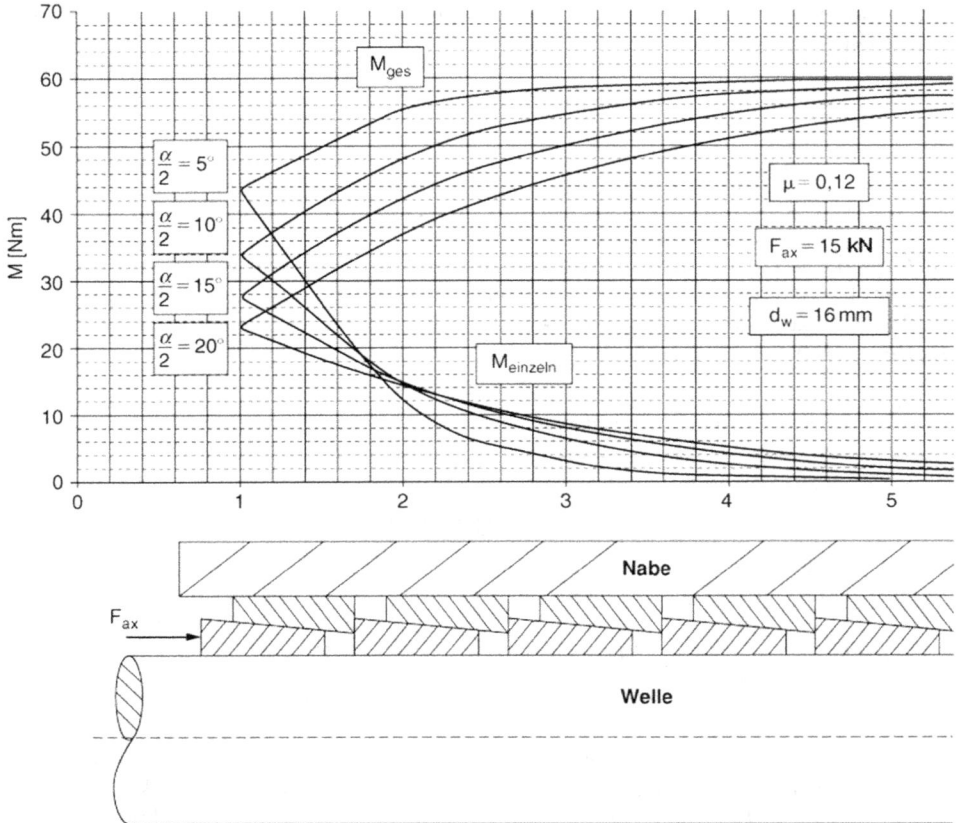

Bild 6.41: Ringspannelement; Abnahme des übertragbaren Reibmomentes für nachfolgende Ringpaare

6.3.4.2.3   Ringspannsatz

Auch der in Bild 6.42 aufgeführte Ringspannsatz nutzt die fertigungstechnisch einfache Konstellation von zylindrischer Welle und zylindrischer Bohrung aus, aber im Gegensatz zum vorgenannten Ringspannelement wird hier das Moment über vier hintereinander geschaltete Trennfugen geleitet: Von der zylindrischen Welle wird es zunächst auf einen inneren Ring (geschlitzt, deshalb nicht schraffiert) geleitet, der seinerseits eine kegelige Außenmantelfläche besitzt, auf der ein Druckring aufliegt, der mit integrierten Schrauben vorgespannt wird. Von der kegeligen Außenmantelfläche des Klemmrings wird das Moment dann auf die Innenkegelfläche des geschlitzten Außenringes übertragen, an dessen zylindrischer Außenmantelfläche schließlich die Nabe anliegt. Dadurch entsteht insgesamt eine Doppelanordnung von jeweils vier hintereinandergeschalteten Reibschlüssen (zwei kegelig, zwei zylindrisch).

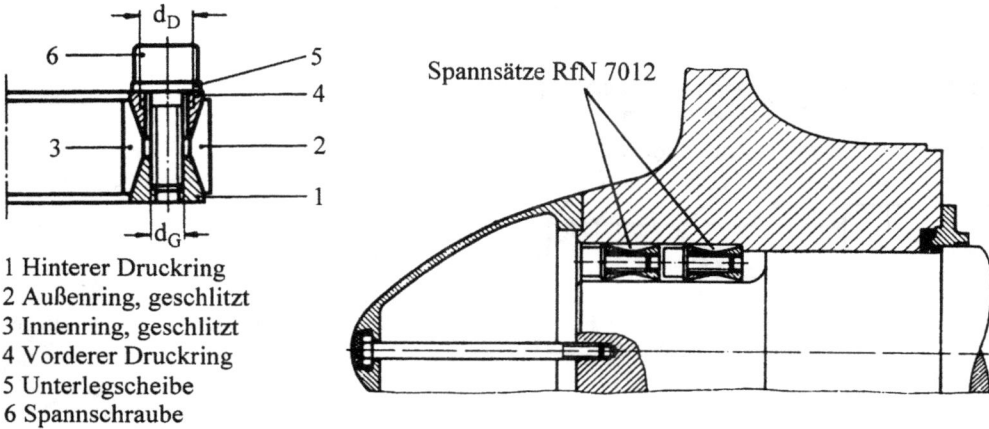

1 Hinterer Druckring
2 Außenring, geschlitzt
3 Innenring, geschlitzt
4 Vorderer Druckring
5 Unterlegscheibe
6 Spannschraube

Bild 6.42: Schiffspropeller, mit Ringspannsatz befestigt

Eine detaillierte Berechnung dieses Zylinderpressverbandes kann in Ergänzung zu den oben aufgeführten Gleichungen vorgenommen werden, was sich jedoch zumeist erübrigt, da Ringspannsätze als einbaufertige Zukaufteile unter der Angabe der übertragbaren Momente katalogisiert sind. Da die Axialkraft bei dieser Konstruktion in jedem Ringspannsatz erneut in voller Höhe erzeugt wird, kommt es hier nicht zu einem Abfall der Momentenübertragbarkeit nachfolgender Spannsätze.

Aufgaben A.6.28 bis A.6.29

6.3.5   Weitere reibschlüssige Welle-Nabe-Verbindungen (E)

Über die zuvor beschriebenen Konstruktionsbeispiele hinaus gibt es noch eine ganze Reihe weiterer reibschlüssiger Welle-Nabe-Verbindungen, deren rechnerische Beschreibung und Dimensionierung sich teilweise aus den bisherigen Ausführungen ableiten lässt.

Eine Schrumpfscheibe nach Bild 6.43 ist zunächst einmal ein Querpressverband zwischen der Welle und der direkt darauf aufliegenden, nach rechts herausgeführten Nabe. Die Flächenpressung des Querpressverbandes wird durch ein Paar Kegelringe hervorgerufen, die außen über die Nabe gestülpt und mit Schrauben verspannt werden. Zur Steigerung der Reibzahl soll die Fügefläche zwischen Welle und Nabe fettfrei gehalten werden.

Schrumpfscheiben können nach Bild 6.44 auch hydraulisch gespannt werden. Das unter Druck eintretende Hydrauliköl schiebt den Außenring der Schrumpfscheibe bis in die hier dargestellte rechte Endstellung und ruft damit zwischen der innenliegenden Nabe und der Welle eine Flächenpressung hervor, die zur reibschlüssigen Übertragung von Momenten und Axialkräften genutzt werden kann, wo er unter Selbsthemmung verharrt. Die Demontage kann durch Öldruck in der rechten Bohrung erleichtert werden.

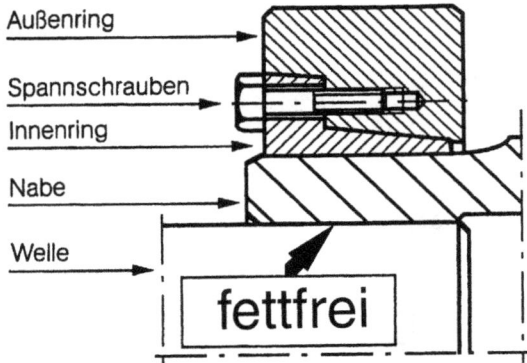

Außenring
Spannschrauben
Innenring
Nabe
Welle

fettfrei

Bild 6.43: Schrumpfscheibe, mechanisch gespannt [nach STÜWE]

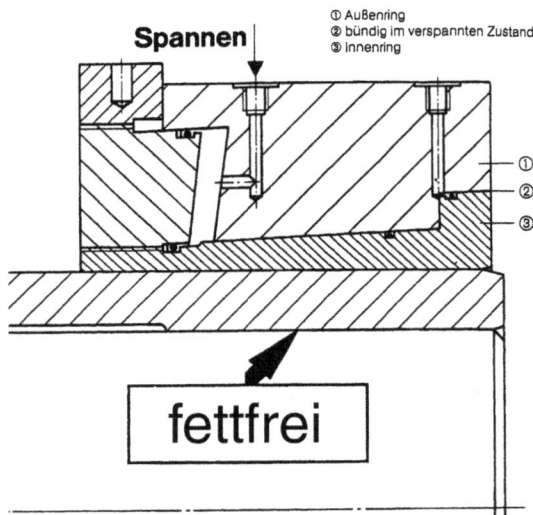

Spannen

① Außenring
② bündig im verspannten Zustand
③ Innenring

①
②
③

fettfrei

Bild 6.44: Schrumpfscheibe, hydraulisch gespannt [nach STÜWE]

Bild 6.45 zeigt ein dreistufiges Planetengetriebe, welches auf der linken Seite von einem
Hydromotor angetrieben wird. Am Abtrieb auf der rechten Seite wird ein sehr großes Moment mit einer Schrumpfscheibe auf die Abtriebswelle übertragen. Dieses Moment wird über
den nach unten herausragenden Hebelarm am Maschinengestell abgestützt.

Der rotationssymmetrische Hülsenkörper einer Druckhülse nach Bild 6.46 ist wechselweise
an der Innen- und an der Außenmantelfläche mit trapezförmigen Ausdrehungen versehen.
Dazwischen bleiben abschnittsweise flachkegelige Scheiben zurück, die sich bei axialer Zusammendrückung zwischen Welle und Nabe aufspreizen und damit eine reibschlüssige Übertragung von Momenten und Axialkräften ermöglichen. Die Spannhülse wird als Druckhülse
für externe (Bild 6.46 links und Mitte) und integrierte Spanneinleitung (Bild 6.46 rechts)
ausgeführt.

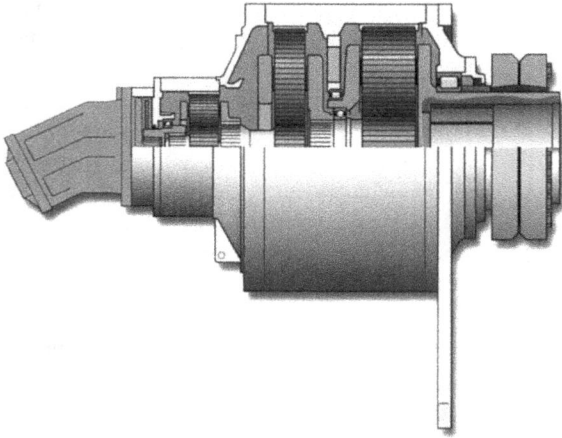

Bild 6.45: Schrumpfscheibe am Abtrieb eines dreistufigen Planetengetriebes [nach Lohmann + Stolterfoht]

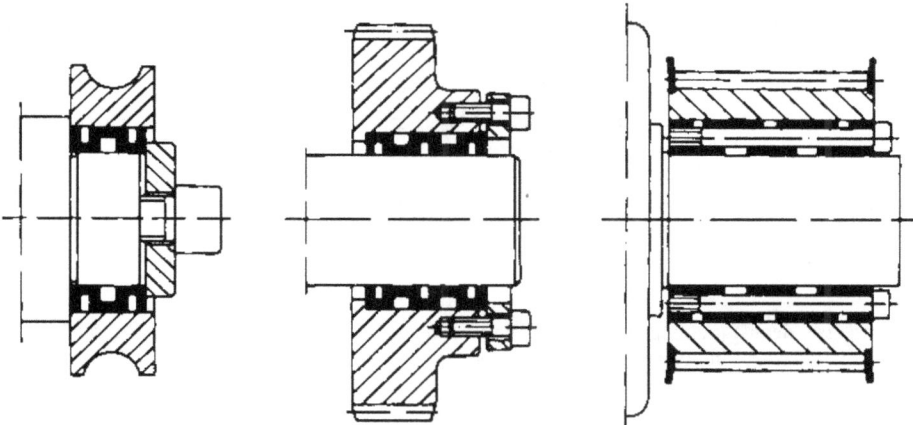

Bild 6.46: Druckhülse [nach Spieth]

6.4 Anhang

6.4.1 Literatur

[6.1] Beitz, W.: Berechnung von Welle-Nabe-Passfederverbindungen; Z Antriebstechnik 16 (1977) Nr. 10

[6.2] Berg, M.: Zum Festigkeitsverhalten schrumpfgeklebter Welle-Nabe-Verbindungen unter Torsionsbelastung; Dissertation TH Darmstadt, 1989

[6.3] Burgtorf, U.: Montage- und Betriebseigenschaften von Zahnwellenverbindungen mit Presssitz; Dissertation TU Clausthal-Zellerfeld, 1998

[6.4]   Contag, D.: Festigkeitsminderung von Wellen unter dem Einfluss von Welle-Nabe-Verbindungen durch Lötung, Nut und Passfeder, Kerbverzahnung und Keilprofile bei wechselnder Drehung; Dissertation TU Berlin 1962

[6.5]   Eberhard, G.: Theoretische und experimentelle Untersuchungen an Klemmverbindungen mit geschlitzter Nabe; Dissertation Universität Hannover 1980

[6.6]   Findeisen, D.: Verspannungsschaubild der Welle-Nabe-Verbindung „rotierender Querpressverband"; Analogie zur Schraubenverbindung unter axialer Zugkraft mit Querkraftschub; Z. Konstruktion 30 (1978), H. 11

[6.7]   Galle, G.: Tragfähigkeit von Querpressverbänden; Schriftenreihe Konstruktionstechnik der TU Berlin 1981

[6.8]   Galle, G.: Fügen von Querpressverbänden; Konstruktion 8, 1979

[6.9]   Gropp, H.: Übertragungsverhalten dynamisch belasteter Pressverbindungen und die Entwicklung einer neuen Generation von Pressverbindungen; Habilitation TU Chemnitz 1997

[6.10] Groß, V.: Berechnungsverfahren zur Auslegung von Querpressverbänden mit axial veränderlichem Nabenaußendurchmesser; Konstruktion 47, 1995

[6.11] Grunau, A.: Mechanisches Verhalten klebgeschrumpfter und geklebter Welle-Nabe-Verbindungen; Dissertation Universität Paderborn 1987

[6.12] Hinz, R.: Verbindungselemente – Achsen, Wellen, Lager, Kupplungen; VEB Fachbuchverlag Leipzig 1989

[6.13] Hinzen, H.: Zylinderpressverband, die optimale Welle-Nabe-Verbindung für hochbelastete Klemmkörperfreiläufe; Konstruktion 41 (1989) Nr. 6, S. 173–181

[6.14] Juckenack, D.: Welle-Nabe-Verformungsanalyse mittels Holografie; (Untersuchung der Lastaufteilung an Welle-Nabe-Verbindungen durch Verformungsanalysen mittels holografischer Interferometrie); Dissertation TU Berlin 1982

[6.15] Kollmann, Franz G.: Welle-Nabe-Verbindungen; Konstruktionsbücher Band 32, Springer-Verlag 1984

[6.16] Leidich, E.: Beanspruchungen von Pressverbindungen im elastischen Bereich und Auslegung gegen Dauerbruch: Dissertation TH Darmstadt 1983

[6.17] Mechnik, R.-P.: Festigkeitsberechnung von genormten und optimierten Polygon-Welle-Nabe-Verbindungen unter reiner Torsion; Dissertation TH Darmstadt 1988

[6.18] Militzer, O.: Rechenmodell für die Auslegung von Welle-Naben-Passfeder-Verbindungen; Dissertation TU Berlin 1975

[6.19] Muschard, W.D.: Klebgerechte Gestaltung einer Welle-Nabe-Verbindung; Z. Konstruktion 36 (1984) H. 9

[6.20] Oldendorf, U.: Lastübertragungsmechanismen und Dauerhaltbarkeit von Passfederverbindungen; Dissertation TH Darmstadt 1999

[6.21] Schäfer, G.: Der Einfluss von Oberflächenbehandlungen auf das Verschleißverhalten flankenzentrierter Zahnwellenverbindungen mit Schiebesitz; Dissertation TU Clausthal-Zellerfeld 1995

[6.22] Schmidt, E.: Drehmoment-Übertragung von Kegelpressverbindungen; Antriebstechnik 12 (1973)

[6.23] Seefluth, R.: Dauerfestigkeit an Welle-Nabe-Verbindungen; TU Berlin 1970

[6.24] Smetana, T.: Untersuchungen zum Übertragungsverhalten biegebelasteter Kegel- und Zylinderpressverbindungen; Dissertation TU Chemnitz 2001

[6.25] Tersch, H.: Verbindungsmechanismen bei schrumpfgeklebten Welle-Nabe-Verbindungen; Antriebstechnik 41 (2002), Heft 12, S. 41–44

[6.26] Winterfeld, J.: Einflüsse der Reibdauerbeanspruchung auf die Tragfähigkeit von P4C-Welle-Nabe-Verbindungen; Dissertation TU Berlin 2001

[6.27] Zang, R.: Beanspruchung in der Welle einer Passfederverbindung bei statischer und dynamischer Torsionsbelastung; Dissertation TH Darmstadt 1987

6.4.2   Normen

[6.28] DIN ISO 14: Keilwellenverbindungen mit geraden Flanken und Innenzentrierung

[6.29] DIN 228: Morsekegel und metrische Kegel T1 (Kegelschäfte) und T2 (Kegelhülsen)

[6.30] DIN 748 T1: Zylindrische Wellenenden; Abmessungen, Nenndrehmomente

[6.31] DIN 748 T3: Zylindrische Wellenenden für elektrische Maschinen

[6.32] DIN 254: Kegel

[6.33] DIN 268: Tangentkeile und Tangentkeilnuten für stoßartige Beanspruchungen

[6.34] DIN 271: Tangentkeile und Tangentkeilnuten für gleichbleibende Beanspruchungen

[6.35] DIN ISO 286 T2: ISO-System für Grenzmaße und Passungen, Tabelle der Grundtoleranzgrade und Grenzabmaße für Bohrungen und Wellen

[6.36] DIN 1448 T1: Kegelige Wellenenden mit Außengewinde; Abmessungen

[6.37] DIN 1449: Kegelige Wellenenden mit Innengewinde; Abmessungen

[6.38] DIN ISO 3040: Kegelverbindungen

[6.39] DIN 5464: Keilwellenverbindungen mit geraden Flanken; Schwere Reihe

[6.40] DIN E 5466 T1: Tragfähigkeitsberechnung von Zahn- und Keilwellenverbindungen

[6.41] DIN 5471: Werkzeugmaschinen; Keilwellen- und Keilwellenprofile mit 4 Keilen, Innenzentrierung

[6.42] DIN 5472: Werkzeugmaschinen; Keilwellen- und Keilwellenprofile mit 6 Keilen, Innenzentrierung

[6.43] DIN 5480: Passverzahnungen mit Evolventenflanken und Bezugsdurchmesser

[6.44] DIN 5481: Passverzahnungen mit Kerbflanken

[6.45] DIN 6881: Spannungsverbindung mit Anzug; Hohlkeile

[6.46] DIN 6883: Spannungsverbindung mit Anzug; Flachkeile

[6.47] DIN 6884: Spannungsverbindung mit Anzug; Nasenflachkeile

[6.48] DIN 6885 T2: Passfedern

[6.49] DIN 6886: Einlegekeil A; Treibkeil B

[6.50] DIN 6887: Nasenkeil

[6.51] DIN 6888: Scheibenfeder

[6.52] DIN 6889: Nasenhohlkeil

[6.53] DIN 6892: Passfedern, Berechnung und Gestaltung

[6.54] DIN 7157: Passungstabelle mit Vorzugsreihen

[6.55] DIN 7178 T1: Kegeltoleranz- und Kegelpasssystem für Kegel von Verjüngung C = 1:3 bis 1:500 und Längen von 6 bis 630 mm, Kegeltoleranzsystem

[6.56] DIN 7190: Pressverbände – Berechnungsgrundlage und Gestaltungsregeln

[6.57] DIN 9611: Landwirtschaftliche Traktoren, Heckzapfwelle

[6.58] DIN 32711: Antriebselemente; Polygonprofile P3G

[6.59] DIN 32712: Antriebselemente; Polygonprofile P4C

6.5 Aufgaben: Welle-Nabe-Verbindungen

Formschluss

A.6.1 Vergleich formschlüssiger Welle-Nabe-Verbindungen

Die untenstehende Darstellung stellt vier normgerechte formschlüssige Welle-Nabe-Verbindungen gegenüber, die etwa den gleichen Konstruktionsraum beanspruchen.

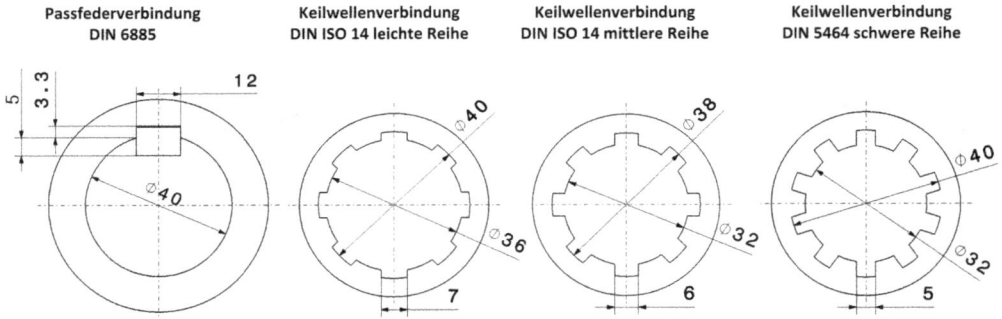

Es kann eine Flächenpressung von $p_{zul} = 40$ N/mm² zugelassen werden. Die wirksame Länge aller Verbindungen beträgt 40 mm. Berechnen Sie für alle vier Varianten das übertragbare Torsionsmoment, wenn für die Passfederverbindung der Traganteil $\varphi = 1$ und für die Keilwellenverbindungen der Traganteil $\varphi = 0,75$ angenommen werden kann. Ermitteln Sie das jeweils übertragbare Moment.

	Passfeder DIN 6885	Keilwelle DIN ISO 14 leichte Reihe	Keilwelle DIN ISO 14 mittlere Reihe	Keilwelle DIN 5464 schwere Reihe
M_{tmax} [Nm]				

Kraftschluss: Axialklemmverband

A.6.2   Kreissägenblatt I

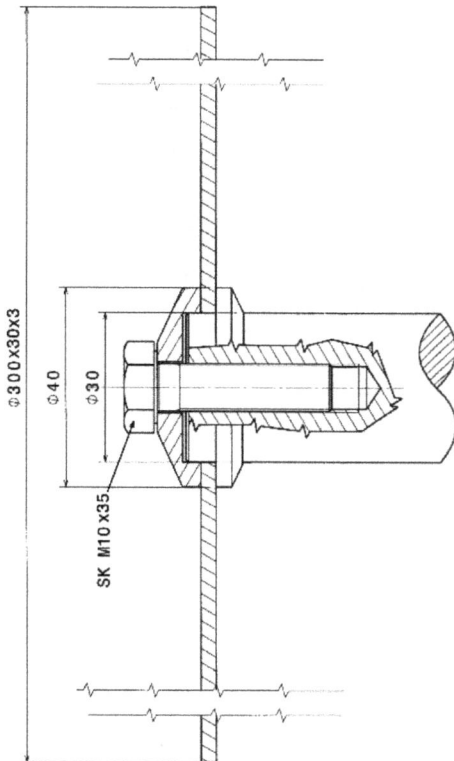

Das nebenstehend dargestellte Kreissägenblatt wird zwischen zwei Flansche gefasst, von denen der rechte Bestandteil der Welle ist. Der linke Flansch ist als deckelförmige Scheibe ausgebildet, die mit einer zentralen Schraube auf der Welle verspannt ist. Das am Umfang des Sägeblattes durch den Sägevorgang eingeleitete Moment wird also zunächst einmal in einer Parallelschaltung von zwei Reibschlüssen auf diese beiden Flansche übertragen. Da jedoch der linke Flansch über die vergleichsweise verdrehweiche Schraube an die Welle angekoppelt ist, wird es zu einer stark ungleichmäßigen Aufteilung des Torsionsmomentes auf die beiden Flansche kommen. Deshalb wird sicherheitshalber angenommen, dass das Moment ausschließlich rechts übertragen wird. An der Welle liegt eine Leistung von 6,4 kW bei einer Drehzahl von 1.350 min^{-1} vor, der Reibwert wird sicherheitshalber mit 0,08 angenommen. Der Reibwert am Kopf und im Gewinde der Schraube beträgt 0,12. Das Loch im linken Flansch ist einen Millimeter größer als der Nenndurchmesser der Schraube.

Welches Torsionsmoment ist zu übertragen?		M_t	Nm
Welcher Hebelarm ist für die Momentenübertragung maßgebend?		r_m	mm
Welche Axialkraft muss durch die Schraube aufgebracht werden?		F_{ax}	N
Welche Flächenpressung entsteht zwischen Flansch und Sägeblatt?		p	N/mm²
Welches Gewindemoment ist erforderlich?		M_{Gew}	Nm
Mit welchem Gesamtmoment muss angezogen werden?		M_{ges}	Nm
Wie hoch ist die Zugspannung in der Schraube?		σ_Z	N/mm²
Wie hoch ist der Torsionsschub in der Schraube?		τ_t	N/mm²
Welche Vergleichsspannung liegt in der Schraube vor?		σ_V	N/mm²

Das Anzugsmoment der Schraube muss in der Welle abgestützt werden. Ist es auch möglich, stattdessen nur das Sägeblatt zu blockieren? Begründen Sie Ihre Aussage durch Ankreuzen.	O ja O nein	weil O	$M_{gesanz} < M_{WNV}$
		weil O	$M_{Gew} < M_{WNV}$
		weil O	$M_{Kopfreibung} < M_{WNV}$
		weil O	$M_{gesanz} \geq M_{WNV}$
		weil O	$M_{Gew} \geq M_{WNV}$
		weil O	$M_{Kopfreibung} \geq M_{WNV}$

A.6.3   Winkelschleifer

Bei unten abgebildeten Winkelschleifer wird die Leistung von einem Elektromotor über eine Kegelradverzahnung (winklig, deshalb auch der Begriff „Winkelschleifer") auf die Werkzeugwelle übertragen. Gegenstand der hier vorliegenden Betrachtung ist die Übertragung des Torsionsmomentes von der Welle auf das Werkzeug, die in aller Regel als „axialer Klemmverband" ausgeführt wird.

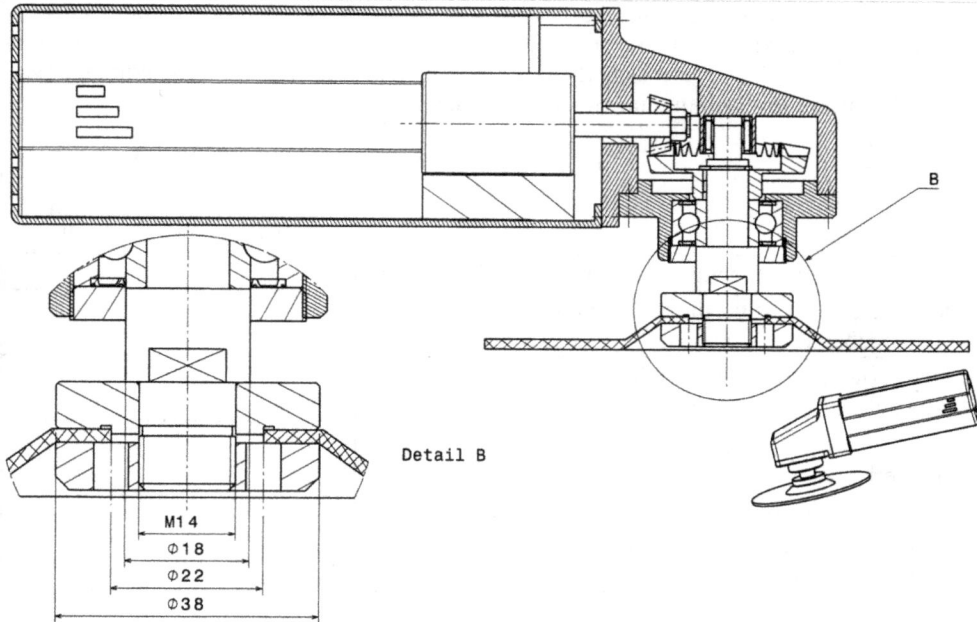

B

Detail B

M14
Φ18
Φ22
Φ38

Die Trenn- bzw. Schleifscheibe wird zwischen zwei Flansche gefasst. Der untere Flansch ist als Mutter ausgebildet, die mit einer Stiftschlüssel auf der als Schraube endenden Welle aufgezogen wird. Das am Werkzeug eingeleitete Torsionsmoment wird also zunächst einmal in einer Parallelschaltung von zwei Reibschlüssen auf diese beiden Flansche übertragen. Da jedoch der untere Flansch über eine vergleichsweise verdrehweiche Schraubverbindung an die Welle angekoppelt ist, wird es zu einer stark ungleichmäßigen Aufteilung des Torsionsmomentes auf die beiden Flansche kommen. Deshalb wird sicherheitshalber angenommen, dass das Moment ausschließlich über den oberen Flansch übertragen wird. Von dort aus muss das Moment über einen weiteren axialen Klemmverband am Wellenbund übertragen werden. Der Einstich an der Axialfläche des oberen Flansches kann vernachlässigt werden.

An der Welle wird eine mechanische Leistung von 460 W bei einer Drehzahl von 6.500 min^{-1} übertragen. Zwischen Werkzeug und Flansch liegt ein Reibwert von 0,12 vor, zwischen Flansch und Welle muss sicherheitshalber ein Reibwert von 0,08 angenommen werden. Der Reibwert am Kopf und im Gewinde der Schraube beträgt 0,12.

		Verbindung Schleifscheibe – Flansch	Verbindung Flansch – Welle
Welches Torsionsmoment ist zu übertragen?	Nm		
Welcher Hebelarm ist für die Momentenübertragung maßgebend?	mm		
Welche Axialkraft muss für die Momentenübertragung aufgebracht werden?	N		
Welche Flächenpressung entsteht am axialen Klemmverband?	$\frac{N}{mm^2}$		
Welches Gewindemoment muss an der Schraube aufgebracht werden, um den Reibschluss an beiden axialen Klemmverbänden sicher zu stellen?	Nm		
Beim Anziehen wird ein Schraubschlüssel hinter der Schleifscheibe angesetzt, um die Welle zu blockieren. Ist es auch möglich, das Moment durch Blockieren der Schleifscheibe abzustützen?		O ja $\quad$ O nein $\quad$ weil O $M_{Gewinde} < M_{Flansch-Schleifscheibe}$ O $M_{Gewinde} \geq M_{Flansch-Schleifscheibe}$ O $M_{Gewinde} < M_{Welle-Flansch}$ O $M_{Gewinde} \geq M_{Welle-Flansch}$	
Mit welchem Gesamtmoment muss die Mutter angezogen werden?	Nm		

A.6.4   Schleifscheibenaufnahme

Die untenstehende Schleifscheibenaufnahme überträgt das zum Schleifen erforderliche Torsionsmoment von der Welle auf die Schleifscheibe als axialen Klemmverband:

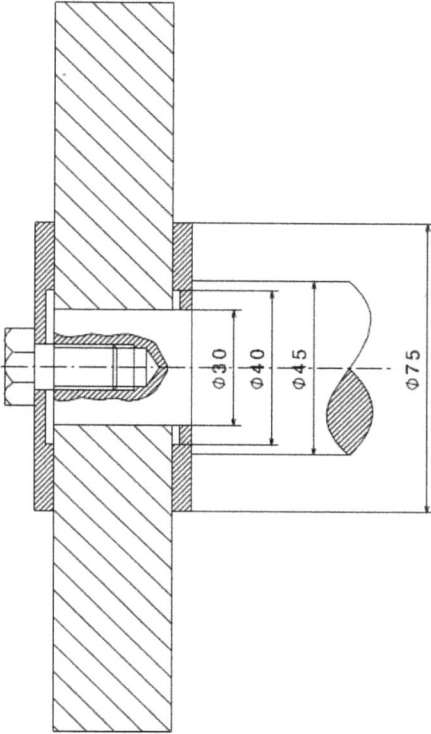

Durch Anziehen der am freien Wellenende herausragenden Schraube wird eine Axialkraft hervorgerufen, die die Schleifscheibe zwischen die beiden metallischen Zwischenscheiben einklemmt und damit eine reibschlüssige Momentenübertragung gewährleistet. Der durch die rechte Zwischenscheibe übertragene Momentenanteil wird durch einen weiteren axialen Klemmverband auf dem Wellenbund abgestützt. Der durch die linke Zwischenscheibe übertragene Momentenanteil müsste über die Kopfreibung der Schraube als weiterer axialen Klemmverband auf die Welle übertragen werden. Da die Torsionssteifigkeit jedoch deutlich kleiner ist als auf der gegenüberliegenden Seite, kann dieser Anteil vernachlässigt werden. Es wird also sicherheitshalber davon ausgegangen, dass zur Momentenübertragung nur die rechte Seite zur Verfügung steht. Die zulässige Flächenpressung zwischen Schleifscheibe und Zwischenscheibe muss auf 10 N/mm² begrenzt werden, um die Schleifscheibe nicht zu beschädigen. Die axiale Vorspannkraft wird durch eine Schraube M12 aufgebracht, der Reibwert im Gewinde beträgt $\mu = 0{,}12$. Es kann angenommen werden, dass das Gewindemoment und das Kopfreibungsmoment gleich groß sind.

	Verbindung Schleifscheibe – Zwischenscheibe $p_{zul} = 10$ N/mm² $\mu = 0{,}25$	Verbindung Zwischenscheibe – Welle $p_{zul} = 80$ N/mm² $\mu = 0{,}10$
Welche maximale Schraubenvorspannkraft F_V darf aufgebracht werden?		
Welches Torsionsmoment kann an der jeweiligen Welle-Nabe-Verbindung unter Berücksichtigung der insgesamt zulässigen Vorspannkraft F_V übertragen werden?		
Welches maximale Torsionsmoment M_{WNV} kann insgesamt übertragen werden?		
Mit welchem Moment M_{gesanz} muss die Schraube angezogen werden, wenn das maximale Torsionsmoment M_{WNV} übertragen werden soll?		
Das Anzugsmoment der Schraube muss in der Welle abgestützt werden. Ist es möglich, zu diesem Zweck nur die Schleifscheibe zu blockieren? Begründen Sie Ihre Aussage durch Ankreuzen.	O ja O nein weil O $M_{gesanz} < M_{WNV}$ weil O $M_{Gew} < M_{WNV}$ weil O $M_{Kopfreibung} < M_{WNV}$	

A.6.5 Axialer Klemmverband unter Berücksichtigung von Setzbeträgen

Auch bei diesem axialen Klemmverband wird davon ausgegangen, dass das Torsionsmoment wegen der geringen Verdrehfedersteifigkeit der Schraube nur zwischen Wellenbund und Nabe, nicht aber an der Verschraubung übertragen wird.

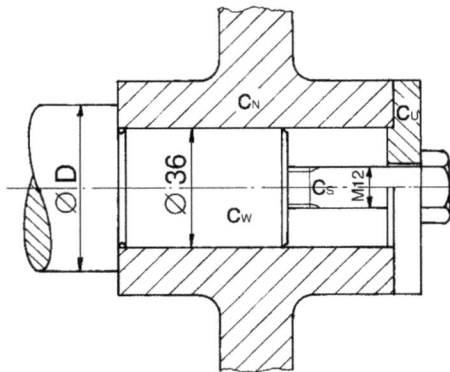

Zwischen Wellenbund und Nabenstirnseite darf wegen einer Oberflächenbeschichtung eine Flächenpressung von $p_{zul} = 40$ N/mm² nicht überschritten werden. Der Reibwert beträgt für sämtliche Reibpaarungen $\mu = 0{,}12$.

axiale Steifigkeiten
Schraube: $c_S = 760$ N/µm
Unterlegscheibe: $c_U = 360$ N/µm
Nabe: $c_N = 1.956$ N/µm
Welle: $c_W = 4.548$ N/µm

Die Schraube wird mit einem Gesamtmoment von 60 Nm angezogen, wobei angenommen werden kann, dass das Kopfreibungsmoment so groß ist wie das Gewindemoment beim Anziehen der Schraube. Betrachten Sie zunächst den Zustand unmittelbar nach der Montage (drittletzte Spalte)!

			nach der Montage	nach dem Setzen	nach dem Nachziehen
Wie groß ist die Vorspannkraft?	F_V	N			
Wie groß muss der Außendurchmesser der Wellen mindestens sein, wenn die zulässige Flächenpressung nicht überschritten werden darf?	D	mm			
Welches maximale Torsionsmoment kann mit dieser Welle-Nabe-Verbindung übertragen werden?	M	Nm			

Die Schraubverbindung setzt sich nach einiger Betriebszeit (vorletzte Spalte). Die Setzbeträge der geschlichteten Kontaktflächen sind mit je 8 μm und der des Gewindes mit 5 μm zu berücksichtigen. Wie groß sind die Vorspannkraft und das übertragbare Moment nach dem Setzen?

Die Schraubverbindung wird schließlich mit dem ursprünglichen Moment von 60 Nm nachgezogen (letzte Spalte). Wie groß sind dann die Vorspannkraft und das übertragbare Moment?

Kann das Schraubenanzugsmoment durch Festhalten der Nabe abgestützt werden?	O ja O nein

Kraftschluss: Radialklemmverbindungen

A.6.6   Schalenkupplung

Gegeben ist eine nicht schaltbare Kupplung als reibschlüssige Verbindung zwischen zwei Wellenenden. Sie wird mit Presssitz (H7/n7) ausgeführt, und aufgrund der konstruktiven Ausführung liegt eine biegesteife Nabe vor. Der Reibwert zwischen Welle und Nabe kann mit $\mu = 0,12$ angenommen werden.

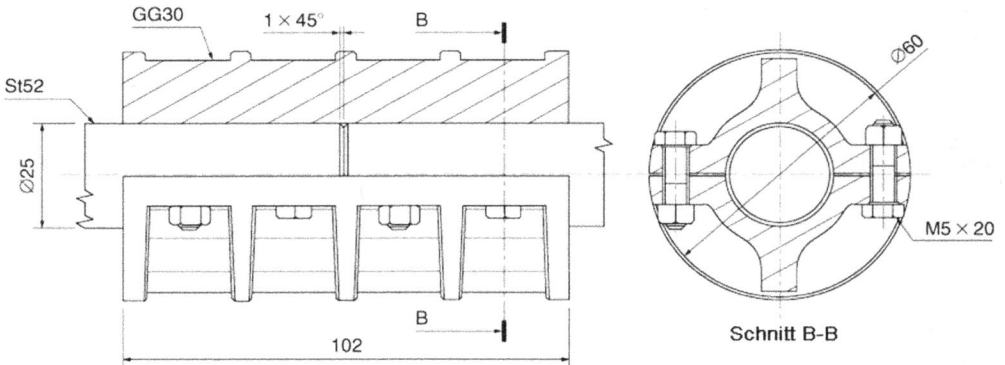

| Welches maximale Moment kann übertragen werden, wenn die Verbindung nach der zulässigen Flächenpressung zwischen Welle und Nabe von $p_{zul} = 80$ N/mm² (St/GG) dimensioniert wird? | Nm | |
| Welches maximale Moment kann übertragen werden, wenn die Verbindung nach der zulässigen Vorspannkraft der Schrauben (M5, Schraubengüte 8.8) mit $F_{Vmax} = 7,2$ kN dimensioniert wird? | Nm | |

Kreuzen Sie in der folgenden Rubrik an, welche Maßnahme zur Erhöhung des übertragbaren Momentes sinnvoll ist.

	ja	nein
Verwendung von Schrauben höherer Festigkeit		
Verwendung einer Nabe höherer Festigkeit		
Verwendung von Schrauben größeren Durchmessers		
Erhöhung der Schraubenanzahl		
Verwendung einer Welle höherer Festigkeit		

A.6.7   Metallfaltenbalgkupplung

Die unten dargestellte Metallfaltenbalgkupplung ist eine nicht schaltbare Kupplung, die zwei Wellenenden miteinander verbindet und dabei Radial-, Axial- und Winkelversatz der beiden Wellen ausgleicht. Sie setzt sich aus zwei hintereinandergeschalteten radialen Klemmverbindungen zusammen: Das Moment wird von der linken Welle auf die linke Kupplungsnabe übertragen, von dort über den Metallfaltenbalg auf die rechte Kupplungsnabe übergeleitet und schließlich auf der rechten Welle abgestützt. Die Kupplung ist aufgrund ihrer Konstruktion sehr torsionssteif, sodass die Drehbewegung winkelgetreu übertragen wird. Wesentlicher Bestandteil der Kupplung sind zwei identische, hintereinander geschaltete Welle-Nabe-Verbindungen als radialer Klemmverband mit einer axialen Erstreckung von jeweils 28 mm. Aufgrund der konstruktiven Ausführung kann eine biegesteife Nabe angenommen werden. Zwischen Welle und Nabe liegt ein Reibwert $\mu = 0{,}08$ vor.

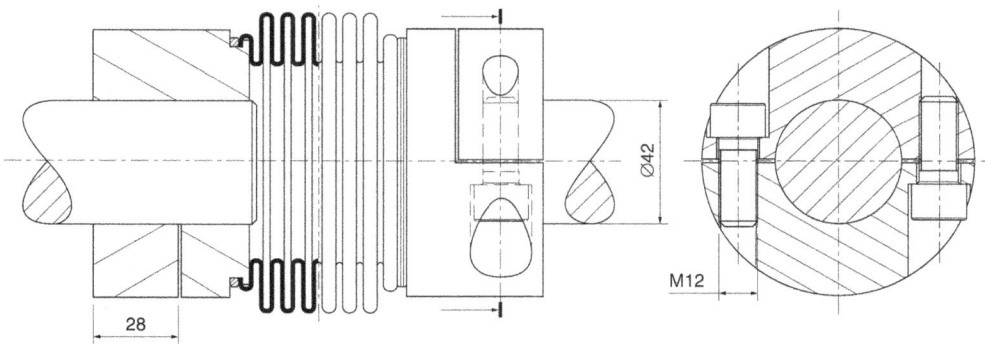

Die Schrauben werden in der Schraubengüte 10.9 ausgeführt. Mit welcher maximalen Vorspannkraft können die Schrauben belastet werden, wenn sowohl die Zugspannung als auch die durch das Anziehen bedingte Torsion berücksichtigt werden, wobei im Gewinde der Reibwert $\mu = 0{,}12$ angenommen werden kann.	F_{Vmax}	N	
Welches maximale Kupplungsmoment kann übertragen werden, wenn die Verbindung nach der zulässigen Vorspannkraft der Schrauben dimensioniert wird?	$M_{Kupplung}$	Nm	
Welche Flächenpressung tritt dann zwischen Welle und Nabe auf?	p	N/mm²	
Mit welchem Moment müssen die Schrauben angezogen werden, wenn an der Kopfauflage ein Reibwert $\mu = 0{,}12$ angenommen werden kann, der Schraubenkopf einen Außendurchmesser von 18 mm aufweist und das Durchgangsloch mit 14 mm gebohrt ist?	M_{anz}	Nm	

A.6.8   Variation der Ansätze

Die unten dargestellte nicht schaltbare Kupplung verbindet zwei Wellenenden. Das Moment wird von der linken Welle auf die linke Hälfte der Kupplungsnabe übertragen, von dort auf die rechte Hälfte der Kupplungsnabe übergeleitet und schließlich auf die rechte Welle abgestützt. Wesentlicher Bestandteil der Kupplung sind zwei identische, hintereinandergeschaltete Welle-Nabe-Verbindungen als radialer Klemmverband. In einer gegenüberstellenden Betrachtung wird die Kupplung sowohl mit biegesteifer als auch mit biegeweicher Nabe ausgeführt. Zwischen Welle und Nabe liegt ein Reibwert $\mu = 0{,}1$ vor.

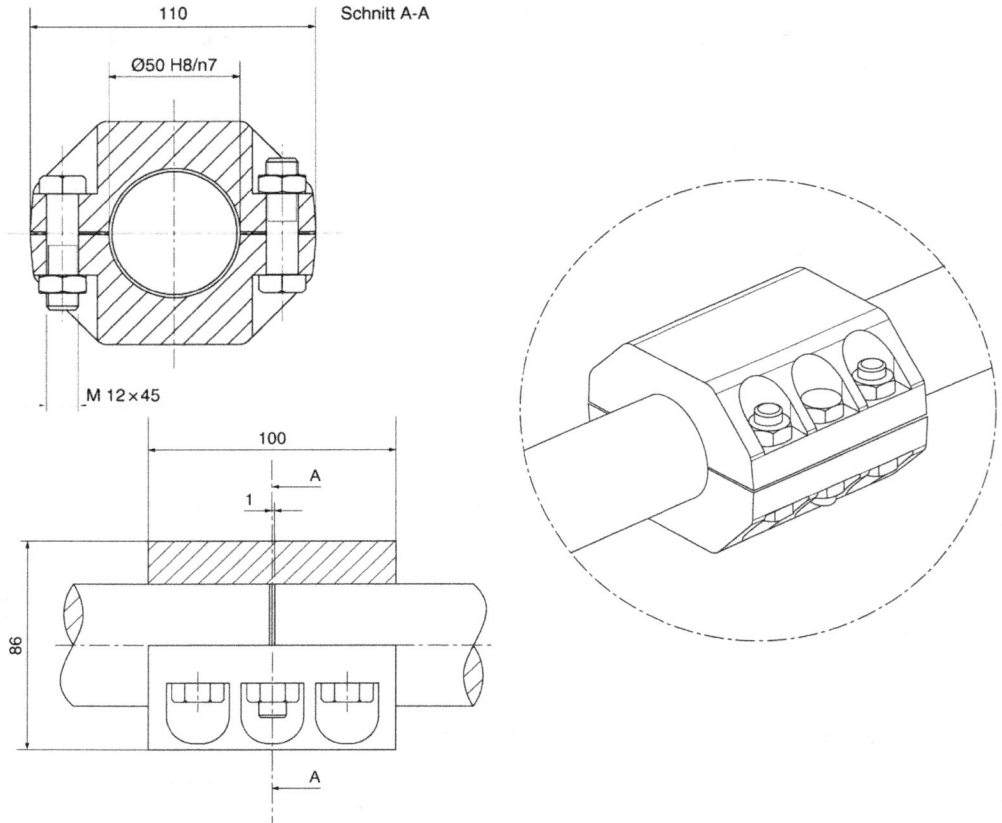

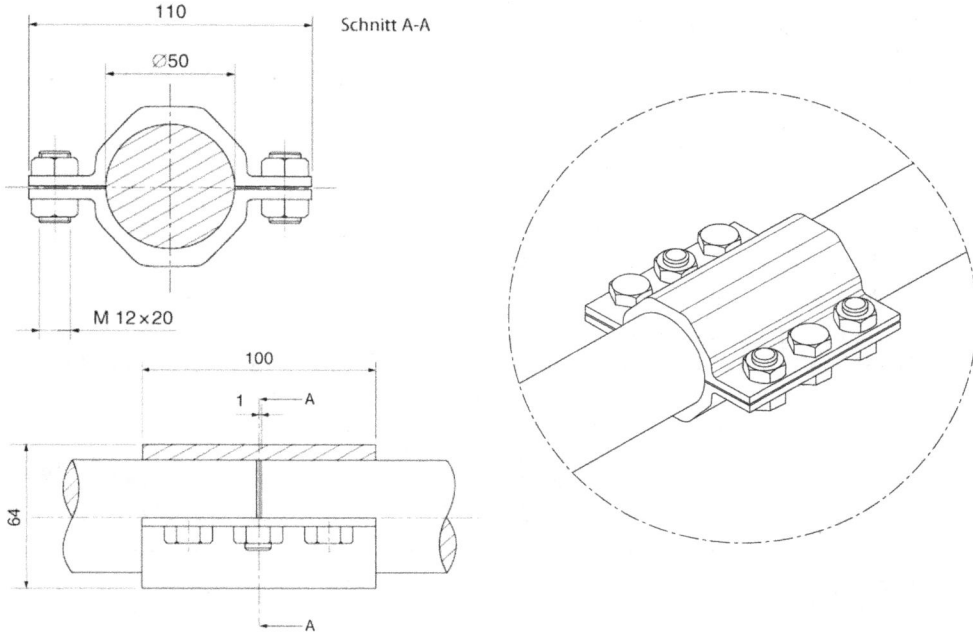

Die folgenden Berechnungen sind sowohl für die Annahme „biegesteife Nabe" als auch für „biegeweiche Nabe" anzustellen. Zur Dokumentation der Ergebnisse bedienen Sie sich der untenstehenden Schemata.

a) Dimensionierung nach der **zulässigen Pressung**:
   Es wird die Werkstoffpaarung verwendet, die eine Flächenpressung zwischen Welle und Nabe von $p_{zul} = 60$ N/mm² zulässt. Welches Torsionsmoment M_t ist dann übertragbar und mit welcher Vorspannkraft F_V muss die einzelne Schraube dann angezogen werden?

	Annahme „biegesteife Nabe"	Annahme „biegeweiche Nabe"
$p_{max} = p_{zul}$ [N/mm²]	60	60
M_t [Nm]		
F_V [kN]		

b) Dimensionierung nach dem zu **übertragenden Moment**:
Es soll ein Torsionsmoment von $M_t = 800$ Nm übertragen werden. Mit welcher Vorspannkraft F_V müssen dann die Schrauben angezogen werden? Wie groß ist in diesem Fall die tatsächlich auftretende maximale Pressung p_{max}?

	Annahme „biegesteife Nabe"	Annahme „biegeweiche Nabe"
p_{max} [N/mm²]		
M_t [Nm]	800	800
F_V [kN]		

c) Dimensionierung nach der **maximalen Schraubenvorspannkraft**:
Die Vorspannkraft F_V der einzelnen Schraube ist auf 44 kN (Schraubengüte 8.8) begrenzt. Wie groß ist in diesem Fall die tatsächlich auftretende maximale Pressung p_{max}? Welches Torsionsmoment M_t kann dann übertragen werden?

	Annahme „biegesteife Nabe"	Annahme „biegeweiche Nabe"
p_{max} [N/mm²]		
M_t [Nm]		
$F_V = F_{Vmax}$ [kN]	44	44

A.6.9   Sattelstütze Fahrrad

Die Sattelstütze eines Fahrrades wird in das Rahmenrohr eingeführt und dort durch eine Schraube reibschlüssig fixiert (s. nachfolgende Skizze), wodurch eine längskraftübertragende Welle-Nabe-Verbindung entsteht.

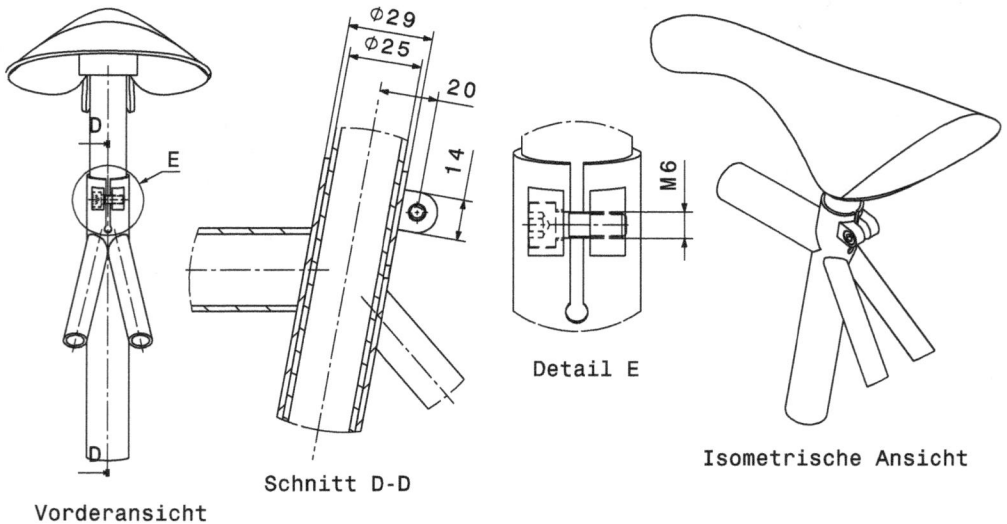

Vorderansicht

Schnitt D-D

Detail E

Isometrische Ansicht

Es können folgende Annahmen getroffen werden:

- Das Maximalgewicht des Fahrers sei 120 kg. Die während der Fahrt auftretende Dynamik und sonstige Unwägbarkeiten werden durch einen Sicherheitsfaktor von S = 3 berücksichtigt.
- Die Belastung wirkt ausschließlich als Längskraft. Die weiteren Anteile (Biegemoment und Querkraft) sind so gering, dass sie vernachlässigt werden können.
- Das Rahmenrohr gilt als geschlitzte, „biegeweiche" Nabe.
- Der Reibbeiwert für Welle-Nabe-Verbindung, Schraubgewinde und Schraubenkopfauflage wird einheitlich mit $\mu = 0,12$ angenommen.
- Die axiale Erstreckung der Welle-Nabe-Verbindung wird für die Dimensionierung mit 14 mm angenommen.
- Die Verbindung wird mit einer normgerechten Schraube M6 fixiert, der für die Kopffreibung maßgebende Radius beträgt $r_k = 4,0$ mm.

Welche maximale Flächenpressung ist zur Sicherstellung des Reibschlusses erforderlich?	p_{max}	N/mm²	
Welche Vorspannkraft muss dann an der Schraube aufgebracht werden?	F_{VS}	N	
Welches Gewindemoment ist erforderlich?	M_{Gewan}	Nm	
Wie groß ist das Kopfreibungsmoment?	M_{KR}	Nm	
Mit welchem Gesamtmoment muss die Schraube angezogen werden?	M_{an}	Nm	
Welche Zugspannung tritt dann in der Schraube auf?	σ_Z	N/mm²	
Welcher Torsionsschub liegt in der Schraube vor?	τ_t	N/mm²	
Wie groß ist die Vergleichsspannung in der Schraube?	σ_V	N/mm²	

Kraftschluss: Zylinderpressverband

Erforderliche Mindestpressung

A.6.10   Erforderliche Pressung bei Torsions- und Längskraftbelastung

Ein Zylinderpressverband hat einen Durchmesser von d = 38 mm und eine Fügelänge L = 32 mm. Es kann eine Reibzahl $\mu = 0,12$ angenommen werden.

Welche Pressung ist erforderlich, wenn eine Axialkraft $F_{ax} = 10$ kN übertragen werden soll?	p	N/mm²	
Welche Pressung ist erforderlich, wenn ein Torsionsmoment $M_t = 500$ Nm übertragen werden soll?	p	N/mm²	
Welche Pressung ist erforderlich, wenn sowohl die o.a. Axialkraft F_{ax} als auch das Torsionsmoment M_t gleichzeitig übertragen werden sollen?	p	N/mm²	

A.6.11   Erforderlicher Durchmesser bei Torsions- und Längskraftbelastung

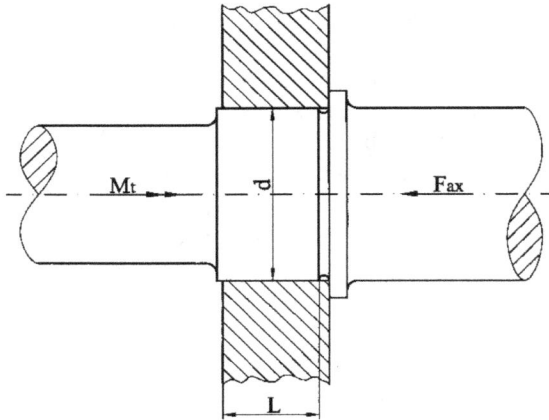

Die Flächenpressung einer Querpressverbindung beträgt $p = 70$ N/mm², der Reibwert μ wird sicherheitshalber mit 0,08 angenommen. Die Pressverbindung soll zugleich ein Torsionsmoment $M_t = 820$ Nm und eine Axialkraft $F_{ax} = 42$ kN übertragen. Das Längen-/Breiten-Verhältnis der Verbindung beträgt $L/d = 0,9$.

Bestimmen Sie den erforderlichen Fügedurchmesser der Verbindung, wenn die Axialkraft so eingeleitet wird wie in der Skizze dargestellt.	d	mm	
Bestimmen Sie den erforderlichen Fügedurchmesser für den Fall, dass die Axialkraft in umgekehrter Richtung eingeleitet wird. Hinweis: Die Berechnung vereinfacht sich, wenn Sie iterativ vorgehen.	d	mm	

A.6.12   Kreissägenblatt II (V)

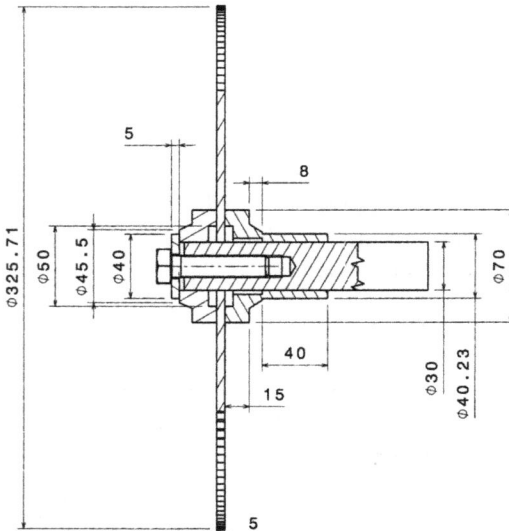

Das nebenstehend dargestellte Kreissägenblatt wird zwischen zwei Flansche gefasst. Das am Umfang des Sägeblattes durch den Sägevorgang abgenommene Moment wird hintereinander von zwei Welle-Nabe-Verbindungen übertragen:

- Das Moment wird über die Flansche als axialem Klemmverband übertragen. Da der linke Flansch aber nur sehr torsionsweich über die Schraube mit der Welle verbunden ist, ist die Annahme gerechtfertigt, dass das gesamte Moment am sehr torsionssteifen rechten Flansch übertragen wird.
- Vom rechten Flansch wird das Torsionsmoment mittels Querpressverband auf die Welle übertragen.

Die Schraube wird mit einer Vorspannkraft von 18 kN angezogen. Die Reibwerte an beiden Welle-Nabe-Verbindungen können mit 0,08 angenommen werden.

Wie hoch ist die Flächenpressung zwischen Sägeblatt und Flansch?	N/mm²	
Wie groß ist am axialen Klemmverband der für die Übertragung des Torsionsmomentes maßgebende Hebelarm für die Umfangskraft?	mm	
Wie groß ist das am Axialklemmverband übertragbare Moment?	Nm	
Welche Pressung muss am Querpressverband mindestens vorliegen, damit an dieser Stelle das gleiche Torsionsmoment übertragen werden kann wie beim Axialklemmverband?	N/mm²	

Berücksichtigung der Festigkeiten und elastischen Verformungen

A.6.13   Torsionsbelastung

Gegeben ist ein Querpressverband mit einem Fügedurchmesser von 42 mm und einem Länge-/Breiten-Verhältnis $L/d = 0,8$. Welle und Nabe bestehen aus Stahl. Die Nabe hat einen Außendurchmesser von 58 mm, die Welle ist eine Vollwelle. Die zulässige Spannung in Welle und Nabe beträgt $\sigma_{zul} = 550$ N/mm². Es soll ein Moment von 300 Nm übertragen werden. Der Reibwert μ kann mit 0,1 angenommen werden.

Welche minimale Pressung ist erforderlich, um das Moment sicher zu übertragen?	p_{min}	N/mm²	
Welche maximale Pressung kann der Querpressverband ertragen?	p_{max}	N/mm²	
Ist p_{min} tatsächlich kleiner als p_{max}? O ja O nein			
Wie groß ist das minimale Übermaß U_{min}?	U_{min}	µm	
Wie groß ist das maximale Übermaß U_{max}?	U_{max}	µm	
Die Nabe ist mit H7 gebohrt. Geben Sie die optimale Wellenpassung an!	O x5 O x6 O x7 O u5 O u6 O u7 O s5 O s6 O s7		
Die Umgebungstemperatur beträgt 20 °C. Zum thermischen Fügen wird die Welle auf eine Temperatur von −130 °C abgekühlt. Auf welche Temperatur muss die Nabe erhitzt werden, um ein einwandfreies Fügen zu gewährleisten?	ϑ	°C	

A.6.14   Graugussnabe

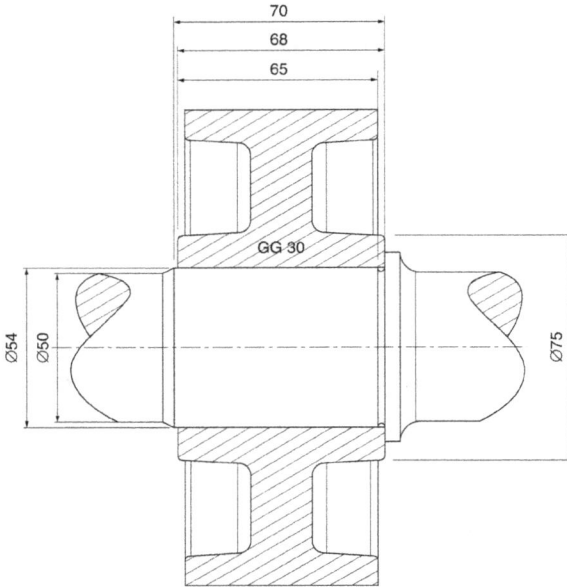

Die nebenstehende Welle-Nabe-Verbindung weist einen Reibwert von 0,08 auf und ist mit folgenden Werkstoffen ausgestattet:

	Welle	Nabe
E [N/mm²]	$2{,}1 \cdot 10^5$	$1{,}25 \cdot 10^5$
ν	0,30	0,28
Toleranz	10 µm	H6

Während die Nabe mit H6 gebohrt ist, kann die Welle unabhängig von Normpassungen mit einer Genauigkeit von 10 µm bearbeitet werden.

Die Umgebungstemperatur beträgt 20 °C.

Es stehen zwei Nabenwerkstoffe zur Verfügung, die mit einer zulässigen Spannung von σ_{zulN} = 150 bzw. 100 N/mm² belastet werden dürfen. Berechnen Sie das jeweils übertragbare Torsionsmoment und die erforderliche Fügetemperatur der Nabe. Ermitteln Sie dazu zunächst die unten aufgeführten Kenndaten.

zulässige Spannung des Nabenwerkstoffs	σ_{zulN}	N/mm²	150	100
Gesamtnachgiebigkeit	$\dfrac{1}{c_{ges}}$	$\dfrac{\mu m}{\dfrac{N}{mm^2}}$		
maximale Pressung	p_{max}	N/mm²		
minimale Pressung	p_{min}	N/mm²		
maximales Übermaß	U_{max}	µm		
minimales Übermaß	U_{min}	µm		
übertragbares Torsionsmoment	M_{tmax}	Nm		
Fügeübermaß	U_{therm}	µm		
Erwärmungstemperatur der Nabe	ϑ	°C		

A.6.15   Querpressverband Flügelzellenpumpe

Mit der unten dargestellten Flügelzellenpumpe werden 73 ltr. Öl pro Minute auf einen Druck von 35 bar befördert. Dazu wird eine mechanische Leistung von 7 kW bei 1.800 min^{-1} von der Welle auf den Rotor übertragen. Diese Welle-Nabe-Verbindung als Querpressverband (Schnitt B-B, hier ohne Lager dargestellt) ist Gegenstand der folgenden Betrachtung. Nach Zeichnung beträgt der Fügedurchmesser 12 mm und die Fügelänge 35 mm. Die Welle ist mit 8,5 mm hohlgebohrt und der Nabenaußendurchmesser beträgt 17,5 mm.

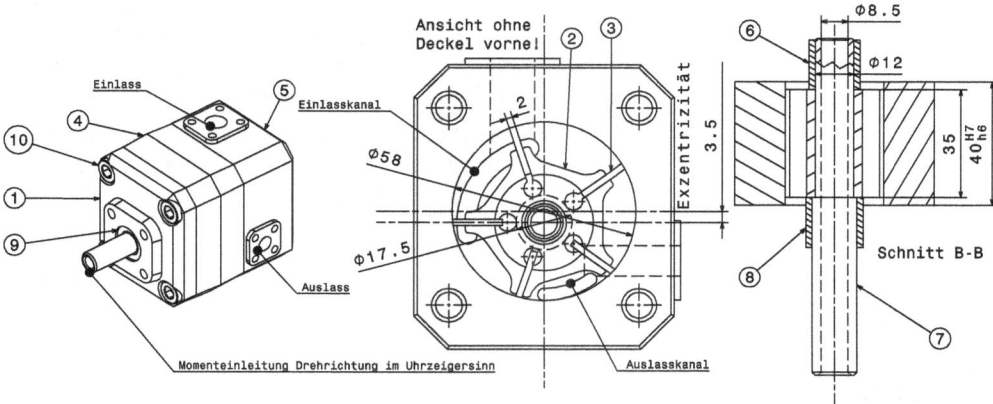

Der Reibwert des Querpressverbandes beträgt 0,1. Es werden die unten aufgeführten Werkstoffe verwendet, wobei die zulässigen Spannungen bereits eine Sicherheit von 1,3 berücksichtigen.

	σ_{zul} [N/mm²]	E [N/mm²]	ν
Welle	590 (42CrMo4)	210.000	0,30
Nabe	308 (AlZn6MgCu)	70.000	0,32

Welches Torsionsmoment muss übertragen werden?	M_t	Nm	
Welche Flächenpressung ist minimal erforderlich, um das Torsionsmoment reibschlüssig zu übertragen?	p_{min}	N/mm²	
Welche Flächenpressung ist maximal möglich, wenn die Werkstoffe unter Berücksichtigung der Sicherheit nicht plastisch verformt werden sollen?	p_{max}	N/mm²	
Wie groß ist die Nachgiebigkeit des Querpressverbandes?	$\dfrac{1}{c_{ges}}$	$\dfrac{\mu m}{\dfrac{N}{mm^2}}$	
Welches Übermaß muss minimal vorgesehen werden?	U_{min}	μm	

Welches Übermaß darf nicht überschritten werden?	U_{max}	µm	
Die Nabe wird in H5 gebohrt. Welche Wellenpassung ist erforderlich?	O s5 O s6 O s7	O u5 O u6 O u7	O x5 O x6 O x7

A.6.16   Maximaler Bohrungsdurchmesser Hohlwelle

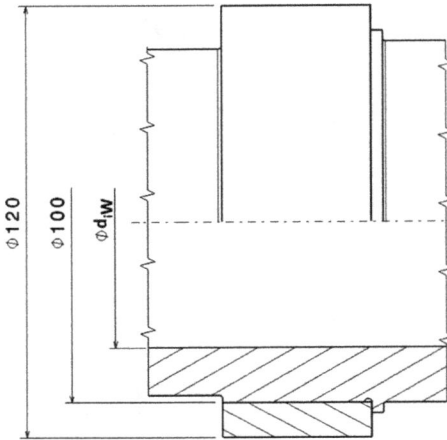

Gegeben ist ein Querpressverband mit dem Fügedurchmesser 100 mm, bei dem Welle und Nabe aus dem gleichen Stahl bestehen. Die Nabe hat einen Außendurchmesser von 120 mm.

Um die Verbindung möglichst elastisch zu gestalten und damit eine möglichst grobe Fertigungstoleranz zu erlauben, soll die Welle hohl gebohrt werden. Wie groß darf der Bohrungsdurchmesser der Welle maximal sein, wenn die Hohlwelle die gleiche Beanspruchung erfahren darf wie die Nabe?

A.6.17   Torsionsmoment und Längskraft

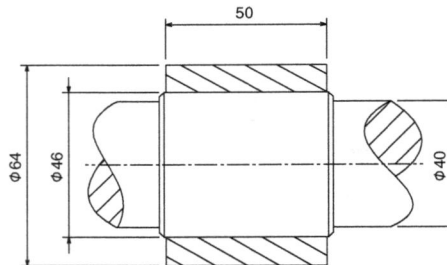

Welle und Nabe des nebenstehenden Querpressverbandes bestehen aus Stahl mit einer zulässigen Spannung von $\sigma_{zul} = 680$ N/mm². Es soll ein Moment von 230 Nm und gleichzeitig eine Axialkraft von 5.360 N übertragen werden. Der Reibwert μ kann mit 0,12 angenommen werden.

Welche minimale Pressung ist erforderlich, um das Moment und die Axialkraft sicher zu übertragen?	p_{min}	N/mm²	
Welche maximale Pressung kann der Querpressverband aufnehmen?	p_{max}	N/mm²	
Wie groß ist das minimale Übermaß U_{min}?	U_{min}	μm	
Wie groß ist das maximale Übermaß U_{max}?	U_{max}	μm	
Die Nabe ist mit H7 gebohrt. Geben Sie die optimale Wellenpassung an!	O x5 O x6 O x7 O u5 O u6 O u7 O s5 O s6 O s7		
Die Umgebungstemperatur beträgt 20 °C. Auf welche Temperatur muss die Nabe erwärmt werden, um ein einwandfreies Fügen zu gewährleisten?	ϑ_{Nabe}	°C	

Darf der **Wellen**werkstoff geschwächt werden, ohne dass die übertragbare Belastung dadurch beeinträchtigt wird? O ja O nein	Berechnen Sie ggf. eine neue, geringere zulässige Spannung für den **Wellen**werkstoff! σ_{zulW} [N/mm²] =
Darf der **Naben**werkstoff geschwächt werden, ohne dass die übertragbare Belastung dadurch beeinträchtigt wird? O ja O nein	Berechnen Sie ggf. eine neue, geringere zulässige Spannung für den **Naben**werkstoff! σ_{zulN} [N/mm²] =

A.6.18   **Variation von Werkstoff- und Konstruktionsparametern**

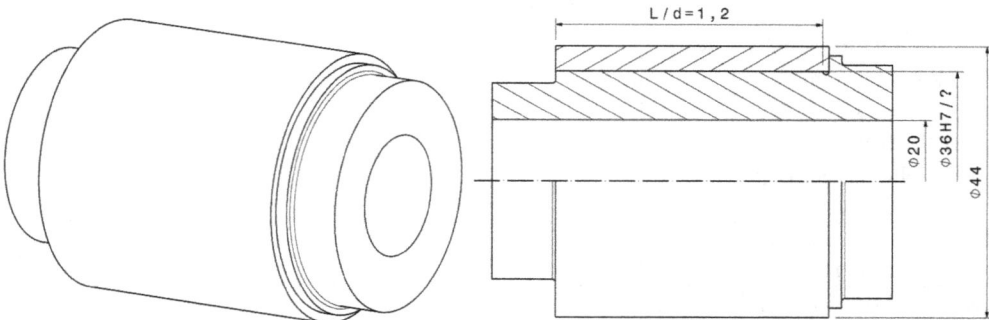

Der dargestellte Querpressverband soll in einem Länge-/Breiten-Verhältnis L/d = 1,2 ausgeführt werden. Welle und Nabe bestehen aus Stahl. Die zulässige Spannung der Welle beträgt σ_{zulW} = 460 N/mm², die der Nabe σ_{zulN} = 420 N/mm². Es soll ein Moment von 180 Nm übertragen werden. Der Reibwert μ kann mit 0,1 angenommen werden.

Welche minimale Pressung p_{min} ist erforderlich, um das Moment sicher zu übertragen?	p_{min}	N/mm²	
Welche maximale Pressung kann der Querpressverband aufnehmen?	p_{max}	N/mm²	
Wie groß ist das minimale Übermaß U_{min}?	U_{min}	µm	
Wie groß ist das maximale Übermaß U_{max}?	U_{max}	µm	
Die Nabe ist mit H7 gebohrt. Geben Sie die optimale Wellenpassung an!	O x5 O x6 O x7 O u5 O u6 O u7 O s5 O s6 O s7		
Die Umgebungstemperatur beträgt 20 °C. Zum thermischen Fügen wird die Nabe auf 350 °C erwärmt. Auf welche Temperatur muss die Welle abgekühlt werden, um ein einwandfreies Fügen zu ermöglichen?	ϑ_{Welle}	°C	

Für das oben angeführte Beispiel werden die nachstehenden Konstruktionsparameter variiert und deren Auswirkungen auf das übertragbare Moment tendenziell abgeschätzt. Bei der Änderung eines jeden einzelnen Parameters wird vorausgesetzt, dass das fertigungstechnisch bedingte Toleranzfeld in seiner Größe zwar nicht verändert wird, in seiner Lage jedoch optimal angepasst werden kann. Hinweis: Die Bearbeitung dieser Aufgabe wird wesentlich erleichtert, wenn das Verspannungsschaubild skizziert wird.

	Das übertragbare Moment		
	wird kleiner	ändert sich nicht	wird größer
Die Festigkeit des Wellenwerkstoffs wird erhöht			
Die Festigkeit des Nabenwerkstoffs wird erhöht			
Der Welleninnendurchmesser wird verkleinert			
Der Nabenaußendurchmesser wird vergrößert			
Der Elastizitätsmodul der Nabe wird verringert			

A.6.19   Variation der Passung I

Es wird ein Zylinderpressverband mit einem Durchmesser von 46 mm und einer Fügelänge von 38 mm betrachtet. Bei der Welle handelt es sich um eine Vollwelle, der Außendurchmesser der Nabe beträgt 62 mm. Sowohl Welle als auch Nabe sind aus Stahl, der Reibwert beträgt $\mu = 0,14$. In der folgenden Gegenüberstellung kann angenommen werden, dass alle Verformungen ungeachtet der auftretenden Spannungen elastisch sind.

Es werden die unten aufgeführten Passungen verwendet, wobei stets vom System Einheitsbohrung ausgegangen wird. Nach rechts hin wird die Vorspannung erhöht und nach unten
wird die Toleranzklasse gesteigert.

Ermitteln Sie zunächst das minimale Übermaß U_{min}, das maximale Übermaß U_{max}, dann die
Vergleichsspannung in der Nabe σ_{VN} und in der Welle σ_{VW} und berechnen Sie schließlich das
übertragbare Moment M_{tmax}!

H7/s7	H7/u7	H7/x7
U_{min} [µm] =	U_{min} [µm] =	U_{min} [µm] =
U_{max} [µm] =	U_{max} [µm] =	U_{max} [µm] =
p_{min} [N/mm²] =	p_{min} [N/mm²] =	p_{min} [N/mm²] =
p_{max} [N/mm²] =	p_{max} [N/mm²] =	p_{max} [N/mm²] =
σ_{VN} [N/mm²] =	σ_{VN} [N/mm²] =	σ_{VN} [N/mm²] =
σ_{VW} [N/mm²] =	σ_{VW} [N/mm²] =	σ_{VW} [N/mm²] =
M_{tmax} [Nm] =	M_{tmax} [Nm] =	M_{tmax} [Nm] =
H6/s6	**H6/u6**	**H6/x6**
U_{min} [µm] =	U_{min} [µm] =	U_{min} [µm] =
U_{max} [µm] =	U_{max} [µm] =	U_{max} [µm] =
p_{min} [N/mm²] =	p_{min} [N/mm²] =	p_{min} [N/mm²] =
p_{max} [N/mm²] =	p_{max} [N/mm²] =	p_{max} [N/mm²] =
σ_{VN} [N/mm²] =	σ_{VN} [N/mm²] =	σ_{VN} [N/mm²] =
σ_{VW} [N/mm²] =	σ_{VW} [N/mm²] =	σ_{VW} [N/mm²] =
M_{tmax} [Nm] =	M_{tmax} [Nm] =	M_{tmax} [Nm] =
H5/s5	**H5/u5**	**H5/x5**
U_{min} [µm] =	U_{min} [µm] =	U_{min} [µm] =
U_{max} [µm] =	U_{max} [µm] =	U_{max} [µm] =
p_{min} [N/mm²] =	p_{min} [N/mm²] =	p_{min} [N/mm²] =
p_{max} [N/mm²] =	p_{max} [N/mm²] =	p_{max} [N/mm²] =
σ_{VN} [N/mm²] =	σ_{VN} [N/mm²] =	σ_{VN} [N/mm²] =
σ_{VW} [N/mm²] =	σ_{VW} [N/mm²] =	σ_{VW} [N/mm²] =
M_{tmax} [Nm] =	M_{tmax} [Nm] =	M_{tmax} [Nm] =

A.6.20   Variation der Passung II

Der Durchmesser eines Zylinderpressverbandes beträgt 24 mm, seine Fügelänge 20 mm. Bei
der Stahlwelle handelt es sich um eine Vollwelle, und der Außendurchmesser der Stahlnabe
beträgt 30 mm, der Reibwert kann mit $\mu = 0{,}12$ angenommen werden.

Es werden die unten aufgeführten Passungen verwendet, wobei stets vom System Einheitsbohrung ausgegangen wird. Nach rechts hin wird die Vorspannung erhöht und nach unten
wird die Toleranzklasse gesteigert.

- Ermitteln Sie zunächst das minimale Übermaß U_{min}, das maximale Übermaß U_{max}. Sowohl der Wellen- als auch der Nabenwerkstoff dürfen bis zu einer Vergleichsspannung
  von 560 N/mm² belastet werden.
- Geben Sie die Sicherheit an, die sich als Quotient dieser Spannung durch die beim Fügen
  tatsächlich aufgebrachte Vergleichsspannung ergibt.

- Ist diese Sicherheit größer als der Wert 1, so berechnen Sie das übertragbare Moment M_{tmax}!
- Die Welle wird mit flüssiger Luft auf $-190\ °C$ abgekühlt. Ermitteln Sie, auf welche Temperaturdifferenz ϑ die Nabe erwärmt werden muss, um ein einwandfreies Fügen zu ermöglichen.

H7/s7	H7/u7	H7/x7
U_{min} [μm] =	U_{min} [μm] =	U_{min} [μm] =
U_{max} [μm] =	U_{max} [μm] =	U_{max} [μm] =
σ_{VN} [N/mm²] =	σ_{VN} [N/mm²] =	σ_{VN} [N/mm²] =
$S = \sigma_{zul} / \sigma_{Vtats}$ =	$S = \sigma_{zul} / \sigma_{Vtats}$ =	$S = \sigma_{zul} / \sigma_{Vtats}$ =
M_{tmax} [Nm] =	M_{tmax} [Nm] =	M_{tmax} [Nm] =
ϑ_N [°C] =	ϑ_N [°C] =	ϑ_N [°C] =
H6/s6	**H6/u6**	**H6/x6**
U_{min} [μm] =	U_{min} [μm] =	U_{min} [μm] =
U_{max} [μm] =	U_{max} [μm] =	U_{max} [μm] =
σ_{VN} [N/mm²] =	σ_{VN} [N/mm²] =	σ_{VN} [N/mm²] =
$S = \sigma_{zul} / \sigma_{Vtats}$ =	$S = \sigma_{zul} / \sigma_{Vtats}$ =	$S = \sigma_{zul} / \sigma_{Vtats}$ =
M_{tmax} [Nm] =	M_{tmax} [Nm] =	M_{tmax} [Nm] =
ϑ_N [°C] =	ϑ_N [°C] =	ϑ_N [°C] =
H5/s5	**H5/u5**	**H5/x5**
U_{min} [μm] =	U_{min} [μm] =	U_{min} [μm] =
U_{max} [μm] =	U_{max} [μm] =	U_{max} [μm] =
σ_{VN} [N/mm²] =	σ_{VN} [N/mm²] =	σ_{VN} [N/mm²] =
$S = \sigma_{zul} / \sigma_{Vtats}$ =	$S = \sigma_{zul} / \sigma_{Vtats}$ =	$S = \sigma_{zul} / \sigma_{Vtats}$ =
M_{tmax} [Nm] =	M_{tmax} [Nm] =	M_{tmax} [Nm] =
ϑ_N [°C] =	ϑ_N [°C] =	ϑ_N [°C] =

A.6.21   Aufpresskraft Wälzlagerringe

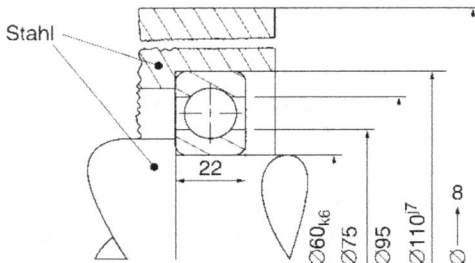

Die Kugellagerringe sollen entsprechend nebenstehender Skizze montiert werden. Der Reibwert kann mit $\mu = 0,12$ angenommen werden.

$\varnothing\ 60_{k6}$: $60,002 \ldots 60,021$

$\varnothing\ 110^{J7}$: $109,987 \ldots 110,022$

Lageraußenring: $\varnothing\ 110^{\ 0}_{-0,015}$

Lagerinnenring: $\varnothing\ 60^{\ 0}_{-0,015}$

Welche Kraft ist erforderlich, um den Innen- bzw. Außenring axial aufzupressen? Dabei kann angenommen werden, dass im Kugellager selbst ein geringfügiges Spiel auftritt, also von den Kugeln keine Kräfte ausgehen, die den Montagevorgang beeinflussen. Das folgende Schema dient der groben Orientierung bei der Dokumentierung der Zwischenergebnisse.

		Innenring – Welle	Außenring – Gehäuse
minimales Übermaß	µm		
maximales Übermaß	µm		
c_{ges}	$\dfrac{N}{mm^2 \cdot µm}$		
minimale Pressung	$\dfrac{N}{mm^2}$		
maximale Pressung	$\dfrac{N}{mm^2}$		
minimale axiale Aufpresskraft	N		
maximale axiale Aufpresskraft	N		

A.6.22   Korken im Flaschenhals

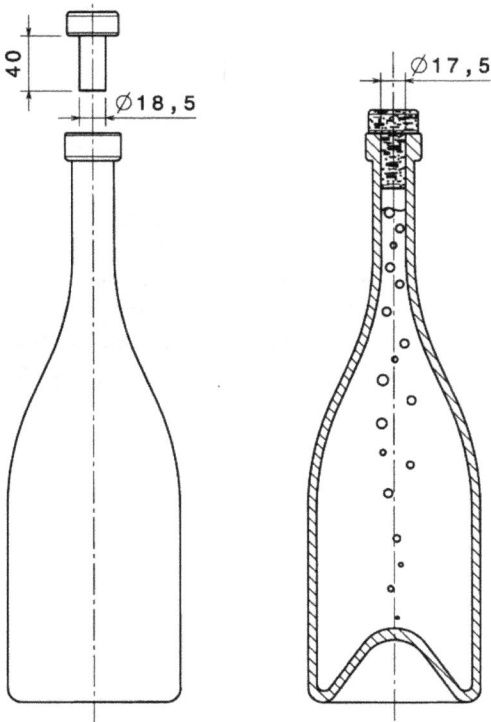

In einem Flaschenhals von 17,5 mm Innendurchmesser steckt ein 40 mm langer Korken, der vor der Montage einen Außendurchmesser von 18,5 mm hatte. Die Verformungseigenschaften von Kork können modellhaft mit einem Elastizitätsmodul von 4 N/mm² und einer Querkontraktionszahl von 0,2 beschrieben werden. Die Verformung des Korkens sei rein elastisch, während die Verformungen des Flaschenhalses so gering sind, dass sie vernachlässigt werden können. Kork weist gegenüber Glas einen Reibwert von 0,5 auf.

Wie groß ist die Kraft, die man mit dem Korkenzieher aufbringen muss, um den Korken aus der Flasche zu ziehen?	F_{ax}	N	
Da es sich beim Inhalt der Flasche um Schaumwein handelt, soll versucht werden, das Entfernen des Korkens durch kräftiges Schütteln der Flasche zu erleichtern. Auf welchen Betrag müsste man den Innendruck der Flasche steigern, damit der Korken ohne weitere Einwirkung aus der Flasche schießt?	p	bar	
Trotz aller Bemühungen wird nur ein Innendruck von 6 bar erreicht. Welches Drehmoment muss dann zusätzlich am Korken angesetzt werden, um die Flasche zu öffnen?	M	Nm	
Welcher Schubspannung wäre der Korken dann ausgesetzt?	τ	$\dfrac{N}{mm^2}$	
Beim Herausdrehen des Korkens verringert sich die ursprüngliche Berührlänge zwischen Korken und Flaschenhals von 40 mm zusehends, bis der Korken schließlich ohne weitere Einwirkung nur durch den Innendruck von 6 bar aus der Flasche geschoben wird. Bei welcher Berührlänge setzt dieser Vorgang ein?	L_{min}	mm	

Kraftschluss: Hydraulische Spannbuchse

A.6.23   Hydraulische Spannbuchse

Für die nachfolgend abgebildete hydraulisch wirkende Spannbuchse können folgende Annahmen getroffen werden:

- Die Hohlwelle darf mit einer Druckspannung σ_{dzul} = 320 N/mm² belastet werden.
- Die Nabe darf mit einer Zugspannung σ_{Zzul} = 280 N/mm² belastet werden.
- In den Zwischenraum zwischen Welle und Nabe wird eine hydraulisch wirkende Spannbuchse montiert, deren Reibwert gegenüber Stahl mit 0,08 angenommen werden kann. Es kann weiterhin vorausgesetzt werden, dass die Nachgiebigkeit der Spannbuchse dem Druck an den benachbarten Trennfugen keinen nennenswerten Widerstand entgegensetzt.

Schnitt A-A

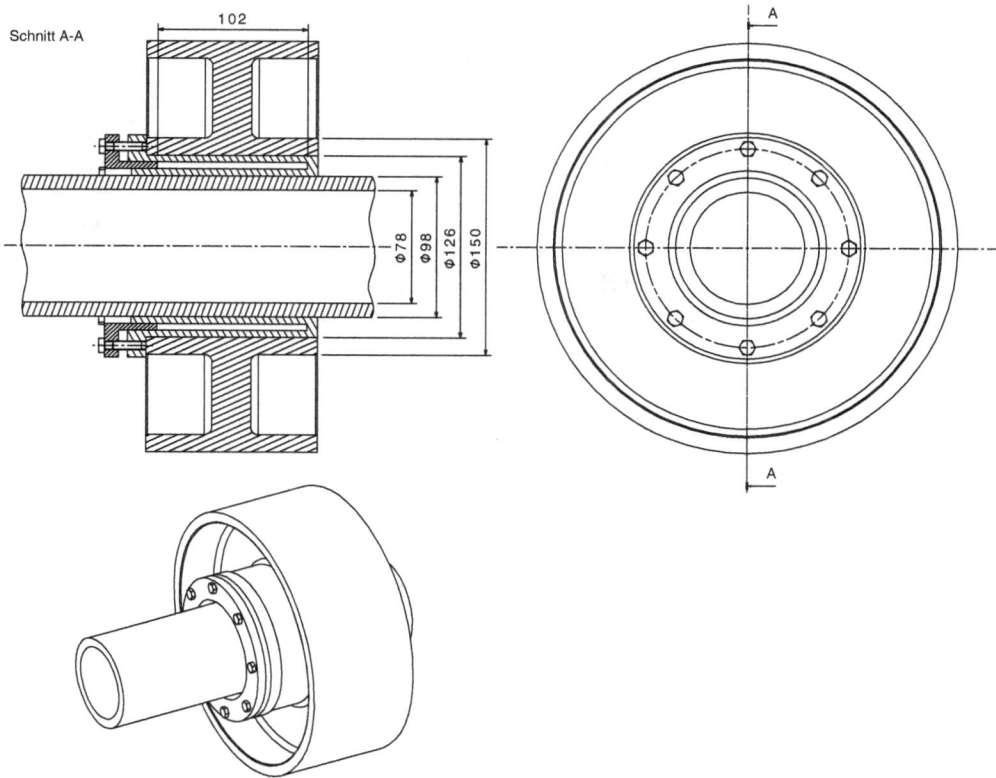

Welcher maximale Druck kann von innen auf die Nabe aufgebracht werden?	p_{Nabe}	$\dfrac{N}{mm^2}$	
Welcher maximale Druck kann von außen auf die Hohlwelle aufgebracht werden?	p_{Welle}	$\dfrac{N}{mm^2}$	
Welcher maximale Druck kann mit der Spannbuchse aufgebracht werden?	p_{SB}	$\dfrac{N}{mm^2}$	
Mit Ringkolben und Schrauben wird dieser maximale Druck p_{SB} tatsächlich erzeugt. Wie groß ist das maximale Torsionsmoment, welches mit dieser Verbindung übertragen werden kann?	M_{tmax}	Nm	
Wie groß ist unter gleichen Bedingungen die maximal übertragbare Axialkraft, welche mit dieser Verbindung übertragen werden kann?	F_{ax}	N	

Die Momenten- bzw. Axialkraftübertragbarkeit der Verbindung soll erhöht werden. Kreuzen Sie an, ob die aufgeführten Maßnahmen dazu ausgenutzt werden können.

	Maßnahme wirksam	Maßnahme **un**wirksam
Der Bohrungsdurchmesser der Welle wird verringert		
Der Außendurchmesser der Nabe wird vergrößert		
Die Festigkeit des Wellenwerkstoffes wird gesteigert		
Die Festigkeit des Nabenwerkstoffes wird gesteigert		
Die Fügelänge wird vergrößert		

Kraftschluss: Kegelpressverband

A.6.24 Übertragbares Moment und Einpresskraft

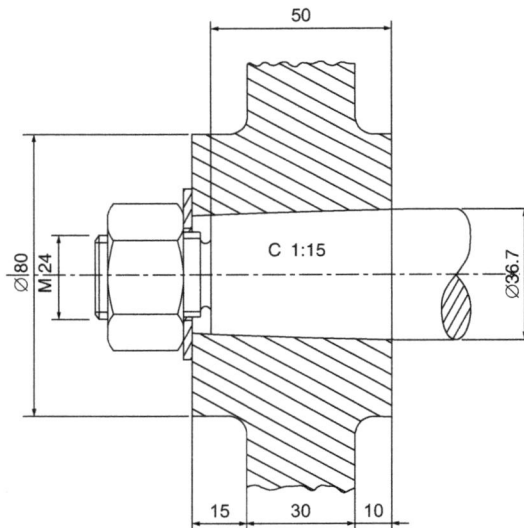

Der nebenstehende Kegelpressverband darf mit einer Flächenpressung von 80 N/mm² belastet werden.

Sowohl in der Trennfuge als auch im Schraubengewinde liegt ein Reibwert von 0,1 vor.

Das Kopfreibungsmoment an der Schraube ist so groß wie das Gewindemoment beim Anziehen.

Welches maximale Torsionsmoment ist übertragbar?	M_{tmax}	Nm	
Wie groß ist die axiale Kraft, die zur Montage der Verbindung aufgebracht werden muss?	F_{axanz}	N	
Wie groß ist die axiale Kraft, die zum Lösen der Verbindung aufgebracht werden muss?	$F_{axlös}$	N	
Wie groß ist die Vergleichsspannung in der Nabe der Verbindung?	σ_{VN}	$\dfrac{N}{mm^2}$	
Wie groß ist das Schraubenmoment bei der Montage der Verbindung?	M_{anz}	Nm	

Das Schraubenmoment beim Anziehen kann auf jeden Fall an der Welle abgestützt werden. Ist es auch möglich, dieses Moment durch Blockieren der Nabe abzustützen? Begründen Sie Ihre Aussage durch Ankreuzen.	O ja
	O nein
	weil O $M_{gesanz} < M_{WNV}$
	weil O $M_{Gew} < M_{WNV}$
	weil O $M_{Kopfreibung} < M_{WNV}$

A.6.25 Berücksichtigung der Nabenfestigkeit

Eine Kegelpressverbindung mit der Steigung 1:10 soll ein Moment von 80 Nm übertragen. Der mittlere Durchmesser d_m soll so groß sein wie die Länge L des Verbandes. Der Reibwert kann zu $\mu = 0{,}08$ angenommen werden. Der Werkstoff der Nabe kann mit einer Pressung von $p = 80$ N/mm² und einer Vergleichsspannung von $\sigma_{Nzul} = 300$ N/mm² belastet werden.

Wie groß muss der mittlere Durchmesser des Kegelsitzes mindestens sein?	d_m	mm	
Wie groß ist die Einpresskraft der Verbindung?	F_{axanz}	N	
Wie groß ist die Lösekraft der Verbindung?	$F_{axlös}$	N	
Wie groß muss der Außendurchmesser der Nabe mindestens gewählt werden?	d_{aN}	mm	

A.6.26 Gegenüberstellung der Festigkeitskriterien

Gegeben ist ein Kegelpressverband mit der Steigung 1:10, bei dem sowohl der mittlere Wellendurchmesser als auch die axiale Erstreckung der Kontaktfläche 24 mm betragen. Die Nabe misst im Außendurchmesser 32 mm. Der Reibwert beträgt 0,12.

Diese Konstruktion soll für vier verschiedene Anwendungsfälle dimensioniert werden, die jeweils durch verschiedene Kriterien begrenzt sind:

- Anwendungsfall I ist durch eine maximale Pressung an der Kegelmantelfläche von 80 N/mm² begrenzt.
- Im Anwendungsfall II sollen 250 Nm übertragen werden.
- Im Anwendungsfall III kann die Schraube eine maximale Axialkraft von 25 kN aufbringen.
- Anwendungsfall IV lässt im Nabenwerkstoff eine Vergleichsspannung von 450 N/mm² zu.

Ermitteln Sie für jeden der vier Anwendungsfälle die jeweils anderen Daten.

		I	II	III	IV
p	N/mm²	80			
M_{tmax}	Nm		250		
F_{ax}	N			25.000	
σ_V	N/mm²				450

A.6.27   Variation der Kegelsteigung

Ein Kegelpressverband mit einem mittleren Wellendurchmesser von 64 mm und einer axialen Erstreckung der Kontaktfläche von 72 mm soll ein Moment von 1.800 Nm übertragen. Die Nabe misst im Außendurchmesser 78 mm, der Reibwert beträgt 0,1.

Notieren Sie zunächst für die vier unten angegebenen Kegelsteigungen die Steigungswinkel $\alpha/2$ und entscheiden Sie, ob Selbsthemmung vorliegt oder nicht oder ob sich der Kegelpressverband an der Grenze der Selbsthemmung befindet.

Berechnen Sie die sich an der Kegelmantelfläche einstellende Pressung p und die Vergleichsspannung in der Nabe σ_V. Weiterhin sollen die Axialkräfte für Anziehen $F_{ax\,anz}$ und Lösen $F_{ax\,lös}$ jeweils vorzeichenrichtig (positiv für Aufpressrichtung und negativ für Abziehrichtung) dokumentiert werden.

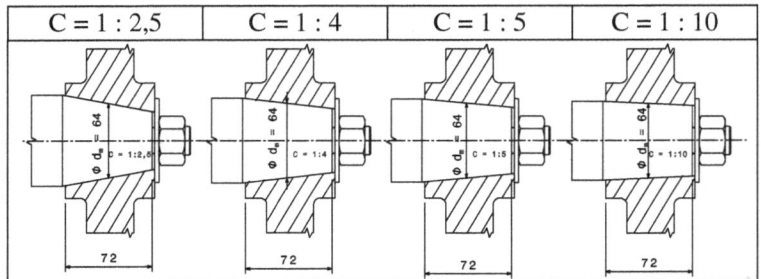

		C = 1 : 2,5	C = 1 : 4	C = 1 : 5	C = 1 : 10
$\alpha/2$	[°]				
Selbsthemmung?		O ja O Grenze O nein	O ja O Grenze O nein	O ja O Grenze O nein	O ja O Grenze O nein
p	N/mm²				
σ_V	N/mm²				
$F_{ax\,anz}$	N				
$F_{ax\,lös}$	N				

A.6.28   Ringspannelement I

Ein Ringspannelement mit Innendurchmesser d = 12 mm und Außendurchmesser D = 15 mm weist eine axiale Erstreckung von 4,5 mm auf. Der Neigungswinkel an der schiefen Ebene beträgt $\alpha/2 = 16°42'$, der Reibwert kann mit $\mu = 0,12$ angenommen werden. Die Nabe misst am Außendurchmesser 20 mm, und ihr Werkstoff darf mit $\sigma_{zul} = 410$ N/mm² belastet werden. Die Ringspannelemente sind geschlitzt, sodass der Widerstand gegenüber radialer und tangentialer Aufweitung der Spannelemente vernachlässigt werden kann.

Welche Pressung kann maximal zwischen Ringspannelement und Nabe aufgebracht werden?	p_{iN}	$\dfrac{N}{mm^2}$	
Welche Pressung ergibt sich daraufhin zwischen dem Ringspannelement und der Welle?	p_{aW}	$\dfrac{N}{mm^2}$	
Wie groß ist das dabei übertragbare Torsionsmoment des einzelnen Ringspannelementes?	$M_{einzeln}$	Nm	
Wie hoch muss die Axialkraft sein, um diesen Verspannungszustand zu erzielen?	F_{ax1}	N	
Es werden insgesamt 3 Ringspannelemente montiert. Wie groß ist das insgesamt übertragbare Torsionsmoment?	M_{ges}	Nm	

A.6.29   Ringspannelement II

Mit der unten dargestellten Verbindung soll bei einem Reibwert von 0,12 insgesamt 120 Nm übertragen werden. Die axiale Vorspannkraft ist auf 25.200 N begrenzt. Der Nabenwerkstoff darf mit $\sigma_{zul} = 460$ N/mm² belastet werden. Die Ringspannelemente sind geschlitzt, sodass der Widerstand gegenüber radialer und tangentialer Aufweitung der Spannelemente vernachlässigt werden kann.

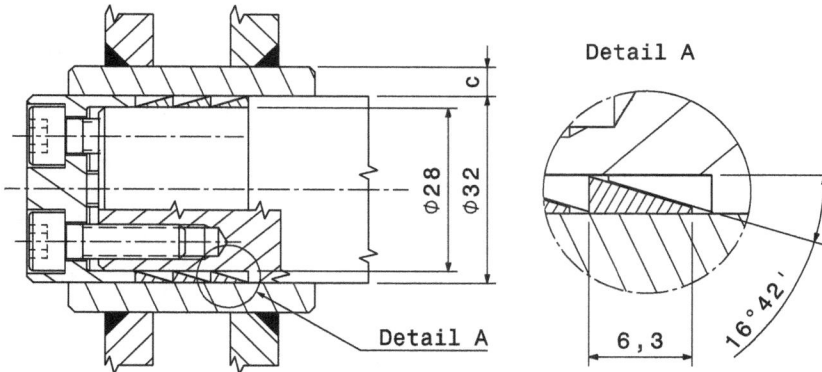

Welche Pressung auf die Welle kann mit dieser Vorspannkraft im ersten Ringspannelement aufgebracht werden, ohne dass in der Nabe eine unzulässig hohe Spannung auftritt?	p_{aW}	$\dfrac{N}{mm^2}$	
Welches Torsionsmoment kann mit dem ersten Ringpaar übertragen werden?	$M_{einzeln}$	Nm	
Welche Wandstärke c muss die Nabe aufweisen?	c	mm	
Wie viele Ringpaare z müssen insgesamt montiert werden?	z	–	

7 Grundsätzliche Bauformen gleichförmig übersetzender Getriebe

7.1 Anforderungen und Aufgaben (B)

Der Begriff „gleichförmig übersetzende Getriebe" zeigt an, dass sich bei Einleitung einer gleichförmigen Bewegung am Antrieb auch der Abtrieb gleichförmig bewegt. Diese Getriebe dienen dazu, eine Leistung zu übertragen und sie dabei in ihren Faktoren Drehmoment und Drehzahl zu wandeln. Die Ergänzung dazu bilden die „ungleichförmig übersetzenden" Getriebe (z.B. Kurbeltriebe), die aber nicht Gegenstand der vorliegenden Betrachtung, sondern vielmehr dem Fach „Getriebelehre" zuzuordnen sind.

Bereits in den zurückliegenden Kapiteln wurde immer wieder versucht, das einzelne Maschinenelement nicht isoliert zu betrachten, sondern stets im Zusammenspiel mit den Nachbarkomponenten zu verstehen. Beim Getriebe ist diese Sichtweise unumgänglich, weil es sich dabei in jedem Fall um eine Zusammenstellung mehrerer Maschinenelemente handelt, zu denen mindestens noch Lagerungen und Welle-Nabe-Verbindungen gehören.

Die Komplexität gleichförmig übersetzender Getriebe ist zuweilen recht anspruchsvoll (vor allen Dingen bei Zahnradgetrieben) und birgt die Gefahr, sich in konstruktiven Details zu verlieren. Deshalb ist es angebracht, zunächst einmal die grundsätzlichen Aufgaben und Anforderungen eines Getriebes in seinem Umfeld zu klären, ohne dabei schon näher auf seine spezielle Bauform und die konstruktive Ausführung einzugehen. Die folgende Eingangsbetrachtung konzentriert sich deshalb auf die globale Funktion solcher Getriebe und soll anhand einiger einfacher Beispiele und Modellvorstellungen den Blick für die wesentlichen Kenngrößen gleichförmig übersetzender Getriebe schärfen. Erst in den folgenden Abschnitten soll die konstruktive Ausführung und die Dimensionierung solcher Getriebe zur Sprache gebracht werden. Sowohl die Auswahl als auch die Reihenfolge der betrachteten Bauformen orientiert sich dabei streng an didaktischen Belangen: Das Zahnradgetriebe kommt wegen seiner komplexen Problematik erst zum Schluss, auch wenn diese Getriebebauform im umgangssprachlichen Gebrauch für das Getriebe schlechthin steht.

https://doi.org/10.1515/9783110747072-003

7.1.1   Momentenwandlung (B)

Aus den Grundlagen der Mechanik ist der Begriff des Momentes M als das Produkt aus Kraft F und Hebelarm h (M = F · h) bekannt: Im Bild 7.1a wird dieses Moment als **Biege**moment in den Hebel eingeleitet und als **Torsions**moment in der Welle wirksam.

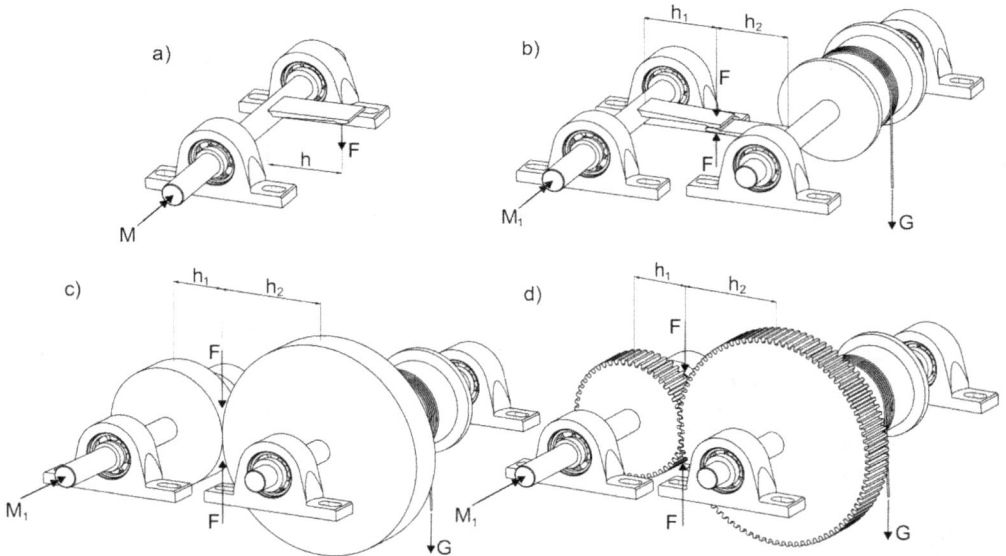

Bild 7.1: Prinzipdarstellung Getriebe ohne Zwischenglied

Ordnet man in Bild 7.1b den Hebel doppelt an, so ruft die als actio und reactio gleich große Kraft F in jeder der beiden Wellen ein i.a. Fall unterschiedliches Moment hervor:

$$M_1 = F \cdot h_1 \quad \text{und} \quad M_2 = F \cdot h_2$$

Durch Auflösen der beiden Gleichungen nach F und Gleichsetzen gewinnt man:

$$\frac{M_1}{h_1} = \frac{M_2}{h_2} \quad \text{bzw.} \quad M_2 = M_1 \cdot \frac{h_2}{h_1} \qquad \text{Gl. 7.1}$$

Der Quotient h_2 / h_1 wird als „Übersetzungsverhältnis" i bezeichnet:

$$i = \frac{h_2}{h_1} \quad \Rightarrow \quad M_2 = M_1 \cdot i \qquad \text{Gl. 7.2}$$

Das Moment in Welle 2 wird im Bild 7.1b durch ein Seil mit der Gewichtsbelastung G repräsentiert, welches von einer Trommel abläuft. Ein gegebenes Moment M_1 lässt sich in dieses geforderte Moment M_2 wandeln, indem die dazugehörenden Hebelarme h_2 und h_1 in das entsprechende Verhältnis i zueinander gesetzt werden. Die in Bild 7.1b skizzierte Anordnung

erlaubt zunächst einmal nur eine Kraftübertragung in der dargestellten Hebelstellung. In Erweiterung dazu muss aber ein reales Getriebe in der Lage sein, die Momentenübertragung in
jeder beliebigen Stellung der Wellen zu gewährleisten. Dazu werden die Hebel von Bild 7.1b
durch Räder mit entsprechenden „Wirkradien" nach Bild 7.1c ersetzt. Die Momentenwandlung
findet auch dann statt, wenn das System in Bewegung ist, also die am Seil befindliche Masse
auf oder ab bewegt wird, sie vollzieht sich also auch bei drehenden Rädern. Bei der konstruktiven Ausführung der Räderpaarung muss sichergestellt werden, dass die Kraft F von einem
Rad auf das andere übertragen werden kann. Dies kann wie in Bild 7.1c reibschlüssig durch
Aneinanderpressen von Reibrädern vollzogen werden oder wie in Bild 7.1d formschlüssig
durch Ineinandergreifen von formschlüssigen Elementen als Zahnradgetriebe ausgeführt werden.

Andererseits kann man sich die Momentenübertragung auch indirekt wie in Bild 7.2a vorstel-
len: Der Hebel der linken Welle steht nicht direkt mit einem Hebel der rechten Welle im
Kontakt, sondern muss über ein Seil im Sinne der Mechanik mit diesem verbunden werden
(Bild 7.2b).

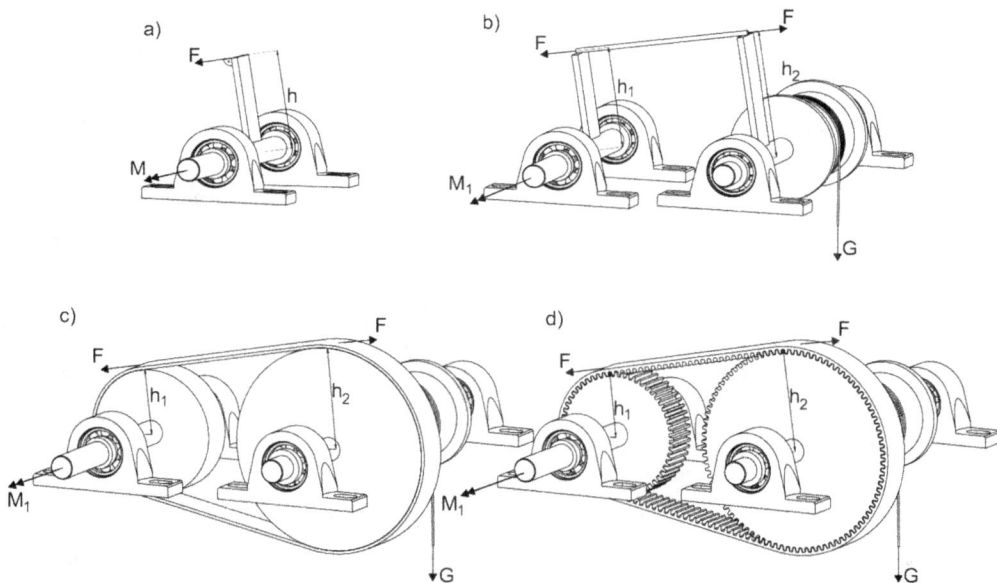

Bild 7.2: Prinzipdarstellung Getriebe mit Zwischenglied

Auch diese Anordnung kann das Momentengleichgewicht nur in der dargestellten Lage halten.
Sollen die Wellen drehen können, so müssen die Hebel zu Rädern und das Seil zu einem um-
laufenden Zugorgan ergänzt werden. Die reibschlüssige Variante könnte dann als Riementrieb
(Bild 7.2c) und die formschlüssige als Zahnriementrieb (Bild 7.2d) oder beispielsweise auch
als Kettentrieb ausgeführt werden.

7.1.2   Drehzahlwandlung (B)

Die in Bild 7.3 skizzierten Räderpaarungen zeigen nicht nur das Zusammenspiel von Kräften und Momenten, sondern auch das von Bewegungen und Geschwindigkeiten. Diese Betrachtung gilt sowohl für den Fall, dass die Räder direkt miteinander gepaart sind (z.B. Zahnrad) als auch für den Fall, dass die Räder über ein Zwischenglied (z.B. Kette) miteinander in Verbindung stehen.

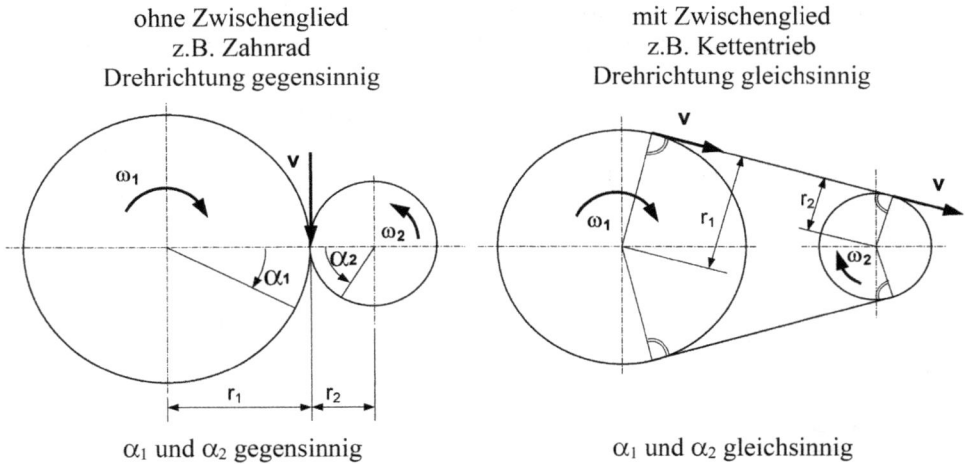

Bild 7.3: Geschwindigkeiten bei Räderpaaren ohne und mit Zwischenglied

Wird das Rad 1 in der linken Darstellung um den Winkel α_1 verdreht, so legt ein Punkt am Umfang des Rades 1 einen entsprechenden Bogenabschnitt zurück. Der gleiche Bogenabschnitt muss bei dieser Drehung jedoch auch am Umfang des Rades 2 überstrichen werden, sodass formuliert werden kann:

$$\alpha_1 \cdot r_1 = \text{Bogenabschnitt} = \alpha_2 \cdot r_2$$

Dabei ist der Winkel α jeweils in Bogenmaß einzusetzen. Diese kinematische Verträglichkeitsbedingung muss auch dann erfüllt sein, wenn die beiden Räder über eine Kette (Bild 7.3, rechts) miteinander in Verbindung stehen. Werden die beiden Winkel aus obiger Gleichung ins Verhältnis zueinander gesetzt, so ergibt sich der Kehrwert des Übersetzungsverhältnisses:

$$\frac{\alpha_2}{\alpha_1} = \frac{r_1}{r_2} = \frac{1}{i}$$
Gl. 7.3

Wird diese Gleichung nach der Zeit abgeleitet, so ergibt sich die gleiche Verhältnismäßigkeit:

$$\frac{\frac{d\alpha_2}{dt}}{\frac{d\alpha_1}{dt}} = \frac{r_1}{r_2} = \frac{1}{i}$$
Gl. 7.4

Dabei bedeutet der Ausdruck dα/dt die „Winkelgeschwindigkeit" ω, die in Bogenmaß pro Sekunde [1 / s] angegeben wird:

$$\frac{\omega_2}{\omega_1} = \frac{r_1}{r_2} = \frac{1}{i} \qquad\qquad \text{Gl. 7.5}$$

Eine gegebene Winkelgeschwindigkeit ω_1 führt also zu einer weiteren Winkelgeschwindigkeit ω_2, wenn die dazu gehörenden Scheibenradien r_1 und r_2 in das entsprechende Verhältnis zueinander gesetzt werden. Bei Getrieben ohne Zwischenglied sind die Winkelgeschwindigkeit von An- und Abtrieb gegensinnig, bei Getrieben mit Zwischenglied gleichsinnig. Die am Wirkradius des Rades auftretende tangentiale Geschwindigkeit v ergibt sich als das Produkt aus Winkelgeschwindigkeit ω und Radradius r:

$$v = \omega \cdot r \qquad\qquad \text{Gl. 7.6}$$

Die Geschwindigkeit v tritt bei Getrieben mit Zwischenglied als Absolutgeschwindigkeit dieses Zwischengliedes auch tatsächlich in Erscheinung (rechte Hälfte von Bild 7.3). Die im Maschinenbau für die Drehgeschwindigkeit vorzugsweise verwendete Drehzahl n steht damit in unmittelbarem Zusammenhang:

$$\omega = 2 \cdot \pi \cdot n \qquad\qquad \text{n: Drehzahl} \qquad\qquad \text{Gl. 7.7}$$

Die Drehzahl wird in aller Regel in der Dimension 1/min angegeben. Setzt man sie stattdessen als 1/60s ein, so ergibt sich ein einfacher Zusammenhang zwischen Drehzahl und Winkelgeschwindigkeit:

$$\omega\left[\frac{1}{s}\right] = 2 \cdot \pi \cdot n\left[\frac{1}{60s}\right] \qquad\qquad \text{Gl. 7.8}$$

7.1.3   Formschluss und Reibschluss (B)

Wie bereits aus dem Zusammenhang von Bild 7.1 und 7.2 zu ersehen war, kann die Momenten- bzw. Drehzahlübertragung von einem Rad auf das andere grundsätzlich auf zweierlei Arten vollzogen werden: Bei formschlüssigen Getrieben nach Bild 7.4 links sind die Ränder am Umfang mit Formelementen (z.B. Zähnen) bestückt, wobei das Formelement des einen Rades genau in ein entsprechendes Formelement des anderen Rades eingreift. In diesem Fall ergibt sich das Übersetzungsverhältnis i auch als das Verhältnis der Formelemente: i = z_2/z_1. Dadurch wird das **Übersetzungsverhältnis** in **genau** dieser Form **reproduzierbar**: Wenn eine Zahnradbahn kilometerweit bergauf fährt, so kommen bei der anschließenden Talfahrt wieder exakt die gleichen Zahnflanken von Zahnrad und Zahnstange in Eingriff.

formschlüssiges Getriebe
z.B. Zahnradgetriebe

reib- bzw. kraftschlüssiges Getriebe
z.B. Reibradgetriebe

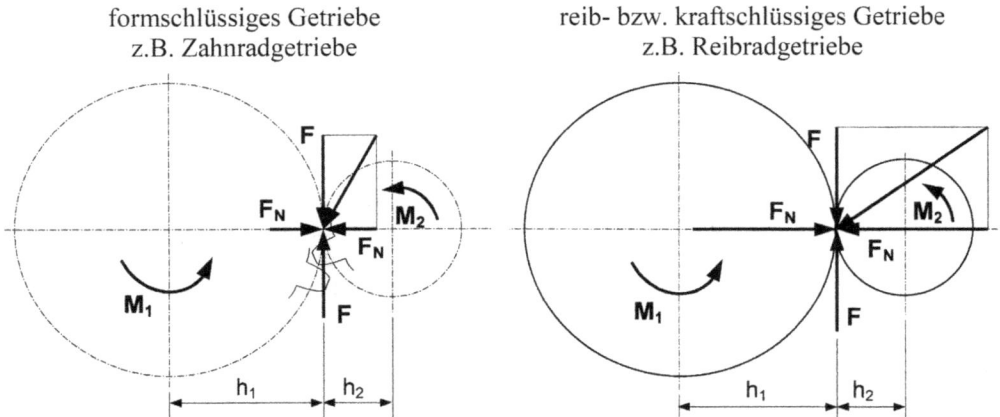

Bild 7.4: Gegenüberstellung formschlüssiges – reibschlüssiges Getriebe

Bei dem Getriebe nach Bild 7.4 rechts handelt es sich um ein reib- oder kraftschlüssiges Getriebe: Die beiden zylindrischen, scheibenförmigen Räder werden mit einer radial gerichteten Normalkraft F_N so gegeneinander gedrückt, dass die momentenerzeugende Kraft als Reibkraft F_R übertragen werden kann. Dabei tritt **Schlupf** auf: Da an der reibschlüssigen Kraftübertragungsstelle stets unvermeidbare Gleitvorgänge auftreten, bleibt das angetriebene Getriebeglied stets hinter dem treibenden Getriebeglied zurück, sodass die Getriebestellungen **nie genau reproduzierbar** sind (näheres s. Kap. 9, Band 3). Wenn die zuvor erwähnte Zahnradbahn durch eine normale reibschlüssige Eisenbahn ersetzt wird, so wird nach der Rückkehr des Zuges nicht wieder exakt die gleiche Radstellung eingenommen. Die Größe des Schlupfes hängt von der Höhe der zu übertragenden Kraft ab. Dieser systembedingte, unvermeidliche Fehler kann in manchen technischen Problemstellungen nicht geduldet werden (z.B. Synchronisation der Kurbelwelle mit dem Ventiltrieb eines Verbrennungsmotors).

Die Gegenüberstellung nach Tabelle 7.1 macht die charakteristischen Besonderheiten dieser beiden Kraftübertragungsmechanismen deutlich. Auch bei Getrieben mit Zwischenglied kann zwischen Formschluss (z.B. Kette, Zahnriemen) und Reibschluss (z.B. Flachriemen, Keilriemen) unterschieden werden. Während formschlüssige Getriebe mit Zwischenglied keine große Vorspannung benötigen, muss bei reibschlüssigen Getrieben eine Normalkraftvorspannung zur Aufrechterhaltung des Reibschlusses aufgebracht werden.

Tabelle 7.1: Gegenüberstellung von formschlüssigem und reibschlüssigem Getriebe

Formschlüssiges Getriebe	Reibschlüssiges Getriebe
Vorteile:	Nachteile:
Reproduzierbare, winkelgetreue Übertragung der Drehbewegung, kein sog. Schlupf	Schlupfbehaftete, nicht exakt reproduzierbare, nicht exakt winkelgetreue Übertragung der Drehbewegung
Geringe Normalkraftbelastung: Neben der zur Momentenübertragung erforderlichen Kraft F tritt noch eine relativ geringe Kraft F_N auf, die durch die kinematisch bedingte Schiefstellung der Zahnflanken im Berührpunkt verursacht wird; daher insgesamt kompakte Bauweise	Hohe Normalkraftbelastung: Neben der zur Momentenübertragung erforderlichen Kraft F ist zur Sicherstellung des Reibschlusses eine hohe Normalkraft F_N erforderlich, was auch zu einer hohen Belastung von Wellen und Lagern führt; daher insgesamt platz- und gewichtsbeanspruchende Bauweise
Nachteile:	Vorteile:
Komplizierte Übertragungskinematik: Die Hebelarme der Räder sind als Radien konstruktiv **nicht** vorhanden; die Formgebung der ineinandergreifenden Formelemente ist Gegenstand des Verzahnungsgesetzes	Einfache Übertragungskinematik: Hebelarme liegen als Radius der Räder konstruktiv vor
Überlast gefährdet die Festigkeit und führt ggf. zu Bauteilversagen, z.B. Zerstörung von Zähnen	Kurzzeitige Überlast kann ggf. durch Überschreiten der Haftreibung (Durchrutschen) schadlos aufgenommen werden
Übersetzungsverhältnis nur als (ganzzahliges) Verhältnis ineinandergreifender Formelemente (hier Zähne) möglich, daher Übersetzungsverhältnis nur in diskreten Stufen, nicht aber stufenlos möglich	In gewissen Grenzen jedes Übersetzungsverhältnis realisierbar, je nach Bauart auch stufenlos und während des Betriebes verstellbar

7.1.4 Getriebe als Wandler mechanischer Leistung (B)

Ausgangspunkt der weiteren Überlegungen ist das Getriebe als Bindeglied zwischen Motor und Arbeitsmaschine nach Bild 7.5.

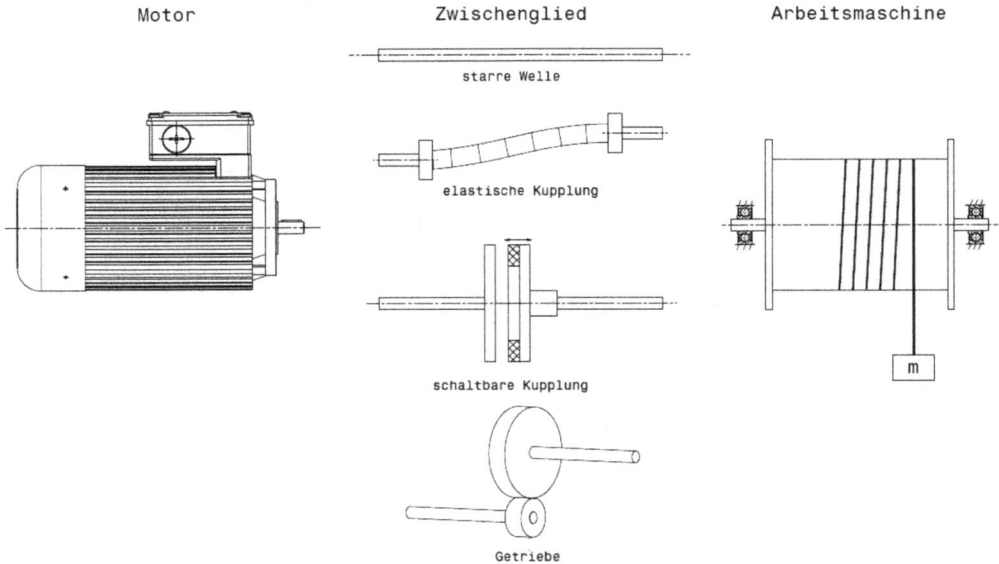

Bild 7.5: Motor – Zwischenglied – Arbeitsmaschine

Der **Motor** gilt dabei als „Antreiber", der hier als Elektromotor dargestellt ist. Ganz allgemein setzt der Motor aber nicht nur elektrische Leistung, sondern beispielsweise auch thermische Leistung (Verbrennungsmotor) oder Strömungsleistung (z.B. Turbine) in mechanische Leistung um. Die **Arbeitsmaschine** hingegen ist der „Verbraucher" dieser mechanischen Leistung, der hier beispielhaft als Kranhubwerk dargestellt ist. Dies kann aber auch eine Pumpe, ein Verdichter, ein Generator, ein Fahrzeugantrieb oder auch ein Fertigungsprozess (z.B. Bohren) sein. Für das den Motor und die Arbeitsmaschine verbindende Zwischenglied kann grundsätzlich folgende Unterscheidung getroffen werden:

- Ist keine Drehzahl-Drehmomenten-Wandlung erforderlich ($n_1 = n_2$, $M_1 = M_2$), so reicht eine Kupplung als **Zwischenglied** aus. Dies ist im einfachsten Fall eine durchgehende Welle wie es z.B. bei vielen Schleifprozessen praktiziert wird: Dabei verfügt die Schleifscheibe als „Arbeitsmaschine" häufig noch nicht einmal über eine eigenen Lagerung, sondern benutzt die Motorlagerung.

- Sind Motor und Arbeitsmaschine räumlich und konstruktiv voneinander getrennt, so ist die exakte Ausrichtung der beiden Wellen häufig ein besonderes Problem, welches eine Ausgleichskupplung erforderlich macht, die sowohl Winkel- als auch Radial- und Axialversatz ausgleicht. Dabei kann die elastische Kupplung als „sich drehende Feder" aufgefasst werden, mit der auch die Dynamik des übertragenden Momentes beeinflusst werden kann (näheres s. Abschn. 11.2, Band 3).

- Soll der Momentenfluss unterbrochen werden, so muss die Kupplung schaltbar ausgeführt werden. In vielen Fällen wird die Kupplung „fremdbetätigt", also von außen geschaltet, wie dies z.B. beim Kraftfahrzeug der Fall ist (näheres s. Abschn. 11.3.2, Band 3). Zuweilen kann die Kupplung die Schaltfunktion aber auch selber ausführen und wird so zur selbsttätig schaltenden Kupplung: Ist die Schaltfunktion von der Drehzahl abhängig, so liegt eine

Fliehkraftkupplung vor, ist sie von der Drehrichtung abhängig, so wird ein Freilauf erforderlich (näheres s. Abschn. 11.3.3, Band 3).

- Muss jedoch das Zwischenglied die Drehzahl und das Drehmoment wandeln, so wird ein Getriebe erforderlich, von dem im Folgenden die Rede sein soll.

Diese Modellvorstellung erlaubt die übersichtliche Verallgemeinerung antriebstechnischer Problemstellungen. Aus den Grundlagen der Physik ist die mechanische Arbeit W für die geradlinige (translatorische) Bewegung als das Produkt aus Kraft F und Weg s bekannt:

$$W_{trans} = F \cdot s \qquad\qquad\qquad\qquad\qquad\qquad\qquad Gl. 7.9$$

Bei der rotatorischen Bewegung wird der Weg s als Produkt von Winkel α und Wirkradius r zurückgelegt:

$$s = \alpha \cdot r \qquad\qquad\qquad\qquad\qquad\qquad\qquad Gl. 7.10$$

Setzt man Gl. 7.10 in Gl. 7.9 ein, so gewinnt man einen Ausdruck für die rotatorische Arbeit:

$$W_{rot} = F \cdot r \cdot \alpha = M \cdot \alpha \qquad\qquad\qquad\qquad\qquad\qquad Gl. 7.11$$

Die mechanische Leistung P formuliert sich in beiden Fällen als die Ableitung der Arbeit nach der Zeit:

$$P_{trans} = F \cdot \frac{ds}{dt} = F \cdot v \qquad\qquad Translation \qquad\qquad\qquad Gl. 7.12$$

$$P_{rot} = M \cdot \frac{d\alpha}{dt} = M \cdot \omega \qquad\qquad Rotation \qquad\qquad\qquad Gl. 7.13$$

Bei den zuvor betrachteten Getrieben liegt die Leistung am Antrieb mit den Kenngrößen M_1 und ω_1 und am Abtrieb mit M_2 und ω_2 vor:

$$P_1 = M_1 \cdot \omega_1 \qquad\qquad P_2 = M_2 \cdot \omega_2$$

Wird bei dieser vereinfachten Betrachtung zunächst angenommen, dass das Getriebe ohne Verluste arbeitet, so ist der Wirkungsgrad η als das Verhältnis von Nutzen (Leistung am Abtrieb) zu Aufwand (Leistung am Antrieb) genau 1:

$$\eta = \frac{P_2}{P_1} = \frac{M_2}{M_1} \cdot \frac{\omega_2}{\omega_1} = \frac{M_1 \cdot i}{M_1} \cdot \frac{\omega_1 \cdot \frac{1}{i}}{\omega_1} = 1 \qquad\qquad\qquad Gl. 7.14$$

Daraus ergibt sich die an sich triviale Konsequenz, dass Antriebs- und Abtriebsleistung des Getriebes gleich groß sind: $P_1 = P_2$. Das Getriebe kann natürlich nicht die Leistung verändern, wandelt aber die sie bestimmenden Faktoren Moment und Winkelgeschwindigkeit untereinander. In der Elektrotechnik wird ein analoger Sachverhalt genutzt: Der elektrische Transformator ändert nicht die elektrische Leistung, wandelt sie allerdings in ihren Komponenten Spannung und Stromstärke. Das Getriebe der Mechanik und der Transformator der Elektrotechnik entsprechen sich also.

Der Wirkungsgrad η ist aber nur im Idealfall 1, in der technischen Realität treten stets Wirkungsgradverluste auf. Der Gesamtwirkungsgrad η lässt sich also als Produkt des „reibungsbedingten" Wirkungsgrades η_R und des „schlupfbedingten" Wirkungsgrades η_S auffassen:

$$\eta = \eta_R \cdot \eta_S \quad \text{mit} \quad \eta_R = \frac{M_1 \cdot i}{M_1} \quad \text{und} \quad \eta_S = \frac{\omega_1}{\omega_1 \cdot i} \qquad \text{Gl. 7.15}$$

- Der reibungsbedingte Wirkungsgrad η_R gibt an, wieviel Moment vom reibungsfrei ermittelten Ausgangsmoment tatsächlich erhalten bleibt. Diese Fragestellung betrifft form- und reibschlüssige Getriebe gleichermaßen und wird in Abschn. 9.4.1 (Band 3) am Beispiel des Kettentriebes erläutert.
- Der schlupfbedingte Wirkungsgrad η_S gibt an, wieviel Geschwindigkeit bzw. Drehzahl von der theoretisch ermittelten Ausgangsdrehzahl erhalten bleiben. Da bei formschlüssigen Getrieben beide Werte wegen der eindeutigen kinematischen Koppelung identisch sind, ist der schlupfbedingte Wirkungsgrad η_S für formschlüssige Getriebe immer 1. Bei reibschlüssigen Getrieben geht aber wegen des Schlupfs ein kleiner Anteil der aufgrund des Übersetzungsverhältnisses ermittelten Ausgangsdrehzahl verloren und der schlupfbedingte Wirkungsgrad η_S sinkt auf Werte von unter 1 ab. Dieser Sachverhalt ist ein wesentlicher Grund dafür, dass reibschlüssige Getriebe im Wirkungsgrad gegenüber den formschlüssigen systembedingt Nachteile aufweisen. Diese Problematik wird in Kap. 9.4.2 von Band 3 weiter ausgeführt.

Je nach Anwendungsfall wird man mit dem Getriebe mehr eine Drehzahlwandlung oder mehr eine Momentenwandlung beabsichtigen. Das Schema in Bild 7.6 und die anschließende Tabelle 7.2 trägt die oben aufgeführten Kenngrößen rotatorischer Getriebe in der linken Spalte noch einmal zusammen und stellt sie dem translatorischen Getriebe in der rechten Spalte gegenüber.

Das Kräftegleichgewicht an der unteren Rolle des Flaschenzuges zeigt, dass die Kraft F_2 zwar doppelt so groß ist wie die Kraft F_1, aber anderseits ist der Weg s_2 nur halb so groß wie der Weg s_1. Die Flüssigkeit (oder das Gas) zwischen den beiden Kolben des Druckübersetzers (angewendet z.B. beim Holzspalter) steht unter einem Druck, der am linken Kolben wegen der großen Fläche auch eine große Kraft F_2 hervorruft, während am rechten Kolben mit seiner kleinen Fläche auch nur eine kleine Kraft F_1 entsteht. Bei Bewegung des rechten Kolbens nach links würde das dadurch in die linke Kammer strömende Volumen auf eine größere Kolbenfläche treffen, wodurch der Kolbenweg s_2 kleiner ist als der Kolbenweg s_1.

Das Schema wird in der mittleren Spalte vervollständigt durch Getriebe, die Rotation und Translation miteinander verknüpfen, wobei hier die wesentlichen Zusammenhänge in Tabelle 7.2 am Beispiel der Bewegungsschraube (Band 1, Abschn. 4.7) ausgeführt werden. Bei Schrauben kann der Quotient $(d_2 \cdot \tan\varphi)/2$ als Übersetzungsverhältnis i aufgefasst werden. Das System Ritzel – Zahnstange verknüpft die Rotation mit der Translation formschlüssig, während das System Rad – Schiene und Rad – Fahrbahn denselben Zusammenhang reibschlüssig ausführt.

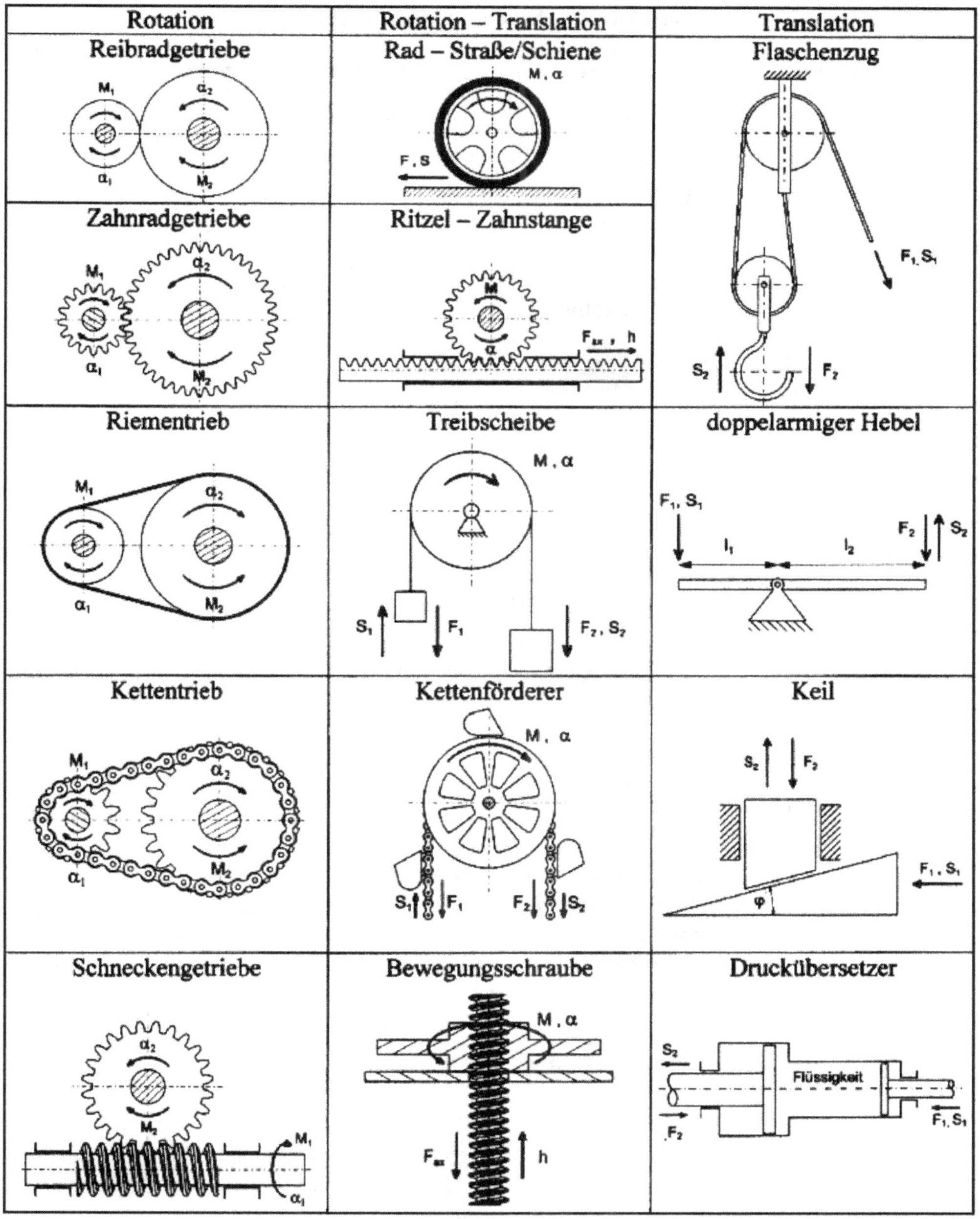

Rotation	Rotation – Translation	Translation
Reibradgetriebe	**Rad – Straße/Schiene**	**Flaschenzug**
Zahnradgetriebe	**Ritzel – Zahnstange**	
Riementrieb	**Treibscheibe**	**doppelarmiger Hebel**
Kettentrieb	**Kettenförderer**	**Keil**
Schneckengetriebe	**Bewegungsschraube**	**Druckübersetzer**

Bild 7.6: Gegenüberstellung Rotation – Translation gleichförmig übersetzender Getriebe; Konstruktionsbeispiele

Tabelle 7.2: Gleichförmig übersetzende Getriebe, wandelbare Größen

rotatorisch	Rotatorisch – translatorisch	translatorisch
Moment M: $M_2 = M_1 \cdot i$	Moment M – Kraft F_{ax}: $$M = \frac{d_2 \cdot \tan\varphi}{2} \cdot F_{ax}$$ $$\frac{d_2 \cdot \tan\varphi}{2} = i$$	Kraft F: $F_2 = F_1 \cdot i$
Drehwinkel α: $$\alpha_2 = \frac{\alpha_1}{i}$$	Drehwinkel α – Strecke h: $$\alpha = \frac{2}{d_2 \cdot \tan\varphi} \cdot h = \frac{1}{i} \cdot h$$	Strecke s: $$s_2 = \frac{s_1}{i}$$
Winkelgeschwindigkeit ω: $$\omega_2 = \frac{\omega_1}{i}$$	Winkelgeschwindigkeit $d\alpha/dt$ – translatorische Geschwindigkeit dh/dt: $$\frac{d\alpha}{dt} = \frac{2}{d_2 \cdot \tan\varphi} \cdot \frac{dh}{dt} = \frac{1}{i} \frac{dh}{dt}$$	Geschwindigkeit v: $$v_2 = \frac{v_1}{i}$$
Arbeit W: $W = M_1 \cdot \alpha_1 = M_2 \cdot \alpha_2$	Arbeit W: $W_{rot} = W_{trans}$ $W = M \cdot \alpha = F_{ax} \cdot h$	Arbeit W: $W = F_1 \cdot s_1 = F_2 \cdot s_2$
Leistung P: $P = M_1 \cdot \omega_1 = M_2 \cdot \omega_2$	Leistung P: $P_{rot} = P_{trans}$ $P = M \cdot d\alpha/dt = F_{ax} \cdot dh/dt$	Leistung P: $P = F_1 \cdot v_1 = F_2 \cdot v_2$

Bei den rein rotatorischen Getrieben ist neben den Aspekten der Drehzahl- und Momenten-wandlung in vielen Fällen auch die Optimierung der Leistungsanpassung das entscheidende Kriterium: Das Übersetzungsverhältnis wird dahingehend optimiert, dass der Motor im Bereich seiner maximalen Leistungsentfaltung betrieben wird (z.B. Gangschaltung eines Fahrrads oder eines Kraftfahrzeugs, mehr dazu in Abschn. 12.3 von Band 3).

7.1.5   Anwendungsfaktor

Die Belastung eines jeden Antriebsstranges und damit auch eines jeden Getriebes ist nicht perfekt konstant, sondern stets mehr oder weniger großen Ungleichmäßigkeiten ausgesetzt. Während der Mittelwert dieser Last nach Gl. 7.12/13 tatsächlich für die Leistungsübertragung genutzt wird („Nennlast"), ist der Maximalwert für die Festigkeit maßgebend. Eine erste Beispielbetrachtung möge diese Differenzierung verdeutlichen.

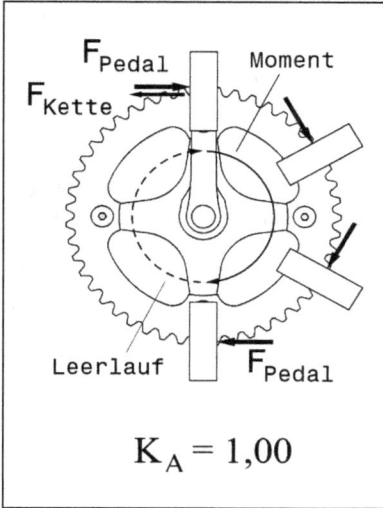

Bild 7.7: Anwendungsfaktor $K_A = 1,00$

Die menschliche Muskulatur als Motor für den Antrieb eines Fahrrades kann von Natur aus kein Drehmoment liefern, sondern bringt es über die Kräfte der Beine an der Tretkurbel als Hebelarm auf. Zunächst einmal wird die (unrealistische) Annahme getroffen, dass die vom Fuß ausgeübte Pedalkraft ständig tangential am Tretkurbelradius angreift. Der Kraftangriff des einen Fußes beginnt im oberen Scheitelpunkt der Pedalbewegung. Wenn der untere Scheitelpunkt erreicht ist, endet zwar die Kraftwirkung, aber genau in dieser Stellung soll der andere Fuß in Aktion treten und die Kreisbewegung fortführen. Unter dieser (unrealistischen) Annahme bleibt das Torsionsmoment an der Tretlagerwelle konstant. Zur Vereinfachung der Betrachtung wird angenommen, dass das Kettenblatt genau so groß ist wie der Radius der Tretkurbel: In diesem Fall ist die Kettenkraft stets genau so groß wie die Pedalkraft.

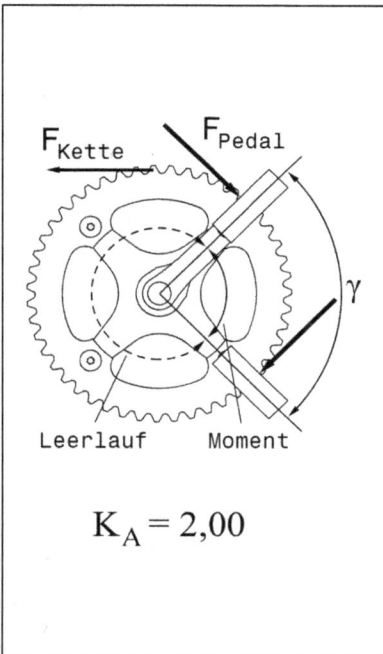

Bild 7.8: Anwendungsfaktor $K_A = 2,00$

Tatsächlich ist jedoch die Kraftwirkung im Bereich des oberen und des unteren Scheitelpunktes ergonomisch so uneffektiv, dass der Radfahrer die Pedalkraft erst deutlich nach dem oberen Scheitelpunkt einsetzt und auch deutlich vor dem unteren Scheitelpunkt wieder aufhebt. Geht man von der vereinfachenden Annahme aus, dass nur im vorderen Kreisviertel ein konstantes Moment erzeugt wird, so muss dieses Maximalmoment M_{max} doppelt so groß sein wie das Nennmoment M_{Nenn}, um bezogen auf die volle Kurbelumdrehung die gleiche Arbeit zu übertragen wie im vorherigen Fall. Das hat zur Folge, dass die Pedalkraft und damit auch die maximale Kettenkraft bei gleicher zeitlich gemittelter Leistung doppelt so groß ist wie zuvor. Der Anwendungsfaktor K_A als Quotient aus maximaler Belastung zu Nennbelastung ist genau 2, was für diesen speziellen Eingriffswinkel der Kraftwirkung von 90° gilt. Bei 180° wäre der Anwendungsfaktor 1 und bei abnehmendem Winkel wird er immer größer:

$$K_A = \frac{180°}{\gamma} \qquad \qquad \text{Gl. 7.16}$$

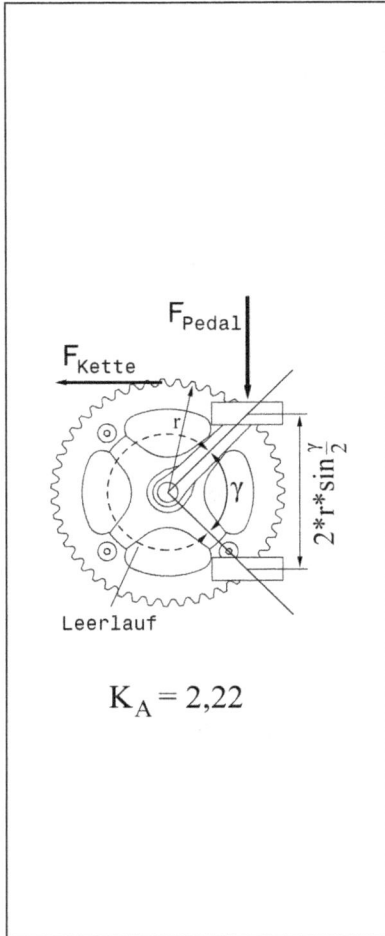

F_{Pedal}

F_{Kette}

r

$2*r*\sin\frac{\gamma}{2}$

γ

Leerlauf

$$K_A = 2,22$$

Bild 7.9: Anwendungsfaktor $K_A = 2,22$

Aber auch die zuvor getroffene Annahme ist nicht ganz realistisch, weil der Radfahrer die momentenerzeugende Kraft nicht tangential auf den Tretkurbelradius aufbringen kann, was im Radsport als „runder Tritt" postuliert wird. Tatsächlich wirkt die momentenerzeugende Kraft im Wesentlichen senkrecht nach unten, was alleine dadurch zu erkennen ist, dass das Pedal praktisch unabhängig von der Kurbelstellung weitgehend waagerecht steht. Während die als konstant angenommene Nennkraft F_{Nenn} einen Bogen auf dem Halbkreis beschreibt und dabei die Strecke $r \cdot \pi$ zurücklegt, legt die Pedalkraft F_{Pedal} den Weg $2 \cdot r \cdot \sin(\gamma/2)$ als Sekante eines Viertelkreises zurück. Setzt man die Arbeit der Pedalkraft als deren Produkt aus Kraft und Weg mit der Arbeit gleich, die die perfekt konstante Nennkraft als Arbeit ausmacht, so ergibt sich

$$F_{Nenn} \cdot \pi \cdot r = F_{Pedal} \cdot 2 \cdot r \cdot \sin\frac{\gamma}{2}.$$

Der Anwendungsfaktor formuliert sich als Quotient von Pedalkraft (entspricht der maximalen Kettenkraft) und Nennkraft:

$$K_A = \frac{F_{Pedal}}{F_{Nenn}} = \frac{\pi}{2 \cdot \sin\frac{\gamma}{2}} \qquad \text{Gl. 7.17}$$

Wird wie in der vorangegangenen Betrachtung ein Viertelkreis zur Kraftübertragung ausgenutzt, so errechnet sich der Anwendungsfaktor zu 2,221. Auch hier wird bei kleinerem Winkel γ der Anwendungsfaktor immer größer und damit die mechanische Belastung des Kettentriebes immer ungünstiger.

Diese Ungleichmäßigkeiten betreffen jeden beliebigen Motor: Ein Elektromotor mit vielpoliger Teilung oder eine Turbine hat einen Anwendungsfaktor wenig größer als 1, der aber mit geringerer Polteilung ansteigt. Auch beim Verbrennungsmotor sinkt der Anwendungsfaktor mit steigender Zylinderzahl. Die Arbeitsmaschine ist in ähnlicher Weise betroffen. Weiterhin spielt die Verteilung von rotatorischen Massenträgheiten eine große Rolle: Eine Schwungscheibe glättet die Momentenspitzen erheblich und reduziert damit den Anwendungsfaktor. Für die Festigkeitsbetrachtung eines jeden Getriebes muss das Nennmoment mit dem Anwendungsfaktor K_A multipliziert werden:

$$M_{tmax} = M_t \cdot K_A \qquad \text{Gl. 7.18}$$

Er wird berechnet oder im Experiment gewonnen und kann nach Tabelle 7.3 in Anlehnung an DIN 3990 häufig mit ausreichender Genauigkeit als Erfahrungswert ausgedrückt werden.

Tabelle 7.3: Anwendungsfaktor K_A

Motor	Arbeitsmaschine		
	gleichmäßig	mittlere Stöße	starke Stöße
	Stromerzeuger, Gurtförderer, Lüfter, Gebläse, Rührer für homogene Gemische	Rührer für inhomogene Gemische, Mehrzylinderpumpen, Hauptantrieb Werkzeugmaschine	Einzylinderpumpen, Pressen, Stanzen, Walzwerkmaschinen, Scheren, Löffelbagger
gleichmäßig z.B. Elektromotor, Turbine, Hydraulikmotor	1,00	1,25	1,75
mittlere Stöße z.B. Verbrennungsmotor mit mehreren Zylindern	1,25	1,50	2,00 oder höher
starke Stöße z.B. Verbrennungsmotor mit einem Zylinder	1,50	1,75	2,25 oder höher

Aufgabe A.7.1

7.2   Reibradgetriebe (Wälzgetriebe) (B)

Beim Reibradgetriebe sind die für das Übersetzungsverhältnis entscheidenden Wirkradien auf Scheiben, Zylindern oder Kegeln konstruktiv tatsächlich vorhanden und die Kraftübertragung lässt sich durch die Coulomb'sche Reibung relativ einfach beschreiben. Insofern sind Reibradgetriebe ein geeigneter Einstieg in die Konstruktion und Dimensionierung gleichförmig übersetzender Getriebe.

7.2.1   Geschwindigkeiten im Wälzkontakt (B)

Im Idealfall sollen die abwälzenden Reibräder im Wälzkontakt keine Relativbewegung zueinander ausführen. Wenn man einmal vom unvermeidlichen Verformungsschlupf (näheres s. Kap. 9.4.2.2, Band 3) absieht, so soll zumindest die Kinematik der Reibradpaarung so angelegt sein, dass sich dort keine Relativbewegung ergibt, was aus Bild 7.10 hervorgeht.

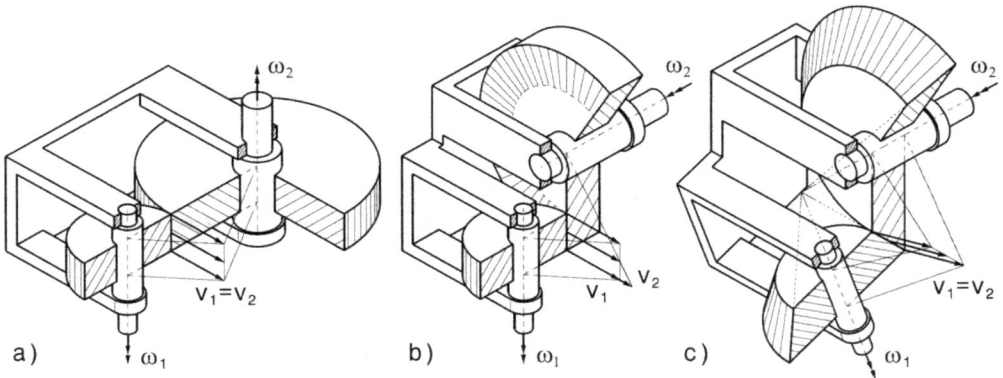

Bild 7.10: Umfangsgeschwindigkeit Wälzgetriebe

a) Die Wellen der beiden Reibräder sind parallel, sodass sich an jedem Punkt des Wälzkontaktes die gleiche Umfangsgeschwindigkeit einstellt: Dadurch wird ein kinematisch eindeutiges Abwälzen ermöglicht, ohne dass im Wälzkontakt eine Relativbewegung der beiden Scheiben untereinander erzwungen wird.

b) Die Wellen der beiden Reibräder schneiden einander: Wie im Fall a liegt an jedem Punkt des Umfangs von Rad 1 zwar eine gleichbleibende Geschwindigkeit v_1 vor, aber die Winkelgeschwindigkeit ω_2 ruft an Rad 2 eine Umfangsgeschwindigkeit im Wälzkontakt v_2 hervor, die linear mit der Entfernung zur Rotationsachse immer größer wird. v_1 und v_2 können aber nur in einem einzigen Punkt gleichgroß sein. Weiter unten wird Rad 1 von Rad 2 überholt, weiter oben bleibt es hinter ihm zurück. Die lokal unterschiedliche Differenz der beiden Geschwindigkeiten macht sich als erzwungene Relativgeschwindigkeit bemerkbar und verursacht aufgrund der sog. Bohrreibung Wirkungsgradverluste und Verschleiß.

c) Die Wellen der beiden Reibräder schneiden auch hier einander, aber beide Räder sind als Kegelstümpfe ausgebildet, wobei sich die imaginären Kegelspitzen in einem Punkt treffen. An jedem Punkt des Wälzkontaktes wird eine zum wirksamen Radius proportionale Umfangsgeschwindigkeit hervorgerufen, aber durch die Kegelgeometrie wird sichergestellt, dass an jedem beliebigen Punkt der Kegelmantelfläche die Umfangsgeschwindigkeiten beider Räder gleich sind und damit keine Relativgeschwindigkeit erzwungen wird. Dieser Zusammenhang ist unabhängig davon, welchen Winkel die beiden Rotationsachsen zueinander einnehmen. Insofern liegt hier eine Analogie zum Kegelrollenlager vor (vgl. Bild 5.20).

7.2.2　　　Belastungen im Wälzkontakt (B)

Um die Reibkraftübertragung und damit die Momentenübertragung erst zu ermöglichen, muss eine relativ hohe Normalkraft aufgebracht werden, was nicht nur zu einer hohen Materialbeanspruchung im Wälzkontakt selber führt, sondern auch Wellen und Lager belastet. Allein aus diesem Grunde sind reibschlüssige Getriebe schwerer und beanspruchen mehr Bauraum als formschlüssige, sie haben eine geringere Leistungsdichte. Die Höhe der aufzubringenden Normalkraft orientiert sich an der Coulomb'schen Reibung:

$$\mu = \tan\rho \geq \frac{F_U}{F_N} \qquad \Rightarrow \qquad F_N \geq \frac{F_U}{\mu}$$

Gl. 7.20

Bei der rechnerischen Beschreibung der Belastung im Wälzkontakt kann nach Reibradgetrieben mit der Materialpaarung Stahl/Stahl einerseits und Gummi/Stahl andererseits unterschieden werden. In jedem Fall aber treffen zwei gekrümmte Flächen aufeinander, die ähnlich wie im Fall der Wälzlager die Formulierung eines Ersatzkrümmungsdurchmessers erforderlich machen (vgl. auch Gl. 5.5):

$$d_0 = \frac{d_1 \cdot d_2}{d_1 \pm d_2}$$

Gl. 7.21

+ für Krümmung konvex – konvex

– für Krümmung konvex – konkav

Bild 7.11 soll eine Vorstellung von der Größe des Ersatzkrümmungsdurchmessers vermitteln: Das mittlerer Detailbild präsentiert den Modellfall im Kontakt mit einer Ebene, wobei der Durchmesser des Zylinders und der Ersatzkrümmungsdurchmesser gleich sind. Alle andere Fälle weisen gleichen Ersatzkrümmungsdurchmesser auf: Sind die Berührverhältnisse konvex–konvex (rechts), so muss der obere Wälzkörper umso größer werden, je kleiner der untere Durchmesser ist. Für Berührverhältnisse konvex–konkav (linke Beispiele) kann der obere Zylinder immer kleiner werden.

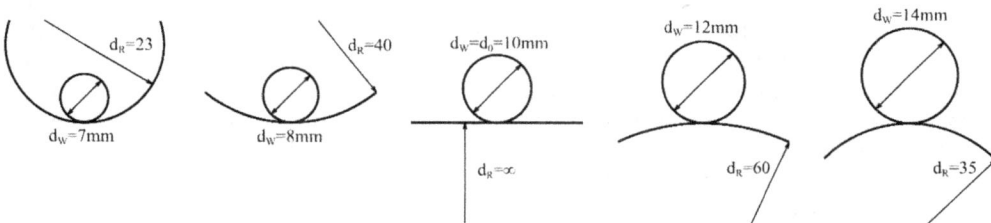

Bild 7.11: Ersatzkrümmungsdurchmesser

- Bei **metallischen Werkstoffen** wird die Werkstoffbelastung wie bei Wälzlagern in Form der Hertz'schen Pressung ausgedrückt (vgl. auch Gl. 5.4 und 5.5):

$$\sigma_{Hz} = -\frac{1}{\pi} \cdot \sqrt[3]{\frac{6 \cdot F \cdot E^2}{d_0^2 \cdot (1 - \nu^2)}} \qquad \text{Kontakt Kugel – Ebene („Punkt"-Berührung)}$$

Gl. 7.22

$$\sigma_{Hz} = -\sqrt{\frac{F \cdot E}{\pi \cdot d_0 \cdot L \cdot (1 - \nu^2)}} \qquad \text{Kontakt Rolle – Ebene („Linien"-Berührung)}$$

Gl. 7.23

Dabei bedeuten:

σ_{Hz} Hertz'sche Pressung

F_N die den Wälzkontakt belastende Normalkraft

E   Elastizitätsmodul

L   Länge der Linienberührung (nur bei Linienberührung)

ν Querkontraktionszahl (Stahl: $\nu = 0,3$)

Die tatsächlich auftretende Hertz'sche Pressung ist gegenüber den in Tabelle 7.4 angegebenen zulässigen Werten abzuschätzen.

- Bei **nichtmetallischen Werkstoffen** wird meist auf die historische Formulierung der „Wälzpressung k" zurückgegriffen, die die belastende Kraft auf die Projektion des Wälzzylinders mit Ersatzkrümmungsdurchmesser bezieht:

$$k = \frac{F_N}{d_0 \cdot L} \qquad\qquad\qquad \text{Gl. 7.24}$$

Diese Wälzpressung kann allerdings nicht als Druckspannung im physikalischen Sinne verstanden werden, sondern ist lediglich ein Kennwert zur Beschreibung der Belastung. Bei der Festlegung der zulässigen Wälzpressung nach Tabelle 7.4 muss jedoch noch ein weiterer Umstand berücksichtigen werden: Die Berührzonen am Umfang des Wälzkörpers wirken nicht nur als Federn, die verformt werden, wenn sie in die Laststellung hinein rollen und die zurück federn, wenn sie die Laststellung wieder verlassen. Da Gummi nicht nur Feder, sondern gleichzeitig auch Dämpfer ist (vgl. Abschn. 2.5.2, Band 1), wird der Werkstoff mit zunehmender Geschwindigkeit immer mehr thermisch beansprucht, was seine mechanische Belastbarkeit reduziert. Die zulässige Wälzpressung wird deshalb nach Tabelle 7.4 in Funktion der im Wälzpunkt vorliegenden Umfangsgeschwindigkeit v formuliert. Bei Geschwindigkeiten von über 30 m/s wird die thermische Beanspruchung so hoch, dass der Werkstoff nicht mehr mechanisch belastet werden kann, was einen praktischen Betrieb nicht mehr sinnvoll macht.

Obwohl die Zahlenwerte für σ_{Hz} und k die gleiche Dimension [N/mm²] aufweisen, sind sie **nicht** untereinander vergleichbar. Eine Zusammenstellung der zulässigen Werkstoffbelastungen nach Tabelle 7.4 ist nicht ganz unproblematisch und beschränkt sich auf erste grobe Anhaltswerte. Diese Zahlenwerte sind nur als Richtwerte für Reibradgetriebe mit annähernd konstanter Übersetzung anzusehen und spielen sich in jedem Fall nur im Zeitfestigkeitsbereich ab. Ähnlich wie bei Wälzlagern gibt es auch bei Reibradgetrieben keine ausgeprägte Dauerfestigkeit.

Bild 7.12 zeigt in einer beispielhaften Gegenüberstellung die markanten Unterschiede der Materialpaarungen Stahl/Stahl und Gummi/Stahl. Es sei die oben rechts im Diagramm skizzierte Anordnung gegeben, die in gleichen Abmessungen sowohl in Stahl/Stahl als auch in Gummi/Stahl ausgeführt wird. Das Diagramm drückt die Belastbarkeit des Getriebes als übertragbares Antriebsmoment in Funktion der Antriebsdrehzahl aus. Aus dieser Darstellung lassen sich die folgenden Feststellungen ableiten:

Tabelle 7.4: Materialwerte für Reibradgetriebe

Materialpaarung	μ	$\sigma_{Hz\ zul}$ [N/mm²]	k_{zul} [N/mm²]
Gummi (aufvulkanisiert) – Stahl	0,6–0,8		0,48 für v ≤ 1 m/s $$\frac{0,48}{\left(v\left[\frac{m}{s}\right]\right)^{0,75}} \text{ für } 1 \leq v \leq 30 \text{ m/s}$$
Gummi (aufgepresst) – Stahl	0,6–0,8		0,48 für v ≤ 0,6 m/s $$\frac{0,33}{\left(v\left[\frac{m}{s}\right]\right)^{0,75}} \text{ für } 0,6 \leq v \leq 30 \text{ m/s}$$
organischer Reibwerkstoff – Stahl (trocken)	0,3–0,6		0,8–1,4
St 70–GG 21 (trocken)	0,08–0,12	350	
Stahl–Stahl, gehärtet, geschmiert	0,02–0,04	650	

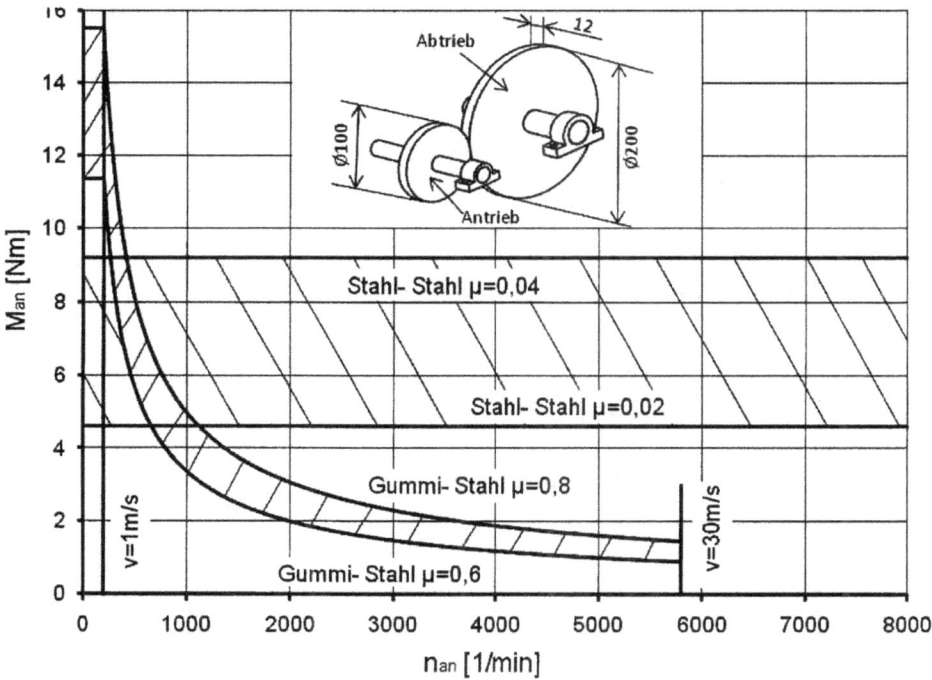

Bild 7.12: Übertragbares Antriebsmoment Reibradgetriebe Stahl/Stahl und Gummi/Stahl

- Bei der Materialpaarung Stahl/Stahl ist das übertragbare Moment nahezu unabhängig von der Geschwindigkeit. Die im Wälzkontakt entstehende Verlustleistung wird durch das Schmiermittel abgeführt. Die relativ große Unsicherheit bei der Festlegung der Reibzahl ($\mu = 0,02$–$0,04$), für die vor allen Dingen die Beschaffenheit des Schmierstoffs verantwortlich ist, führt zu einer großen Bandbreite bei der Bestimmung des übertragbaren Momentes.
- Die Normalkraftbelastbarkeit von Gummi/Stahl ist zwar wesentlich geringer, aber aufgrund des hohen Reibwertes ($\mu = 0,6$–$0,8$) kann mit diesem Getriebe bei geringen Geschwindigkeiten deutlich mehr Moment übertragen werden. Bei Umfangsgeschwindigkeiten von mehr als 1 m/s wird die elastische Verformung im Wälzkontakt zunehmend von der für Gummiwerkstoffe typischen Materialdämpfung begleitet, die zu einem Verlust an mechanischer Leistung und damit zu einer Erwärmung des Gummis führt. Wegen der Trockenreibung und wegen der geringen Wärmeleitfähigkeit des Gummis kann diese Wärme nur schlecht abgeführt werden. Um thermisch bedingte Materialschädigungen auszuschließen, muss mit steigender Geschwindigkeit die Normalkraftbelastung und damit das übertragbare Moment reduziert werden. Geschwindigkeiten von über 30 m/s schließen die Verwendbarkeit von Gummi völlig aus. Da die Unsicherheit der Schmierstoffbeschaffenheit hier entfällt, lässt sich der Reibwert relativ genau beziffern, sodass sich die Bandbreite des übertragbaren Momentes in engeren Grenzen hält.

Aus dieser Gegenüberstellung lässt sich schlussfolgern, dass bei hohen Geschwindigkeiten nur die Materialpaarung Stahl/Stahl in Frage kommt, während bei geringen Drehzahlen Gummi/Stahl vorteilhaft eingesetzt werden kann. Bei diesen Getrieben muss zwar ein geringer Wirkungsgrad in Kauf genommen werden, aber sie erfordern wegen der trockenen Reibung nur einen vergleichsweise geringen konstruktiven Aufwand.

Aufgaben A.7.2 und A.7.3

7.2.3   Vorspannen von Wälzgetrieben

Zur ordnungsgemäßen Funktion des Wälzgetriebes muss die zur Reibkraftübertragung erforderliche Normalkraft wohl dosiert aufgebracht werden. Die folgende Darstellung versucht, aus der nahezu unübersehbaren Vielfalt von Ausführungsformen die wesentlichen Konstruktionsvarianten in einer strukturierten Übersicht zusammenzustellen. Dabei kann grundsätzlich nach radialem Vorspannen (wäre z.B. in der linken Ausführungsform von Bild 7.10 erforderlich) und axialem Vorspannen (wäre z.B. in der mittleren Ausführungsform von Bild 7.10 an der Abtriebswelle möglich) unterschieden werden.

7.2.3.1   Radiales Vorspannen von Wälzgetrieben (E)

Aus Gründen der zeichnerischen Darstellbarkeit wird in den folgenden Beispielen ein (unrealistisch hoher) Reibwert von $\mu = 1.0$ (entspricht einem Reibwinkel ρ von 45°) angenommen. Die Vergleichbarkeit der Konstruktionsvarianten untereinander wird durch ein einheitliches Übersetzungsverhältnis von 1:2 sichergestellt. Die Kräfte im Wälzkontakt tauchen zwar immer als Kraft und Gegenkraft paarweise auf, werden hier aber so angetragen, wie sie auf das obere Rad wirken.

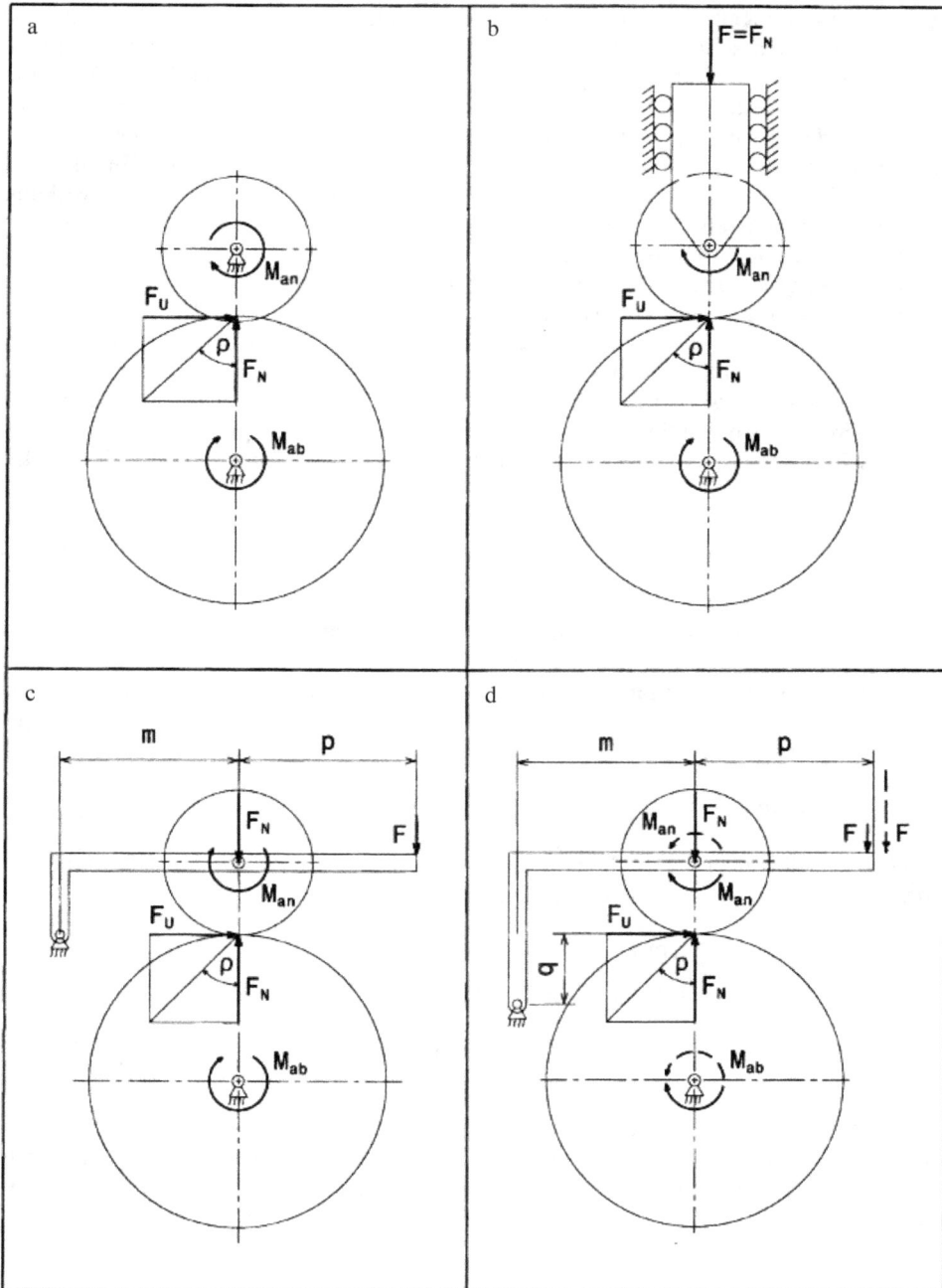

Bild 7.13: Radiale Vorspannung von Wälzgetrieben

a. **Verformung der Reibräder**: Die ortsfeste Anordnung der beiden Wellen im Gestell ist zwar konstruktiv besonders einfach, bedeutet aber für die Aufbringung einer definierten Normalkraft als Produkt aus Steifigkeit und Federweg ein besonders Problem: Wenn die Steifigkeit der Konstruktion hoch ist, muss der Federweg als Verkürzung des Achsabstandes **während der Montage** sehr präzise erfolgen. Eine nachgiebige Konstruktion schwächt das Problem ab, würde aber beispielsweise die Verwendung eines elastischen Gummirades bedeuten. Die weiteren Konstruktionsvarianten sehen deshalb vor, die Anpresswirkung durch eine externe Kraft aufzubringen, was aber nur möglich ist, wenn die Achse eines der beiden Reibräder **während des Betriebes** parallel verschoben werden kann.

b. **Linearführung**: Wird eines der beiden Räder in einer Linearführung angeordnet, so kann eine von außen eingeleitete Vorspannkraft F direkt als F_N auf den Wälzkontakt einwirken. Diese Konstruktion ist allerdings sehr aufwendig, weil die Linearführung neben Kräften ggf. auch Momente aufnehmen muss.

c. **Hebel ohne Selbstverstärkung**: Wird das obere Reibrad gelenkig an das Gestell angebunden, so wird die Konstruktion einfacher und es kann eine Hebelwirkung ausgenutzt werden. Das Zusammenspiel der Kräfte orientiert sich am Momentengleichgewicht um das Gelenk des Hebels:

$$F_N \cdot m - F \cdot (m + p) = 0 \qquad \rightarrow \qquad F = \frac{m}{m+p} \cdot F_N \qquad\qquad \text{Gl. 7.25}$$

Dieser einfache Zusammenhang gilt aber nur, wenn der Gelenkpunkt auf der Wirkungslinie von F_U liegt.

d. **Hebel mit Selbstverstärkung**: Wird der Gelenkpunkt, wie hier dargestellt, unterhalb der Wirkungslinie von F_U platziert, so nimmt auch die Umfangskraft am Momentengleichgewicht des Hebels teil:

$$-F_U \cdot q + F_N \cdot m - F \cdot (m + p) = 0$$

F_u steht aber selber über die Coulomb'sche Reibung ($F_U = \mu \cdot F_N$) mit F_N in Zusammenhang, sodass sich die vorstehende Gleichung vereinfachen lässt:

$$-\mu \cdot F_N \cdot q + F_N \cdot m - F \cdot (m + p) = 0$$

$$F \cdot (m + p) = F_N \cdot m - \mu \cdot F_N \cdot p = F_N \cdot (m - \mu \cdot q)$$

$$F = \frac{m - \mu \cdot q}{m + p} \cdot F_N \quad \text{(für Moment am Abtrieb im Uhrzeigersinn)} \qquad \text{Gl. 7.26}$$

Die Anpresswirkung wird also bei gleicher Betätigungskraft F gegenüber der Konstruktionsvariante c nach Gl. 7.25 verstärkt, sodass weniger Betätigungskraft F erforderlich ist. Wirkt das Moment am Abtriebsrad im Gegenuhrzeigersinn, so tritt eine umgekehrte, abschwächende Wirkung ein:

$$F_U \cdot q + F_N \cdot m - F \cdot (m + p) = 0$$

$$\mu \cdot F_N \cdot q + F_N \cdot m = F \cdot (m + p)$$

$$F = \frac{m + \mu \cdot q}{m + p} \cdot F_N \quad \text{(für Moment am Abtrieb im Gegenuhrzeigersinn)} \qquad \text{Gl. 7.27}$$

Damit wird mehr Betätigungskraft als bei Konstruktionsvariante c erforderlich. Diese Aussage ist vor allen Dingen dann wichtig, wenn auf der Antriebswelle auch gebremst werden soll. Ähnliches gilt, wenn der Anlenkpunkt des Gelenks nach oberhalb der Wirkungslinie von F_U verlagert wird.

Aufgabe A.7.4

7.2.3.2   Radiale, selbsttätige Anpresskraftregelung (E)

Das von einem Reibradgetriebe übertragene Moment ist im allgemeinen Fall nicht konstant. Dies bedeutet zunächst, dass die Anpresskraft und damit die Belastung im Wälzkontakt nach dem maximal zu übertragenden Moment dimensioniert werden muss.

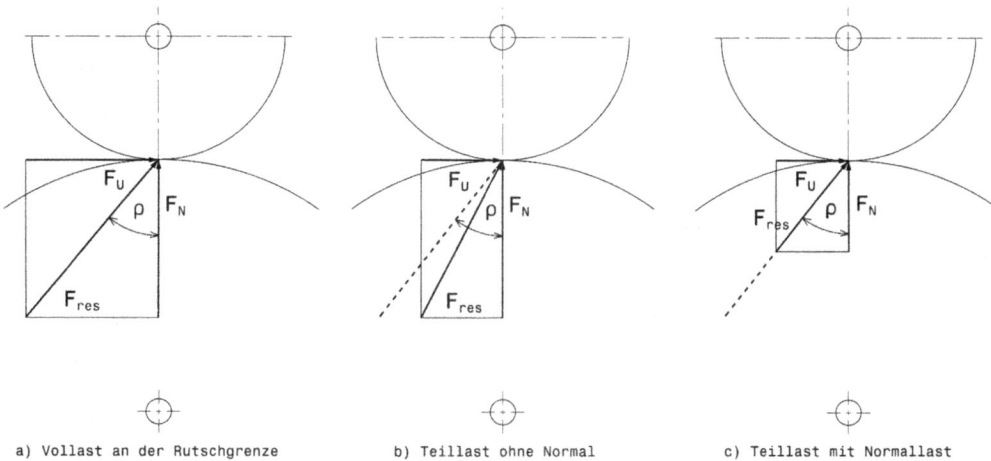

a) Vollast an der Rutschgrenze   b) Teillast ohne Normal   c) Teillast mit Normallast

Bild 7.14: Reibradgetriebe bei Teillast

a) Bei der größtmöglichen Umfangskraft F_U im Wälzkontakt wird die Normalkraftkomponente F_N so bemessen, dass der Reibwinkel $\rho = \arctan \mu$ vollständig ausgenutzt wird. Eine geringere Normalkraft hätte ein Durchrutschen zur Folge.
b) Wird die Umfangkraft auf ein Teillastniveau reduziert und die Normalkraftkomponente konstruktionsbedingt beibehalten, so reduziert sich dabei die Kraft F_{res}, die die gesamte Konstruktion mechanisch belastet, nur unwesentlich.
c) Wird jedoch bei reduzierter Umfangskraft gleichzeitig auch die Anpresskraft in gleichem Maße vermindert, so verringert sich damit auch in gleicher Verhältnismäßigkeit die Kraft F_{res} und damit die mechanische Belastung der gesamten Konstruktion.

Wird die Anpresskraft F_N durch weiter unten noch zu erläuternde konstruktive Maßnahmen ständig dem Lastniveau angepasst, so ergeben sich daraus die folgenden vorteilhaften Konsequenzen:

- **Zeitfeste** Bauteile des Getriebes (z.B. Wälzlager und Wälzkontakt am Reibrad) steigern ihre Gebrauchsdauer teilweise beträchtlich.
- **Dauerfeste** Bauteile des Getriebes (z.B. Wellen) können von einer Reduzierung der Anpresskraft nicht profitieren.

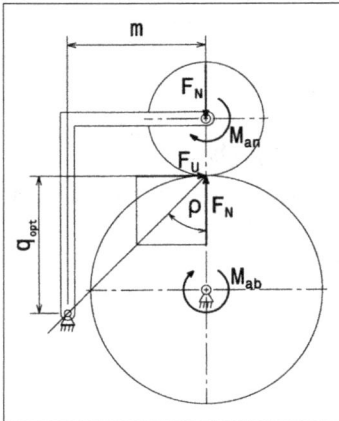

Bild 7.15: Radiale Anpresskraftregelung

Wird die in Bild 7.13 als Variante d vorgestellte Anpresskraftverstärkung durch Vergrößerung des Abstandes q weiter gesteigert, so wird schließlich die Stellung erreicht, wo der Gelenkpunkt auf der Wirkungslinie der Resultierenden F_U und F_N liegt. Dabei wird das Momentengleichgewicht und damit die Normalkraft F_N ohne Einwirkung einer Betätigungskraft F gehalten:

$$F_U \cdot q_{opt} = F_N \cdot m$$

$$\frac{m}{q_{opt}} = \frac{F_U}{F_N} = \tan \rho = \mu \qquad \text{Gl. 7.28}$$

In diesem Fall ruft die Reibradpaarung selbsttätig die erforderliche Anpresskraft hervor.

Der Quotient F_U / F_N wird also optimalerweise konstruktiv als das Streckenverhältnis m/q_{opt} ausgeführt. Dies hat folgende Auswirkungen:

- Die Entfernung des Gelenkpunktes vom Wälzpunkt spielt für das Momentengleichgewicht keine Rolle, er kann also an jeder beliebigen Stelle der Begrenzungslinie des Reibwinkels platziert werden. Er wird also dort angebracht, wo es konstruktiv am günstigsten ist.
- Eine Anpresswirkung kommt nur bei der hier skizzierten Richtung des Momentes zustande. Bei umgekehrter Momentenrichtung oder beim Bremsen des Antriebs wird die Anpresswirkung aufgehoben.
- Ist das Lastmoment zu Beginn gleich Null, so liegt ein undefinierter Zustand vor und die Anpresswirkung kann ohne fremde Hilfe nicht zustande kommen. Bei dem hier angedeuteten Mechanismus würde sich aber bereits aufgrund des Eigengewichts der gelenkig gelagerten Stütze eine Anfangspressung einstellen. Ist dies nicht der Fall, so müsste die Anpresswirkung beispielsweise durch eine vorgespannte Feder in Gang gebracht werden. Diese Anfangspressung kann aber so schwach ausgeführt werden, dass sie für die festigkeitsmäßige Beanspruchung des Getriebes keine Rolle spielt.
- Der Vorteil der geregelten Anpresskraft kann jedoch auch ein großer Nachteil sein: Die Anpresskraft wird auch bei zunehmender Überlast immer weiter gesteigert, sodass sich das Getriebe nicht durch Durchrutschen der Überlast entziehen kann. Die damit verbundenen hohen Kräfte können möglicherweise Lager und Wellen zerstören, das Reibradgetriebe kann dann nicht als Sicherheitskupplung dienen.

7.2.3.3   Reibradkupplung mit Rolle als Zwischenglied (V)

Alle bisher vorgestellten Anpressmechanismen setzen voraus, dass sich eine der beiden Wellen in irgendeiner Form parallel verschieben lässt. Zur Aufhebung dieser konstruktiven Einschränkung können auch zwei reibschlüssige Wälzkontakte hintereinander geschaltet werden. Bild 7.16 führt eine solche Lösung zunächst einmal für den Fall vor, dass die einzelnen Übersetzungsverhältnisse 1:1 sind, das Reibradgetriebe also eigentlich eine Reibradkupplung ist.

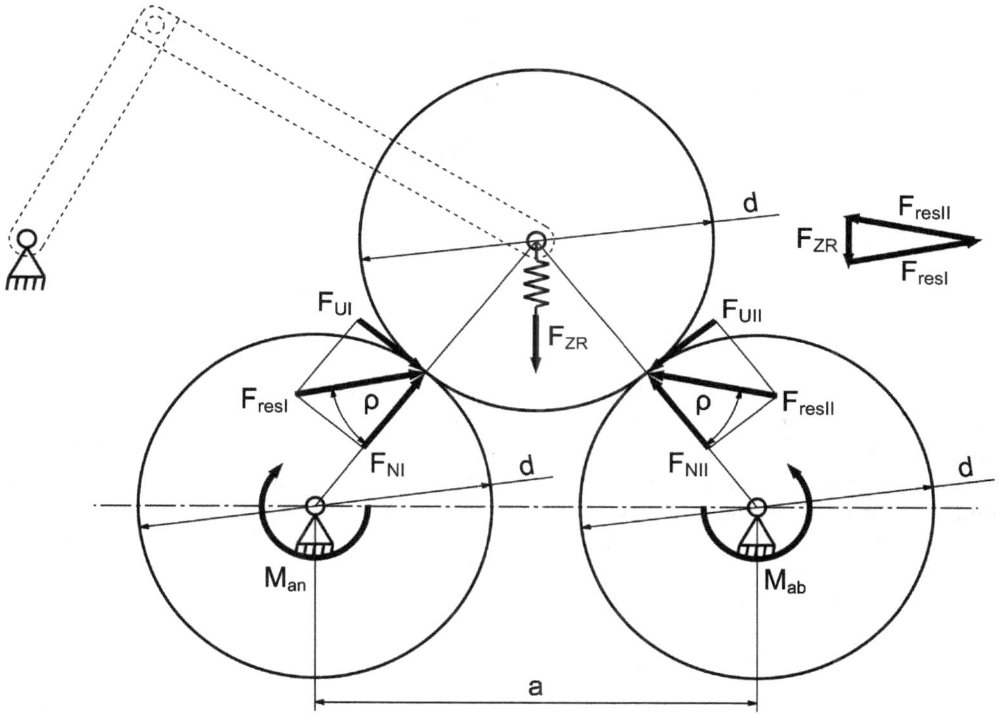

Bild 7.16: Reibradkupplung mit kraftbelasteter Zwischenrolle

Wird nach Bild 7.16 der einheitliche Scheibendurchmesser d und der Achsabstand a vorgegeben, so entsteht zwischen den Radmittelpunkten ein gleichschenkliges Dreieck. Die an den beiden Reibkontakten jeweils anliegende Normalkraft F_N und Reibkraft F_U ergeben eine Resultierende Kraft F_{res}. An der Zwischenrolle wirkt sowohl die Resultierende der Stufe I als auch die der Stufe II. Soll die Rolle im Gleichgewicht gehalten werden, so muss deren Krafteck durch eine weitere Kraft F_{ZR} geschlossen werden, was hier über eine Feder herbeigeführt wird. Die Zwischenrolle darf darüber hinaus aber keiner weiteren Kraft ausgesetzt werden. Eine Anbindung an das Gestell über einen Gelenkhebel oder über eine Linearführung würde diese Bedingung verletzen. Es wäre lediglich möglich, die Anbindung über einen Arm mit zwei Gelenken in der skizzierten Form auszuführen, der aber keinerlei Kraft aufnehmen würde und damit überflüssig ist. Die sich im Krafteck grafisch ergebende Kraft kann auch mit Gleichungen beschrieben werden, was allerdings unnötig ist, weil durch eine Optimierung des Achsabstandes a nach Bild 7.17 die Kraft F_{ZR} und damit die Feder gänzlich überflüssig wird.

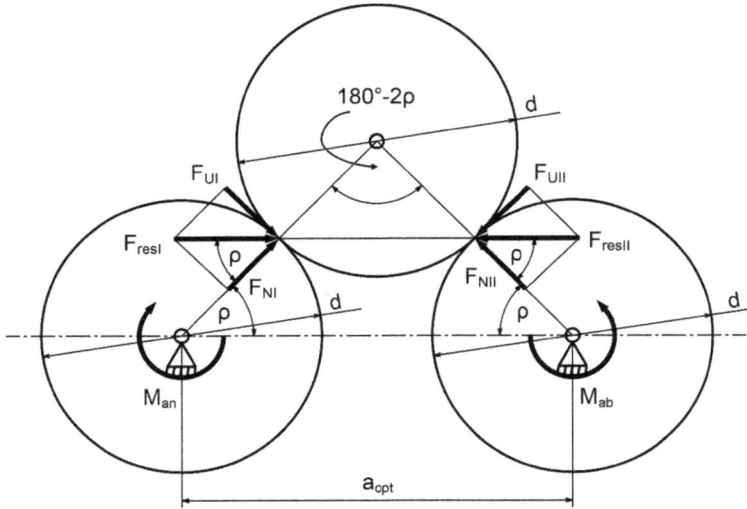

Bild 7.17: Reibradkupplung mit unbelasteter Zwischenrolle

Wird der Achsabstand so weit vergrößert, dass die Resultierenden waagerecht liegen, so sind sie nicht nur gleich groß, sondern treffen sich auch noch auf einer gemeinsamen Wirkungslinie, sodass die Kraft F_{ZR} nicht mehr erforderlich ist, die Rolle also selbsttätig ihr Gleichgewicht hält. Zur Berechnung des dazu erforderlichen Achsabstandes a_{opt} wird das durch die drei Radmittelpunkte aufgespannte Dreieck betrachtet. Die an den Wälzkontakten eingezeichneten Reibwinkel ρ tauchen als Wechselwinkel unten in diesem Dreieck wieder auf, sodass sich der in der Achse der Zwischenrolle zu $180° - 2 \cdot \rho$ ergibt. Der Achsabstand zwischen An- und Abtrieb ergibt sich dann über den Kosinussatz:

$$a_{opt} = \sqrt{d^2 + d^2 - 2 \cdot d \cdot d \cdot \cos\left(180° - 2 \cdot \rho\right)}$$

$$a_{opt} = d \cdot \sqrt{2 - 2 \cdot \cos\left(180° - 2 \cdot \rho\right)}$$

$$a_{opt} = d \cdot \sqrt{2 \cdot \left[1 - \cos\left(180° - 2\rho\right)\right]} \qquad \text{Gl. 7.29}$$

Berücksichtigt man, dass $\cos\left(180° - 2 \cdot \rho\right) = -\cos\left(2 \cdot \rho\right)$ ist, so vereinfacht sich dieser Ausdruck zu

$$a_{opt} = d \cdot \sqrt{2 \cdot \left(1 + \cos 2\rho\right)}. \qquad \text{Gl. 7.30}$$

Wird der Achsabstand a_{opt} konstruktiv ausgeführt, so wird diese Kupplung zur selbsttätig anpressenden Kupplung, ohne dass es irgendeiner weiteren Kraft bedarf. Wird der Achsabstand a kleiner, so rutscht die Kupplung durch, wird er größer, so stellt sich eine unnötig hohe Anpresskraft ein. Um diesen Anpresseffekt zu Beginn der Belastung einzuleiten, genügt das Eigengewicht der Rolle. Die Anpresskraftwirkung tritt jedoch nur bei der hier vorliegenden Momentenrichtung auf, in umgekehrter Richtung kann kein Moment übertragen werden, es kann also nicht gebremst werden. Damit wird diese Kupplung zum Freilauf: In der einen Richtung wird selbsttätig eingekuppelt, sodass das Moment übertragen werden kann, während in der anderen Richtung automatisch der Leerlauf eingeleitet wird. Diese Ausführungsform von Freilauf hat in der technischen Realität aber keine Bedeutung. Abschn. 11.3.3.3 führt hingegen Freilaufkonstruktionen auf, die ebenfalls reibschlüssig wirken, aber wegen der Lastverzweigung deutlich kompakter ausgeführt werden können.

Aufgabe A.7.5

7.2.3.4 Einstufiges Reibradgetriebe mit Rolle als Zwischenglied (V)

Wird das Getriebe in einem Übersetzungsverhältnis ungleich 1:1 ausgeführt, so ergibt sich die Konstellation nach Bild 7.18. Soll auch hier keine weitere Kraft auf die Rolle ausgeübt werden, so müssen die beiden Resultierenden nicht nur gleichgroß sein, sondern sie müssen sich auch wie hier dargestellt auf einer gemeinsamen Wirkungslinie treffen.

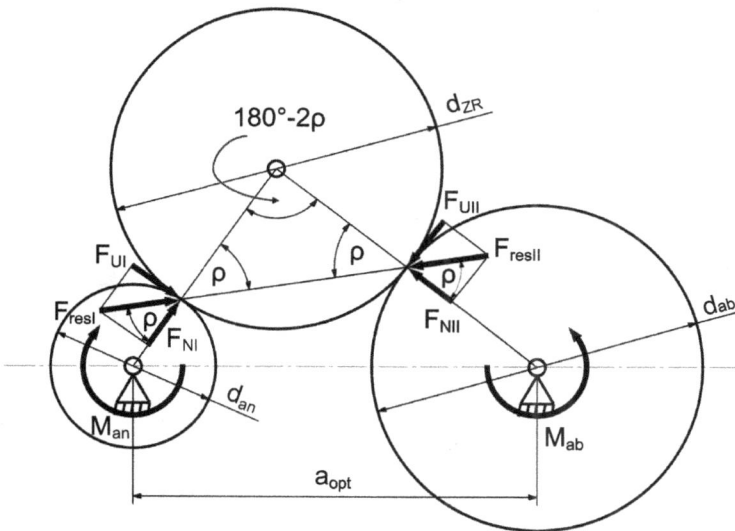

Bild 7.18: Reibradgetriebe mit unbelasteter Zwischenrolle

Der Kosinussatz nimmt für diesen Fall folgende Form an:

$$a_{opt} = \sqrt{\left(\frac{d_{ZR}+d_{an}}{2}\right)^2 + \left(\frac{d_{ZR}+d_{ab}}{2}\right)^2 - 2\cdot\frac{d_{ZR}+d_{an}}{2}\cdot\frac{d_{ZR}+d_{ab}}{2}\cdot\cos\left(180°-2\rho\right)}$$

$$a_{opt} = \frac{1}{2}\cdot\sqrt{\left(d_{ZR}+d_{an}\right)^2 + \left(d_{ZR}+d_{ab}\right)^2 + 2\cdot\left(d_{ZR}+d_{an}\right)\cdot\left(d_{ZR}+d_{ab}\right)\cdot\cos\left(2\rho\right)} \qquad \text{Gl. 7.31}$$

Die in den Bildern 7.16–7.18 verwendete Zwischenrolle übernimmt nur die Funktion eines Bindegliedes, dessen Durchmesser für das Übersetzungsverhältnis keine Bedeutung hat. Große Zwischenrollen sind von Vorteil, weil sie den Ersatzkrümmungsdurchmesser und damit die Belastung im Wälzkontakt reduzieren.

Aufgabe A.7.6

7.2.3.5   Zweistufiges Reibradgetriebe mit Rolle als Zwischenglied (V)

Die Zwischenrolle kann aber auch dazu ausgenutzt werden, das Getriebe nach Bild 7.19 zweistufig auszuführen.

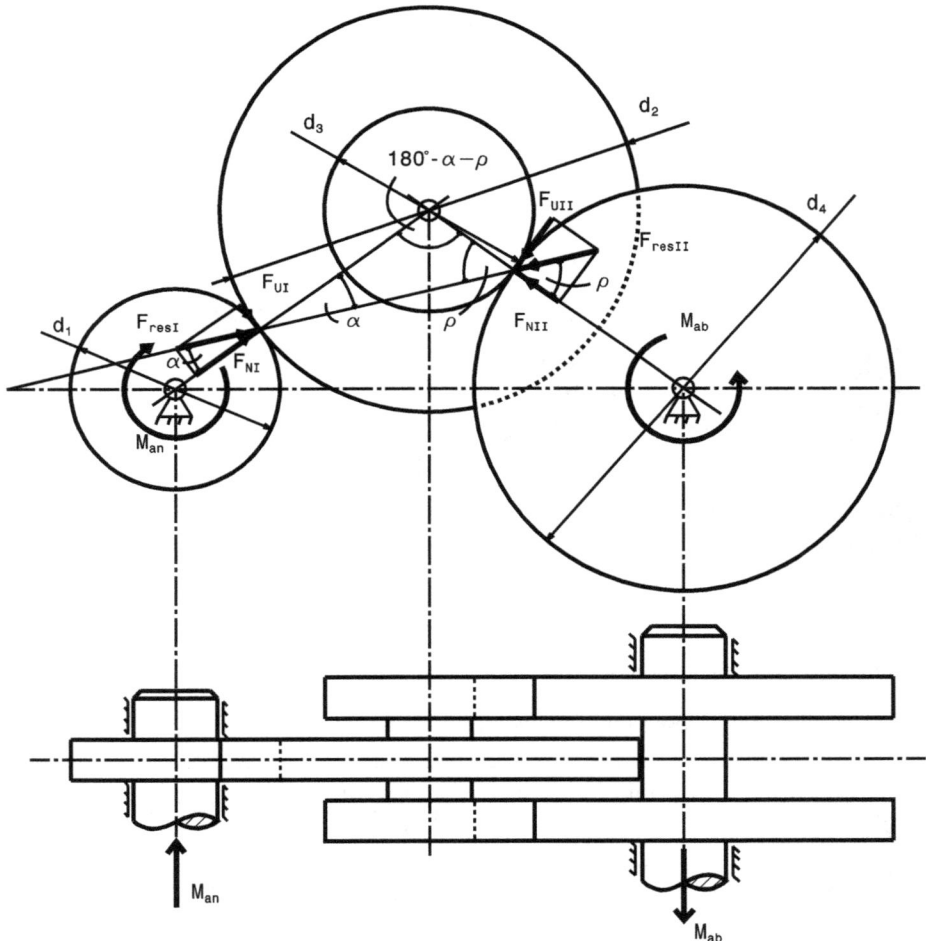

Bild 7.19: Zweistufiges Reibradgetriebe mit unbelasteter Zwischenrolle

Das Gesamtübersetzungsverhältnis ergibt sich dann als Produkt der Einzelübersetzungsverhältnisse von erster und zweiter Stufe

$$i_{ges} = i_I \cdot i_{II} = \frac{d_2}{d_1} \cdot \frac{d_4}{d_3} \qquad \text{Gl. 7.32}$$

und lässt damit ein deutlich größeres Gesamtübersetzungsverhältnis zu. Soll auch hier die vorteilhafte Konstruktionsvariante der unbelasteten Zwischenrolle genutzt werden, so müssen die beiden auf die Zwischenrolle wirkenden Kraftresultierenden nicht nur gleich groß sein, sondern sich auch auf einer gemeinsamen Wirkungslinie treffen. Dies hat aber zwangsläufig zur Folge, dass der Reibwinkel ρ nur in der zweiten Stufe ausgenutzt werden kann, während das Kräfteverhältnis von Reibkraft zur Normalkraft in der ersten Stufe deutlich kleiner ist. Der in diesem Krafteck wirksame Winkel α lässt sich geometrisch im inneren Dreieck zwischen Rollenmittelpunkt und den beiden Berührpunkten durch den Sinussatz ermitteln:

$$\frac{\sin\alpha}{r_3} = \frac{\sin\rho}{r_2} \qquad \rightarrow \qquad \alpha = \arcsin\left(\frac{d_3}{d_2} \cdot \sin\rho\right) \qquad \text{Gl. 7.33}$$

Da α in jedem Fall deutlich kleiner als ρ ist, wird der Kontaktpunkt der ersten Stufe deutlich höher belastet als es für den Reibschluss nötig ist. Der für diese Konstruktion erforderliche Achsabstand a_{opt} ergibt sich wieder über den Kosinussatz im großen Dreieck der drei Radmittelpunkte:

$$a_{opt} = \sqrt{\left(\frac{d_1+d_2}{2}\right)^2 + \left(\frac{d_3+d_4}{2}\right)^2 - 2 \cdot \frac{d_1+d_2}{2} \cdot \frac{d_3+d_4}{2} \cdot \cos\left(180° - \rho - \alpha\right)}$$

$$a_{opt} = \frac{1}{2} \cdot \sqrt{\left(d_1+d_2\right)^2 + \left(d_3+d_4\right)^2 + 2 \cdot \left(d_1+d_2\right) \cdot \left(d_3+d_4\right) \cdot \cos\left(\rho+\alpha\right)} \qquad \text{Gl. 7.34}$$

Problematisch bei dieser Konstruktion ist aber der Umstand, dass die Kraftresultierende der Stufe I auf das Rad 2 und die Kraftresultierende der Stufe II auf das Rad 3 jeweils in einer anderen Ebene wirksam werden. Der Missstand kann dadurch aufgehoben werden, dass eine der beiden Stufen mit zwei parallel angeordneten identischen Reibradpaaren ausgestattet wird (unter Bildhälfte), was aber konstruktiv sehr aufwendig ist.

Aufgabe A.7.7

7.2.3.6   Axiales Vorspannen von Wälzgetrieben (E)

Stehen An- und Abtriebswelle nicht parallel zueinander (z.B. Bild 7.10, mittlere Ausführungsform), so ist es meist einfacher, die Anpresskraft durch eine Axialkraft in der Welle einzuleiten. Bild 7.20 stellt eine Konstruktionsvariante vor, bei der die axiale Anpressung durch Federkraft in eine axial verschiebbare Welle eingeleitet wird. An der Reibscheibe besteht zwischen Axialkraft und dem abtriebsseitig reibschlüssig übertragbarem Moment folgender Zusammenhang:

$$M_{Reibrad} = F_{ax} \cdot \mu \cdot \frac{d_{Scheibe}}{2} \qquad \text{Gl. 7.35}$$

Ist die Abtriebswelle axial nicht beweglich, so ist eine Zwischenwelle nach Bild 7.21 erforderlich, auf die das Moment zunächst einmal übertragen werden muss, wozu vorteilhafterweise eine Zahnradpaarung verwendet wird.

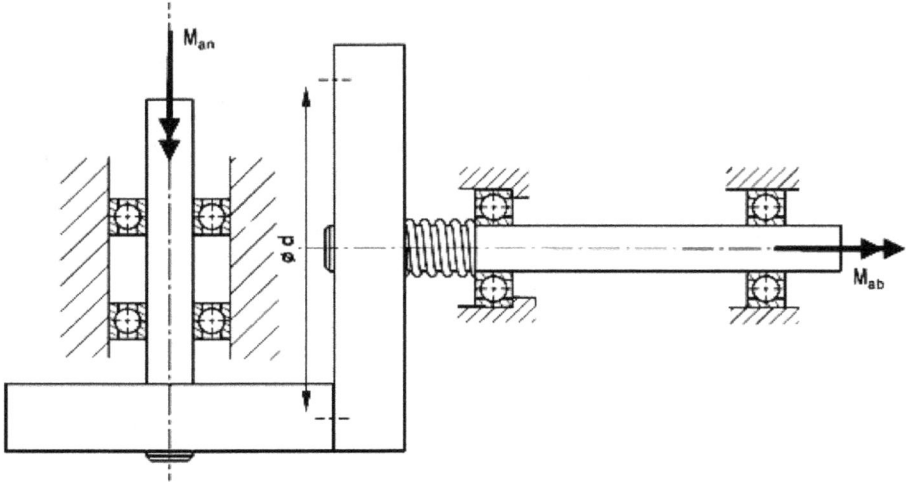

Bild 7.20: Axiale Anpressung ohne Zwischenwelle

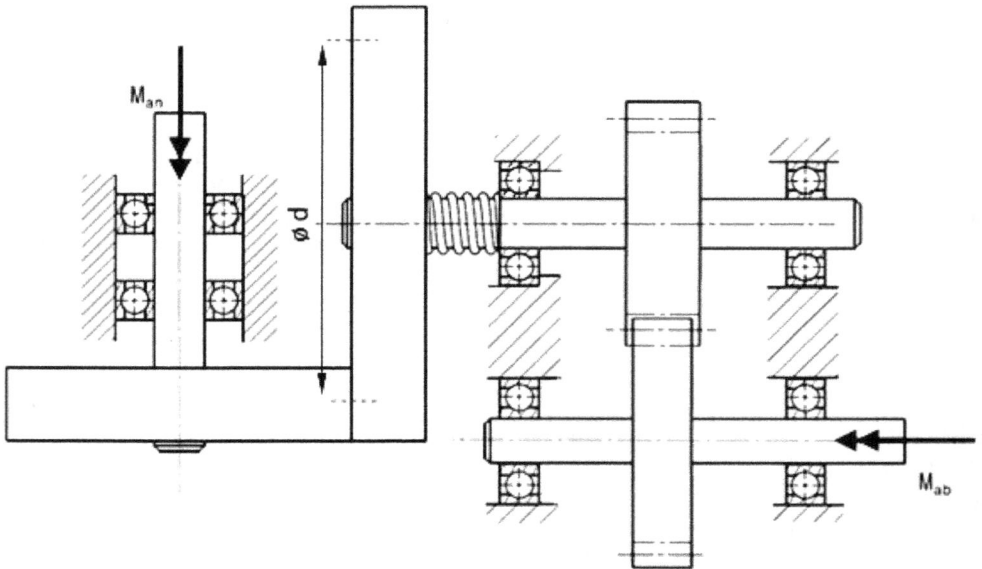

Bild 7.21: Axiale Anpressung mit Zwischenwelle

7.2.3.7   Axiale, selbsttätige Anpresskraftregelung (V)

Die mit Bild 7.20 und 7.21 erläuterte Aufbringung einer konstanten axialen Anpresskraft kann auch zu einer selbsttätig wirkenden Anpresskraftregelung nach Bild 7.22 erweitert werden.

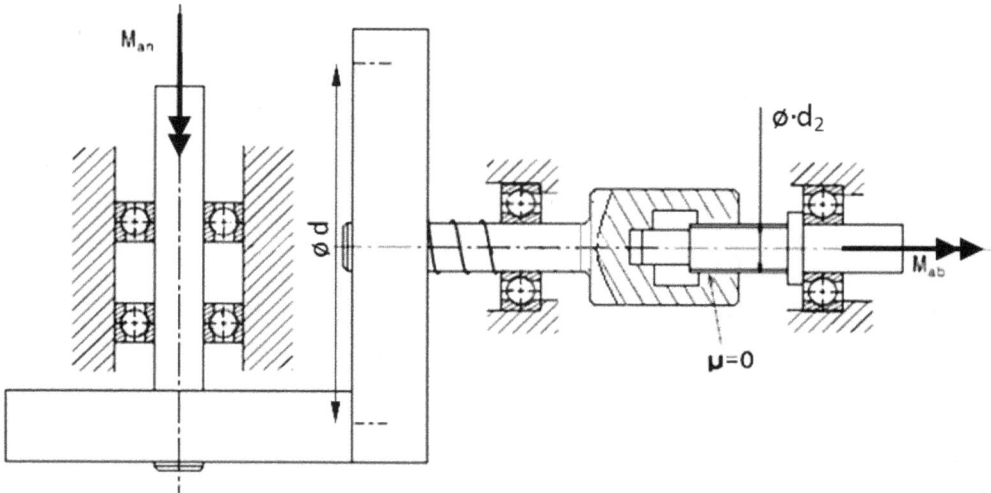

Bild 7.22: Anpresskraftregelung axial wirkend

Die waagrechte Welle besteht aus zwei Hälften, von denen in dieser Prinzipdarstellung die rechte an ihrem linken Ende in einer Schraube und die linke an ihrem rechten Ende in einer Mutter endet. Das anliegende Wellenmoment ruft nach Gl. 4.8 als Schraubenmoment am Flankendurchmesser der Schraube d_2 eine Axialkraft F_{ax} hervor, die sich am rechten Lager abstützt:

$$M_{Schraube} = F_{ax} \cdot \frac{d_2}{2} \cdot \tan \varphi \qquad\qquad \text{Gl. 7.36}$$

Da an der waagerechten Welle sowohl die Momente als auch die Axialkräfte im Gleichgewicht stehen müssen, können die Gleichungen 7.35 und 7.36 gleichgesetzt werden:

$$d_2 \cdot \tan \varphi = \mu \cdot d_{Scheibe} \qquad\qquad \text{Gl. 7.37}$$

Da in der Regel der Scheibendurchmesser $d_{Scheibe}$ und der Reibwert μ durch die Konstruktion vorgegeben sind, lässt sich die Reibradpaarung durch entsprechende Abstimmung von Flankendurchmesser d_2 und Gewindesteigungswinkel φ (also durch das „Übersetzungsverhältnis" der Schraube) ständig an der Rutschgrenze betreiben. Um den Zusammenhang zwischen Moment und Axialkraft möglichst hysteresearm zu gestalten, ist eine möglichst reibungsarme Schraube wünschenswert. Entgegen der Prinzipdarstellung von Bild 7.22 wird die Schraube deshalb vorzugsweise mit Wälzkörpern ausgestattet. Da sie sich nur in ganz engen Grenzen bewegt und auch nur Last in eine Richtung aufnehmen muss, kann sich die praktisch ausgeführte Konstruktion auf eine Anordnung von zwei parallelen schiefen Ebenen mit dazwischen angeordneten Wälzkörpern beschränken (Konstruktionsbeispiele Abschn. 7.2.6). Damit die beiden Wellenhälften ihre Aufgabe als gemeinsame Welle erfüllen können, müssen sie zueinander zentriert werden.

Auch hier muss sichergestellt werden, dass selbst im momentenlosen Zustand eine geringe Anfangsanpresskraft vorliegt. Aus diesem Grund wird im vorliegenden Beispiel am linken Lager mittels Federvorspannung eine allerdings nur geringe Axialkraft eingeleitet.

Ansonsten weist das Reibradgetriebe mit axial wirkender Anpresskraftreglung die gleichen Merkmale auf wie ein solches mit radial wirkender Anpresskraftregelung: Es überträgt nur Moment in einer Richtung und kann damit als Freilauf eingesetzt werden. Da es auch bei Überlast die zur Momentenübertragung erforderliche Anpresskraft erzeugt, kann es nicht als Überlastkupplung eingesetzt werden.

Aufgaben A.7.8 und 7.9

7.2.4   Stufenlose Übersetzungsmöglichkeiten (B)

Ein bereits im Zusammenhang mit Tabelle 7.1 betrachteter grundlegender Lehrsatz der Getriebelehre besagt, dass sich nur mit reibschlüssigen Getrieben stufenlose Übersetzungsverhältnisse realisieren lassen. Vielfach werden Reibradgetriebe nur dann eingesetzt, wenn dieser Vorteil auch tatsächlich ausgenutzt wird. Bild 7.23 zeigt wesentliche Unterscheidungsmerkmale für die Konzeption eines solchen stufenlos verstellbaren Getriebes.

In der oberen Bildzeile wird das Moment in einer Stufe von der Antriebswelle auf die Abtriebswelle übertragen. Dadurch wird eine (konstruktiv nicht unproblematische) längsverschiebbare Welle-Nabe-Verbindung (s. Abschn. 6.2.1, Schiebesitz) erforderlich. Die in der unteren Bildzeile dargestellten Getriebe nutzen jeweils zwei hintereinander geschaltete Stufen aus. Damit wird nicht nur der Übersetzungsbereich erweitert, sondern auch eine längsverschiebbare Welle-Nabe-Verbindung überflüssig: Im linken Fall wird das Moment von der Antriebsscheibe über das Zwischenrad direkt auf die Abtriebscheibe übertragen, im rechten Beispiel direkt vom Antriebskegel über das Zwischenrad auf den Abtriebskegel. In beiden Fällen ist die Zwischenwelle momentenlos, so dass es keiner längsverschiebbaren Welle-Nabe-Verbindung bedarf. Bild 7.24 zeigt schließlich einige konstruktive Ausführungsformen.

Der Stell- oder Regelbereich R eines solchen Getriebes ergibt sich als Quotient aus dem maximalen und minimalen Übersetzungsverhältnis

$$R = \frac{i_{max}}{i_{min}}$$ Gl. 7.38

Aufgabe A.7.10

Scheibe	Kegel

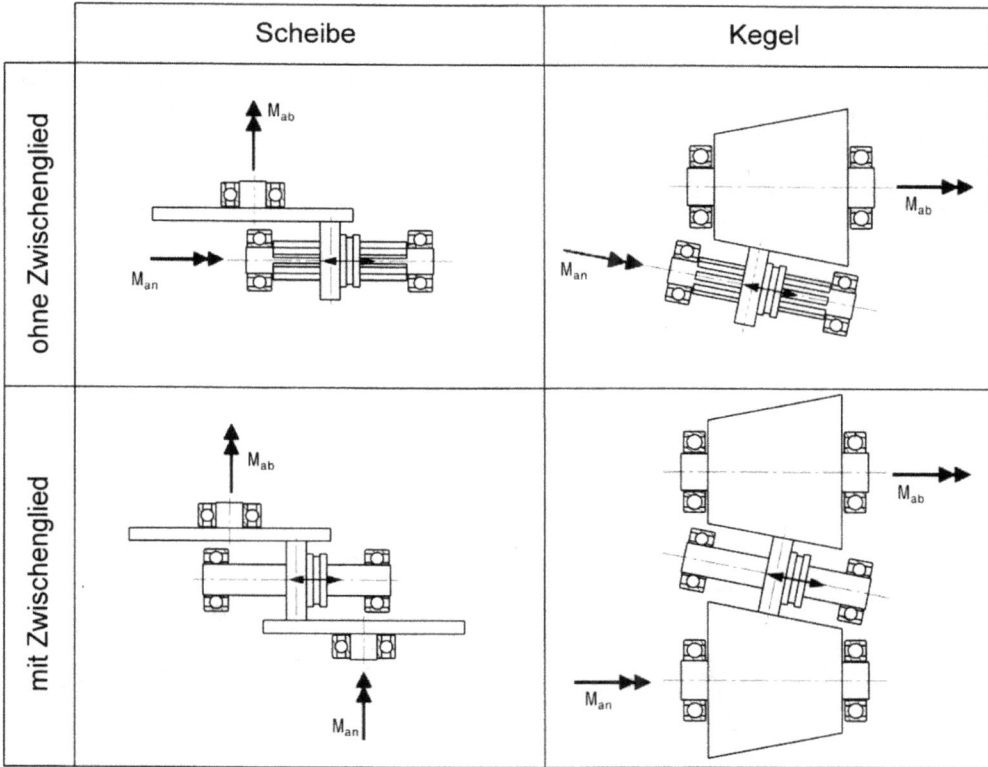

Bild 7.23: Prinzipien von Reibradgetrieben mit stufenloser Übersetzung

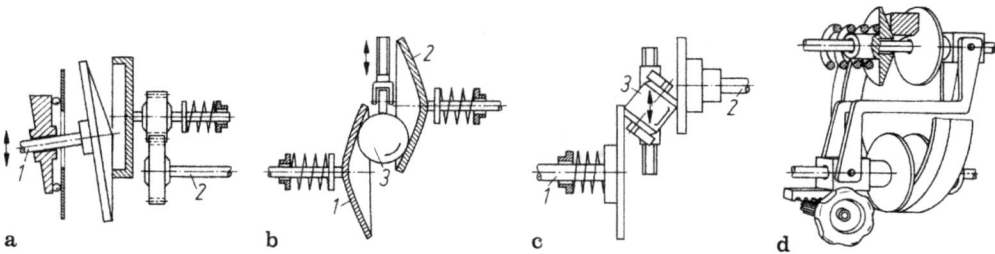

a   b   c   d

Bild 7.24: Schematische Darstellung einiger Wälzgetriebe mit Zwischenglied (1 Antrieb, 2 Abtrieb, 3 verschiebbares Zwischenglied) nach Dubbel

7.2.5   Keilrad (E)

Der Keilriemen hat gegenüber dem Flachriemen den Vorteil, dass er unter Ausnutzung der Keilwirkung bei gleicher von außen eingeleiteter Vorspannung wesentlich größere Anpresskräfte zwischen Riemen und Scheibe hervorruft (s. auch Abschn. 7.3.9). In gleicher Weise kann ein Reibrad zu einem „Keilrad" modifiziert werden. Dadurch werden die Kräfte, die die Welle und die Lager belasten, deutlich reduziert (vgl. Bild 7.25).

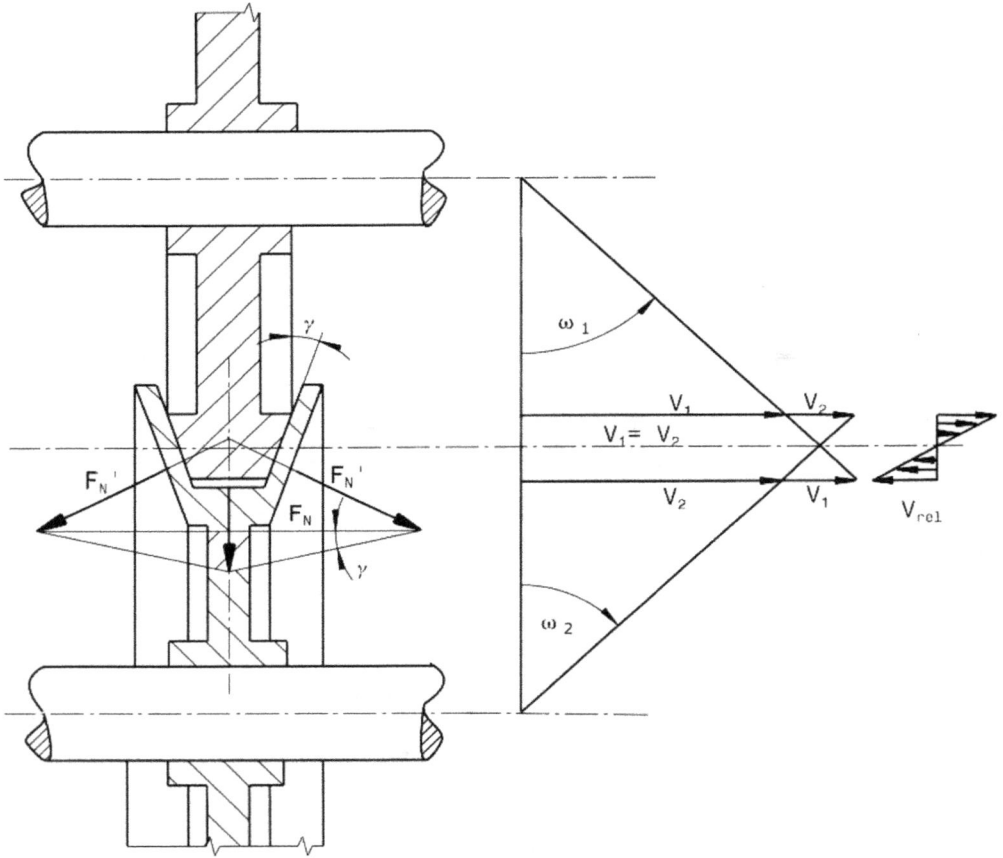

Bild 7.25: Keilrad

Die von außen eingeleitete Kraft F_N und die tatsächlich an der Pressungsstelle vorliegende Normalkraft F_N' lassen sich geometrisch in Zusammenhang bringen:

$$\sin\gamma = \frac{\frac{F_N}{2}}{F_N} \quad \Rightarrow \quad F_N' = \frac{F_N}{2 \cdot \sin\gamma} \qquad\qquad \text{Gl. 7.39}$$

Die am Radumfang mit Reibung übertragbare Kraft kann einerseits als $2 \cdot \mu \cdot F_N'$, andererseits aber als Produkt der von außen eingeleiteten Normalkraft F_N mit einem effektiven Reibwert μ_{eff} ausgedrückt werden:

$$2 \cdot \mu \cdot F_N' = F_N \cdot \mu_{eff}$$

Führt man für F_N' den Ausdruck nach Gl. 7.39 ein, so gewinnt man

$$2 \cdot \mu \cdot \frac{F_N}{2 \cdot \sin\gamma} = F_N \cdot \mu_{eff} \quad \Rightarrow \quad \mu_{eff} = \frac{\mu}{\sin\gamma}. \qquad\qquad \text{Gl. 7.40}$$

Setzt man für γ den gebräuchlichen Wert 12° ein, so ergibt sich

$$\mu_{eff} = \frac{\mu}{\sin 12°} \approx 4,8 \cdot \mu. \qquad\qquad \text{Gl. 7.41}$$

Noch kleinere Winkel für α würden diesen Verstärkungseffekt noch unterstützen, aber andererseits würde damit auch die Selbsthemmung problematisch werden. Nachteilig bei diesen Keilrädern ist allerdings der Umstand, dass es aus kinematischen Gründen zu einer erzwungenen Relativbewegung zwischen den Scheiben kommen muss: Die Umfangsgeschwindigkeit v_1 für Rad 1 ergibt sich als $\omega_1 \cdot r_1$ und verhält sich damit linear zum Abstand vom Mittelpunkt des Rades 1. Da für Rad 2 der gleiche Sachverhalt gilt, ist nur für einen einzigen Punkt die Bedingung $v_1 = v_2$ erfüllt und es liegt reines Abwälzen vor. Je weiter man sich von diesem Punkt entfernt, desto größer wird die Relativgeschwindigkeit der Reibpartner. Dies hat Wirkungsgradverluste und Verschleiß zur Folge.

7.2.6   Konstruktionsbeispiele (E)

Bild 7.26 zeigt ein Wälzgetriebe mit Reibring. Der Antriebsmotor 1 treibt die leicht kegelige Scheibe 2, die ihrerseits über den Reibring 3 mit der Abtriebswelle in Verbindung steht. Die für die reibschlüssige Momentenübertragung zwischen Reibring 3 und Kegelscheibe 2 erforderliche Anpresskraft stellt sich in Funktion des Drehmomentes durch die axial wirkende Anpresskraftregelung 4 ein. Die in die Abtriebswelle integrierte Feder sorgt für eine drehmomentenunabhängige minimale Anpressung. Die Verstellung des Übersetzungsverhältnisses erfolgt über das Handrad 5, welches über das Zahnrad 6 und die Zahnstange 7 den Schlitten 8 und damit den Motor 1 mit Kegelscheibe 2 vertikal verfährt. Die Abtriebsdrehzahl dieses trocken laufenden Getriebes lässt sich bis 1:6 variieren, durch Verwendung polumschaltbarer Motoren kann dieser Bereich vergrößert werden.

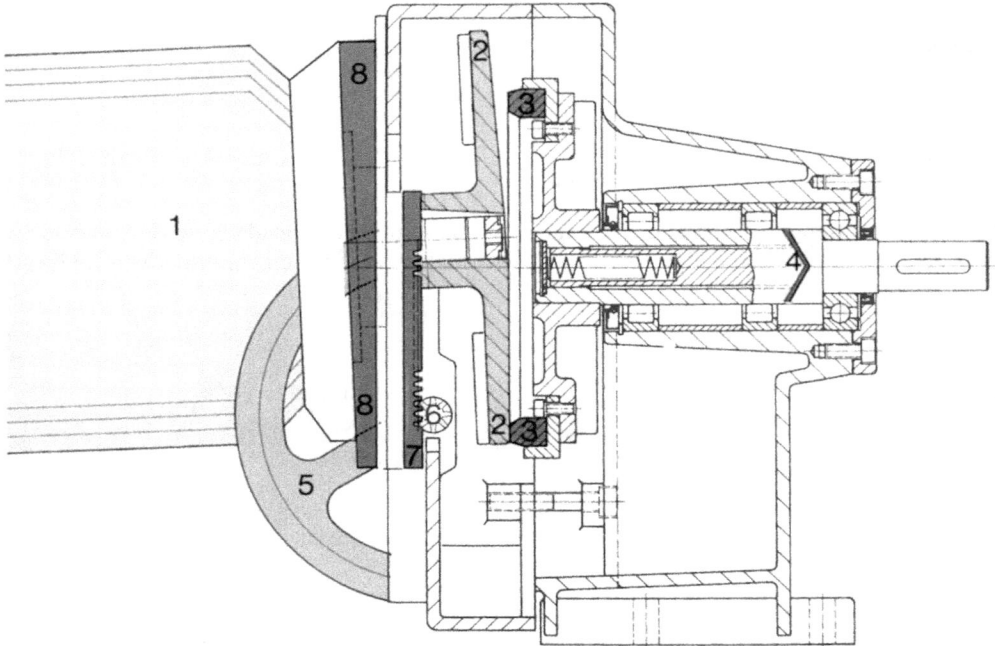

Bild 7.26: Wälzgetriebe mit Kegelscheibe – Reibring nach Knödler

In dem in Bild 7.27 vorgestellten Getriebe ist die Paarung Kegelscheibe – Reibring zweifach hintereinander angeordnet.

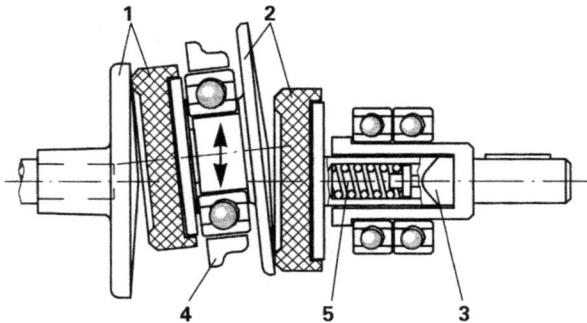

Bild 7.27: Wälzgetriebe mit Kegelscheibe – Reibring nach Stöber

Die Änderung des Übersetzungsverhältnisses erfolgt über die vertikale Verschiebung des Mittelteils 4. Durch die Doppelanordnung ergibt sich ein Regelbereich von ca. 1:10. Sowohl die Antriebs- als auch die Abtriebswelle behalten ihre Lage bei Verstellung des Übersetzungsverhältnisses bei, lediglich das Mittelteil 4 verändert als Zwischenglied seine Stellung.

Das Getriebe in Bild 7.28 nutzt ebenfalls die Kegel-Reibring-Kombination aus, weist aber in der konstruktiven Ausführung wesentliche Unterschiede auf.

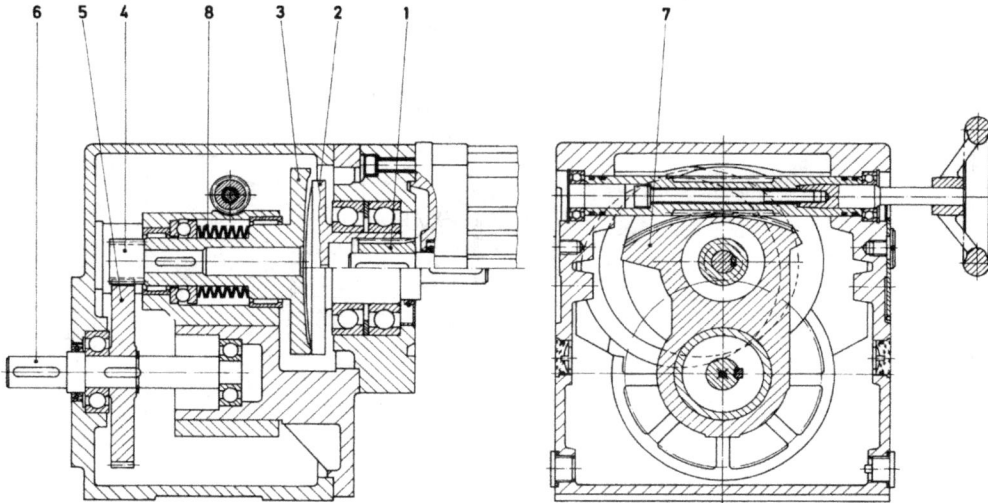

Bild 7.28: Wälzgetriebe mit Laufteller nach Ströter

Die Reibpaarung läuft im Ölbad und wird gemeinsam mit den anderen Maschinenelementen des Getriebes geschmiert. Der Antrieb erfolgt vom angeflanschten Motor oder über ein freies Wellenende über eine Zahnkupplung 1 auf die Antriebsscheibe 2 und mit Reibschluss auf den Laufteller 3. Die erforderliche Anpresskraft wird durch das Tellerfederpaket 8 aufgebracht. Die Zahnräder 4 und 5 übersetzen das Moment schließlich auf die Abtriebswelle 6. Um das Übersetzungsverhältnis im Regelbereich von 1:10 variieren zu können, wird die Schwinge 7 um die Abtriebswelle herum verschwenkt. Dabei wird der wirksame Antriebsradius auf der Kegelscheibe 2 und damit das Übersetzungsverhältnis verändert, andererseits bleibt der Eingriff zwischen den Zahnrädern 4 und 5 aber immer erhalten. Sowohl Antrieb als auch Abtrieb behalten ihre Lage bei Verstellung des Übersetzungsverhältnisses bei, lediglich die Schwinge 7 verändert als Zwischenglied ihre Stellung.

Auch beim Getriebe nach Bild 7.29 wird die Lage von Antriebswelle und Abtriebswelle beibehalten. Wesentlicher Bestandteil dieses Getriebes ist die Stahlkugel 1, die zwischen den Hohlkegelscheiben 2 und 3 angeordnet ist. Die linke Hohlkegelscheibe 2 wird vom Motor links angetrieben. In der hier skizzierten Stellung hat die linke Antriebshohlkegelscheibe im Kontaktpunkt zur Kugel eine kleine Umfangsgeschwindigkeit, die Kugel dreht sich also relativ langsam. Mit der gleichen Drehung treibt sie die Abtriebshohlkegelscheibe 3 an einem großen Radius an, das Übersetzungsverhältnis ist in diesem Fall 1:3. Wird die Kugel über die Stelleinrichtung 4 in die untere Stellung gefahren, so werden die wirksamen Radien vertauscht und es ergibt sich ein Übersetzungsverhältnis von 3:1, der Stellbereich des Getriebes ist also $R = 9$. Mit steigendem Lastmoment wird die Übertragungskugel zunehmend in den von den Hohlkegeln gebildeten Keilwinkel eingezogen, womit sich zwangsläufig eine drehmomentenproportionale Anpresskraft ergibt. Die Kugel und die Hohlkegel sind also nicht nur Getriebe, sondern gleichzeitig auch axial wirkende Anpresskraftregelung.

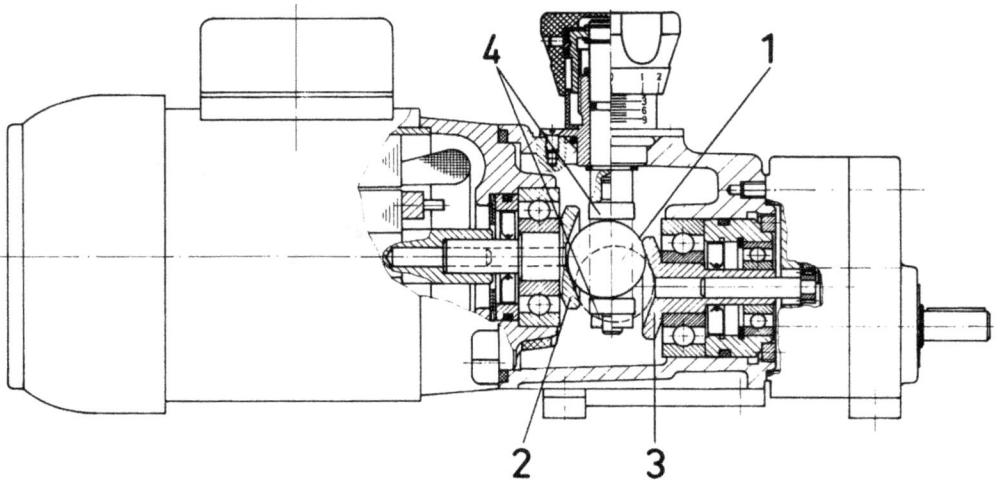

Bild 7.29: Wälzgetriebe mit Hohlkegelscheiben nach Heynau

Beim Getriebe in Bild 7.30 wird die zu übertragende Last auf mehrere Kugeln aufgeteilt. Die Antriebsscheiben 2 und 3 sind drehfest, aber axial beweglich mit der Antriebswelle 1 verbunden. Diese beiden Scheiben lassen die Übertragungskugeln 5 auf dem stillstehenden Verstellring 6 abrollen. Dadurch werden der Abtriebsring 7 und die damit verbundene Abtriebswelle 8 angetrieben. Der Verstellring 6 kann axial verschoben werden und ändert damit das Übersetzungsverhältnis.

Es soll eine einzelne Übertragungskugel mit ihrem konstruktiven Umfeld detailliert betrachtet werden (Bild 7.30 rechts):

• Verfährt der Verstellring in seine linke Endposition (Skizze oben), so werden die Kugeln ganz nach innen verlagert, wobei die beiden Antriebsscheiben axial auseinander geschoben werden. Durch die Drehung der Antriebsscheiben rollen die Kugeln nur noch auf dem Verstellring und der dann still stehenden Abtriebsscheibe ab, die Abtriebsdrehzahl ist null.

• Wird der Verstellring zunehmend nach rechts verfahren (Skizze rechts unten in Bild 7.30), so nimmt die Kugel eine weiter außen liegende Position ein und die Lage der Berührpunkte zwischen Kugel und angrenzenden Bauteilen verändert sich. Vor allen Dingen verlagert sich der Berührpunkt zur linken Antriebsscheibe nach außen und es kommt zunehmend zu einer Abrollbewegung, die die Abtriebsscheibe in Drehung versetzt. In der hier skizzierten Position hat die Abtriebsscheibe maximale Drehzahl.

Die drehmomentenproportionale Anpresskraft wird durch eine axial wirkende Anpresskraftvorrichtung zwischen den Bauteilen 3 und 4 hervorgerufen. Für Einsatzfälle, bei denen das Getriebe vom Abtrieb her angetrieben werden kann, ist diese Anpresskraftregelung nicht geeignet. In diesem Fall wird die Anpresskraft vom weiter innen skizzierten Tellerfederpaket aufgebracht.

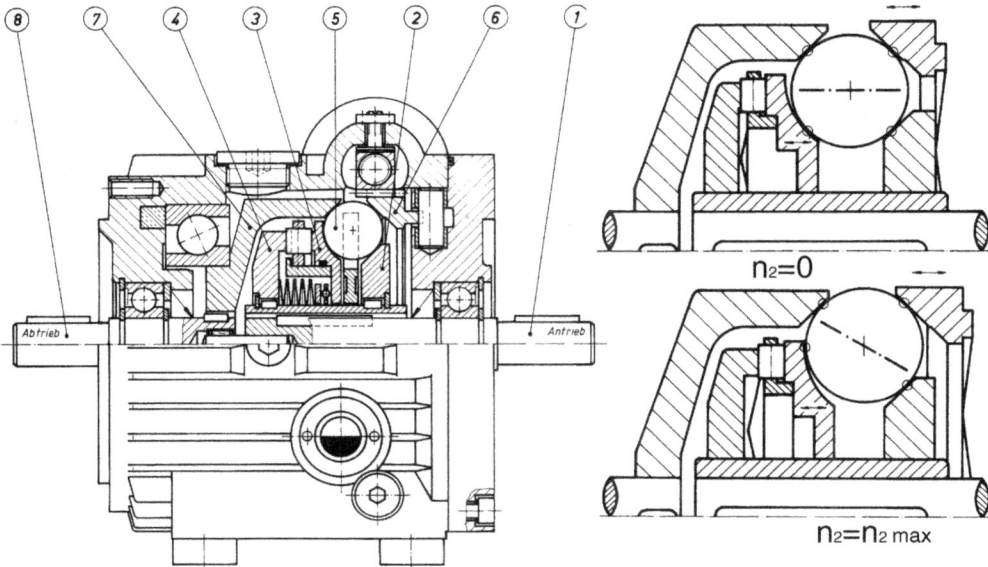

Bild 7.30: Wälzgetriebe Planetrolle

7.3   Riemengetriebe (B)

Der Riementrieb überträgt Moment, Drehbewegung und Leistung von einer Welle auf die andere, wobei große Achsabstände kostengünstig überbrückt werden können. Maßabweichungen im Achsabstand und geringe Schiefstellungen der Wellen untereinander können ausgeglichen werden. Unter gewissen Einschränkungen kann der Riementrieb wie andere reibschlüssige Antriebe auch als Sicherheitskupplung dienen: Bei Momentenüberlastung wird ein Gleitschlupf („Rutschen") erzwungen, wodurch andere Komponenten des Antriebsstrangs vor Überlastung geschützt werden. Der Riementrieb kann zwei elementare Aufgaben der Antriebstechnik übernehmen:

- **Kupplung**: Weisen An- und Abtriebscheibe den gleichen Durchmesser auf, so nimmt der Riementrieb die Aufgaben einer nicht schaltbaren Kupplung wahr.
- **Getriebe**: Werden die Radien von An- und Abtriebscheibe in das Verhältnis des Übersetzungsverhältnisses gesetzt, so übernimmt der Riementrieb darüber hinaus die Aufgaben eines Getriebes.

Der Reibschluss zwischen Riemen und Scheibe erfordert eine Anpressung des Riemens auf die Scheibe und damit eine Vorspannung des Riementriebes.

7.3.1   Seilreibung (B)

Der Reibzustand zwischen Riemen und Scheibe kann wie beim Reibradgetriebe mit dem Coulomb'schen Gesetz beschrieben werden, wobei dessen Ansatz jedoch durch einige Umstände erschwert wird:

- Die Kraftübertragung zwischen Scheibe und Riemen findet nicht an einer einzigen Stelle, sondern auf dem gesamten Umschlingungsbogen zwischen Riemen und Scheibe statt.
- Die Anpresswirkung zwischen Riemen und Scheibe ist nicht an allen Stellen gleich, sondern ändert sich entlang des Umschlingungsbogens.
- Die reibschlüssige Kraftübertragung vollzieht sich zweimal (von der antreibenden Scheibe zum Riemen und dann wieder vom Riemen auf die angetriebene Scheibe).

Da dieser Sachverhalt in gleicher Weise bei einem Seil auftritt, welches um eine Seilrolle geschlungen ist und dabei ein Moment überträgt, wird diese Reibung auch häufig als „Seilreibung" bezeichnet. Mit der Modellvorstellung von Bild 7.31 und Bild 7.32 sollen die grundsätzlichen Abhängigkeiten der Seilreibung zunächst einmal qualitativ geklärt werden.

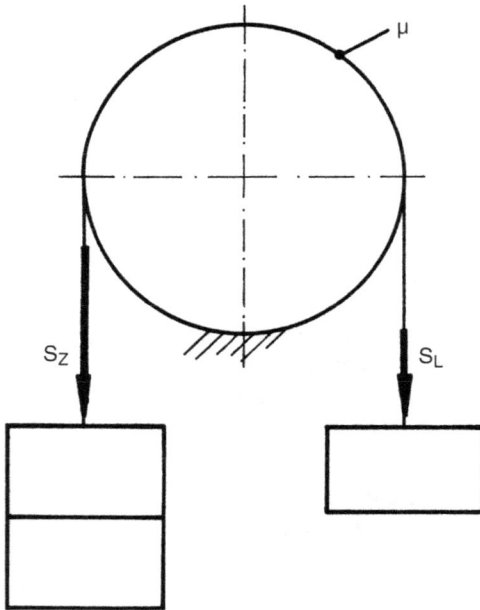

Bild 7.31: Seilreibung und Reibzahl   Bild 7.32: Seilreibung und Umschlingungswinkel

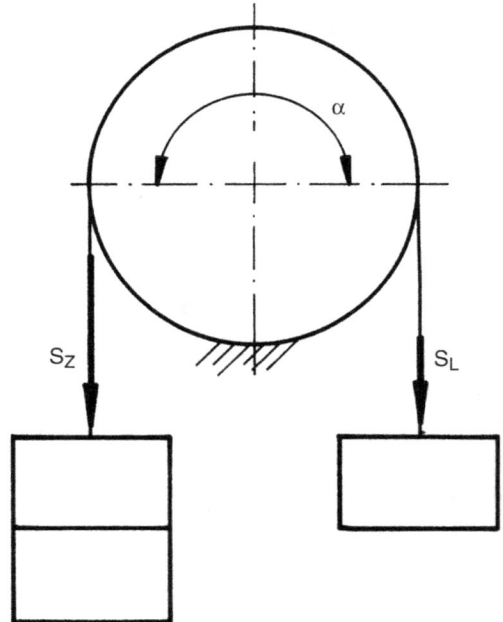

Ein Seil wird über eine drehfest angeordnete Scheibe gelegt und an jedem Ende mit zunächst gleich großen Gewichtskräften S_Z und S_L belastet (Bild 7.31). Das System bleibt in jedem Fall im Gleichgewicht, das Seil rutscht nicht. Wird jedoch die Kraft S_Z, wie hier dargestellt, durch zusätzliche Gewichte zunehmend vergrößert, dann wächst damit auch der Quotient S_Z/S_L an. Dabei wird die größere der beiden Seilkräfte S_Z als „Zugtrumkraft" und die kleinere der beiden

Kräfte S_L als „Leertrumkraft" bezeichnet. Bei weiterer Steigerung dieses Quotienten wird schließlich das Seil durchrutschen. Dieser Grenzfall wird bei geringer Reibzahl (z.B. Stahl/Stahl) früher eintreten als bei hohem μ (z.B. Gummi/Gummi). Dieser Grenzwert G_1 für S_Z/S_L ist also offenbar von der zwischen Seil und Scheibe wirkenden Reibzahl μ abhängig:

$$\frac{S_Z}{S_L} \leq G_1 = f_{(\mu)}$$ Gl. 7.42

Auch in der Modellvorstellung von Bild 7.32 wird der Kraftquotient S_Z/S_L durch zusätzliches Auflegen von Gewicht auf der Zugtrumseite allmählich vergrößert. Wenn sich ein Durchrutschen ankündigt, wird der „Umschlingungswinkel" α, der in der bisherigen Betrachtung 180° betragen hat, durch ein weiteres Herumführen des Seils um die Scheibe um weitere 360° vergrößert. Anschließend lässt sich der Kraftquotient S_Z/S_L deutlich anheben, ohne dass es zum Durchrutschen kommt. Bei weiterer Vergrößerung von α lässt sich S_Z/S_L immer weiter steigern. Der Seemann, der ein Schiff am Hafenpoller festlegt, macht sich genau diesen Effekt zunutze: Er schlingt das Seil gleich mehrfach um den Poller und ist damit in der Lage, mit seiner sehr geringen Handkraft S_L riesige Schiffe mit enormen Zugkräften S_Z festzuhalten. Der Quotient S_Z/S_L kann also offenbar bis zu einem weiteren Grenzwert G_2 gesteigert werden, der eine Funktion des Umschlingungswinkels α ist:

$$\frac{S_Z}{S_L} \leq G_2 = f_{(\alpha)}$$ Gl. 7.43

Zur quantitativen Beschreibung dieser qualitativen Beobachtung wird ein infinitesimal kleines Riemenelement nach Bild 7.33 betrachtet.

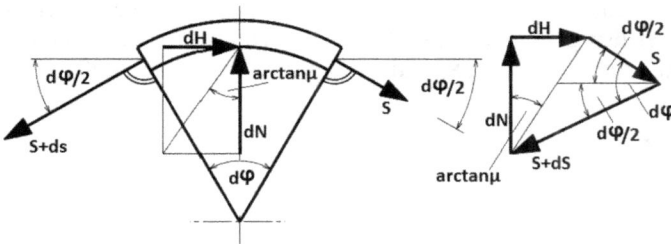

Bild 7.33: Kräfte am Riemen-element

Das Riemenelement wird von der Scheibenmitte aus unter dem Winkel $d\varphi$ gesehen. Auf das Riemenelement wirkt die Normalkraftkomponente dN, sodass unter Berücksichtigung des Reibwertes μ eine Horizontalkraft dH übertragen werden kann. An der rechten Seite des Riemenelementes liegt tangential die Seilkraft S an. Aufgrund der Reibkraft kann demzufolge auf der linken Seite $S + dS$ als tangentiale Zugkraft zugelassen werden. Alle diese Kräfte stehen untereinander im Gleichgewicht:

$$\sum F_x = 0 = dH + S \cdot \cos\frac{d\varphi}{2} - (S + dS) \cdot \cos\frac{d\varphi}{2}$$

Wegen der sehr kleinen Winkel kann cos (dφ / 2) = 1 gesetzt werden. Damit gewinnt man:

$$dH + S - S - dS = 0 \quad \Rightarrow \quad dH = dS \qquad \text{Gl. 7.44}$$

$$\sum F_y = 0 = dN - S \cdot \sin\frac{d\varphi}{2} - (S+dS) \cdot \sin\frac{d\varphi}{2}$$

Da es sich hier um sehr kleine Winkel handelt, kann sin dφ = dφ gesetzt werden:

$$dN - S \cdot \frac{d\varphi}{2} - (S+dS) \cdot \frac{d\varphi}{2} = 0 \quad \Rightarrow \quad dN - S \cdot \frac{d\varphi}{2} - S \cdot \frac{d\varphi}{2} - dS \cdot \frac{d\varphi}{2} = 0$$

Der letzte Ausdruck dieser Gleichung dS · dφ / 2 ist „von höherer Ordnung klein", da zwei infinitesimal kleine Größen miteinander multipliziert werden. Dadurch verkürzt sich die letztgenannte Gleichung auf:

$$dN - 2 \cdot S \cdot \frac{d\varphi}{2} = 0 \quad \Rightarrow \quad dN = S \cdot d\varphi \qquad \text{Gl. 7.45}$$

Setzt man das Coulomb'sche Reibungsgesetz am Riemenelement an und führt für die Reibkraft dH den Ausdruck nach Gl. 7.44 und für die Normalkraft dN das Ergebnis nach Gl. 7.45 ein, so ergibt sich

$$\mu = \frac{dH}{dN} = \frac{dS}{S \cdot d\varphi} \quad \Rightarrow \quad \frac{dS}{S} = \mu \cdot d\varphi \, . \qquad \text{Gl. 7.46}$$

Diese letztgenannte Gleichung wird auch als „Differentialgleichung der Seilreibung" bezeichnet. Bei deren Lösung muss über den gesamten Umschlingungswinkel α integriert werden, wobei an dem einen Seilende die größere Seilkraft S_Z und am anderen die kleinere Seilkraft S_L vorliegt:

$$\int_{S=S_L}^{S=S_Z} \frac{dS}{S} = \mu \cdot \int_{\varphi=0}^{\varphi=\alpha} d\varphi$$

Die Mathematik liefert für den Fall, dass im linken Integral im Zähler die Ableitung des Nenners steht, eine einfache Lösung:

$$\left[\ln S\right]_{S=S_L}^{S=S_Z} = \mu \cdot \left[\varphi\right]_{\varphi=0}^{\varphi=\alpha} \quad \Rightarrow \quad \ln S_Z - \ln S_L = \mu\,(\alpha - 0)$$

Werden beide Gleichungsseiten in die e-te Potenz erhoben, so erhält man

$$e^{\ln S_Z - \ln S_L} = e^{\mu\alpha}$$

$$\frac{S_Z}{S_L} = e^{\mu\alpha} \qquad \qquad \alpha \text{ in Bogenmaß!!} \qquad \text{Gl. 7.47}$$

Diese Gleichung gibt genau den Fall wieder, dass die Reibzahl μ gänzlich ausgenutzt wird, sie beschreibt also den Grenzfall, dass S_Z / S_L maximal wird. Natürlich kann S_Z / S_L auch kleiner als der Grenzwert $e^{\mu\alpha}$ sein.

$$\frac{S_Z}{S_L} \leq e^{\mu\alpha} \qquad \alpha \text{ in Bogenmaß!!} \qquad e^{\mu\alpha} = m \qquad\qquad \text{Gl. 7.48}$$

Diese Gleichung wird als „Eytelwein'sche Gleichung" bezeichnet und ist von elementarer Bedeutung für die Seilreibung und damit auch für die Kraftübertragungsverhältnisse zwischen Riemen und Scheibe (Johann Albert Eytelwein, 1764–1848, Professor in Berlin). Die Handhabung dieser Gleichung ist besonders einfach, da bei einer einmal ausgeführten Konstruktion sowohl die Reibzahl μ als auch der Umschlingungswinkel α vorgegeben sind und damit auch $e^{\mu\alpha}$ konstant ist.

7.3.2   Treibscheibe als „halber" Riementrieb (B)

In Erweiterung der oben vorgestellten Modellvorstellung an der feststehenden Scheibe (Bilder 7.31/32) betrachtet Bild 7.34 die Seilreibung an der drehenden Scheibe. Die in der linken Bildhälfte dargestellte Konstellation findet in der Fördertechnik zum Heben und Senken von Lasten Verwendung: Eine Last m_Z (z.B. Förderkorb) soll mit einem Seil angehoben werden. Wird das Seil direkt auf die Hubtrommel aufgewickelt, so muss der Antriebsmotor die gesamte Hubarbeit aufbringen. Wird das Seil hingegen nach der skizzierten Anordnung über eine Scheibe geführt und am anderen Ende mit einer weiteren Masse m_L verbunden, so wird das Antriebsmoment, welches der Motor auf die Scheibe aufzubringen hat, deutlich reduziert, weil nur noch die Differenz der beiden Massen angehoben wird. Dabei muss allerdings sichergestellt werden, dass das um die Scheibe geschlungene Seil der Eytelwein'schen Gleichung genügt und damit nicht durchrutscht. In der Fördertechnik werden solche Anordnungen als „Treibscheiben" bezeichnet. Das Antriebsmoment M errechnet sich zu

$$M = \left(S_Z - S_L\right) \cdot \frac{d}{2} \qquad\qquad \text{Gl. 7.49}$$

Die Seilkraftdifferenz $(S_Z - S_L)$ kann auch durch die fiktive Umfangskraft U ausgedrückt werden, die im Bild formal am unteren Scheitelpunkt der Seilscheibe angetragen ist:

$$U = S_Z - S_L \qquad\qquad \text{Gl. 7.50}$$

Die Umfangskraft U erreicht dann ihren Maximalwert U_{max}, wenn der Betriebspunkt auf der Rutschgrenze liegt, wenn also $S_Z = S_L \cdot e^{\mu\alpha}$ oder $S_L = S_Z / e^{\mu\alpha}$ ist:

$$U_{max} = f_{(SL)} = S_L \, e^{\mu\alpha} - S_L = S_L \left(e^{\mu\alpha} - 1\right) \quad \text{oder}$$

$$U_{max} = f_{(SZ)} = S_Z - \frac{S_Z}{e^{\mu\alpha}} = S_Z \cdot \left(1 - \frac{1}{e^{\mu\alpha}}\right) \qquad\qquad \text{Gl. 7.51}$$

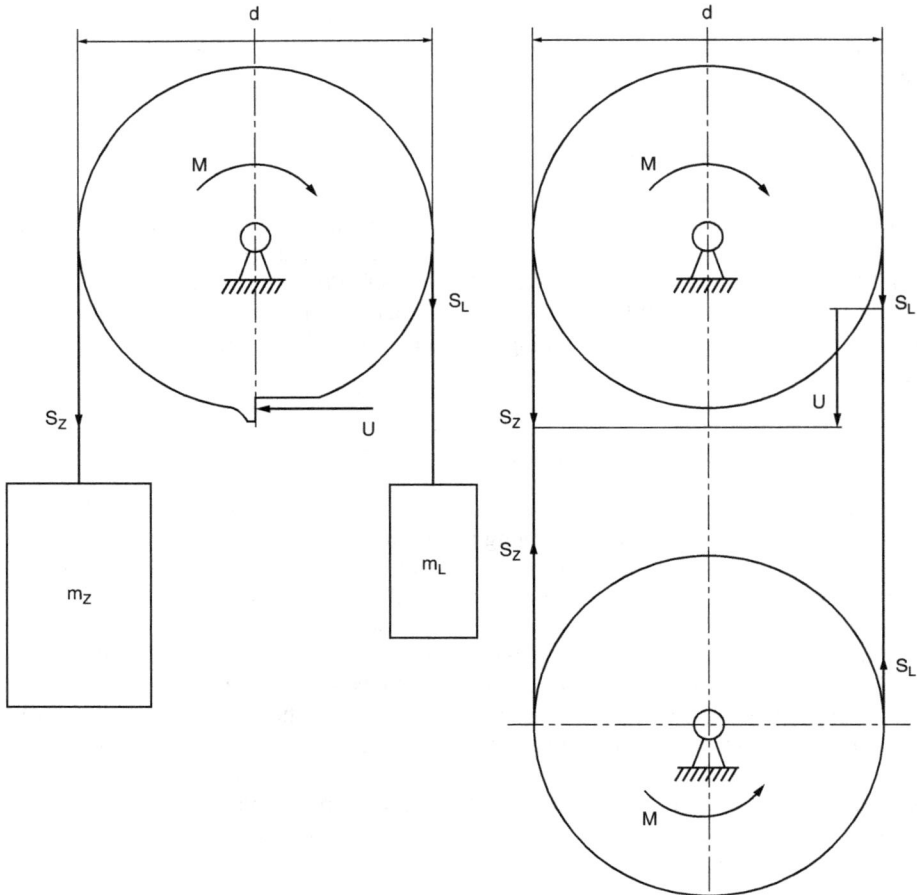

Bild 7.34: Treibscheibe Fördertechnik (links) und Momentenübertragung über zwei gleich große Seil-scheiben (rechts)

Das maximal übertragene Moment M_{max} formuliert sich schließlich zu:

$$M_{max} = U_{max} \cdot \frac{d}{2} = S_L \cdot \left(e^{\mu\alpha} - 1\right) \cdot \frac{d}{2} = S_Z \cdot \left(1 - \frac{1}{e^{\mu\alpha}}\right) \cdot \frac{d}{2}$$ Gl. 7.52

Aufgabe A.7.11

7.3.3   Momentenübertragung von Scheibe zu Scheibe (B)

Die in der linken Hälfte von Bild 7.34 für eine einzelne Scheibe angestellten Überlegungen gelten natürlich auch dann, wenn die Zug- und Leertrumkraft über eine weitere Eytelwein'sche Seilreibung auf eine weitere Scheibe übertragen werden und damit in der rechten Bildhälfte ein Seil- oder Riementrieb entsteht. Wird zunächst einmal zur Vermeidung geometrischer Probleme der Umschlingungswinkel $\alpha = \pi$ gesetzt, so sind die beiden Scheiben gleich groß, wodurch eine Kupplung (i = 1:1) entsteht.

Bei der Klärung der Frage nach dem maximal übertragbaren Moment ist aber nicht nur die Rutschgrenze, sondern auch die Festigkeitsgrenze maßgebend: Der Riemen darf unter Einwirkung der anliegenden Kräfte nicht über seine werkstoffkundlichen Grenzen hinaus belastet werden. Diese Problematik stellt sich beim Riementrieb aber besonders einfach dar, weil im Wesentlichen nur Zugkräfte auftreten und die größtmögliche Zugkraft im Zugtrum vorliegt:

$$S_{Zmax} = A_{Riemen} \cdot \sigma_{zul} \qquad\qquad\qquad \text{Gl. 7.53}$$

Die spannungsübertragende Querschnittsfläche des Riemens A_{Riemen} ergibt sich bei homogenem Riemenwerkstoff als Rechteckfläche aus Riemenbreite b und Riemenstärke s. Die zulässige Spannung σ_{zul} ist bei Riemenwerkstoffen ein Zeitfestigkeitswert, der angibt, welche Spannung zugelassen werden kann, wenn eine gewisse Zahl an Lastwechseln bzw. eine gewisse Gebrauchsdauer gefordert wird, der Werkstoff des Riemens ist nicht dauerfest. Stellt man das Festigkeitskriterium (charakterisiert durch die zulässige Spannung nach Gl. 7.53) und die Rutschgrenze (charakterisiert durch Eytelwein nach Gl. 7.47) zusammen, so kann Gl. 7.52 erweitert werden.

$$M_{max} = S_{Zmax} \cdot \left(1 - \frac{1}{e^{\mu\alpha}} \right) \cdot \frac{d}{2} = A_{Riemen} \cdot \sigma_{zul} \cdot \left(1 - \frac{1}{e^{\mu\alpha}} \right) \cdot \frac{d}{2} \qquad \text{Gl. 7.54}$$

Im theoretischen Grenzfall (sehr große Reibzahl μ und sehr großer Umschlingungswinkel α) kann der Riementrieb das Moment $M_{max} = A_{Riemen} \cdot \sigma_{zul} \cdot d/2$ übertragen. Werden für μ und α realistische Werte angenommen, so ergibt sich der in Bild 7.35 dargestellte Zusammenhang: Das übertragbare Moment steigt mit zunehmender Reibzahl und mit zunehmendem Umschlingungswinkel.

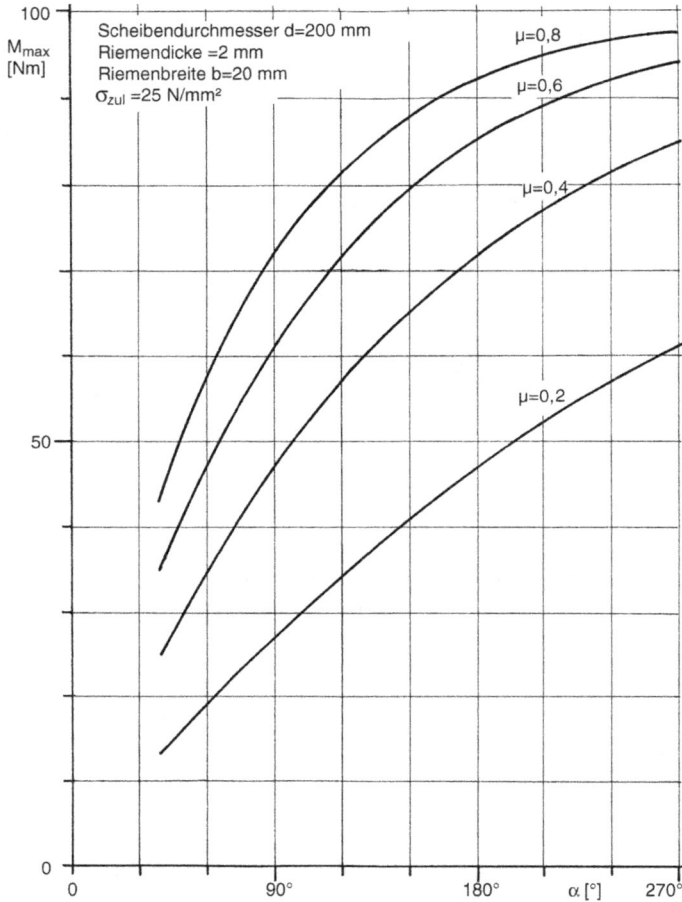

Bild 7.35: Übertragbares Moment Riementrieb

Bild 7.36 stellt den Fall dar, dass eine Leistung von 20 kW bei einer Drehzahl von 6.000 min^{-1} und einem Übersetzungsverhältnis von 1:1 (Umschlingungswinkel 180°) mit einer Riemenbreite von 50 mm übertragen wird. Mit steigendem Scheibendurchmesser wächst auch der Hebelarm, auf dem sich das Moment abstützen kann, sodass die Zugspannung im Riemen kleiner wird. Mit steigender Riemendicke steht mehr Fläche im Riemenquerschnitt zur Verfügung, was ebenfalls zu einer Reduzierung der Zugspannung führt.

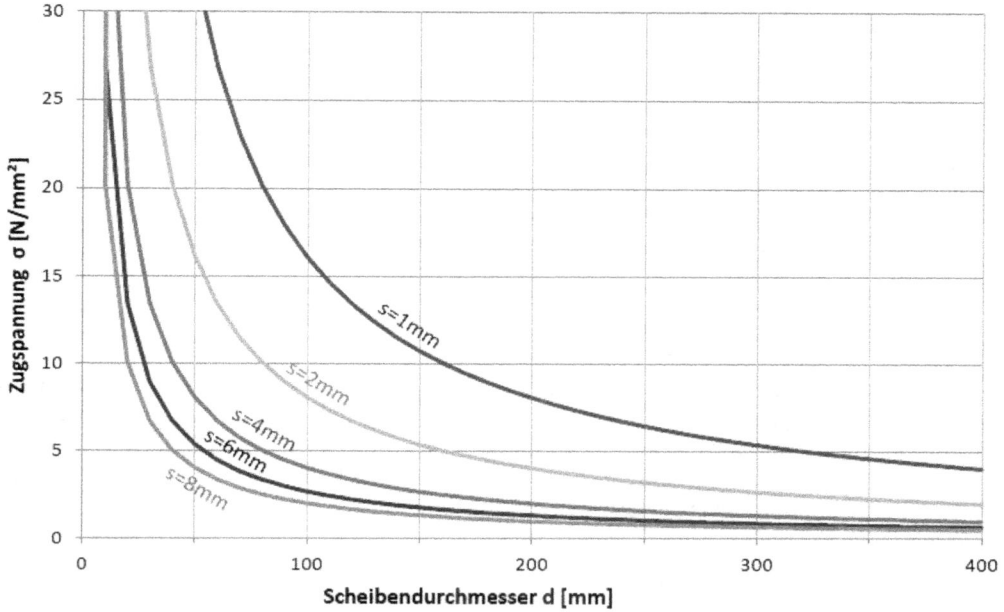

Bild 7.36: Zugspannung im Riemen

Für den allgemeinen Fall, dass zur Drehzahl- und Drehmomentenwandlung unterschiedlich große Riemenscheiben verwendet werden, müssen noch einige geometrische Beziehungen geklärt werden.

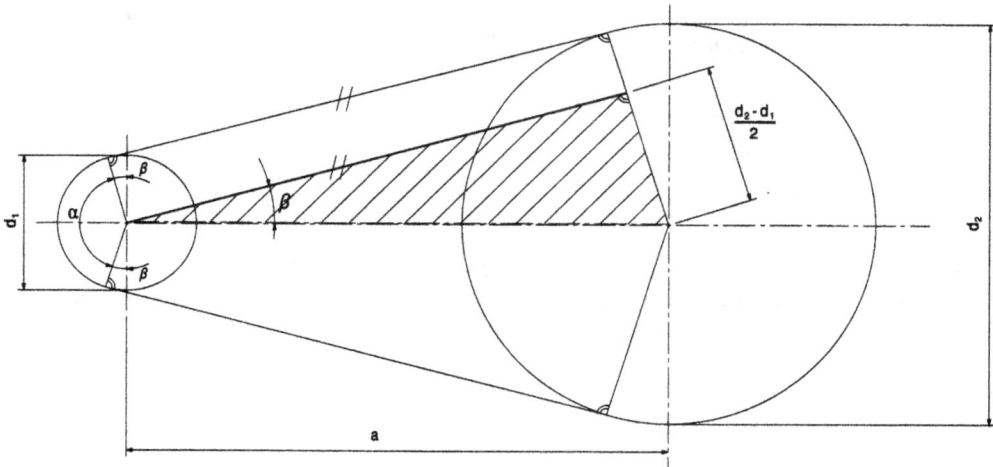

Bild 7.37: Geometrie Riementrieb mit unterschiedlich großen Scheiben

Bei einem „offenen" Riementrieb (Riementrieb ohne Spannrolle) nach Bild 7.37 erreicht der Riemen an der kleineren Scheibe zuerst seine Rutschgrenze, weil dort der kleinere Umschlingungs**winkel** vorliegt, nicht etwa wegen des kürzeren Umschlingungs**bogen**s. Der Umschlingungswinkel α lässt sich geometrisch ermitteln:

$$\alpha[°] = 180° - 2 \cdot \beta[°]$$ Gl. 7.55

Wenn die Scheibendurchmesser d_1 und d_2 sowie der Achsabstand a gegeben sind, so lässt sich der Winkel β am schraffierten Hilfsdreieck formulieren zu:

$$\sin\beta = \frac{d_2 - d_1}{2 \cdot a} \quad \Rightarrow \quad \alpha[°] = 180° - 2 \cdot \arcsin\frac{d_2 - d_1}{2 \cdot a}$$ Gl. 7.56

An dieser Stelle wird der Umschlingungswinkel in Grad ausgewiesen und auch ausdrücklich so gekennzeichnet. Diese Unterscheidung ist deshalb angebracht, weil der Umschlingungswinkel in die Eytelwein'sche Gleichung stets in Bogenmaß eingesetzt werden muss. Weiterhin ist die Länge des gesamten Riemens L_{Riemen} von Interesse. Sie lässt sich als Summe der beiden freien Trumlängen und der auf den Riemenabschnitten aufliegenden Riemenbögen ausdrücken:

$$L_{Riemen} = \quad 2 \cdot \text{freie Trumlänge}$$
$$+ \text{Umschlingungsbogen kleine Scheibe}$$
$$+ \text{Umschlingungsbogen große Scheibe}$$

Da sich die Angabe der Riemenlänge auf die Riemenmitte als neutrale Faser bezieht, muss die Riemendicke s berücksichtigt werden.

$$L_{Riemen} = 2 \cdot a \cdot \cos\beta[°] + \pi \cdot (d_1 + s) \cdot \frac{180° - 2 \cdot \beta[°]}{360°} + \pi \cdot (d_2 + s) \cdot \frac{180° + 2 \cdot \beta[°]}{360°}$$ Gl. 7.57

Diese Gleichung kann auch für Winkelangaben in Bogenmaß ausgedrückt werden:

$$L_{Riemen} = 2 \cdot a \cdot \cos\beta + \pi \cdot (d_1 + s) \cdot \frac{\pi - 2 \cdot \beta}{2 \cdot \pi} + \pi \cdot (d_2 + s) \cdot \frac{\pi + 2 \cdot \beta}{2 \cdot \pi}$$

$$L_{Riemen} = 2 \cdot a \cdot \cos\beta + (d_1 + s) \cdot \frac{\pi - 2 \cdot \beta}{2} + (d_2 + s) \cdot \frac{\pi + 2 \cdot \beta}{2}$$ Gl. 7.58

Häufig ist der Riemen nur in gewissen gestuften Längen erhältlich, sodass auf die nächste Riemenlänge gerundet werden muss. In diesem Fall kann der dazu passende Achsabstand durch Umstellung der obigen Gleichung berechnet werden:

$$a = \frac{L_{Riemen} - \pi \cdot (d_1 + s) \cdot \frac{180° - 2 \cdot \beta[°]}{360°} - \pi \cdot (d_2 + s) \cdot \frac{180° + 2 \cdot \beta[°]}{360°}}{2 \cdot \cos\beta[°]}$$ Gl. 7.59

Dabei ist allerdings zu berücksichtigen, dass durch die Anpassung des Achsabstands auch die Winkel α und β geringfügig verändert werden, sodass je nach Genauigkeitsanforderung die Berechnung des Achsabstands mit einem nach Gl. 7.56 korrigierten β iterativ wiederholt werden muss. Die voranstehende Betrachtung gilt für den offenen Riementrieb. Andere Riementriebgeometrien mit möglicherweise zusätzlichen Spann- und Umlenkrollen erfordern entsprechend modifizierte Ansätze.

Die Vektorsumme von S_Z und S_L nach Bild 7.38 verursacht sowohl an der antreibenden als auch an der angetriebenen Scheibe eine Kraft auf die Welle, die sowohl für deren Festigkeitsnachweis als auch für die Dimensionierung der Lager von besonderer Bedeutung ist. Die Winkelsumme eines jeden Dreiecks beträgt 180°, sodass sich der obere Winkel im Krafteck zu $180° - 2 \cdot \beta$ ergibt. Damit lässt sich für die auf die Welle wirkende Kraft F_{Welle} der Kosinussatz ansetzen:

$$F_{Welle} = \sqrt{S_Z^2 + S_L^2 - 2 \cdot S_Z \cdot S_L \cdot \cos\left(180° - 2 \cdot \beta[°]\right)} = \sqrt{S_Z^2 + S_L^2 - 2 \cdot S_Z \cdot S_L \cdot \cos\alpha} \qquad \text{Gl. 7.60}$$

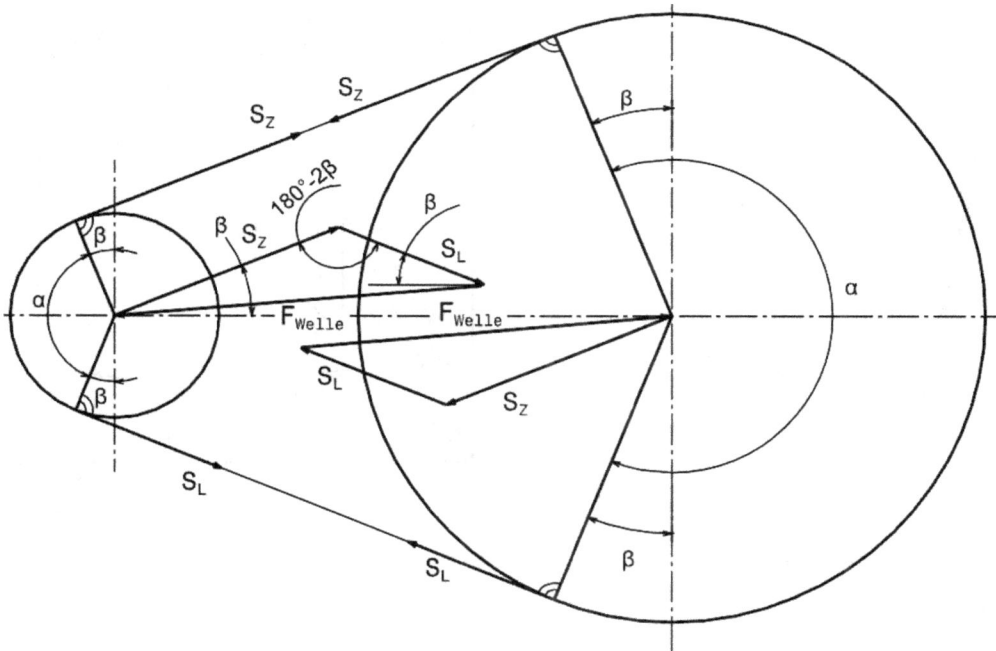

Bild 7.38: Wellenbelastung der Riemenscheiben

Dabei ist es übrigens unerheblich, ob der Umschlingungswinkel α der größeren oder der kleineren Scheibe eingesetzt wird, da deren Kosinuswert gleich ist. Die Belastung auf die beiden Wellen ist ja ohnehin nach dem Gleichgewichtsprinzip der Mechanik gleich.

7.3.4   Vorspannen von Riementrieben

Während sich bei dem oben zitierten Beispiel der Treibscheibe aus der Fördertechnik in Ein-Scheiben-Anordnung als „halber" Riementrieb die für die Momentenübertragung erforderliche Vorspannung im Seil durch Gewichtsbelastung von selbst ergibt, muss sie bei der Momentenübertragung von Scheibe zu Scheibe durch zusätzliche Maßnahmen gezielt eingeleitet werden.

7.3.4.1   Leertrumvorspannung (B)

In einer ersten diesbezüglichen Betrachtung wird die Vorspannkraft durch eine Spannrolle aufgebracht, die nach der linken Hälfte von Bild 7.39 auf den Leertrum wirkt. Wenn die Spannrolle über die hier angedeutete Hebelmechanik mit einer konstanten Federkraft F_{Fe} belastet wird, so stellt sich über ein Seileck im Leertrum eine vom übertragenen Moment unabhängige Leertrumkraft S_L ein.

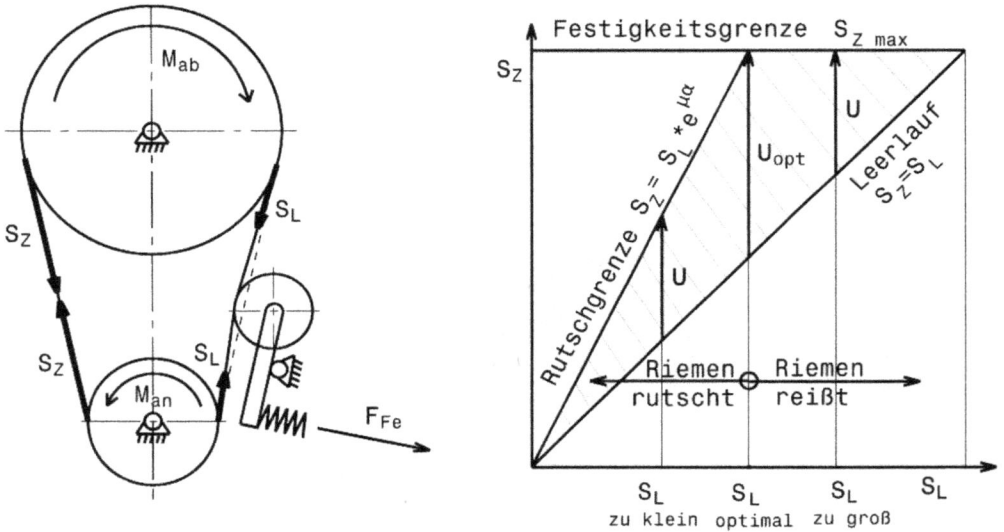

Bild 7.39: Leertrumvorspannung

Die bei der Momentenübertragung wirkenden Kräfte lassen sich besonders anschaulich darstellen, wenn S_Z über S_L nach der rechten Hälfte von Bild 7.39 aufgetragen wird. Wird kein Moment übertragen (Leerlauf), so wirkt im Zugtrum eine Seilkraft S_Z, deren Betrag genauso groß ist wie die Leertrumkraft S_L. Dieser Leerlaufzustand wird also durch die Winkelhalbierende im Zugtrum-Leertrum-Diagramm repräsentiert, wobei sich mit steigender Vorspannung der Lastpunkt auf dieser Winkelhalbierenden zunehmend nach oben rechts bewegt. Wird bei konstanter Leertrumkraft zusätzlich ein Moment übertragen, so wird die Zugtrumkraft S_Z um U größer als S_L, der Betriebspunkt verlagert sich also im Diagramm senkrecht nach oben, wobei sich zwischen der Leerlaufgeraden als Winkelhalbierender und dem Betriebspunkt die Umfangskraft U als Ordinatenabschnitt abzeichnet. Im gleichen Diagramm lässt sich auch die Rutschgrenze eingetragen, wozu die Eytelwein'sche Gleichung $S_Z / S_L < e^{\mu\alpha}$ (Gl. 7.47) umgeformt wird:

$$S_Z = S_L \cdot e^{\mu\alpha} = m \cdot S_L \qquad\qquad\qquad\qquad\qquad \text{Gl. 7.61}$$

Diese Gleichung der Form $y = m \cdot x$ lässt sich als Geradengleichung im Zugtrum-Leertrum-Diagramm eintragen. Weiterhin ist in diesem Diagramm die Festigkeitsgrenze des Riemens darstellbar: Die Zugtrumkraft S_Z darf die Werkstofffestigkeit des Riemens nicht überschreiten, die im Diagramm als waagerechte Gerade angetragen wird. Die Lage des Betriebspunktes wird also eingegrenzt durch:

- die Winkelhalbierende als Leerlaufgerade,
- die Rutschgrenze ($S_Z = S_L \cdot e^{\mu\alpha} = m \cdot S_L$) und
- die Festigkeitsgrenze (bzw. Ermüdungsgrenze) S_{max}.

Der Betriebspunkt muss sich also innerhalb des Dreiecks Leerlauf – Rutschgrenze – Festigkeitsgrenze befinden. Das Moment kann so weit gesteigert werden, bis die dazu gehörende Umfangskraft U das Dreieck verlässt. Bei der Frage nach der optimalen Vorspannung des Riemens lassen sich grundsätzlich die folgenden Fälle unterscheiden:

- Wird gering vorgespannt (S_L zu klein), so kann die Zugtrumkraft S_Z so weit gesteigert werden, bis die Rutschgrenze erreicht ist. Bei weiterer Steigung des zu übertragenden Momentes rutscht der Riemen durch.
- Wird hoch vorgespannt (S_L zu groß), so kann die Zugtrumkraft S_Z so weit gesteigert werden, bis die durch die Festigkeitsgrenze beschriebene horizontale Gerade erreicht ist. Bei weiterer Steigung des zu übertragenden Momentes wird der Riemen durch übermäßige Zugspannung zerstört.
- Um mit dem Riementrieb ein möglichst großes Moment zu übertragen, muss eine möglichst große Umfangskraft U_{max} zulassen werden können. Im Diagramm in Bild 7.39 ist erkennbar, welche Vorspannung dafür optimal ist: S_L wird optimalerweise so eingestellt, dass die dazugehörende Ordinate durch den Schnittpunkt der Rutschgrenze und der Festigkeitsgrenze verläuft.

Aufgabe A.7.12

7.3.4.2   Zugtrumvorspannung (B)

Die Spannrolle kann nach Bild 7.40 auch im Zugtrum angebracht werden. Dabei bleibt der Leerlauf als Winkelhalbierende, die Rutschgrenze und die Festigkeitsgrenze erhalten.

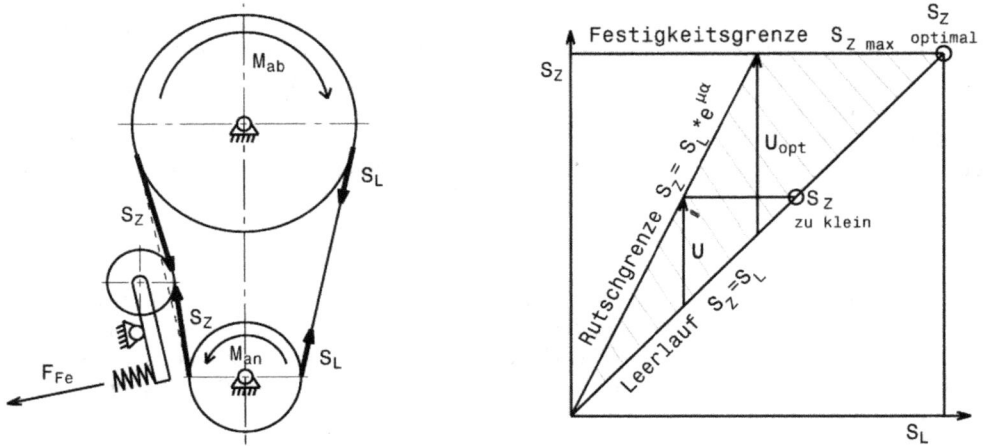

Bild 7.40: Zugtrumvorspannung

Wegen der gleichbleibenden, an der Spannrolle angreifenden Federkraft bleibt auch die Zugtrumkraft S_Z unabhängig vom übertragenen Moment konstant. Um eine möglichst große Umfangkraft übertragen zu können, wird der Zugtrum so vorgespannt, dass die Festigkeitsgrenze vollständig ausgenutzt wird, wobei sich der Leerlaufpunkt oben rechts im Diagramm befindet. Wird Moment übertragen, so verlagert sich der Betriebspunkt nach links, bis schließlich die durch $S_Z = S_L \cdot e^{\mu\alpha}$ beschriebene Rutschgrenze erreicht ist. Dabei wird wie in Bild 7.39 die Umfangskraft als senkrechter Abstand zwischen Betriebspunkt und der Winkelhalbierenden abgebildet. Wird im Zugtrum geringer vorgespannt (S_Z zu klein), so bildet sich unterhalb der Rutschgrenze eine kleinere Umfangskraft ab. Unabhängig vom Vorspannungszustand kann also der Riemen nicht durch eine zu große Zugkraft überlastet werden, bei Überlast rutscht der Riemen vielmehr gezielt durch. Andererseits wird der Riemen aber unabhängig vom Lastzustand stets mit einer sehr hohen Kraft belastet, was beim zeitfesten Riemen eine Verkürzung der Gebrauchsdauer bedeutet.

Aufgaben A.7.13 bis A.7.16

7.3.4.3   Vorspannung durch Linearführung der Welle (E)

Soll auf eine Spannrolle verzichtet werden, so kann eine der beiden Riemenscheiben (vorzugsweise der Antrieb) nach Bild 7.41 links in einer Linearführung parallel verschiebbar angeordnet werden. Formuliert man an der Antriebsscheibe das Kräftegleichgewicht in Richtung des Achsabstandes, so ergibt sich

$$F_{Spann} = (S_Z + S_L) \cdot \cos\beta.$$

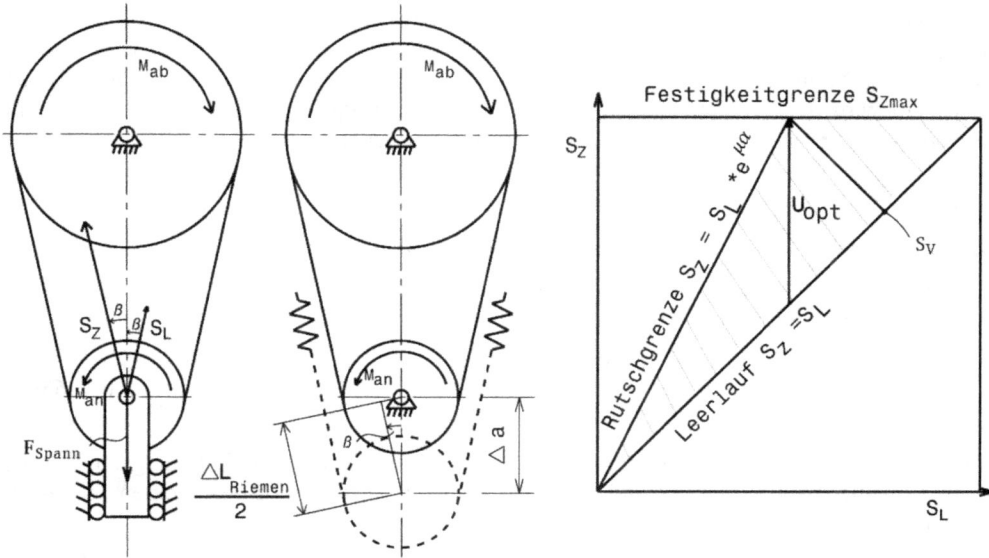

Bild 7.41: Vorspannung durch Linearführung und Riemendehnung

Bei größtmöglichem Moment sind Zugtrum- und Leertrumkraft über die Eytelwein'sche Gleichung gekoppelt, sodass sich für die optimale Spannkraft ergibt:

$$F_{Spann} = S_Z \cdot \left(1 + \frac{1}{e^{\mu\alpha}}\right) \cdot \cos\beta \qquad \qquad Gl.\ 7.62$$

Durch das Vorspannen mit F_{Spann} wird im Riemen selbst eine Vorspannkraft S_V hervorgerufen. Mit steigender Umfangskraft U wird die Zugtrumkraft S_Z stets um genau den Betrag größer, um den die Leertrumkraft S_L absinkt. Die Vorspannkraft S_V ist also stets der Mittelwert von Zugtrumkraft S_Z und Leertrumkraft S_L:

$$S_V = \frac{S_Z + S_L}{2} \qquad \qquad Gl.\ 7.63$$

Insofern ergibt sich der im Diagramm markierte optimale Vorspannungszustand. Diese Variante ist jedoch ähnlich wie der Reibradantrieb nach Bild 7.13b konstruktiv aufwendig, weil die Parallelverschiebbarkeit der Antriebswelle **während des Betriebs** ermöglicht werden muss.

7.3.4.4 Vorspannung durch Ausnutzung der Riemenelastizität

Die bisher vorgestellten Vorspannmechanismen leiteten die Vorspannung durch eine extern generierte Kraft ein. Die Konstruktion würde sich wesentlich vereinfachen, wenn zur Erzeugung der Vorspannung der Riemen selber als Feder genutzt wird, die um einen Federweg vorgespannt wird. Der diesbezüglich einfachste Fall besteht nach Bild 7.41 darin, dass der Achsabstand nicht wie im linken Fall während des Betriebs, sondern wie im rechten Fall vorab während der Montage parallel verschoben wird, was besonders bei kleinen Riementrieben praktiziert wird: Die Riemenvorspannung σ_{Vor} wird durch die Dehnung ε_R des Riemens mit dem statischen Elastizitätsmodul E_{stat} hervorgerufen (vgl. auch Band 1, Gl. 0.3):

$$\sigma_{Vor} = E_{stat} \cdot \varepsilon_R \qquad \text{Gl. 7.64}$$

Die drei Terme dieser Gleichung lassen sich folgendermaßen ausdrücken:

Die im Riemen herrschende Vorspannung σ_{Vor} ergibt sich als Quotient aus der Vorspannkraft S_V und der Riemenquerschnittsfläche A_R:

$$\sigma_{Vor} = \frac{S_V}{A_R} \qquad \text{Gl. 7.65}$$

Für E_{stat} muss der sog. „**statische**" Elastizitätsmodul des Riemenwerkstoffs herangezogen werden (das Auflegen des Riemens und die damit verbundene Belastung des Riemens ist quasistatisch).

Die gesamte Längenänderung ΔL_{Riemen} verteilt sich nach Bild 7.41 je zur Hälfte auf die Zug- und Leertrumseite und tritt dabei als Ankathete zum Winkel β im kleinen Dreieck an der kleinen Riemenscheibe auf, dessen Hypotenuse die Achsabstandsänderung Δa ist:

$$\cos\beta = \frac{\frac{\Delta L_{Riemen}}{2}}{\Delta a} \quad \rightarrow \quad \Delta L_{Riemen} = 2 \cdot \Delta a \cdot \cos\beta = 2 \cdot \Delta a \cdot \sin\frac{\alpha}{2} \qquad \text{Gl. 7.66}$$

Spätestens nach einigen Umdrehungen hat sich die Riemendehnung auf die gesamte Riemenlänge, also auch auf die Umschlingungsbögen, verteilt, sodass sich die relative Riemenlängung ε_R als Quotient aus Längenänderung ΔL_{Riemen} zu Ursprungslänge L_{Riemen} ergibt:

$$\varepsilon_R = \frac{\Delta L_{Riemen}}{L_{Riemen}} = \frac{2 \cdot \Delta a \cdot \sin\frac{\alpha}{2}}{L_{Riemen}} \qquad \text{Gl. 7.67}$$

Dabei wird vorausgesetzt, dass der Vorspannvorgang und die damit verbundene Achsabstandsänderung Δa keinen Einfluss auf den Umschlingungswinkel α (bzw. auf den Winkel β) hat. Werden die drei Einzelterme nach Gl. 7.65–7.67 in Gl. 7.64 eingesetzt, so ergibt sich

$$\frac{S_V}{A_R} = E_{stat} \cdot \frac{2 \cdot \Delta a \cdot \sin\frac{\alpha}{2}}{L_{Riemen}} \quad \rightarrow \quad S_V = E_{stat} \cdot A_R \cdot \frac{2 \cdot \sin\frac{\alpha}{2}}{L_{Riemen}} \cdot \Delta a \; . \qquad \text{Gl. 7.68}$$

Die Vorspannkraft S_V und die Achsabstandsänderung Δa stehen also wie bei einer Feder in proportionalem Zusammenhang. Einerseits erhält man dadurch eine Bestimmungsgleichung für die erforderliche Achsabstandsänderung:

$$\Delta a = \frac{L_{Riemen}}{2 \cdot \sin \dfrac{\alpha}{2} \cdot A_R \cdot E_{stat}} \cdot S_V \qquad\qquad \text{Gl. 7.69}$$

Andererseits kann damit aber auch der gesamte Riementrieb bezüglich seiner Vorspannung formal als Feder mit der Vorspannfedersteifigkeit c_{VS} aufgefasst werden:

$$c = \frac{F}{f} \qquad\qquad \text{hier:} \qquad c_{VS} = \frac{S_V}{\Delta a} = E_{stat} \cdot \frac{2 \cdot A_R \cdot \sin \dfrac{\alpha}{2}}{L_{Riemen}} \qquad\qquad \text{Gl. 7.70}$$

Im allgemeinen Fall wird sich der Riemen allerdings nach einer gewissen Gebrauchsdauer etwas längen, was im weiteren Sinne mit dem „Setzen" der Schraube vergleichbar ist (vgl. Abschn. 4.4.2, Band 1). Da damit ein Vorspannungsverlust verbunden ist, muss gelegentlich nachgespannt werden. Um bei der Vorspannung keine übertriebene Maßgenauigkeit des Weges Δa fordern zu müssen, ist ein „weicher" Riementrieb mit geringem c_{VS} von Vorteil. Dies lässt sich durch lange Riemen mit geringer Querschnittsfläche und geringem Elastizitätsmodul gut erreichen. Riemen mit Stahleinlagen und entsprechend hohem Elastizitätsmodul lassen sich auf diese Art kaum spannen.

Bei großen Riementrieben ist es zuweilen problematisch, die Vergrößerung des Achsabstandes nach dem rechten Fall von Bild 7.41 auszuführen. Dann ist es häufig vorteilhafter, die Lage von An- und Abtriebswelle ortsfest zu belassen und eine zusätzliche Rolle als Spannrolle anzubringen.

- Wird die Spannrolle (konstruktiv aufwendiger) so an das Gestell angebunden, dass ihre Achse während des Betriebs parallel verschiebbar ist und mit einer definierten Kraftwirkung ausgestattet wird, so liegt Leertrumvorspannung nach Abschn. 7.3.4.1 oder Zugtrumvorspannung nach Abschn. 7.3.4.2 vor.

- Wird die Spannrolle (konstruktiv einfacher) nur im Zuge der Montage parallel verschoben und in der neuen Stellung fixiert, so wird damit der Riemen als Feder genutzt. Zur analytischen Bestimmung dieser Federwirkung müssen die Gl. 7.66–7.70 wegen der weiteren Rolle deutlich erweitert werden, was einen höheren Rechenaufwand bedeuten kann. Wegen der unendlich vielen Konstruktionsvarianten ist hierfür keine allgemein gültige Formulierung möglich.

7.3.4.5   Vorspannung mit gelenkiger Wippe (E)

Zur Vermeidung des konstruktiven Aufwands kann die im linken Drittel von Bild 7.41 erläuterte Linearführung auch durch ein Gelenk ersetzt werden. Während bei der Linearführung zur Vorspannung des Riemens eine zentrische Kraft F_{Spann} aufgebracht wurde, muss hier ein Moment M_{Vor} um das Gelenk der Wippe nach Bild 7.42 eingeleitet werden. Bei dieser einführenden Erläuterung wird zunächst einmal angenommen, dass dieses Vorspannmoment durch das Eigengewicht des massebehafteten Balkens entsteht. Da die Lage des Gelenks entscheidenden Einfluss auf die Vorspannung des Riementriebes hat, werden hier die Gelenkpunkte I–VI betrachtet.

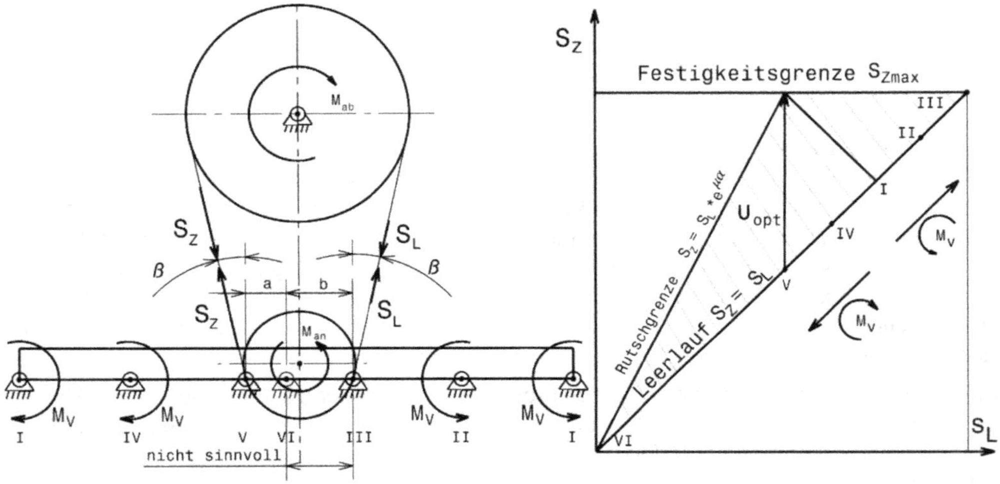

Bild 7.42: Riemenvorspannung durch gelenkige Wippe

Befindet sich der Gelenkpunkt auf der horizontalen Linie des Antriebes sehr weit von der antreibenden Scheibe entfernt, so entspricht dies der mechanischen Wirkung des zuvor erläuterten Falls der Linearführung nach Bild 7.41 links, wobei es unerheblich ist, ob der Anlenkpunkt weit links oder weit rechts angeordnet ist. Im S_Z/S_L-Diagramm ist der Lastzustand identisch mit dem der Linearführung.

Liegt der Gelenkpunkt hingegen auf der Wirkungslinie von S_L, so wird mit dem Vorspannmoment nur die Zugtrumkraft über eine Hebelwirkung beeinflusst, was der Zugtrumvorspannung mit dem Vorspannungszustand III im Diagramm entspricht. Wandert der Gelenkpunkt auf dem Balken von „rechts unendlich" (Punkt I) über II nach III, so verlagert er sich im S_Z/S_L-Diagramm auf der Winkelhalbierenden von I über II nach III, wobei das Vorspannmoment um das Gelenk im Gegenuhrzeigersinn wirkt.

Ist der Gelenkpunkt auf der Wirkungslinie von S_Z platziert, so wirkt das Vorspannmoment nur auf die Leertrumkraft, sodass eine Leertrumvorspannung mit dem Vorspannungszustand V im Diagramm vorliegt. Wandert der Gelenkpunkt auf dem Balken von „links unendlich" (Punkt I) über IV nach V, so verlagert er sich im S_Z/S_L-Diagramm auf der Winkelhalbierenden von I über IV nach V, wobei das Vorspannmoment um das Gelenk im Uhrzeigersinn wirkt.

Die vorstehende Betrachtung macht damit auch deutlich, dass die Vorspannwirkung ähnlich wie bei Wälzgetrieben (s. Bild 7.13c/d) von der Richtung des Antriebsmoments abhängt. Bei der Dimensionierung einer konkreten Konstruktion muss in jedem Fall ein Momentengleichgewicht um das Gelenk der Wippe aufgestellt werden. Der allgemeine Fall beschränkt sich aber nicht nur auf die in Bild 7.42 skizzierten Gelenkpunkte auf der waagerechten Geraden. Grundsätzlich kann jeder beliebige Punkt der Ebene als Anlenkpunkt für die Wippe dienen.

Aufgaben A.7.17 bis A.7.23

7.3.4.6   Selbstspannender Riementrieb (V)

Wandert in Bild 7.42 das Gelenk über V hinaus nach rechts, so wird schließlich der Punkt VI erreicht, wo sich ein Momentengleichgewicht auch ohne Vorspannmoment einstellt:

$$S_Z \cdot \cos\beta \cdot a = S_L \cdot \cos\beta \cdot b \qquad \rightarrow \qquad \frac{S_Z}{S_L} = \frac{b}{a} = e^{\mu\alpha} \qquad\qquad \text{Gl. 7.71}$$

Wird das Hebelarmverhältnis b/a wie $e^{\mu\alpha}$ ausgeführt, so bringt der Riementrieb ohne äußere Einwirkung immer genau so viel Vorspannung auf, wie er zur reibschlüssigen Momentenübertragung braucht. Im S_Z/S_L-Diagramm wandert der Vorspannpunkt in den Koordinatenursprung nach VI (s. Bild 7.42) und die Umfangskraft vergrößert sich mit zunehmender Last entlang der Rutschgrenze. Ähnlich wie bei Reibradgetrieben muss aber auch dafür gesorgt werden, dass der Selbstspannungseffekt durch eine geringe Vorlast in Gang kommen kann.

Gelenkpunkte zwischen III und VI sind nicht sinnvoll, weil dann der Riemen unnötig hoch belastet wird: Anlenkpunkte zwischen VI und dem Mittelpunkt der Antriebsscheibe würden die Selbstspannung über das für den Reibschluss notwendige Maß steigern und Anlenkpunkte zwischen dem Mittelpunkt der Antriebsscheibe und III würden den Riemen bereits bei der Vorspannung ohne jede Momentenübertragung überlasten (Vorspannpunkte rechts oberhalb von III).

Der zuvor angedeutete selbstspannende Riementrieb kann nur dann seine Funktion erfüllen, wenn das Moment in die angegebene Richtung wirkt. Kehrt sich die Momentenrichtung beispielsweise beim Bremsen um, so wird jeder Reibschluss und damit jede Momentenübertragbarkeit automatisch aufgehoben. Soll die Selbstspannungswirkung in beide Richtungen aufrechterhalten werden, so wird eine ganz andere Konstruktion nach Bild 7.43 erforderlich, die den Riemen selber als federndes Element ausnutzt.

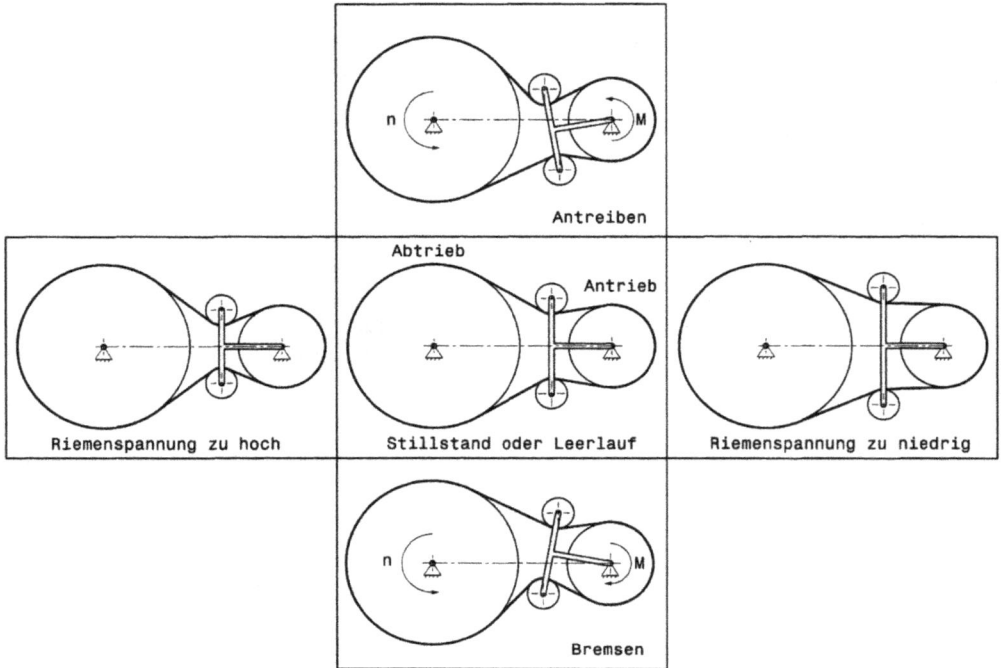

Bild 7.43: Riementrieb, in beide Drehrichtungen selbstspannend

Zur Erläuterung des Selbstspanneffektes geht man am einfachsten vom Leerlaufzustand im mittleren Teilbild aus. Der Riemen wird bei jedem Übergang zwischen treibender und angetriebener Scheibe zusätzlich über je eine Laufrolle geführt, die in einer gemeinsamen Rollenschwinge gelagert sind, die ihrerseits am Gestell angelenkt ist. Dieses Gelenk fällt im vorliegenden Fall aus konstruktiven Gründen mit der Achse der antreibenden Scheibe zusammen. Diese Schwinge ist um dieses Gelenk frei beweglich und stellt sich nur nach den eingeleiteten Riemenkräften ein.

- Für den Leerlauf ergibt sich eine symmetrische Stellung, weil Zugtrum- und Leertrumkräfte gleich groß sind. Die Riemenvorspannung ist durch entsprechend fixierten Achsabstand zwischen antreibender und angetriebener Scheibe auf einen minimalen Wert eingestellt, die Lagerbelastung ist demzufolge ebenfalls minimal.
- Wird ein Moment übertragen, so entstehen dadurch unterschiedliche Kräfte im Zug- und Leertrum, denn nur deren Differenz kann als Umfangskraft und damit als Moment an der Scheibe genutzt werden. Aufgrund dieser unterschiedlichen Trumkräfte stellt sich die Rollenschwinge automatisch außermittig ein. Dadurch wird der Riemen gelängt, wodurch sich von selbst eine höhere Riemenspannung ergibt. Die Riemenspannung wird umso größer, je mehr Moment übertragen wird. Dies gilt sowohl für das Antreiben (Mitte oben) als auch für das Bremsen (Mitte unten).

Für einen optimalen Betrieb muss der Abstand der Laufrollen zueinander genau abgestimmt werden:

- Werden die beiden Rollen zu nahe zueinander positioniert (Bild links), so ist das dadurch aufgespannte Seileck bereits in Leerlaufstellung sehr steil, sodass bei Momenenübertragung der Riemen übertrieben stark gespannt wird. Die Riemenspannung – und damit die Lagerlast – werden unnötig groß. Es kann sogar dazu kommen, dass die Riemenspannung wesentlich größer ist als bei einem Riemenantrieb mit konstanter Vorspannung.
- Ist der Abstand der Rollen untereinander zu groß (Bild rechts), so wird das dadurch entstehende Seileck sehr flach und die Spannwirkung zu gering, der Riemen würde durchrutschen oder sogar abspringen.

Im S_Z/S_L-Diagramm ergibt sich ein Vorspannungszustand wie bei VI (s. Bild 7.42) und die Umfangskraft vergrößert sich mit zunehmender Last entlang der Rutschgrenze. Wegen der gegenseitigen Abhängigkeit von Geometrie und Belastung kann keine explizite Gleichung formuliert werden, ein solches Problem wird zweckmäßigerweise iterativ gelöst, wobei die elastischen Eigenschaften des Riemens genau bekannt sein müssen. Bei sorgfältiger Abstimmung kann aus der Stellung der Rollenschwinge sogar auf das aktuell übertragene Moment geschlossen werden, was diesen Mechanismus zur Messeinrichtung für das aktuelle Drehmoment werden lässt (s. auch [7.4]).

Aufgabe A.7.24

7.3.5 Weitere Spannungen im Riemen (V)

Bei den vorangegangenen Betrachtungen war der Riemen im Sinne der Mechanik ein masseloses Seil, er wurde nur durch das zu übertragende Moment und die Vorspannung auf Zug belastet. Tatsächlich treten jedoch noch weitere Beanspruchungen auf, die je nach Einsatz- und Betriebsbedingungen einen großen Anteil an der tatsächlichen Riemenbelastung ausmachen können.

7.3.5.1 Biegebelastung (V)

Bekanntlich wird ein Biegebalken unter Einfluss eines Biegemoments durchgebogen. Beim Riemen muss dieser Zusammenhang auf den Kopf gestellt werden: Beim Auflaufen des Riemens auf die Scheibe nach Bild 7.44 wird ihm als sehr elastischem Biegebalken eine Verformung aufgezwungen, die ihrerseits eine Biegespannung σ_b zur Folge hat. Der Riemen ist also nicht das perfekte Seil der Mechanik, sondern immer auch „ein bisschen" Biegebalken. Die rechnerische Beschreibung dieses Zusammenhangs geht von der elementaren Verformungsgleichung der Elastizitätslehre (vgl. Gl. 0.2 und 0.3) aus:

$$\sigma = E \cdot \varepsilon \qquad \text{mit} \qquad \varepsilon = \frac{\Delta L}{L}$$

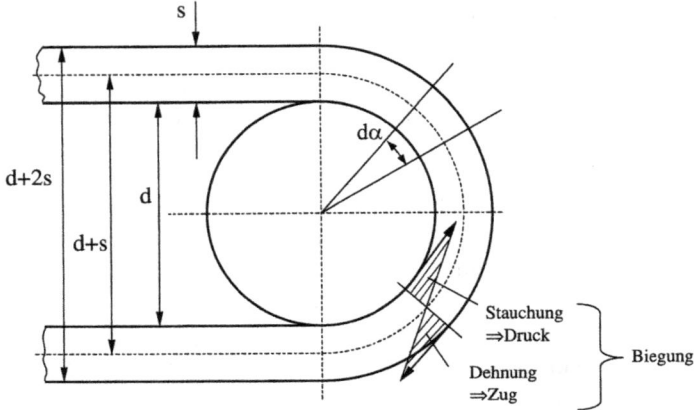

Bild 7.44: Biegebelastung des Riemens

Die relative Längenänderung $\Delta L / L$ lässt sich für diesen Fall als geometrisch erzwungene Längenänderung zum Ausdruck bringen: Während die neutrale Faser unverformt bleibt, erfährt die Außenfaser eine maximale Längung:

$$\varepsilon = \frac{L_{\text{Außenfaser}} - L_{\text{neutraleFaser}}}{L_{\text{neutraleFaser}}} = \frac{d\alpha \cdot (r_{\text{Scheibe}} + s) - d\alpha \cdot \left(r_{\text{Scheibe}} + \frac{s}{2}\right)}{d\alpha \cdot \left(r_{\text{Scheibe}} + \frac{s}{2}\right)} = \frac{\frac{s}{2}}{r_{\text{Scheibe}} + \frac{s}{2}} \qquad \text{Gl. 7.72}$$

Die halbe Riemendicke $s/2$ ist als additives Glied relativ klein gegenüber dem Scheibenradius r_{Scheibe} und kann deshalb vernachlässigt werden. Dadurch vereinfacht sich die relative Dehnung zu:

$$\varepsilon = \frac{s}{2 \cdot r_{\text{Scheibe}}} = \frac{s}{d_{\text{Scheibe}}} \qquad \text{Gl. 7.73}$$

An der Innenseite des Riemens tritt die gleiche Verformung als Stauchung mit gleicher Längenänderung auf. Die Biegespannung ergibt sich also zu

$$\sigma_b = E_{\text{dyn}} \cdot \varepsilon = E_{\text{dyn}} \cdot \frac{s}{d_{\text{Scheibe}}} \qquad \text{Gl. 7.74}$$

An dieser Gleichung können die grundlegenden Einflussgrößen für die im Riemen herrschende Biegespannung abgelesen werden:

- Die Biegespannung im Riemen ist dann besonders gering, wenn der Riemen selbst sehr dünn ist.
- Die Biegespannung im Riemen ist dann besonders hoch, wenn der Scheibendurchmesser sehr klein ist, was besonders bei kleinen Spannrollen problematisch werden kann.

- Nachgiebige Riemenwerkstoffe erfahren wegen ihres geringen E-Moduls eine geringere Biegebelastung. Die Angabe des Elastizitätsmoduls ist für Riemenwerkstoffe einigermaßen problematisch. Während bei der Riemenvorspannung der statische Elastizitätsmodul anzusetzen ist (Gl. 7.68–7.70), ist hier der dynamische E-Modul maßgebend. Damit wird dem Umstand Rechnung getragen, dass zumindest der Matrixwerkstoff fast immer viskoelastische Eigenschaften aufweist (s. Abschn. 2.5.2, Band 1, Gummifedern), wodurch der Elastizitätsmodul von der Belastungsgeschwindigkeit abhängig wird. Die Ermittlung des E-Moduls wird weiterhin dadurch erschwert, dass es sich beim Riemenwerkstoff häufig um einen Verbundwerkstoff mit stark unterschiedlich elastischen bzw. viskoelastischen Eigenschaften der Einzelkomponenten handelt.
- Der Biegeeinfluss ist **un**abhängig vom Umschlingungswinkel, er tritt also auch dann auf, wenn der Riemen die Scheibe nur auf einem kurzen Bogen berührt (z.B. Spannrolle).

Wird in Ergänzung zu Bild 7.36 ausschließlich die Biegebelastung mit einem Biegeelastizitätsmodul von E = 600 N/mm² nach Gl. 7.74 aufgetragen, so ergibt sich ein Zusammenhang nach Bild 7.45.

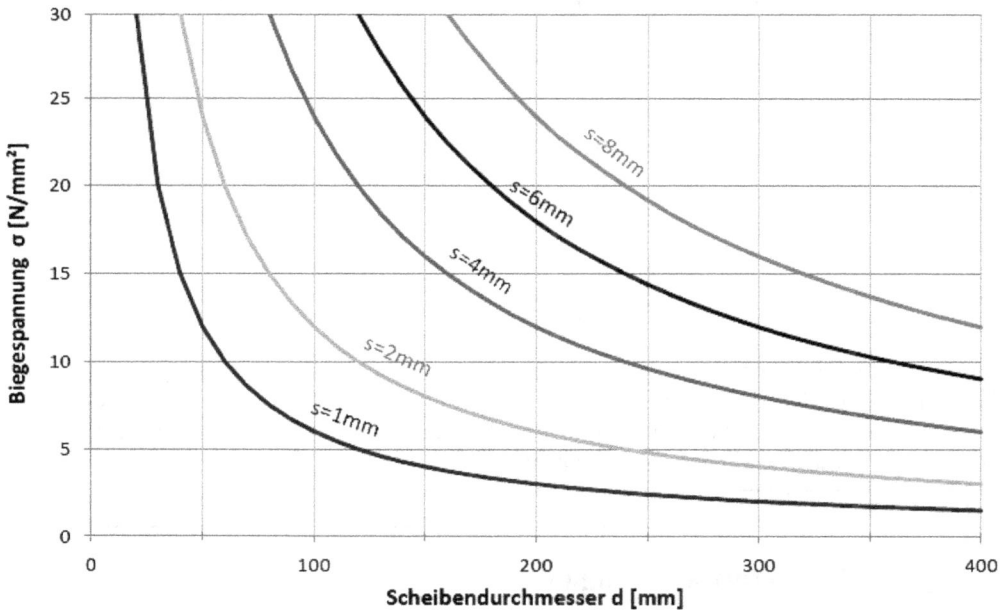

Bild 7.45: Biegespannung im Riemen

Die beim Biegen in den Riemen eingebrachte Verformungsenergie wird bei der Entlastung wegen der viskoelastischen Eigenschaften und der damit verbundenen Dämpfung nicht wieder vollständig zurückgewonnen, vielmehr macht sich die im Riemen verbleibende Energie als Hysterese und schließlich als Erwärmung bemerkbar. Es muss sichergestellt werden, dass diese Erwärmung nicht zu werkstoffkundlich unzulässig hohen Temperaturen führt. Dieser komplexe Sachverhalt wird in erster grober Näherung durch eine Begrenzung der Anzahl der

Biegelastwechsel pro Zeiteinheit (sog. „Biegefrequenz") erfasst. Während eines Umlaufs erfährt der Riemen so viele Biegevorgänge wie der Riementrieb Rollen hat. Für beliebig viele Umläufe kann dieser Zusammenhang erweitert werden zu

Anzahl der Biegevorgänge =

$$\frac{\text{vom Riemen zurückgelegte Wegstrecke}}{\text{Riemenlänge}} \cdot \text{Anzahl der Rollen.} \qquad \text{Gl. 7.75}$$

Für das weitere Vorgehen werden die Anzahl der Rollen mit z und die Riemengeschwindigkeit mit v bezeichnet, die Riemenlänge L_{Riemen} wurde ja bereits mit Gl. 7.58 ermittelt. Bezieht man Gl. 7.75 auf die Zeiteinheit, so gewinnt man einen einfachen Ausdruck für die Biegefrequenz f_B in Funktion der Riemengeschwindigkeit v:

$$f_B = \frac{v \cdot z}{L_{Riemen}} \qquad \text{Gl. 7.76}$$

Die zulässige Biegefrequenz f_{Bmax} ist von den Werkstoffeigenschaften und dessen zulässiger Temperatur abhängig. Die folgende Aufstellung liefert erste grobe Anhaltswerte:

Tabelle 7.5: zulässige Biegefrequenz

Riemenwerkstoff	zulässige Biegefrequenz f_{Bmax} [1/s]
Leder	5–25
Gewebe	10–50
Textil	40–80
Mehrschichtriemen	100

Die Brauchbarkeit dieses Ansatzes wird aber schon dadurch eingeschränkt, dass bei dieser Betrachtung die Höhe der Biegespannung unberücksichtigt bleibt. Tatsächlich sind jedoch beispielsweise bei großen Scheiben auch deutlich höhere, bei besonders kleinen Scheiben allerdings nur wesentlich geringere Biegefrequenzen zulässig.

Aufgabe A.7.25

7.3.5.2 Fliehkraftbelastung (V)

Beim Umlauf auf der Scheibe ist der Riemen einer Fliehkraft F_f ausgesetzt, die die Anpresswirkung auf die Scheibe reduziert. Um dennoch die für die Momentenübertragung notwendige Normalkraft zwischen Riemen und Scheibe aufzubringen, muss entsprechend stärker vorgespannt werden. Dieser Zusammenhang lässt sich an der Betrachtung eines einzelnen Riemenelementes dm nach Bild 7.46 ableiten. Die auf das einzelne Riemenelement wirkende Fliehkraft F_f lässt sich formulieren zu:

$$F_f = dm \cdot r \cdot \omega^2 = dm \cdot \frac{d_{Scheibe}}{2} \cdot \left(\frac{2 \cdot v}{d_{Scheibe}}\right)^2 = dm \cdot \frac{2 \cdot v^2}{d_{Scheibe}} \qquad \text{Gl. 7.77}$$

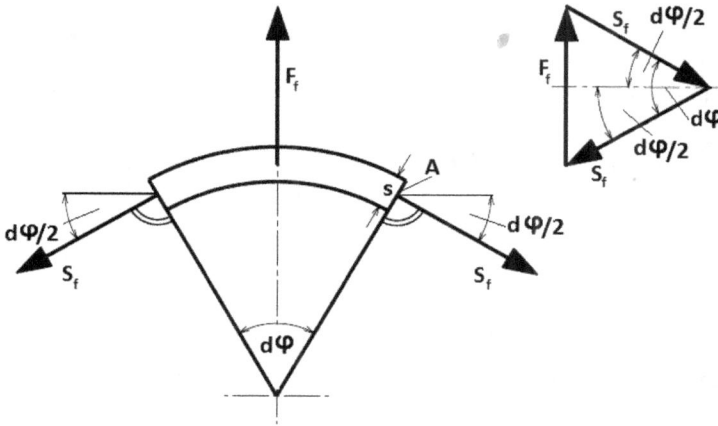

Bild 7.46: Fliehkraftbelastung des Riemens, Kräfte am Riemenelement

Die Masse des einzelnen Riemenelementes dm ergibt sich als Produkt aus dessen Volumen dV und dem spezifischen Gewicht ρ:

$$dm = dV \cdot \rho$$

Das Volumen seinerseits stellt sich als Quader aus der Riemenbreite b, der Riemendicke s als Quaderhöhe und dem Bogen $d\alpha \cdot d_{Scheibe} / 2$ als Quaderlänge dar:

$$dV = d\alpha \cdot \frac{d_{Scheibe}}{2} \cdot s \cdot b \quad \Rightarrow \quad dm = d\alpha \cdot \frac{d_{Scheibe}}{2} \cdot s \cdot b \cdot \rho$$

Für die Fliehkraft F_f ergibt sich dann mit Gl. 7.77:

$$F_f = d\alpha \cdot \frac{d_{Scheibe}}{2} \cdot s \cdot b \cdot \rho \cdot \frac{2 \cdot v^2}{d_{Scheibe}} = d\alpha \cdot s \cdot b \cdot \rho \cdot v^2 \qquad \text{Gl. 7.78}$$

Die Fliehkraft F_f kann nur durch eine entsprechende Zugkraft im Riemen S_f nach Bild 7.46 aufgenommen werden:

$$\sin \frac{d\alpha}{2} = \frac{\frac{F_f}{2}}{S_f}$$

Da hier sehr kleine Winkel betrachtet werden, kann der Winkel mit seinem Sinus gleichgesetzt werden. Somit ergibt sich

$$d\alpha = \frac{F_f}{S_f} \quad \Rightarrow \quad S_f = \frac{F_f}{d\alpha}$$

Damit wird nach Gl. 7.78 die im Riemen wirksame, durch die Fliehkraft bedingte Zugkraft zu

$$S_f = \frac{d\alpha \cdot s \cdot b \cdot \rho \cdot v^2}{d\alpha} = s \cdot b \cdot \rho \cdot v^2 \qquad \text{Gl. 7.79}$$

Um den Reibschluss sicherzustellen, muss die Vorspannkraft um S_f erhöht werden. Für die durch die Fliehkraft verursachte Riemenspannung σ_f folgt schließlich

$$\sigma_f = \frac{S_f}{b \cdot s} = \rho \cdot v^2 \; . \qquad \text{Gl. 7.80}$$

An dieser Gleichung lassen sich die wesentlichen Zusammenhänge erkennen:

- Die Fliehkraftbelastung wird wegen des quadratischen Einflusses der Geschwindigkeit erst bei hohen Drehzahlen wirklich problematisch.
- Der Fliehkrafteinfluss lässt sich durch leichte Riemenwerkstoffe reduzieren.
- Kleine Riemenscheiben sind von Vorteil, weil sie bei vorgegebener Drehzahl wegen des geringen Durchmessers eine kleinere Geschwindigkeit v hervorrufen.
- Der Fliehkrafteinfluss ist unabhängig von der Breite b und von der Dicke s.
- Die Fliehkraftbelastung ist unabhängig vom Umschlingungswinkel α.

Bild 7.45 demonstriert die Fliehkraftbelastung nach Gl. 7.80 für ein spezifisches Gewicht von 1,3 g/cm³ in ähnlicher Weise wie die Bilder 7.36 und 7.45.

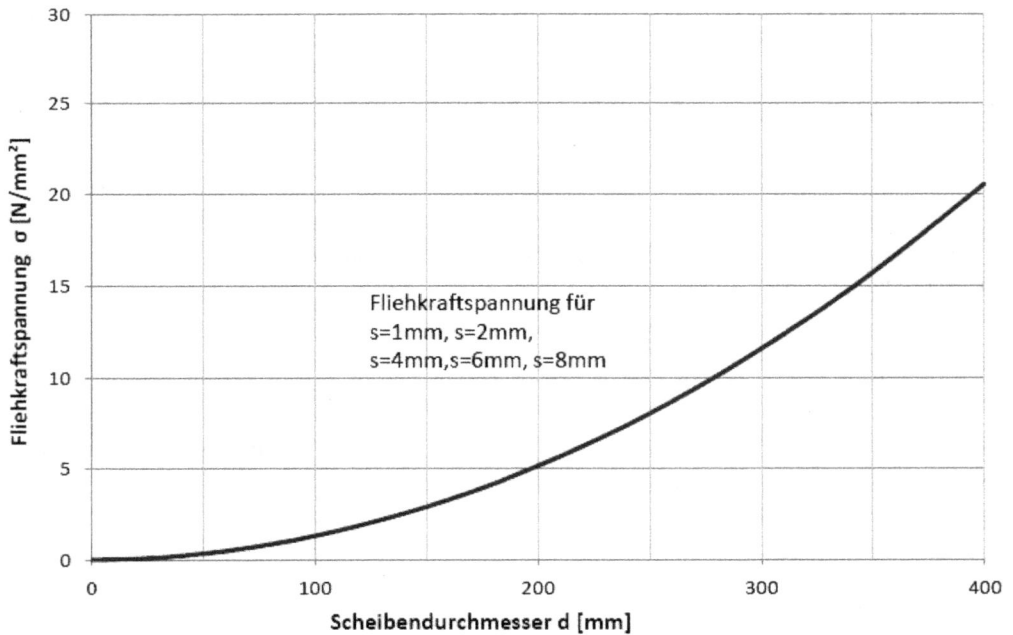

Bild 7.47: Fliehkraftspannung im Riemen

In diesem Zusammenhang ergibt sich die Frage, wie die übertragbare Leistung durch den Fliehkrafteinfluss beeinträchtigt wird. Dazu wird Gl. 7.53 erneut aufgegriffen, in der die festigkeitsmäßig kritische Zugtrumkraft S_{Zmax} als Produkt aus zulässiger Riemenspannung σ_{zul} und Riemenquerschnittsfläche A_R ausgedrückt wird:

$$S'_{Zmax} = \sigma_{max} \cdot A_R \qquad\qquad \text{Gl. 7.81}$$

Die Fliehkraftbelastung des Riemens bedingt allerdings, dass die zulässige Spannung σ_{zul} nicht vollständig zur Kraftübertragung ausgenutzt werden kann, sondern um die Fliehkraftbelastung reduziert werden muss:

$$S_{Zmax} = (\sigma_{zul} - \sigma_f) \cdot A_R = \left[\sigma_{zul} - \rho \cdot \left(\omega \cdot \frac{d}{2} \right)^2 \right] \cdot A_R \qquad\qquad \text{Gl. 7.82}$$

wobei nach Gl. 7.80 $\sigma_f = \rho \cdot v^2$ bzw. $\sigma_f = \rho \cdot (\omega \cdot r)^2$ gesetzt wird. Wird das übertragbare Moment nach Gl. 7.52 mit Gl. 7.82 ausgeführt, so ergibt sich

$$M_{max} = S_{Zmax} \cdot \left(1 - \frac{1}{e^{\mu\alpha}} \right) \cdot \frac{d}{2} = \left[\sigma_{zul} - \rho \cdot \left(\omega \cdot \frac{d}{2} \right)^2 \right] \cdot A_R \cdot \left(1 - \frac{1}{e^{\mu\alpha}} \right) \cdot \frac{d}{2}$$

Wird diese Gleichung für die Formulierung der Leistung als dem Produkt aus Moment und Winkelgeschwindigkeit benutzt, so ergibt sich

$$P = \left[\sigma_{zul} - \rho \cdot \left(\omega \cdot \frac{d}{2} \right)^2 \right] \cdot A_R \cdot \left(1 - \frac{1}{e^{\mu\alpha}} \right) \cdot \frac{d}{2} \cdot \omega \qquad\qquad \text{Gl. 7.83}$$

Wird der Fliehkrafteinfluss außer Acht gelassen (entspricht $\rho = 0$ in Gl. 7.83), so stellt sich die übertragbare Leistung P über der Winkelgeschwindigkeit ω bzw. der Drehzahl n als Gerade in Bild 7.48 dar. Wird jedoch der Fliehkrafteinfluss berücksichtigt, so überlagert sich dieser Geraden eine negative Parabel, die real übertragbare Leistung bleibt dann mit steigender Geschwindigkeit immer mehr hinter der idealen Geraden zurück. Dieser Kurvenverlauf weist zwei markante Punkte auf:

Die übertragbare Leistung fällt auf Null zurück, die Drehzahl kann nicht mehr gesteigert werden, weil die gesamte zulässige Spannung des Riemens σ_{zul} dazu ausgenutzt wird, um den Riemen auf der Scheibe zu halten. Zur Ermittlung dieser maximalen Winkelgeschwindigkeit ω_{max} wird die Leistung nach Gl. 7.83 zu null gesetzt:

$$P = \left[\sigma_{zul} - \rho \cdot \left(\omega_{max} \cdot \frac{d}{2} \right)^2 \right] \cdot A_R \cdot \left(1 - \frac{1}{e^{\mu\alpha}} \right) \cdot \frac{d}{2} \cdot \omega_{max} = 0 \qquad\qquad \text{Gl. 7.84}$$

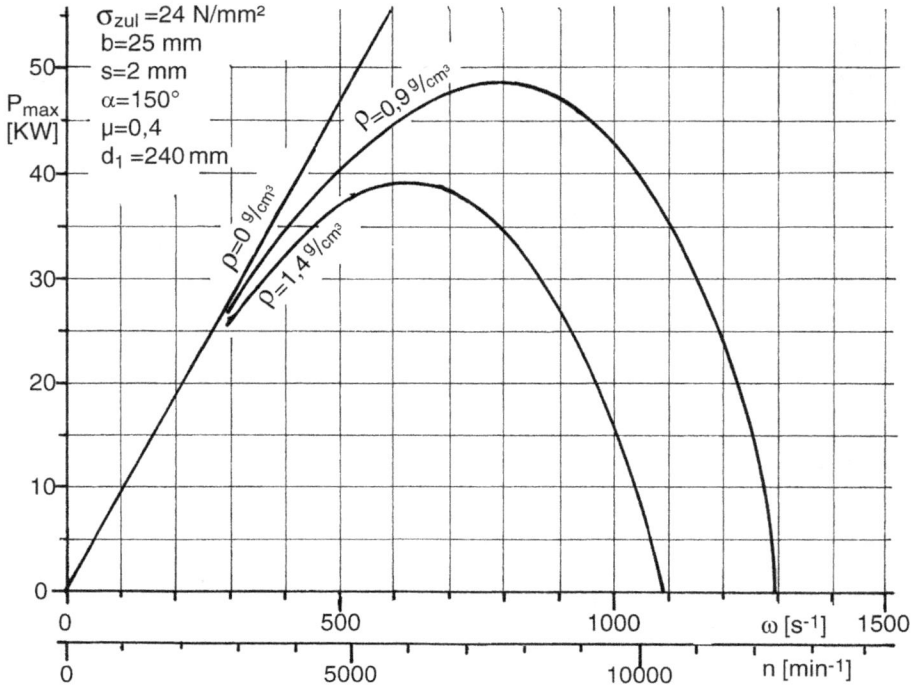

Bild 7.48: Übertragbare Leistung unter Berücksichtigung des Fliehkrafteinflusses

Die erste Lösung ($\omega_{max} = 0$) ist trivial. Da die Faktoren A_R, $(1 - 1/e^{\mu\alpha})$ und $d/2$ nicht den Wert Null annehmen können, ergibt sich eine weitere Lösung für ω_{max} dadurch, dass der verbleibende Faktor gleich null gesetzt wird:

$$\sigma_{zul} - \rho \cdot \left(\omega_{max} \cdot \frac{d}{2} \right)^2 = 0 \qquad \Rightarrow \qquad \rho \cdot \omega_{max}^2 \cdot \left(\frac{d}{2} \right)^2 = \sigma_{zul}$$

Durch Auflösen erhält man die maximal mögliche Winkelgeschwindigkeit für ω_{max} zu

$$\omega_{max} = \sqrt{\frac{\sigma_{zul}}{\rho \cdot \left(\frac{d}{2} \right)^2}} = \frac{2}{d} \cdot \sqrt{\frac{\sigma_{zul}}{\rho}} \qquad\qquad \text{Gl. 7.85}$$

Weiterhin weist die Leistungskurve in Bild 7.48 ein Maximum auf: Der Riementrieb kann die maximale Leistung übertragen, wenn er mit der optimalen Riemengeschwindigkeit v_{opt} bzw. mit der optimalen Winkelgeschwindigkeit ω_{opt} betrieben wird. Zu deren rechnerischer Bestimmung wird das Maximum von Gl. 7.83 gesucht, die zu diesem Zweck durch Ausmultiplizieren für die Differentiation vorbereitet wird:

$$P = \sigma_{zul} \cdot A_R \cdot \left(1 - \frac{1}{e^{\mu\alpha}}\right) \cdot \frac{d}{2} \cdot \omega - \rho \cdot \left(\frac{d}{2}\right)^3 \cdot A_R \cdot \left(1 - \frac{1}{e^{\mu\alpha}}\right) \cdot \omega^3$$

Die Ableitung führt zu folgendem Ausdruck:

$$\frac{dP}{d\omega} = \sigma_{zul} \cdot A_R \cdot \left(1 - \frac{1}{e^{\mu\alpha}}\right) \cdot \frac{d}{2} - \rho \cdot \left(\frac{d}{2}\right)^3 \cdot A_R \cdot \left(1 - \frac{1}{e^{\mu\alpha}}\right) \cdot 3 \cdot \omega^2$$

Zur Bestimmung der optimale Winkelgeschwindigkeit ω_{opt} wird diese Gleichung zu null gesetzt und umgestellt:

$$\sigma_{zul} \cdot A_R \cdot \left(1 - \frac{1}{e^{\mu\alpha}}\right) \cdot \frac{d}{2} = \rho \cdot \left(\frac{d}{2}\right)^3 \cdot A_R \cdot \left(1 - \frac{1}{e^{\mu\alpha}}\right) \cdot 3 \cdot \omega^2$$

$$\sigma_{zul} = 3 \cdot \rho \cdot \left(\frac{d}{2}\right)^2 \cdot \omega_{opt}^2$$

$$\omega_{opt} = \sqrt{\frac{\sigma_{zul}}{3 \cdot \rho \cdot \left(\frac{d}{2}\right)^2}} = \frac{2}{d} \cdot \sqrt{\frac{\sigma_{zul}}{3 \cdot \rho}} \qquad \text{Gl. 7.86}$$

Nutzt man die in Gl. 7.85 hergeleitete Beziehung für ω_{max} aus, so folgt daraus die einfache Verhältnismäßigkeit

$$\omega_{opt} = \frac{\omega_{max}}{\sqrt{3}} . \qquad \text{Gl. 7.87}$$

7.3.6 Gesamte Riemenbelastung (E)

Die gesamte Riemenbelastung setzt sich schließlich aus der Zugbelastung der jeweiligen Trumkraft, der Biegebelastung und der Fliehkraftbelastung zusammen. Bild 7.49 stellt diese Anteile zusammen:

- Im Zugtrum wirkt die durch die Zugtrumkraft verursachte Zugtrumspannung σ_Z, im Leertrum die entsprechende Leertrumspannung σ_L. Im Kontakt mit der antreibenden Scheibe wächst die Leertrumspannung kontinuierlich auf die Zugtrumspannung an, im Kontakt mit der abtreibenden Scheibe geht die Zugspannung stetig wieder auf den Leertrumwert zurück.
- Der Fliehkraftanteil σ_f und der Biegeanteil σ_b wirken nur da, wo der Riemen um die Scheibe geführt wird. Der Biegeanteil σ_b ist an der kleineren Scheibe größer.

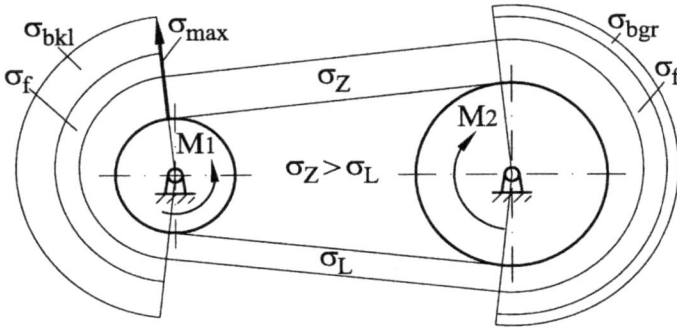

Bild 7.49: Riemen mit allen Belastungsanteilen

- Da für die Dimensionierung des Riemens die größte Spannung maßgebend ist, sollte auch aus diesem Grunde die Spannrolle im Leertrum, also an der weniger kritischen Stelle angebracht werden: Der Spannrollendurchmesser ist häufig recht klein und die dadurch hervorgerufene Biegespannung entsprechend hoch.
- Die Belastung für das einzelne Riemenelement ist dynamisch, obwohl das vom Riementrieb übertragene Moment zeitlich konstant ist.

Wird die in Bild 7.36 dokumentierte Zugspannung, die in Bild 7.45 aufgetragenen Biegespannung und die Fliehkraftbelastung nach Bild 7.47 zusammengefasst, so ergibt sich die gesamte Riemenbelastung nach Bild 7.50.

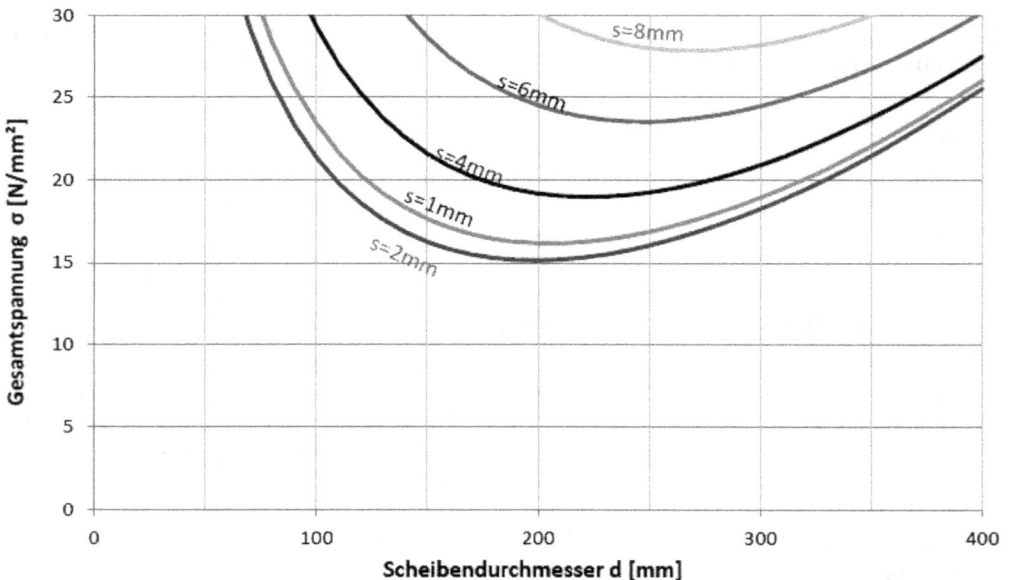

Bild 7.50: Gesamtspannung im Riemen

Daraus folgen zwei wichtige Optimierungsaspekte:

- Bei kleinen Scheiben wird die Gesamtbelastung des Riemens groß, weil der kleine Hebelarm große Zugkräfte im Riemen hervorruft und weil die Biegebelastung ansteigt. Bei großen Scheiben wird die Gesamtbelastung ebenfalls hoch, weil die Fliehkraftbelastung sehr stark ansteigt. Dazwischen liegt ein optimaler Scheibendurchmesser (hier ca. 200–250 mm).

- Ist der Riemen sehr dick, so ist die Gesamtbelastung wegen des vorherrschenden Biegeeinflusses sehr hoch. Bei dünner werdendem Riemen schwächt sich dieser Einfluss ab, sodass auch die Gesamtbelastung deutlich zurückgeht. Wird allerdings ein gewisses Optimum unterschritten (hier unterhalb von 2 mm), so steigt die Spannung im Riemen wieder an, weil zunehmend weniger Riemenquerschnittsfläche für die Übertragung der Zugkraft zur Verfügung steht.

Aufgaben A.7.26 bis A.7.28

7.3.7 Axiale Führung des Riemens durch Scheibenwölbung (E)

Selbst ein exakt paralleles Ausrichten zylindrischer Riemenscheiben kann ein axiales Abdriften des Riemens von der Scheibe nicht ausschließen. Sieht man axiale Anlaufscheiben vor, so würde es zu einer Berührung zwischen dieser Anlaufscheibe und der Seitenflanke des Riemens kommen, wodurch unnötigerweise Reibung und Verschleiß hervorgerufen werden. Eine Scheibenwölbung nach Bild 7.51 vermeidet diesen Nachteil.

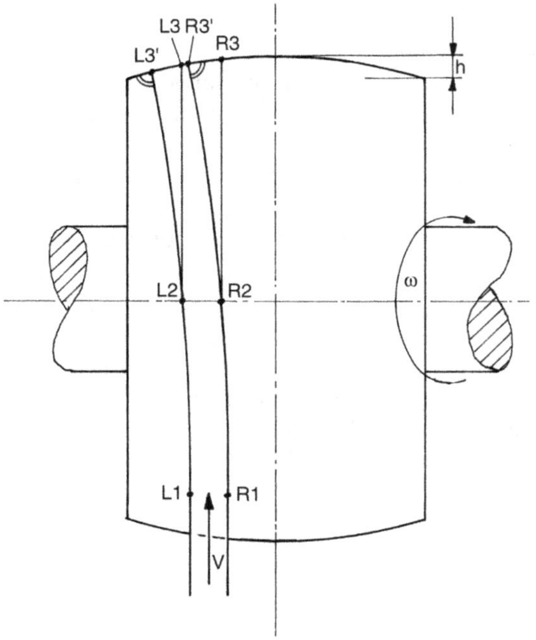

Bild 7.51: Axiale Führung des Riemens durch Scheibenwölbung

Der Riemen läuft nicht exakt in seiner Ebene, sondern trifft von L_1 und R_1 aus kommend in einem weiten Bogen L_2 und R_2 auf die Scheibe, um schließlich in einem rechten Winkel bei L_3' und R_3' auf der Scheibe aufzuliegen. Bei weiterer Drehung des Riementriebes wird der rechte Flankenpunkt von R_2 aus durch die Drehung am Umfang der Scheibe nach R_3 geführt, während der linke Flankenpunkt in ähnlicher Weise bei L_2 an die Scheibe tangiert und weiter nach L_3 geleitet wird. Der ursprünglich bei L_3' und R_3' befindliche Riemen wird also nach L_3 und R_3 verlagert. Diese Verlagerungstendenz wird sich mit flacher werdender Wölbung in abgeschwächter Form weiter fortsetzen, bis der Riemen genau auf dem Scheitelpunkt der Wölbung läuft.

Entgegen dieser Darstellung überdeckt bei real ausgeführten Konstruktionen der Riemen beide Seiten der Wölbung, nimmt also fast die gesamte Scheibenbreite ein. Sowohl die linke als auch die rechte Hälfte des Riemens streben also auf den Scheitelpunkt der Wölbung zu. Bei zentrischem Lauf des Riemens ergibt sich daraus ein Gleichgewicht. Wird dieses Gleichgewicht durch außermittigen Lauf des Riemens gestört, so ergibt sich stets eine Resultierende, die den Riemen in die Mittellage treibt.

Durch die Wölbung wird eine zusätzliche Dehnung und damit eine weitere mechanische Belastung des Riemens hervorgerufen. Aus diesem Grund wird eine Wölbung meist an der größeren Scheibe vorgenommen, weil dort die Biegebelastung geringer ist. Die Wölbhöhe h wird nach DIN 111 empfohlen und beträgt bei kleinen Scheiben weniger als ein Prozent des Scheibendurchmessers und sinkt für große Scheiben auf ein Promille ab.

7.3.8   Riemenwerkstoffe und -bauformen (E)

Aus den bisherigen Überlegungen heraus können für den Riemen folgende wesentliche Anforderungen formuliert werden:

- Der Riemen soll eine möglichst hohe Zugfestigkeit haben.
- Der Riemen soll auf seiner Lauffläche eine möglichst hohe Reibzahl aufweisen.
- Zur Verringerung der Biegespannung soll der Riemen besonders bei kleinen Scheibendurchmessern möglichst dünn sein („Flach"-Riemen).
- Zur Verringerung der Biegespannung soll der Riemen einen besonders niedrigen Biege-E-Modul aufweisen.
- Für die Verwendung bei hohen Geschwindigkeiten soll der Riemenwerkstoff leicht sein.

Während die bisherigen Betrachtungen wegen der Übersichtlichkeit von einem homogenen Werkstoff ausgingen, zielen die meisten heute verwendeten Bauformen darauf ab, diese Anforderungen durch eine mehrschichtige Bauweise zu erfüllen: Die mittlere Zugschicht nimmt die Zugbeanspruchung des Riemens auf, während mit der darauf aufgebrachten Laufschicht eine besonders hoher Reibwert erzielt werden soll. Die beiden wesentlichen Aufgaben „Aufnahme der Zugbelastung" und „Bereitstellung einer hohen Reibung" werden also innerhalb des Verbundriemens je einem einzelnen Material zugeordnet. Bild 7.52 zeigt den Aufbau einiger gebräuchlicher Riemenarten.

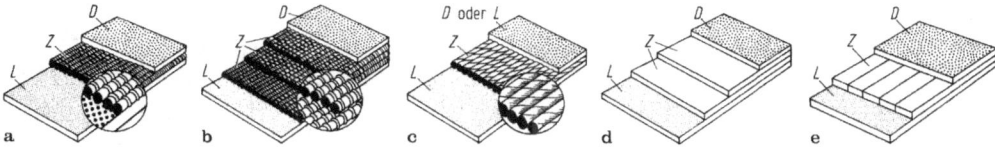

a) einlagiger Textilriemen   D: Deckschicht

b) mehrlagiger Textilriemen   Z: Zugschicht

c) Kordriemen   L: Laufschicht

d) Bandriemen mit breiten Zugbändern

e) Bandriemen mit zusammengesetzten Zugbändern

Bild 7.52: Aufbau von Schichtriemen nach Dubbel

Tabelle 7.6 stellt einige Materialkennwerte gegenüber.

Tabelle 7.6: Materialkennwerte Riemenwerkstoff

	Einschichtriemen	Verbundriemen	
	Lederriemen	Zugfaser Polyamid	Laufschicht Gummi oder Polyurethan
σ_{zul}	4–7 N/mm²	bis 30 N/mm²	
μ	0,3		bis 0,7

Das Zugorgan des Verbundriemens braucht auf die Reibzahl keine Rücksicht zu nehmen, sodass Materialien (Polyamid) zum Einsatz kommen, für die Zugspannungen von bis zu 30 N/mm² zugelassen werden können (Chromleder 4–7 N/mm²). Da die Laufschicht des mehrschichtigen Riemens keine Zugkräfte aufnimmt, können hier Materialien verwendet werden, die einen besonders hohen Reibwert erzielen, der bis zu 0,7 gehen kann (Leder ca. 0,3).

Da die E-Module der Verbundpartner unterschiedlich sind, muss der Zusammenhang zwischen Spannung und Dehnung differenzierter betrachtet werden.

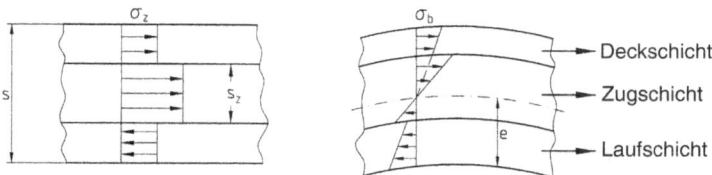

Bild 7.53: Spannung-Dehnung-Verhalten von Mehrschichtriemen

Die Zugdehnung ist bei Zugbelastung über dem Querschnitt konstant (s. auch Band 1, Abschn. 0.1.1.4), die dadurch hervorgerufene Zugspannung ist in der Zugschicht höher, weil sie über den höheren Elastizitätsmodul verfügt. Auch bei Biegung des Riemens stellt sich die Spannung nach der Dehnungsverteilung (vgl. Band 1, Bild 0.8 rechts) und dem unterschiedlichen E-Modul des Werkstoffs ein (rechtes Teilbild). Tabelle 7.7 stellt die Kennwerte einiger moderner Riemenwerkstoffe zusammen.

Tabelle 7.7: Zulässige Spannungen und Elastizitätsmodule Riemenwerkstoff

	σ_B [N/mm²]	σ_{zul} [N/mm²]	E_{st} [N/mm²]	E_{dyn} [N/mm²]	E_b [N/mm²]
Chromleder-Riemen	30–45	4–7	450	–	30–70
Verbundriemen Laufschicht Leder oder Gummi Zugfaser Polyamid	200	20–30	550	2200 bei 20 °C und 1200 bei 60 °C	550
Textilriemen Nylon-Perlon	200	20	–	–	–

Riemenwerkstoffe weisen keine ausgeprägte Dauerfestigkeit auf, die Lebensdauer des Riemens wird vielmehr durch Zermürbung begrenzt. Die Werte für σ_{zul} sind also Zeitfestigkeitswerte, die für die üblichen Lastwechselzahlen gelten, sie beträgt nur etwa 1/10 der Reißfestigkeit σ_B. Tabelle 7.8 stellt das für die Quantifizierung der Fliehkraftbelastung so entscheidende spezifische Gewicht für einige Riemenwerkstoffe zusammen.

Tabelle 7.8: Spezifische Gewichte der Riemenwerkstoffe

Riemenwerkstoff	spezifisches Gewicht [kg/m³]
hochwertiges Leder	900
normales Leder	1000
Zugfaser Polyamid	1140
Zugfaser Polyester	1400

7.3.9   Keilriemen (V)

Ein wesentlicher Nachteil des Flachriemens sind die hohen Vorspannkräfte, die nicht nur den Riemen selber, sondern auch Wellen und Lager belasten. Zur Reduzierung dieser Kräfte kann die Keilgeometrie nach Bild 7.54 ausgenutzt werden.

Der Riemen berührt die Scheibe nicht wie beim Flachriemen auf der Kreiszylinderfläche am Radumfang, sondern ausschließlich auf den sich daran anschließenden Kegelflächen mit der Flankenneigung γ. Zur rechnerischen Beschreibung des so entstehenden Riementriebes kann wie beim Keilrad formuliert werden (vgl. Gl. 7.40):

$$\mu_{eff} = \frac{\mu}{\sin\gamma} \qquad\qquad\qquad \text{Gl. 7.88}$$

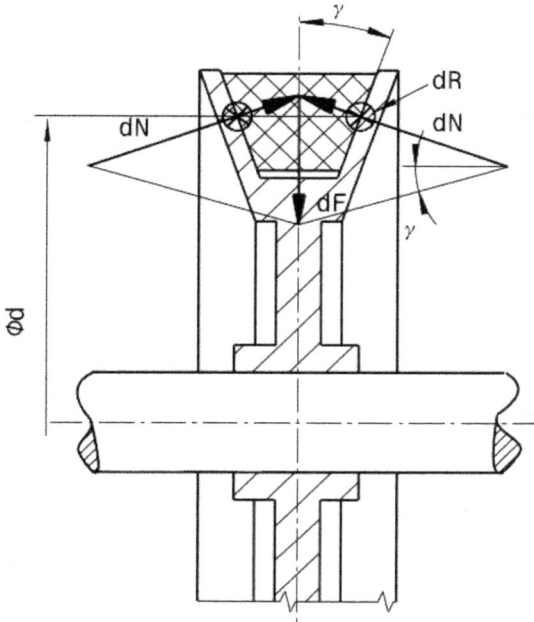

Bild 7.54: Kräfte am Keilriemen

Um mit möglichst geringen Vorspannkräften möglichst hohe Anpresskräfte hervorzurufen, müsste der Winkel γ möglichst spitz ausgeführt werden. Dabei sind jedoch die folgenden Aspekte zu berücksichtigen:

- Beim Auflaufen auf die Scheibe wird der Riemen unter Last radial in den Keilspalt hineingezogen. Beim Verlassen der Scheibe wird dieser Vorgang wieder umgekehrt. Der Ansatz nach Eytelwein trifft nicht mehr mit der vom Flachriemen her gewohnten Genauigkeit zu. Deshalb erfolgt normalerweise die Berechnung mit den in DIN 7753 angegeben Näherungsformeln.
- Da dabei Verlustleistungen verursacht werden, hat der Keilriemen einen deutlich schlechteren Wirkungsgrad als der Flachriemen und ist bei sehr hohen Geschwindigkeiten kaum sinnvoll einsetzbar.
- Ähnlich wie beim Keilrad liegt auch beim Keilriemen kein definierter Wirkdurchmesser d_W vor, was die Formulierung eines exakten Übersetzungsverhältnisses zusätzlich erschwert.

Unter Berücksichtigung dieser Umstände liegt das Optimum bei einem Winkel γ von 17°. Da der Sinus von 17° etwa 0,3 beträgt, ist für derartige Keilriementriebe der effektive Reibwert μ_{eff} etwa 3-fach so groß wie die Materialreibzahl μ. Bild 7.55 stellt die wichtigsten Bauformen von Keilriemen zusammen (nach Dubbel).

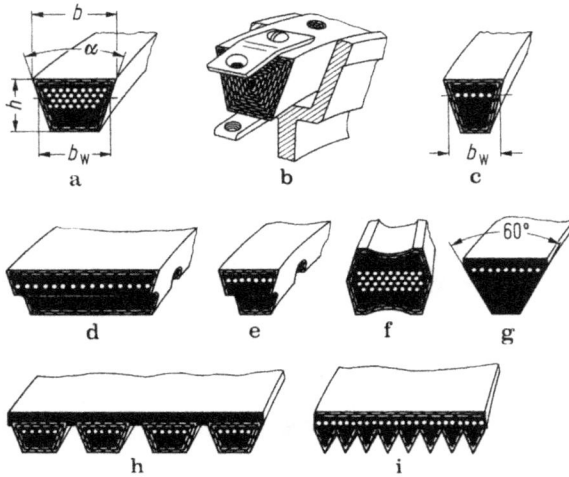

Bild 7.55: Bauformen von Keilriemen

a) Endlose Keilriemen nach DIN 2215, dazugehörende Riemenscheiben s. DIN 2217.
b) Endliche Keilriemen nach DIN 2216, vorgelocht für Riemenschloss, Vereinfachung für Montage und Lagerhaltung.
c) Endlose Schmalkeilriemen nach DIN 7755 für Riemenscheiben nach DIN 2211.
d) Breitkeilriemen für verstellbares Übersetzungsverhältnis.
e) Keilriemen mit Quernuten an der Profilinnenfläche zur Erhöhung der Biegewilligkeit; Nuten verursachen Einlaufstöße und Geräusch.
f) Hexagonalkeilriemen, keine Unterscheidung nach Vorder- und Rückseite, Scheiben können deshalb an beiden Seiten angeordnet werden.
g) 60°-Keilriemen; der große Flankenwinkel $\alpha = 60°$ verhindert auch bei hohen Reibwerten sicher jegliche Selbsthemmung und sorgt damit für gute Maßhaltigkeit, Laufruhe und Gleichförmigkeit der Drehbewegung.
h) Verbundkeilriemen; bis zu fünf Einzelkeilkriemen werden durch ein gemeinsames Deckband verbunden, welches nicht auf den Scheiben aufliegt; dadurch Verhinderung von Verdrillen und Verminderung der Schwingungsneigung eines einzelnen Stranges.
i) Poly-V-Riemen; Versuch, die Vorteile von Flachriemen und Keilriemen miteinander zu verbinden; kann mit Eytelwein'scher Gleichung berechnet werden.

7.3.10   Verstellbare Riemengetriebe (V)

Wegen der reibschlüssigen Kraftübertragung können Riementriebe so ausgelegt werden, dass sich das Übersetzungsverhältnis stufenlos verändern lässt. Neben einigen Bauformen, die heute nur noch historische Bedeutung haben, werden vor allen Dingen Breitkeilriemen nach Bild 7.56 als stufenlos verstellbare Riementriebe verwendet. Der Riemen muss breit ausgeführt werden, um das axiale Zusammenschieben oder Auseinanderfahren der beiden kegeligen Scheibenhälften zu ermöglichen, sodass der wirksame Scheibendurchmesser verändert werden kann. Die zur Kraftübertragung notwendige axial gerichtete Scheibenanpresskraft wird durch Federn aufgebracht, abtriebsseitig ist zusätzlich eine axial wirkende Anpresskraftregelung angebracht. Die axiale Verstellung der Regelscheiben kann manuell, elektromotorisch oder hydraulisch erfolgen. Um die Pressung zwischen Riemen und Scheibe nicht zu groß werden zu lassen, muss der Riemen eine gewisse Dicke aufweisen. Zur Reduktion der Biegespannung wird der Riemen an der Innenseite gezahnt, dies macht den Riemen jedoch **nicht** zu einem formschlüssigen Zahnriemen.

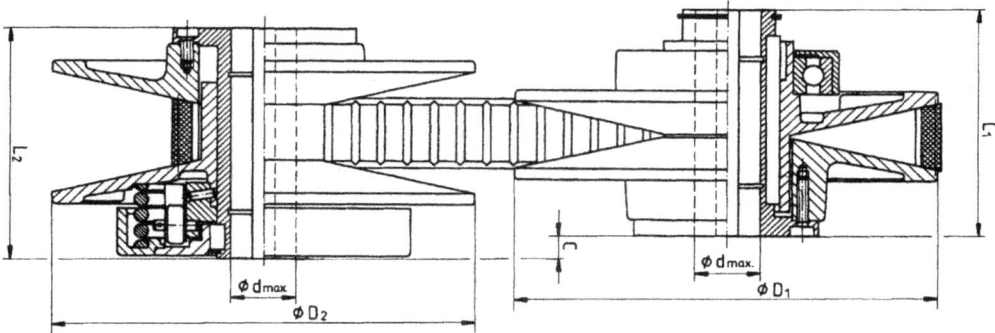

Bild 7.56: Breitkeilriemengetriebe nach Berges

Bild 7.57 zeigt ein Breitkeilriemengetriebe im konstruktiven Umfeld mit Antriebsmotor 4, Verstelleinheit 5 und nachgeschaltetem Untersetzungsgetriebe 7. Das Übersetzungsverhältnis kann in diesem Fall von 1:3 bis 1:8 variiert werden.

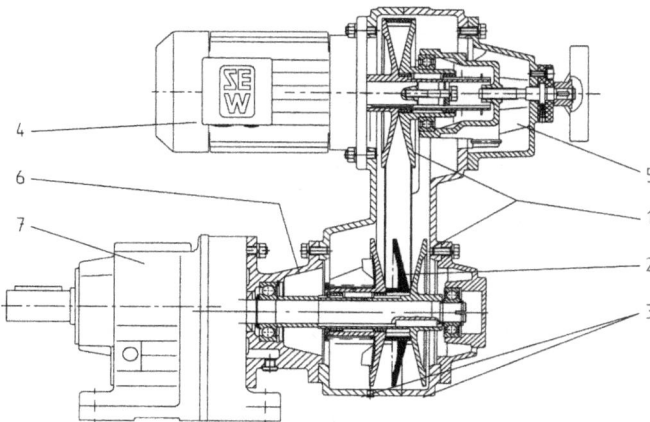

Bild 7.57: Breitkeilriemengetriebe nach SEW

7.4   Formschlüssige Zugmitteltriebe (E)

Die zuvor erläuterten Riementriebe übertragen das Moment reibschlüssig über ein Zwischenglied. Da das Zwischenglied die Antriebsscheiben umschließt, gehören diese Antriebe definitionsgemäß zu den Zugmitteltrieben, die nach einer älteren Bezeichnung auch „Hülltriebe" genannt werden. Neben den zuvor genannten reibschlüssigen Zugmitteltrieben gibt es die große Gruppe der formschlüssigen Zugmitteltriebe. Die Formschlüssigkeit der Übertragung hat zur Folge, dass sich An- und Abtrieb in einem genau vorgegebenen Verhältnis zueinander bewegen müssen. Der Schlupf, der beim Reibrad-, Flach- oder Keilriementrieb nie gänzlich zu vermeiden ist, wird hier konstruktiv ausgeschlossen, ein vorgegebenes Übersetzungsverhältnis wird also reproduzierbar genau eingehalten. Dies kann für bestimmte Anwendungsfälle (beispielsweise Ventiltrieb eines Verbrennungsmotors) unabdingbar sein. Formschlüssige Zugmitteltriebe werden nach Bild 7.58 konstruktiv als Synchronriementriebe (Zahnriemen) und Kettentriebe ausgeführt.

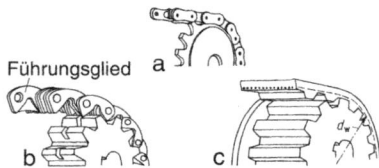

Bild 7.58: Formschlüssige Zugmittel; a Rollen- bzw. Hülsenkette, b Zahnkette, c Zahnriemen

Wegen der fehlenden Rutschgrenze kann bei formschlüssigen Zugmitteltrieben die Vorspannung so weit reduziert werden, dass die Leertrumbelastung für die Festigkeitsbetrachtung praktisch keine Rolle spielt. In vielen Fällen (z.B. Zahnriemen) erfolgt ihre praxisorientierte Dimensionierung nach Größengleichungen, die z.T. genormt sind.

Alle Zugmitteltriebe sind einem Fliehkrafteinfluss ausgesetzt, so wie er oben exemplarisch für den Flachriemen erläutert worden ist. Bei Kettentrieben tritt er wegen des hohen spezifischen Gewichtes schon bei relativ geringen Geschwindigkeiten in Erscheinung. Wie die Gegenüberstellung in Bild 7.59 nach Dubbel in Erweiterung zu Bild 7.48 zeigt, hat die Kette die diesbezüglichen Reserven bei relativ geringen Geschwindigkeiten ausgeschöpft, während sie sich beim Flachriemen erst bei relativ hohen Geschwindigkeiten bemerkbar macht. Aus dieser Gegenüberstellung lassen sich folgende Schlussfolgerungen ableiten:

- Der Flachriemen ist besonders geeignet, wenn die Leistung bei hoher Geschwindigkeit übertragen wird. Dabei muss allerdings in Kauf genommen werden, dass aufgrund der relativ geringen Zugbelastbarkeit des Riemens und wegen der Vorspannung kein hohes Moment übertragen werden kann.
- Die Kette lässt zwar aufgrund ihrer Werkstoffeigenschaften besonders hohe Zugkräfte und damit besonders hohe Momente zu, kann aber nicht bei hohen Geschwindigkeiten eingesetzt werden.
- Zahnriemen und Schmalkeilriemen nehmen diesbezüglich eine Mittelstellung ein: Die übertragbare Kraft und damit das übertragbare Moment werden zwar wegen des Formschlusses (Zahnriemen) und wegen der durch die Keilwirkung bedingten Steigerung des Reibwertes am Keilriemen wesentlich erhöht, die erzielbare Geschwindigkeit bleibt aber hinter der des Flachriemens deutlich zurück.

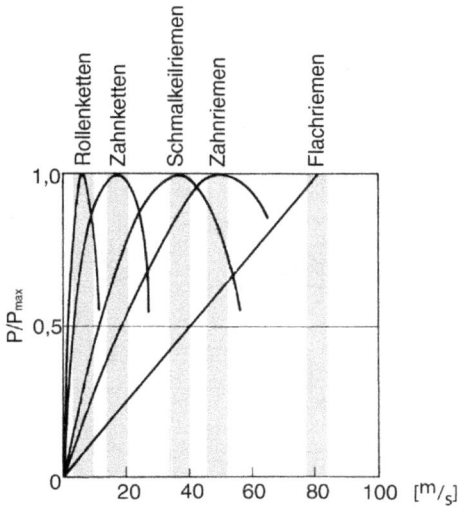

Bild 7.59: Optimale Umfangsgeschwindigkeit von Zugmitteln

Flachriemen und Zahnriemen können nach Bild 7.60 ggf. auch tordiert werden, sodass der Zugmitteltrieb nicht unbedingt in einer Ebene angeordnet werden muss. In diesem Fall können die Achsen auch eine nicht parallele Lage zueinander einnehmen.

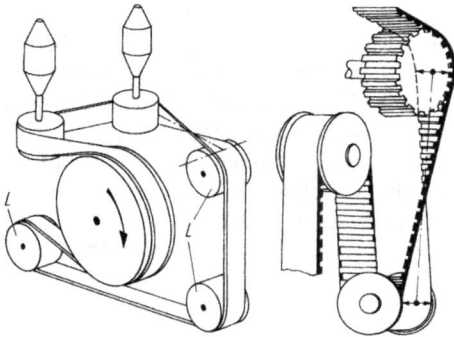

Bild 7.60: Räumliche Zugmitteltriebe

Stellvertretend für diese große Gruppe der formschlüssigen Zugmitteltriebe sei hier der Kettentrieb näher betrachtet. Da die freien Trumlängen in weiten Grenzen variiert werden können, lassen sich auch größere Achsabstände kostengünstig überbrücken. Im Gegensatz zum flexiblen Riemen besteht eine Antriebskette allerdings aus einer zyklischen Folge von Innen- und Außengliedern, die jeweils gelenkig miteinander verbunden sind und deshalb eine Schwenkbewegung zueinander ermöglichen. Die Gelenke einer Kette sind so ausgebildet, dass sie in die Lücken des Kettenrades eintauchen und dabei ihre Zugkraft formschlüssig von der Kette auf das Kettenrad übertragen können. Antriebsketten werden entsprechend Bild 7.61 grundsätzlich nach Hülsenkette und Rollenkette unterschieden.

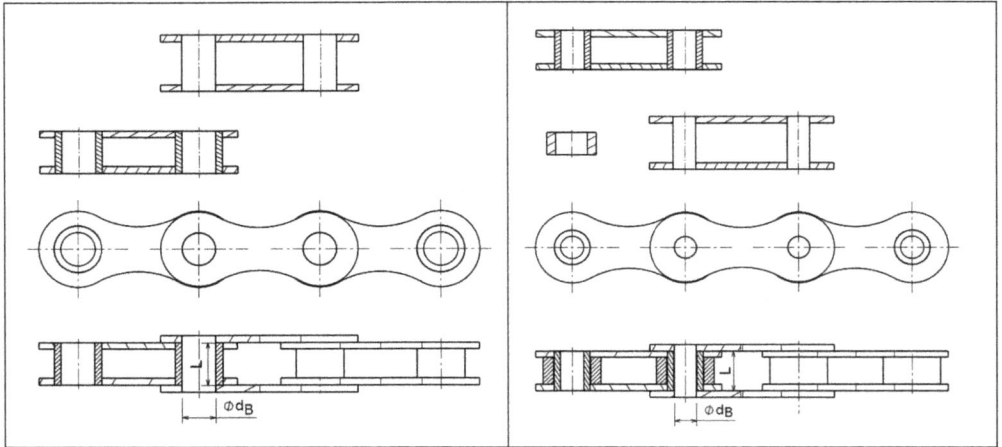

Bild 7.61: Hülsenkette und Rollenkette

Das Außenglied einer **Hülsenkette** (oben) besteht aus zwei Außenlaschen, die an beiden Laschenaugen mit je einem Bolzen untereinander verbunden sind. Die beiden Laschen des Innengliedes (darunter) hingegen werden mit zwei Hülsen untereinander verpresst. Im montierten Zustand (unten) greift der Bolzen der Außenlasche in die Hülse der Innenlasche ein und bildet mit dieser ein Gelenk.

Rollenketten verfügen darüber hinaus an jedem Gelenk über eine Rolle, die die Hülse umgibt. Da sie sich frei drehen kann, rollt sie mit geringer Reibung über der Zahnflanke des Kettenrades ab, womit sichergestellt ist, dass die gesamte Außenmantelfläche der Rolle für den verschleißbehafteten Kontakt mit der Zahnflanke des Kettenrades herangezogen wird. Bei ansonsten gleichen Abmessungen wird aber dadurch die Gelenkfläche kleiner, was die Flächenpressung erhöht.

7.4.1   Geometrie des Kettentriebes (E)

Der beim Riementrieb verwendete Begriff Raddurchmesser wird auch beim Kettentrieb benutzt, wobei für die Betrachtung der Kräfte der (wie beim Riementrieb nicht weiter indizierte) Durchmesser d gemeint ist, auf dem sich der Mittelpunkt des Kettengelenks bewegt.

Weiterhin wird nach Bild 7.62 ein Fußkreisdurchmesser d_f erforderlich, auf dem die Hülse bzw. die Rolle innen aufliegt. Nach außen wird das Kettenrad durch den Kopfkreisdurchmesser d_a begrenzt. Die einzelnen Zähne sind so geformt, dass ein Kettenglied ohne Zwang und ohne Spiel in die Zahnlücke eintauchen und aus dieser auch wieder ausschwenken kann, was die Ausbildung der Zahnflanke mit dem Zahnflankenradius r_2 erforderlich macht. Zur Sicherstellung eines einwandfreien Eingriffs, muss sich die Teilung p der Kette auf dem Teilkreis des Kettenrades als Abstand zwischen zwei Zahnlücken wiederfinden, wodurch auf dem Kettenrad der Teilungswinkel α entsteht, der seinerseits den gesamten Kreis des Kettenrades auf die Zähnezahl aufteilt:

$$\alpha = \frac{360°}{z}$$

$$\sin\frac{\alpha}{2} = \frac{\frac{p}{2}}{\frac{d}{2}} = \frac{p}{d} \qquad \rightarrow \qquad \alpha = 2 \cdot \arcsin\frac{p}{d} \qquad\qquad \text{Gl. 7.97}$$

Da nur ganzzahlige Zähnezahlen praktikabel sind, können nur Raddurchmesser nach Umkehrung der obigen Gleichung realisiert werden:

$$d = \frac{p}{\sin\frac{\alpha}{2}} = \frac{p}{\sin\frac{180°}{z}} \qquad\qquad \text{Gl. 7.98}$$

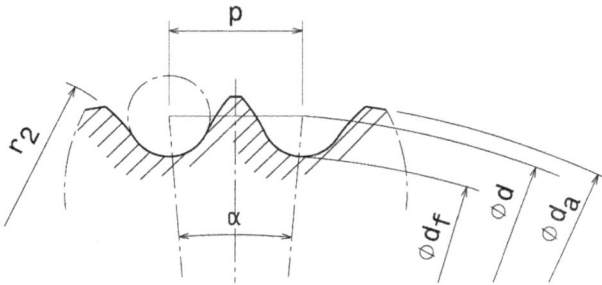

Bild 7.62: Geometrie am Kettenrad

Die bereits für den Riementrieb vorgestellten geometrischen Zusammenhänge zwischen Scheibendurchmesser, Achsabstand und Länge des Zugorgans (Gln. 7.57–7.59) sind grundsätzlich auch hier anwendbar, allerdings muss berücksichtigt werden, dass die Kettenlänge nur als das Vielfache der **doppelten** Teilung (Kombination aus Außenglied und Innenglied) möglich ist. In Ausnahmefällen kann mit einem gekröpften Zwischenglied (eine Seite Außenglied, andere Seite Innenglied) auch die Kettenlänge als das Vielfache der **einfachen** Teilung realisiert werden, aber solche gekröpften Zwischenglieder reduzieren die Festigkeit und sollten nach Möglichkeit vermieden werden.

Bei genauerer Betrachtung nach Bild 7.63 läuft die Kette nicht auf dem Kettenrad als Kreis, sondern auf einem Vieleck (Polygon) ab, bei dem jede Zahnlücke eine Ecke des Vielecks darstellt. Bei konstanter Winkelgeschwindigkeit des Rades ändert sich also der wirksame Hebelarm und damit die Kettengeschwindigkeit v zyklisch zwischen v_{max} und v_{min}, sodass sich geringfügige Abweichungen in der Kettengeschwindigkeit ergeben.

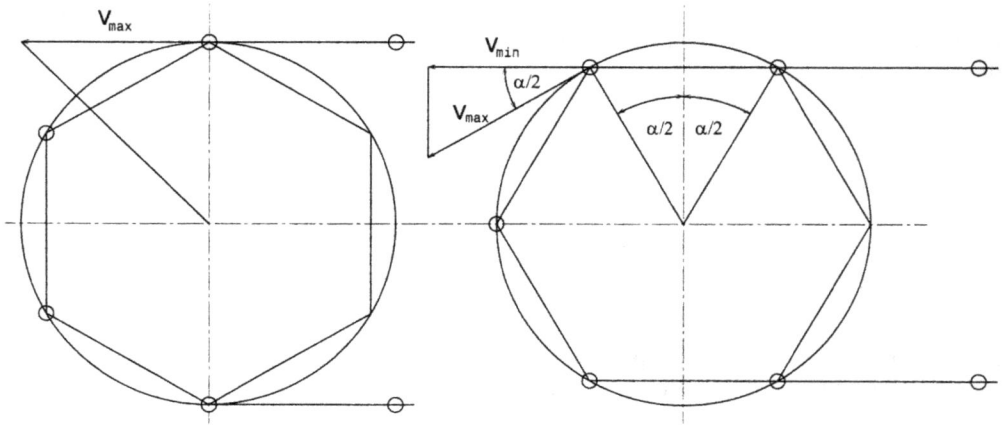

Bild 7.63: Ungleichförmigkeit der Kettengeschwindigkeit aufgrund des Polygoneffektes

Die maximale und minimale Kettengeschwindigkeit v_{max} und v_{min} stehen über den Teilungswinkel α in Zusammenhang (Geschwindigkeitsdreieck links oben im rechten Teilbild):

$$\cos\frac{\alpha}{2} = \frac{v_{min}}{v_{max}} \qquad \rightarrow \qquad v_{min} = v_{max} \cdot \cos\frac{180°}{z} \qquad\qquad \text{Gl. 7.99}$$

Bezieht man die Ungleichförmigkeit der Geschwindigkeit auf die Geschwindigkeit selber, so ergibt sich der Ungleichförmigkeitsgrad δ:

$$\delta = \frac{v_{max} - v_{min}}{v_{max}} = \frac{v_{max} - v_{max} \cdot \cos\dfrac{180°}{z}}{v_{max}} = 1 - \cos\frac{180°}{z} \qquad\qquad \text{Gl. 7.100}$$

Deren Wert ist nur noch von der Zähnezahl abhängig und kann nach Bild 7.64 grafisch dargestellt werden.

Bei Zähnezahlen größer als 19 ist die Ungleichförmigkeit so gering, dass sie für den praktischen Betrieb keine Rolle spielt. Für geringere Zähnezahlen ergeben sich dadurch Einschränkungen für die Kettengeschwindigkeit v:

Bei 11 bis 13 Zähnen soll v = 4 m/s und

bei 14 bis 16 Zähnen soll v = 7 m/s nicht überschritten werden.

Darüber hinaus gilt eine Kettengeschwindigkeit bis 7 m/s als „günstig", bis 12 m/s als „normal" und bis 25 m/s als „möglich".

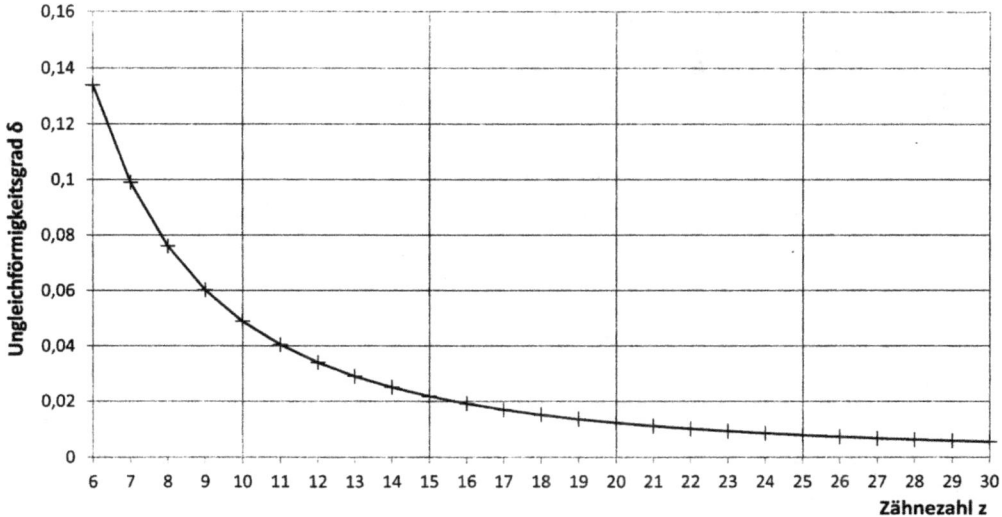

Bild 7.64: Ungleichförmigkeit der Kettengeschwindigkeit als Funktion der Zähnezahl

7.4.2   Festigkeit des Kettentriebs (E)

Wegen ihres Formschlusses brauchen Kettentriebe praktisch nicht vorgespannt zu werden, so-dass keine Leertrumkraft vorliegt und die Zugtrumkraft vollständig als Umfangkraft genutzt werden kann. Das bei Flachriementrieben übliche S_Z-S_L-Diagramm wird also überflüssig, weil sich die gesamte Betrachtung nur auf die S_Z-Achse reduziert. Es kann also der einfache Ansatz formuliert werden:

$$M = F_{Kette} \cdot \frac{d}{2} \quad bzw. \quad F_{Kette} = \frac{2 \cdot M}{d} \qquad \text{Gl. 7.101}$$

Mit dieser Kettenkraft werden folgende Festigkeitskriterien beansprucht:

- Betriebsfestigkeit der Laschen: Würde man wie beim Riementrieb die Kettenzugkraft auf die Querschnittfläche der Laschen beziehen, so ergibt sich die „Bruchlast" der Kette, die im praktischen Betrieb aber kaum ausgenutzt werden kann.
- Betriebsfestigkeit der Bolzen: In Anlehnung an Abschnitt „Bolzen" (Abschn. 5.1) können neben dem Querkraftschub auch die Biegespannung des Bolzens beschrieben werden, aber auch diese Belastungen sind in aller Regel unkritisch.
- Pressung und Verschleiß an den Gelenken

Im praktischen Dauerbetrieb ist vor allen Dingen das letztgenannte Kriterium von Bedeutung. In Anlehnung an Gl. 5.1 ergibt sich die Flächenpressung zwischen Bolzen und Hülse zu

$$p = \frac{F_{Kette}}{d_B \cdot L} \leq p_{zul} \qquad \text{Gl. 7.102}$$

Nach [7.9] gelten folgende Richtwerte für die zulässige Flächenpressung (Tab. 7.9).

Tabelle 7.9: Zulässige Pressung im Kettengelenk

p_{zul} $\left[\dfrac{N}{mm^2}\right]$	Schmierungszustand und Betriebsbedingungen
4	Unzureichende Schmierung, Trockenlauf und Verschmutzung
7	Unzureichende Schmierung, keine regelmäßige Nachschmierung, geringe Verschmutzung
15	Unzureichende Schmierung, aber regelmäßige Nachschmierung
30	Dauerbelastung und gute Schmierung, normal
60	Dauerbelastung und gute Schmierung, hoch
120	Dauerbelastung und gute Schmierung, sehr hoch, seltene, kurzzeitige Lastspitzen

Aufgabe A.7.29

7.4.3   Verschleiß und Gebrauchsdauer des Kettentriebes (V)

Im Betrieb werden die am Gleitsitz durch Flächenpressung belasteten Gelenkteile relativ zueinander bewegt, sodass deren Randschichten langfristig durch Reibarbeit abgetragen werden. Durch Verwendung hochwertiger Werkstoffe in Verbindung mit zweckmäßiger Wärmebehandlung wird zwar ein hoher Verschleißwiderstand erreicht, aber das Gelenkspiel vergrößert sich, wodurch die Kette insgesamt geringfügig länger wird. Nach Erfahrungen im praktischen Betrieb sollte diese Kettenverschleißlängung 3 % nicht überschreiten, damit es im Kontakt zwischen Kette und Kettenrad nicht zu kinematischen Unverträglichkeiten kommt. Bei besonderen Anforderungen (z.B. Nockenwellenantrieb von Verbrennungsmotoren) liegt dieser Grenzwert noch deutlich darunter.

Zur praktischen Auslegung von Kettentrieben geben die Hersteller umfangreiche Empfehlungen (z.B. [7.9]), die die Auswahl des Kettentyps erleichtern und auch eine Abschätzung der Gebrauchsdauer erlauben. Dabei spielen vor allen Dingen die Übersetzung des Kettentriebes, die Schmierung und die Dynamik der Lastübertragung eine Rolle. Diese Aussagen sind vergleichbar mit dem Verschleißansatz eines Gleitlagers bei Festkörperreibung (s. Abschn. 9.5.1, Band 3).

7.5   Zahnradgetriebe (B)

Die vielfache Verwendung von Zahnradgetrieben führt zuweilen dazu, dass im umgangssprachlichen Gebrauch unter dem Begriff „Getriebe" fälschlicherweise ausschließlich das Zahnradgetriebe verstanden wird. Der besondere Vorteil des Zahnradgetriebes ist seine sehr kompakte Bauweise, die durch die formschlüssige Momentenübertragung ermöglicht wird. In der Technikgeschichte ist das Zahnradgetriebe allerdings relativ jung, da die für eine hohe Leistungsdichte erforderliche Präzision der Zahnflanken lange Zeit fertigungstechnisch sehr problematisch war. Die folgenden Ausführungen beziehen sich ausschließlich auf das ebene Zahnradgetriebe, welches durch eine parallele Anordnung der Achsen der beiden Räder gekennzeichnet ist. Um den Einstieg in die komplexe Geometrie der Verzahnung zu erleichtern, soll zunächst einmal versucht werden, die formschlüssige Charakteristik der Verzahnungsgeometrie aus den bereits bekannten Sachverhalten des Reibradgetriebes abzuleiten.

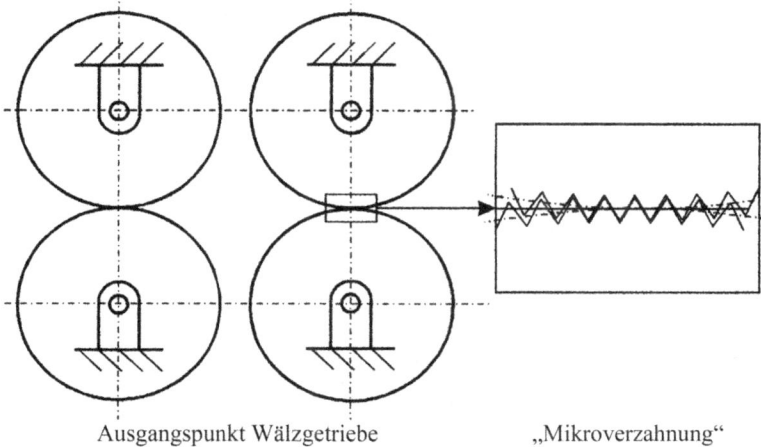

Ausgangspunkt Wälzgetriebe   „Mikroverzahnung"

Bild 7.65: Modellvorstellung „Mikroverzahnung"

Beim Reibradgetriebe nach Bild 7.65 links weist jedes der beiden beteiligten Räder nur einen einzigen Durchmesser auf, sodass die Formulierung des Übersetzungsverhältnisses besonders einfach ist:

$$i = \frac{d_2}{d_1} = \frac{\omega_1}{\omega_2} = \frac{M_2}{M_1} = \frac{z_2}{z_1} \qquad\qquad\qquad \text{Gl. 7.103}$$

Die erste Überlegung, aus dieser reibschlüssigen Anordnung eine formschlüssige abzuleiten, besteht darin, sich die Oberflächen der beiden in Kontakt stehenden Räder als „Mikroverzahnung" nach Bild 7.65 rechts vorzustellen. Bei diesem Gedankenmodell wird unmittelbar klar, dass diese „Mikroverzahnung" nur dann funktionsfähig ist, wenn der Radumfang mit einer ganzzahligen Zähnezahl besetzt ist, wobei z_2 und z_1 die Zähnezahlen der beteiligten Räder bezeichnen. Aus dieser Formulierung ergibt sich, dass das Übersetzungsverhältnisse nicht beliebig gesetzt werden kann, sondern sich immer als Quotient der Zähnezahlen, also als Quotient zweier natürlicher Zahlen ausdrücken muss. Der Bogenabschnitt zwischen zwei Zähnen wird mit „Teilung" p bezeichnet (s. auch Bild 7.62) und bezieht sich in einer ersten Betrachtung auf den sog. Wälzkreisdurchmesser d_W, der real gar nicht vorhanden ist, sondern sich vielmehr ersatzweise als der Durchmesser des Wälzgetriebes darstellt (auf eine weitere Differenzierung wird später noch eingegangen). Der Umfang U des Wälzkreises d_W lässt sich als Produkt aus Zähnezahl z und Teilung p ausdrücken:

$$\pi \cdot d_W = U = z \cdot p \qquad\qquad \Rightarrow \qquad p = \pi \cdot \frac{d_W}{z} \qquad\qquad \text{Gl. 7.104}$$

Zwei Räder können nur dann miteinander kämmen, wenn sie gleiche Teilung aufweisen.

7.5.1   Verzahnungsgeometrie (E)

7.5.1.1   Das Problem der kinematischen Verträglichkeit (E)

Es bleibt vor allen Dingen zu klären, welche Form die Zahnflanke aufweisen muss, damit ein kinematisch einwandfreies Kämmen der Zahnräder möglich ist. Dieses Problem möge durch die Modellvorstellung nach Bild 7.66 deutlich werden.

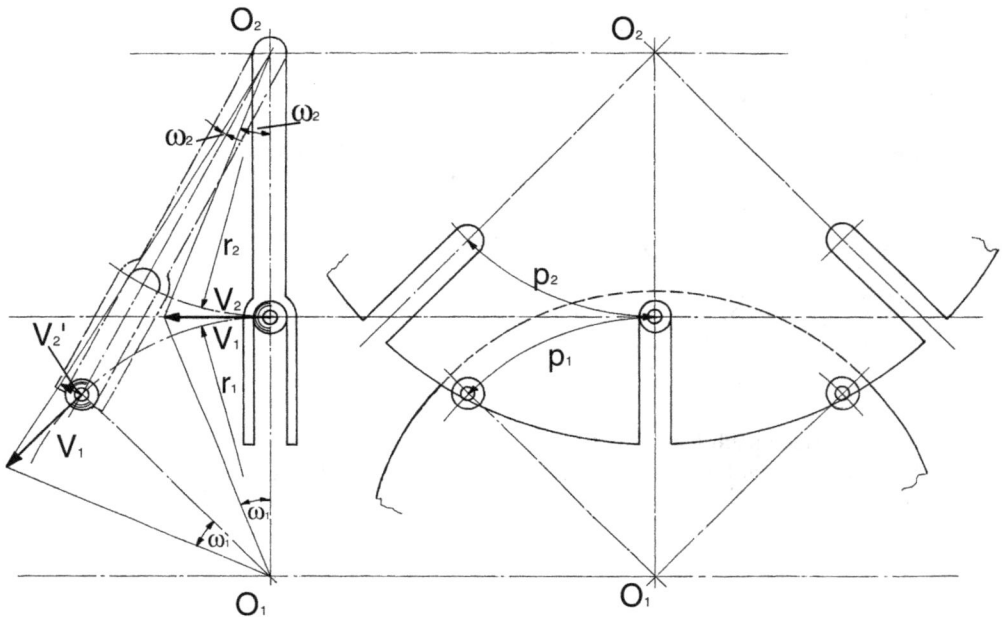

Bild 7.66: Das Problem der kinematischen Verträglichkeit

Es sei zunächst einmal ein scheibenförmiges, um O_1 drehbares Rad (Bild 7.66 links) betrachtet, auf dem ein Zapfen montiert ist, der mit einer um O_2 drehbaren Gabel in Eingriff gebracht wird. Befindet sich der Zapfen genau auf der Verbindungslinie zwischen O_1 und O_2, so kann die Kopplung zwischen Zapfenrad und Gabelrad mit den bisher bekannten Gleichungen des Reibrades beschrieben werden:

$$v_1 = v_2 \qquad \text{und damit} \qquad \omega_1 \cdot r_1 = \omega_2 \cdot r_2$$

Wenn vereinfachend angenommen wird, dass r_1 und r_2 gleich sind, so ergibt sich für genau diese Stellung $\omega_1 = \omega_2$. Wird das untere Zapfenrad mit konstanter Winkelgeschwindigkeit ω_1 im Gegenuhrzeigersinn gedreht, so verursacht die Winkelgeschwindigkeit ω_1 auch bei weiterer Drehung eine gleichbleibende Umfangsgeschwindigkeit v_1, die aber durch eine sich verändernde Lage eine zunehmend kleinere Umfangsgeschwindigkeit v_2 für das Gabelrad 2 nach sich zieht, was wiederum eine zunehmend kleinere Winkelgeschwindigkeit ω_2 zur Folge hat.

Eine gleichförmige Drehbewegung des Zapfenrades 1 verursacht also eine **un**gleichförmige Drehbewegung des Gabelrades 2.

Dies bedeutet aber, dass nach der rechten Hälfte von Bild 7.72 ein Mehrfacheingriff nicht stattfinden kann: Ein Scheibenrad mit mehreren Zapfen kann **nicht** mit einem Gabelrad mit mehreren Schlitzen kämmen, auch wenn beide mit der gleichen Teilung p ausgeführt werden.

Die beiden zuvor genannten Aspekte machen folglich eine Anwendung dieser Konstellation für gleichförmig übersetzende Leistungsgetriebe unmöglich. Es stellt sich also vor allen Dingen die Frage nach einer brauchbaren Kontur der formschlüssigen Übertragungselemente, die folgende Bedingungen erfüllen muss:

- Die Konturen der formschlüssigen Übertragungselemente müssen kinematisch verträglich sein, d.h. die Konturen müssen miteinander kämmen können, ohne dass sie dabei ineinander eindringen oder sich voneinander entfernen.
- Zwei aufeinander folgende Übertragungskonturen müssen gleichzeitig in Eingriff kommen können, ohne sich dabei in ihrem Bewegungsablauf untereinander zu stören.

7.5.1.2   Verzahnungsgesetz (V)

Zur Klärung dieser kinematischen Verträglichkeit sei die in Bild 7.66 erwähnte Kombination von Zapfen- und Gabelrad in Bild 7.67 noch einmal näher betrachtet.

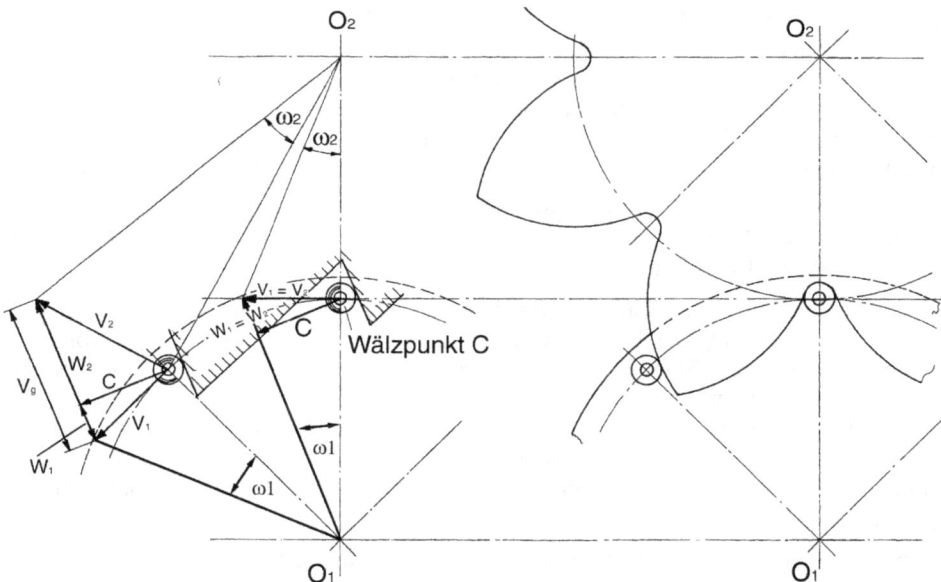

Bild 7.67: Klärung der kinematischen Verträglichkeit

Für das Rad 1 liegen alle Zapfen gleich weit vom Mittelpunkt des Rades O_1 entfernt, bei einer konstanten Winkelgeschwindigkeit ω_1 weisen sie also die konstante Umfangsgeschwindigkeit v_1 auf, die dann jeweils senkrecht auf der Verbindungslinie zum Radmittelpunkt steht. Dies gilt aber nicht nur für die Zapfenstellung genau zwischen den beiden Radmittelpunkten, sondern auch für die hier skizzierte Stellung 45° weiter im Gegenuhrzeigersinn. Die Umfangsgeschwindigkeit des Gabelrades v_2 ist aber nur auf der Verbindungslinie der Radmittelpunkte mit v_1 identisch, während für die zweite hier skizzierte Stellung bei gleicher Winkelgeschwindigkeit ω_2 eine Umfangsgeschwindigkeit v_2 nötig wäre.

Für die linke Stellung muss es eine gemeinsame Normalgeschwindigkeit c für den Zapfen und die Flanke geben, da die beiden sich ja weder voneinander entfernen noch ineinander eindringen dürfen. In Anlehnung an die später noch zu betrachtende „Evolventenverzahnung" gibt es dafür eine naheliegende Lösung: Die gemeinsame Normalgeschwindigkeit c ist für das Rad 1 eine Komponente von v_1, wobei die andere Komponente w_1 in Richtung der Flanke orientiert ist. Für das Rad 2 ist die gemeinsame Normalgeschwindigkeit c Bestandteil der Geschwindigkeit v_2, wobei eine Tangentialkomponente w_2 in Richtung der Flanke übrig bleibt. Damit ist die Gleichförmigkeit der Drehbewegungen zwischen Rad 1 und 2 gewährleistet. Die Summe der Tangentialgeschwindigkeiten w_1 und w_2 äußert sich als Relativgeschwindigkeit v_g zwischen Zapfen und Flanke. Wäre der Zapfen als Rolle drehbar gelagert, so würde sich diese Geschwindigkeit als Umfangsgeschwindigkeit der Zapfenrolle bemerkbar machen.

Die Forderung nach der Möglichkeit eines Mehrfacheingriff stellt aber noch eine weitere Bedingung: Sowohl für den zuvor betrachteten linken Eingriff als auch für den Eingriff auf der Verbindungslinie der beiden Radmittelpunkte muss die Normalgeschwindigkeit c gleich groß sein, denn andernfalls würde an einem der beiden Kontakte ein Eindringen bzw. ein Klaffen von Zapfen und Flanke auftreten. In der rechten Stellung ist aber die Normalkomponente c Bestandteil einer gemeinsamen Umfangsgeschwindigkeit $v_1 = v_2$, sodass auch die Tangentialkomponente gleich sein muss: $w_1 = w_2$. In diesem Fall verschwindet also die Gleitgeschwindigkeit als Vektorsumme von w_1 und w_2. Dieser Punkt wird Wälzpunkt C genannt, weil in ihm nur ein Abwälzen des Zapfens an der Flanke des Rades 2, jedoch kein Gleiten auftritt. Würde man den Zapfen drehbar lagern, so würde er sich in genau dieser Stellung **nicht** drehen.

Die beiden Eingriffsstellungen sind also nur dann kinematisch miteinander verträglich, wenn auch für den linken Eingriffspunkt die Normalkomponente c durch den Zapfenmittelpunkt der rechten Stellung verläuft.

Dies wäre der Fall, wenn die Flanke des Rades 2 die schraffierte Kontur aufweisen würde. Bei minimaler Weiterdrehung der Räder liegen jedoch wieder andere Bedingungen vor, sodass dann ein neuer Punkt der Flanke des Rades 2 nach den gleichen Gesetzmäßigkeiten ermittelt werden müsste. Führt man diese Überlegung weiter fort, so ergäbe sich die in der rechten Bildhälfte dargestellte Flankenform, die nunmehr eine kontinuierliche, gleichförmige Drehübertragung zulässt. Der Wälzpunkt C teilt den Achsabstand der beiden Räder in einem Verhältnis auf, welches auch als Radienverhältnis eines Wälzgetriebes mit dem gleichen Übersetzungsverhältnis genutzt werden könnte.

Diese Frage der kinematischen Verträglichkeit gilt es nun zu verallgemeinern. Dazu seien zwei Räder mit einem beliebigem Übersetzungsverhältnis (also nicht 1:1 wie zuvor) nach Bild 7.68 gegeben.

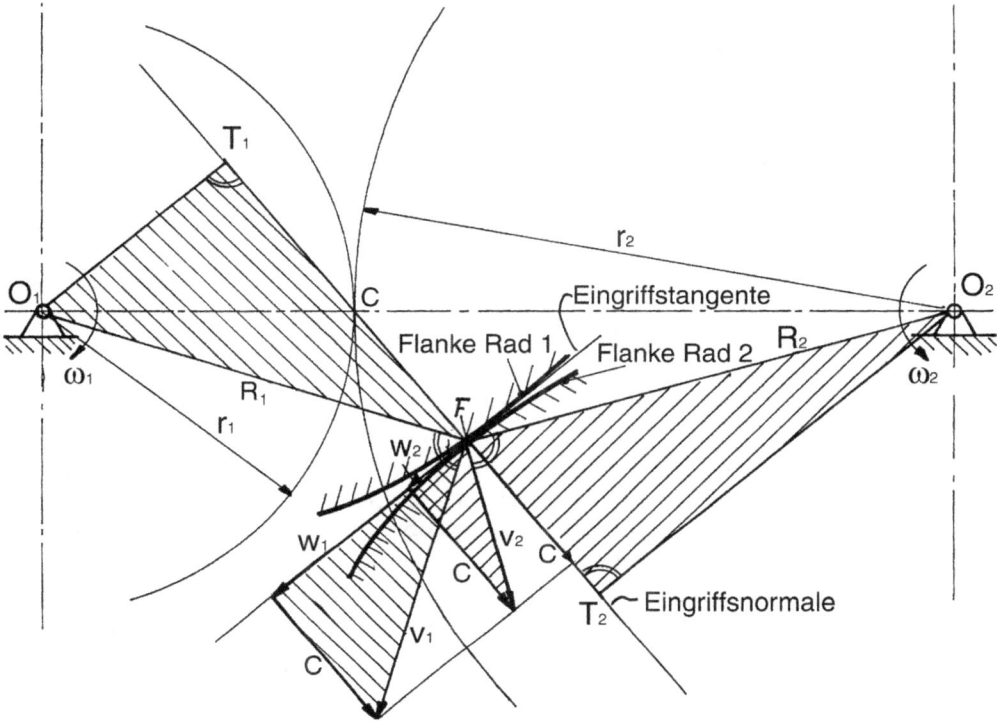

Bild 7.68: Geschwindigkeiten bei allgemeiner Lage des Eingriffspunktes

Der Eingriff soll an einem beliebigen Punkt F stattfinden, in dem sich die Flanke des Rades 1 und die Flanke des Rades 2 berühren. Es stellt sich die Frage, wie an dieser Stelle die Eingriffstangente der Zahnflanke und damit die Eingriffsnormale zu konstruieren ist, damit die Verzahnung kinematisch verträglich ist.

- Aus den bereits oben diskutierten Gründen muss auch hier die Normalkomponente c für beide Flanken gleich sein, sie braucht also nicht durch Indizierung dem Rad 1 oder 2 zugeordnet zu werden.
- Für das Rad 1 drückt sich die Normalkomponente c als Produkt der Winkelgeschwindigkeit ω_1 und dem wirksamen Radius $\overline{O_1T_1}$ aus. Für das Rad 2 ergibt sie sich als Produkt aus ω_2 und $\overline{O_2T_2}$. Durch Gleichsetzen ergibt sich folgender Ausdruck:

$$\omega_1 \cdot \overline{O_1T_1} = \omega_2 \cdot \overline{O_2T_2} \qquad \Rightarrow \qquad \frac{\omega_1}{\omega_2} = \frac{\overline{O_2T_2}}{\overline{O_1T_1}} = i \qquad\qquad \text{Gl. 7.105}$$

- Da die Linien O_1T_1 und O_2T_2 parallel zueinander verlaufen, entstehen zwei rechtwinklige Dreiecke O_1T_1C und O_2T_2C, deren geometrische Ähnlichkeit sich ausnutzen lässt:

$$\frac{\overline{O_1T_1}}{r_1} = \frac{\overline{O_2T_2}}{r_2} \qquad \Rightarrow \qquad \frac{\overline{O_2T_2}}{\overline{O_1T_1}} = \frac{r_2}{r_1} = i \qquad\qquad \text{Gl. 7.106}$$

- Die Gleichungen 7.105 und 7.106 lassen sich gleich setzen:

$$\frac{\omega_1}{\omega_2} = \frac{\overline{O_2T_2}}{\overline{O_1T_1}} = i = \frac{r_2}{r_1} = \frac{\overline{O_2C}}{\overline{O_1C}} \qquad\qquad \text{Gl. 7.107}$$

- Aus dieser Gegenüberstellung lässt sich folgern, dass die Wirkungslinie der Normalkomponente c die Verbindungslinie der beiden Radmittelpunkte O_1 und O_2 im Verhältnis r_1/r_2 schneiden muss. Dies bedeutet aber, dass die Wirkungslinie der Normalkomponente c durch den Wälzpunkt C verlaufen muss.

Die Strecken r_1 und r_2 müssen also unabhängig von der sich laufend verändernden Stellung der Räder und der damit verbundenen Verlagerung des Eingriffspunktes erhalten bleiben. Es lässt sich also auch hier ersatzweise ein Reibradgetriebe vorstellen, wobei die Radien r_1 und r_2 als Reibradradien wirksam werden. Daraus folgt die zentrale Aussage des Verzahnungsgesetzes:

Die Wirkungslinie, auf der die gemeinsame Normalgeschwindigkeit c der Zahnflanken wirksam wird, muss durch den Wälzpunkt C verlaufen. Diese Bedingung muss für alle Berührpunkte der Zahnflanken erfüllt sein.

7.5.1.3   Gleitgeschwindigkeit im Kontaktpunkt (V)

Am Kontaktpunkt liegt sowohl die durch das Rad 1 verursachte Tangentialgeschwindigkeit w_1 als auch die durch das Rad 2 bedingte Tangentialgeschwindigkeit w_2 vor. Für die Tribologie im Kontakt ist jedoch vor allen Dingen die Gleitgeschwindigkeit v_g der beiden Zahnflanken als Differenz von w_1 und w_2 maßgebend:

$$v_g = w_1 - w_2 \qquad\qquad \text{Gl. 7.108}$$

Für die Berechnung von w_1 lässt sich wieder die Ähnlichkeit des Geschwindigkeitsdreiecks, welches durch w_1 und c aufgespannt wird, mit dem geometrischen Dreieck O_1T_1F ausnutzen (beide linksliegend schraffiert):

$$\frac{w_1}{v_1} = \frac{\overline{T_1F}}{R_1} \qquad \Rightarrow \qquad w_1 = \frac{v_1}{R_1} \cdot \overline{T_1F} = \omega_1 \cdot \overline{T_1F} \qquad\qquad \text{Gl. 7.109}$$

Für die am Rad 2 vorliegende Tangentialgeschwindigkeit lässt sich eine ähnliche Gleichung formulieren (Ähnlichkeit der beiden rechtsliegend schraffierten Dreiecke):

$$\frac{w_2}{v_2} = \frac{\overline{T_2F}}{R_2} \qquad \Rightarrow \qquad w_2 = \frac{v_2}{R_2} \cdot \overline{T_2F} = \omega_2 \cdot \overline{T_2F} \qquad\qquad \text{Gl. 7.110}$$

Setzt man Gl. 7.109 und Gl. 7.100 in Gl. 7.108 ein, so gewinnt die Gleitgeschwindigkeit die folgende Form:

$$v_g = \omega_1 \cdot \overline{T_1 F} - \omega_2 \cdot \overline{T_2 F} \qquad\qquad \text{Gl. 7.111}$$

Weiterhin lassen sich aus Bild 7.68 die folgenden Streckenadditionen ablesen:

$$\overline{T_1 F} = \overline{T_1 C} + \overline{CF} \qquad \text{und} \qquad \overline{T_2 F} = \overline{T_2 C} - \overline{CF}$$

Setzt man diese Ausdrücke in Gl. 7.111 ein, so ergibt sich für die Gleitgeschwindigkeit:

$$v_g = \omega_1 \cdot \left(\overline{T_1 C} + \overline{CF} \right) - \omega_2 \cdot \left(\overline{T_2 C} - \overline{CF} \right)$$

$$v_g = \omega_1 \cdot \overline{T_1 C} + \omega_1 \cdot \overline{CF} - \omega_2 \cdot \overline{T_2 C} + \omega_2 \cdot \overline{CF} = \omega_1 \cdot \overline{CF} + \omega_2 \cdot \overline{CF} + \omega_1 \cdot \overline{T_1 C} - \omega_2 \cdot \overline{T_2 C}$$

$$v_g = \left(\omega_1 + \omega_2 \right) \cdot \overline{CF} + \omega_1 \cdot \overline{T_1 C} - \omega_2 \cdot \overline{T_2 C} \qquad\qquad \text{Gl. 7.112}$$

Ferner lässt sich hier wieder die Ähnlichkeit der beiden Dreiecke $O_1 T_1 C$ und $O_2 T_2 C$ aus Bild 7.68 ausnutzen:

$$\frac{\overline{T_1 C}}{r_1} = \frac{\overline{T_2 C}}{r_2} \quad \Rightarrow \quad \frac{\overline{T_1 C}}{\overline{T_2 C}} = \frac{r_1}{r_2} = \frac{\omega_2}{\omega_1} \quad \Rightarrow \quad \overline{T_1 C} \cdot \omega_1 = \overline{T_2 C} \cdot \omega_2$$

Die letzten beiden Glieder aus Gl. 7.112 ergeben in ihrer Differenz also genau null, sodass sich die Formulierung für die Gleitgeschwindigkeit reduziert zu

$$v_g = \left(\omega_1 + \omega_2 \right) \cdot \overline{CF} = \omega_1 \cdot \left(1 + \frac{1}{i} \right) \cdot \overline{CF} . \qquad\qquad \text{Gl. 7.113}$$

Aus dieser einfachen Formulierung lassen sich folgende Aussagen ableiten:

- Die bereits oben getroffene Aussage wird bestätigt, dass die Gleitgeschwindigkeit v_g der beiden Zahnflanken untereinander im Wälzpunkt ($\overline{CF} = 0$) gleich Null ist.
- Die Gleitgeschwindigkeit v_g nimmt mit zunehmendem Abstand zum Wälzpunkt (ansteigendes $\overline{CF}$) linear zu.
- Die Gleitgeschwindigkeit v_g steigt proportional zur Drehzahl des Getriebes.
- Die obenstehende Formulierung bezieht sich darauf, dass der Eingriffspunkt den Wälzpunkt bereits hinter sich gelassen hat. In diesem Fall ist $w_1 > w_2$, die Flanke des treibenden Rades ist schneller als die des getriebenen Rades. Betrachtet man die Verhältnisse vor Erreichen des Wälzpunktes, so ist $w_1 < w_2$, die Flanke des treibenden Rades „schiebt" die Flanke des getriebenen Rades. Der Übergang zwischen „Schieben" und „Ziehen" findet genau im Wälzpunkt statt.

7.5.1.4 Flanke – Gegenflanke – Eingriffslinie (V)

Während oben die Eingriffsverhältnisse an einem einzelnen im Eingriff befindlichen Punkt betrachtet wurden, stellt sich weiterhin die Frage, wie der Verlauf der gesamten Flanke und der entsprechende Gegenflanke auszubilden ist, um die kinematische Verträglichkeit für den gesamten Bewegungsablauf sicher zu stellen. Vor der ausführlichen Diskussion dieser geometrischen Frage möge eine Modellvorstellung den grundsätzlichen Lösungsweg anschaulich aufzeigen.

Man stelle sich ein einzelnes Zahnrad mit regelmäßig angeordneten, untereinander gleichen Zähnen vor. Nun bringt man dieses „harte" Rad mit einem „weichen", deformierbaren Radrohling aus Knetmasse in Eingriff. Wenn die beiden Räder so zueinander gedreht werden wie es dem Übersetzungsverhältnis i am fertigen Radpaar entspricht, dann würde das harte Rad in das weiche Rad die entsprechende Gegenflanke von selbst hineinformen. Dabei ist allerdings zu berücksichtigen, dass das Übersetzungsverhältnis als ganzzahliger Quotient der beiden beteiligten Zähnezahlen realisiert werden muss. Das allgemeine Verzahnungsgesetz ermöglicht unter gewissen Voraussetzungen die Konstruktion der Gegenflanke nach Bild 7.69.

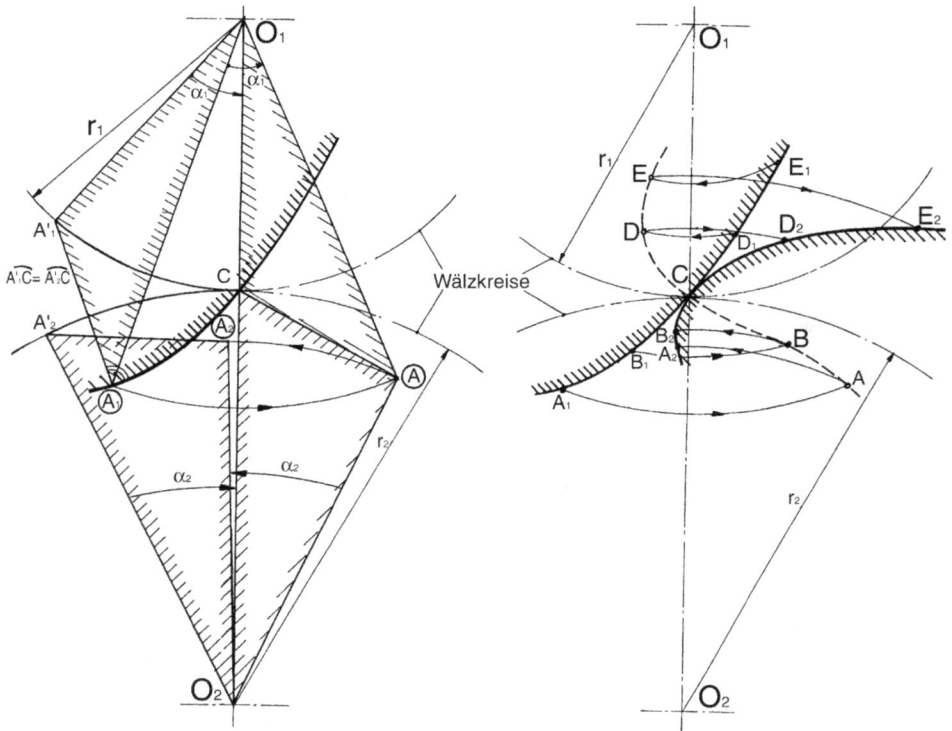

Bild 7.69: Konstruktion von Gegenflanke und Eingriffslinie

Es sind die Radmittelpunkte O_1 und O_2 und die hier dick schraffiert angedeutete Flanke des Rades 1 vorgegeben (linke Bildhälfte). Weiterhin ist mit den Wälzkreisradien r_1 und r_2 das während des ganzen Eingriffs vorhandene Übersetzungsverhältnis festgelegt. Die Flanke verläuft in der skizzierten Stellung durch den Wälzpunkt C, der damit gleichzeitig ein Punkt der Gegenflanke ist.

- Zunächst wird für einen beliebigen weiteren Punkt A_1 der Flanke des Rades 1 der entsprechende Punkt des Gegenrades A_2 gesucht. Dazu sind die folgenden Zwischenschritte sinnvoll.
- Die Normale im Punkte A_1 auf die gegebene Flanke des Rades 1 schneidet den Wälzkreis des Rades 1 im Punkt A_1'. Dadurch entsteht das schraffierte, oben links liegende Dreieck $A_1A_1'O_1$. Wird Rad 1 (und damit das Dreieck $A_1A_1'O_1$) mit dem Winkel α_1 um den Radmittelpunkt O_1 so weit gedreht, bis sich A_1' im Wälzpunkt C befindet, so verlagert sich dabei der Punkt A_1 nach A.
- Bei A kommen der Punkt A_1 des Rades 1 und der gesuchte Punkt A_2 des Rades 2 zur Deckung. Um die Lage des Punktes A_2 in der ursprünglichen (A_1 entsprechenden) Stellung zu erhalten, muss das Rad 2 (und damit das schraffierte, unten rechts liegende Dreieck O_2CA) um den Radmittelpunkt O_2 um den Winkel α_2 zurückgedreht werden. Dabei wird der ursprünglich bei der Hindrehung auf dem Wälzkreis 1 zurückgelegte Bogenabschnitt $A_1'C$ nun auf den Wälzkreis 2 übertragen und als Bogen $A_2'C$ zurückgelegt:

$$\alpha_1 \cdot r_1 = \alpha_2 \cdot r_2 \qquad \Rightarrow \qquad \alpha_2 = \frac{r_1}{r_2} \cdot \alpha_1$$

- Der bei dieser Drehung als dritter Dreieckpunkt von A nach A_2 mitbewegte Punkt ist nun Punkt der Gegenflanke.
- Wie bereits oben erwähnt wurde, kommt bei der Drehung beider Räder der Punkt A_1 der Flanke des Rades 1 mit dem Punkt A_2 der Gegenflanke des Rades 2 bei A in Eingriff. Aus diesem Grund wird der Punkt A „Eingriffspunkt" genannt.
- Durch die Wiederholung der Konstruktion für beliebig viele weitere Punkte B_1, D_1 und E_1 der Flanke 1 (rechte Bildhälfte) ergeben sich die zugehörigen Punkte B_2, D_2 und E_2 der Gegenflanke des Rades 2.
- Dabei entstehen die entsprechenden Eingriffspunkte A, B, C, D und E. Die Verbindungslinie der Eingriffspunkte wird als „Eingriffslinie" bezeichnet und ist damit der geometrische Ort aller aufeinanderfolgenden Berührpunkte von Flanke und Gegenflanke.

Diese Konstruktion kann auch umgekehrt werden. Die folgende Gegenüberstellung macht dies ohne weiteren Nachweis deutlich:

- **Entweder** lässt sich, wie hier dargestellt, bei vorgegebener Flanke und bekanntem Wälzkreis die entsprechende Gegenflanke konstruieren. Dabei entsteht automatisch auch die entsprechende Eingriffslinie.
  Vorgegeben: Wälzkreise, Flanke $\Rightarrow$ daraus ermitteln: Gegenflanke, Eingriffslinie.
- **Oder** man gibt bei bekannten Wälzkreisen die Eingriffslinie vor, woraus sich sowohl die Flanke als auch die entsprechende Gegenflanke konstruieren lässt.
  Vorgegeben: Wälzkreise, Eingriffslinie $\Rightarrow$ daraus ermitteln: Flanke, Gegenflanke.

Voraussetzung für diese Konstruktion ist allerdings, dass es tatsächlich zu einem Schnittpunkt der Flankennormalen und des Wälzkreises kommt. Trotz der durch die kinematische Verträglichkeit bedingten Einschränkung gibt es also noch beliebig viele Zahnflankenformen, die eine kinematisch verträgliche Verzahnung ermöglichen. Wie die folgende Erörterung aber zeigen wird, ist es meist vorteilhafter, die Geometrie der Verzahnung über die Wälzkreise und die Eingriffslinie zu beschreiben.

Aufgabe A.7.30

7.5.1.5   Forderungen für eine optimale Zahnflankenform (B)

Aus der theoretisch unendlichen Vielfalt von geometrischen Zahnformen können nur einige wenige in der industriellen Praxis genutzt werden. Bei der Optimierung der Zahnform spielen die folgenden Aspekte eine entscheidende Rolle:

- So wie eine Schraube nicht nur mit einer einzigen Mutter, sondern allgemein mit Muttern der entsprechenden Normabmessungen gepaart werden kann, so soll auch ein Zahnrad mit anderen Zahnrädern der gleichen Normabmessungen in Eingriff gebracht werden können (das oben zitierte „Knetmassenrad" ist ja nur in genau dieser Paarung kinematisch verträglich).
- Der Zahn soll fertigungstechnisch einfach herstellbar sein, was im Hinblick auf eine angestrebte hohe Härte der Zahnflanken ein besonderes Problem darstellt.
- Der Zahn soll festigkeitsmäßig möglichst hoch belastbar sein, die Ausbildung als Balken gleicher Biegefestigkeit wäre optimal.

7.5.2   Evolventenverzahnung (B)

Wie der weitere Verlauf dieser Ausführungen noch zeigen wird, können diese Forderungen mit der sog. „Evolventenverzahnung" besonders gut erfüllt werden, sodass diese Verzahnungsart eine besonders breite Anwendung gefunden hat und deshalb im Folgenden besondere Berücksichtigung findet.

7.5.2.1   Konstruktion der Evolvente (B)

Zweckmäßigerweise wird die Evolvente zunächst nur als geometrische Figur einer einzelnen Zahnflanke erläutert, wobei nach Bild 7.70 wahlweise zwei geometrische Konstruktionen angewendet werden können.

- Die sog. Fadenkonstruktion nach Bild 7.70a ist besonders übersichtlich: Ein Faden wird mit dem einen Ende irgendwo am Umfang des scheibenförmigen Grundkreiszylinders befestigt, um die Grundkreisscheibe herumgeschlungen und schließlich mit dem anderen Ende an die Grundkreisscheibe angelegt. An diesem Fadenende wird nun ein Stift befestigt und auf die darunterliegende Zeichenebene aufgesetzt. Wird der Stift von der Scheibe fortbewegt und dabei der Faden stets unter Zug gehalten, so entfernt sich der Zeichenstift zunächst im rechten Winkel von der Grundkreisscheibe und beschreibt im weiteren Verlauf eine Evolvente.

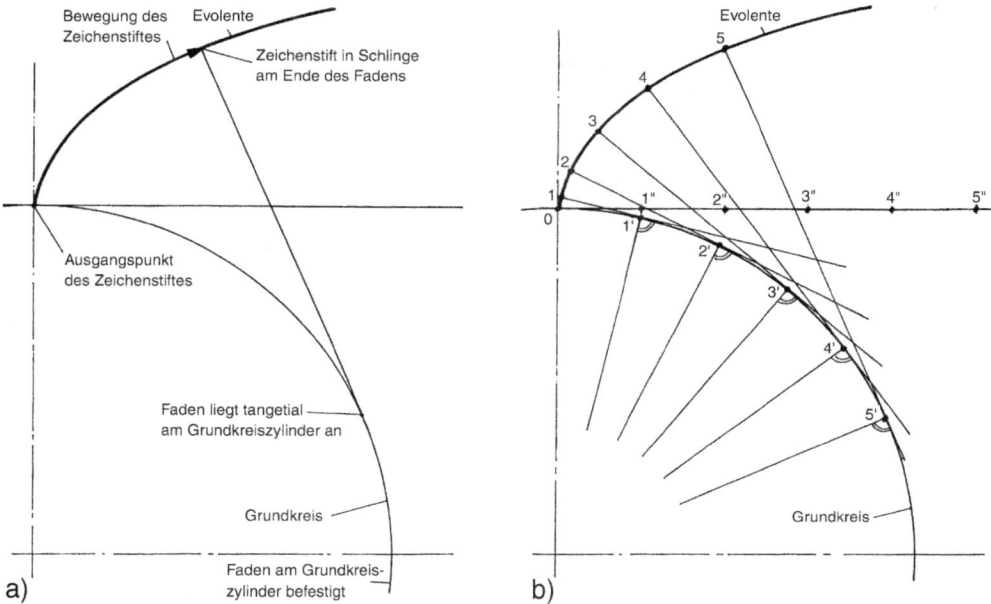

Bild 7.70: Evolventenkonstruktionen

- Ausgehend vom Punkt 0 in Bild 7.70b werden auf dem Grundkreis gleich lange Streckenabschnitte hintereinander aufgetragen, die jeweils durch die Endpunkte 1′, 2′, 3′ usw. markiert werden. Trägt man die gleichen Streckenabschnitte auf der im Punkt 0 in dieser Skizze waagerecht angelegten Tangenten ab, so ergeben sich auf dieser die Punkte 1″, 2″, 3″ usw. Wird die Tangente auf dem Grundkreis abgewälzt, so kommen nacheinander zunächst 1″ mit 1′, dann 2″ mit 2′ usw. zur Deckung. Der jeweilige Abstand $\overline{01''}$ bildet sich dabei auf der abgewälzten Tangenten als Abstand $\overline{11'}$ ab und ergibt dabei den Punkt 1. Der weitere Abwälzvorgang liefert durch ähnliche Konstruktionen die Punkte 2, 3 usw., die schließlich die gesamte Evolvente beschreiben.

Die Evolvente nimmt einerseits ihren Anfang am Grundkreis, hat aber andererseits kein Ende. Dieser Zusammenhang kann auch rechnerisch beschrieben und als Funktion tabelliert werden.

7.5.2.2   Einzeleingriff zweier Evolventen (B)

Zur weiteren Analyse des Zahneingriffs stellt Bild 7.71 zwei Grundkreise mit jeweils einer Evolvente dar. Diese beiden Grundkreisräder werden in ihrem jeweiligen Mittelpunkt drehbar gelagert und so positioniert, dass sich die beiden Evolventen im Punkt C berühren.

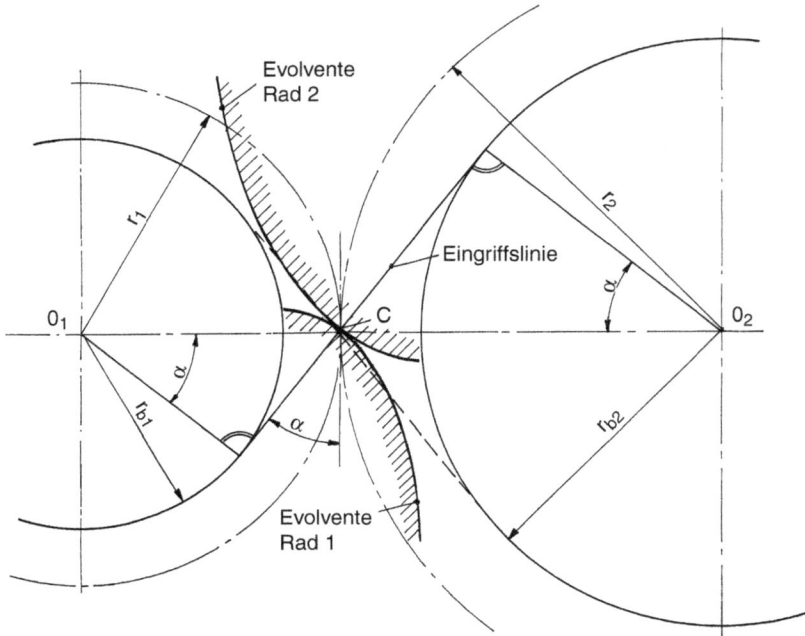

Bild 7.71: Schnurmodell

Der Berührpunkt der beiden Evolventen liegt auf der Verbindungslinie zwischen den Radmittelpunkten O_1 und O_2 und wird damit zum Wälzpunkt C. Für die weitere Betrachtung werden die beiden Evolventen nun vorübergehend wieder weggelassen.

- Um den Mittelpunkt O_1 des Grundkreises r_{b1} kann ein weiterer Kreis durch C mit dem Radius r_1 angeordnet werden. Wird die gleiche Konstruktion für das Rad 2 wiederholt, so entsteht ein virtuelles **Reibradgetriebe** mit dem Übersetzungsverhältnis $i = r_2 / r_1 = d_2 / d_1$.

- Wird um die beiden Grundkreisscheiben ein Seil in Form einer liegenden Acht geschlungen, so entsteht ein **Schnurtrieb**, der das gleiche Übersetzungsverhältnis aufweist wie das zuvor erwähnte Wälzgetriebe. Schnurtrieb und Reibradgetriebe sind dann zwei parallele, reibschlüssige Getriebe mit dem gleichen Übersetzungsverhältnis und dem gleichen Drehsinn, sie können also gleichzeitig in Betrieb sein, ohne sich gegenseitig zu beeinflussen.

- Werden nun wieder die beiden Evolventen eingeführt, so entsteht parallel dazu ein drittes, nunmehr aber **formschlüssiges Getriebe** mit zunächst einmal nur einem einzigen Zahnflankenpaar. Der gerade Abschnitt des Schnurtriebs läuft ebenfalls durch C, steht in diesem Punkt senkrecht auf den Evolventen und wirkt dabei als Eingriffslinie, die in diesem Fall eine besonders einfache geometrische Linie darstellt, weil sie eine Gerade („Eingriffsgerade") ist.

Man stelle sich vor, dass unter der Grundkreisscheibe von Rad 1 eine weitere, größere Scheibe angebracht wird. Befestigt man nun im Punkt C einen Zeichenstift an der Schnur und dreht das Getriebe, so beschreibt dieser Stift auf der darunter liegenden Zeichenscheibe die Evolvente von Rad 1. In gleicher Weise kann die Evolvente von Rad 2 beschrieben werden.

Die Eingriffsgerade ist gegenüber der Wälzkreistangente um den Winkel α geneigt, der auch als „Eingriffswinkel" bezeichnet wird und für die Evolventenverzahnung eine ganz besondere Rolle spielt: Die zwischen den beiden Zahnflanken zu übertragende Kraft ist, wenn man von Reibeinflüssen zunächst absieht, stets normal zur Flankenkontur gerichtet. Unabhängig von der Stellung der beiden Zahnflanken liegt die Wirkungslinie der zu übertragenden Kraft also stets auf der Eingriffsgeraden und ist deshalb in ihrer geometrischen Lage besonders einfach zu beschreiben. Anhand dieser Skizze lässt sich ein geometrischer Zusammenhang zwischen Eingriffswinkel, Grundkreis und Wälzkreis formulieren:

$$\cos\alpha = \frac{r_{b1}}{r_{w1}} = \frac{d_{b1}}{d_{w1}} = \frac{d_{b2}}{d_{w2}} \qquad \text{Gl. 7.114}$$

Für den Achsabstand der beiden Räder (Abstand O_1–O_2) als Summe der Wälzkreisradien lässt sich formulieren:

$$a = \frac{d_{w1} + d_{w2}}{2} \qquad \text{Gl. 7.115}$$

Der Eingriffswinkel wird aus weiter unten noch zu diskutierenden Gründen auf 20° festgelegt.

7.5.2.3   Kopfkreis – Fußkreis (B)

Der äußerste Punkt des realen Zahnrades und damit der Endpunkt des nutzbaren Abschnitts der Evolvente wird durch den Kopfkreis des Zahnrades festgelegt, der für die Fertigung des Rades von besonderer Bedeutung ist, weil ein Radrohling mit diesem Durchmesser durch Drehen für die weitere Fertigung des Zahnrades bereitgestellt werden muss. Der Kopfkreisradius r_{a1} ergibt sich zunächst einmal aus der Summe von Wälzkreisradius r und Kopfhöhe h_a:

$$\begin{array}{lll} r_{a1} = r_1 + h_a & \text{bzw.} & d_{a1} = d_1 + 2 \cdot h_a \quad \text{und} \\ r_{a2} = r_2 + h_a & \text{bzw.} & d_{a2} = d_2 + 2 \cdot h_a \end{array} \qquad \text{Gl. 7.116}$$

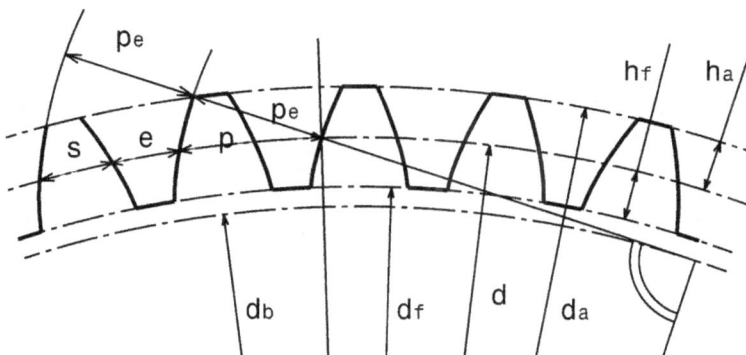

Bild 7.72: Kopfkreis, Fußkreis und Teilung

Wenn der Flankeneingriff aber durch den Kopfkreis des Rades 1 begrenzt ist, so braucht auch die Evolvente des Rades 2 nicht jenseits dieses Punkts fortgeführt zu werden. Dadurch ergibt sich der Fußkreis der Verzahnung d_f:

$$r_{f1} = r_1 - h_f \quad \text{bzw.} \quad d_{f1} = d_1 - 2 \cdot h_f \quad \text{(vorläufig)} \quad \text{und}$$
$$r_{f2} = r_2 - h_f \quad \text{bzw.} \quad d_{f2} = d_2 - 2 \cdot h_f \quad \text{(vorläufig)} \qquad \text{Gl. 7.117}$$

Die Zahnkopfhöhe h_a und die Zahnfußhöhe h_f sind hier zunächst einmal gleich. Weiter unten wird dieser Sachverhalt jedoch mit Rücksicht auf weitere Aspekte noch differenziert.

7.5.2.4   Mehrfacheingriff (B)

Nach der bisherigen Darstellung können sich die beiden Zahnräder zwar bewegen, aber noch keinen vollständigen Umlauf ausführen. Spätestens dann, wenn ein Flankenpaar außer Eingriff geht, muss ein weiteres Flankenpaar in Eingriff kommen, nach einer gewissen Drehung muss also der nächste, um die Teilung p versetzte Zahn die kinematische Kopplung übernehmen. Aus diesem Grund ist das Zusammenspiel mehrerer Zahnflankenpaare zu betrachten. Zwei Zahnräder können nur dann miteinander kämmen, wenn sie die Teilung aufweisen:

$$p_1 = p_2 = p \qquad \qquad \text{Gl. 7.118}$$

Mit der in Gl. 7.104 festgelegten Definition der Teilung $p = \pi \cdot d / z$ ergibt sich

$$\pi \cdot \frac{d_1}{z_1} = \pi \cdot \frac{d_2}{z_2} \qquad \Rightarrow \qquad \frac{d_1}{z_1} = \frac{d_2}{z_2}. \qquad \text{Gl. 7.119}$$

Für den Quotienten d / z wird in der Verzahnungstechnik der Begriff „Modul" m definiert:

$$m = \frac{d}{z} \quad \text{und mit} \quad d = \frac{p \cdot z}{\pi} \qquad \Rightarrow \qquad m = \frac{p}{\pi} \qquad \text{Gl. 7.120}$$

Der Modul m ist nach DIN 780 gestuft (Tab. 7.10).

Tabelle 7.10: Module Evolventenverzahnung

m[mm]	0,10 1,00 10	0,12 1,25 12	0,16 1,50 16	0,20 2,00 20	0,25 2,50 25	0,30 3,00 32	0,40 4,00 40	0,50 5,00 50	0,60 6,00 60	0,70	0,80 8,00	0,90

Gleicher Modul ist die Voraussetzung dafür, dass zwei Zahnräder miteinander kämmen können. Damit ist der Modul m ein Grundmaß, auf das alle übrigen Maße der Verzahnung bezogen werden.

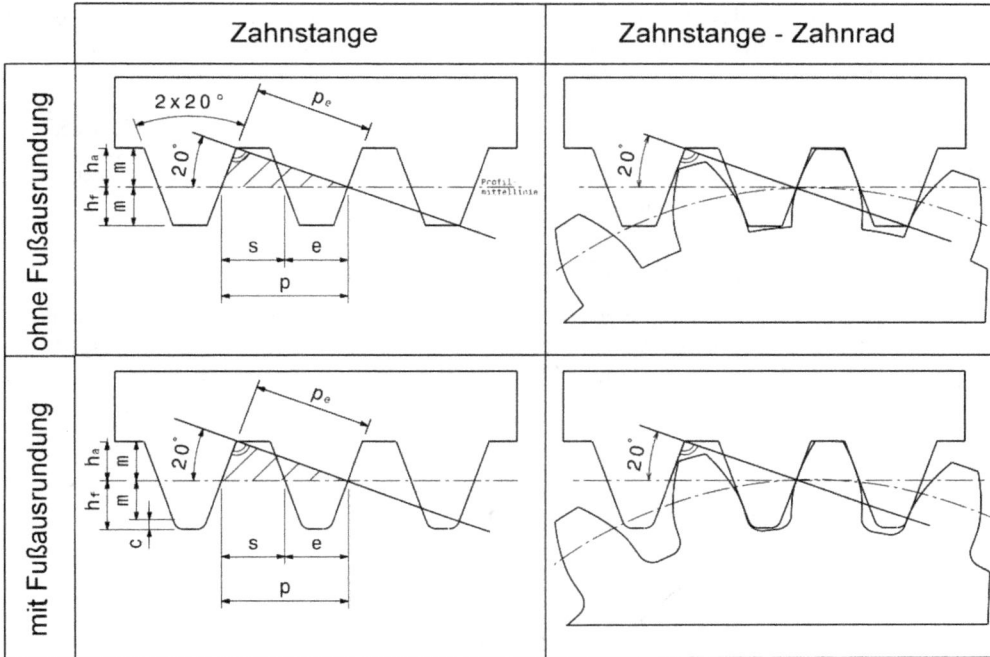

Zahnstange	Zahnstange - Zahnrad

Bild 7.73: Zahnstange – Zahnrad

Wie aus der oberen linken Darstellung aus Bild 7.73 hervorgeht, verteilt sich die Teilung p zunächst einmal jeweils zur Hälfte auf die Zahndicke s und die Zahnlücke e, die ja ihrerseits Zahndicke des gegenüberliegenden Zahnes ist:

$$s = e = \frac{p}{2} = \frac{m \cdot \pi}{2} \qquad\qquad \text{Gl. 7.121}$$

Es bleibt immer noch die Frage offen, wie groß der Kopfkreisdurchmesser d_a und der Fuß-kreisdurchmesser d_f bemessen werden müssen. Diese und weitere Fragen sollen anhand von der linken oberen Darstellung von Bild 7.73 erörtert werden, wobei zunächst ein Zahneingriff betrachtet wird, der bei unendlich großem Raddurchmesser vorliegt. In diesem Fall entartet die Evolvente zu einer Geraden, der Wälzkreis zur sog. „Profilmittellinie". Aus dieser Skizze geht hervor, dass die Teilung p und die Höhe des Zahnes in einem bestimmten Verhältnis zueinander stehen müssen:

- Ist bei vorgegebener Teilung die Zahnhöhe sehr klein, dann entstehen kurze Zähne mit kurzem Biegehebelarm und geringer Biegebelastung, aber die Eingriffsstrecke ist sehr kurz.
- Ist die Zahnhöhe sehr groß, so nimmt der Zahn die Form eines langen, schlanken Biege-balkens mit unnötig großem Hebelarm an, aber die Eingriffsstrecke ist sehr lang.

Ein günstiger Kompromiss zwischen diesen beiden sich widerstrebenden Forderungen ergibt sich dann, wenn sowohl die Zahnfußhöhe h_f als auch die Zahnkopfhöhe h_a dem Modul gleich gesetzt werden:

$$h_a = h_f = m \hspace{7cm} \text{Gl. 7.122}$$

Bringt man eine so gestaltete Zahnstange mit einem Rad in Eingriff, so entsteht ein Zahnstangengetriebe (Bild 7.73 rechts oben).

7.5.2.5   Eingriffsstrecke – Überdeckungsgrad (B)

Die Verzahnung erlaubt nur dann eine ordnungsgemäße Drehübertragung, wenn ein Flankenpaar erst dann außer Eingriff geht, wenn das nachfolgende Flankenpaar bereits in Eingriff gegangen ist. Bild 7.74 kennzeichnet die dafür maßgebenden geometrischen Größen.

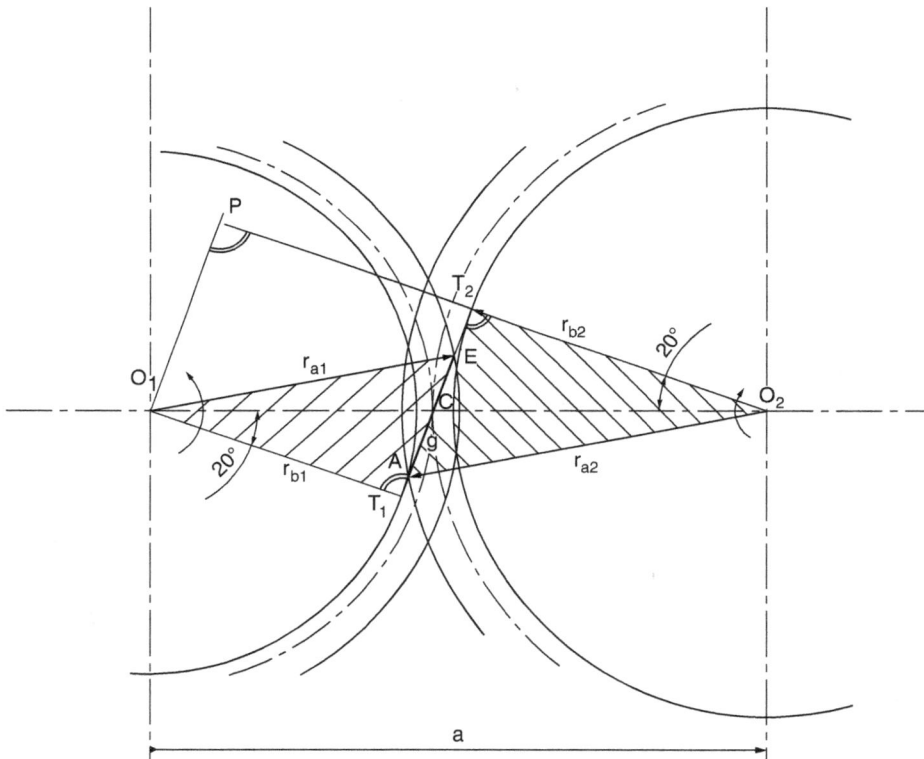

Bild 7.74: Eingriffsstrecke und Überdeckungsgrad

So wie vom geometrischen Linienzug der Evolvente nur ein gewisser Abschnitt als Zahnflanke tatsächlich ausgeführt wird, so wird auch von der Eingriffsgeraden nur ein bestimmter Abschnitt genutzt. Der Berührpunkt der beiden Flanken wandert zwar auf der Eingriffsgeraden entlang, er ist aber nur so lange existent, wie das Zahnflankenpaar auch tatsächlich im Eingriff ist. Da aber der Kontaktpunkt am Kopfkreis außer Eingriff geht, kann ein Kontakt nur inner-halb der beiden Kopfkreise eines Zahnradpaares stattfinden. Die beiden Kopfkreise schneiden also aus der Eingriffs**geraden** den tatsächlich ausnutzbaren Abschnitt, die sog. „Eingriffs**stre-cke**" g heraus, die sich von A (Anfang) bis E (Ende) erstreckt. Die Eingriffsstrecke muss also mindestens so groß sein wie die Eingriffsteilung p_e:

$$\text{Eingriffsstrecke} > \text{Eingriffsteilung} \quad \text{bzw.} \quad g > p_e \qquad \text{Gl. 7.123}$$

Die Eingriffsteilung p_e lässt sich nach Bild 7.73 oben links als der Abschnitt der Eingriffsge-raden zwischen zwei gleichsinnigen Flankendurchgängen ausdrücken:

$$\cos\alpha = \frac{p_e}{p} \quad \Rightarrow \quad p_e = p \cdot \cos\alpha \qquad \text{Gl. 7.124}$$

Zur rechnerischen Beschreibung der Eingriffsstrecke lassen sich anhand von Bild 7.74 die fol-genden Gleichungen formulieren:

$$g = \overline{T_1 E} + \overline{T_2 A} - \overline{T_1 T_2} \qquad \text{Gl. 7.125}$$

Diese Gleichung wurde so formuliert, weil die darin vertretenen Einzelterme durch einfache geometrische Beziehungen ausgedrückt werden können:

Dreieck $O_1 T_1 E$ $\qquad r_{b1}^2 + \left(\overline{T_1 E}\right)^2 = r_{a1}^2 \quad \Rightarrow \quad \overline{T_1 E} = \sqrt{r_{a1}^2 - r_{b1}^2}$ $\qquad$ Gl. 7.126

Dreieck $O_2 T_2 A$ $\qquad r_{b2}^2 + \left(\overline{T_2 A}\right)^2 = r_{a2}^2 \quad \Rightarrow \quad \overline{T_2 A} = \sqrt{r_{a2}^2 - r_{b2}^2}$ $\qquad$ Gl. 7.127

$$\overline{T_1 T_2} = \overline{O_1 P}$$

Dreieck $O_1 O_2 P$ $\qquad \sin\alpha = \dfrac{\overline{O_1 P}}{a} = \dfrac{\overline{T_1 T_2}}{a} \quad \Rightarrow \quad \overline{T_1 T_2} = a \cdot \sin\alpha$ $\qquad$ Gl. 7.128

Setzt man die Gleichungen 7.126, 7.127 und 7.128 in Gleichung 7.125 ein, so ergibt sich die Länge der Eingriffsstrecke zu

$$g = \sqrt{r_{a1}^2 - r_{b1}^2} + \sqrt{r_{a2}^2 - r_{b2}^2} - a \cdot \sin\alpha \qquad \text{Gl. 7.129}$$

Drückt man die Eingriffsstrecke in Funktion der Durchmesser aus, so folgt

$$g = \frac{1}{2} \cdot \left(\sqrt{d_{a1}^2 - d_{b1}^2} + \sqrt{d_{a2}^2 - d_{b2}^2} - 2 \cdot a \cdot \sin\alpha \right). \qquad \text{Gl. 7.130}$$

Diese Gleichung gilt in dieser Form nur für den Fall, dass die Zahnköpfe nicht abgerundet oder angefast sind. Andernfalls lassen sich auch ausreichend genaue Zahlen gewinnen, wenn der Zahlenwert für den Kopfkreisradius r_k um den entsprechenden Betrag verringert wird. Weiter-hin gilt diese Gleichung nur dann, wenn kein sogenannter „Unterschnitt" (s. Abschn. 7.5.2.6) vorliegt.

Die Bedingung $g > p_e$ liefert nur eine ja/nein-Information zur Übertragungstauglichkeit der Verzahnung und ist damit so aussagefähig wie die in Kap. 0 (Band 1) bei den Grundlagen der Festigkeitslehre getroffene Formulierung $\sigma_{zul} > \sigma_{tats}$. So wie die Sicherheit als Quotient aus σ_{zul} und σ_{tats} eine differenziertere Aussage ergibt, so lassen sich hier die Eingriffsverhältnisse durch den Quotienten der Eingriffsstrecke zur Eingriffsteilung definitionsgemäß als sog. „Überdeckungsgrad" oder „Profilüberdeckung" ε_α ausdrücken:

$$\varepsilon_\alpha = \frac{g}{p_e} = \frac{g}{p \cdot \cos\alpha} \geq 1 \qquad\qquad \text{Gl. 7.131}$$

In Ergänzung der obigen Formulierung ist also eine einwandfreie Drehübertragung dann gewährleistet, wenn $\varepsilon_\alpha > 1$ erfüllt ist. Ersetzt man den Zähler von Gl. 7.131 durch Gl. 7.130, so folgt für den Überdeckungsgrad:

$$\varepsilon_\alpha = \frac{\sqrt{d_{a1}^2 - d_{b1}^2} + \sqrt{d_{a2}^2 - d_{b2}^2} - 2 \cdot a \cdot \sin\alpha}{2 \cdot p \cdot \cos\alpha} \qquad\qquad \text{Gl. 7.132}$$

Eine große Profilüberdeckung ist vorteilhaft, weil damit die Laufruhe steigt.

7.5.2.6   Kopfspiel – Fußausrundung (B)

Die Verzahnung in der oberen Zeile von nach Bild 7.73 weist noch zwei Unzulänglichkeiten auf:

- Der Zahn**kopf**radius des einen Rades soll zwar mit dem Zahn**fuß**radius des anderen Rades genau in Berührung kommen, aber in Folge von Toleranzen kann es zum radialen Verklemmen der beiden Zahnräder kommen.
- Am Übergang von der Flanke zum Fußkreis entsteht eine festigkeitsmäßig ungünstige Kerbe.

Aus diesem Grund wird die tatsächlich ausgeführte Verzahnung mit einem Kopfspiel c versehen, wobei der Fußkreis und die Zahnflanke mit einer Rundung ineinander übergehen. Für das Kopfspiel wird ein Betrag von

$$c = (0,1 \ldots 0,3) \cdot m \qquad\qquad \text{Gl. 7.133}$$

gewählt. Dadurch kommt es zur Evolventenplanverzahnung nach DIN 867, die in der unteren Zeile von Bild 7.73 dargestellt ist. Ersetzt man die Zahnstange durch ein zweites Zahnrad, so entsteht eine reale Zahnradpaarung als Kernstück eines Zahnradgetriebes. Damit sind in Erweiterung von Gl. 7.116 und 7.117 auch Kopf- und Fußkreis festgelegt:

$$d_f = d - 2 \cdot h_f = d - 2 \cdot (m + c) \qquad\qquad \text{Gl. 7.134}$$

$$d_a = d + 2 \cdot h_a = d + 2 \cdot m \qquad\qquad \text{Gl. 7.135}$$

Bild 7.75 erweitert schließlich die Paarung Zahnstange – Zahnrad aus Bild 7.73 zu einer vollständigen Zahnradpaarung.

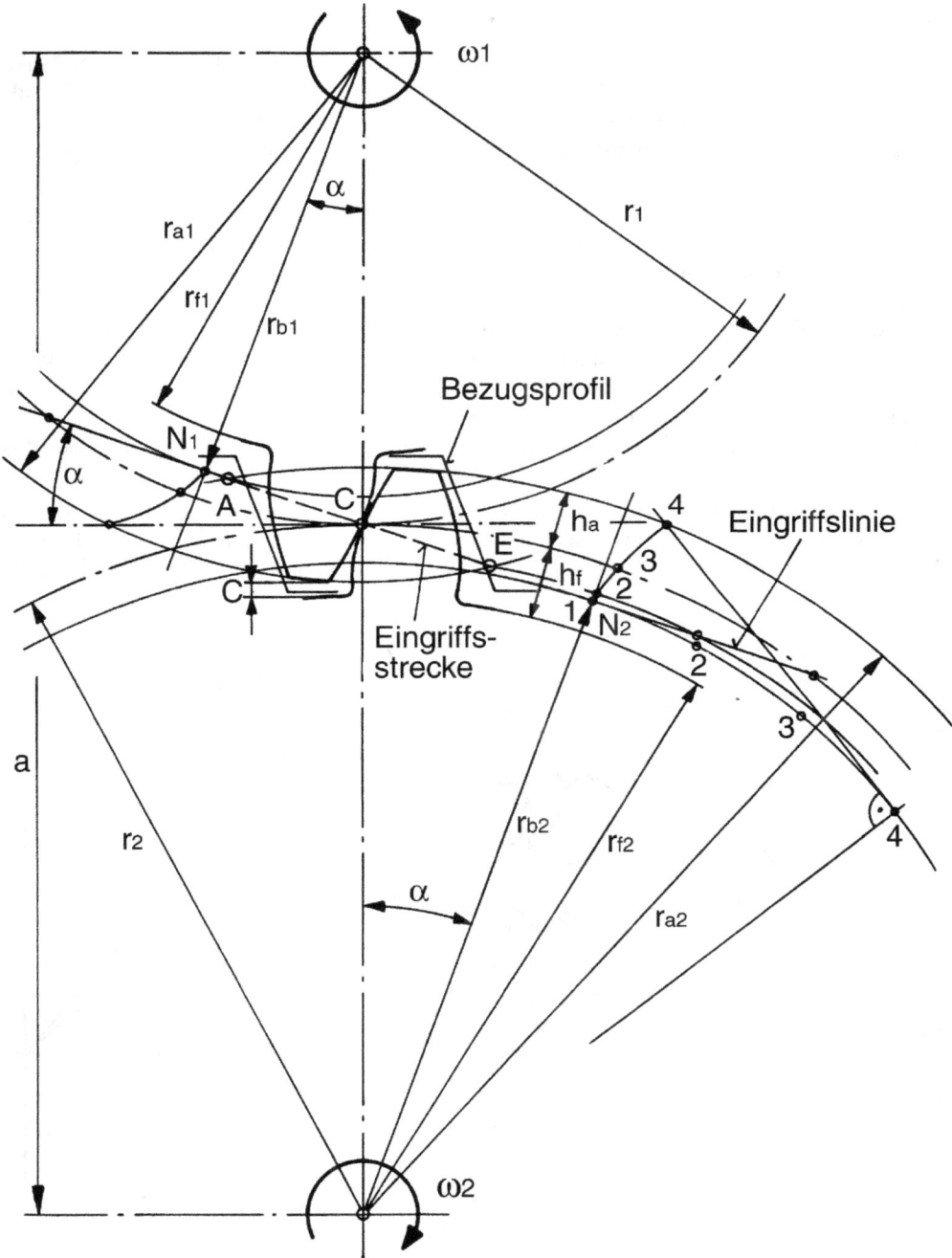

Bild 7.75: Zahnradpaar mit Evolventenverzahnung

7.5.2.7 Optimierung des Eingriffswinkels (V)

In Bild 7.71 wurde zunächst einmal ein willkürlicher Abschnitt der Evolvente als Zahnflanke genutzt. Im weiteren Verlauf der Betrachtungen wurden Wälzkreis, Achsabstand und Grundkreis so kombiniert, dass ein Eingriffswinkel von 20° entstand. Bild 7.76 variiert bei ansonsten konstanten Parametern den Grundkreis und damit den Eingriffswinkel, um dessen Optimum von 20° sichtbar zu machen.

- Die Reduktion des Eingriffswinkels auf (hier übertrieben) deutlich unter 20° in der ersten Detaildarstellung von Bild 7.76 hat zwei positive Auswirkungen: Die Eingriffsstrecke wird länger, was den Überdeckungsgrad verbessert. Außerdem wird die unvermeidliche Radialkraft F_r kleiner, was auch zu einer Entlastung von Wellen und Lagern führt. Allerdings wird der Zahn selber schlanker und deshalb in seiner Tragfähigkeit geschwächt.

- Die Steigerung des Eingriffswinkels in der dritten Detaildarstellung von Bild 7.76 verkürzt die Eingriffstrecke und verschlechtert damit den Überdeckungsgrad. Außerdem wird die Radialkraft F_r deutlich größer, was nicht nur Wellen und Lager zusätzlich belastet. Allerdings nimmt der Zahn eine stabilere Form an und nähert sich dem Modellfall des „Balkens gleicher Biegefestigkeit" (s. auch Band 1, Abschnitt 0.1.2.7).

Der optimale Grundkreisdurchmesser (und damit der optimale Eingriffswinkel) muss also beiden (widersprüchlichen) Aspekten Rechnung tragen. Aus diesem Grund ist der für die Herstellung der Evolventenverzahnung maßgebende Eingriffswinkel durch Normung auf 20° festgelegt (mittleres Bilddrittel).

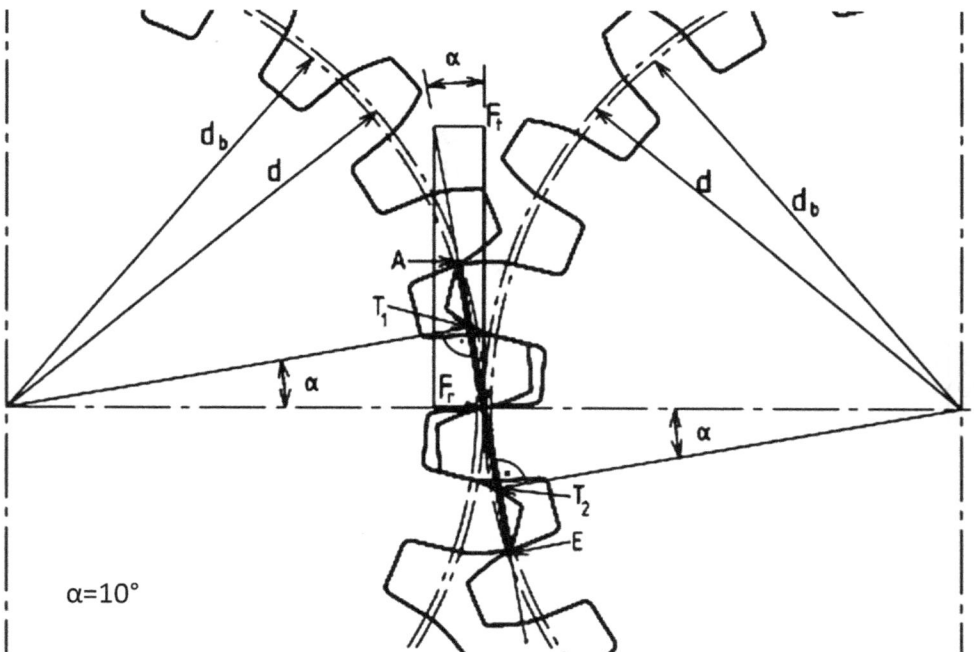

$\alpha=10°$

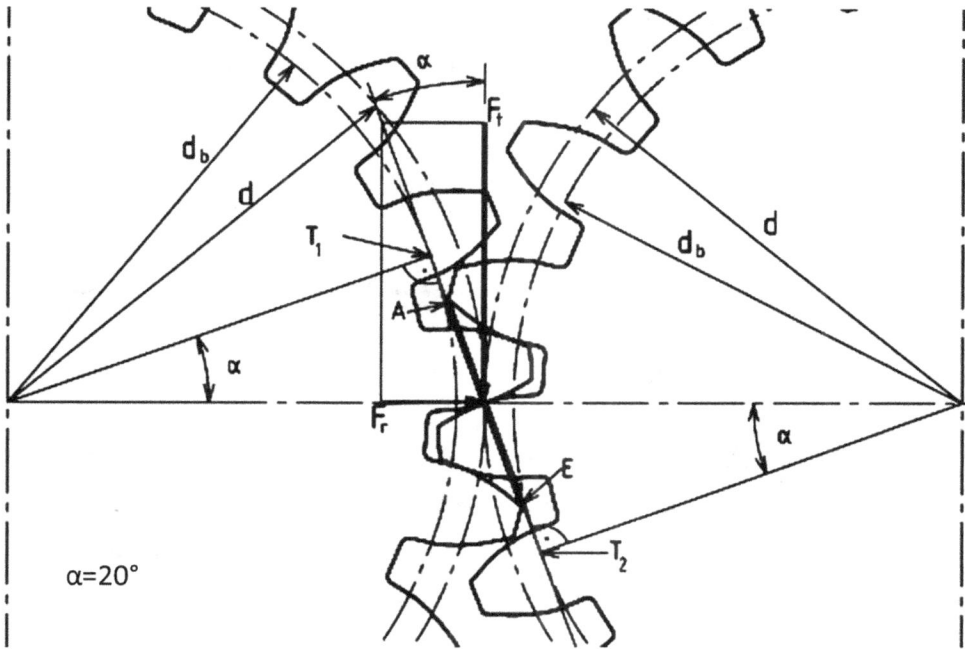

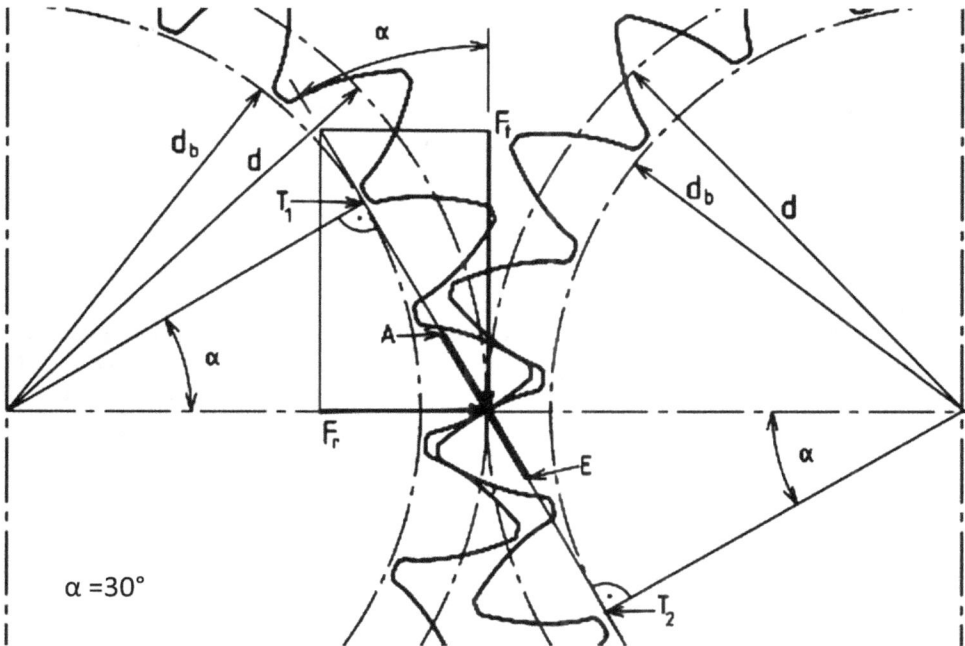

Bild 7.76: Optimierung des Eingriffswinkels

7.5.2.8   Zahnradherstellung (E)

Die Herstellung von Verzahnungen ist zwar nicht vorrangiger Gegenstand der vorliegenden Ausführungen, aber deren grundsätzliche Betrachtung trägt wesentlich zum Verständnis der Verzahnungskinematik bei. Dazu sei noch einmal auf das Bild 7.73 des Zahnstangenprofils nach DIN 867 verwiesen. Würde die dort dargestellte Zahnstange mit einem Radrohling aus Knetmasse kämmen und würden dabei die Drehung des Rades und die Bewegung der Zahnstange entsprechend synchronisiert werden, dann würde die Zahnstange das gewünschte Rad nach Bild 7.77 formen.

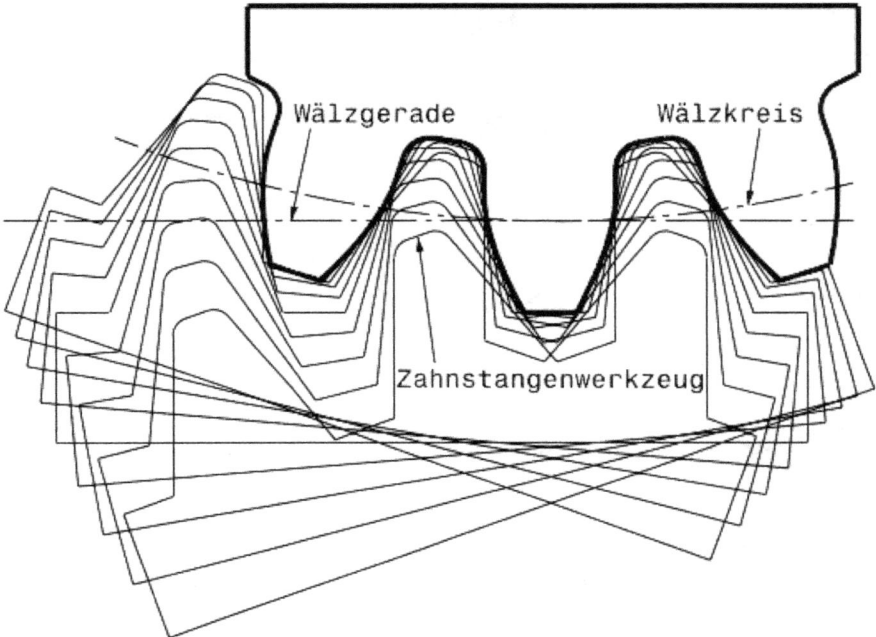

Bild 7.77: Herstellung einer Evolventenverzahnung mit geradflankigem Zahnstangenwerkzeug

Der besondere Vorteil dieser Vorgehensweise besteht darin, dass sich das Zahnstangenwerkzeug aus einer ganz einfachen Geometrie mit geraden Flanken zusammensetzt. Reale Zahnradfertigungsverfahren machen sich genau diese prinzipiell einfache Kinematik zunutze (siehe Bild 7.78).

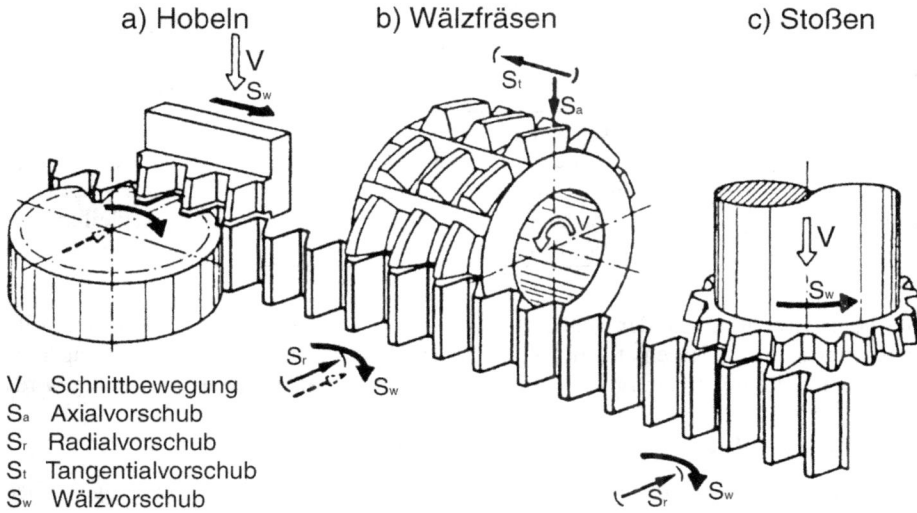

a) Hobeln   b) Wälzfräsen   c) Stoßen

V   Schnittbewegung
S_a Axialvorschub
S_r Radialvorschub
S_t Tangentialvorschub
S_w Wälzvorschub

Bild 7.78: Prinzipien der Zahnradherstellung

a) Die modellhafte Zahnstange wird dabei z.B. als Hobelkamm ausgeführt, der auf- und ab-
   bewegt wird und dabei in den Radrohling schrittweise die Zahnform hineinschneidet. Da
   die Zahnstange zusätzlich einer Längsbewegung ausgesetzt wird und dabei der Radrohling
   entsprechend dem vorgegebenen Übersetzungsverhältnis Zahnstange – Rad gedreht wird,
   entsteht zwangsläufig die Zahnflankenform der Evolvente.
b) Für die Massenfertigung ist es besonders vorteilhaft, das Zahnstangenwerkzeug zu einem
   rotierenden Fräswerkzeug zu ergänzen, welches mit dem Radrohling in Eingriff gebracht
   wird. Die Drehung des Fräswerkzeuges muss mit der Drehung des Radrohlings synchronisiert werden. Die vertikale Vorschubbewegung wird meist vom Fräswerkzeug ausgeführt.
   Auf diese Weise können eine ganze Reihe aufeinander gestapelter Radrohlinge in einer
   Aufspannung bearbeitet werden.
c) Das Stoßen von Zahnrädern vollzieht sich ähnlich wie das Hobeln, wobei allerdings der
   gerade Hobelkamm mit geraden Zahnflanken durch ein bereits rundes Stoßwerkzeug in
   Radform mit evolventenförmigen Zahnflanken ersetzt wird.

Hochbeanspruchte Zahnräder werden zunächst „vorverzahnt" (z.B. durch Wälzfräsen): Dabei
wird das Werkzeug so dimensioniert, dass an der Zahnflanke noch ein gewisses Übermaß stehen bleibt. Um die erforderliche Oberflächenhärte zu erzielen, werden die Zahnflanken anschließend einsatzgehärtet. Die endgültige Geometrie der Flanke wird schließlich durch ein
Feinbearbeitungsverfahren (z.B. Schleifen) durchgeführt. Die Vielfalt der möglichen Verzah-
nungsverfahren kann folgendermaßen klassifiziert werden:

	Vorverzahnen		Feinbearbeitung	Endbearbeitung
spanend		spanlos		nach dem
Formverfahren	Wälzverfahren			Härten
Stoßen Räumen Fräsen	Hobeln Stoßen Fräsen Schälen	Gießen Sintern Schmieden Ziehen Walzen	Schälwälzfräsen Feinwalzen Schaben	Wälzschleifen Honen Schälwälzfräsen Formschleifen Läppen

Die bei der Feinbearbeitung und der Endbearbeitung nach dem Härten angewendeten Schleifverfahren machen sich eine Kinematik zu Nutze, die der oben erläuterten Fräsbearbeitung ähnlich ist, aber eben nicht mit einem Fräs-, sondern mit einem Schleifwerkzeug ausgeführt wird.

7.5.2.9   Das Problem der minimalen Zähnezahl (B)

Die Berechnung der Festigkeit der Verzahnung wird zwar erst weiter unten angegangen, aber an dieser Stelle lässt sich bereits ein wichtiger Aspekt ausmachen:

- Der Überdeckungsgrad ε_α muss zwar einerseits stets größer als 1 sein, erreicht aber nach den obigen Gleichungen nie den Wert 2. Aus diesem Grund muss sich die Festigkeitsberechnung auf einen einzelnen Zahnkontakt stützen. Dies gilt unabhängig von der Wahl des Moduls und damit von der Zahngröße.
- Der einzelne Zahn ist dann besonders belastungsfähig, wenn er besonders groß ist, weil dann der Einspannquerschnitt des Biegebalkens das größtmögliche Widerstandsmoment aufweist.
- Soll der Umfang eines vorgegebenen Raddurchmessers mit möglichst großen Zähnen besetzt werden, so wird die Anzahl der Zähne minimiert.

Die Zähnezahl kann aber aus geometrischen Gründen nicht beliebig reduziert werden, weil dann das Zahnstangenwerkzeug in den Grundkreis hineinschneidet, wo die Evolvente definitionsgemäß gar nicht mehr existiert. Die theoretische Mindestzähnezahl liegt bei 17 Zähnen. Praktisch kann die Zähnezahl jedoch bis auf 14 reduziert werden, ohne dass sich daraus nachteilige Konsequenzen ergeben (weitere Erläuterung im Zusammenhang mit Bild 7.81).

Aufgaben A.7.31 bis A.7.33

7.5.2.10   Profilverschiebung (E)

In den vorstehenden Betrachtungen wurde bei der Zahnradherstellung die Profilmittellinie so angeordnet, dass sie als Wälzgerade des Werkzeuges den Wälzkreis des zu fertigenden Rades genau tangiert. Insofern ist der Aussagegehalt der mittleren Darstellung von Bild 7.79 identisch mit dem oberen linken Detailbild von Bild 7.73.

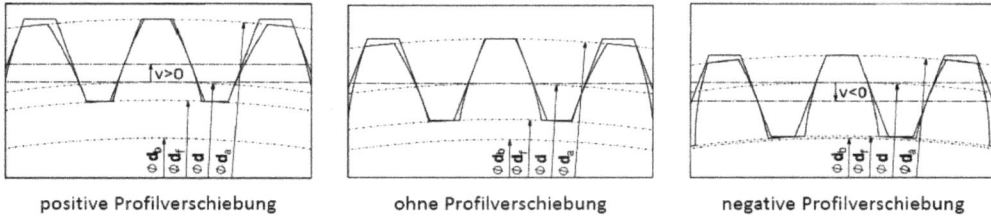

| positive Profilverschiebung | ohne Profilverschiebung | negative Profilverschiebung |

Bild 7.79: Profilverschiebung

Die Profilmittellinie des Zahnstangenwerkzeuges lässt sich jedoch prinzipiell auch sowohl weiter vom Radmittelpunkt entfernt (Bild 7.79 positive Profilverschiebung, linkes Bilddrittel) als auch zum Radmittelpunkt hin (negative Profilverschiebung, rechtes Bilddrittel) platzieren. Durch diese Maßnahme wird ein anderer Abschnitt der Evolvente als Zahnflanke ausgenutzt. Die Strecke v dieser Profilverschiebung wird zweckmäßigerweise auf den Modul bezogen, womit man den Profilverschiebungsfaktor x gewinnt:

$$v = x \cdot m \qquad \text{bzw.} \qquad x = \frac{v}{m} \qquad\qquad \text{Gl. 7.136}$$

Damit ändern sich auch sowohl Kopf- als auch Fußkreis, sodass die Gleichungen 7.134 und 7.135 erweitert werden müssen:

$$d_f = d - 2 \cdot (m + c) \pm 2 \cdot v \qquad\qquad \text{Gl. 7.137}$$

$$d_a = d + 2 \cdot m \pm 2 \cdot v \qquad\qquad \text{Gl. 7.138}$$

+ für positive Profilverschiebung, − für negative Profilverschiebung

Eine Radpaarung, bei der keines der beiden Räder profilverschoben ist, nennt man „Null-Räder". Für die Profilverschiebung kann es einen oder mehrere der in den folgenden Abschnitten dargestellten Gründe geben.

Veränderung des Achsabstands
Der Achsabstand ergibt sich als Summe der Wälzkreisradien. Ergänzt man Gl. 7.115 um die Gl. 7.120, so ergibt sich:

$$a = \frac{d_1 + d_2}{2} = \frac{m}{2} \cdot (z_1 + z_2) \qquad\qquad \text{Gl. 7.139}$$

Dabei kann der Teilkreisdurchmesser und damit der Achsabstand nicht beliebig gewählt werden, sondern muss nach genormtem Modul und ganzzahliger Zähnezahl ($d = m \cdot z$) gestuft werden. Dabei stellt sich die Frage, wie die Zahnradpaarung auf eine Änderung des Achsabstands a um einen bestimmten Betrag Δa reagiert. Bild 7.80 veranschaulicht die Konsequenzen anhand des Schnurmodells (vgl. auch Bild 7.71).

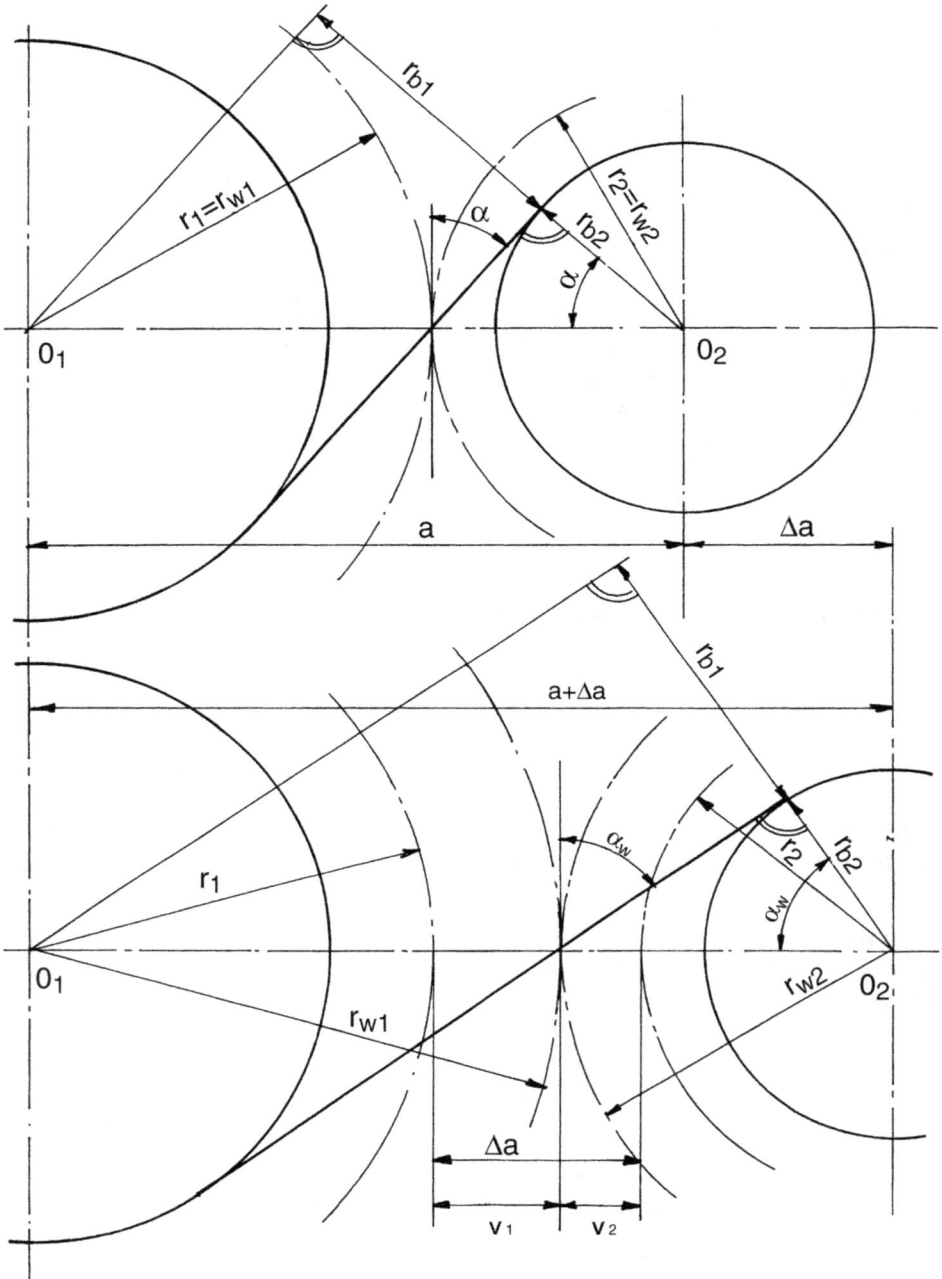

Bild 7.80: Achsabstandsänderung

Durch die Achsabstandsänderung um Δa stellt sich unter Beibehaltung der bisherigen Grundkreise d_b eine neue Lage des Wälzpunktes C ein. Das Übersetzungsverhältnis i bleibt von dieser Achsabstandsänderung jedoch unberührt und in diesem neuen Wälzpunkt können wieder Wälzkreise mit nunmehr angepassten Durchmessern angetragen werden. Diese neuen Wälzkreise unterscheiden sich allerdings von den vorherigen, sodass eine Differenzierung notwendig wird: Da am Wälzkreis vor der Achsabstandsänderung die **Teil**ung p aufgetragen wurde, wird er „**Teil**kreis" genannt. Vor der Achsabstandsänderung waren Wälzkreis und Teilkreis identisch. Während die für Modul und Zähnezahl maßgebenden Teilkreise mit r_1 und r_2 auch nach der Achsabstandsänderung erhalten bleiben, geben die neuen Wälzkreise mit r_{w1} und r_{w2} das unveränderte Übersetzungsverhältnis mit neuem Achsabstand wieder.

Es fällt weiterhin auf, dass sich durch die Achsabstandsänderung die Neigung der Eingriffsgeraden und damit der Eingriffswinkel α zum „Betriebseingriffswinkel" α_w ändert:

$$\cos \alpha = \frac{r_{b1} + r_{b2}}{a} = \frac{d_{b1} + d_{b2}}{2 \cdot a} \quad \text{und} \quad \cos \alpha_w = \frac{r_{b1} + r_{b2}}{a + \Delta a} = \frac{d_{b1} + d_{b2}}{2 \cdot (a + \Delta a)} \qquad \text{Gl. 7.140}$$

Der Herstellungseingriffswinkel α und Betriebseingriffswinkel α_w waren vor der Achsabstandsänderung identisch. Der Herstellungseingriffswinkel α bleibt auch nach der Achsabstandsänderung erhalten, während der Betriebseingriffswinkel α_w dadurch verändert wird. Der neue Wälzkreisdurchmesser ergibt sich dabei zu:

$$\cos \alpha = \frac{d_b}{d_w} = \frac{d_b}{d} \quad \text{und} \quad d_w = \frac{d_b}{\cos \alpha} \qquad \text{vor der Achsabstandsänderung}$$

$$\text{Gl. 7.141}$$

$$\cos \alpha_w = \frac{d_b}{d_w} \neq \frac{d_b}{d} \quad \text{und} \quad d_w = \frac{d_b}{\cos \alpha_w} \qquad \text{nach der Achsabstandsänderung}$$

$$\text{Gl. 7.142}$$

Diese Achsabstandsänderung ist aber nicht mehr zu verwirklichen, wenn die Räder bereits für den ursprünglichen Achsabstand a gefertigt sind: Bei einer nachträglichen Achsabstands**vergrößerung** um Δa (wie im obigen Beispiel dargestellt) träte unzulässiges Spiel auf. Würde man hingegen den Achsabstand um Δa **verkleinern**, so würden die beiden Räder ineinander eindringen. Die Achsabstandsänderung lässt sich nur dann realisieren, wenn dies bereits bei der Herstellung der Zahnräder berücksichtigt wird. Zu diesem Zweck wird das Zahnstangenwerkzeug, welches im Ursprungszustand (ohne Achsabstandsänderung) mit der Profilbezugslinie den Teilkreis (= Wälzkreis) tangierte, bei der Herstellung der für die Achsabstandsänderung vorgesehenen Räder um einen definierten Betrag radial zum Rad verschoben, sodass die Profilmittellinie nunmehr den Wälzkreis tangiert. Dies bedeutet eine Verschiebung um den Betrag v_1 für das Rad 1 und eine solche um den Betrag v_2 für das Rad 2. Die Achsabstandsänderung Δa ergibt sich näherungsweise als Summe der Profilverschiebungen:

$$\Delta a = v_1 + v_2 \qquad \text{Gl. 7.143}$$

Im hier skizzierten Fall wird die Achsabstandsänderung Δa entsprechend dem Übersetzungsverhältnis in v_1 und v_2 aufgeteilt. Der ursprünglich mit Gl. 7.132 ermittelte Überdeckungsgrad ε_α muss für den Fall profilverschobener Räder folgendermaßen modifiziert werden:

$$\varepsilon_\alpha = \frac{\sqrt{d_{a1}^2 - d_{b1}^2} + \sqrt{d_{a2}^2 - d_{b2}^2} - 2 \cdot (a + \Delta a) \cdot \sin \alpha_w}{2 \cdot p \cdot \cos \alpha} \qquad\qquad \text{Gl. 7.144}$$

Diese Gleichung gilt nunmehr für alle Null- und V-Getriebe, wobei allerdings die oben genannte Einschränkung weiterhin bestehen bleibt: r_a gilt für den Kopfkreis ohne Kopfabrundung, andernfalls muss der Zahlenwert für r_a um einen entsprechenden Betrag reduziert werden.

Unterschnitt

Bei geringen Zähnezahlen besteht die Gefahr des sog. Unterschnitts: Das Zahnstangenwerkzeug dringt in das herzustellende Rad ein und höhlt damit den Zahnfuß nach Bild 7.81 (links) aus.

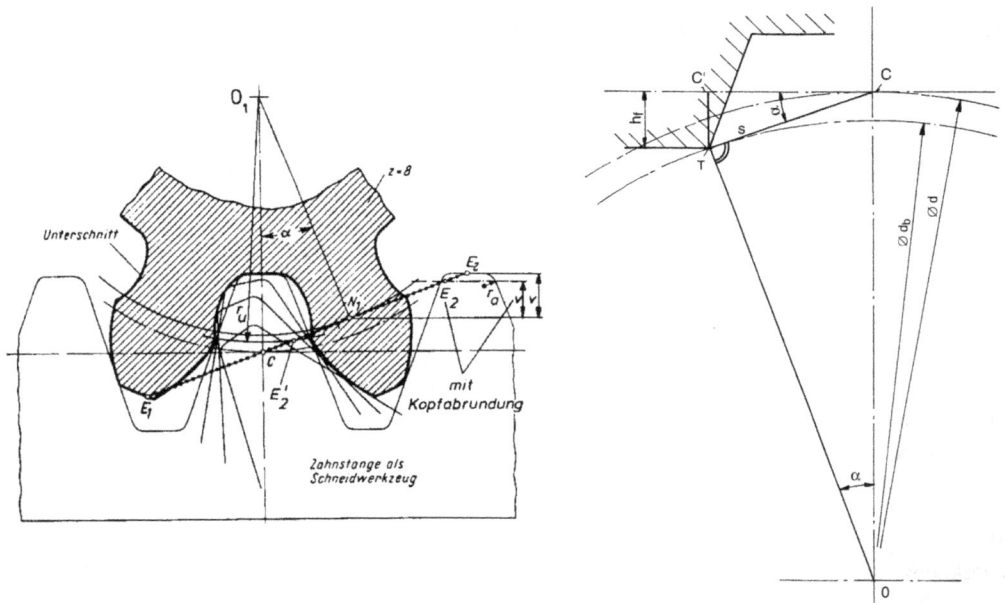

Bild 7.81: Unterschnitt

Unterschnittene Zähne sind zwar kinematisch tauglich, aber festigkeitsmäßig problematisch: Da im Unterschnittbereich kein vollwertiger kraft- bzw. momentenübertragender Eingriff stattfinden kann, wird die ausnutzbare Länge der Eingriffslinie abgekürzt, wodurch sich die Eingriffsverhältnisse zunehmend verschlechtern. Bild 7.81 rechts stellt gerade den Grenzfall dar, dass das Zahnstangenwerkzeug den Grundkreis berührt. Durch geometrische Beziehungen lässt sich ableiten, bei welcher Zähnezahl Unterschnitt eintritt.

$$\Delta \text{OTC} \quad \Rightarrow \quad \sin\alpha = \frac{s}{\dfrac{d}{2}} \quad \Rightarrow \quad s = \frac{d}{2}\cdot\sin\alpha$$

$$\Delta \text{CTC}' \quad \Rightarrow \quad \sin\alpha = \frac{h_f}{s} \quad \Rightarrow \quad s = \frac{h_f}{\sin\alpha}$$

Das Gleichsetzen der beiden Ausdrücke führt auf die Gleichung

$$\frac{h_f}{\sin\alpha} = \frac{d}{2}\cdot\sin\alpha \,.$$

Setzt man $h_f = m$ und $d = m \cdot z$ ein, so ergibt

$$\frac{m}{\sin\alpha} = \frac{m\cdot z}{2}\cdot\sin\alpha \qquad \Rightarrow \qquad \frac{1}{\sin\alpha} = \frac{z}{2}\cdot\sin\alpha$$

Damit wird diese Feststellung unabhängig vom Modul. Löst man nach der Zähnezahl als Grenzzähnezahl z_{min} auf und führt den genormten Eingriffswinkel von 20° ein, so ergibt sich

$$z_{min} = \frac{2}{\sin^2\alpha} = \frac{2}{\left(\sin 20°\right)^2} = 17{,}097 \approx 17 \qquad\qquad \text{Gl. 7.145}$$

Theoretisch liegt Unterschnitt bei einer Zähnezahl von weniger als 17 vor, für praktische Belange können jedoch Zähnezahlen von $z_{min\,prakt} = 14$ zugelassen werden, ohne dass die negativen Auswirkungen des Unterschnitts gravierend werden. Der Unterschnitt kann durch positive Profilverschiebung vermieden werden, weil dadurch der weiter außen liegende Evolventenabschnitt ausgenutzt wird. Dabei ist folgender minimaler Profilverschiebungsfaktor x_{min} anzusetzen:

$$x_{min\,prakt} = \frac{z_{min\,prakt} - z}{z_{min}} \qquad \text{hier:} \qquad x_{min} = \frac{14 - z}{17} \qquad\qquad \text{Gl. 7.146}$$

Soll der für den Fall ohne Profilverschiebung ermittelte Achsabstand beibehalten werden, so kann die positive Profilverschiebung am Ritzel durch eine negative Profilverschiebung gleichen Betrages am Großrad kompensiert werden. Dabei ist jedoch darauf zu achten, dass am Großrad kein Unterschnitt entsteht.

Festigkeitsgünstigere Zahnform
Ein Rad mit positiver Profilverschiebung bezeichnet man als V_{plus}-Rad (rechte Hälfte von Bild 7.82), ein Rad mit negativer Profilverschiebung als V_{minus}-Rad (linke Hälfte von Bild 7.82).

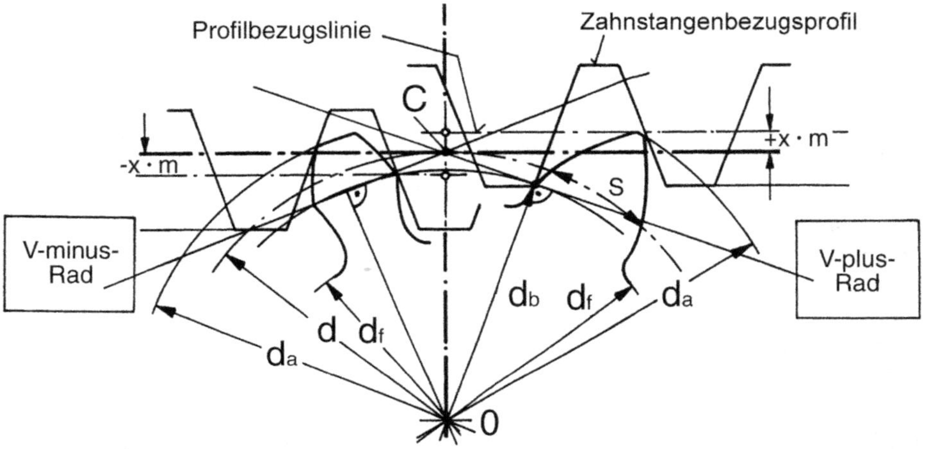

Bild 7.82: V_{minus}-Rad / V_{plus}-Rad

V_{plus}-Räder weisen eine festigkeitsmäßig günstigere Form auf: Sie sind am Zahnfuß breiter, ähneln mehr einem Balken gleicher Biegefestigkeit (vgl. Band 1, Abschn. 0.1.2.7) und sind deshalb bei der dominanten Biegebelastung höher belastbar.

Spitzgrenze
Wie die rechte Hälfte von Bild 7.82 bereits andeutet, hat die positive Profilverschiebung aber ihre Grenze: Der Zahn wird immer spitzer, was wiederum für die Belastung des Zahnkopfes ungünstig ist. Wird die positive Profilverschiebung zu weit getrieben, so wird die „Spitzgrenze" erreicht, Flanke und Gegenflanke eines Zahnes treffen sich, bevor der Kopfkreis erreicht wird (Bild 7.83).

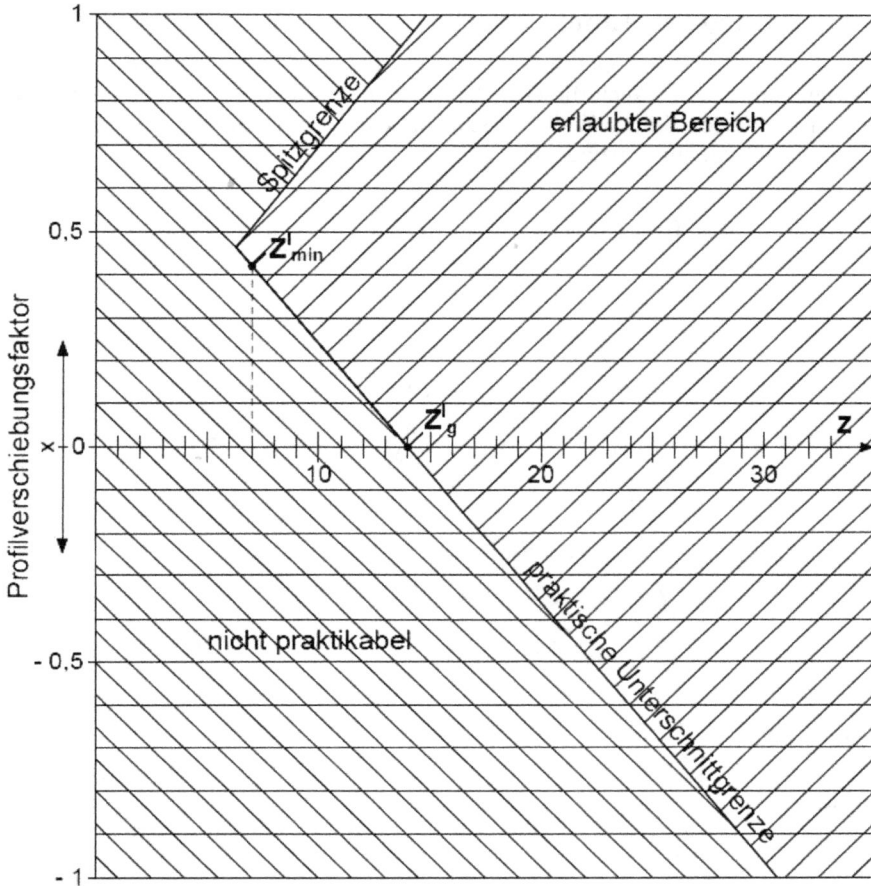

Bild 7.83: Spitzgrenze und Unterschnitt

Die Profilverschiebung hat also kinematisch zwei Grenzen: Sie muss einerseits ausreichend groß sein, um Unterschnitt zu vermeiden, darf andererseits aber nicht so groß sein, dass die Spitzgrenze erreicht wird. Ein gewisses Optimum ergibt sich bei positiver Profilverschiebung mit dem Profilverschiebungsfaktor $x = + 0,5$, was in DIN 3994 und 3995 genormt ist. Wenn beide Räder als V_{plus}-Räder ausgeführt werden, so muss der Achsabstand entsprechend angepasst werden.

Aufgaben A.7.33 bis A.7.36

7.5.2.11   Ermittlung der Zahnkräfte (B)

Die am Zahn wirkenden Kräfte sind nicht nur für die Festigkeit der Verzahnung von entscheidender Bedeutung, sondern sind auch die Grundlage für die korrekte Dimensionierung von Wellen und Lagern. Aus dem in der Welle wirkenden Torsionsmoment M_{tmax} gewinnt man zunächst die Tangentialkraft am Wälzkreis F_t (vgl. Bild 7.84).

$$M_{tmax} = F_t \cdot \frac{d_w}{2} \qquad \Rightarrow \qquad F_t = \frac{2 \cdot M_{tmax}}{d_w} \qquad\qquad \text{Gl. 7.147}$$

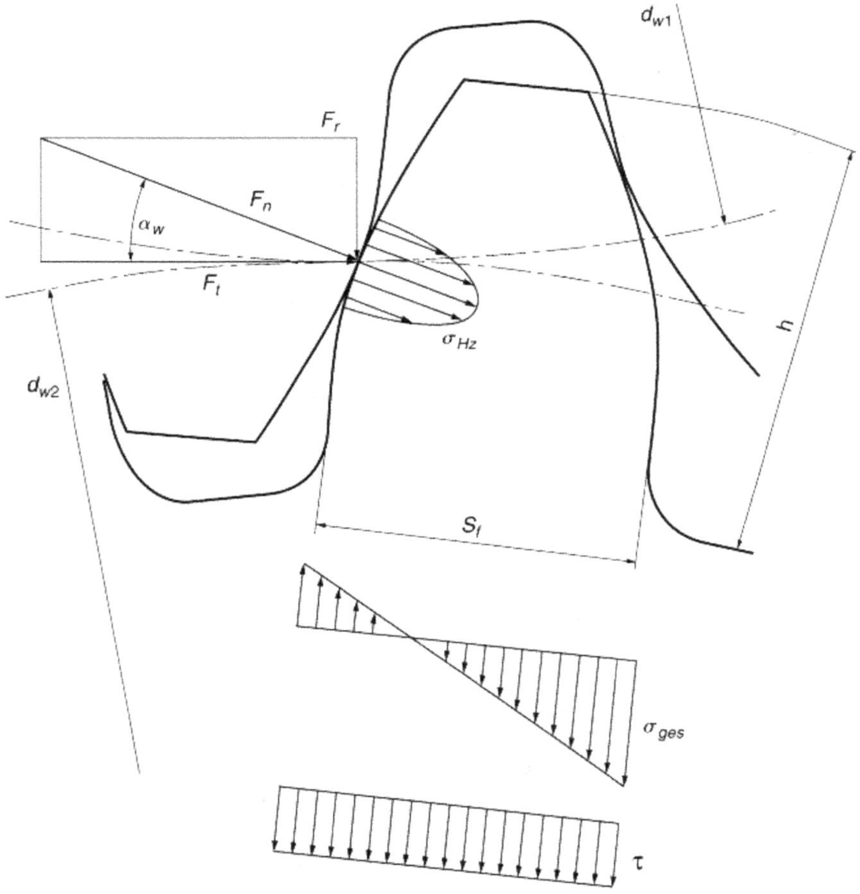

Bild 7.84: Belastungen am Zahn

Diese Kraft wirkt auf den Zahn in Richtung der Wälzkreistangente, die aber nicht senkrecht auf der Zahnflanke steht, sondern um den Eingriffswinkel α bzw. α_w dazu geneigt ist. Die Gesamtkraft F_n wirkt normal auf diese Flanke und wird deshalb mit n indiziert. Die nach

Gl. 7.147 ermittelte Tangentialkraft F_t ist also nur eine Komponente von F_n, durch die Schräg-stellung tritt die Radialkraft F_r als weitere Komponente hinzu:

$$\cos\alpha = \frac{F_t}{F_n} \quad \rightarrow \quad F_n = \frac{F_t}{\cos\alpha} \quad \text{bzw.} \quad F_n = \frac{F_t}{\cos\alpha_w} \qquad \text{Gl. 7.148}$$

$$\tan\alpha = \frac{F_r}{F_t} \quad \rightarrow \quad F_r = F_t \cdot \tan\alpha \quad \text{bzw.} \quad F_r = F_t \cdot \tan\alpha_w \qquad \text{Gl. 7.149}$$

Diese Kräfte sind maßgebend für die Festigkeitsbetrachtung des Zahnes. Es sind zwar vorübergehend zwei Zähne im Eingriff ($\varepsilon > 1$), aber die kritische Belastung liegt vor, wenn die Belastung gerade von einem Zahn übertragen wird.

7.5.2.12 Festigkeit der Evolventenverzahnung (B)

Die Festigkeit der Verzahnung wird vor allen Dingen durch die folgenden Kriterien begrenzt:

- **Zahnfußtragfähigkeit**: Der Zahn wird wie ein Biegebalken belastet: Am Zahnfuß ist der Zahn als Biegebalken im Zahnrad als der festen Wand eingespannt.
- **Zahnflankentragfähigkeit**: Die Kraftübertragung von einer Zahnflanke auf die andere hat eine Pressungsbelastung in der Übertragungszone zur Folge.
- **Zahnfresstragfähigkeit**: Da die Zahnflanken unter Pressung einer Gleitgeschwindigkeit ausgesetzt sind, muss im allgemeinen Fall mit Fressneigung gerechnet werden.

Bei gehärteten Werkstoffen stellt die Zahnfußtragfähigkeit das entscheidende Festigkeitskriterium dar, hinter dem die beiden anderen Schadensbilder deutlich zurücktreten. Aus diesem Grund wird vor allen Dingen dieser Aspekt betrachtet.

Beanspruchung am Zahnfuß

Die Beanspruchung im Zahnfuß wird dann am größten, wenn die in Gln. 7.147 bis 7.149 be-rechneten Kräfte in Erweiterung der Darstellung von Bild 7.84 am äußeren Ende der Zahn-flanke angreifen. Die Belastung besteht aus Biegung, Druck und Schub. Der dominante Biege-anteil formuliert sich nach der elementaren Festigkeitslehre zu

$$\sigma_b = \frac{M_b}{W_{ax}} = \frac{F_t \cdot h}{\dfrac{b \cdot s_f^2}{6}} = \frac{6 \cdot h}{b \cdot s_f^2} \cdot F_t \qquad \text{Gl. 7.150}$$

Dabei bezeichnet b die axiale Erstreckung des Zahnfußes, die normalerweise gleichbedeutend mit der Breite des Zahnrades ist. Wird die Verzahnung normgerecht und festigkeitsoptimiert ausgeführt, so entspricht die Zahnhöhe $h \approx 2{,}25 \cdot m$ (Zahnkopfhöhe + Zahnfußhöhe + Fußaus-rundung) und die Zahnfußdicke $s_f \approx 2 \cdot m$. Daraus ergibt sich eine Biegebeanspruchung am Zahnfuß von

$$\sigma_b \approx \frac{6 \cdot 2{,}25 \cdot m}{b \cdot (2 \cdot m)^2} \cdot F_t = \frac{3{,}375}{b \cdot m} \cdot F_t \qquad \text{Gl. 7.151}$$

Die am Zahnfuß vorliegende Druckspannung formuliert sich unter den gleichen Annahmen zu

$$\sigma_d = \frac{F_r}{b \cdot s_f} \approx \frac{F_t \cdot \tan\alpha}{b \cdot 2 \cdot m} = \frac{0,182}{b \cdot m} \cdot F_t \qquad\qquad\text{Gl. 7.152}$$

Die an gleicher Stelle auftretende Schubspannung lässt sich auf ähnliche Weise ausdrücken durch

$$\tau = \frac{F_t}{b \cdot s_f} \approx \frac{F_t}{b \cdot 2 \cdot m} = \frac{0,5}{b \cdot m} \cdot F_t \qquad\qquad\text{Gl. 7.153}$$

Damit ergibt sich eine Vergleichsspannung σ_F von (vgl. auch Gl. 1.3):

$$\sigma_F = \sqrt{(\sigma_b + \sigma_d)^2 + 3\tau^2} = \sqrt{(3,375 + 0,182)^2 + 3 \cdot 0,5^2} \cdot \frac{F_t}{b \cdot m} = 3,661 \cdot \frac{F_t}{b \cdot m} \qquad\text{Gl. 7.154}$$

Der Vergleich der Faktoren für die Biegespannung (3,375) und die Vergleichsspannung (3,661) zeigt, dass auch hier die Biegung dominant ist. Tatsächlich muss dieser modellhaft ermittelte Faktor 3,661 noch modifiziert werden, um den folgenden Umständen Rechnung zu tragen:

- Die oben formulierten Angaben (Zahnhöhe $h \approx 2,25 \cdot m$ und Zahnfußdicke $s_f \approx 2 \cdot m$) treffen nur grob zu, sie sind vielmehr von der Zähnezahl z und von der Profilverschiebung x abhängig. Dies drückt sich durch den „Zahnformfaktor" Y_F aus.
- In der obigen Modellbetrachtung wurde zunächst angenommen, dass sich die Belastung nur auf einen Zahneingriff konzentriert ($\varepsilon = 1$). Tatsächlich ist jedoch zeitweise mehr als ein Zahnpaar im Eingriff ($\varepsilon > 1$).
- Weiterhin kommt es entlang der axialen Erstreckung der Berührlinie der beiden Zahnflanken zu einer Ungleichmäßigkeit der Lastverteilung.

Wird der Faktor in Gl. 7.154 von 3,661 auf ca. 4,4 vergrößert, so ist dieser Ansatz für eine Näherungsrechnung in aller Regel ausreichend. Die DIN 3990, Teil 3 spezifiziert diese Formulierung zu

$$\sigma_F = Y_F \cdot Y_\beta \cdot Y_S \cdot K_A \cdot K_V \cdot K_{F\beta} \cdot K_{F\alpha} \cdot \frac{F_t}{b \cdot m}. \qquad\qquad\text{Gl. 7.155}$$

Dabei ist zu berücksichtigen:

$Y_F \cdot Y_\beta$	die Verzahnungsgeometrie
Y_S	die Fußausrundung (Kerbe)
$K_A \cdot K_V \cdot K_{F\beta} \cdot K_{F\alpha}$	Belastungsverhältnisse, Fertigungsungenauigkeiten

Die Festigkeit des Zahnfußes ist nur dann gewährleistet, wenn die so berechnete Zahnfußspannung σ_F kleiner ist als die zulässige Zahnfußspannung σ_{FP}:

$$\sigma_F < \sigma_{FP} \qquad\qquad\text{Gl. 7.156}$$

Die zulässige Zahnfußfestigkeit σ_{FP} ergibt sich aus der Schwellfestigkeit der Zähne σ_{Fl} unter Berücksichtigung einer erforderlichen Sicherheit S_F:

$$\sigma_{FP} = \frac{\sigma_{Fl}}{S_F} \qquad \text{Gl. 7.157}$$

Bei praktisch ausgeführten normalen bis hochwertigen Getrieben können Zahnfußspannungen $\sigma_F = 450 - 500 \text{ N/mm}^2$ zugelassen werden.

Pressung an den Zahnflanken

Die Übertragung der Kraft F_n an der Zahnflanke vollzieht sich prinzipiell wie die Kraftübertragung am Wälzkörper eines Zylinderrollenlagers oder bei Reibrädern: Auch hier liegt eine „Linien"-Berührung vor, aber die Kraft kann erst dann als Flächenpressung übertragen werden, wenn durch elastische Deformationen im Kontaktbereich eine entsprechende Fläche zur Verfügung gestellt worden ist. Auf dieser Fläche wird die Kraft mit einer nicht gleichmäßigen Flächenpressung übertragen. Die dabei auftretende maximale Hertz'sche Pressung σ_{Hz} lässt sich für den allgemeinen Fall zweier aus Stahl oder Leichtmetall bestehender Zylinder folgendermaßen ausdrücken:

$$\sigma_{Hz} = \sqrt{\frac{0,175 \cdot F_n \cdot E}{r \cdot b}} \qquad \text{Gl. 7.158}$$

Darin bedeutet E den Elastizitätsmodul und r den „Ersatzkrümmungsradius", der sich aus den Krümmungsradien der beiden beteiligten Zylinder ersatzweise ermitteln lässt. Für den Fall zweier im Wälzpunkt im Kontakt stehender Zahnflanken kann Gleichung 7.158 spezifiziert werden zu

$$\sigma_{Hz} = \sqrt{0,35 \cdot \frac{i+1}{i} \cdot \frac{F_t \cdot E}{b \cdot d_1} \cdot \frac{1}{\cos^2\alpha \cdot \tan\alpha_w}} \, . \qquad \text{Gl. 7.159}$$

Dieser Ansatz ist für eine Näherungsrechnung in aller Regel ausreichend. Die DIN 3990, Teil 2 verallgemeinert diese Formulierung zu

$$\sigma_{Hz} = \sqrt{\frac{i+1}{i} \cdot \frac{F_t}{b \cdot d_1}} \cdot Z_H \cdot Z_\varepsilon \cdot Z_\beta \cdot Z_E \cdot \sqrt{K_A \cdot K_V \cdot K_{H\beta} \cdot K_{H\alpha}} \, . \qquad \text{Gl. 7.160}$$

Dabei ist zu berücksichtigen:

$Z_H \cdot Z_\varepsilon \cdot Z_\beta$	die Zahngeometrie
Z_E	die Werkstoffelastizität
$\sqrt{K_A \cdot K_V \cdot K_{H\beta} \cdot K_{H\alpha}}$	Belastungsverhältnisse, Fertigungsungenauigkeiten

Die Festigkeit an der Zahnflanke ist nur dann gewährleistet, wenn die vorliegende Hertz'sche Pressung σ_H kleiner ist als die zulässige Hertz'sche Pressung σ_{HP}:

$$\sigma_{Hz} < \sigma_{HP} \qquad \text{Gl. 7.161}$$

Die zulässige Hertz'sche Pressung σ_{HP} errechnet sich aus dem entsprechenden Materialkennwert σ_{HI} unter Berücksichtigung einer erforderlichen Sicherheit S_H:

$$\sigma_{HP} = \frac{\sigma_{HI}}{S_H} \qquad\qquad\qquad \text{Gl. 7.162}$$

Wie bereits oben erwähnt worden ist, gilt dieser Nachweis für die Pressungsbelastung im Wälzpunkt. Da sich die Krümmungsverhältnisse jedoch entlang der Zahnflanke ändern, müsste dieser Nachweis für alle weiteren Punkte wiederholt werden. Die Praxis hat aber gezeigt, dass dies nicht nötig ist. Lediglich für Zähnezahlen unter 20 kann die Pressung auch im inneren Einzeleingriffspunkt des Ritzels kritisch werden, sodass für diese Stelle auch dort ein entsprechender Nachweis geführt werden muss.

Während bei gehärteten Zahnrädern dieses Festigkeitskriterium eher unkritisch ist, treten Flankenschäden aufgrund zu hoher Pressung bei unbehandelten oder vergüteten Zahnradwerkstoffen auf.

Fressen der Zahnflanken
Werden zwei sich berührende Flächen aufeinander gepresst und dabei einer Relativbewegung unterworfen, so wird an der Kontaktfläche Wärme generiert, die sich nach einer vereinfachten tribologischen Modellvorstellung auf die sich berührenden Rauigkeitsspitzen konzentriert. Dadurch entstehen lokal begrenzt so hohe Temperaturen, dass es zu einem Anschmelzen der Materialien und zu einer „Kaltverschweißung" (Verschweißung ohne Wärmezufuhr) kommt. Aufgrund der winzigen Verbindungsflächen ist diese Verschweißung jedoch nicht belastbar und bricht bei fortschreitender Bewegung der Flächen zueinander sofort wieder auf. Dauert dieser Vorgang an, so werden die Berührflächen zerstört.

Dieses komplexe tribologische Problem ist nicht so einfach zu quantifizieren, wobei auch der Schmierstoff und die Art der Schmierung eine entscheidende Rolle spielen: Die Reibung wird reduziert, im günstigsten Fall wird sogar ein hydrodynamischer Reibzustand erzielt. Weiterhin sorgt der Schmierstoff für die Verteilung und die Abfuhr der Wärme und vermeidet dabei das Zustandekommen der lokal hohen Spitzentemperaturen. Bei nicht zu hohen Belastungen und Geschwindigkeiten kann mit normalen Schmierverfahren (Tauchschmierung, Umlaufschmierung) eine langfristige Fresssicherheit der Zahnflanken sichergestellt werden. Extreme Verhältnisse erfordern jedoch weitere tribologische Betrachtungen und besondere Maßnahmen (Einspritzschmierung, Ölnebelschmierung).

Aufgaben A.7.37 bis A.7.43

7.5.2.13   Optimierung von Zähnezahl und Modul (V)

Der Modul m gewinnt entscheidende Bedeutung für die Belastbarkeit der Zahnradpaarung: Bei isolierter Betrachtung der Festigkeit eines einzelnen Zahns ergibt zwar ein großer Modul einen großen Biegehebelarm, da aber gleichzeitig das Widerstandsmoment im Zahnfuß quadratisch ansteigt, führt eine Vergrößerung des Moduls in erster grober Näherung zu einer linearen Tragfähigkeitsteigerung eines einzelnen Zahns, was bereits in Gl. 7.155 deutlich wurde. Die Tangentialkraft F_t ergab sich bereits durch Gl. 7.147 aus dem Lastmoment:

$$F_t = \frac{2 \cdot M_1}{d_1} \qquad \text{wobei} \quad d_1 = z_1 \cdot m$$

$$F_t = \frac{2 \cdot M_1}{z_1 \cdot m} \qquad\qquad\qquad\qquad\qquad \text{Gl. 7.163}$$

Wird Gl. 7.163 in Gl. 7.155 eingefügt, so ergibt sich für die Zahnfußspannung

$$\sigma_F = Y_F \cdot Y_\beta \cdot Y_S \cdot K_A \cdot K_V \cdot K_{F\beta} \cdot K_{F\alpha} \cdot \frac{\dfrac{2 \cdot M_1}{z_1 \cdot m}}{b \cdot m}$$

$$\sigma_F = Y_F \cdot Y_\beta \cdot Y_S \cdot K_A \cdot K_V \cdot K_{F\beta} \cdot K_{F\alpha} \cdot \frac{2 \cdot M_1}{z_1 \cdot b \cdot m^2} \leq \sigma_{FP} \qquad \text{Gl. 7.164}$$

Damit kann der festigkeitsmäßig optimale Modul mit der Zähnezahl in Zusammenhang gebracht werden:

$$m \geq \sqrt{\frac{Y_F \cdot Y_\beta \cdot Y_S \cdot K_A \cdot K_V \cdot K_{F\beta} \cdot K_{F\alpha} \cdot 2 \cdot M_1}{z_1 \cdot b \cdot \sigma_{FP}}} \qquad \text{Gl. 7.165}$$

Um einen möglichst großen Modul verwenden zu können, muss die Zähnezahl möglichst reduziert werden. Ohne Profilverschiebung dürfen 14 Zähne, bei Anwendung einer positiven Profilverschiebung von x = 0,5 dürfen 9 bis 10 Zähne nicht unterschritten werden. Der so berechnete Modul muss auf ein Normmaß (s. Tabelle 7.10) aufgerundet werden. Damit können dann alle anderen Maße der Verzahnung festgelegt werden.

Bei dieser Betrachtung ist die Zahnbreite b noch als beliebig wählbare Variable offen geblieben. Aus konstruktiven Gründen muss jedoch die Zahnbreite mit dem Modul in ein vernünftiges Verhältnis gesetzt werden. Bei starrer Getriebekonstruktion ist eine große Zahnbreite durchaus vorteilhaft, während bei leichter, nachgiebiger Konstruktion eine große Zahnbreite aufgrund der lastbedingten Wellendurchbiegung zu Ungleichmäßigkeiten in der Lastverteilung führt. Die Richtwerte nach Tab. 7.11 sollten nicht überschritten werden:

Tabelle 7.11: Richtwerte b/m

Stahlkonstruktion mit nachgiebigem Gehäuse	$b/m \approx 10 \dots 15$
Stahlkonstruktion mit fliegend gelagertem Ritzel	$b/m \approx 15 \dots 25$
Gusskonstruktion	$b/m \approx 20 \dots 30$
starre Lagerung	$b/m \approx 25 \dots 60$

Damit gewinnt Gleichung 7.165 die folgende spezielle Form:

$$\sigma_F = Y_F \cdot Y_\beta \cdot Y_S \cdot K_A \cdot K_V \cdot K_{F\beta} \cdot K_{F\alpha} \cdot \frac{2 \cdot M_1}{z_1 \cdot \dfrac{b}{m} \cdot m^3} \leq \sigma_{FP} \qquad \text{Gl. 7.166}$$

Damit kann der festigkeitsmäßig optimale Modul folgendermaßen formuliert werden:

$$m \geq \sqrt[3]{\frac{Y_F \cdot Y_\beta \cdot Y_S \cdot K_A \cdot K_V \cdot K_{F\beta} \cdot K_{F\alpha} \cdot 2 \cdot M_t}{z_1 \cdot \dfrac{b}{m} \cdot \sigma_{FP}}} \qquad \text{Gl. 7.167}$$

Aufgaben A.7.44 bis A.7.46

7.5.3   Zykloidenverzahnung (V)

Wie bereits oben erwähnt wurde, sind nach dem Verzahnungsgesetz beliebig viele Verzahnungsgeometrien vorstellbar. Die Evolventenverzahnung ist lediglich ein Spezialfall, der allerdings besonders häufig angewendet wird. An dieser Stelle soll nur noch eine weitere Verzahnung erwähnt werden: Wird die Eingriffslinie aus Kreisbögen zusammengesetzt, so entsteht die sog. „Zykloidenverzahnung" nach Bild 7.85.

Die Zahnflanke ergibt sich als „Rollkurve" durch Abwälzen der Rollkreise auf dem Wälzkreis. Die Kopfflanke entsteht durch Abrollen außen auf dem Wälzkreis (Epizykloide oder Aufradlinie, hier mit g_1), die Fußflanke durch Abrollen innen auf dem Wälzkreis (Hypozykloide oder Inradlinie, hier mit g_2). Der Durchmesser des Rollkreises kann beliebig gewählt werden, die günstigsten Eingriffsverhältnisse ergeben sich dann, wenn er etwa dem 0,3-fachen des Wälzkreisdurchmessers entspricht.

Wie bei der Evolventenverzahnung wird die Eingriffslinie durch die Kopfkreise begrenzt. Da stets die konvexe Flanke des Zahnkopfes des einen Rades mit der konkaven Zahnflanke des Zahnfußes des Gegenrades in Kontakt steht, ergeben sich stets günstige Flächenpressungsverhältnisse. Weiterhin sind sehr geringe Zähnezahlen möglich, ohne dass Unterschnitt eintritt.

Dennoch wird die Zykloidenverzahnung nur selten angewendet, da eine vorteilhafte Kraftübertragung eine genaue Einhaltung des Achsabstandes voraussetzt. Außerdem ist die Zykloidenverzahnung aufwendig in der Fertigung, da für jede Zähnezahl ein gesondertes Fräswerkzeug erforderlich ist. Aus diesen Gründen wird die Zykloidenverzahnung nur dort eingesetzt, wo man von ihren speziellen Eigenschaften besonderen Nutzen ziehen kann. Eine gegenüberstellende Beurteilung von Evolventen- und Zykloidenverzahnung ist in Bild 7.86 und der sich daran anschließenden Auflistung zusammengefasst.

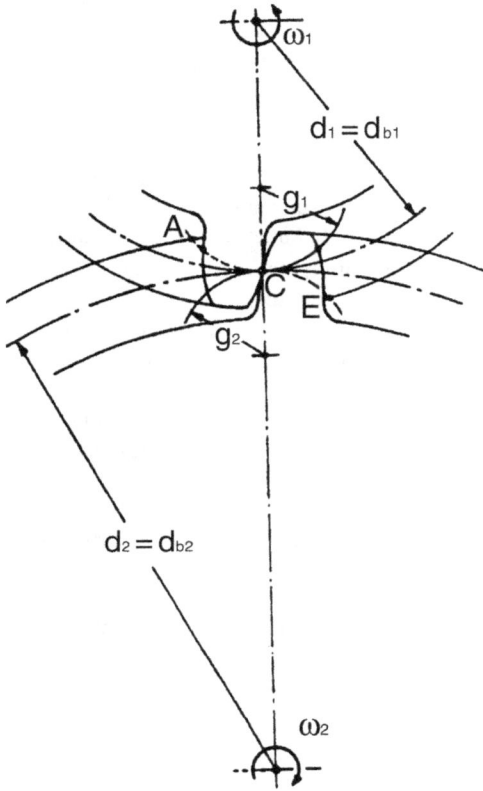

Bild 7.85: Zykloidenverzahnung

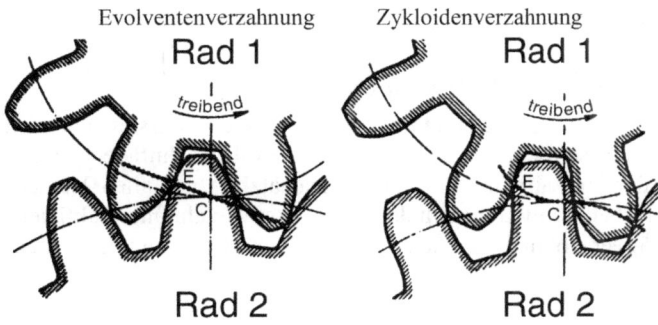

Bild 7.86:   Gegenüberstellung Evolventen-/Zykloidenverzahnung

Evolventenverzahnung	Zykloidenverzahnung
Die Zahnform ist festigkeitsmäßig günstig ausgebildet (großes Widerstandsmoment am Zahnfuß).	Die Zahnform ist festigkeitsmäßig ungünstig (schlanker Zahnfuß mit geringem Widerstandsmoment).
Am Zahnflankeneingriff liegt konvex-konvexe Berührung vor, dadurch kommt es zu relativ hohen Hertz'schen Pressungen.	Am Zahnflankeneingriff liegt konvex-konkave Berührung vor, was zu relativ geringen Hertz'schen Pressungen und zu günstigen hydrodynamischen Schmierverhältnissen führt.
Unterschnitt kann durch Profilverschiebung verhindert werden.	Die Unterschnittgefahr ist gering, es sind kleine Zähnezahlen möglich.
Die Verzahnung ist gegenüber Achsabstandsänderungen unempfindlich.	Da die Zahnflanke einen Wendepunkt besitzt, ist die Verzahnung gegenüber Achsabstandsänderungen sehr empfindlich.
Da die Eingriffslinie eine Gerade ist, sind die Kräfte nach Größe und Richtung bekannt und lassen sich rechnerisch sehr einfach handhaben.	Die Zahnkräfte ändern sich nach Größe und Richtung und wirken schwingungsanregend.
Wegen des geometrisch einfachen Zahnstangenwerkzeuges ist die Herstellung der Verzahnung relativ einfach.	Die Herstellung der Verzahnung ist fertigungstechnisch sehr aufwendig.
Bei gleichem Modul können beliebige Räder miteinander gepaart werden.	Die kämmenden Räder müssen gleiche Rollkreisdurchmesser aufweisen.

7.5.4 Schrägverzahnung (V)

Die bisherigen Erläuterungen bezogen sich auf „Geradverzahnungen": Die Zahnräder ändern ihre Form in axialer Richtung nicht. Aus Gründen, die weiter unten noch zur Diskussion gestellt werden, kann es jedoch vorteilhaft sein, die Zähne in axialer Richtung schräg zu stellen, wodurch die Schrägverzahnung entsteht.

7.5.4.1 Geometrie der Schrägverzahnung (V)

Die Schrägstellung der Zähne ändert zunächst einmal nichts an der Tatsache, dass es sich auch hier um ein ebenes Getriebe handelt, schließlich bleiben die Achsen der Zahnräder parallel zueinander. Die Schrägstellung der Verzahnung lässt sich grundsätzlich mit allen Verzahnungsarten ausführen, wird aber fast ausschließlich mit der Evolventenverzahnung praktiziert. Nach Bild 7.87 lässt sich die Schrägverzahnung anschaulich aus der Geradverzahnung ableiten.

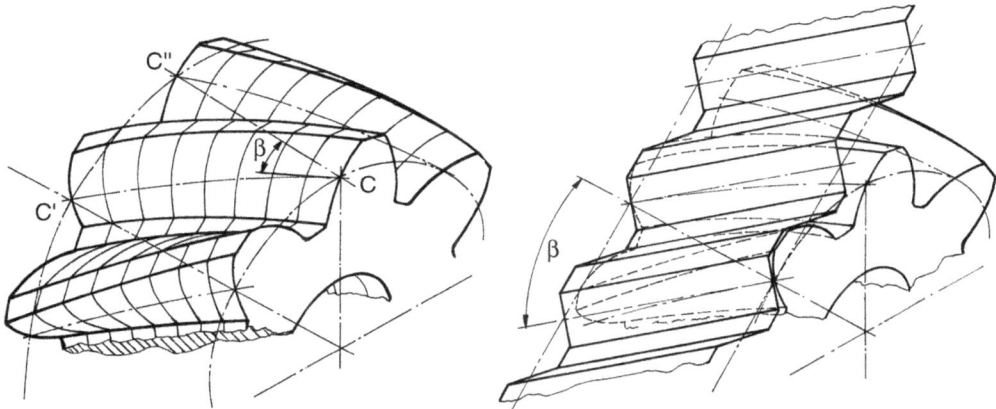

Bild 7.87: Schrägverzahnung als Vielfachanordnung versetzter Geradverzahnungen

Man kann sich das schrägverzahnte Rad aus dünnen, schichtweise aufeinander gestapelten ge-radverzahnten Rädern vorstellen, die jeweils so zueinander versetzt angeordnet sind, dass eine Schrägung des Zahnes über seiner gesamten axialen Erstreckung entsteht. Dadurch wird der Teilkreis zum Teilzylinder, auf dessen Mantellinie sich der Wälzpunkt C befindet. Die Man-tellinie des Teilzylinders CC″ bildet mit der Zahnflanke auf der schraubenförmig gewendelten Linie CC′ den Schrägungswinkel β. Kämmen zwei schrägverzahnte Räder miteinander, so muss neben der gleichen Teilung p auch der Schrägungswinkel β gleich sein. So wie es bei Schrauben Rechts- und Linksgewinde gibt, so kann die Schrägung eines Zahnrades rechts- oder linkssteigend ausgeführt werden. Wie Bild 7.88 eines Paares schrägverzahnter Räder ver-deutlicht, kann dabei der Schrägungswinkel β als Komplementärwinkel des Schraubenstei-gungswinkels γ aufgefasst werden:

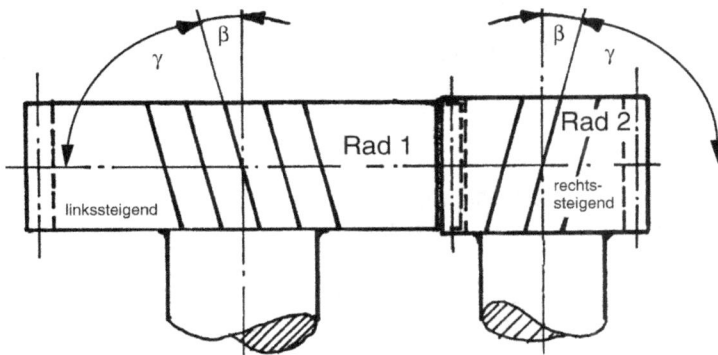

Bild 7.88:   Schrägver-zahntes Stirnradpaar

Sind die Räder außenverzahnt, so muss stets ein rechts- mit einem linkssteigenden Rad gepaart werden. Nimmt man wie bei der Geradverzahnung ein unendlich großes Rad an, so entsteht dabei eine Zahnstange mit um β geneigten Flanken (Bild 7.87 rechts). Bild 7.89 greift diese Zahnstange nochmals auf.

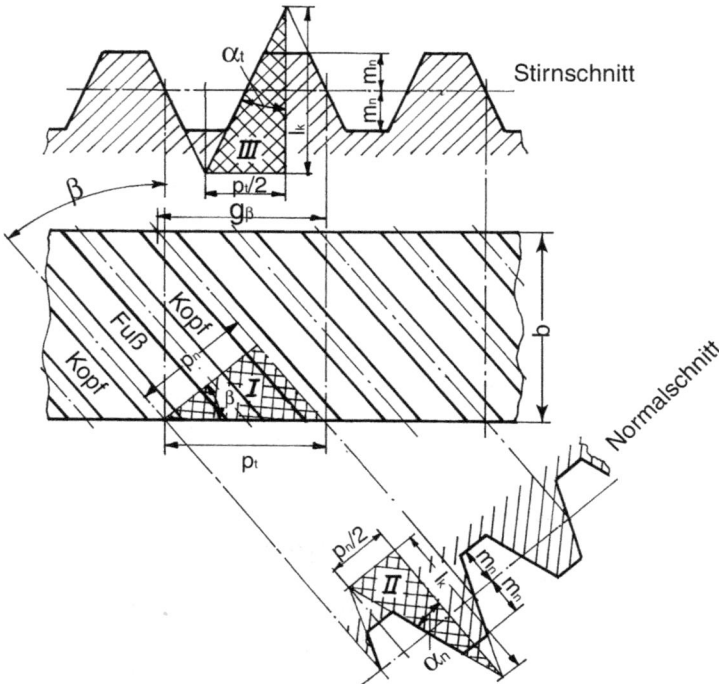

Bild 7.89: Gegenüber-
stellung Stirnschnitt –
Normalschnitt

Wenn man im „Normalschnitt" (senkrecht zur Flanke) die Maße der Geradverzahnung ansetzt, so lässt sich die Schrägverzahnung prinzipiell mit den gleichen Werkzeugen herstellen wie die Geradverzahnung. Zur besseren Differenzierung wird der Modul nunmehr mit Normalmodul m_n, die Teilung mit Normalteilung p_n und der Eingriffswinkel mit Normaleingriffswinkel α_n bezeichnet. Im „Stirnschnitt" (senkrecht zur Achse) ergeben sich die gleichen, nunmehr mit t indizierten Begriffe mit anderen Abmessungen. Die Größen im Normalschnitt sind mit denen im Stirnschnitt über den Schrägungswinkel β verknüpft. Aus Dreieck I ergibt sich

$$\cos\beta = \frac{p_n}{p_t} = \frac{m_n \cdot \pi}{m_t \cdot \pi} \quad \Rightarrow \quad m_t = \frac{m_n}{\cos\beta} . \qquad\qquad \text{Gl. 7.168}$$

Bei der Schrägung des Zahnes bleiben seine Höhe (hier $2 \cdot m_n$) und alle weiteren radialen Abmessungen, also auch l_k erhalten. Aus Dreieck II lässt sich ablesen:

$$\tan\alpha_n = \frac{p_n}{2 \cdot l_k} \qquad \rightarrow \qquad l_k = \frac{p_n}{2 \cdot \tan\alpha_n} .$$

In ähnlicher Weise folgt aus Dreieck III

$$\tan\alpha_t = \frac{p_t}{2 \cdot l_k} \qquad \rightarrow \qquad l_k = \frac{p_t}{2 \cdot \tan\alpha_t} .$$

Durch Auflösen der beiden vorstehenden Gleichungen nach l_k und Gleichsetzen gewinnt man:

$$\frac{p_n}{2 \cdot \tan \alpha_n} = \frac{p_t}{2 \cdot \tan \alpha_t} \quad \Rightarrow \quad \tan \alpha_t = \frac{p_t}{p_n} \cdot \tan \alpha_n \, . \qquad \text{Gl. 7.169}$$

Wird die Verknüpfung zwischen Normalteilung p_n und Stirnteilung p_t nach Gl. 7.168 eingeführt, so lässt sich formulieren:

$$\tan \alpha_t = \frac{\tan \alpha_n}{\cos \beta} \qquad \text{bzw.} \qquad \alpha_t = \arctan \frac{\tan \alpha_n}{\cos \beta} \, . \qquad \text{Gl. 7.170}$$

Daraus folgt u.a. auch, dass der Eingriffswinkel durch die Schrägstellung der Verzahnung in jedem Fall vergrößert wird. Werden für die Raddurchmesser ähnliche Analogien zwischen Stirnschnitt und Normalschnitt gesucht, so ergibt sich zunächst laut Definition des Moduls

$$m_t = \frac{d}{z} \qquad \Rightarrow \qquad d = m_t \cdot z = \frac{m_n}{\cos \beta} \cdot z \qquad \text{Gl. 7.171}$$

Da die Schrägverzahnung mit den gleichen Werkzeugen hergestellt wird wie die Geradverzahnung, liegt es nahe, sich im Normalschnitt ein „Ersatzrad" nach Bild 7.90 vorzustellen, um damit die Geometrie im Eingriffspunkt mit den bereits aus der Geradverzahnung bekannten Betrachtungen erfassen zu können.

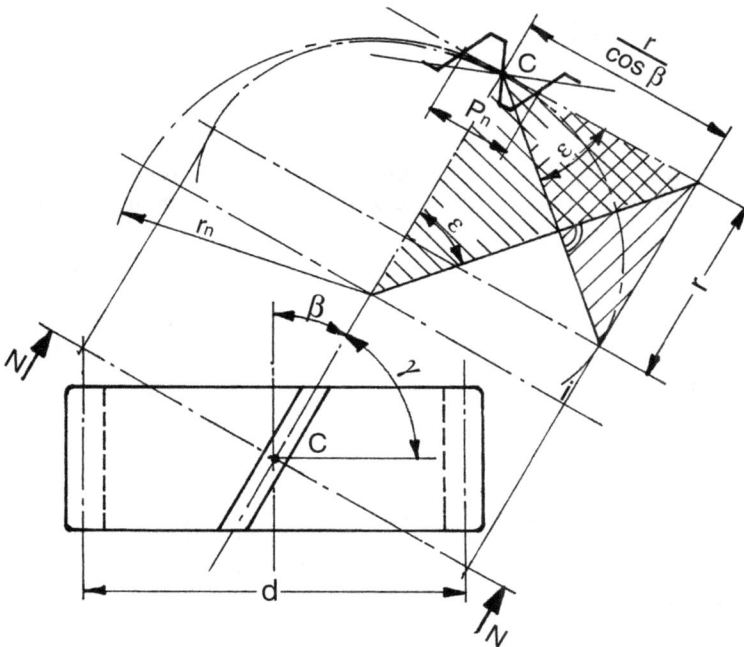

Bild 7.90: Ersatzstirnrad für Schrägverzahnung

Durch diesen Normalschnitt werden alle Kreise (Teil-, Grundkreis u.s.w.) des Stirnschnitts in Ellipsen im Normalschnitt überführt. Für die weitere Betrachtung ist jedoch nur die große Halbachse dieser Ellipsen maßgebend, da nur an dieser Stelle der Eingriff stattfindet. So gewinnt man ein fiktives Geradstirnrad, dessen Verzahnungsgrößen denen der Schrägverzahnnung entsprechen. Nach Bild 7.90 folgt unter Ausnutzung der Ähnlichkeit der schraffierten Dreiecke $\tan \varepsilon = \tan \varepsilon$ die Beziehung

$$\frac{\dfrac{r}{\cos\beta}}{r_n} = \frac{r}{\dfrac{r}{\cos\beta}} \quad \Rightarrow \quad r_n \cdot r = \left(\frac{r}{\cos\beta}\right)^2$$

$$r_n = \frac{r}{\cos^2\beta} \quad \Rightarrow \quad d_n = \frac{d}{\cos^2\beta} \qquad \text{Gl. 7.172}$$

Daraus ergibt sich auch eine Formulierung für eine fiktive Zähnezahl z_n für das Ersatzrad

$$d_n = m_n \cdot z_n \quad \Rightarrow \quad z_n = \frac{d_n}{m_n} = \frac{d}{\cos^2\beta \cdot m_n}. \qquad \text{Gl. 7.173}$$

Mit $d = m_t \cdot z$ (Gl. 7.120) folgt

$$z_n = \frac{m_t}{\cos^2\beta \cdot m_n} \cdot z \qquad \text{Gl. 7.174}$$

und mit $m_t = m_n / \cos\beta$ (Gl. 168) ergibt sich schließlich

$$z_n = \frac{m_n}{\cos\beta \cdot \cos^2\beta \cdot m_n} \cdot z = \frac{1}{\cos^3\beta} \cdot z \qquad \text{Gl. 7.175}$$

Diese fiktive Zähnezahl z_n ist in aller Regel nicht ganzzahlig und stets größer als die tatsächlich vorhandene Zähnezahl z. Aus diesem Grund ist die Grenzzähnezahl eines schrägverzahnten Rades z_{gs} stets kleiner als die eines geradverzahnten Rades z_g:

$$z_{gs} = z_g \cdot \cos^3\beta \qquad \text{Gl. 7.176}$$

Dies betrifft sowohl die Ermittlung der theoretischen Grenzzähnzahl $z_g = 17$ als auch der praktischen Mindestzähnezahl $z_g = 14$. Wird der genormte Eingriffswinkel im Normalschnitt von $\alpha = 20°$ verwendet, so ergeben sich die Grenzzähnezahlen nach Tab. 7.12.

Tabelle 7.12: Grenzzähnezahlen Schrägverzahnung

Schrägungswinkel β	0°	12°	20°	30°	43°
theoretische Grenzzähnezahl z_g	17	16	14	11	7
praktische Grenzzähnezahl z_g'	14	13	12	9	6

Bei der Schrägverzahnung können also wesentlich kleinere Zähnezahlen angewendet werden als bei der Geradverzahnung.

7.5.4.2   Profilverschiebung (V)

Bei noch geringeren Zähnezahlen muss zur Vermeidung von Unterschnitt auch bei der Schrägverzahnung die Profilverschiebung praktiziert werden. Der dazu erforderliche Profilverschiebungsfaktor ergibt sich direkt aus der Betrachtung des Normalschnittes, weil die radialen Abmessungen von der Schrägung der Zähne nicht betroffen sind. Die für die Geradverzahnung betrachteten Gleichungen behalten also ihre Gültigkeit.

theoretisch: $x_{min} = \dfrac{17 - z_n}{17}$ Gl. 7.177

praktisch: $x_{min} = \dfrac{14 - z_n}{17}$ Gl. 7.178

Der tatsächliche Betrag der Profilverschiebung ergibt sich schließlich wie bei der Geradverzahnung als Produkt aus Profilverschiebungsfaktor x und Normalmodul (= Herstellungsmodul) m. Auch die weiteren bei der Geradverzahnung diskutierten Aspekte (Veränderung bzw. Angleichung des Achsabstandes und die festigkeitsmäßig günstigere Zahnform) können bei der Schrägverzahnung eine Profilverschiebung erfordern.

7.5.4.3   Überdeckungsgrad (V)

Ähnlich wie bei der Geradverzahnung lässt sich auch bei der Schrägverzahnung eine Profilüberdeckung formulieren:

$$\varepsilon_\alpha = \frac{\sqrt{d_{a1t}^2 - d_{b1t}^2} + \sqrt{d_{a2t}^2 - d_{b2t}^2} - 2 \cdot (a + \Delta a) \cdot \sin\alpha_{tw}}{2 \cdot p_t \cdot \cos\alpha_t}$$ Gl. 7.179

Wie Bild 7.91 zeigt, ist diese Profilüberdeckung ε_α aber nur ein Bestandteil des gesamten Überdeckungsgrades ε_γ.

Der für die Schrägverzahnung maßgebende Überdeckungsgrad ε_γ setzt sich zusammen aus der bereits von der Geradverzahnung bekannten Überdeckung ε_α und der sog. Sprungüberdeckung ε_β:

$$\varepsilon_\gamma = \varepsilon_\alpha + \varepsilon_\beta$$ Gl. 7.180

Bei schrägverzahnten Radpaaren wird die Eingriffsstrecke um den Weg $g_\beta = b \cdot \tan\beta$ vergrößert, die dabei entstehende Sprungüberdeckung ε_β lässt sich formulieren zu

$$\varepsilon_\beta = \frac{g_\beta}{p_t} = \frac{b \cdot \tan\beta}{p_t} = \frac{b \cdot \dfrac{\sin\beta}{\cos\beta}}{\dfrac{m_n}{\cos\beta} \cdot \pi} = \frac{b \cdot \sin\beta}{m_n \cdot \pi} \, .$$ Gl. 7.181

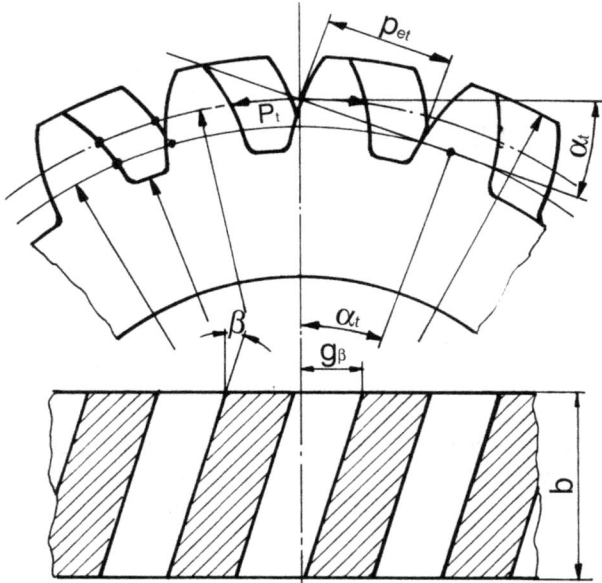

Bild 7.91: Profilüberdeckung des schrägverzahnten Rades

Die Vergrößerung der Profilüberdeckung um die Sprungüberdeckung ε_β ist der wesentliche Vorteil der Schrägverzahnung. Meist wird $\varepsilon_\beta \approx 1$ ausgeführt. Im Gegensatz zur Geradverzahnung kann hier ganz gezielt der Fall angestrebt werden, dass immer mindestens zwei Zähne im Eingriff sind ($\varepsilon_\gamma > 2$), was für die Festigkeit der Verzahnung erhebliche Vorteile mit sich bringt. Ist das Zahnrad schmal, so treten die Vorteile der Schrägverzahnung kaum in Erscheinung, ist das Zahnrad hingegen sehr breit, so treten zunehmend Probleme der Lastverteilung über der Zahnbreite auf.

7.5.4.4 Kräfte an der Schrägverzahnung (V)

Für die Festigkeitsberechnung von Schrägverzahnungen gilt grundsätzlich die gleiche Vorgehensweise wie bei geradverzahnten Rädern, durch die Schrägstellung der Zähne wird allerdings eine zusätzliche Axialkraftkomponente hervorgerufen. Damit wird das zweidimensionale Problem der Geradverzahnung zum dreidimensionalen Problem der Schrägverzahnung. Bild 7.92 stellt diese wesentliche Erweiterung dar. Die für die Momentenübertragung wirksame Kraft F_t errechnet sich wie zuvor aus dem übertragenden Moment.

$$M_t = F_t \cdot \frac{d_w}{2} \quad \Rightarrow \quad F_t = \frac{2 \cdot M_t}{d_w} \qquad \text{Gl. 7.182}$$

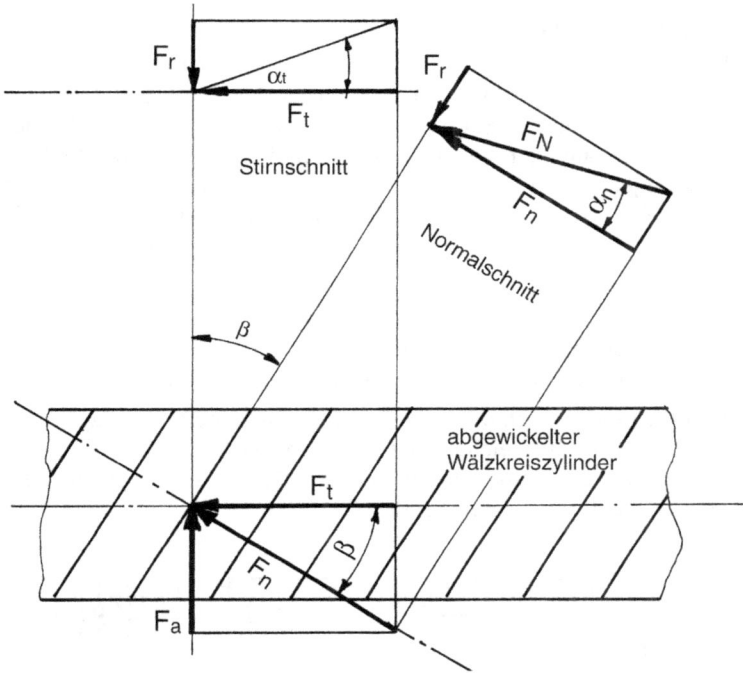

Bild 7.92: Kräfte am schrägverzahnten Rad

In der Draufsicht auf den Wälzkreiszylinder lässt sich die zusätzlich auftretende Axialkraft F_a damit leicht in Beziehung setzen:

$$\tan\beta = \frac{F_a}{F_t} \qquad \Rightarrow \qquad F_a = F_t \cdot \tan\beta \qquad\qquad \text{Gl. 7.183}$$

In dieser Ansicht lässt sich die Kraft F_n als Resultierende von F_t und F_a ausmachen:

$$\sin\beta = \frac{F_a}{F_n} \qquad \Rightarrow \qquad F_n = \frac{F_a}{\sin\beta} = \frac{F_t \cdot \tan\beta}{\sin\beta} = \frac{F_t}{\cos\beta} \qquad\qquad \text{Gl. 7.184}$$

Für die tatsächlich an der Flanke wirkende Resultierende F_N und die Radialkraft F_r wird sinnvollerweise der Normalschnitt betrachtet:

$$\tan\alpha_n = \frac{F_r}{F_n} \qquad \Rightarrow \qquad F_r = F_n \cdot \tan\alpha_n = F_t \cdot \frac{\tan\alpha_n}{\cos\beta} \qquad\qquad \text{Gl. 7.185}$$

und

$$\cos\alpha_n = \frac{F_n}{F_N} \qquad \Rightarrow \qquad F_N = \frac{F_n}{\cos\alpha_n} = \frac{F_t}{\cos\alpha_n \cdot \cos\beta} \qquad\qquad \text{Gl. 7.186}$$

7.5.4.5   Optimierung der Schrägverzahnung (V)

Der wesentliche Vorteil der Schrägverzahnung ist der Umstand, dass immer mehr Zähne im Eingriff sind als bei einem vergleichbaren geradverzahnten Radpaar. Die Belastung eines einzelnen Zahnes erfolgt nicht stoßartig, sondern kontinuierlich schräg über der Flankenfläche; die Folge davon ist eine höhere Tragfähigkeit, höhere Laufruhe und eine geringere Mindestzähnezahl. Als Nachteile müssen jedoch ein höherer Fertigungsaufwand und eine zusätzliche Axialkraft in Kauf genommen werden, die nicht nur die Verzahnung selbst, sondern auch Wellen und Lager zusätzlich belasten. Bei der Optimierung des Schrägungswinkels β sind die folgenden Aspekte maßgebend:

- Ist der Schrägungswinkel β zu klein (unter etwa 10°), so treten die Vorteile der Schrägverzahnung kaum in Erscheinung, der erhöhte Fertigungsaufwand lohnt sich dabei kaum.
- Ist der Schrägungswinkel β zu groß (größer als ca. 30°), so werden die Axialkräfte zu hoch.

Dieser letztgenannte Nachteil lässt sich jedoch mit der deutlich aufwendigeren Fertigung von Pfeil- und Doppelschrägungszahnrädern ausgleichen: Dann müssen zwei nebeneinander angeordnete Räder wechselseitig angeschrägt werden, sodass sich die Axialkräfte gegeneinander abstützen (Doppelschrägverzahnung, Pfeilverzahnung, Bild 7.93).

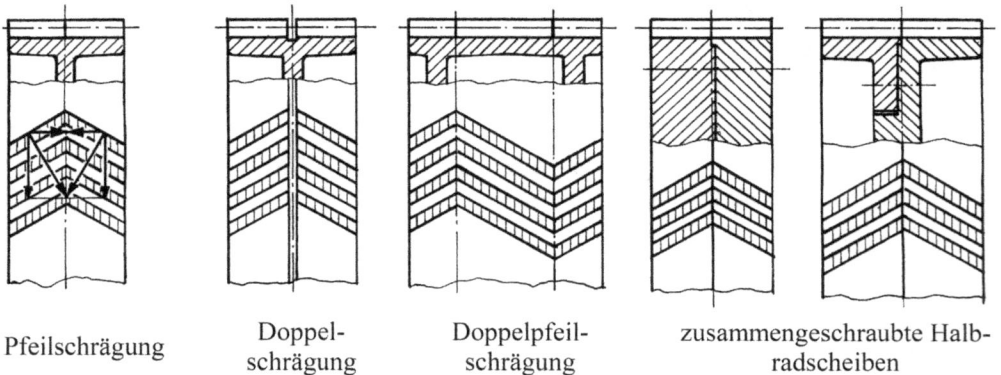

| Pfeilschrägung | Doppel-schrägung | Doppelpfeil-schrägung | zusammengeschraubte Halb-radscheiben |

Bild 7.93: Kompensation der Axialkraft bei Schrägverzahnung

Die vorgenannten Maßnahmen sind aber nur dann nutzbar, wenn die Verzahnungsgeometrie präzise ausgeführt wird und wenn die Konstruktion so steif ist, dass nicht mit unerwünschten Verformungen zu rechnen ist. Außerdem müssen sich zum Ausgleich der Axialkräfte die beiden Räder axial gegeneinander frei einstellen können.

Aufgaben A.7.47 und A.7.50

7.6   Anhang

7.6.1   Literatur

[7.1]   Bauer/Schneider: Hülltriebe und Reibradgetriebe; 6. Auflage Leipzig 1975

[7.2]   Bausch, T.: Zahnradfertigung; Expert-Verlag Grafenau/Württemberg 1986

[7.3]   Funk, W.: Zugmittelgetriebe; Springer-Verlag Berlin 1995

[7.4]   Hinzen, H.: Unkonventionelles Spindelsystem für eine High-Tech-Werkzeugmaschine; Z. Antriebstechnik 8 (1989), S. 50–58

[7.5]   Krause, W.: Zahnriemengetriebe; Hüthig-Verlag Heidelberg, 1988

[7.6]   Kücükay, F.: Dynamik der Zahnradgetriebe; Springer-Verlag Berlin 1987

[7.7]   Linke, H.: Stirnradverzahnung, Berechnung, Werkstoffe, Fertigung; Fachbuchverlag Leipzig/Carl Hanser Verlag 1996

[7.8]   Lohmann, J.: Zahnradgetriebe; 2. Auflage Springer-Verlag Berlin 1988

[7.9]   Handbuch für Kettentechnik; Arnold & Stolzenberg GmbH

[7.10] Peeken, H.; Hinzen, H.; Welter, R.: Das Kugelgetriebe, ein stufenlos verstellbares Leistungsgetriebe mit ungewöhnlicher Kinematik; Konstruktion 43 (1991) Nr. 7/8, S. 263–267

[7.11] Pietsch, P.: Kettentriebe; Einbeck 1965

[7.12] Rachner, H.-G.: Stahlgelenkkette und Kettengetriebe; Konstruktionsbücher, Band 20, Berlin Göttingen Heidelberg 1962

[7.13] Roth, A.: Zahnradtechnik, Band 1 und 2; Springer-Verlag Berlin 1989

[7.14] Thomas, A.K.; Charcut, W.: Die Tragfähigkeit der Zahnräder; 7. Auflage München 1971

[7.15] VDI Richtlinie 2155: Gleichförmig übersetzende Reibschlussgetriebe; VDI-Verlag Düsseldorf 1977

[7.16] VDI/VDE Richtlinie 2608: Einflanken- und Zweiflankenwälzprüfung von gerad- und schrägverzahnten Stirnrädern mit Evolventenprofil

[7.17] VDI Richtlinie 2758: Riemengetriebe; VDI-Verlag Düsseldorf 1991

[7.18] VDI Richtlinie 3336: Verzahnen von Stirnräder; VDI-Verlag Düsseldorf 1984

[7.19] Weck, M.: Moderne Leistungsgetriebe – Verzahnungsauslegung und Betriebsverhalten; Springer-Verlag Berlin 1992

[7.20] Widmer, E.: Berechnen von Zahnrädern und Getriebe-Verzahnungen; Verlag Birkhäuser Basel 1981

[7.21] Winter, H.: Kegelradgetriebe; Expert-Verlag Ehningen 1990

[7.22] Zirpke, E.: Zahnräder; Fachbuchverlag Leipzig 1989

[7.23] Zollner, H.: Kettentriebe; München 1966

7.6.2   Normen

[7.24] DIN-Taschenbuch 106: Verzahnungsterminologie; Beuth-Verlag Berlin 1985

[7.25] DIN-Taschenbuch 123: Zahnradfertigung; Beuth-Verlag Berlin 1987

[7.26] DIN-Taschenbuch 173: Zahnradkonstruktionen; Beuth-Verlag Berlin 1986

[7.27] DIN 37: Darstellung und vereinfachte Darstellung für Zahnräder und Räderpaarungen

[7.28] DIN ISO 53: Bezugsprofil für Stirnräder für den allgemeinen Maschinenbau und den Schwermaschinenbau

[7.29] DIN 109 T1: Antriebselemente; Umfangsgeschwindigkeiten

[7.30] DIN 109 T2: Antriebselemente; Achsabstände für Riementriebe mit Keilriemen

[7.31] DIN 111: Antriebselemente; Flachriemenscheiben; Maße, Nenndrehmomente

[7.32] DIN ISO 701: Internationale Verzahnungsterminologie; Symbole für geometrische Größen

[7.33] DIN 780: Modulreihe für Zahnräder

[7.34] DIN 781: Werkzeugmaschinen; Zähnezahlen der Wechselräder

[7.35] DIN 782: Werkzeugmaschinen; Wechselräder, Maße

[7.36] DIN 867: Bezugsprofile für Evolventenverzahnungen an Stirnrädern (Zylinderrädern) für den allgemeinen Maschinenbau und den Schwermaschinenbau

[7.37] DIN 868: Allgemeine Begriffe und Bestimmungsgrößen für Zahnräder, Zahnradpaare und Zahnradgetriebe

[7.38] DIN 1825: Schneidräder für Stirnräder; Geradverzahnte Scheibenschneidräder

[7.39] DIN 1828: Schneidräder für Stirnräder; Geradverzahnte Schaftschneidräder

[7.40] DIN 1829 T1: Schneidräder für Stirnräder; Bestimmungsgrößen, Begriffe, Kennzeichen

[7.41] DIN 1829 T2: Schneidräder für Stirnräder; Toleranzen, zulässige Abweichungen

[7.42] DIN ISO 2203: Technische Zeichnungen; Darstellung von Zahnrädern

[7.43] DIN 2211: Antriebselemente; Schmalkeilriemenscheiben

[7.44] DIN 2215: Endlose Keilriemen; Maße

[7.45] DIN 2216: Endliche Keilriemen; Maße

[7.46] DIN 2217: Antriebselemente; Keilriemenscheiben

[7.47] DIN 2218: Endlose Keilriemen für den Maschinenbau; Berechnung der Antriebe, Leistungswerte

[7.48] DIN 3960: Begriffe und Bestimmungsgrößen für Stirnräder (Zylinderräder) und Stirnradpaare (Zylinderradpaare) mit Evolventenverzahnung

[7.49] DIN 3961: Toleranzen für Stirnradverzahnungen; Grundlagen

[7.50] DIN 3962 T1: Toleranzen für Stirnradverzahnungen; Toleranzen für Abweichungen einzelner Bestimmungsgrößen

[7.51] DIN 3961 T2: Toleranzen für Stirnradverzahnungen; Toleranzen für Flankenlinienabweichungen

[7.52] DIN 3961 T3: Toleranzen für Stirnradverzahnungen; Toleranzen für Teilungs-Spannenabweichungen

[7.53] DIN 3963: Toleranzen für Stirnradverzahnungen; Toleranzen für Wälzabweichungen

[7.54] DIN 3964: Abstandsmaße und Achslagetoleranzen von Gehäusen für Stirnradgetriebe

[7.55] DIN 3965: Toleranzen für Kegelradverzahnungen

[7.56] DIN 3966: Angaben für Verzahnungen in Zeichnungen

[7.57] DIN 3967: Getriebe-Paßsystem; Flankenspiel, Zahndickenabmaße, Zahndickentoleranzen; Grundlagen

[7.58] DIN 3968: Toleranzen eingängiger Wälzfräser für Stirnräder mit Evolventenverzahnung

[7.59]   DIN 3972: Bezugsprofile von Verzahnungswerkzeugen für Evolventenverzahnungen nach DIN 867

[7.60]   DIN 3971: Begriffe und Bestimmungsgrößen für Kegelräder und Kegelradpaare

[7.61]   DIN 3975: Begriffe und Bestimmungsgrößen für Zylinderschneckengetriebe mit Achswinkel 90°

[7.62]   DIN 3976: Zylinderschnecken; Maße, Zuordnung von Achsabständen und Übersetzungen in Schneckenradsätzen

[7.63]   DIN 3978: Schrägungswinkel für Stirnradverzahnungen

[7.64]   DIN 3979: Zahnschäden an Zahnradgetrieben; Bezeichnung, Merkmale, Ursachen

[7.65]   DIN 3990: T1: Tragfähigkeitsberechnung von Stirn- und Kegelrädern; Grundlagen und Berechnungsformeln

[7.66]   DIN 3990: T2: Tragfähigkeitsberechnung von Stirn- und Kegelrädern; Zahnformfaktor Y_F

[7.67]   DIN 3990: T3: Tragfähigkeitsberechnung von Stirn- und Kegelrädern; Lastanteilfaktor Y_ε, Sprungüberdeckung ε_β

[7.68]   DIN E 3990: T4: Tragfähigkeitsberechnung von Stirn- und Kegelrädern; Hilfsfaktor q_L, Stirnlastverteilfaktor $K_{F\alpha}$ für Zahnfuß- und $K_{H\alpha}$ für Zahnflankenbeanspruchung

[7.69]   DIN 3990: T5: Tragfähigkeitsberechnung von Stirn- und Kegelrädern; Flankenformfaktor Z_H

[7.70]   DIN 3990: T6: Tragfähigkeitsberechnung von Stirn- und Kegelrädern; Materialfaktor Z_M

[7.71]   DIN 3990: T7: Tragfähigkeitsberechnung von Stirn- und Kegelrädern; Ritzel-Einzeleingriffsfaktor Z_B, Rad-Einzeleingriffsfaktor Z_D, Profilüberdeckung ε_α

[7.72]   DIN 3990: T8: Tragfähigkeitsberechnung von Stirn- und Kegelrädern; Überdeckungsfaktor $Z\varepsilon$

[7.73]   DIN 3990: T10: Tragfähigkeitsberechnung von Stirn- und Kegelrädern; Schrägungswinkelfaktor Y_β

[7.74]   DIN 3990: T1: Tragfähigkeitsberechnung von Stirn- und Kegelrädern; Einführung und allgemeine Einflußfaktoren

[7.75]   DIN 3990: T2: Tragfähigkeitsberechnung von Stirn- und Kegelrädern; Berechnung der Grübchentragfähigkeit

[7.76]   DIN 3990: T3: Tragfähigkeitsberechnung von Stirn- und Kegelrädern; Berechnung der Zahnfußtragfähigkeit

[7.77]   DIN 3990: T4: Tragfähigkeitsberechnung von Stirn- und Kegelrädern; Berechnung der Freßtragfähigkeit

[7.78]   DIN 3990: T5: Tragfähigkeitsberechnung von Stirn- und Kegelrädern; Dauerfestigkeitswerte und Werkstoffqualitäten

[7.79]   DIN E 3990: T6: Tragfähigkeitsberechnung von Stirn- und Kegelrädern; Betriebsfestigkeitsberechnung

[7.80]   DIN E 3990: T12: Tragfähigkeitsberechnung von Stirn- und Kegelrädern; Anwendungsnorm für Industriegetriebe

[7.81]   DIN 3991 T1: Tragfähigkeitsberechnung von Kegelrädern ohne Achsversetzung; Einführung und allgemeine Einflußfaktoren

[7.82]   DIN 3991 T2: Tragfähigkeitsberechnung von Kegelrädern ohne Achsversetzung; Berechnung der Grübchentragfähigkeit

[7.83]   DIN 3991 T3: Tragfähigkeitsberechnung von Kegelrädern ohne Achsversetzung; Berechnung der Zahnfußtragfähigkeit

[7.84] DIN 3991 T4: Tragfähigkeitsberechnung von Kegelrädern ohne Achsversetzung; Berechnung der Freßtragfähigkeit

[7.85] DIN 3992: Profilverschiebung bei Stirnrädern mit Außenverzahnung

[7.86] DIN 3993 T1: Geometrische Auslegung von zylindrischen Innenradpaaren mit Evolventenverzahnung; Grundregeln

[7.87] DIN 3993 T2: Geometrische Auslegung von zylindrischen Innenradpaaren mit Evolventenverzahnung; Diagramme über geometrische Grenzen für die Paarung Hohlrad – Ritzel

[7.88] DIN 3993 T3: Geometrische Auslegung von zylindrischen Innenradpaaren mit Evolventenverzahnung; Diagramme zur Ermittlung der Profilverschiebungsfaktoren

[7.89] DIN 3993 T4: Geometrische Auslegung von zylindrischen Innenradpaaren mit Evolventenverzahnung; Diagramme über Grenzen für die Paarung Hohlrad – Schneidrad

[7.90] DIN 3994: Profilverschiebung bei geradverzahnten Stirnrädern mit 05-Verzahnung; Einführung

[7.91] DIN 3995 T1: Geradverzahnte Außen-Stirnräder mit 05-Verzahnung; Achsabstände und Betriebseingriffswinkel

[7.92] DIN 3995 T2: Geradverzahnte Außen-Stirnräder mit 05-Verzahnung; Fußkreisdurchmesser

[7.93] DIN 3995 T3: Geradverzahnte Außen-Stirnräder mit 05-Verzahnung; Kopfkreisdurchmesser

[7.94] DIN 3995 T4: Geradverzahnte Außen-Stirnräder mit 05-Verzahnung; Zahnweite

[7.95] DIN 3995 T5: Geradverzahnte Außen-Stirnräder mit 05-Verzahnung; Profilmaß M_a

[7.96] DIN 3995 T6: Geradverzahnte Außen-Stirnräder mit 05-Verzahnung; Zahndickensehne mit Zahnhöhe über der Sehne

[7.97] DIN 3995 T7: Geradverzahnte Außen-Stirnräder mit 05-Verzahnung; Überdeckungsgrade

[7.98] DIN 3995 T8: Geradverzahnte Außen-Stirnräder mit 05-Verzahnung; Gleitgeschwindigkeiten am Zahnkopf

[7.99] DIN 3998 T1: Benennung an Zahnrädern und Zahnradpaaren; Allgemeine Begriffe

[7.100] DIN 3998 T2: Benennung an Zahnrädern und Zahnradpaaren; Stirnräder und Stirnradpaare (Zylinderräder und -radpaare)

[7.101] DIN 3998 T3: Benennung an Zahnrädern und Zahnradpaaren; Kegelräder und Kegelradpaare, Hypoidräder und Hypoidradpaare

[7.102] DIN 3998 T4: Benennung an Zahnrädern und Zahnradpaaren; Schneckenradsätze

[7.103] DIN 3999: Kurzzeichen für Verzahnungen

[7.104] DIN ISO 5290: Rillenscheiben für Verbund-Schmalkeilriemen

[7.105] DIN E ISO 5294: Synchronriementriebe, Scheiben

[7.106] DIN E ISO 5296: Synchronriementriebe, Riemen; Zahnteilungskurzzeichen

[7.107] DIN 7721: Synchronriementriebe, metrische Teilung

[7.108] DIN 7722: Endlose Hexagonalriemen für Landmaschinen und Rillenprofile der dazugehörigen Scheiben

[7.109] DIN 7753 T1: Endlose Schmalkeilriemen für den Maschinenbau; Maße

[7.110] DIN 7753 T2: Endlose Schmalkeilriemen für den Maschinenbau; Berechnung der Antriebe, Leistungswerte

[7.111] DIN 7753 T3: Endlose Schmalkeilriemen für den Kraftfahrzeugbau; Maße der Riemen und Scheibenrillenprofile

[7.112] DIN 8150: Gallketten

[7.113] DIN 8153: Scharnierbandketten, Form S, Form D

[7.114] DIN 8154: Buchsenketten mit Rollenbolzen; Amerikanische Bauart

[7.115] DIN 8164: Buchsenketten

[7.116] DIN 8187: Rollenketten; Europäische Bauart

[7.117] DIN 8188: Rollenketten; Amerikanische Bauart

[7.118] DIN 8195: Rollenketten, Kettenräder; Auswahl von Kettentrieben

[7.119] DIN 8196 und DIN 8199: Verzahnung der Kettenräder für Rollenketten

[7.120] DIN ISO 9633: Fahrradketten – Eigenschaften und Prüfmethoden

[7.121] DIN 58400: Bezugsprofil für Evolventenverzahnungen an Stirnrädern für die Feinwerktechnik

[7.122] DIN 58405 T1: Stirnradgetriebe der Feinwerktechnik; Gestaltungsbereich, Begriffe, Bestimmungsgrößen, Einteilung

[7.123] DIN 58405 T2: Stirnradgetriebe der Feinwerktechnik; Getriebepassungsauswahl; Toleranzen, Abmaße

[7.124] DIN 58405 T3: Stirnradgetriebe der Feinwerktechnik; Angabe in Zeichnungen, Berechnungsbeispiele

[7.125] DIN 58405 T1: Stirnradgetriebe der Feinwerktechnik; Tabellen

[7.126] DIN 58411: Wälzfräser für Stirnräder der Feinwerktechnik mit Modul 0,1 bis 1 mm

[7.127] DIN 58412: Bezugsprofile für Verzahnungswerkzeuge der Feinwerktechnik; Evolventenverzahnungen nach DIN 5844 und DIN 867

[7.128] DIN 58413: Toleranzen für Wälzfräser der Feinwerktechnik

7.7 Aufgaben: Grundsätzliche Bauformen gleichförmig übersetzender Getriebe

A.7.1 Gegenüberstellung formschlüssiges – reibschlüssiges Getriebe

In der folgenden Gegenüberstellung werden die wesentlichen Unterschiede zwischen formschlüssigen und reibschlüssigen Getrieben betrachtet. Ordnen Sie die folgenden charakteristischen Merkmale einer der beiden Getriebearten durch Ankreuzen zu.

	Reib- schluss	Form- schluss
Kurzzeitige Überlast kann ggf. durch Gleitschlupf schadlos aufgenommen werden		
Hohe radiale Belastung der Räder zur Sicherstellung der Momentenübertragung erforderlich		
Übersetzungsverhältnis nur in diskreten Stufen, nicht aber stufenlos möglich		
Einfache Übertragungskinematik: Hebelarme des Übersetzungsverhältnisses als Radius der Räder konstruktiv vorhanden		
In gewissen Grenzen jedes beliebige Übersetzungsverhältnis realisierbar, je nach Bauart auch stufenlos		
Schlupfbehaftete, nicht exakt reproduzierbare, nicht exakt winkelgetreue Übertragung der Drehbewegung		
Komplizierte Übertragungskinematik: Hebelarme des Übersetzungsverhältnisses konstruktiv **nicht** vorhanden		
Hohe Belastung von Wellen und Lagern, aus diesem Grund raum- und gewichtsbeanspruchende Bauweise		
Reproduzierbare, winkelgetreue Übertragung der Drehbewegung, kein Schlupf		

Reibradgetriebe

A.7.2   Belastung im Wälzkontakt

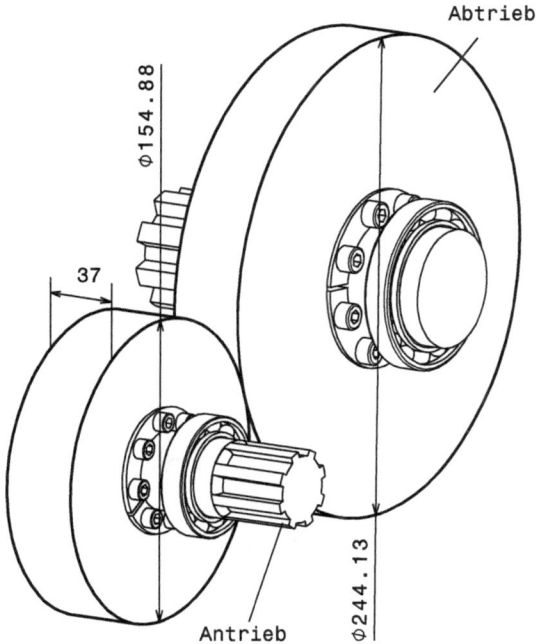

Ein Reibradgetriebe besteht aus zwei scheibenförmigen, zylindrischen Rädern, die zur Aufrechterhaltung des Reibschlusses mit konstanter Kraft gegeneinander gepresst werden (hier nicht dargestellt). In einer vergleichenden Betrachtung soll eine Konstruktion mit zwei gehärteten Stahlscheiben ($\mu = 0,03$) und eine Ausführung mit gleichen Abmessungen mit aufvulkanisiertem Gummi ($\mu = 0,7$) gegenübergestellt werden. Die Querkontraktionszahl für Stahl kann mit $\nu = 0,3$ angenommen werden.

Das entscheidende Resultat dieser vergleichenden Betrachtung ist die mit der jeweiligen Version übertragbare Leistung. Zur Ermittlung dieser Zahlenwerte berechnen Sie für beide Varianten die zulässige Normalkraft F_N, die dabei durch Reibung übertragbare Umfangskraft F_U, das sich daraus ergebende Antriebsmoment M_{an} und schließlich die übertragbare Leistung P. Diese Gegenüberstellung soll für die Antriebsdrehzahlen 30, 300 und 3000 min^{-1} angestellt werden. Zur Dokumentation der Ergebnisse bedienen Sie sich bitte des nachstehenden Schemas.

Materialpaa-rung	$n_{an} = 30 \text{ min}^{-1}$		$n_{an} = 300 \text{ min}^{-1}$		$n_{an} = 3.000 \text{ min}^{-1}$	
	St/St gehärtet, geschmiert	St/Gummi aufvulkanisiert	St/St gehärtet, geschmiert	St/Gummi aufvulkanisiert	St/St gehärtet, geschmiert	St/Gummi aufvulkanisiert
μ	0,03	0,7	0,03	0,7	0,03	0,7
F_N [N]						
F_U [N]						
M_{an} [Nm]						
P [W]						

A.7.3   Reibradgetriebe mit Wälzlagerung

Das unten dargestellte Reibradgetriebe wird an der unteren Welle mit einer Drehzahl von 414,7 min^{-1} angetrieben.

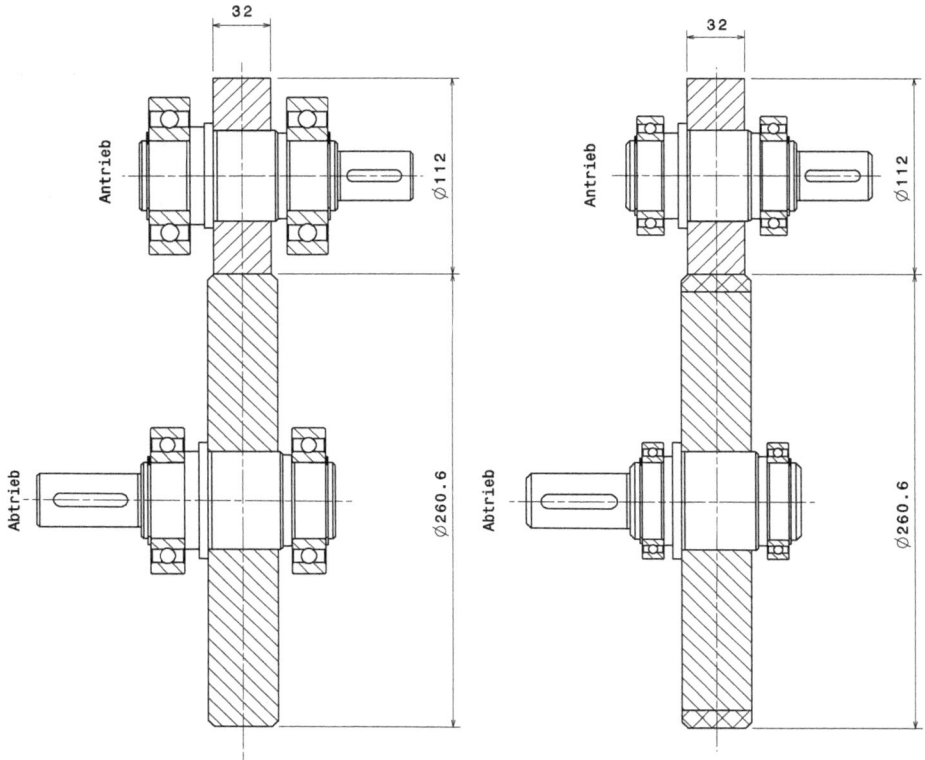

Dimensionierung der Reibräder
Das Getriebe wird sowohl als Getriebe mit zwei Stahlrädern (links) als auch als Getriebe mit Stahlrad – Gummirad (rechts) ausgeführt, Querkontraktionszahl Stahl 0,3, Reibwert Stahl/ Stahl 0,03, Reibwert Gummi/Stahl 0,7, Gummi aufvulkanisiert. Berechnen Sie die in der untenstehenden Tabelle aufgeführten Kenngrößen der jeweiligen Getriebevariante.

		Stahl–Stahl	Stahl–Gummi
Ersatzkrümmungsdurchmesser d_0	mm		
Umfangsgeschwindigkeit v	m/s		
Zulässige Belastung $\sigma_{Hz\,zul}$ bzw. k_{zul}	N/mm²		
Zulässige Normalkraft F_N	N		
Übertragbare Umfangskraft F_U	N		
Zulässiges Antriebsmoment M_1	Nm		
Übertragbare Leistung P	kW		
Kraftresultierende im Wälzkontakt F_{res}	N		

Dimensionierung der Wälzlagerung
Die Getriebewellen werden mit Kugellagern ausgestattet. Die Lager sind jeweils nahezu symmetrisch zum Reibrad angeordnet, sodass sich die auf das Reibrad wirkenden Kräfte gleichmäßig auf die beiden Lager verteilen. Die Anpresskraft ist so bemessen, dass der Reibschluss gerade für die Übertragung des Maximalmomentes ausreicht. Das Getriebe wird während 20% seiner Betriebsdauer mit Maximallast und während 80% der Betriebsdauer mit halber Last betrieben, wobei die Drehzahl ständig beibehalten wird. Das Getriebe soll eine Gebrauchsdauer von 8.000 h aufweisen. Mit welcher Tragzahl müssen die einzelnen Lager mindestens ausgestattet werden?

		Stahl–Stahl		Stahl–Gummi	
		Antriebs-welle	Abtriebs-welle	Antriebs-welle	Abtriebs-welle
Kraftresultierende im Wälzkontakt F_{res}	N				
Drehzahl	min⁻¹	414,7		414,7	
Belastung pro Lager bei Volllast F_{VL}	N				
Belastung pro Lager bei Teillast F_{TL}	N				
Mittlere Belastung P_m	N				
L_{10}	–				
Erforderliche Tragzahl	N				

A.7.4   **Reibradantrieb mit gewichtsbelasteter Wippe**

Der unten skizzierte Reibradantrieb besteht aus einer großen stationären Abtriebsscheibe und einer kleinen Antriebsscheibe die an einen Elektromotor angeflanscht ist, der seinerseits auf einer Wippe angeordnet ist, die gelenkig an das Gestell angebunden ist. Durch das Eigengewicht von Motor und Wippe entsteht eine Anpresswirkung zwischen Antriebs- und Abtriebsscheibe. Zusätzlich werden an der Kontaktstelle der beiden Reibräder noch die Betriebskräfte übertragen. Es kann angenommen werden, dass sich der Schwerpunkt der Masse von Motor und Wippe von 8,9 kg auf der Motorachse befindet. Es liegt eine Reibzahl von $\mu = 0,6$ vor. Der Motor läuft bei einer Drehzahl von 1.480 min^{-1}.

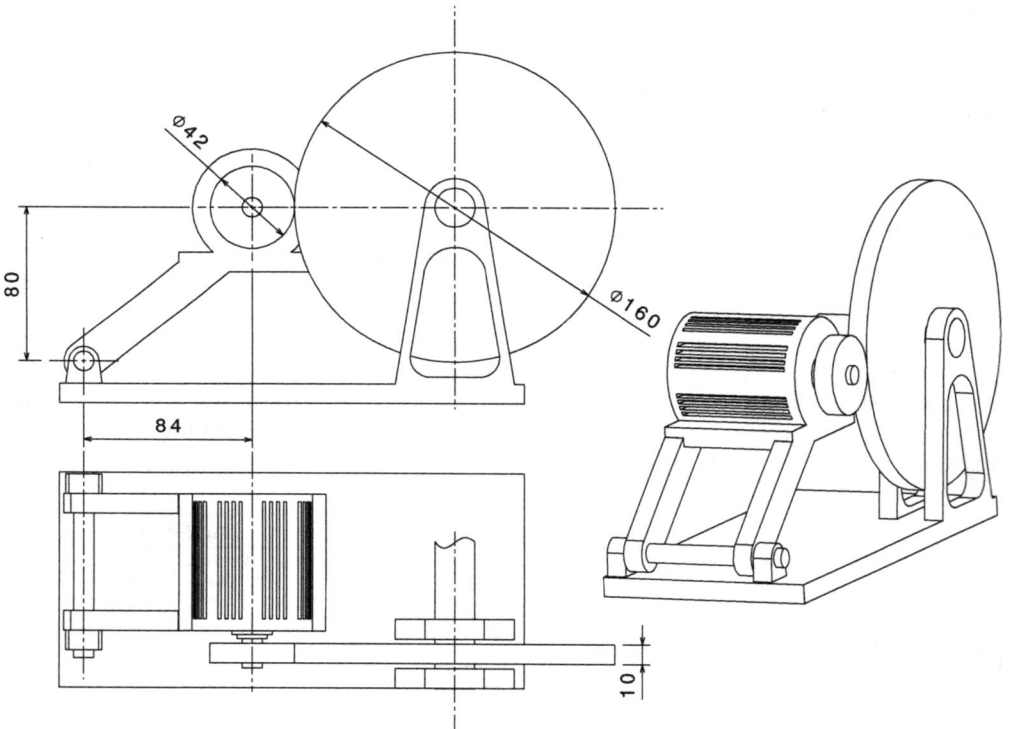

		Antreiben im Gegenuhrzeigersinn Welche Leistung P_{max} ist mit diesem Antrieb maximal übertragbar? Berechnen Sie dazu zunächst die Umfangskraft, die Normalkraft und das Antriebsmoment.	**Bremsen im Uhrzeigersinn** Es wird im Gegenuhrzeigersinn gebremst. Welches maximale Bremsmoment kann dann an der Motorwelle aufgebracht werden?
F_U	N		
F_N	N		
k	N/mm²		
M_{an}	Nm		
P	W		

Welche Wälzpressung stellt sich an der Kontaktstelle ein?

A.7.5 Reibradkupplung mit selbstanpressender Zwischenrolle

Das unten dargestellte Reibradgetriebe übersetzt in zwei Stufen jeweils nur 1:1 und führt deshalb nur die Funktion einer Kupplung aus. Sowohl das Antriebs- als auch das Abtriebsrad weisen eine Gummiummantelung auf, die jeweils mit dem stählernen Zwischenrad in reibschlüssigem Kontakt stehen, die ihrerseits **nicht** gelagert ist, sondern nur durch ein Paar Achshalter axial in Position gehalten wird. Liegt am Antrieb ein Moment im Uhrzeigersinn vor, so wird es über die Zwischenrolle auf den ortsfesten Abtrieb übertragen, ohne dass die Zwischenrolle angepresst werden muss. Wirkt das Antriebsmoment im Gegenuhrzeigersinn, so wird die Zwischenrolle nach oben entlastet und der Momentenfluss wird aufgehoben, womit die Kupplung zum Freilauf wird.

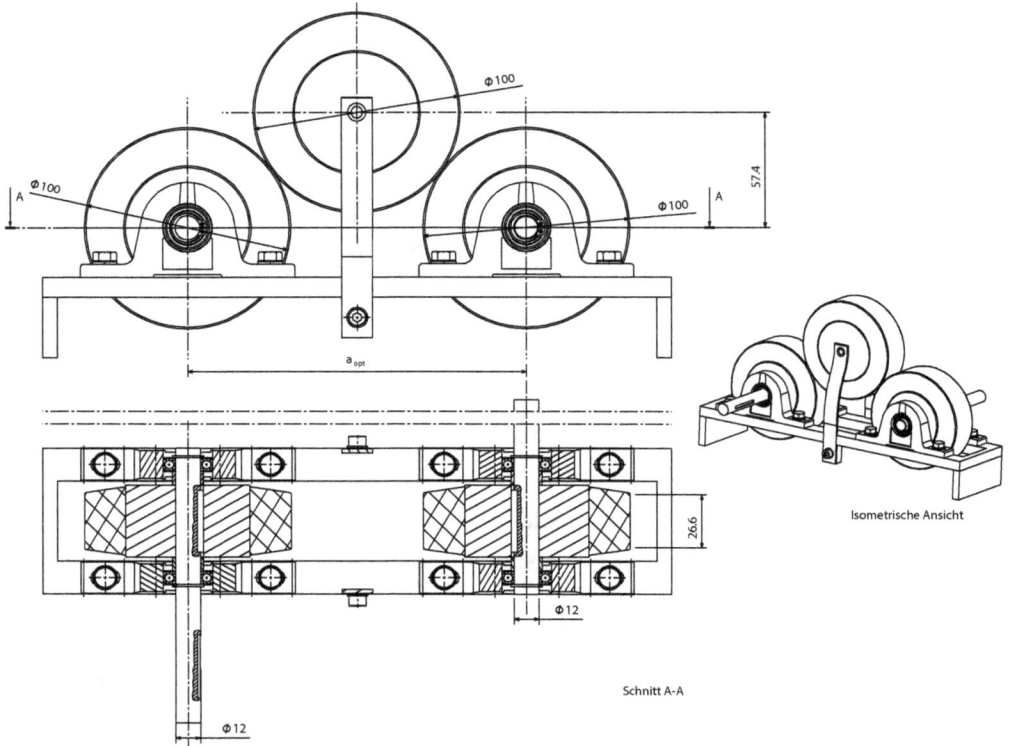

Die Kupplung soll bei einer Drehzahl von 1.500 min^{-1} 10.000 h betrieben werden, ohne dass die Lager erneuert werden müssen. Die Reibzahl an der Kontaktpaarung Stahl–Gummi kann mit 0,7 angenommen werden.

Welcher Achsabstand zwischen An- und Abtrieswelle muss konstruktiv ausgeführt werden, damit der Reibwert genau ausgenutzt wird?	a_{opt}	mm	
Wie groß ist der Ersatzkrümmungsdurchmesser?	d_0	mm	
Wie groß ist die Umfangsgeschwindigkeit im Wälzkontakt?	v	m/s	
Wie groß ist die zulässige Wälzpressung?	k_{zul}	N/mm²	
Wie groß ist die zulässige Normalkraft, mit der die einzelne Kontaktstelle belastet werden kann?	F_{Nmax}	N	
Wie groß ist die maximale Umfangskraft, die an der einzelnen Kontaktstelle übertragen werden kann?	F_{Umax}	N	
Welches Moment kann mit der Kupplung maximal übertragen werden?	M_{max}	Nm	
Welche Leistung kann die Kupplung übertragen?	P_{max}	W	
Wie groß ist die Kraft, die ein einzelnes Lager belastet?	F_{Lager}	N	
Welche dynamische Tragzahl muss jedes der vier Lager mindestens aufweisen, wenn die Kupplung ständig die maximale Leistung überträgt?	C_{dyn}	N	

A.7.6   Einstufiges Reibradgetriebe mit selbstanpressender Zwischenrolle

Das unten abgebildete Reibradgetriebe überträgt eine Leistung von 1.200 W. Die Antriebsdrehzahl von 1.500 min^{-1} wird 1 : 3 untersetzt, die Durchmesser von Zwischenrolle und Abtriebsrolle sind gleich. Um sowohl Antriebs- als auch Abtriebswelle ortsfest an das Gestell anbinden zu können, wird eine gummiummantelte Zwischenrolle angebracht, die selber über keine Lagerung verfügt.

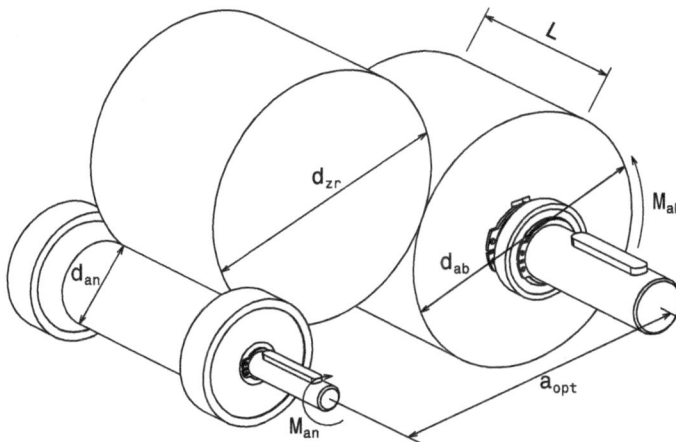

Durchmesser Antriebsrolle d_{an}:   40 mm

Länge aller Rollen L: 90 mm

Reibwert (Gummi – Stahl):   0,7

Wie groß ist der Durchmesser von Zwischen- und Abtriebsrolle?	d_{ZR}	mm	
Wie groß muss der Achsabstand dimensioniert werden, damit der Reibwert von 0,7 optimal ausgenutzt wird und die Zwischenrolle nicht mit einer weiteren Kraft vorgespannt werden muss?	a_{opt}	mm	
Wie groß ist das Antriebsmoment?	M_{an}	Nm	
Wie groß ist die Umfangskraft in den beiden Wälzkontakten?	F_U	N	
Wie groß ist die Normalkraft in den beiden Wälzkontakten?	F_N	N	
Wie groß ist die Wälzpressung im Wälzkontakt zwischen Antriebsrolle und Zwischenrolle?	$k_{an\text{-}ZR}$	$\dfrac{N}{mm^2}$	
Wie groß ist die Wälzpressung im Wälzkontakt zwischen Zwischenrolle und Abtriebsrolle?	$k_{ZR\text{-}ab}$	$\dfrac{N}{mm^2}$	

A.7.7　Zweistufiges Wälzgetriebe Stahl – Gummi mit selbstanpressender Zwischenwelle

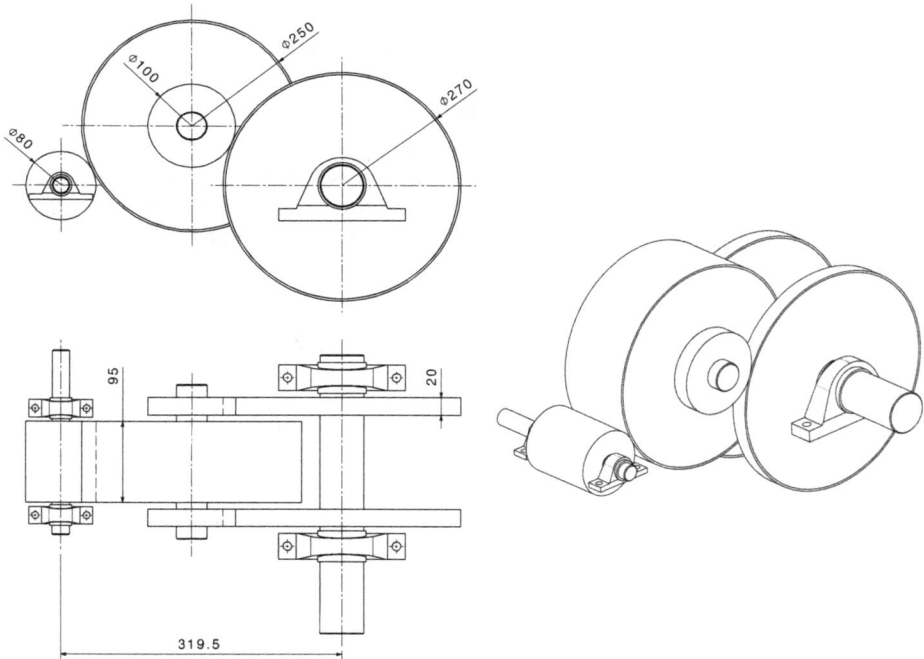

Die Zwischenwelle eines zweistufiges Reibradgetriebes ist so angeordnet, dass sich ohne Lagerung und äussere Anpreßwirkung ein reibschlüssiger Kontakt ergibt. Das Getriebe wird mit einer Drehzahl von 469 min^{-1} angetrieben. Beide Reibradpaarungen sind als Stahlrad – Gummirad (aufvulkanisiert) ausgeführt, der Reibwert beträgt $\mu = 0{,}7$. Berücksichtigen Sie, dass diese Reibgrenze konstruktionsbedingt nur an der zweiten Stufe ausgenutzt werden kann.

Welcher Achsabstand zwischen An- und Abtriebswelle muss konstruktiv ausgeführt werden, damit das Getriebe an seiner Rutschgrenze betrieben wird?	a_{opt}	mm	

Welche maximale Leistung kann mit dem Getriebe übertragen werden? Differenzieren Sie dabei nach linker und rechter Stufe. Gehen Sie zweckmäßigerweise nach dem unten aufgeführten Schema vor und berechnen Sie die dort aufgeführten Zwischenwerte.

		Eingangsstufe	Endstufe
Welches Verhältnis Umfangskraft/ Normalkraft liegt vor?	–		
Umfangsgeschwindigkeit v	m/s		
zulässige Wälzpressung k_{zul}	N/mm^2		
Ersatzkrümmungsdurchmesser d_0	mm		
zulässige Normalkraft F_N	N		
übertragbare Umfangskraft F_U	N		
zulässiges Moment M_{ZW} Zwischenwelle	Nm		
übertragbare Leistung P	W		

A.7.8   Zweiwegefahrzeug

Ein Zweiwegefahrzeug ist ein Nutzfahrzeug (z.B. Muldenkipper, Kran, Bagger), welches zunächst mit seinen vier Rädern als Straßenfahrzeug verkehrt. Durch Einschwenken einer Zusatzwelle unter die Reifenachse kann das Fahrzeug in Minutenschnelle zum Schienenfahrzeug umgerüstet werden, wodurch ein zweistufiges Reibradgetriebe entsteht: Der Reifenantrieb des Straßenfahrzeuges treibt als Reibradgetriebe Gummi/Stahl auf das Rad der Zwischenwelle mit dem Durchmesser d_{SG}. Das ebenfalls auf der Zwischenwelle angeordnete Schienenrad mit dem Durchmesser d_{SS} treibt schließlich als Reibradgetriebe Stahl/Stahl auf die Schiene. Da die Zwischenwelle die Drehrichtung umkehrt, muss für die Vorwärtsfahrt des Fahrzeuges der Rückwärtsgang eingelegt werden und umgekehrt.

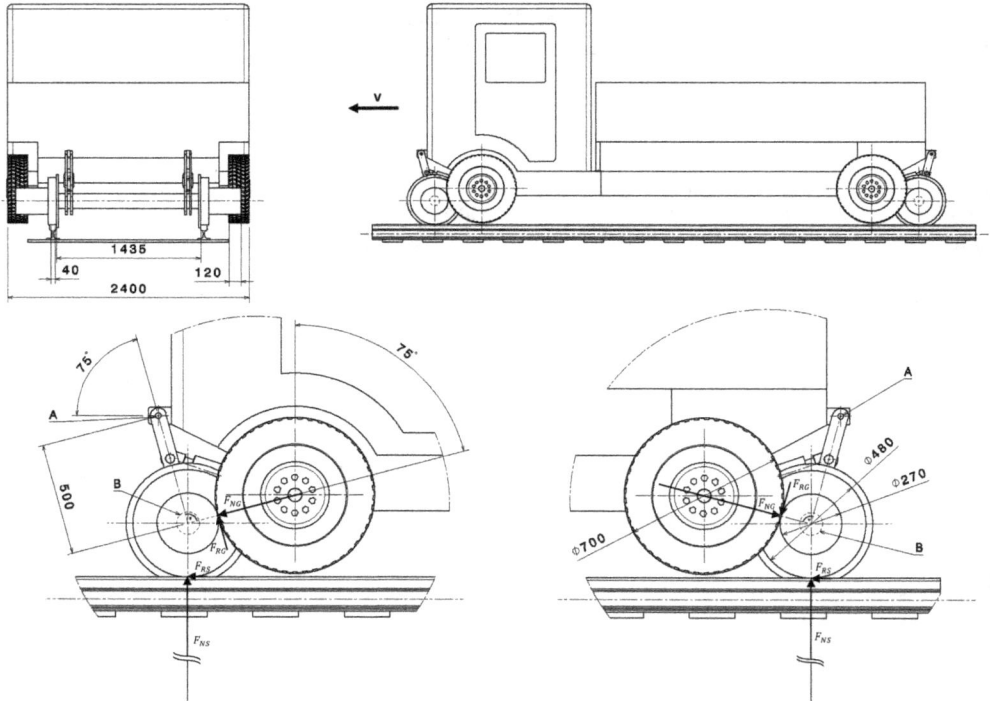

Für die Übersichtlichkeit des Rechenansatzes sollen zwei Vereinfachungen genutzt werden:

- Zur Umrüstung auf den Schienenbetrieb wird die am Ende des gelenkig gelagerten Hebels befindliche Zwischenwelle mit hydraulischer Unterstützung in die dargestellte Position geschwenkt. Für den Schienenbetrieb selber wird diese hydraulische Unterstützung aber nicht mehr angewendet. Dadurch wird der Verbindungshebel vom Gelenk A zur Radmitte B zum Stab im Sinne der Mechanik.
- Um möglichst überschaubare Winkelfunktionen anwenden zu können, bildet die Wirkungslinie dieses Stabes mit der Verbindungslinie Reifenrad – Zwischenwelle einen rechten Winkel.

Die Gesamtmasse des Fahrzeuges von 12 t stützt sich gleichmäßig auf alle vier Räder. Zwischen Schienenrad und Schiene wird eine Reibzahl von $\mu_{SS} = 0{,}05$ wirksam. Die Konstruktion der beiden Fahrwerke ist symmetrisch.

			vorne	hinten
Wie groß ist die Normalkraft, die zwischen Schienenrad und Schiene übertragen wird?	F_{NS}	N		
Wie groß kann maximal die Vortriebskraft werden, die als Reibkraft zwischen Schienenrad und Schiene übertragen werden muss?	F_{RS}	N		
Welche Kraft ist dann reibschlüssig als Umfangskraft zwischen Zwischenwellenrad und Reifenrad zu übertragen?	F_{RG}	N		
Welche Normalkraft stellt sich aufgrund der Mechanik zwischen Zwischenwellenrad und Reifenrad ein?	F_{NG}	N		
Welches Verhältnis zwischen Reibkraft und Normalkraft ergibt sich daraus? Welcher Reibwert muss an dieser Stelle mindestens vorliegen?	$\dfrac{F_{RG}}{F_{NG}}$	–		
Welche Hertz'sche Pressung stellt sich zwischen Schienenrad und Schiene ein?	σ_{Hz}	$\dfrac{N}{mm^2}$		
Welche Wälzpressung ergibt sich zwischen Reifen und Zwischenwellenrad?	k	$\dfrac{N}{mm^2}$		

A.7.9 Anpresskraftregelung bei Teillast

Der Antrieb eines Reibradgetriebes wird so auf einer gelenkig gelagerten Wippe angeordnet, dass sich eine Anpresswirkung einstellt, die gerade ausreicht um, um das Moment reibschlüssig zu übertragen. Die Antriebsdrehzahl beträgt 1.500 min^{-1} und ändert sich im Betrieb nicht, der Reibwert kann mit $\mu = 0,3$ (organischer Reibstoff/Stahl, trocken) angenommen werden. Während 20 % der Betriebsdauer wird eine Leistung von 5 kW übertragen, die restlichen 80 % läuft das Getriebe bei einer Teillast von 2 kW. Das Abtriebsmoment wird querkraftfrei abgenommen. Das Gewicht des Motors spielt bei dieser Betrachtung keine Rolle.

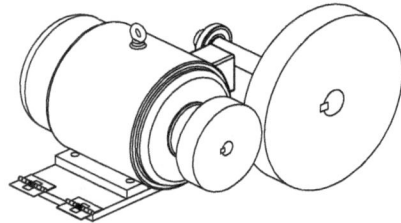

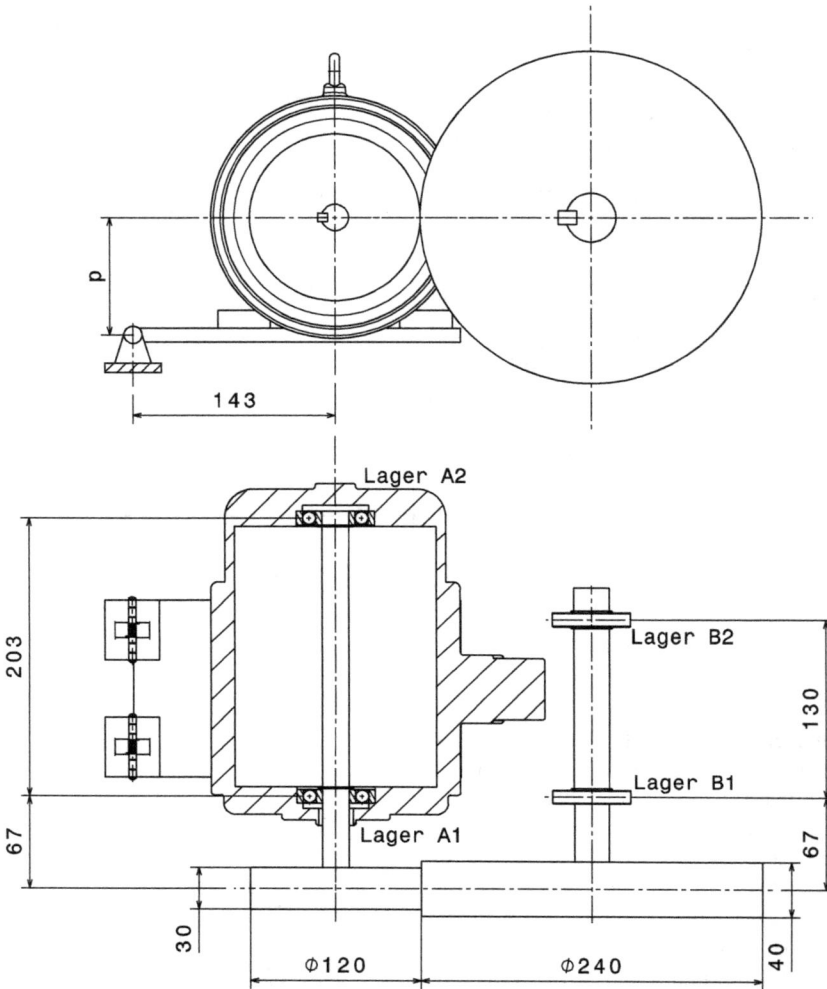

a) Zeichnen Sie den Drehsinn des Antriebes ein, der vorliegen muss, damit die Anpresskraft-regelung zustande kommt.

b) Berechnen Sie den Abstand p so, dass immer gerade soviel Anpresskraft aufgebracht wird wie zur Momentenübertragung nötig ist.

p [mm] =

c) Berechnen Sie die Umfangskraft F_t, die Normalkraft F_n und die daraus resultierende Kraft F_{res}, die an der kraftübertragenden Stelle wirken. Berechnen Sie die Wälzpressung. Differenzieren Sie nach Volllastbetrieb sowie nach Teillastbetrieb ohne und mit Anpressraftregelung.

		Volllast (5 kW)	Teillast (2 kW) **ohne** Anpresskraftregelung	Teillast (2 kW) **mit** Anpresskraftregelung
Umfangskraft F_t	N			
Normalkraft F_n	N			
Resultierende F_{res}	N			
Wälzpressung k	N/mm²			

d) Dimensionieren Sie die Lager als Kugellager, indem Sie die erforderliche Tragzahl für eine Betriebsdauer von 8.000 h ermitteln. Unterscheiden Sie auch hier nach einer Dimensionierung ohne und mit Anpresskraftregelung.

	Lager A1	Lager A2	Lager B1	Lager B2
Lagerlast [N] bei Volllast				
Lagerlast [N] bei Teillast **ohne** Anpresskraftregelung				
Lagerlast [N] bei Teillast **mit** Anpresskraftregelung				
Äquivalente Lagerlast P_m [N] **ohne** Anpresskraftregelung				
Äquivalente Lagerlast P_m [N] **mit** Anpresskraftregelung				
L_{10}				
Erforderliche Tragzahl C_{erf} [N] **ohne** Anpresskraftregelung				
Erforderliche Tragzahl C_{erf} [N] **mit** Anpresskraftregelung				

A.7.10   Anpresskraftregelung bei Änderung des Übersetzungsverhältnisses

Die folgenden beiden Bilder geben sowohl in perspektivischer Ansicht als auch im Halbschnitt die wesentlichen Bauteile eines stufenlos verstellbaren Reibradgetriebes wieder:

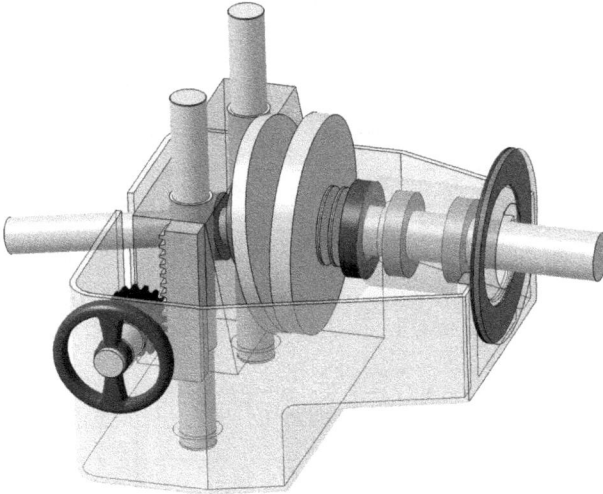

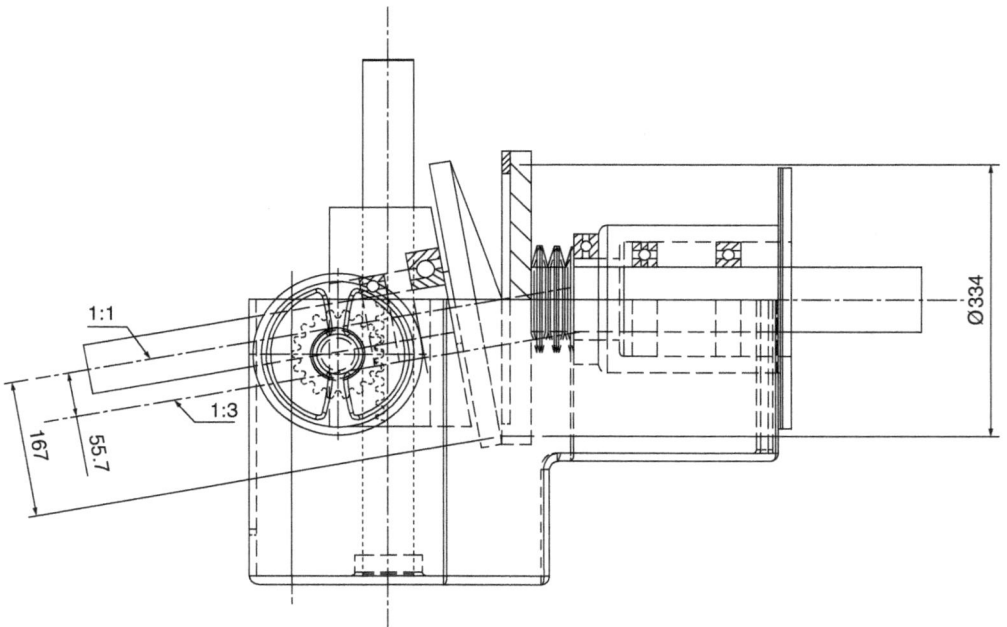

Rechts ist die ortsfeste Abtriebswelle angeordnet, die am linken Ende ein tellerförmiges Reibrad trägt, welches mit einem leicht konischen Antriebsrad in Kontakt steht. Durch Parallelverschiebung der Antriebswelle kann das Übersetzungsverhältnis zwischen 1:1 und 1:3 variiert werden. Während die Antriebswelle ein Fest- und ein Loslager hat, weist der Abtrieb zwei radiale Loslager auf, wobei die Axialkraft von einem getrennten Axiallager aufgenommen wird. Die für den Reibschluss erforderliche Axialkraft wird zunächst durch eine zwischen Tellerrad und Axiallager angeordnete Tellerfedersäule aufgebracht. Bei sämtlichen nachfolgenden Berechnungen geht es ausschließlich um dieses Axiallager.

Die Antriebsleistung beträgt 2,8 kW bei einer konstanten Antriebsdrehzahl von $n_{an} =$ 1.480 min^{-1}. Der Reibwert zwischen den Reibrädern beträgt $\mu = 0,06$. Es wird angenommen dass das Getriebe ständig unter Volllast betrieben wird und dass sich die Gesamtbetriebsdauer je zur Hälfte auf das Übersetzungsverhältnis 1:1 und 1:3 aufteilt.

a) Stellen Sie zunächst für beide Übersetzungsverhältnisse die folgenden Betriebsdaten zusammen:

Übersetzungsverhältnis	1:1	1:3
Index	1	2
Zeitanteil [%]	50	50
n_{an} [min^{-1}]	1.480	1.480
n_{ab} [min^{-1}]		
M_{an} [Nm]		
M_{ab} [Nm]		

b) Welche Axialkraft muss von der Feder F_{Feder} aufgebracht werden?

F_{Feder} [N] =

c) Das Axiallager der Abtriebswelle weist eine dynamische Tragzahl von 40 kN auf. Welche Gebrauchsdauer ist für das Axiallager zu erwarten?

L_h [h] =

d)

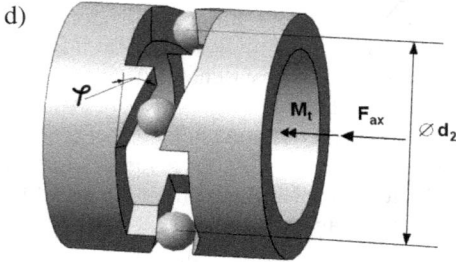

In einer Ausbaustufe wird die Abtriebswelle mit nebenstehendem Mechanismus ausgestattet, der die Anpresskraft der Reibradpaarung automatisch so anpasst, dass nur jeweils so viel Normalkraft aufgebracht wird, wie für den Reibschlusses unbedingt erforderlich ist. Alle anderen Betriebs- und Konstruktionsparameter werden beibehalten. Der Flankendurchmesser d_2 ist konstruktiv mit 280 mm festgelegt. Zur Reduzierung der Gewindereibung werden Wälzkörper zwischen die Gewindeflanken an gebracht.

Um welchen Steigungswinkel φ müssen die schiefen Ebenen geneigt werden, damit die oben angedeutete Anpresswirkung in optimaler Weise zustande kommt?

$\varphi \ [°] =$

e) Welche Lebensdauer ist dann für das Axiallager zu erwarten?

$L_h \ [h] =$

Riemengetriebe

A.7.11   Treibscheibe Förderkorb

Die unten skizzierte Fördereinrichtung besteht aus einem Förderkorb mit der Masse von 4 t, mit dem eine Nutzlast von 1 t befördert werden soll. Um das Lastmoment an der Antriebsscheibe zu minimieren, wird am gegenüberliegenden Seilende ein Gegengewicht von 4,5 t angebracht. Die Reibzahl zwischen Seil und Scheibe kann mit $\mu = 0{,}07$ angenommen werden. Die Fördereinrichtung soll in vier verschiedenen Ausführungen a–d betrachtet werden.

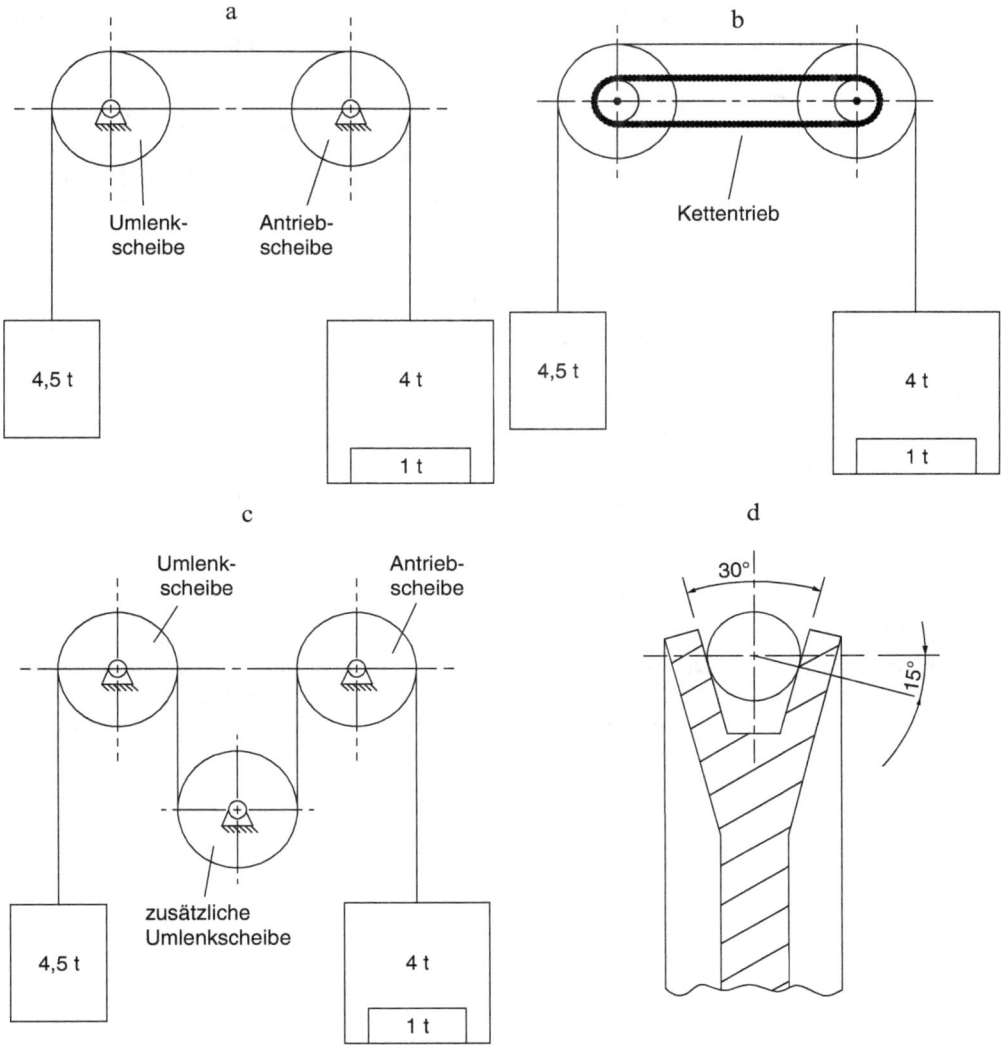

Welches Verhältnis von Zugtrumkraft zu Leertrumkraft ergibt sich, wenn die Fördereinrichtung mit bzw. ohne Nutzlast betrieben wird? Tragen Sie dieses Verhältnis für alle Varianten a–d in das folgende Schema ein.

	a		b		c		d	
	mit Nutz-last	ohne Nutz-last	mit Nutz-last	ohne Nutz-last	mit Nutz-last	ohne Nutz-last	mit Nutz-last	ohne Nutz-last
S_Z/S_L								
$e^{\mu\alpha}$								
Last übertragbar?	O ja O nein	O ja O nein	O ja O nein	O ja O nein	O ja O nein	O ja O nein	O ja O nein	O ja O nein

a) Die Mantelflächen der Treibscheiben sind zylindrisch und das Seil wird nach Skizze a geführt. Kreuzen Sie jeweils für den Fall „mit Nutzlast" und „ohne Nutzlast" an, ob die Last übertragbar ist oder der Seiltrieb durchrutscht.

b) Die rechts angeordnete Antriebsscheibe wird nach Skizze b mit der linken Umlenkscheibe über einen Kettentrieb gekoppelt. Kreuzen Sie auch hier an, ob die Last übertragbar ist oder der Seiltrieb durchrutscht.

c) Die Anordnung nach a wird dahingehend modifiziert, dass eine zusätzliche Umlenkscheibe angebracht wird.

d) In einer weiteren Parametervariation wird wieder von der ursprünglichen Kombination von Antriebscheibe und Umlenkscheibe nach a ausgegangen, wobei die Antriebsscheibe allerdings mit einer Keilrille ausgeführt wird.

Riementrieb ohne Berücksichtigung von Biege- und Fliehkrafteinfluss

A.7.12   Leertrumvorspannung, Übersetzung 1:1

Der unten dargestellte Riementrieb wird zur Kopplung von zwei Laufrollen einer Fördereinrichtung benutzt und bei einer Drehzahl von 48 min^{-1} betrieben. Der Riemen darf mit einer Spannung von maximal 25 N/mm² belastet werden. Der Reibwert beträgt μ = 0,6; Biege- und Fliehkrafteinflüsse bleiben unberücksichtigt. Die durch die Spannrolle bedingte Änderung des Umschlingungswinkels kann vernachlässigt werden.

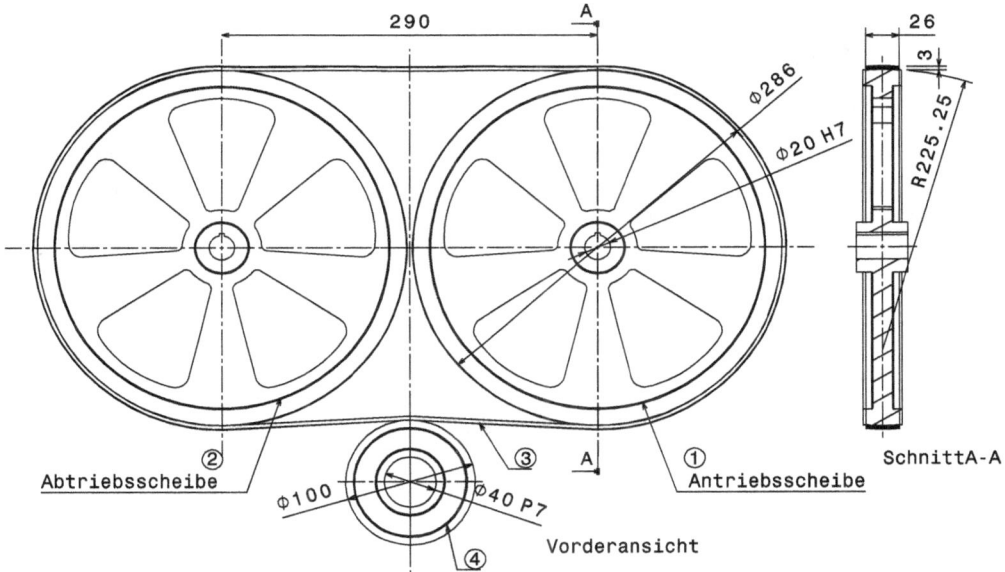

a) Die Belastbarkeit des Riementriebes soll voll ausgenutzt werden (linke Spalte des untenstehenden Schemas). Wie groß ist dann die Zugtrumkraft S_Z, Leertrumkraft S_L, die Umfangskraft U und das übertragbare Moment M? Welche Leistung kann mit diesem Riementrieb maximal übertragen werden?

b) Es wird ein Antriebsmotor verwendet, der bei gleicher Drehzahl 600 W leistet. Wie hoch sind die zuvor genannten Kenngrößen, wenn die Vorspannkraft beibehalten wird?

c) Bei Verwendung dieses Motors kann die in den Riemen eingeleitete Vorspannkraft reduziert werden. Wie hoch sind dann die zuvor genannten Kenngrößen?

		Belastbarkeit des Riementriebes voll ausgenutzt	Antriebsmotor 600 W Vorspannkraft wie bei Volllast	Antriebsmotor 600 W Vorspannkraft minimiert
Zugtrumkraft S_Z	N			
Leertrumkraft S_L	N			
Umfangskraft U	N			
Moment M	Nm			
Leistung P	W		600	600

A.7.13   Zugtrumvorspannung

Der unten dargestellte Riementrieb überträgt eine Leistung von 12 kW bei einer Antriebsdrehzahl von 1.480 min^{-1}. Die auf den Scheiben angegebenen Pfeile geben nicht den Drehsinn, sondern die Richtung des Momentes an, so wie es auf den Riemen wirkt. Die Veränderung des Umschlingungswinkels aufgrund der Spannrolle kann vernachlässigt werden. Der Riemen ist 3 mm dick, kann mit einer Spannung von 18 N/mm² belastet werden und weist gegenüber der Scheibe einen Reibwert von $\mu = 0{,}7$ auf.

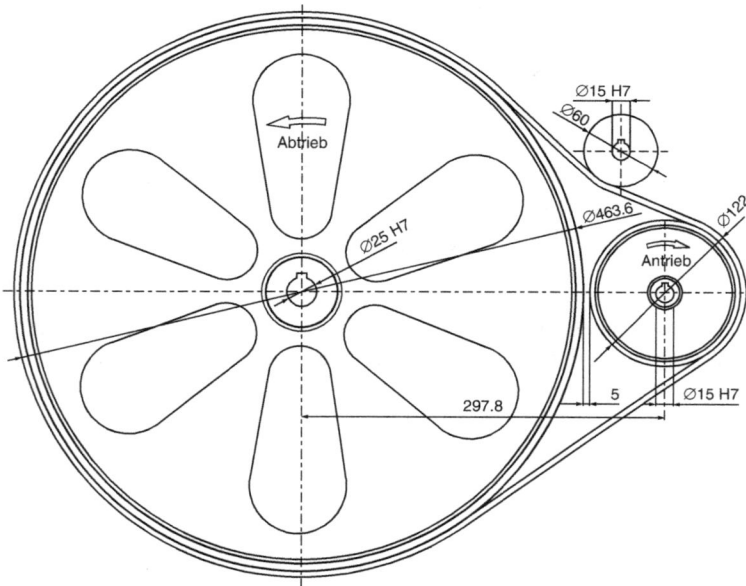

Wie groß ist die Zugtrumkraft, wenn der Riementrieb an der Rutschgrenze betrieben wird?	S_Z	N	
Wie groß ist dann die Leertrumkraft?	S_L	N	
Wie groß ist die Radialkraft auf die Antriebswelle?	F_{Welle}	N	
Wie groß ist die Radialkraft auf die Abtriebswelle?	F_{Welle}	N	
Wie groß muss die durch die Spannrolle in den Riemen eingeleitete Vorspannkraft sein?	$S_{V\,12kW}$	N	
Wie breit muss der Riemen mindestens sein?	b_{12kW}	mm	
Die Antriebsleistung wird unter Beibehaltung der Drehzahl auf 8 kW reduziert. Wie groß muss dann die in den Riemen eingeleitete Vorspannung sein?	$S_{V\,8kW}$	N	
Wie breit muss der Riemen mindestens sein, wenn die Vorspannung entsprechend angepasst wird?	b_{8kW}	mm	
Wie lang ist der Riemen?	L_{Riemen}	mm	

A.7.14 Minimaler Scheibendurchmesser eines Riementriebes

Ein 1:1 übersetzender Flachriementrieb soll eine Leistung von 5 kW bei einer Drehzahl von 3000 min^{-1} übertragen und wird so vorgespannt, dass sowohl die Rutschgrenze als auch die Festigkeitsgrenze optimal ausgenutzt werden. Der Riemen ist 2 mm dick, 12 mm breit und darf maximal mit 20 N/mm² belastet werden.

Welchen Durchmesser müssen die Scheiben mindestens aufweisen, wenn vier verschiedene Riemen mit gleicher Festigkeit, aber unterschiedlichen Reibwerten zur Verfügung stehen? Berechnen Sie zweckmäßigerweise zunächst e$^{\mu\alpha}$, die Zugtrumkraft S_Z, die Leertrumkraft S_L und die Umfangskraft U.

		$\mu = 0{,}5$	$\mu = 0{,}6$	$\mu = 0{,}7$	$\mu = 0{,}8$
$e^{\mu\alpha}$	–				
S_Z	N				
S_L	N				
U	N				
d_{min}	mm				

A.7.15 Riementrieb mit kleinstmöglichem Achsabstand

Ein Flachriementrieb übersetzt 1:2,8 ins Langsame und soll dabei einen möglichst kleinen Achsabstand a aufweisen. Der Riemen ist 3 mm dick und 50 mm breit, darf bis 24 N/mm² belastet werden und weist gegenüber den Scheiben einen Reibwert von $\mu = 0{,}45$ auf.

Es soll ein Antriebmoment von 252 Nm übertragen werden. Wie groß müssen die Scheibendurchmesser mindestens sein, damit der Riemen weder überlastet wird noch durchrutscht? Tragen Sie im folgenden Schema die wesentlichen Kenngrößen des Riementriebs ein.

S_Z	N	
β	$\circ$	
α	$\circ$	
$e^{\mu\alpha}$	–	
S_L	N	
U	N	
d_1	mm	
d_2	mm	
a	mm	

A.7.16   Riementrieb, Variation von Vorspannung und Moment

Der Riemen des unten skizzierten Riementriebes darf mit einer maximalen Spannung von 20 N/mm² belastet werden und hat gegenüber der Scheibe einen Reibwert von 0,65.

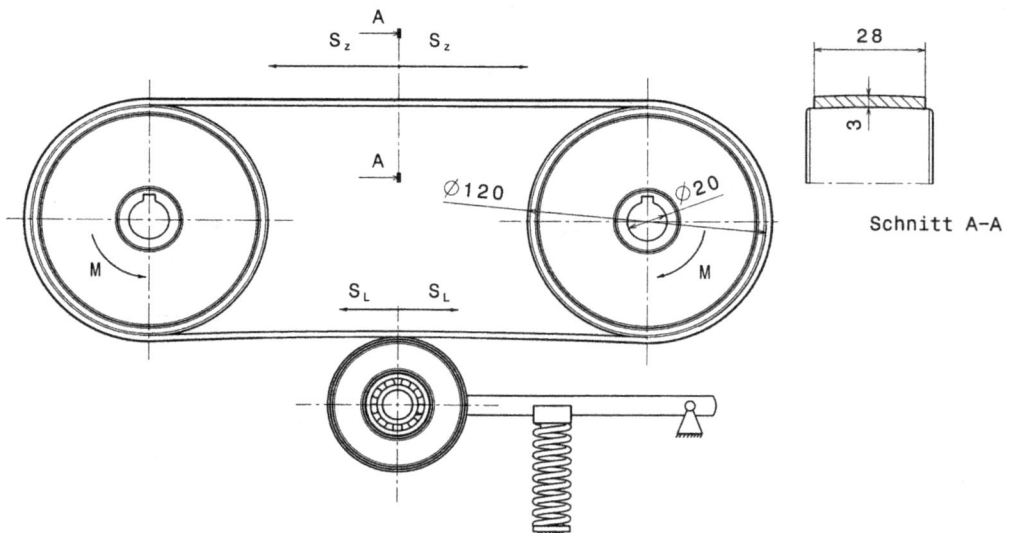

Berechnen Sie zunächst die für die Rutschgrenze entscheidende Größe $e^{\mu\alpha}$ und die zulässige Zugkraft im Riemen S_{zul}.

$e^{\mu\alpha}$		S_{zul} [N]	

Der Riementrieb wird im Leertrum mit den unten angegeben Kräften vorgespannt und den Momenten belastet. Kreuzen Sie an, ob die Rutschgrenze und die Festigkeitsgrenze nicht ausgenutzt, genau ausgenutzt oder überschritten wird.

	$M = 77{,}7$ Nm	$M = 87{,}7$ Nm	$M = 97{,}7$ Nm
$S_L = 48$ N	Rutschgrenze O nicht ausgenutzt O genau ausgenutzt O überschritten Festigkeitsgrenze O nicht ausgenutzt O genau ausgenutzt O überschritten	Rutschgrenze O nicht ausgenutzt O genau ausgenutzt O überschritten Festigkeitsgrenze O nicht ausgenutzt O genau ausgenutzt O überschritten	Rutschgrenze O nicht ausgenutzt O genau ausgenutzt O überschritten Festigkeitsgrenze O nicht ausgenutzt O ausgenutzt O überschritten
$S_L = 218$ N	Rutschgrenze O nicht ausgenutzt O genau ausgenutzt O überschritten Festigkeitsgrenze O nicht ausgenutzt O genau ausgenutzt O überschritten	Rutschgrenze O nicht ausgenutzt O genau ausgenutzt O überschritten Festigkeitsgrenze O nicht ausgenutzt O genau ausgenutzt O überschritten	Rutschgrenze O nicht ausgenutzt O genau ausgenutzt O überschritten Festigkeitsgrenze O nicht ausgenutzt O genau ausgenutzt O überschritten
$S_L = 388$ N	Rutschgrenze O nicht ausgenutzt O ausgenutzt O überschritten Festigkeitsgrenze O nicht ausgenutzt O ausgenutzt O überschritten	Rutschgrenze O nicht ausgenutzt O ausgenutzt O überschritten Festigkeitsgrenze O nicht ausgenutzt O ausgenutzt O überschritten	Rutschgrenze O nicht ausgenutzt O ausgenutzt O überschritten Festigkeitsgrenze O nicht ausgenutzt O ausgenutzt O überschritten

A.7.17 Riemenvorspannung durch Gewicht des Antriebsmotors

Der unten skizzierte Riementrieb spannt sich durch das Gewicht der Wippe vor: Die Masse des Motors von 12 kg, deren Gewichtskraft in der Drehachse des Motors wirksam wird, erzeugt um das reibungsfrei angenommene Gelenk der Pendelstütze ein Moment, welches durch Zug- und Leertrumkraft abgestützt wird und damit den Riementrieb vorspannt. Der Riemen weist gegenüber der Scheibe eine Reibzahl von $\mu = 0{,}6$ auf. Die Drehzahl des Motors beträgt 1.480 min^{-1}. Der Abstand y beträgt 120 mm.

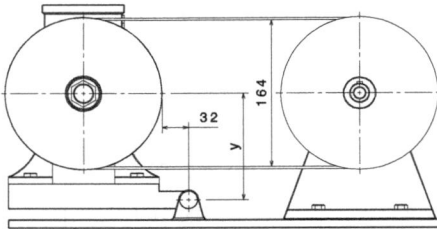

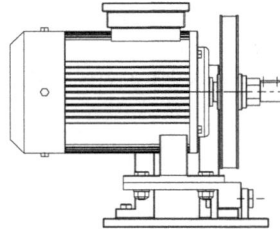

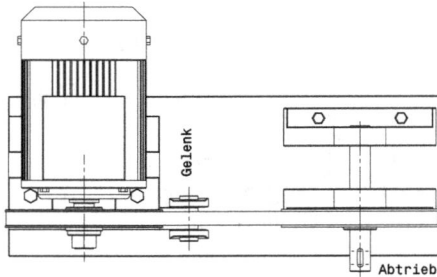

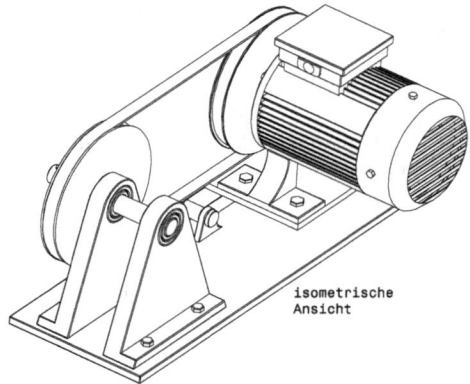

		Antreiben im Uhrzeigersinn	Bremsen im Gegenuhrzeigersinn
		Welche Leistung P_{max} ist mit diesem Riementrieb in Antriebsrichtung maximal übertragbar, wenn die Rutschgrenze vollständig ausgenutzt wird? Berechnen Sie dazu zunächst die Leertrumkraft, die Umfangskraft, und das Moment.	Der Riementrieb wird im Gegenuhrzeigersinn gebremst. Welche Zug- und Leertrumkraft entsteht dann? Welche Umfangskraft wird wirksam? Welches Bremsmoment $M_{Bremsmax}$ kann dann übertragen werden?
S_Z	N		
S_L	N		
U	N		
M	Nm		
P	kW		

A.7.18   Offener Riementrieb mit Federvorspannung

Der Riemen darf mit einer zulässigen Spannung von $\sigma_{zul} = 20$ N/mm² belastet werden. Zwischen Riemen und Riemenscheibe liegt ein Reibwert $\mu = 0,4$ vor. Die antreibende Scheibe rotiert im Uhrzeigersinn mit $n_{an} = 1.480$ min^{-1}. Belastungen aus Biegung und Fliehkraft können vernachlässigt werden.

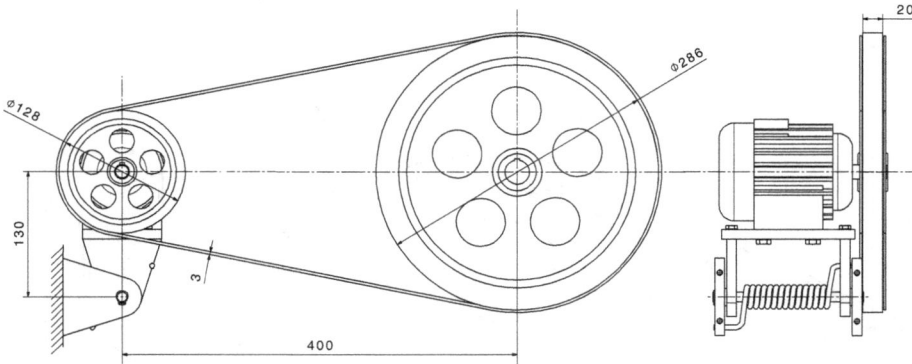

Betrachten Sie in unten stehendem Schema zunächst den Fall des Antreibens im Uhrzeigersinn: Ermitteln Sie die Zugtrumkraft für den Fall, dass die Riemenfestigkeit vollständig ausgenutzt wird. Berechnen Sie für diesen Fall die Leertrumkraft und das Moment, welches am Gelenk der Wippe eingeleitet werden muss.

Behalten Sie das Vorspannmoment der Schenkelfeder bei und berechnen Sie für den Fall des Bremsens im Gegenuhrzeigersinn die dann vorliegenden Trumkräfte sowie das Moment an der Motorwelle.

			antreiben	bremsen
Wie groß ist die Zugtrumkraft?	S_Z	N		
Wie groß ist die Leertrumkraft?	S_L	N		
Welches maximale Moment kann dann an der Motorwelle eingeleitet werden?	M_1	Nm		
Welche Leistung kann übertragen werden?	P	kW		✕
Mit welchem Moment muss dann die Schenkelfeder an der Antriebswippe vorgespannt werden?	M_{Wippe}	Nm		

A.7.19   Vorspannung durch Ausnutzung der Riemenelastizität

Der Riemen des unten dargestellten Flachriementriebs kann mit einer maximalen Zugspannung von 22 N/mm² belastet werden und weist gegenüber den Scheiben einen Reibwert von µ = 0,7 auf. Der Riemen wird so vorgespannt, dass sowohl die Rutschgrenze als auch die Festigkeitsgrenze vollständig ausgenutzt wird. Biege- und Fliehkrafteinflüsse bleiben unberücksichtigt. Der Riementrieb wird durch Vergrößerung des Achsabstands vorgespannt. Der statische Elastizitätsmodul des Riemenwerkstoffs beträgt 650 N/mm².

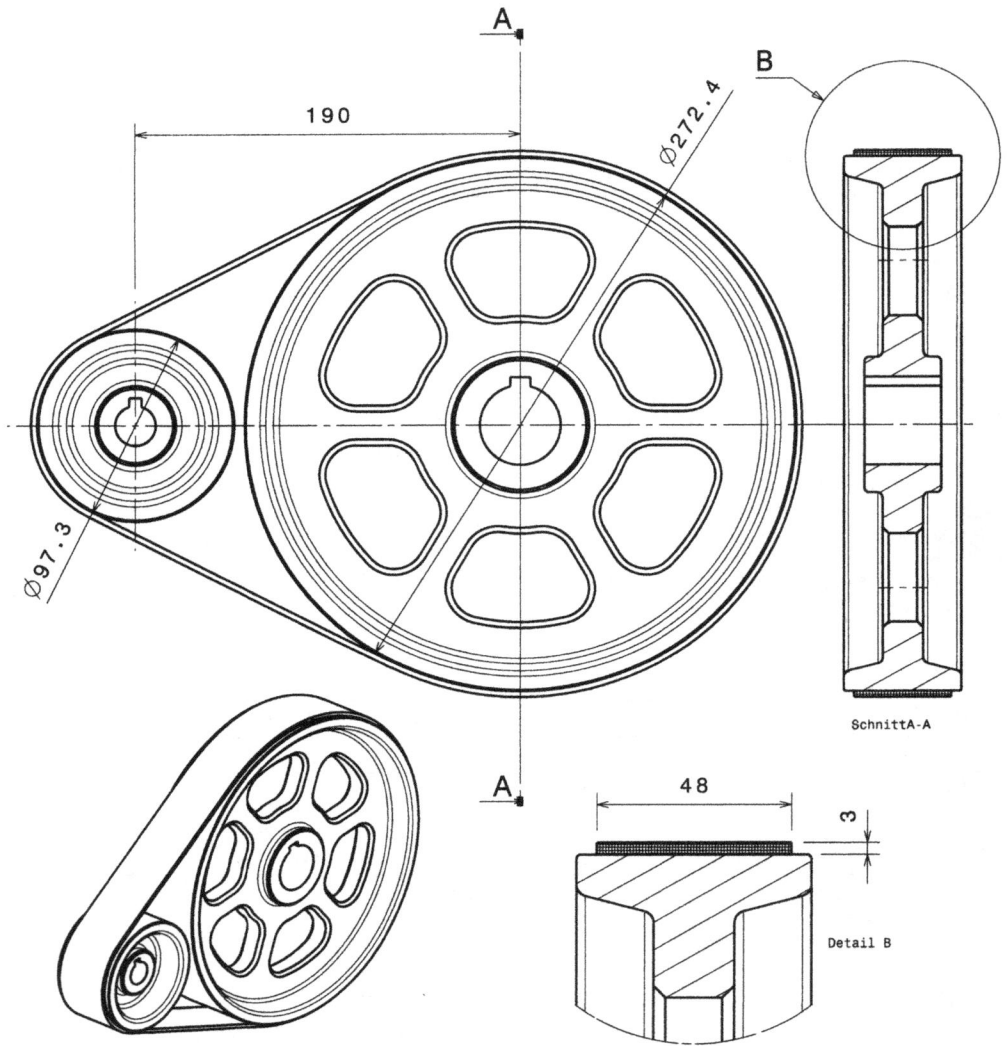

A

190

$\emptyset$272.4

B

$\emptyset$97.3

A

SchnittA-A

48

3

Detail B

Wie groß ist der Umschlingungswinkel?	α	°	
Berechnen Sie den Eytelwein'schen Quotienten!	$e^{\mu\alpha}$	–	
Wie groß kann die Zugtrumkraft maximal werden?	S_Z	N	
Wie groß ist dann die Leetrumkraft?	S_L	N	
Welche Umfangskraft wird dann wirksam?	U	N	
Welches Antriebsmoment kann maximal an der linken Scheibe eingeleitet werden?	M_{an}	Nm	
Welche Kraft muss durch den Vorspannvorgang eingeleitet werden?	S_V	N	
Wie lang ist der Riemen?	L_{Riemen}	mm	
Um welchen Betrag muss der Achsabstand gegenüber der ungespannten Lage vergrößert werden?	Δa	mm	

A.7.20 Bandsäge

Eine Bandsäge für die Holzbearbeitung wird mit einer Leistung von 7,5 kW bei einer Schnittgeschwindigkeit von 35 m/s betrieben. Der Antrieb erfolgt über die im Gestell gelagerte untere Rolle, deren Reibwert gegenüber dem Sägeband wegen der Belegung mit Kork oder Gummi mit 0,4 angenommen werden kann. Die obere Rolle ist an einem Ende eines doppelarmigen Hebels (Hebelarm 130 mm) gelagert, an dessen anderem Ende (Hebelarm noch unbekannt) mit einem Gewicht von 3,6 kg vorgespannt wird. Die in der Höhe einstellbare Bandführung oberhalb des Schnittes (Detail A) und die Bandführung unterhalb des Tisches haben keinen Einfluss auf die wirkenden Kräfte.

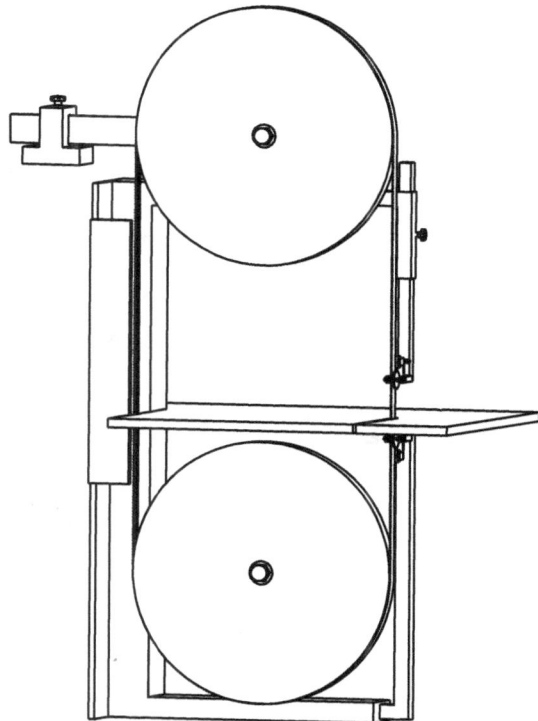

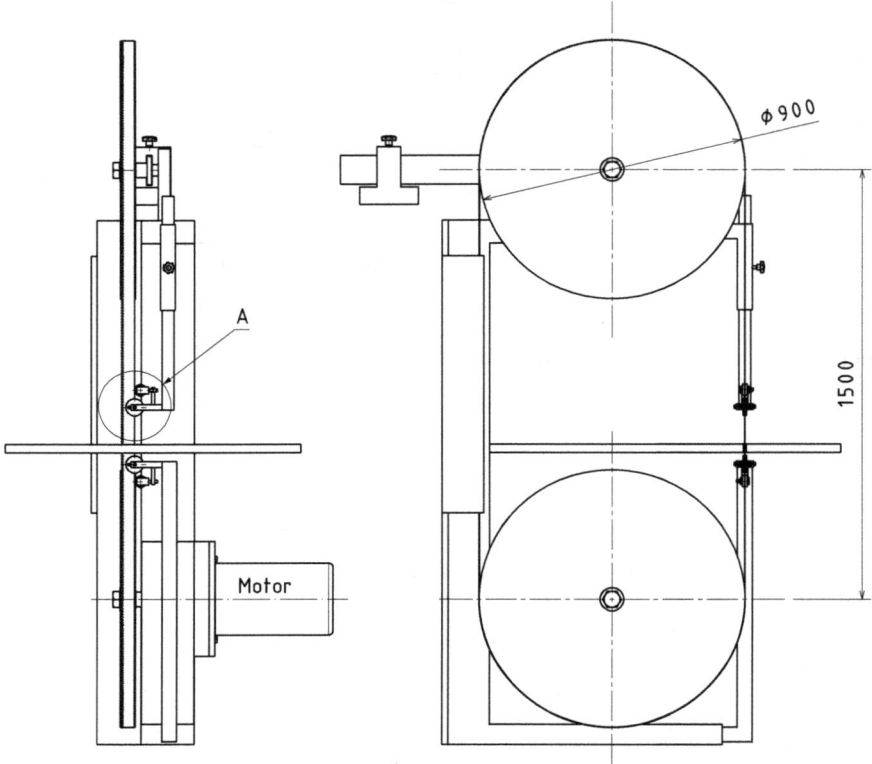

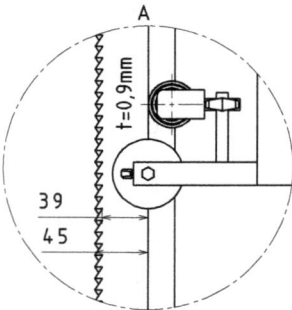

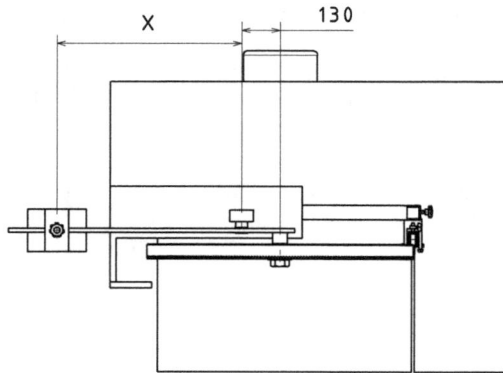

Klären Sie zunächst durch Ankreuzen ab, um welche Art der Vorspannung es sich in diesem Fall handelt!	O Zugtrumvorspannung O Leertrumvorspannung O Bandvorspannung durch Ausnutzung der Bandelastizität		
Welche Winkelgeschwindigkeit liegt an der Antriebsrolle vor?	ω	s^{-1}	
Welches Moment ergibt sich an der Antriebsrolle?	M	Nm	
Welche Zugtrumkraft liegt im Sägeband vor?	S_Z	N	
Wie groß ist dann die Leertrumkraft?	S_L	N	
Mit welcher Zugspannung wird dann das Sägeband belastet?	σ_Z	N/mm^2	
Auf welchen Abstand muss das Gewicht eingestellt werden?	x	mm	

A.7.21   Bandschleifer

Der Motor eines Bandschleifers nimmt eine Leistung von 620 W auf und es kann angenommen werden, dass im Grenzfall diese Leistung vom Schleifprozess auch verwertet werden kann. Das Band wird mit einer Geschwindigkeit von 330 m/min betrieben. Zwischen Band und Hartgummiwalze kann ein Reibwert von $\mu = 0{,}5$ ausgenutzt werden. Das Band wird über eine Andruckplatte geführt, mit der es am Werkstück angedrückt wird. Sowohl die Antriebs- als auch die Spannrolle sind von der Arbeitsebene zurückversetzt, sodass der in der Skizze eingezeichnete Winkel von 7° entsteht.

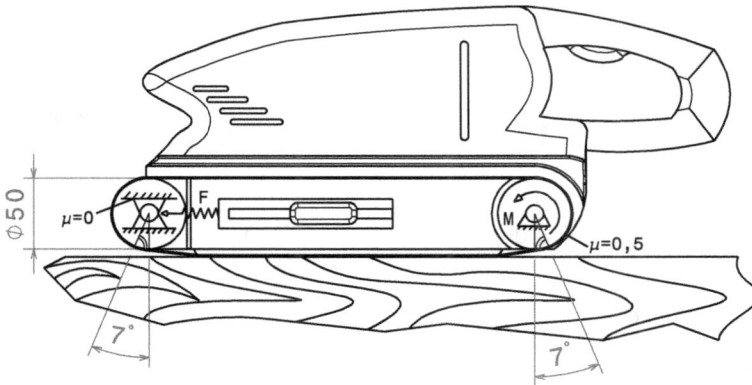

Zur Aufbringung der Spannung des Schleifbandes ist die Achse der Spannrolle in einer Horizontalführung längsbeweglich angeordnet, die Vorspannung selber wird durch eine Schraubenfeder eingeleitet.

Die Spannfeder ist als Schraubenfeder ausgebildet (s. Band 1, Abschn. 2.2.2). Der Federwerkstoff soll mit einer Schubspannung $\tau_{zul} = 300$ N/mm² belastet werden und weist einen Schubmodul $G = 70.000$ N/mm² auf. Der Windungsdurchmesser ist konstruktiv mit $D_m = 10$ mm festgelegt. Durch den Hebelmechanismus wird ein Vorspannweg 4 mm eingebracht.

Klären Sie zunächst durch Ankreuzen ab, um welche Art der Vorspannung es sich in diesem Fall handelt!	O Zugtrumvorspannung O Leertrumvorspannung O Bandvorspannung unter Ausnutzung der Bandelastizität		
Berechnen Sie die Zugtrumkraft im Schleifband.	S_Z	N	
Wie groß ist dann die Leertrumkraft ?	S_L	N	
Welche Kraft muss dazu durch die Feder eingeleitet werden?	F_{Feder}	N	
Wie groß ist der erforderliche, auf halbe Millimeter gerundete Drahtdurchmesser?	d	mm	
Wie groß muss die Steifigkeit der Feder sein?	c	N/mm	
Wie viele federnde Windungen müssen vorgesehen werden?	i_w	–	

A.7.22   Förderband

Mit dem unten skizzierten Förderband („Gurtförderer") wird das Schüttgut mit der Masse m in der Ebene transportiert.

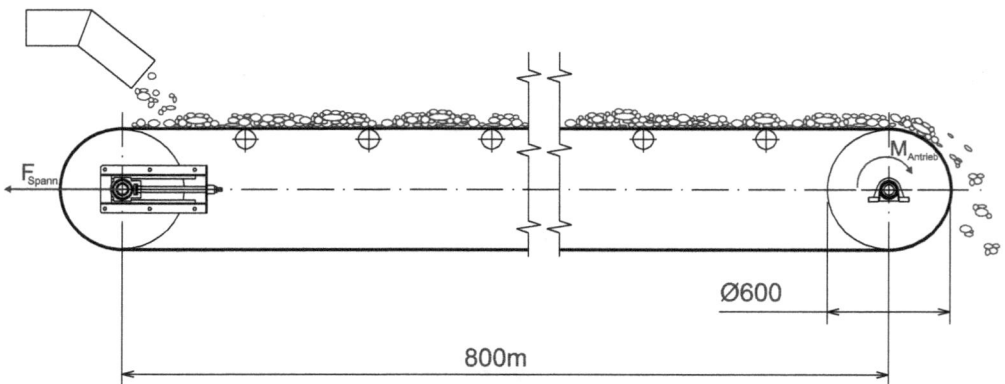

Für den Fördergurt sind folgende Daten gegeben:

Reibwert Förderband–Antriebswalze: $\mu = 0,3$

Zugfestigkeit des Förderbandes: $F_{zul} = 30$ kN

Die für die Transportbewegung erforderliche Kraft im Band errechnet sich als der 0,04-fache Anteil der durch das Fördergut hervorgerufenen Normalkraftbelastung.

Klären Sie zunächst durch Ankreuzen ab, um welche Art der Vorspannung es sich in diesem Fall handelt!	O Zugtrumvorspannung O Leertrumvorspannung O Bandvorspannung unter Ausnutzung der Bandelastizität		
Wie groß muss die Spannkraft sein, wenn möglichst viel Fördergut transportiert werden soll?	F_{Spann}	kN	
Welches Moment kann dann auf die Antriebswalze aufgebracht werden?	M_{an}	kNm	
Welche Nutzlast kann sich dann maximal auf dem Fördergut befinden?	m_{max}	kg	
Welche Antriebsleistung muss installiert werden, wenn 1.200 t Schüttgut pro Stunde über eine Entfernung von 800 m befördert werden sollen?	P_{an}	kW	
Welche Bandgeschwindigkeit muss dann realisiert werden?	v_{Band}	km/h	

Kreuzen Sie an, ob die folgenden Möglichkeiten in Frage kommen, um die Förderleistung zu steigern, ohne das Band zu überlasten.	Steigerung der Vorspannung
	    O ja O nein
	Steigerung des Antriebsmomentes
	    O ja O nein
	Steigerung der Antriebsdrehzahl
	    O ja O nein		

Welche Folge ist zu erwarten, wenn die Drehrichtung umgekehrt wird und sämtliche anderen Parameter beibehalten werden?	Fördergurt wird durch Überlast zerstört
	    O ja O nein
	Fördergurt rutscht an der Antriebswalze durch O ja O nein
	Es tritt keinerlei Änderung ein
	    O ja O nein		

Soweit diese vereinfachte Aufgabenstellung. Bei großen Bandförderanlagen wird die Antriebswirkung auf mehrere, hintereinander angeordnete Antriebswalzen verteilt. Kapitel 12.3.4 (Band 3) und eine entsprechende Aufgabe stellen dazu differenziertere Betrachtungen an.

A.7.23   Rührwerkwelle

Eine Rührwerkwelle ist unten prinzipiell mit ihrem Antrieb über einen offenen Flachriementrieb am oberen Wellenende und dem Rührer am unteren Wellenende dargestellt. Die rechte Zusammenstellungszeichnung zeigt konstruktive Einzelheiten von Lagerung und Welle.

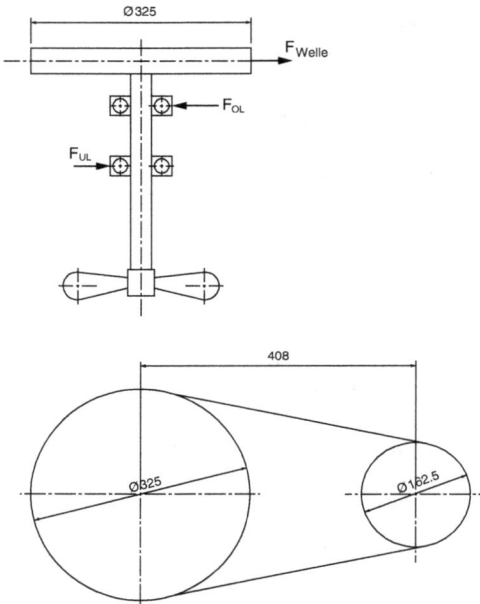

Die durch einen offenen Riementrieb eingebrachte Leistung beträgt P = 6,3 kW bei einer Rührerdrehzahl von 740 min^{-1}. Die Reibzahl μ = 0,3 zwischen Riemen und Scheibe soll vollständig ausgenutzt werden. Das Rührblatt ist so gestaltet, dass zwar keine Radialkraft, wohl aber eine Axialkraft von 285 N entsteht.

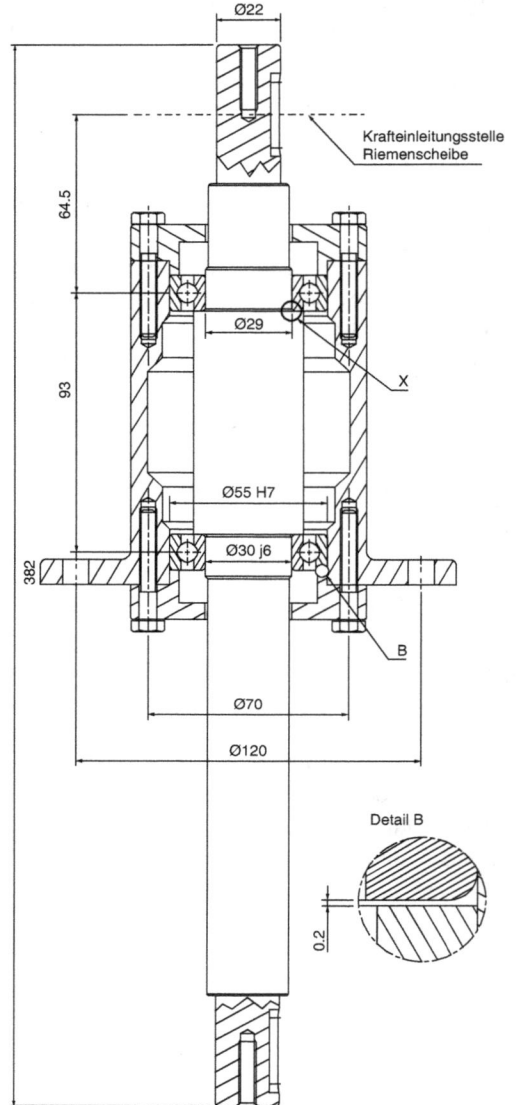

Riementrieb

Berechnen Sie die Kraft F_{Welle}, mit der der Riementrieb die Rührwerkwelle belastet.

F_{Welle} [N] =

Festigkeitsnachweis Welle

Wie groß sind die statische und die dynamische Vergleichsspannung an der Stelle X? Bedienen Sie sich zur Zusammenstellung der Ergebnisse des folgenden Schemas.

	statisch	dynamisch
L [N] = Q [N] = M_b [Nm] = M_t [Nm] =	σ_{ZDstat} [N/mm²] = τ_{Qstat} [N/mm²] = σ_{bstat} [N/mm²] = τ_{tstat} [N/mm²] =	σ_{ZDdyn} [N/mm²] = τ_{Qdyn} [N/mm²] = σ_{bdyn} [N/mm²] = τ_{tdyn} [N/mm²] =
	σ_{vstat} [N/mm²] =	σ_{vdyn} [N/mm²] =

Der Wellenwerkstoff ist C45. Die Oberfläche ist geschlichtet und die Kerbwirkungszahl beträgt $\beta_{kb} = 1{,}6$. Zeichnen Sie das Dauerfestigkeitsschaubild für die gefährdete Stelle.

σ_{bW}		σ_{bSch}		σ_{bS}	
σ_{bW}'		σ_{bSch}'		σ_{bS}'	
σ_{GbW}		σ_{AK}'		σ_{GAK}	

Wie groß ist die Sicherheit gegenüber Dauerbruch wenn der Riementrieb als selbstspannender Riementrieb ausgeführt ist?	

Dimensionierung der Lagerung

Die beiden Rillenkugellager sind vom Typ S6006.W203B mit einer dynamischen Tragzahl von 12.700 N. Bei Auftreten von axialer Lagerbelastung ist der Faktor X = 0,53 und der Faktor Y = 1,5. Berechnen Sie die Lebensdauer der beiden Lager, wenn die Axialkraft nach oben und die Gewichtsbelastung der Welle nach unten gerichtet ist.

		oberes Lager	unteres Lager
Radialkraft	N		
Axialkraft	N		
äquivalente Lagerlast	N		
L_{10}	–		
Lebensdauer	h		

Welle-Nabe-Verbindung

Die Torsion wird von der Riemenscheibe über eine normgerechte Passfederverbindung eingeleitet und über eine identische Passfederverbindung an den Rührer abgeleitet. Die Flankenpressung an der Passfeder darf p = 120 N/mm² nicht überschreiten. Wie groß muss die wirksame Länge der Passfeder mindestens sein?

A.7.24 Selbstspannender Riementrieb

Gegeben ist der maßstäblich skizzierte Antrieb eines Flachriementriebes. Es kann angenommen werden, dass ein Reibwert von $\mu = 0,35$ sicher ausgenutzt werden kann.

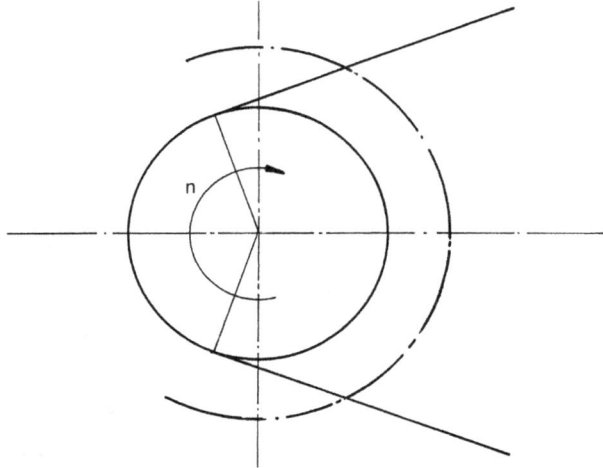

Der Antrieb soll als selbstspannender Riementrieb mit Pendelstütze konzipiert werden, wobei der Anlenkpunkt der Pendelstütze aus konstruktiven Gründen auf dem strichpunktierten Kreis angeordnet werden soll. Ermitteln Sie die Lage des Anlenkpunktes. Da die Skizze maßstäblich ist, können neben rechnerischen auch grafische Schritte ausgenutzt werden.

Riementrieb mit Berücksichtigung von Biege- und Fliehkrafteinfluss

A.7.25 Biegeeinfluss Spannrolle im Leertrum

Die beiden Scheiben eines Riementriebes mit dem Übersetzungsverhältnis 1:1 weisen einen Durchmesser von 320 mm auf. Es wird ein Moment von 48 Nm übertragen. Der Riemen ist 2 mm dick und 25 mm breit, sein Reibwert auf der Scheibe kann mit $\mu = 0,5$ angenommen werden. Die Spannrolle wird im Leertrum so angeordnet, dass sich an beiden Scheiben ein Umschlingungswinkel von jeweils 225° ergibt. Der Biegeeinfluss des Riemens ist mit einem dynamischen Elastizitätsmodul von 635 N/mm² zu berücksichtigen.

Wie groß sind Zug- und Leertrumkraft, wenn der Riementrieb an der Rutschgrenze betrieben wird?	S_Z S_L	N N	
Wie groß muss der Laufrollendurchmesser mindestens sein, damit die Riemenbelastung im Leertrum nicht die im Zugtrum übersteigt?	d	mm	

A.7.26   Ermittlung des Scheibendurchmessers

Mit einem offenen Riementrieb werden 18 kW bei einer Drehzahl von $1.500\ min^{-1}$ und einem Übersetzungsverhältnis von 1:1 übertragen. Der Achsabstand beträgt 632 mm. Der Riemen hat gegenüber der Scheibe einen Reibwert von $\mu = 0{,}4$, ist 2 mm dick und 20 mm breit und kann mit einer Spannung $\sigma_{zul} = 22\ N/mm^2$ belastet werden. In einem ersten Aufgabenteil bleiben Biege- und Fliehkrafteinflüsse zunächst unberücksichtigt. Der Riemen wird unter Ausnutzung der Riemenelastizität vorgespannt, wobei der Elastizitätsmodul gegenüber statischem Zug $E_{stat} = 2.000\ N/mm^2$ beträgt.

Welchen Durchmesser müssen die beiden Scheiben mindestens aufweisen, wenn ohne Berücksichtigung von Biege- und Fliehkrafteinfluss die zulässige Riemenspannung nicht überschritten wird?	d	mm	
Um welchen Betrag muss der Achsabstand gegenüber der ungespannten Lage vergrößert werden, damit die Leistung ohne Gleitschlupf übertragen werden kann?	Δa	mm	

In einem zweiten Aufgabenteil wird sowohl die Biegelastung mit einem Elastizitätsmodul gegenüber dynamischer Biegung $E_b = 200\ N/mm^2$ als auch die Fliehkraftbelastung mit einem spezifischen Gewicht von $\rho = 1{,}4\ kg/dm^3$ berücksichtigt.

Berechnen Sie die Biegespannung!	σ_b	$\dfrac{N}{mm^2}$	
Berechnen Sie die Fliehkraftbelastung!	σ_{Fl}	$\dfrac{N}{mm^2}$	
Auf welchen Betrag muss die Riemenvorspannkraft unter Einfluss des Fliehkrafteinflusses erhöht werden?	S_V	N	
Um welchen Betrag muss der Riementrieb unter Berücksichtigung der Fliehkraft vorgespannt werden?	Δa	mm	
Mit welcher Drehzahl kann der Riementrieb maximal betrieben werden, wenn auf eine Leistungsübertragung gänzlich verzichtet wird?	n_{max}	min^{-1}	
Welche maximale Leistung kann mit dem Riementrieb übertragen werden?	P_{max}	W	
Welche Drehzahl muss zur Übertragung dieser maximalen Leistung gewählt werden?	n_{opt}	min^{-1}	

A.7.27　　　Schleifscheibenantrieb

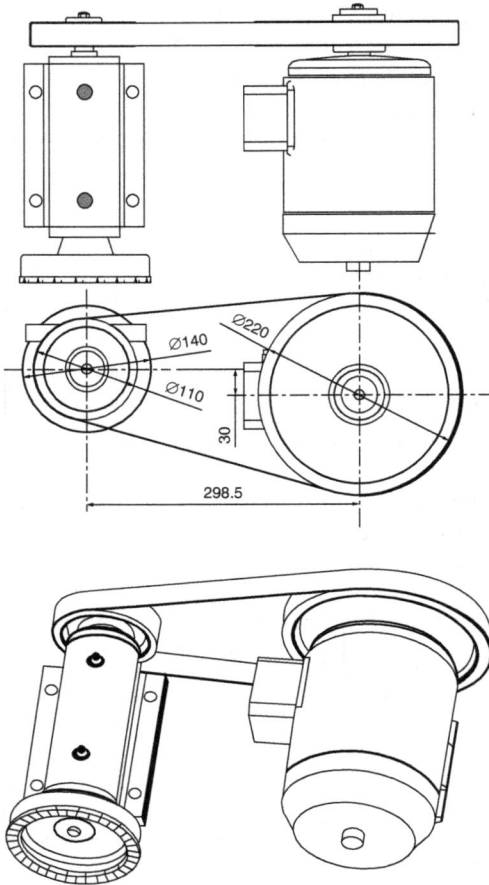

Ein schnelllaufender Riementrieb wird zum Antrieb einer sog. Topfschleifscheibe benutzt (die Topfschleifscheibe schleift mit ihrer axial nach unten gerichteten kreisringförmigen Stirnfläche).

Der Durchmesser der angetriebenen, auf der Schleifscheibenwelle montierten Scheibe beträgt 110 mm und es wird 1:2 ins Schnelle übersetzt. Die Topfschleifscheibe weist einen wirksamen Durchmesser von 140 mm auf. Der Reibwert zwischen Riemen und Scheibe kann mit $\mu = 0{,}4$ angenommen werden. Die Riemenbreite beträgt $b = 25$ mm, die Riemendicke $s = 2$ mm. Der Riemenwerkstoff kann mit einer zulässigen Spannung $\sigma_{zul} = 24$ N/mm² belastet werden.

Der Biegeeinfluss wird durch die Materialkonstante Elastizitätsmodul $E_b = 635$ N/mm² und der Fliehkrafteinfluss durch das spezifische Gewicht $\rho_R = 1{,}4$ kg/dm³ berücksichtigt.

Welche Leistung ist mechanisch übertragbar, wenn mit einer Schnittgeschwindigkeit von $v = 20$ m/s geschliffen werden soll?	P	W	
Welche Schleifgeschwindigkeit ist maximal möglich (auch wenn keine Leistung übertragen werden soll)?	$v_{Schleifmax}$	m/s	
Durch Änderung des Riemenwerkstoffs kann das spezifische Gewicht auf 0,9 kg/dm³ reduziert werden. Welche maximale Schleifgeschwindigkeit ist dann möglich?	$v_{Schleifmax}$	m/s	

A.7.28   Spannrolle und Umlenkrolle

Der unten skizzierte Riementrieb verfügt neben der Antriebsscheibe oben links und der Abtriebsscheibe unten rechts noch über eine Umlenkrolle und eine Spannrolle, die beide kein Moment in den Riementrieb einbringen. Der Reibwert zwischen Riemen und Scheibe beträgt $\mu = 0,45$. Der Riemenwerkstoff darf bis zu einer zulässigen Spannung $\sigma_{zul} = 24$ N/mm² belastet werden und weist einen Elastizitätsmodul von $E_b = 325$ N/mm² auf. Der Riemen ist 3 mm dick und 34 mm breit.

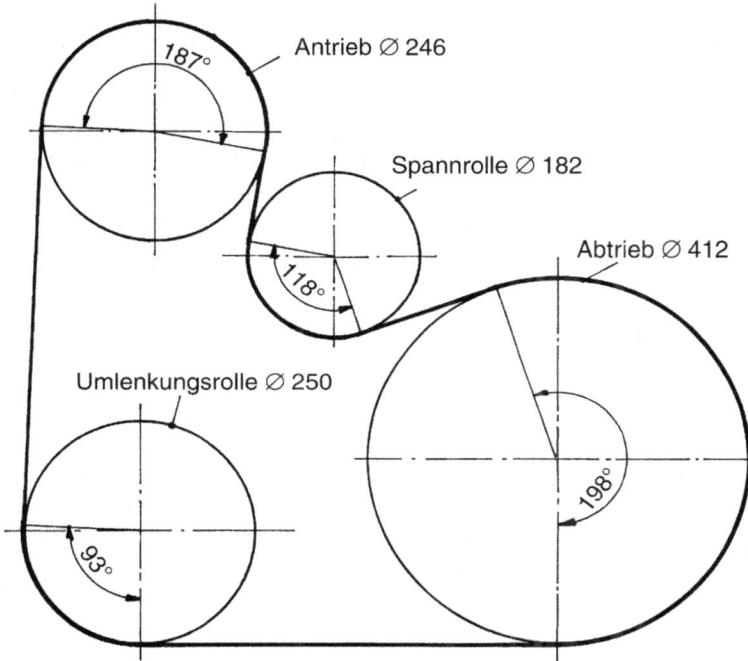

Berechnen Sie das zulässige **Ab**triebsmoment, wenn der Biegeeinfluss nicht berücksichtigt wird.	Nm	
Berechnen Sie das zulässige **Ab**triebsmoment unter Berücksichtigung des Biegeeinflusses, wenn der Antrieb **links** herum dreht.	Nm	
Berechnen Sie das zulässige **Ab**triebsmoment unter Berücksichtigung des Biegeeinflusses, wenn der Antrieb **rechts** herum dreht.	Nm	

Kettentriebe

A.7.29   Belastung Fahrradkette

Die Tretkurbel eines Fahrradkettenantriebes beschreibt einen Kreis mit dem Radius von 170 mm. Die Fahrradkette selber weist eine Teilung von 12,7 mm auf. Am Kettengelenk hat der Bolzen einen Durchmesser d_B von 3,8 mm und steht auf einer gleitenden Länge L von 4,6 mm mit der umgebenden Hülse des inneren Kettengliedes in Kontakt.

Für die Betrachtung der Belastung am Kettengelenk sollen zwei Fälle unterschieden werden:

- Die Extrembelastung fällt im sog. „Wiegetritt" an, wenn sich der Radfahrer mit seinem gesamten Körpergewicht von 80 kg auf das Pedal bei waagerechter Kurbelstellung abstützt.

- Der Normalfall liegt dann vor, wenn 200 W bei 70 Kurbelumdrehungen pro Minute übertragen werden. Nehmen Sie an, dass der Anwendungsfaktor in Anlehnung an die Betrachtung des Vorlesungsteils K_A = 2,221 beträgt.

In beiden Fällen soll nach einem Kettenblatt mit 52 Zähnen (großes Kettenblatt beim Straßenradrennsport) und einem solchen mit 30 Zähnen (kleines Kettenblatt eines Mountainbikes) unterschieden werden.

1. Ermitteln Sie zunächst das Moment am Tretlager M_{TL}.

2. Berechnen Sie daraufhin die in der Kette vorliegende Zugkraft F_{Kette}.

3. Berechnen Sie schließlich die im Gleitsitz des Kettengelenks wirksame Flächenpressung p_{KG}.

		M_{TL}	F_{Kette}	p_{KG}
		Nm	N	N/mm²
extrem	52 Zähne			
(Wiegetritt)	30 Zähne			
normal	52 Zähne			
200W	30 Zähne			

Zahnradgetriebe: Geometrie der Verzahnung

A.7.30   Verzahnungsgesetz

Die untenstehende Skizze ist im Maßstab 1:1 erstellt, sodass die Bearbeitung der nachfolgenden Aufgaben im Wesentlichen unter Zuhilfenahme zeichnerischer Konstruktionen vollzogen werden kann.

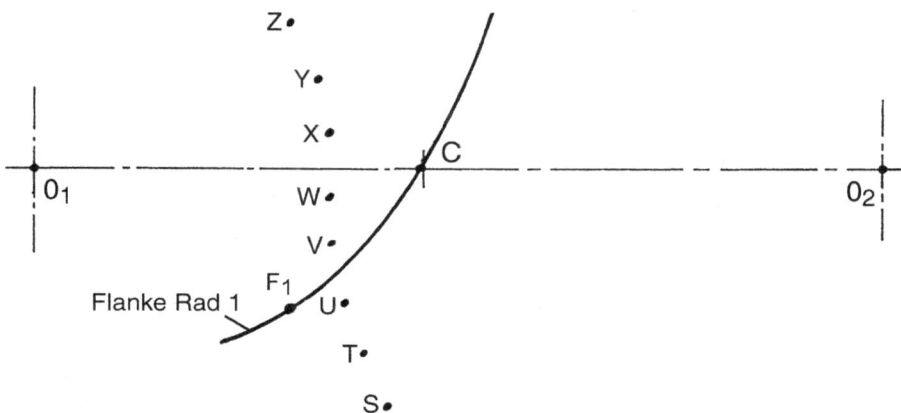

Es sind die Radmittelpunkte eines Zahnradpaares mit den Mittelpunkten O_1 und O_2 gegeben. Weiterhin ist der Wälzpunkt sowie die Flanke des Rades 1 vorgegeben.

a) Ermitteln Sie das Übersetzungsverhältnis dieses Zahnradpaares.

> $i =$

b) Konstruieren Sie den Eingriffspunkt für den Punkt F_1 der Flanke 1. Markieren Sie ihn durch Ankreuzen in folgendem Schema.

Punkt S	Punkt T	Punkt U	Punkt V	Punkt W	Punkt X	Punkt Y	Punkt Z

c) Welcher der eingezeichneten Punkte ist der Punkt F_2 der Flanke des Rades 2, der mit F_1 in Eingriff kommt?

Punkt S	Punkt T	Punkt U	Punkt V	Punkt W	Punkt X	Punkt Y	Punkt Z

d) Rad 1 wird mit einer Drehzahl von 1.500 min^{-1} angetrieben. Wie groß ist die Gleitgeschwindigkeit v_g der beiden Zahnflanken untereinander, wenn der Punkt F_1 der Flanke 1 mit dem Punkt F_2 der Flanke 2 in Eingriff kommt?

> $v_g \ [m/s] =$

Geometrie der Evolventenverzahnung ohne Profilverschiebung

A.7.31   Überdeckungsgrad Evolventenverzahnung

Mit einer nicht profilverschobenen Zahnradpaarung soll bei einem möglichst genau einzuhaltenden Achsabstand von 200 mm ein Übersetzungsverhältnis von möglichst genau i = 2,5 verwirklicht werden. Der Eingriffswinkel beträgt $\alpha = 20°$ und sowohl Kopf- als auch Fußhöhe sollen dem Modul entsprechen ($h_a = h_f = m$). Die Fußausrundung soll in diesem ersten Beispiel nicht berücksichtigt werden.

Für die Moduln m = 1 mm, 2 mm, 4 mm und 6 mm sind die unten aufgeführten geometrischen Daten der Verzahnung zu ermitteln.

	m = 1 mm	m = 2 mm	m = 4 mm	m = 6 mm
Zähnezahl des antreibenden Rades z_1				
Zähnezahl des angetriebenen Rades z_2				
Tatsächliches Übersetzungsverhältnis i_{tats}				
Prozentuale Abweichung vom vorgegebenen Übersetzungsverhältnis Δi [%]				
Wälzkreisdurchmesser des antreibenden Rades d_{w1} [mm]				
Wälzkreisdurchmesser des angetriebenen Rades d_{w2} [mm]				
Tatsächlicher Achsabstand a_{tats} [mm]				
Grundkreisdurchmesser des antreibenden Rades d_{b1} [mm]				
Grundkreisdurchmesser des angetriebenen Rades d_{b2} [mm]				
Kopfkreisdurchmesser des antreibenden Rades d_{a1} [mm]				
Kopfkreisdurchmesser des angetriebenen Rades d_{a2} [mm]				
Fußkreisdurchmesser des antreibenden Rades d_{f1} [mm]				
Fußkreisdurchmesser des angetriebenen Rades d_{f2} [mm]				
Teilung p [mm]				
Überdeckungsgrad ε_α				

A.7.32   Gleitgeschwindigkeit

Ein geradverzahntes Stirnradpaar mit normgerechter Evolventenverzahnung ohne Profilverschiebung wird mit $n_1 = 1.500$ min^{-1} angetrieben. Das geforderte Übersetzungsverhältnis von $i = 2,8$ und der zunächst vorgesehene Achsabstand von 312 mm sollen möglichst beibehalten werden.

Das Getriebe soll sowohl mit den Moduln $m = 4, 5, 6$ und 8 mm ausgeführt werden. Berechnen Sie für alle vier Varianten die Zähnezahlen z, die Teil- bzw. Wälzkreisdurchmesser d, das tatsächliche Übersetzungsverhältnis i_{tats}, die Abweichung vom geforderten Übersetzungsverhältnis Δi, den tatsächlichen Achsabstand a_{tats} sowie die Grundkreisdurchmesser d_b und Kopfkreisdurchmesser d_a. Die Länge der Eingriffsstrecke g ist ein wesentliches Zwischenergebnis bei der Ermittlung der maximal auftretenden Gleitgeschwindigkeit v_{gmax}. Machen Sie sich bei der Berechnung der Länge der Eingriffsstrecke g zunutze, dass bei nicht profilverschobenen Rädern der Wälzpunkt in grober Näherung in der Mitte der Eingriffsstrecke liegt. Berechnen Sie schließlich die Profilüberdeckung ε_α.

Stellen Sie Ihre Ergebnisse in dem nachstehenden Schema zusammen.

		m = 4 mm	m = 5 mm	m = 6 mm	m = 8 mm
z_1	–				
z_2	–				
d_1	mm				
d_2	mm				
i_{tats}	–				
Δi	%				
a_{tats}	mm				
d_{b1}	mm				
d_{b2}	mm				
d_{a1}	mm				
d_{a2}	mm				
g	mm				
v_{gmax}	m/s				
ε_α	–				

Geometrie der Evolventenverzahnung mit Profilverschiebung

A.7.33   V-Null-Zahnradpaarung

Es ist eine Zahnradpaarung zu entwerfen, für die ein Übersetzungsverhältnis von i = 1,58 und
ein Achsabstand 100 mm gefordert wird. Das tatsächlich ausgeführte Übersetzungsverhältnis
darf davon nur um 1 % abweichen. Der Herstellungseingriffswinkel beträgt α = 20° und der
Modul m = 2,5 mm. Die Zahnradpaarung soll als V-Null-Verzahnung mit dem Profilverschiebungsfaktor x = 0,4 ausgeführt werden. Die Fußausrundung beträgt ein Viertel des Moduls.
Berechnen Sie die Geometriedaten nach folgendem Schema:

		Rad 1	Rad 2
Zähnezahl z	–		
Tatsächliches Übersetzungsverhältnis i_{tats}	–		
Relative Abweichung von i	%		
Tatsächlicher Achsabstand a_{tats}	mm		
Profilverschiebungsfaktor x	–		
Profilverschiebung v	mm		
Teilkreisdurchmesser d	mm		
Wälzkreisdurchmesser d_w	mm		
Betriebseingriffswinkel α_w	°		
Grundkreisdurchmesser d_b	mm		
Kopfkreisdurchmesser d_a	mm		
Fußkreisdurchmesser d_f	mm		
Besteht Unterschnittgefahr?		O ja O nein	O ja O nein
Profilüberdeckung ε_α	–		

A.7.34   Vorgegebener Achsabstand

Ein Zahnradpaar soll im Modul m = 3 mm ausgeführt werden und ein Übersetzungsverhältnis
von i = 2,4 aufweisen, welches mit einer Genauigkeit von 2 % einzuhalten ist. Dabei ist der
genormte Herstellungseingriffswinkel von α = 20° zu verwenden und ein Kopfspiel von c =
0,3 · m vorzusehen. Der Achsabstand muss genau 70 mm betragen. Die dazu notwendige Profilverschiebung ist nur an einem Rad zu praktizieren.

Ermitteln Sie die Geometriedaten der Verzahnung nach untenstehendem Schema.

		Rad 1	Rad 2
Zähnezahl z	−		
Tatsächliches Übersetzungsverhältnis i_{tats}	−		
Relative Abweichung von i	%		
Teilung p	mm		
Achsabstand a nicht profilverschoben	mm		
Profilverschiebung v	mm		
Profilverschiebungsfaktor x	−		
Teilkreisdurchmesser d	mm		
Wälzkreisdurchmesser d_w	mm		
Grundkreisdurchmesser d_b	mm		
Kopfkreisdurchmesser d_a	mm		
Fußkreisdurchmesser d_f	mm		
Betriebseingriffswinkel α_w	°		
Profilüberdeckung ε_α	−		

A.7.35 Vermeidung von Unterschnitt

Eine normgerechte Verzahnung wird mit dem Modul m = 5 mm ausgestattet und soll bei einem Übersetzungsverhältnis von i = 3,2 einen Achsabstand a = 126 mm aufweisen, der allerdings in geringen Grenzen variiert werden kann. Eine Profilverschiebung soll nur dann angewendet werden, wenn eine Unterschneidung der Zahnflanken ausgeglichen werden muss. Diese Profilverschiebung ist möglichst gering zu halten. Die Fußausrundung soll 25 % des Moduls betragen. Bestimmen Sie alle in untenstehendem Schema aufgeführten Kenngrößen der Verzahnung.

			Rad 1	Rad 2
Zähnezahl	z	−		
Tatsächliches Übersetzungsverhältnis	i_{tats}	−		
Relative Abweichung von i	Δi	%		
Profilverschiebungsfaktor	x	−		
Profilverschiebung	v	mm		
Teilung	p	mm		
Teilkreisdurchmesser	d	mm		
Grundkreisdurchmesser	d_b	mm		
Achsabstand	a	mm		
Betriebseingriffswinkel	α_w	°		
Wälzkreisdurchmesser	d_w	mm		
Kopfkreisdurchmesser	d_a	mm		
Fußkreisdurchmesser	d_f	mm		
Profilüberdeckung	ε_α	−		

A.7.36   V-Plus-Zahnradpaarung

Eine normgerechte Verzahnung mit $\alpha = 20°$ soll als V-Plus-Zahnradpaarung mit x = +0,5 (für beide Räder) und dem Übersetzungsverhältnis i = 4,2 ausgeführt werden. Im Hinblick auf eine möglichst hohe Tragfähigkeit soll der Modul m = 8 mm verwendet werden. Um dennoch platzsparend bauen zu können, ist die minimale Zähnezahl vorzusehen. Die Fußausrundung soll 25% des Moduls betragen.

Bestimmen Sie alle in untenstehendem Schema aufgeführten Kenngrößen der Verzahnung.

			Rad 1	Rad 2
Zähnezahl	z	–		
Tatsächliches Übersetzungsverhältnis	i_{tats}	–		
Profilverschiebung	v	mm		
Teilung	p	mm		
Teilkreisdurchmesser	d	mm		
Grundkreisdurchmesser	d_b	mm		
Tatsächlicher Achsabstand	a+Δa	mm		
Betriebseingriffswinkel	α_w	°		
Wälzkreisdurchmesser	d_w	mm		
Kopfkreisdurchmesser	d_a	mm		
Fußkreisdurchmesser	d_f	mm		
Profilüberdeckung	ε_α	–		

Zahnradgetriebe: Festigkeit der Evolventenverzahnung

Festigkeit der Verzahnung ohne Profilverschiebung

A.7.37   Beanspruchung von Zahnfuß und Zahnflanke

Die Festigkeit eines Zahnradpaares mit normgerechter Evolventenverzahnung ohne Profilverschiebung soll untersucht werden. Die Zähnezahlen betragen $z_1 = 20$ und $z_2 = 38$ Zähne, der Modul m = 3 mm und die Zahnradbreite b = 18 mm. Bei einer Ritzeldrehzahl von $n_1 = 1.480$ min^{-1} soll eine Leistung von 26 kW übertragen werden. Es kann angenommen werden, dass das Produkt der Faktoren $Y_F \cdot Y_\beta \cdot Y_S \cdot K_A \cdot K_V \cdot K_{F\beta} \cdot K_{F\alpha} = 4{,}4$ ist.

Wie groß ist die Spannung im Zahnfuß?	σ_F	N/mm²	
Welche Zahnflankenpressung entsteht bei dieser Belastung?	σ_{Hz}	N/mm²	

A.7.38   Zahnradgetriebene Hubtrommel

Das Seil der unten skizzierten Hubtrommel ist auf der Trommel aufgewickelt und läuft von dieser tangential nach unten ab. Das Seil bewegt sich beim Auf- und Abrollen zwar in axialer Richtung hin und her, aber langfristig kann für die Lagerbelastung eine mittige Lasteinleitung angenommen werden (Schadensakkumulationshypothese). Der Antrieb am linken Wellenende erfolgt über eine nicht profilverschobene Evolventenverzahnung mit dem normgerechten Eingriffswinkel von 20°. Es soll eine maximale Last von 1,26 t befördert werden können.

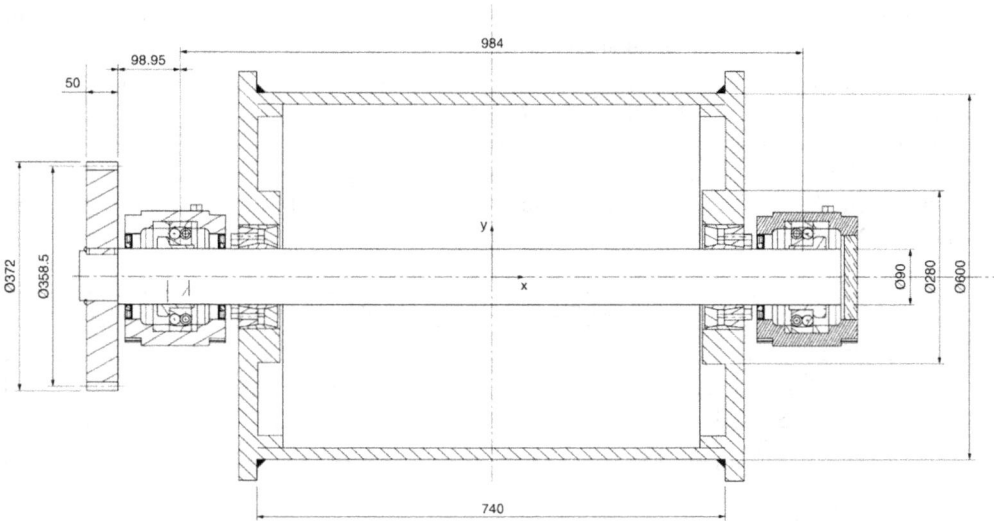

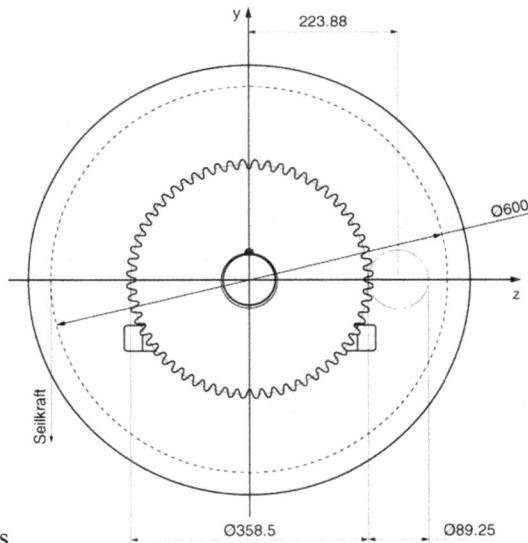

Ansicht von links

Lagerung

Für die Gebrauchsdauerberechnung gelten folgende Randbedingungen:

- Die Hubhöhe beträgt 8 m.
- Stündlich sind 30 Hubvorgänge (auf und ab) auszuführen.
- Die Seiltrommel ist 10 Stunden pro Tag in Betrieb.
- Bei 220 Betriebstagen pro Jahr soll die Lagerung für eine Gebrauchsdauer von 12 Jahren dimensioniert werden.

Die Hubtrommel fährt zur Hälfte ihrer Betriebsdauer jedoch ohne Last (Leerfahrten), zu einem weiteren Viertel mit Maximallast und zu einem letzten Viertel mit halber Last.

Bedienen Sie sich zur Dokumentierung der Ergebnisse und Zwischenergebnisse des folgenden Schemas: Ermitteln Sie zunächst die an der Verzahnung wirkenden Kräfte in y- und in z-Richtung. In beiden Ebenen werden dann die Komponenten der Lagerkräfte berechnet und zur Lagerkraft bei Volllast zusammengefasst. Nach der Berechnung der äquivalenten Lagerlast und des Lebensdauerbeiwertes L_{10} kann dann die erforderliche Tragzahl für beide Lager ermittelt werden.

		Zahnrad	linkes Lager (A)	rechtes Lager (B)
Kraft in y-Richtung	N			
Kraft in z-Richtung	N			
Kraft bei Volllast	N			
Äquivalente Lagerlast	N			
L_{10}	–			
Erforderliche Tragzahl	N			

Verzahnung

Die nicht profilverschobene Zahnradpaarung soll näher betrachtet werden. Das geforderte Übersetzungsverhältnis von i = 1:4 und der zunächst vorgesehene Wälzkreisdurchmesser des Großrades von 358,5 mm sollen möglichst beibehalten werden.

Die Zahnradpaarung soll sowohl mit Modul m = 4 mm als auch mit m = 5 mm und m = 6 mm konzipiert werden. Berechnen Sie für alle drei Varianten die Zähnezahlen z, die Teil- bzw. Wälzkreisdurchmesser d, den tatsächlichen Achsabstand a, die Grundkreisdurchmesser d_b und Kopfkreisdurchmesser d_a sowie die Profilüberdeckung ε_α.

Berechnen Sie die Zahnfußspannung σ_{FP}, wenn das Produkt der Faktoren $Y_F \cdot Y_\beta \cdot Y_S \cdot K_A \cdot K_V \cdot K_{F\beta} \cdot K_{F\alpha}$ mit 4,5 angenommen werden kann, und die Hertz'sche Pressung σ_{Hz} am Zahneingriff.

Stellen Sie Ihre Ergebnisse in dem nachstehenden Schema zusammen.

		m = 4 mm	m = 5 mm	m = 6 mm
z_1	–			
z_2	–			
d_1	mm			
d_2	mm			
a	mm			
d_{b1}	mm			
d_{b2}	mm			
d_{a1}	mm			
d_{a2}	mm			
ε_α	–			
σ_F	N/mm²			
σ_{Hz}	N/mm²			

A.7.39   Tragfähigkeit in Funktion des Moduls

Eine Zahnradpaarung mit normgerechter Evolventenverzahnung soll einen Achsabstand von 84 mm und ein Übersetzungsverhältnis von i = 3,2 aufweisen, wobei von diesen Werten im Rahmen der Rundung der Zähnezahlen geringfügig abgewichen werden darf. Das Verhältnis Zahnbreite zu Modul soll b/m = 25 betragen.

Die Antriebsdrehzahl beträgt 2.800 min^{-1}. Es kann angenommen werden, dass das Produkt der Faktoren $Y_F \cdot Y_\beta \cdot Y_S \cdot K_A \cdot K_V \cdot K_{F\beta} \cdot K_{F\alpha} = 4{,}4$ beträgt. Es kann eine Zahnfußspannung von 380 N/mm² zugelassen werden. Berechnen Sie die übertragbare Leistung für die unten aufgeführten Module.

Modul m	mm	1,25	1,50	2,00	2,50
Zähnezahl z_1	–				
Zähnezahl z_2	–				
Wälzkreisdurchmesser d_1	mm				
Wälzkreisdurchmesser d_2	mm				
Tatsächlicher Achsabstand a_{tats}	mm				
Zahnbreite b	mm				
Zulässige Tangentialkraft F_t	N				
Antriebsmoment M_1	Nm				
Leistung P	kW				

A.7.40   Erforderliche Zahnbreite

Mit einem Zahnradpaar mit normgerechter, nicht profilverschobener Verzahnung soll bei einem möglichst genau einzuhaltenden Achsabstand von 132 mm ein Übersetzungsverhältnis von 3,8 möglichst genau verwirklicht werden. Die Antriebsdrehzahl beträgt $n_1 = 2200$ min^{-1}. Es stehen die Module m = 2,5 mm, 3 mm, 4 mm, und 5 mm zur Auswahl. Prüfen Sie zunächst, ob die Verzahnung ohne Unterschnitt zu verwirklichen ist. Für die Module, bei denen diese Gefahr nicht besteht, ermitteln Sie die minimale Zahnbreite b, wenn die unten aufgeführten Leistungen übertragen werden sollen. Es kann eine Zahnfußspannung von $\sigma_{FP} = 420$ N/mm² zugelassen werden und das Produkt der Faktoren $Y_F \cdot Y_\beta \cdot Y_S \cdot K_A \cdot K_V \cdot K_{F\beta} \cdot K_{F\alpha}$ mit 4,4 angenommen werden.

		m = 2,5mm	m = 3mm	m = 4mm	m = 5mm
Zähnezahl antreibendes Rad z_1	–				
Zähnezahl angetriebenes Rad z_2	–				
Unterschnitt?		O ja O nein	O ja O nein	O ja O nein	O ja O nein
Tatsächliches Übersetzungsverhältnis i_{tats}	–				
Δi	%				
Wälzkreisdurchmesser d_{w1}	mm				
Wälzkreisdurchmesser d_{w2}	mm				
Tatsächlicher Achsabstand a_{tats}	mm				
Δa	mm				
Teilung p	mm				
Min. Zahnbreite b bei 20 kW	mm				
Min. Zahnbreite b bei 30 kW	mm				

A.7.41   Optimale Zahnbreite

Eine Leistung von 84 kW ist bei einer Antriebsdrehzahl von 1.240 min^{-1} und einem Übersetzungsverhältnis von 4,2 zu übertragen. Das normgerechte Zahnradpaar soll keine Profilverschiebung aufweisen. Es kann eine Zahnfußspannung von $\sigma_{FP} = 480$ N/mm² zugelassen werden und das Produkt der Faktoren $Y_F \cdot Y_\beta \cdot Y_S \cdot K_A \cdot K_V \cdot K_{F\beta} \cdot K_{F\alpha}$ kann mit 4,4 angenommen werden. Die Abmessungen der Verzahnung sind so zu optimieren, dass ein möglichst kompaktes Getriebe entsteht. Die Zahnbreite b wird entsprechend der untenstehenden Tabelle variiert.

Bestimmen Sie zunächst die vorzusehenden Zähnezahlen. Ermitteln Sie dann den erforderlichen Modul, die Wälzkreisdurchmesser und den Achsabstand. Um einen Anhaltspunkt für das Konstruktionsgewicht der jeweiligen Konstruktionsvariante zu gewinnen, berechnen Sie abschließend das Gesamtvolumen der jeweils beteiligten beiden Zahnräder $V_{Räder}$ als Zylindervolumen mit dem Wälzkreis als Durchmesser.

b	mm	5	10	20	30	40	50	60	70	80
z_1	−									
z_2	−									
m	mm									
d_1	mm									
d_2	mm									
a	mm									
$V_{Räder}$	10^6 mm³									

Diskutieren Sie die optimale Zahnbreite im Hinblick auf ein möglichst geringes Konstruktionsgewicht! Berücksichtigen Sie dabei, dass der Stirnlastverteilfaktor $K_{F\alpha}$ nicht wie eingangs angenommen konstant ist, sondern mit zunehmender Zahnbreite immer ungünstiger wird.

A.7.42   Schaltgetriebe mit zwei Übersetzungsverhältnissen

Das in der nachfolgenden Darstellung ohne weitere konstruktive Details skizzierte Getriebe besteht aus einer links oben angeordneten Antriebswelle und einer Abtriebswelle rechts unten, die jeweils mit zwei Wälzlagern ausgestattet sind. An der Antriebswelle wird eine Leistung von 6 kW bei einer Drehzahl von 1480 min^{-1} eingeleitet. In der dargestellten Stellung ist das linke Zahnradpaar im Eingriff und das Getriebe überträgt 1:1. Werden die beiden Zahnräder auf der Abtriebswelle gemeinsam auf ihrer längsverschiebbaren Welle-Nabe-Verbindung nach rechts verschoben, so wird das linke Zahnradpaar außer Eingriff gesetzt und das rechte Zahnpaar kommt in Eingriff, welches dann 1:2 übersetzt. Beide Zahnradpaare sollen mit dem Modul m = 1,5 mm ausgeführt werden. Das kleinste Rad hat 17 Zähne. Sämtliche Zahnräder werden ohne Profilverschiebung ausgeführt.

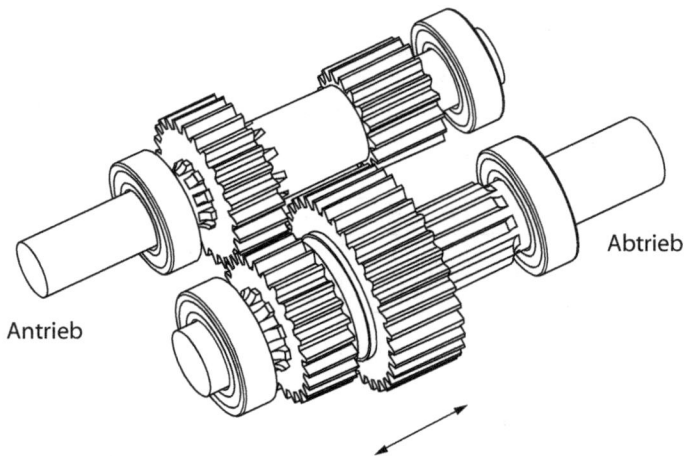

Antrieb

Abtrieb

Geometrie der Verzahnung

Die kleinste (also kritische) Zähnezahl tritt beim Ritzel des Zahnradpaares 1:2 auf. Bestimmen Sie für dieses Zahnradpaar die in untenstehendem Schema aufgeführten geometrischen Kenngrößen der Verzahnung.

Übersetzung 1:2			Rad 1	Rad 2
Zähnezahl	z	–		
Teilung	p	mm		
Wälzkreisdurchmesser	d	mm		
Grundkreisdurchmesser	d_b	mm		
Achsabstand	a	mm		

Beim Übersetzungsverhältnis 1:1 muss konstruktionsbedingt der zuvor ermittelte Achsabstand beibehalten werden. Es kann in Kauf genommen werden, dass das dabei ausgeführte Übersetzungsverhältnis nicht genau 1:1 beträgt. Bestimmen Sie auch für dieses Zahnradpaar die in untenstehendem Schema aufgeführten geometrischen Kenngrößen der Verzahnung.

Übersetzung 1:1			Rad 1	Rad 2
Zähnezahl	z	–		
Teilung	p	mm		
Wälzkreisdurchmesser	d	mm		
Grundkreisdurchmesser	d_b	mm		
Achsabstand	a	mm		

Zahnbreite

Es kann eine Zahnfußspannung von 420 N/mm² zugelassen werden und es kann angenommen werden, dass das Produkt der Faktoren $Y_F \cdot Y_\beta \cdot Y_S \cdot K_A \cdot K_V \cdot K_{F\beta} \cdot K_{F\alpha} = 4{,}4$ beträgt.

	$i = 1{:}1$	$i = 1{:}2$
Wie breit muss das Zahnradpaar bei den angegebenen Übersetzungsverhältnis mindestens sein?		

A.7.43　Zahnradantrieb Energiesparfahrzeug

Die Hochschule Trier entwickelt ein Fahrzeug, welches in der Lage ist, mit einem Liter Verbrennerkraftstoff unter optimalen Bedingungen eine Strecke von annähernd 3.000 km zurück zu legen. Aus dem Kraftstoff wird in einer Brennstoffzelle elektrische Energie generiert, die ihrerseits die elektrischen Fahrmotoren speist.

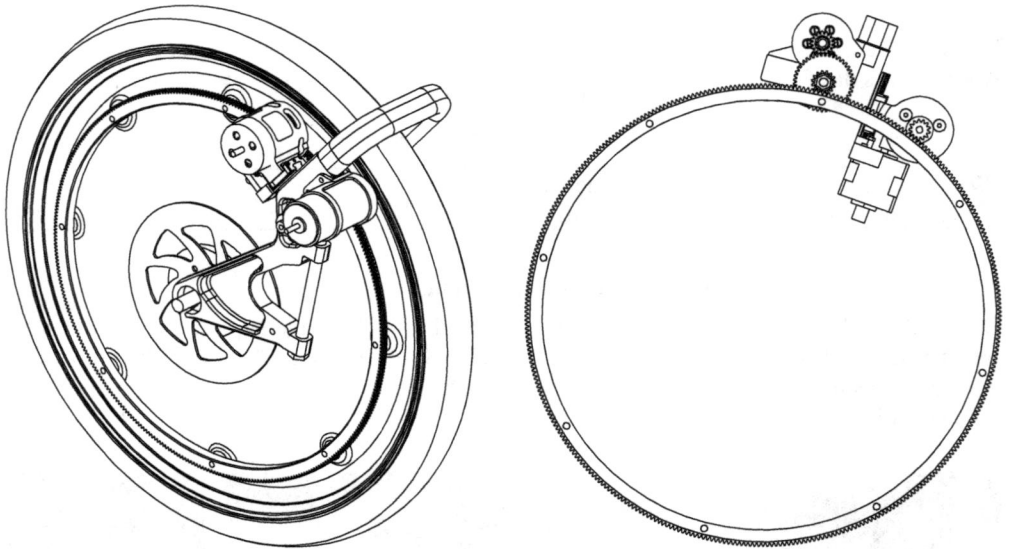

- Der Motor für den Dauerbetrieb (rechts) treibt das Fahrzeug über eine einzige Zahnradstufe mit konstanter Übersetzung auf das direkt am Hinterrad angeflanschte Großrad an.
- Diese besonders ökonomische Übersetzung wäre allerdings völlig ungeeignet, um das Fahrzeug aus dem Stand heraus in Bewegung zu setzen. Aus diesem Grund wird noch ein weiterer Anfahrmotor (links) installiert, der über ein zweistufiges Zahnradgetriebe auf das gleiche Großrad treibt und nach der Beschleunigungsphase heraus geschwenkt wird.

Alle Verzahnungen sind mit einem Eingriffswinkel von 20° und mit Modul 1 mm ausgeführt worden. Alle Zahnräder sind 6 mm breit. Für alle Aufgabenteile kann angenommen werden, dass das Produkt der Faktoren $Y_F \cdot Y_\beta \cdot Y_S \cdot K_A \cdot K_V \cdot K_{F\beta} \cdot K_{F\alpha} = 4,4$ beträgt.

Konstantfahrstufe
Bei einer konstanten Geschwindigkeit von 28 km/h erfährt das Fahrzeug einen Fahrwiderstand von 3,86 N. Der Raddurchmesser des Hinterrades beträgt 478 mm.

Welche Leistung muss der Motor aufbringen, wenn der Getriebewirkungsgrad zu 1 angenommen wird.	P	W	
Welches Moment wird am Hinterrad wirksam, wenn der Anwendungsfaktor $K_A = 1{,}25$ ist?	M_{HRmax}	Nmm	

Ermitteln Sie alle unten aufgeführten geometrischen Kenndaten der Verzahnung. Welche Zahnfußspannung ist zu erwarten?

			Ritzel	Großrad
Modul	m	mm	1,0	
Übersetzungsverhältnis	i	–		
Zähnezahl	z	–	14	345
Drehzahl	n	min^{-1}		
Teilung	p	mm		
Wälzkreisdurchmesser	d	mm		
Grundkreisdurchmesser	d_b	mm		
Achsabstand	a	mm		
Kopfkreisdurchmesser	d_a	mm		
Überdeckungsgrad	ε_α	–		
Tangentialkraft	F_t	N		
Zahnfußspannung	σ_F	N/mm²		

Anfahrstufe

Die Anfahrstufe besteht ihrerseits aus einer Eingangsstufe und einer Endstufe. Um das Fahrzeug in angemessener Zeit zu beschleunigen, sind 350 W bei einer Zwischenwellendrehzahl von 1.846 min^{-1} erforderlich, wobei ein Anwendungsfaktor K_A von 1,1 zu berücksichtigen ist. Die Ritzel der Eingangsstufe und der Endstufe sind jeweils mit 15 Zähnen ausgestattet, die Eingangsstufe hat ein Großrad mit 41 Zähnen.

Welches Übersetzungsverhältnis weisen die beiden Stufen auf? Ermitteln Sie für beide Stufen alle unten aufgeführten geometrischen Kenndaten der Verzahnung. Welche Tangentialkraft treten an den jeweiligen Wälzkreisen auf und welche Zahnfußspannungen sind zu erwarten?

			Eingangsstufe		Endstufe	
			Ritzel Antriebs- welle	Großrad Zwischen- welle	Ritzel Zwischen- welle	Großrad Abtriebs- welle
Modul	m	mm	1,0			
Übersetzungsverhältnis	i	–				
Zähnezahl	z	–	15	41	15	345
Drehzahl	n	min⁻¹		1.846	1.846	
Winkelgeschwindigkeit	ω	min⁻¹				
Teilung	p	mm				
Wälzkreisdurchmesser	d	mm				
Grundkreisdurchmesser	d_b	mm				
Achsabstand	a	mm				
Kopfkreisdurchmesser	d_a	mm				
Überdeckungsgrad	ε_α	–				
Tangentialkraft	F_t	N				
Zahnfußspannung	σ_F	N/mm²				

A.7.44　　Zweistufiges Zahnradgetriebe

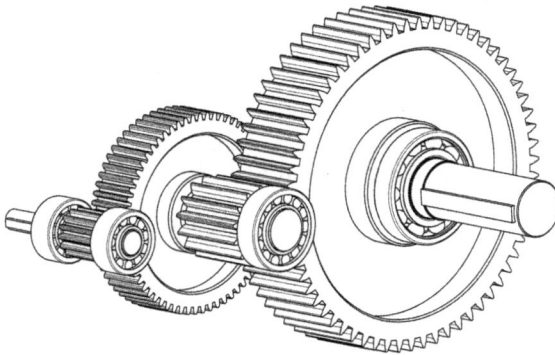

Ein zweistufiges Zahnradgetriebe soll eine Leistung von 40 kW von einer Eingangsdrehzahl von 2.000 min⁻¹ auf eine Ausgangsdrehzahl von 100 min⁻¹ reduzieren. Das Gesamtübersetzungs- verhältnis ist auf zwei gleiche Einzel- übersetzungsverhältnisse aufzuteilen. Die Verzahnung ist mit dem normge- rechten Eingriffswinkel von 20° ohne Profilverschiebung auszuführen, so- dass eine Mindestzähnezahl 14 zu berücksichtigen ist. Die Zahnbreite soll fünfzehnmal so groß sein wie der Modul.

Es kann angenommen werden, dass das Produkt der Faktoren $Y_F \cdot Y_\beta \cdot Y_S \cdot K_A \cdot K_V \cdot K_{F\beta} \cdot K_{F\alpha} = 4{,}4$ beträgt. Der Zahnradwerkstoff kann mit einer Vergleichsspannung von 300 N/mm² belastet werden. Berechnen Sie

- die beiden Einzelübersetzungsverhältnisse und die Zähnezahlen;
- Module, Zahnbreiten und Teilungen für die beiden Stufen;
- die Geometrie der Verzahnung für beide Stufen: Wälzkreise, Grundkreise, Achsabstände, Kopfkreise, Überdeckungsgrade.

			Eingangsstufe		Endstufe	
			Ritzel Antriebs-welle	Großrad Zwischen-welle	Ritzel Zwischen-welle	Großrad Abtriebs-welle
Übersetzungsverhältnis	i	–				
Zähnezahl	z	–				
Modul	m	mm				
Zahnbreite	b	mm				
Teilung	p	mm				
Wälzkreis	d	mm				
Grundkreis	d_b	mm				
Achsabstand	a	mm				
Kopfkreis	d_a	mm				
Überdeckungsgrad	ε_α	–				

Festigkeit der Verzahnung mit Profilverschiebung

A.7.45   Zahnfußfestigkeit

Eine normgerechte Zahnradpaarung mit Modul m = 3 mm und einer Zahnradbreite b = 32 mm soll eine Antriebsdrehzahl von 3.000 min^{-1} mit einem Verhältnis von i = 3,8 ins Langsame übersetzen. Das tatsächliche Übersetzungsverhältnis darf vom geforderten nur um 0,5 % abweichen. Der Achsabstand muss genau 102 mm betragen. Zur Einhaltung des geforderten Achsabstandes wird nur an einem Rad eine Profilverschiebung vorgenommen. Dazu ist das Rad auszuwählen, an dem die Profilverschiebung für das Übertragungsverhalten vorteilhaft ist. Das Kopfspiel entspricht dem 0,25-fachen des Moduls.

Welche Leistung ist mit dieser Zahnradpaarung übertragbar, wenn die Zahnfußfestigkeit von 420 N/mm² voll ausgenutzt werden kann und wenn das Produkt der Faktoren $Y_F \cdot Y_\beta \cdot Y_S \cdot K_A \cdot K_V \cdot K_{F\beta} \cdot K_{F\alpha} = 4{,}4$ beträgt. Ermitteln Sie dazu alle in der untenstehenden Tabelle aufgeführten Daten.

		Rad 1	Rad 2
Zähnezahl z			
Tatsächliches Übersetzungsverhältnis i_{tats}	–		
Relative Abweichung von i	%		
Profilverschiebung v	mm		
Profilverschiebungsfaktor x			
Teilkreisdurchmesser d	mm		
Grundkreisdurchmesser d_b	mm		
Betriebseingriffswinkel α_w	°		
Wälzkreisdurchmesser d_w	mm		
Kopfkreisdurchmesser d_a	mm		
Fußkreisdurchmesser d_f	mm		
Übertragbare Leistung P_{max}	kW		

Zahnradgetriebe: Belastung Zahnradgetriebewelle

A.7.46   Fliegend gelagerte Ritzelwelle

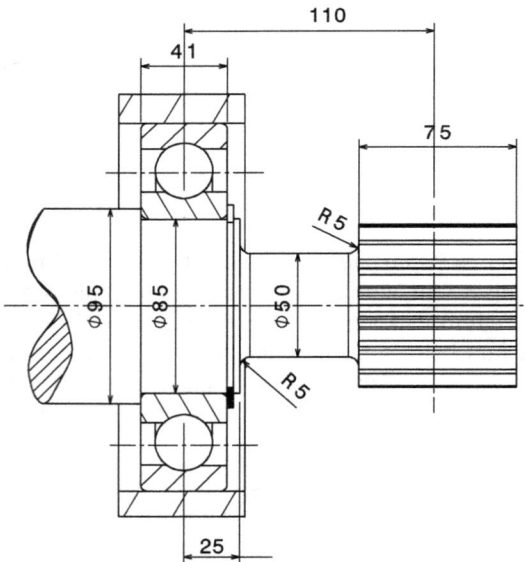

Die nebenstehend dargestellte fliegend gelagerte Ritzelwelle überträgt eine Leistung von 70 kW. Dieses Ritzel dreht mit 1.000 min^{-1}, das hier nicht dargestellte Großrad mit 500 min^{-1}.

a) Geometrie der Verzahnung

Der Eingriffswinkel der Verzahnung beträgt $\alpha = 20°$. Es sollen 14 Zähne mit dem Modul 5 mm verwendet, eine Profilverschiebung ist nicht erforderlich. Klären Sie zunächst die Geometrie der Verzahnung, wenn der Einfachheit halber keine Fußausrundung berücksichtigt wird.

		Rad 1	Rad 2
Zähnezahl z	–	14	
Teilkreisdurchmesser d	mm		
Grundkreisdurchmesser d_b	mm		
Wälzkreisdurchmesser d_w	mm		
Kopfkreisdurchmesser d_a	mm		
Fußkreisdurchmesser d_f	mm		

b) Zahnfußfestigkeit

Das Produkt der Faktoren $Y_F \cdot Y_\beta \cdot Y_S \cdot K_A \cdot K_V \cdot K_{F\beta} \cdot K_{F\alpha}$ beträgt 4,4.

Wie groß ist die Zahnfußspannung?	N/mm²	

c) Dauerfestigkeit Welle

Die Ritzelwelle wird aus 27MnCrB5-2 gefertigt. Die Dauerfestigkeit ist an der Stelle X zu kontrollieren. Berechnen Sie die an der zu untersuchenden Stelle vorliegenden Kräfte, Momente und Spannungen nach folgendem Schema:

	statisch	dynamisch
L [N] = Q [N] = M_b [Nm] = M_t [Nm] =	σ_{ZDstat} [N/mm²] = τ_{Qstat} [N/mm²] = σ_{bstat} [N/mm²] = τ_{tstat} [N/mm²] =	σ_{ZDdyn} [N/mm²] = τ_{Qdyn} [N/mm²] = σ_{bdyn} [N/mm²] = τ_{tdyn} [N/mm²] =
	σ_{vstat} [N/mm²] =	σ_{vdyn} [N/mm²] =

Es liegt eine geschlichtete Oberfläche vor und die Kerbwirkungszahl beträgt $\beta_k = 1,9$. Die übertragene Leistung wird bei Beibehaltung der Drehzahl gesteigert. Wie groß ist die Sicherheit gegenüber Dauerbruch?

σ_{bW}		σ_{bSch}		σ_{bS}	
σ_{bW}'		σ_{bSch}'		σ_{bS}'	
σ_{GbW}		σ_{AK}'		σ_{GAK}	

Welche Sicherheit muss ermittelt werden?	O statische Belastung steigt, dynamische Belastung bleibt konstant
	O statische Belastung bleibt konstant, dynamische Belastung steigt
	O statische und dynamische Belastung steigen

Wie groß ist die Sicherheit gegenüber Dauerbruch?	

A.7.47   Getriebewelle Schrägverzahnung

Ein zweistufiges Zahnradgetriebe überträgt eine Leistung von 1.100 kW, wobei die dargestellte Zwischenwelle mit 440 min⁻¹ rotiert. Beide Zahnradpaare sind bei einem Eingriffswinkel von 20° mit den angegebenen Winkeln schrägverzahnt.

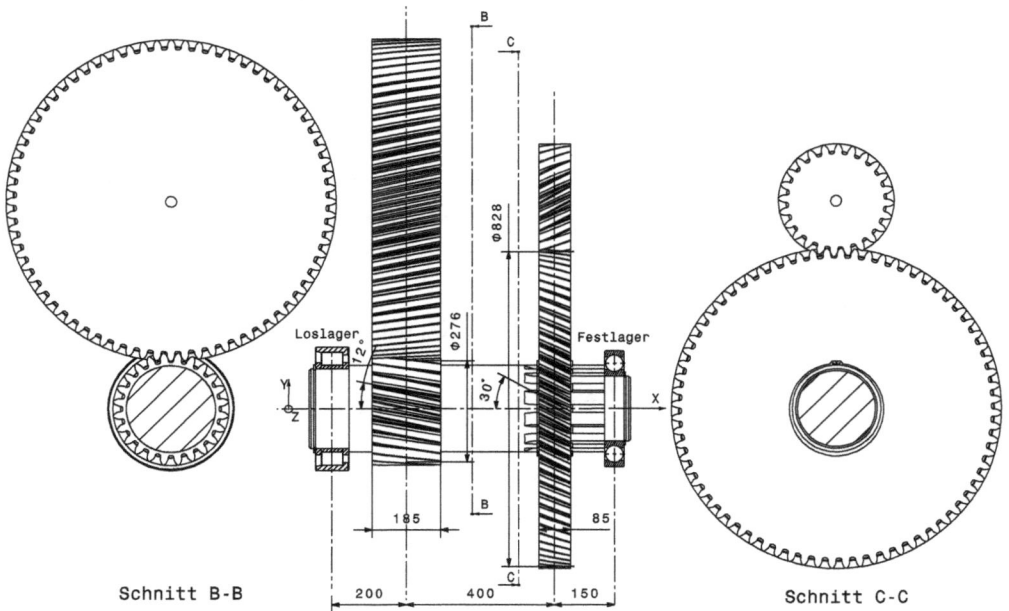

Hinweis: Der erste Aufgabenteil (Kräfte an der Verzahnung) ist Grundlage für alle weiteren
Betrachtungen. Der zweite Aufgabenteil (Verzahnung) und der dritte Aufgabenteil (Lagerung)
können unabhängig voneinander bearbeitet werden und muss deshalb auf jeden Fall gelöst
werden.

Kräfte an der Verzahnung
Bestimmen Sie zunächst die an der jeweiligen Radpaarung wirkenden Zahnkräfte!

		linkes Rad	rechtes Rad
Tangentialkraft F_{tan}	N		
Radialkraft F_{rad}	N		
Axialkraft F_{ax}	N		

Verzahnung

Alle Zahnräder werden mit dem Modul 12 mm ausgeführt. In Anlehnung an die bisherigen Rechnungen soll auch hier das Produkt der Faktoren $Y_F \cdot Y_\beta \cdot Y_S \cdot K_A \cdot K_V \cdot K_{F\beta} \cdot K_{F\alpha}$ zu 4,4 angenommen werden (tatsächlich wird bei Schrägverzahnung dieser Wert wegen der Sprungüberdeckung günstiger).

Wie groß ist die Zahnfußspannung des linken Zahnrades?	σ_F	N/mm²	
Wie groß ist die Zahnfußspannung des rechten Zahnrades?	σ_F	N/mm²	

Lagerung

Die Lagerung ist als Wälzlagerung zu dimensionieren. Bestimmen Sie zunächst die entstehenden Lagerkräfte. Für die Dimensionierung der Wälzlager kann X = 1 und Y = 0 angenommen werden. Mit welchen dynamischen Tragzahlen müssen die beiden Lager mindestens bestückt werden, wenn eine Lebensdauer von 20.000 h gewährleistet werden soll? Da am linken Lager die deutlich größeren Radialkräfte zu erwarten sind, soll dort ein Zylinderrollenlager als Loslager vorgesehen werden. Das rechte Lager nimmt als Kugellager die verbleibende Axialkraft auf.

		linkes Lager Zylinderrollenlager	rechtes Lager Kugellager
Radialkraft y-Komponente	N		
Radialkraft z-Komponente	N		
Radialkraft F_{rad}	N		
Axialkraft F_{ax}	N		
L_{10}	–		
C_{dyn}	N		

Vergleichende Betrachtung verschiedener Getriebebauformen

A.7.48   Getriebewelle mit Riemenscheibe und Zahnrad

Die unten dargestellte Getriebewelle überträgt eine Leistung von 9,4 kW bei einer Drehzahl von 900 min^{-1}.

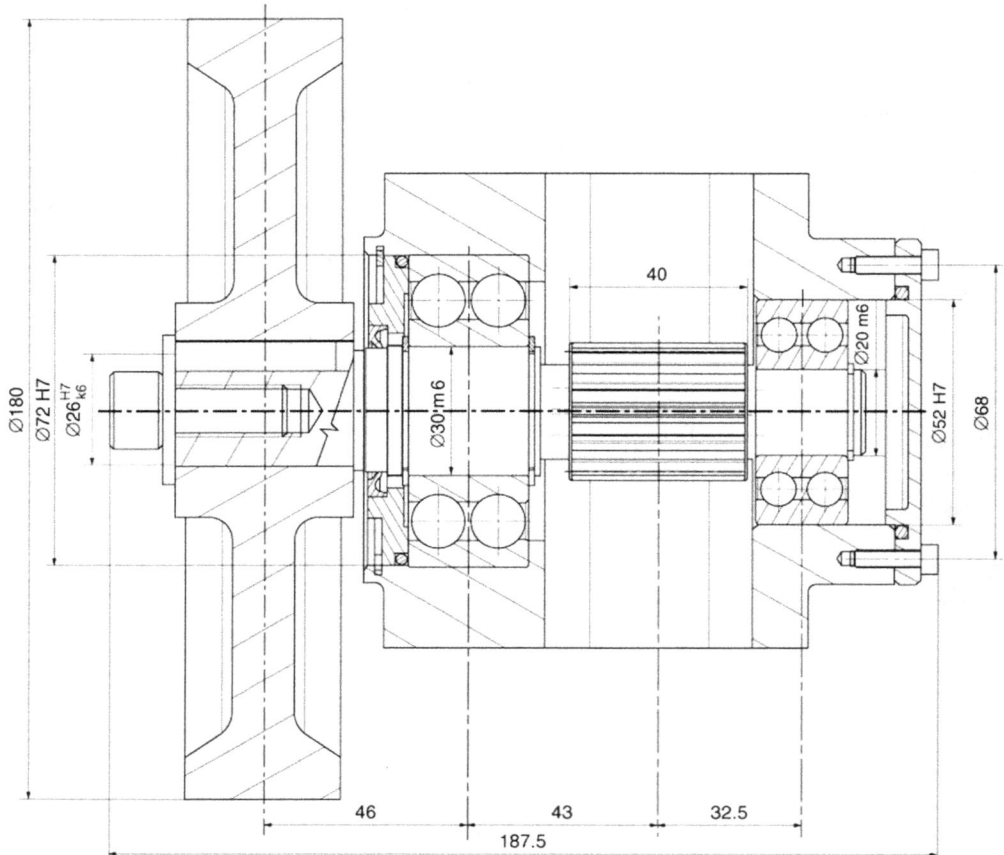

Riementrieb

Mit dem linken Flachriementrieb wird von einer hier nicht dargestellten Antriebswelle über einen Achsabstand von 200 mm auf die hier dargestellte Riemenscheibe im Übersetzungsverhältnis 1:3 ins Langsame übersetzt. Der Riemen wird so vorgespannt, dass der Reibwert von µ = 0,4 genau ausgenutzt wird. Der Riemen ist 30 mm breit und 3 mm dick. Wie groß sind die in untenstehendem Schema aufgeführten Kenngrößen des Riementriebes?

Umschlingungswinkel	α	°	
Umfangskraft	U	N	
Zugtrumkraft	S_Z	N	
Leertrumkraft	S_L	N	
Kraft auf die Welle	F_{Welle}	N	
Riemenspannung	σ	N/mm²	

Zahnradpaarung

Das Zahnradpaar untersetzt ebenfalls 1:3 ins Langsame. Die normgerechte Evolventenverzahnung mit einem Eingriffswinkel von 20° und einem Modul von 2 mm wird ohne Profilverschiebung ausgeführt und es wird die praktische Mindestzähnezahl von 14 verwendet. Die Fußausrundung beträgt 25% des Moduls. Klären Sie zunächst die Geometrie der Verzahnung, in dem Sie die unten aufgeführten Kenngrößen ermitteln.

		Rad 1	Rad 2
Zähnezahl z	–		
Teilkreisdurchmesser d	mm		
Grundkreisdurchmesser d_b	mm		
Wälzkreisdurchmesser d_w	mm		
Kopfkreisdurchmesser d_a	mm		
Fußkreisdurchmesser d_f	mm		
Teilung	mm		
Achsabstand	mm		
Profilüberdeckung ε_α	–		

Berechnen Sie die im Zahneingriff wirkenden Kräfte:

Tangentialkraft	F_t	N	
Radialkraft	F_r	N	
Normalkraft	F_n	N	

Wie groß ist die Zahnfußspannung σ_F, wenn das Produkt der Faktoren $Y_F \cdot Y_\beta \cdot Y_S \cdot K_A \cdot K_V \cdot K_{F\beta} \cdot K_{F\alpha} = 4{,}4$ beträgt.

Zahnfußspannung	σ_F	N/mm²	

Lagerung

Die Getriebewelle soll mit Wälzlagern gelagert werden. Das doppelreihige Kugellager an der linken Lagerstelle weist eine dynamische Tragzahl von 55.000 N auf, das Kugellager an der rechten Lagerstelle verfügt über eine dynamische Tragzahl von 24.600 N.

Die Welle wird mit der Achslast des Riementriebes und der aus der Verzahnung resultierenden Kraft F_n belastet. In diesem Konstruktionsstadium ist noch nicht klar, welche Lage die Wellenbelastung des Riementriebes F_{Welle} und die Resultierende der Verzahnung F_n zueinander einnehmen. Aus diesem Grund werden die beiden unten aufgeführten Modellfälle betrachtet. Berechnen Sie für beide Fälle sowohl die Lagerlasten als auch die daraus resultierende Lebensdauer der Lager:

		\multicolumn{4}{c} Die Wellenbelastung des Riementriebs F_{Welle} und die Verzahnungskraft F_n wirken genau in			
		gleicher Richtung		**entgegengesetzter** Richtung	
		links	rechts	links	rechts
F_{Lager}	N				
L_h	h				

A.7.49   Gegenüberstellung Reibradgetriebe – Flachriementrieb – Zahnradpaarung

Ein Räderpaar soll eine Leistung von 10 kW bei einer Drehzahl von 1.500 min^{-1} im Übersetzungsverhältnis 1:1 übertragen. Die Breite der Räder soll 12 mm betragen.

In einer ersten Version soll die Räderpaarung als **Reibradgetriebe** ausgeführt werden, wobei folgende Konstruktionsparameter zu berücksichtigen sind:

Stahl/Stahl, geschmiert $\mu = 0{,}03$
zulässige Pressung $\sigma_{Hz} = 650$ N/mm²

In einer zweiten Version soll die Räderpaarung als **Flachriementrieb** ausgeführt werden, der optimal vorgespannt ist. Dabei sind folgende Konstruktionsparameter zu berücksichtigen:

Reibwert Riemen/Scheibe: $\mu = 0{,}5$
Zulässige Riemenspannung: $\sigma_{zul} = 25$ N/mm²
Biegeelastizitätsmodul des Riemens: $E_b = 635$ N/mm² (homogener Riemenwerkstoff)

Die Riemendicke soll dahingehend optimiert werden, dass eine möglichst hohe Leistung übertragen werden kann: Zu geringe Riemendicken verringern die kraftübertragende Querschnittsfläche, während zu dicke Riemen eine zu hohe Biegebelastung erfahren.

In einer dritten Version ist die Räderpaarung als **Zahnradpaarung** mit nicht profilverschobener, normgerechter Verzahnung auszuführen, wobei der Modul optimiert und auf einen genormten Wert zu runden ist.

Zulässige Zahnfußspannung: $\sigma_{FP} = 420$ N/mm²
Produkt der Faktoren: $Y_F \cdot Y_\beta \cdot Y_S \cdot K_A \cdot K_V \cdot K_{F\beta} \cdot K_{F\alpha} = 4{,}4$

Benutzen Sie zur Dokumentation der Ergebnisse das unten stehende Schema.

Die drei Konstruktionen unterscheiden sich durch die Baugröße, wobei der Raddurchmesser einen ersten Eindruck von der Getriebegröße vermittelt. Berechnen Sie diesen Raddurchmesser (beim Zahnrad Teilkreisdurchmesser) für alle drei Konstruktionsvarianten.

Die drei Konstruktionen unterscheiden sich weiterhin in der Kraft F_{res}, die radial auf die Welle wirkt und sowohl die Welle selber als auch die Lager belastet. Berechnen Sie diese Kraft für alle drei Konstruktionsvarianten.

	d [mm]	F_{res} [N]
Reibrad		
Flachriemen		
Zahnrad		

A.7.50   Handrasenmäher

Ein klassischer, handbetriebener Spindelrasenmäher ist eine Hintereinanderschaltung von zwei Getrieben:

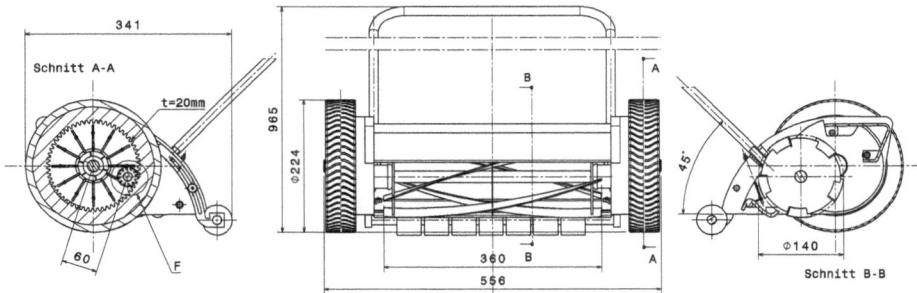

Reibradgetriebe: Der Schiebevorgang selber wirkt als „Motor": Die für den Schnittvorgang erforderliche Leistung wird vom Boden auf das Laufrad übertragen, wobei dieser Kontakt als „Reibradgetriebe" gesehen werden kann. Dabei stellt sich die Frage, welche maximale Leistung von diesem „Getriebe" übertragen werden kann. Nehmen Sie dazu an, dass der Rasenmäher selber 7 kg wiegt. Die daraus resultierende, auf den Boden wirkende Normalkraft verteilt sich wie 2:1 auf das vordere Laufrad und die nachlaufenden Rollen, mit denen auch die Schnitthöhe eingestellt wird. Das Schiebegestänge des Mähers ist ein Stab im Sinne der Mechanik, der durch die schiebende Hand nur mit einer Druckkraft belastet wird, aber kein Biegemoment überträgt, weil es am Rasenmäher gelenkig angebunden ist. Das Schiebegestänge steht im Betrieb unter etwa 45° und der Mäher wird mit einer Geschwindigkeit von 4 km/h geschoben. Die Wirkungslinie der Handkraft verläuft praktisch durch den Aufstandspunkt der beiden vorderen Laufräder, die unabhängig voneinander gelagert sind, so dass sie bei Kurvenfahrt unterschiedliche Geschwindigkeiten einnehmen. Nur das jeweils kurvenäußere Laufrad überträgt die Leistung, während das kurveninnere Laufrad mit einem Freilauf überholt wird. Durch diese Freiläufe wird auch eine Autorotation der Mähspindel ermöglicht, wenn nicht angetrieben oder der Mäher rückwärts bewegt wird. Die Horizontalkraft am kurvenäußeren Rad wird durch den Reibwert von 0,8 begrenzt, andernfalls rutscht das Laufrad durch.

Wie groß ist die **gewichtsbedingte** Normalkraft auf ein einzelnes vorderes Laufrad?	F_{NGew}	N	
Wie groß kann die durch das Schiebegestänge eingeleitete Handkraft maximal werden, ohne dass das Laufrad durchrutscht?	$F_{Handmax}$	N	
Wie groß ist die Reibkraft, die am kurvenäußeren vorderen Laufrad übertragen werden kann?	F_{Reib}	N	
Welche Leistung wird maximal durch ein Laufrad bei Kurvenfahrt übertragen?	P	W	
Welche Leistung wird maximal bei Geradeausfahrt übertragen?	P	W	

Zahnradpaarung: Diese Leistung wird durch eine Zahnradpaarung vom Laufrad auf die rotierende Mähspindel übertragen. Diese ist ein Zylinder, der an seiner Mantelfläche mit mehreren schraubenförmig gewendelten Schneidkanten ausgestattet ist, die eine am Gestell des Rasenmähers angeordnete, einstellbare Gegenkante gerade berühren und somit ein Abtrennen des Grashalmes ermöglichen. Der Schneidvorgang gelingt dann besonders gut, wenn die Umfangsgeschwindigkeit an der Spindel das 3,3-fache der Fahrgeschwindigkeit des Mähers beträgt. Der Achsabstand zwischen Ritzel und Rad beträgt 60 mm und die Mindestzähnezahl 14. Die Verzahnung ist 20 mm breit.

Welche Umfangsgeschwindigkeit soll an der Mähspindel auftreten?	$u_{Spindel}$	$\frac{m}{s}$	
Welche Winkelgeschwindigkeit hat die Spindel?	$\omega_{Spindel}$	s^{-1}	
Welche Winkelgeschwindigkeit hat das Laufrad?	ω_{Rad}	s^{-1}	
Welche Übersetzung muss das Zahnradgetriebe aufweisen?	i	–	
In welchem Modul muss die Verzahnung ausgeführt werden?	m	mm	
Wie hoch ist die Zahnfußspannung?	σ_{FP}	$\frac{N}{mm^2}$	

Lösungsanhang

Dieser Anhang fasst die Lösungen der zuvor gestellten Aufgaben zusammen, wobei hier lediglich die in der Aufgabenstellung aufgeführten Lösungsschemata mit den endgültigen Zahlenwerten ausgefüllt werden. Die ausführlichen Lösungen mit allen Rechenansätzen, Zwischenergebnissen, weiteren Erläuterungen und Hinweisen auf die Gleichungen und Tabellen des Vorlesungsstoffes sind weiterhin unter folgender Internetadresse abrufbar:

http://dx.doi.org/10.1515/9783110597080.suppl

A.5.1   Kranlaufrad

	F_{max} [N]
aufgrund der Biegung des Bolzens	59.007
aufgrund des Querkraftschubes im Bolzen	282.743
aufgrund der Pressung der Gleitbuchse	86.400
aufgrund der Pressung des Festsitzes	189.000
insgesamt übertragbar	59.007

	F_{max} wird größer	F_{max} bleibt gleich	F_{max} wird kleiner
Der Durchmesser des Bolzens wird geringfügig vergrößert.	X		
Die Gleitbuchse wird zu beiden Seiten hin geringfügig verlängert.			X
Der Festsitz des Bolzens wird zu beiden Seiten hin verlängert.		X	
Die zulässige Flächenpressung am Festsitz wird erhöht.		X	
Die zulässige Flächenpressung am Gleitsitz wird erhöht.		X	

https://doi.org/10.1515/9783110747072-004

A.5.2   Anhängerkupplung

		quasistatisch	wechselnd
aufgrund der Bolzenbiegung	N	21.772	9.997
aufgrund des Querkraftschubes im Bolzen	N	68.740	34.370
aufgrund der Pressung im Anhängermaul	N	45.500	20.800
aufgrund der Pressung in der Lasche	N	7.200	7.200
insgesamt übertragbar	N	7.200	7.200

	wird größer	bleibt gleich	wird kleiner
Bronzebuchse wird durch GG ersetzt			X
St50 wird durch St37 ersetzt		X	
Bolzendurchmesser wird vergrößert	X		
innenliegende Lasche wird verbreitert	X		
Anhängermaul wird verbreitert		X	

A.5.3   Laufrolle Tor

	F_{max} [N]
aufgrund der Biegung von Stift/Bolzen	8.576
aufgrund des Querkraftschubes im Stift/Bolzen	49.480
aufgrund der Pressung an der Einspannstelle	29.299
aufgrund der Pressung in der Gleitbuchse	6.720
insgesamt übertragbar	6.720

	F_{max} wird größer	F_{max} bleibt gleich	F_{max} wird kleiner
Durchmesser von Stift/Bolzen wird geringfügig vergrößert.	X		
Gleitbuchse wird zu beiden Seiten hin geringfügig verlängert.	X		
Einspannlänge des Stiftes wird zu beiden Seiten verlängert.		X	
Die Einspannstelle wird geringfügig nach links verlagert.		X	
Einspannwerkstoff St37 wird durch St50 ersetzt.		X	

A.5.4 Lagerung Wohnungstür

		obere Türangel	untere Türangel
Axialkraft	N	0	245,3
Radialkraft	N	76,2	76,2
Flächenpressung Axiallager	N/mm²	0	2,50
Flächenpressung Radiallager	N/mm²	0,346	0,346

A.5.5 Belastbarkeit und Gebrauchsdauer Wälzlager

	F_{rmax} [N]
nicht umläuft, sondern Schwenkbewegungen ausführt	33.200–16.600
langsam umläuft und an die Laufruhe keine besonderen Ansprüche gestellt werden	16.600–11.067
langsam umläuft und an die Laufruhe hohe Ansprüche gestellt werden	11.067–6.640

	F_r = 1.000 N	F_r = 2.000 N	F_r = 4.000 N
n = 1.000 min^{-1}	159.933 h = 18,5 Jahre	19.983 h = 2,28 Jahre	2.500 h = 104 Tage
n = 2.000 min^{-1}	79.967 h = 9,25 Jahre	9.992 h = 1,14 Jahre	1.250 h = 52 Tage
n = 4.000 min^{-1}	39.983 h = 4,635 Jahre	4.996 h = 208 Tage	625 h = 26 Tage

A.5.6 Seilscheibenlagerung Hubvorrichtung

Ermitteln Sie die Kraft, die ein einzelnes Lager radial belastet!	F_{Lager}	N	1.146,9
Wie hoch ist die Anzahl der Überrollungen, die hier gefordert wird?		–	190.987
Wie hoch ist der Lebensdauerkennwert?	L_{10}	–	0,190987
Wie groß muss dann die dynamische Tragzahl des Lagers sein?	C	N	660,5

A.5.7 Fahrradvorderradlagerung

Welche Fahrstrecke ist bei dieser Lagerung zu erwarten?	km	581.537
Welche Fahrstrecke ist zu erwarten, wenn eine 55 kg leichte Beifahrerin mitgenommen wird, die im ungünstigsten Fall genau über der Vorderradnabe platziert wird?	km	46 450

A.5.8   Lagerung Kettenradwelle

		links	rechts
Wie groß sind die Kettenkräfte?	N	1.247	2.134
Wie groß sind die Lagerkräfte?	N	922	2.459
Berechnen Sie den Lebensdauerkennwert L_{10}, wenn eine Gebrauchsdauer von 8.000 h gefordert wird.	–	39,36	39,36
Wie groß sind die erforderlichen Tragzahlen?	N	3.138	8.363

A.5.9   Einzelnes Lager

Lager 6215: $L_h = \dfrac{L_{10} * 10^6}{60 * n} = \dfrac{262,1 * 10^6}{60\,\dfrac{min}{h} * 850\,\dfrac{1}{min}} = 5.139\ h < $ geforderte Lebensdauer

Lager 6315: $L_h = \dfrac{L_{10} * 10^6}{60 * n} = \dfrac{1.138 * 10^6}{60\,\dfrac{min}{h} * 850\,\dfrac{1}{min}} = 22.309\ h > $ geforderte Lebensdauer

A.5.10   Schwenkbare Hubvorrichtung

		Axialkraft	Radialkraft	äquivalente Lagerlast	erforderliche Tragzahl
Lager bei A	N	0	10.092	10.092	10.092
Lager bei B	N	5.886	15.978	9.519	9.519
einzelnes Lager bei C	N	0	4.162	4.162	2.767

A.5.11   Ventilatorlagerung

			Lager A	Lager B
die Radiallast	F_r	N	8.500	2.090
die Axiallast	F_a	N	0	5.000
die äquivalente dynamische Lagerlast	P_m	N	8.500	9.170
den Lebensdauerkennwert	L_{10}	–	31.462	664
die Lebensdauer in Stunden	L_h	h	174.787 h 19,95 Jahre	3.689 h 153 Tage
den Lebensdauerkennwert	L_{10}	–	834	664 wie oben
die Lebensdauer in Stunden	L_h	h	4.632 h 193 Tage	3.689 h 153 Tage wie oben

A.5.12   Wasserturbinenlagerung

			Axiallager A	Radiallager A	Radiallager B
dynamische Tragzahl	C	kN	1.630	930	1.500
Wie groß ist die Last P auf das einzelne Lager?	P	kN	76,00	76,64	49,68
Wie groß ist der Lebensdauerkennwert?	L_{10}	–	27.410	4.106	686.417
Welche Lebensdauer ist zu erwarten?	L_h	h	3.194.639 h (365 Jahre)	478.561 h (54,63 Jahre)	9.989.528 h (1.140 Jahre)

A.5.13   Seilscheibenlagerung Kran

erforderliche Tragzahl: C = 38,7 kN

A.5.14   Schubkarrenrad

Wie groß ist die Radlast bei voller Beladung?	F_{Radmax}	N	1.839
Ermitteln Sie die Lagerlast bei voller Beladung.	$F_{Lagermax}$	N	920
Berechnen Sie die äquivalente Lagerlast.	P_m	N	651
Wie groß ist der Lebensdauerkennwert?	L_{10}	–	17,19
Anzahl Überrollungen		–	17.190.000
Welche Fahrstrecke könnte zurückgelegt werden, bevor die Lager ausgetauscht werden müssten?		km	21.435

A.5.15   Schneckenradlagerung

		Radiallager	Axiallager
Kraft bei Volllast	N	2.706	18.000
äquivalente Lagerlast	N	2.261	11.794
L_{10}	–	1.440	1.440
erforderliche Tragzahl	N	20.036	133.200

A.5.16   Kettengetriebene Seiltrommel

F_{Seil} [N]	84.572	F_{Kette} [N]	126.860

		linkes Lager	rechtes Lager
Berechnen Sie die Kraft in y-Richtung bei Volllast.	N	42.286	42.286
Berechnen Sie die Kraft in z-Richtung bei Volllast.	N	144.159	17.299
Wie groß ist die resultierende Lagerlast bei Volllast?	N	150.233	45.688
Ermitteln Sie die äquivalente Lagerlast.	N	92.243	28.052
Wie groß ist der Lebensdauerkennwert L_{10}?	–	3,26	3,26
Wie groß ist die erforderliche Tragzahl?	N	131.453	39.974

A.5.17   Seilscheibe Fördertechnik

Wie groß ist die maximale Kraft, die das einzelne Lager radial belastet?	$F_{Lagermax}$	N	403.500
Wie groß ist die minimale Kraft, die das einzelne Lager radial belastet?	$F_{Lagermin}$	N	311.375
Wie groß ist die äquivalente Lagerlast?	P	N	364.216
Wie hoch ist die Anzahl der Überrollungen, die hier gefordert wird?		–	1.010.508
Wie hoch ist der Lebensdauerkennwert?	L_{10}	–	1,010508
Wie groß muss die dynamische Tragzahl eines einzelnen Lagers mindestens sein?	C	N	365.000

A.5.18   Hakenflasche

Welche Tragzahl muss das Axiallager mindestens aufweisen?	C	N	98.100
Wie groß ist die maximale Kraft, die auf ein einzelnes Radiallager einwirkt?	F_r	N	24.525
Wie groß ist die äquivalente Lagerlast für ein einzelnes Radiallager?	P_m	N	19.863
Wie groß ist der Lebensdauerkennwert für das kritische Radiallager?	L_{10}	–	2,604
Welche Tragzahl muss jedes der Lager der Seilrollenlagerung aufweisen?	C	N	27.328

A.5.19 Schiffsdrucklager

	langsam	mittel	schnell
Zeitanteil [%]	20	30	50
Drehzahl [min^{-1}]	400	600	800
Axialschub [kN]	30	40	55
mittlere Drehzahl n_m [min^{-1}]	660		
mittlere Axialbelastung P_m [kN]	40,42		
L_{10}	1.584		
C_{erf} [kN]	368,6		

A.5.20 Flaschenzug

	Kraft auf das einzelne Lager bei Volllast	äquivalente Lagerlast	Überrollungen pro Hubvorgang	Lebensdauerkennwert L_{10}	erforderliche Tragzahl
	N	N	–	–	N
obere Rolle Oberflasche	2.452	1.792	141,5	1,415	2.012
untere Rolle Oberflasche	2.452	1.792	110,7	1,107	1.854
obere Rolle Unterflasche	2.452	1.792	55,4	0,554	1.472
untere Rolle Unterflasche	2.452	1.792	106,1	1,061	1.828

F_{Decke}	N	12.260

A.5.21 Lagerung Trockenzylinder

Das Festlager wird mit einem Pendelrollenlager 23144BK.MB.C4 ausgestattet (C = 1630 kN). Welche Lebensdauer ist zu erwarten?	L_h	h	346.688 h ca. 39,6 Jahre
Das Loslager wird mit einem Zylinderrollenlager NU 3144 (C = 1460 kN) bestückt. Welche Lebensdauer ist zu erwarten?	L_h	h	240.154 h ca. 27,4 Jahre

A.5.22   Lagerung Elektromotor

a) Fest-Los-Lagerung

b)		Punktlast	Umfangslast	Spielpassung	Presspassung
linkes Lager	Innenring		⊗		⊗
linkes Lager	Außenring	⊗		⊗	
rechtes Lager	Innenring		⊗		⊗
rechtes Lager	Außenring	⊗		⊗	

A.5.23   Schneckengetriebe

a)	Fest-Los-Lagerung	schwimmende Lagerung	angestellte Lagerung
Schneckenwelle	⊗		
Großradwelle	⊗		

b)	Innenring-Welle		Außenring-Gehäuse	
Schneckenwelle linkes Lager	O Punkt-	⊗ Umfangslast	⊗ Punkt-	O Umfangslast
Schneckenwelle rechtes Lager	O Punkt-	⊗ Umfangslast	⊗ Punkt-	O Umfangslast
Großradwelle linkes Lager	O Punkt-	⊗ Umfangslast	⊗ Punkt-	O Umfangslast
Großradwelle rechtes Lager	O Punkt-	⊗ Umfangslast	⊗ Punkt-	O Umfangslast

c)	Innenring-Welle		Außenring-Gehäuse	
Schneckenwelle linkes Lager	⊗ Presssitz	O Spielsitz	O Presssitz	⊗ Spielsitz
Schneckenwelle rechtes Lager	⊗ Presssitz	O Spielsitz	O Presssitz	⊗ Spielsitz
Großradwelle linkes Lager	⊗ Presssitz	O Spielsitz	O Presssitz	⊗ Spielsitz
Großradwelle rechtes Lager	⊗ Presssitz	O Spielsitz	O Presssitz	⊗ Spielsitz

d)

⊗	X-Anordnung
	O-Anordnung

A.5.24   Festpropeller-Querschubanlage

a)

	Fest-Los-Lagerung	schwimmende Lagerung	angestellte Lagerung
waagerechte Propellerwelle	X		
senkrechte Antriebswelle	X		

b)

	Innenring-Welle	Außenring-Gehäuse
Propellerwelle linkes Lager	O Punkt- ⊗ Umfangslast	⊗ Punkt- O Umfangslast
Propellerwelle rechtes Lager	O Punkt- ⊗ Umfangslast	⊗ Punkt- O Umfangslast
Antriebswelle oberes Lager	O Punkt- ⊗ Umfangslast	⊗ Punkt- O Umfangslast
Antriebswelle unteres Lager	O Punkt- ⊗ Umfangslast	⊗ Punkt- O Umfangslast

c)

	Innenring-Welle	Außenring-Gehäuse
Propellerwelle linkes Lager	⊗ Presssitz O Spielsitz	O Presssitz ⊗ Spielsitz
Propellerwelle rechtes Lager	⊗ Presssitz O Spielsitz	O Presssitz ⊗ Spielsitz
Antriebswelle oberes Lager	⊗ Presssitz O Spielsitz	O Presssitz ⊗ Spielsitz
Antriebswelle unteres Lager	⊗ Presssitz O Spielsitz	O Presssitz ⊗ Spielsitz

A.5.25   Stirnradgetriebekonstruktion

a)

	Fest-Los-Lagerung	schwimmende Lagerung	angestellte Lagerung
Antriebswelle	X		
Zwischenwelle			X
Abtriebswelle		X	

b) durch Abstimmen des Ringes C

c)

	Innenring-Welle	Außenring-Gehäuse
oberes Lager	O Punktlast ⊗ Umfangslast	⊗ Punktlast O Umfangslast
unteres Lager	O Punktlast ⊗ Umfangslast	⊗ Punktlast O Umfangslast

d)

	Innenring-Welle	Außenring-Gehäuse
oberes Lager	⊗ Presssitz O Spielsitz	O Presssitz ⊗ Spielsitz
unteres Lager	⊗ Presssitz O Spielsitz	O Presssitz ⊗ Spielsitz

A.5.26   Vibrationsmotor

a) L_h [h] = 18028

b) schwimmende Lagerung

c)

	Punktlast	Umfangslast	Spielpassung	Presspassung unbedingt erforderlich	Presspassung ratsam
Innenring	X				X
Außenring		X		X	

A.5.27   Basisbeispiel

Wie hoch ist die Umfangsgeschwindigkeit im Lagerspalt?	u	m/s	17,5
Welche Mindestsicherheit muss eingehalten werden?	S_{erf}	–	10
Wie groß ist die Übergangsdrehzahl?	$n_{ü}$	min^{-1}	180
Welche Betriebsölviskosität ist erforderlich?	η_{erf}	Pas	0,00448
Welche Viskositätsklasse muss gewählt werden?	VG	–	15
Welche mittlere Flächenpressung tritt im Lagerspalt auf?	$\overline{p}$	N/mm²	3,54
Wie groß ist die optimierte relative Spaltweite?	ψ_{opt}	10^{-3}	1,64
Wie groß ist die Sommerfeldzahl?	S_o	–	9,71
Wie groß ist die Reibzahl?	f	10^{-3}	1,65
Wie groß ist die Reibleistung?	P_R	kW	2,83

A.5.28   Variation der Lagerlast

a.

ψ_{opt}	10^{-3}	1,115
2s	µm	53,5
$2s_{min}$	µm	40
$2s_{max}$	µm	67

		b	c	d
Lagerlast	N	6.384	1.694	1.000
Flächenpressung $\bar{p}$	N/mm²	2,375	0,630	0,372
Sommerfeldzahl S_o	–	4,48	1,188	0,701
Schwerlastbereich?		X	X	
Schnelllaufbereich?				X
Reibzahl f	–	$1,65 * 10^{-3}$	$3,21 * 10^{-3}$	$4,99 * 10^{-3}$
Reibleistung P_R	W	39,8	20,5	18,8

A.5.29 Variation der Ölviskosität I

Wie groß ist die optimale relative Spaltweite?	ψ_{opt}	10^{-3}	1,26
Wie groß ist die optimale absolute Spaltweite?	2s	µm	68,2
Welche minimale und	$2s_{min}$	µm	51
maximale Spaltweite ergibt sich daraus?	$2s_{max}$	µm	85
Wie groß ist die erforderliche Sicherheit?	S_{erf}	–	6,220
Wie groß ist die Übergangsdrehzahl?	$n_ü$	min^{-1}	354
Wie groß ist das Lagervolumen?	Vol	mm³	98.480

Viskositätsklasse	VG	10	22	46
Betriebsölviskosität	Pas	0,0038	0,0068	0,012
Lagerlast	N	1.325	2.371	4.183
Flächenpressung $\bar{p}$	N/mm²	0,571	1,021	1,802
Sommerfeldzahl S_o	–	1,036	1,036	1,036
Schwerlastbereich?		X	X	X
Schnelllaufbereich?				
Reibzahl f	10^{-3}	$3,89 * 10^{-3}$	$3,89 * 10^{-3}$	$3,89 * 10^{-3}$
Reibleistung P_R	W	32,0	57,4	101,2

A.5.30   Variation der Ölviskosität II

	VG	–	22	32	46
a	η	Pas	0,008	0,0115	0,0145
	$F_{N\,max}$	N	9.611	13.815	17.420
	für Maximallast				
b	$\bar{p}$	N/mm²	1,20	1,73	2,18
	S_O	–	1,20	1,18	1,1
	f	10^{-3}	2,868	2,892	2,99
	P_R	W	139	201	262
	für $F_N = 8.000$ N				
c	$\bar{p}$	N/mm²	1,0	1,0	1,0
	S_O	–	0,995	0,692	0,55
	f	10^{-3}	3,157	4,54	5,712
	P_R	W	125	182	228

A.5.31   Variation der Drehzahl

n	min^{-1}	286	400	560	784	1.098	1.537	2.151
S_O	–	4,65	3,33	2,38	1,70	1,21	0,866	0,619
S_{erf}	–	3	3	3	3	3,16	4,43	6,19
S_{tats}	–	1,3	1,8	2,5	3,5	4,9	6,9	9,60
Mischreibung?								
Flüssigkeitsreibung?		x	x	x	x	x	x	x
$S_{tats} \geq S_{erf}$?		⊗ nein O ja	⊗ nein O ja	⊗ nein O ja	O nein ⊗ ja	O nein ⊗ ja	O nein ⊗ ja	O nein ⊗ ja
f	10^{-3}	1,7	2,1	2,4	2,9	3,4	4,4	6,1
P_R	W	1,7	2,9	4,7	7,8	13,0	23,1	45,2

A.5.32 Variation des absoluten Lagerspiels

Wie groß wäre die optimale relative Spaltweite?	ψ_{opt}	10^{-3}	1,44
Welche Betriebsölviskosität ist erforderlich, wenn ein ausreichender Abstand zum Mischreibungsgebiet gewährleistet werden soll?	η	Pas	0,0135
Welche Viskositätsklasse ist zu wählen?	VG	–	100

Spaltweite 2s		10µm	20µm	30µm	50µm	70µm	100µm	150µm
rel. Spaltweite	$\psi \ [10^{-3}]$	0,385	0,769	1,154	1,923	2,692	3,846	5,769
Sommerfeldzahl	$S_o \ [-]$	0,0577	0,2309	0,5196	1,443	2,827	5,772	12,987
Reibzahl	$f \ [10^{-3}]$	20,96	10,46	6,977	5,029	5,030	5,029	5,029
Reibleistung	$P_R \ [W]$	846	422	281	203	203	203	203

A.5.33 Variation des relativen Lagerspiels

ψ	10^{-3}	0,6	0,8	1,0	1,2	1,4	1,6	1,8
S_o	–	0,268	0,468	0,732	1,053	1,434	1,873	2,37
S_{erf}	–	5,03	5,03	5,03	5,03	5,03	5,03	5,03
S_{tats}	–	8,2	8,2	8,2	8,2	8,2	8,2	8,2
f	10^{-3}	7,167	5,370	4,292	3,674	3,673	3,673	3,673
P_R	W	108	81	65	55	55	55	55

A.5.34 Ölwechsel

Wie groß ist die optimale relative Spaltweite ψ?	–	$0,927 * 10^{-3}$

		VG 32	VG 150
Welche Lagertemperatur stellt sich ein?	°C	60	75
Welche Betriebsölviskosität ergibt sich?	Pas	0,013	0,025
Welche maximale Lagerlast kann unter Berücksichtigung der erforderlichen Sicherheit übertragen werden?	N	3.555	6.591
Wie groß ist die Sommerfeldzahl?	–	1,85	1,85
Wie groß ist die Reibzahl f?	–	$2,14 * 10^{-3}$	$2,14 * 10^{-3}$
Wie groß ist die Reibleistung P_R?	W	13,7	25,4

A.5.35   Wärmeabfuhr durch freie Konvektion I

Wird das Lager im	$\otimes$ Schwerlast- oder im O Schnelllaufbereich betrieben?		
Welche Lagertemperatur und welche Betriebsölviskosität sind zu erwarten?	ϑ	°C	65
	η	Pas	0,008
Ist das Lager betriebssicher?	$\otimes$ ja	O nein	
Wie groß ist die Reibzahl?	f	10^{-3}	2,691
Wie groß ist die Reibleistung?	P_R	W	470

A.5.36   Wärmeabfuhr durch freie Konvektion II

Wie groß ist die optimale **relative** Spaltweite?	ψ_{opt}	10^{-3}	0,981
Welche Lagertemperatur und welche Betriebsölviskosität stellen sich ein?	ϑ	°C	89
	η	Pas	0,0165
Wird das Lager im	O Schwerlast- oder im $\otimes$ Schnelllaufbereich betrieben?		
Besteht ausreichende Sicherheit gegenüber dem Mischreibungsgebiet?	$\otimes$ ja	O nein	
Wie groß ist die Reibzahl?	f	10^{-3}	7,57
Wie groß ist die Reibleistung?	P_R	W	20,5

A.5.37   Wärmeabfuhr durch erzwungene Konvektion

	Ursprüngliche Viskositätsklasse	Optimierte Viskositätsklasse
	VG 220	VG 5
Betriebsviskosität η [Pas]	0,032	0,0049
Lagertemperatur ϑ [°C]	77	37
Sommerfeldzahl S_O	0,622	4,06
erforderliche Betriebssicherheit S_{erf}	3,77	3,77
tatsächliche Betriebssicherheit S_{tats}	35,2	5,39
Reibzahl f	$9,09 * 10^{-3}$	$2,81 * 10^{-3}$
Reibleistung P_R [W]	171,4	52,9

A.6.1 Vergleich formschlüssiger Welle-Nabe-Verbindungen

	Passfeder DIN 6885	Keilwelle DIN ISO 14 leichte Reihe	Keilwelle DIN ISO 14 mittlere Reihe	Keilwelle DIN 5464 schwere Reihe
M_{tmax} [Nm]	105,6	364,8	504,0	864,0

A.6.2 Kreissägenblatt I

Welches Torsionsmoment ist zu übertragen?	M_t	Nm	45,27
Welcher Hebelarm ist für die Momentenübertragung maßgebend?	r_m	mm	17,62
Welche Axialkraft muss durch die Schraube aufgebracht werden?	F_{ax}	N	32.117
Welche Flächenpressung entsteht zwischen Flansch und Sägeblatt?	p	N/mm²	58,4
Welches Gewindemoment ist erforderlich?	M_{Gew}	Nm	27,96
Mit welchem Gesamtmoment muss angezogen werden?	M_{ges}	Nm	54,94
Wie hoch ist die Zugspannung in der Schraube?	σ_Z	N/mm²	554
Wie hoch ist der Torsionsschub in der Schraube?	τ_t	N/mm²	224
Welche Vergleichsspannung liegt in der Schraube vor?	σ_V	N/mm²	676

Das Anzugsmoment der Schraube muss in der Welle abgestützt werden. Ist es auch möglich, stattdessen nur das Sägeblatt zu blockieren? Begründen Sie Ihre Aussage durch Ankreuzen.	$\otimes$ ja	weil	O	$M_{gesanz} < M_{WNV}$
		weil	$\otimes$	$M_{Gew} < M_{WNV}$
	O nein	weil	O	$M_{Kopfreibung} < M_{WNV}$
		weil	O	$M_{gesanz} \geq M_{WNV}$
		weil	O	$M_{Gew} \geq M_{WNV}$
		weil	O	$M_{Kopfreibung} \geq M_{WNV}$

A.6.3 Winkelschleifer

		Verbindung Schleifscheibe – Flansch	Verbindung Flansch – Welle
Welches Torsionsmoment ist zu übertragen?	Nm	0,6758	
Welcher Hebelarm ist für die Momentenübertragung maßgebend?	mm	15,36	8,04
Welche Axialkraft muss für die Momentenübertragung aufgebracht werden?	N	366,7	1.050,4
Welche Flächenpressung entsteht am axialen Klemmverband?	$\frac{N}{mm^2}$	1,39	10,45
Welches Gewindemoment muss an der Schraube aufgebracht werden, um den Reibschluss an beiden axialen Klemmverbänden sicher zu stellen?	Nm	1,268	
Beim Anziehen wird ein Schraubschlüssel hinter der Schleifscheibe angesetzt, um die Welle zu blockieren. Ist es auch möglich, das Moment durch Blockieren der Schleifscheibe abzustützen?		O ja ⊗ nein weil O $M_{Gewinde} < M_{Flansch-Schleifscheibe}$ O $M_{Gewinde} \geq M_{Flansch-Schleifscheibe}$ O $M_{Gewinde} < M_{Welle-Flansch}$ ⊗ $M_{Gewinde} \geq M_{Welle-Flansch}$	
Mit welchem Gesamtmoment muss die Mutter angezogen werden?	Nm	1,944	

A.6.4 Schleifscheibenaufnahme

	Verbindung Schleifscheibe – Zwischenscheibe $p_{zul} = 10$ N/mm² $\mu = 0,25$	Verbindung Zwischenscheibe – Welle $p_{zul} = 80$ N/mm² $\mu = 0,10$
Welche maximale Schraubenvorspannkraft F_V darf aufgebracht werden?	31.610 N	70.686 N
Welches Torsionsmoment kann an der jeweiligen Welle-Nabe-Verbindung unter Berücksichtigung der insgesamt zulässigen Vorspannkraft F_V übertragen werden?	234 Nm	60 Nm
Welches maximale Torsionsmoment M_{WNV} kann insgesamt übertragen werden?	60 Nm	

Mit welchem Moment M_{gesanz} muss die Schraube angezogen werden, wenn das maximale Torsionsmoment M_{WNV} übertragen werden soll?	65,6 Nm
Das Anzugsmoment der Schraube muss in der Welle abgestützt werden. Ist es möglich, zu diesem Zweck nur die Schleifscheibe zu blockieren? Begründen Sie Ihre Aussage durch Ankreuzen.	$\otimes$ ja O nein weil O $M_{gesanz} < M_{WNV}$ weil $\otimes$ $M_{Gew} < M_{WNV}$ weil O $M_{Kopfreibung} < M_{WNV}$

A.6.5 Axialer Klemmverband unter Berücksichtigung von Setzbeträgen

			nach der Montage	nach dem Setzen	nach dem Nachziehen
Wie groß ist die Vorspannkraft?	F_V	N	28.875	22.864	28.875
Wie groß muss der Außendurchmesser der Wellen mindestens sein, wenn die zulässige Flächenpressung nicht überschritten werden darf?	D	mm	47,1		
Welches maximale Torsionsmoment kann mit dieser Welle-Nabe-Verbindung übertragen werden?	M	Nm	72,4	57,3	72,4
Kann das Schraubenanzugsmoment durch Festhalten der Nabe abgestützt werden?				O ja $\otimes$ nein	

A.6.6 Schalenkupplung

Welches maximale Moment kann übertragen werden, wenn die Verbindung nach der zulässigen Flächenpressung zwischen Welle und Nabe von $p_{zul} = 80$ N/mm² (St/GG) dimensioniert wird?	Nm	471
Welches maximale Moment kann übertragen werden, wenn die Verbindung nach der zulässigen Vorspannkraft der Schrauben (M5, Schraubengüte 8.8) mit $F_{Vmax} = 7,2$ kN dimensioniert wird?	Nm	136

	ja	nein
Verwendung von Schrauben höherer Festigkeit	X	
Verwendung einer Nabe höherer Festigkeit		X
Verwendung von Schrauben größeren Durchmessers	X	
Erhöhung der Schraubenanzahl	X	
Verwendung einer Welle höherer Festigkeit		X

A.6.7   Metallfaltenbalgkupplung

Die Schrauben werden in der Schraubengüte 10.9 ausgeführt. Mit welcher maximalen Vorspannkraft können die Schrauben belastet werden, wenn sowohl die Zugspannung als auch die durch das Anziehen bedingte Torsion berücksichtigt werden, wobei im Gewinde der Reibwert $\mu = 0{,}12$ angenommen werden kann.	F_{Vmax}	N	62.298
Welches maximale Kupplungsmoment kann übertragen werden, wenn die Verbindung nach der zulässigen Vorspannkraft der Schrauben dimensioniert wird?	$M_{Kupplung}$	Nm	657,2
Welche Flächenpressung tritt dann zwischen Welle und Nabe auf?	p	N/mm²	105,9
Mit welchem Moment müssen die Schrauben angezogen werden, wenn an der Kopfauflage ein Reibwert $\mu = 0{,}12$ angenommen werden kann, der Schraubenkopf einen Außendurchmesser von 18 mm aufweist und das Durchgangsloch mit 14 mm gebohrt ist?	M_{anz}	Nm	124,5

A.6.8   Variation der Ansätze

a) Dimensionierung nach der **zulässigen Pressung**:

	Annahme „biegesteife Nabe"	Annahme „biegeweiche Nabe"
$p_{max} = p_{zul}$ [N/mm²]	**60**	**60**
M_t [Nm]	1.154	735
F_V [kN]	49,0	38,4

b) Dimensionierung nach dem zu **übertragenden Moment**:

	Annahme „biegesteife Nabe"	Annahme „biegeweiche Nabe"
p_{max} [N/mm²]	41,6	65,2
M_t [Nm]	**800**	**800**
F_V [kN]	34,0	41,8

c) Dimensionierung nach der **maximalen Schraubenvorspannkraft**:

	Annahme „biegesteife Nabe"	Annahme „biegeweiche Nabe"
p_{max} [N/mm²]	53,9	68,8
M_t [Nm]	1.037	841
$F_V = F_{Vmax}$ [kN]	**44**	**44**

A.6.9   Sattelstütze Fahrrad

maximale Flächenpressung der Verbindung	p_{max}	N/mm²	24,1
Vorspannkraft der Schraube	F_{VS}	N	3.738
Vergleichsspannung in der Schraube	σ_V	N/mm²	125,4
Anzugsmoment der Schraube	M_{an}	Nm	4,98

A.6.10   Erforderliche Pressung bei Torsions- und Längskraftbelastung

Welche Pressung ist erforderlich, wenn eine Axialkraft F_{ax} = 10 kN übertragen werden soll?	p	N/mm²	21,8
Welche Pressung ist erforderlich, wenn ein Torsionsmoment M_t = 500 Nm übertragen werden soll?	p	N/mm²	57,4
Welche Pressung ist erforderlich, wenn sowohl die o.a. Axialkraft F_{ax} als auch das Torsionsmoment M_t gleichzeitig übertragen werden sollen?	p	N/mm²	61,4

A.6.11   Erforderlicher Durchmesser bei Torsions- und Längskraftbelastung

Bestimmen Sie den erforderlichen Fügedurchmesser der Verbindung, wenn die Axialkraft so eingeleitet wird, wie in der Skizze dargestellt.	d	mm	46,96
Bestimmen Sie den erforderlichen Fügedurchmesser für den Fall, dass die Axialkraft in umgekehrter Richtung eingeleitet wird. Hinweis: Die Berechnung vereinfacht sich, wenn Sie iterativ vorgehen.	d	mm	57

A.6.12   Kreissägenblatt II

Wie hoch ist die Flächenpressung zwischen Sägeblatt und Flansch?	N/mm²	9,55
Wie groß ist am axialen Klemmverband der für die Übertragung des Torsionsmomentes maßgebende Hebelarm für die Umfangskraft?	mm	30,3
Wie groß ist das am Axialklemmverband übertragbare Moment?	Nm	43,6
Welche Pressung muss am Querpressverband mindestens vorliegen, damit an dieser Stelle das gleiche Torsionsmoment übertragen werden kann wie bei Axialklemmverband?	N/mm²	60,5

A.6.13 Torsionsbelastung

Welche minimale Pressung ist erforderlich, um das Moment sicher zu übertragen?	p_{min}	N/mm²	32,2
Welche maximale Pressung kann der Querpressverband ertragen?	p_{max}	N/mm²	130,8
Ist p_{min} tatsächlich kleiner als p_{max}? ⊗ ja O nein			
Wie groß ist das minimale Übermaß U_{min}?	U_{min}	μm	27,1
Wie groß ist das maximale Übermaß U_{max}?	U_{max}	μm	110,0
Die Nabe ist mit H7 gebohrt. Geben Sie die optimale Wellenpassung an!	O x5 O x6 O x7 O u5 O u6 ⊗ u7 O s5 O s6 O s7		
Die Umgebungstemperatur beträgt 20 °C. Zum thermischen Fügen wird die Welle auf eine Temperatur von −130 °C abgekühlt. Auf welche Temperatur muss die Nabe erhitzt werden, um ein einwandfreies Fügen zu gewährleisten?	ϑ	°C	290,5

A.6.14 Graugussnabe

zulässige Spannung des Nabenwerkstoffs σ_{zulN}	N/mm²	150	100
Gesamtnachgiebigkeit $\dfrac{1}{c_{ges}}$	$\dfrac{\mu m}{\dfrac{N}{mm^2}}$	1,663	1,663
maximales Übermaß U_{max}	μm	60	40
minimales Übermaß U_{min}	μm	31	11
maximale Pressung p_{max}	N/mm²	36,1	24,1
minimale Pressung p_{min}	N/mm²	18,6	6,6
maximal übertragbares Torsionsmoment M_{tmax}	Nm	444	157
Fügeübermaß U_{therm}	μm	151	131
Erwärmungstemperatur der Nabe	°C	300	263

A.6.15 Querpressverband Flügelzellenpumpe

Welches Torsionsmoment muss übertragen werden?	M_t	Nm	37,14
Welche Flächenpressung ist minimal erforderlich, um das Torsionsmoment reibschlüssig zu übertragen?	p_{min}	N/mm²	46,9
Welche Flächenpressung ist maximal möglich, wenn die Werkstoffe unter Berücksichtigung der Sicherheit nicht plastisch verformt werden sollen?	p_{max}	N/mm²	81,5

Wie groß ist die Nachgiebigkeit des Querpressverbandes?	$\dfrac{1}{c_{ges}}$	$\dfrac{\dfrac{\mu m}{N}}{mm^2}$	0,685
Welches Übermaß muss minimal vorgesehen werden?	U_{min}	μm	32
Welches Übermaß darf nicht überschritten werden?	U_{max}	μm	56
Die Nabe wird in H5 gebohrt. Welche Wellenpassung ist erforderlich?	O s5 O s6 O s7	O u5 O u6 O u7	O x5 ⊗ x6 O x7

A.6.16 Maximaler Bohrungsdurchmesser Hohlwelle

$$d_{iW} = \frac{d_{iN}}{d_{aN}} \cdot d_{aW} = \frac{100mm}{120mm} \cdot 100mm = 83,3 \ mm$$

A.6.17 Torsionsmoment und Längskraft

Welche minimale Pressung ist erforderlich, um das Moment und die Axialkraft sicher zu übertragen?	p_{min}	N/mm²	13,1
Welche maximale Pressung kann der Querpressverband aufnehmen?	p_{max}	N/mm²	164,4
Wie groß ist das minimale Übermaß U_{min}?	U_{min}	μm	11,9
Wie groß ist das maximale Übermaß U_{max}?	U_{max}	μm	148,9
Die Nabe ist mit H7 gebohrt. Geben Sie die optimale Wellenpassung an!	O x5 O u5 O s5	O x6 O u6 O s6	O x7 O u7 ⊗ s7
Die Umgebungstemperatur beträgt 20 °C. Auf welche Temperatur muss die Nabe erwärmt werden, um ein einwandfreies Fügen zu gewährleisten?	ϑ_{Nabe}	°C	324

Darf der **Wellen**werkstoff geschwächt werden, ohne dass die übertragbare Belastung dadurch beeinträchtigt wird? ⊗ ja O nein	Berechnen Sie ggf. eine neue, geringere zulässige Spannung für den **Wellen**werkstoff! σ_{zulW} [N/mm²] = 164
Darf der **Naben**werkstoff geschwächt werden, ohne dass die übertragbare Belastung dadurch beeinträchtigt wird? O ja ⊗ nein	Berechnen Sie ggf. eine neue, geringere zulässige Spannung für den **Naben**werkstoff! σ_{zulN} [N/mm²] =

A.6.18 Variation von Werkstoff- und Konstruktionsparametern

Welche minimale Pressung p_{min} ist erforderlich, um das Moment sicher zu übertragen?	p_{min}	N/mm²	20,5
Welche maximale Pressung kann der Querpressverband aufnehmen?	p_{max}	N/mm²	69,5
Wie groß ist das minimale Übermaß U_{min}?	U_{min}	µm	24,4
Wie groß ist das maximale Übermaß U_{max}?	U_{max}	µm	82,7
Die Nabe ist mit H7 gebohrt. Geben Sie die optimale Wellenpassung an!	O x5 O x6 O x7 O u5 ⊗ u6 O u7 O s5 O s6 O s7		
Die Umgebungstemperatur beträgt 20 °C. Zum thermischen Fügen wird die Nabe auf 350 °C erwärmt. Auf welche Temperatur muss die Welle abgekühlt werden, um ein einwandfreies Fügen zu ermöglichen?	ϑ_{Welle}	°C	−58

		Das übertragbare Moment		
		wird kleiner	ändert sich nicht	wird größer
1	Die Festigkeit des Wellenwerkstoffs wird erhöht.		X	
2	Die Festigkeit des Nabenwerkstoffs wird erhöht.			X
3	Der Welleninnendurchmesser wird verkleinert.	X		
4	Der Nabenaußendurchmesser wird vergrößert.			X
5	Der Elastizitätsmodul der Nabe wird verringert.			X

A.6.19 Variation der Passung I

H7/s7	H7/u7	H7/x7
U_{min} [µm] = 18	U_{min} [µm] = 45	U_{min} [µm] = 72
U_{max} [µm] = 68	U_{max} [µm] = 95	U_{max} [µm] = 122
p_{min} [N/mm²] = 18,5	p_{min} [N/mm²] = 46,2	p_{min} [N/mm²] = 73,9
p_{max} [N/mm²] = 69,8	p_{max} [N/mm²] = 97,5	p_{max} [N/mm²] = 125,2
σ_{VN} [N/mm²] = 310,5	σ_{VN} [N/mm²] = 433,7	σ_{VN} [N/mm²] = 557,0
σ_{VW} [N/mm²] = 69,8	σ_{VW} [N/mm²] = 97,5	σ_{VW} [N/mm²] = 125,2
M_{tmax} [Nm] = 326,6	M_{tmax} [Nm] = 816,4	M_{tmax} [Nm] = 1.306

H6/s6	H6/u6	H6/x6
U_{min} [µm] = 27	U_{min} [µm] = 54	U_{min} [µm] = 81
U_{max} [µm] = 59	U_{max} [µm] = 86	U_{max} [µm] = 113
p_{min} [N/mm²] = 27,7	p_{min} [N/mm²] = 55,4	p_{min} [N/mm²] = 83,1
p_{max} [N/mm²] = 60,5	p_{max} [N/mm²] = 88,2	p_{max} [N/mm²] = 115,9
σ_{VN} [N/mm²] = 269,4	σ_{VN} [N/mm²] = 392,7	σ_{VN} [N/mm²] = 515,9
σ_{VW} [N/mm²] = 60,5	σ_{VW} [N/mm²] = 88,2	σ_{VW} [N/mm²] = 115,9
M_{tmax} [Nm] = 489,8	M_{tmax} [Nm] = 980,0	M_{tmax} [Nm] = 1.469,5
H5/s5	**H5/u5**	**H5/x5**
U_{min} [µm] = 32	U_{min} [µm] = 59	U_{min} [µm] = 86
U_{max} [µm] = 54	U_{max} [µm] = 81	U_{max} [µm] = 108
p_{min} [N/mm²] = 32,8	p_{min} [N/mm²] = 60,5	p_{min} [N/mm²] = 88,2
p_{max} [N/mm²] = 55,4	p_{max} [N/mm²] = 83,1	p_{max} [N/mm²] = 110,8
σ_{VN} [N/mm²] = 246,5	σ_{VN} [N/mm²] = 369,8	σ_{VN} [N/mm²] = 493,1
σ_{VW} [N/mm²] = 55,4	σ_{VW} [N/mm²] = 83,1	σ_{VW} [N/mm²] = 110,8
M_{tmax} [Nm] = 580,6	M_{tmax} [Nm] = 1.070,4	M_{tmax} [Nm] = 1.560,2

A.6.20 Variation der Passung II

H7/s7	H7/u7	H7/x7
U_{min} [µm] = 14	U_{min} [µm] = 20	U_{min} [µm] = 33
U_{max} [µm] = 56	U_{max} [µm] = 62	U_{max} [µm] = 75
σ_{VN} [N/mm²] = 490	σ_{VN} [N/mm²] = 542	σ_{VN} [N/mm²] = 656
S = σ_{zul} / σ_{Vtats} = 1,14	S = σ_{zul} / σ_{Vtats} = 1,03	S = σ_{zul} / σ_{Vtats} = 0,85
M_{tmax} [Nm] = 47,9	M_{tmax} [Nm] = 68,4	M_{tmax} [Nm] = (teilplastisch)
$\Delta\vartheta$[°] = 473	$\Delta\vartheta$[°] = 495	$\Delta\vartheta$[°] =
H6/s6	**H6/u6**	**H6/x6**
U_{min} [µm] = 22	U_{min} [µm] = 28	U_{min} [µm] = 41
U_{max} [µm] = 48	U_{max} [µm] = 54	U_{max} [µm] = 67
σ_{VN} [N/mm²] = 420	σ_{VN} [N/mm²] = 472	σ_{VN} [N/mm²] = 586
S = σ_{zul} / σ_{Vtats} = 1,33	S = σ_{zul} / σ_{Vtats} = 1,18	S = σ_{zul} / σ_{Vtats} = 0,95
M_{tmax} [Nm] = 75,2	M_{tmax} [Nm] = 95,8	M_{tmax} [Nm] = (teilplastisch)
$\Delta\vartheta$[°] = 443	$\Delta\vartheta$[°] = 465	$\Delta\vartheta$[°] =
H5/s5	**H5/u5**	**H5/x5**
U_{min} [µm] = 26	U_{min} [µm] = 32	U_{min} [µm] = 45
U_{max} [µm] = 44	U_{max} [µm] = 50	U_{max} [µm] = 63
σ_{VN} [N/mm²] = 385	σ_{VN} [N/mm²] = 437	σ_{VN} [N/mm²] = 551
S = σ_{zul} / σ_{Vtats} = 1,45	S = σ_{zul} / σ_{Vtats} = 1,28	S = σ_{zul} / σ_{Vtats} = 1,02
M_{tmax} [Nm] = 88,9	M_{tmax} [Nm] = 109,4	M_{tmax} [Nm] = 153,9
$\Delta\vartheta$[°] = 427	$\Delta\vartheta$[°] = 450	$\Delta\vartheta$[°] = 499

A.6.21   Aufpresskraft Wälzlagerringe

		Innenring – Welle	Außenring – Gehäuse
minimales Übermaß	µm	2	−37 (Spiel)
maximales Übermaß	µm	36	13
c_{ges}	(N/mm²)/µm	0,630	0,242
minimale Pressung	N/mm²	1,3	0
maximale Pressung	N/mm²	22,7	3,1
minimale axiale Aufpresskraft	N	647	0
maximale axiale Aufpresskraft	N	11.296	2.828

A.6.22   Korken im Flaschenhals

Wie groß ist die Kraft, die man mit dem Korkenzieher aufbringen muss, um den Korken aus der Flasche zu ziehen?	F_{ax}	N	314
Da es sich beim Inhalt der Flasche um Schaumwein handelt, soll versucht werden, das Entfernen des Korkens durch kräftiges Schütteln der Flasche zu erleichtern. Auf welchen Betrag müsste man den Innendruck der Flasche steigern, damit der Korken ohne weitere Einwirkung aus der Flasche schießt?	p	bar	13,1
Trotz aller Bemühungen wird nur ein Innendruck von 6 bar erreicht. Welches Drehmoment muss dann zusätzlich am Korken angesetzt werden, um die Flasche zu öffnen?	M	Nm	2,44
Welcher Schubspannung wäre der Korken dann ausgesetzt?	τ	$\dfrac{N}{mm^2}$	2,3
Beim Herausdrehen des Korkens verringert sich die ursprüngliche Berührlänge zwischen Korken und Flaschenhals von 40 mm zusehends, bis der Korken schließlich ohne weitere Einwirkung nur durch den Innendruck von 6 bar aus der Flasche geschoben wird. Bei welcher Berührlänge setzt dieser Vorgang ein?	L_{min}	mm	18,3

A.6.23   Hydraulische Spannbuchse

Welcher maximale Druck kann von innen auf die Nabe aufgebracht werden?	p_{Nabe}	$\dfrac{N}{mm^2}$	41,2
Welcher maximale Druck kann von außen auf die Hohlwelle aufgebracht werden?	p_{Welle}	$\dfrac{N}{mm^2}$	57,6
Welcher maximale Druck kann mit der Spannbuchse aufgebracht werden?	p_{SB}	$\dfrac{N}{mm^2}$	41,2

Mit Ringkolben und Schrauben wird dieser maximale Druck p_{SB} tatsächlich erzeugt. Wie groß ist das maximale Torsionsmoment, welches mit dieser Verbindung übertragen werden kann?	M_{tmax}	Nm	5.074
Wie groß ist unter gleichen Bedingungen die maximal übertragbare Axialkraft, welche mit dieser Verbindung übertragen werden kann?	F_{ax}	N	103.545

	Maßnahme wirksam	Maßnahme **un**wirksam
Der Bohrungsdurchmesser der Welle wird verringert.		X
Der Außendurchmesser der Nabe wird vergrößert.	X	
Die Festigkeit des Wellenwerkstoffes wird gesteigert.		X
Die Festigkeit des Nabenwerkstoffes wird gesteigert.	X	
Die Fügelänge wird vergrößert.	X	

A.6.22   Übertragbares Moment und Einpresskraft

Welches maximale Torsionsmoment ist übertragbar?	M_{tmax}	Nm	772
Wie groß ist die axiale Kraft, die zur Montage der Verbindung aufgebracht werden muss?	F_{axanz}	N	58.700
Wie groß ist die axiale Kraft, die zum Lösen der Verbindung aufgebracht werden muss?	$F_{axlös}$	N	-29.341
Wie groß ist die Vergleichsspannung in der Nabe der Verbindung?	σ_{VN}	$\dfrac{N}{mm^2}$	198
Wie groß ist das Schraubenmoment bei der Montage der Verbindung?	M_{anz}	Nm	207

Das Schraubenmoment beim Anziehen kann auf jeden Fall an der Welle abgestützt werden. Ist es auch möglich, dieses Moment durch Blockieren der Nabe abzustützen? Begründen Sie Ihre Aussage durch Ankreuzen.	$\otimes$ ja O nein weil O $M_{gesanz} < M_{WNV}$ weil $\otimes$ $M_{Gew} < M_{WNV}$ weil O $M_{Kopfreibung} < M_{WNV}$

A.6.25   Berücksichtigung der Nabenfestigkeit

Wie groß muss der mittlere Durchmesser des Kegelsitzes mindestens sein?	d_m	mm	20
Wie groß ist die Einpresskraft der Verbindung?	F_{axanz}	N	13.045
Wie groß ist die Lösekraft der Verbindung?	$F_{axlös}$	N	-3.020
Wie groß muss der Außendurchmesser der Nabe mindestens gewählt werden?	d_{aN}	mm	29,28

A.6.26 Gegenüberstellung der Festigkeitskriterien

p	N/mm²	**80**	95,9	81,4	98,4
M_{tmax}	Nm	208,5	**250**	212,1	256,4
F_{ax}	N	24 573	29 470	**25 000**	30 213
σ_{VN}	N/mm²	366	439	372	**450**

A.6.27 Variation der Kegelsteigung

		C = 1 : 2,5	C = 1 : 4	C = 1 : 5	C = 1 : 10
$\alpha/2$	°	11,3	7,1	5,7	2,9
Selbst-hemmung?		O ja O Grenze ⊗ nein	O ja O Grenze ⊗ nein	O ja ⊗ Grenze O nein	⊗ ja O Grenze O nein
p	N/mm²	38,9	38,9	38,9	38,9
σ_V	N/mm²	238,4	238,4	238,4	238,4
$F_{ax\,anz}$	N	165 379	125 345	111 839	84 636
$F_{ax\,lös}$	N	55 060	13 707	−104 N (ca. 0)	−27 719

A.6.28 Ringspannelement I

Welche Pressung kann maximal zwischen Ringspannelement und Nabe aufgebracht werden?	p_{iN}	$\frac{N}{mm^2}$	90,0
Welche Pressung ergibt sich daraufhin zwischen dem Ringspannelement und der Welle?	p_{aW}	$\frac{N}{mm^2}$	112,1
Wie groß ist das dabei übertragbare Torsionsmoment des einzelnen Ringspannelementes?	$M_{einzeln}$	Nm	13,7
Wie hoch muss die Axialkraft sein, um diesen Verspannungszustand zu erzielen?	F_{ax1}	N	10.568
Es werden insgesamt 3 Ringspannelemente montiert. Wie groß ist das insgesamt übertragbare Torsionsmoment?	M_{ges}	Nm	25,9

A.6.29 Ringspannelement II

Welche Pressung auf die Welle kann mit dieser Vorspannkraft im ersten Ringspannelement aufgebracht werden, ohne dass in der Nabe eine unzulässig hohe Spannung auftritt?	p_{aW}	$\frac{N}{mm^2}$	81,8
Welches Torsionsmoment kann mit dem ersten Ringpaar übertragen werden?	$M_{einzeln}$	Nm	76,18
Welche Wandstärke c muss die Nabe aufweisen?	c	mm	3,28
Wie viele Ringpaare z müssen insgesamt montiert werden?	z	–	2

A.7.1   Gegenüberstellung formschlüssiges – reibschlüssiges Getriebe

	Reib- schluss	Form- schluss
Kurzzeitige Überlast kann ggf. durch Gleitschlupf schadlos aufge- nommen werden	X	
Hohe radiale Belastung der Räder zur Sicherstellung der Momen- tenübertragung erforderlich	X	
Übersetzungsverhältnis nur in diskreten Stufen, nicht aber stufenlos möglich		X
Einfache Übertragungskinematik: Hebelarme des Übersetzungs- verhältnisses als Radius der Räder konstruktiv vorhanden	X	
In gewissen Grenzen jedes beliebige Übersetzungsverhältnis reali- sierbar, je nach Bauart auch stufenlos	X	
Schlupfbehaftete, nicht exakt reproduzierbare, nicht exakt winkel- getreue Übertragung der Drehbewegung	X	
Komplizierte Übertragungskinematik: Die Hebelarme des Überset- zungsverhältnisses sind konstruktiv **nicht** vorhanden		X
Hohe Belastung von Wellen und Lagern, aus diesem Grund raum- und gewichtsbeanspruchende Bauweise	X	
Reproduzierbare, winkelgetreue Übertragung der Drehbewegung, kein Schlupf		X

A.7.2   Belastung im Wälzkontakt

Material- paarung	n_{an} = 30 min^{-1}		n_{an} = 300 min^{-1}		n_{an} = 3.000 min^{-1}	
	Stahl/ Stahl gehär- tet, ge- schmiert	Stahl/Gummi auf- vulkanisiert, trocken	Stahl/ Stahl gehär- tet, ge- schmiert	Stahl/Gummi auf- vulkanisiert, trocken	Stahl/ Stahl gehär- tet, ge- schmiert	Stahl/Gummi auf- vulkanisiert, trocken
µ	0,03	0,7	0,03	0,7	0,03	0,7
F_N [N]	20.166	1.683	20.166	864,6	20.166	153,8
F_U [N]	604,98	1 178	604,98	605,22	604,98	107,66
M_{an} [Nm]	46,85	91,22	46,85	46,87	46,85	8,337
P [W]	147,2	286,6	1.472	1.472	14.720	2.619

A.7.3   Reibradgetriebe mit Wälzlagerung

		Stahl – Stahl	Stahl – Gummi
Ersatzkrümmungsdurchmesser d_0	mm	78,3	
Umfangsgeschwindigkeit v	m/s	2,432	
zulässige Belastung $\sigma_{Hz\,zul}$ bzw. k_{zul}	N/mm²	650	0,246
zulässige Normalkraft F_N	N	14.412	617,5
übertragbare Umfangskraft F_U	N	432,4	432,4
zulässiges Antriebsmoment M_1	Nm	24,21	24,21
übertragbare Leistung P	kW	1,05	1,05
Kraftresultierende im Wälzkontakt F_{res}	N	14.418	753,8

		Stahl – Stahl		Stahl – Gummi	
		Antriebs-welle	Abtriebs-welle	Antriebs-welle	Abtriebs-welle
Kraftresultierende im Wälzkontakt F_{res}	N	14.418	14.418	753,8	753,8
Drehzahl	min⁻¹	414,7	178,2	414,7	178,2
Lagerbelastung bei Volllast F_{VL}	N	7.209		376,9	
Lagerbelastung bei Teillast F_{TL}	N	7.207		327,1	
mittlere Belastung P_m	N	7.207		338,3	
L_{10}	–	199,1	85,54	199,1	85,54
erforderliche Tragzahl	N	42.080	31.755	1.975	1.491

A.7.4   Reibradantrieb mit gewichtsbelasteter Wippe

		Antreiben im Gegenuhrzeigersinn Welche Leistung P_{max} ist mit diesem Antrieb maximal übertragbar? Berechnen Sie dazu zunächst die Umfangskraft, die Normalkraft und das Antriebsmoment.	**Bremsen im Uhrzeigersinn** Es wird im Gegenuhrzeigersinn gebremst. Welches maximale Bremsmoment kann dann an der Motorwelle aufgebracht werden?
F_U	N	258,8	30,77
F_N	N	431,4	51,29
k	N/mm²	1,30	0,154
M_{an}	Nm	5,436	0,646
P	W	842	

A.7.5 Reibradkupplung mit selbstanpressender Zwischenrolle

Welcher Achsabstand zwischen An- und Abtriebswelle muss konstruktiv ausgeführt werden, damit der Reibwert genau ausgenutzt wird?	a_{opt}	mm	163,8
Wie groß ist der Ersatzkrümmungsdurchmesser?	d_0	mm	50
Wie groß ist die Umfangsgeschwindigkeit im Wälzkontakt?	v	m/s	7,85
Wie groß ist die zulässige Wälzpressung?	k_{zul}	N/mm²	0,102
Wie groß ist die zulässige Normalkraft, mit der die einzelne Kontaktstelle belastet werden kann?	F_{Nmax}	N	137,1
Wie groß ist die maximale Umfangskraft, die an der einzelnen Kontaktstelle übertragen werden kann?	F_{Umax}	N	95,97
Welches Moment kann mit der Kupplung maximal übertragen werden?	M_{max}	Nm	4,80
Welche Leistung kann die Kupplung übertragen?	P_{max}	W	754
Wie groß ist die Kraft, die ein einzelnes Lager belastet?	F_{Lager}	N	81,5
Welche dynamische Tragzahl muss jedes der vier Lager mindestens aufweisen, wenn die Kupplung ständig die maximale Leistung überträgt?	C_{dyn}	N	787

A.7.6 Reibradgetriebe mit selbstanpressender Zwischenrolle

Wie groß ist der Durchmesser von Zwischen- und Abtriebsrolle?	d_{ZR}	mm	120
Wie groß muss der Achsabstand dimensioniert werden, damit der Reibwert von 0,7 optimal ausgenutzt wird und die Zwischenrolle nicht mit einer weiteren Kraft vorgespannt werden muss?	a_{opt}	mm	160,15
Wie groß ist das Antriebsmoment?	M_{an}	Nm	7,54
Wie groß ist die Umfangskraft in den beiden Wälzkontakten?	F_U	N	382
Wie groß ist die Normalkraft in den beiden Wälzkontakten?	F_N	N	546
Wie groß ist die Wälzpressung im Wälzkontakt zwischen Antriebsrolle und Zwischenrolle?	$k_{an\text{-}ZR}$	$\dfrac{N}{mm^2}$	0,202
Wie groß ist die Wälzpressung im Wälzkontakt zwischen Zwischenrolle und Abtriebsrolle?	$k_{ZR\text{-}ab}$	$\dfrac{N}{mm^2}$	0,101

A.7.7 Zweistufiges Wälzgetriebe Stahl – Gummi mit selbstanpressender Zwischenwelle

Welcher Achsabstand zwischen An- und Abtriebswelle muss konstruktiv ausgeführt werden, damit das Getriebe an seiner Rutschgrenze betrieben wird?	a_{opt}	mm	319,5

		Eingangsstufe	Endstufe
Welches Verhältnis Umfangskraft/Normalkraft liegt vor?	-	0,236	0,7
Umfangsgeschwindigkeit v	m/s	1,963	0,785
zulässige Wälzpressung k_{zul}	N/mm²	0,289	0,480
Ersatzkrümmungsdurchmesser d_0	mm	60,6	73,0
zulässige Normalkraft F_N	N	1.663,7	1401,6
übertragbare Umfangskraft F_U	N	392,7	981,1
zulässiges Moment M_{ZW} Zwischenwelle	Nm	49,1	49,0
übertragbare Leistung P	W	771,0	770,6

Die beiden Getriebestufen sind perfekt abgestimmt: Die Eingangsstufe und die Endstufe können die gleiche Leistung übertragen.

A.7.8   Zweiwegefahrzeug

			vorne	hinten
Wie groß ist die Normalkraft, die zwischen Schienenrad und Schiene übertragen wird?	F_{NS}	N	29.430	29.430
Wie groß kann maximal die Vortriebskraft werden, die als Reibkraft zwischen Schienenrad und Schiene übertragen werden muss?	F_{RS}	N	1.471	1.471
Welche Kraft ist dann reibschlüssig als Umfangskraft zwischen Zwischenwellenrad und Reifenrad zu übertragen?	F_{RG}	N	2.615	2.615
Welche Normalkraft stellt sich aufgrund der Mechanik zwischen Zwischenwellenrad und Reifenrad ein?	F_{NG}	N	6.204	9.038
Welches Verhältnis zwischen Reibkraft und Normalkraft ergibt sich daraus? Welcher Reibwert muss an dieser Stelle mindestens vorliegen?	$\dfrac{F_{RG}}{F_{NG}}$	–	0,421	0,289
Welche Hertz'sche Pressung stellt sich zwischen Schienenrad und Schiene ein?	σ_{Hz}	$\dfrac{N}{mm^2}$	336	336
Welche Wälzpressung ergibt sich zwischen Reifen und Zwischenwellenrad?	k	$\dfrac{N}{mm^2}$	0,265	0,389

A.7.9 Anpresskraftregelung bei Teillast

a) Gegenuhrzeigersinn

b) p [mm] = 60,9

c)

		Volllast (5 kW)	Teillast (2 kW) **ohne** Anpresskraftregelung	Teillast (2 kW) **mit** Anpresskraftregelung
Umfangskraft F_t	N	530,5	212,2	212,2
Normalkraft F_n	N	1.768,3	1.768,3	707,3
Resultierende F_{res}	N	1.846,2	1.781,0	738,5
Wälzpressung k	N/mm²	0,737	0,737	0,294

d)

	Lager A1	Lager A2	Lager B1	Lager B2
Lagerlast [N] bei Volllast	2.455,5	609,3	2.797,7	951,5
Lagerlast [N] bei Teillast **ohne** Anpresskraftregelung	2.368,8	587,8	2.698,9	917,9
Lagerlast [N] bei Teillast **mit** Anpresskraftregelung	982,2	243,7	1.190,0	300,6
äquivalente Lagerlast P_m [N] **ohne** Anpresskraftregelung	2.386,6	592,2	2.719,2	924,8
äquivalente Lagerlast P_m [N] **mit** Anpresskraftregelung	1.549,3	384,4	1.789,2	578,9
L_{10}	720	720	360	360
erforderliche Tragzahl C_{erf} [N] **ohne** Anpresskraftregelung	21.390	5.308	19.344	6.579
erforderliche Tragzahl C_{erf} [N] **mit** Anpresskraftregelung	13.886	3.445	12.727	4.118

A.7.10   Anpresskraftregelung bei Änderung des Übersetzungsverhältnisses

a)

Übersetzungsverhältnis	1:1	1:3
Index	1	2
Zeitanteil [%]	50	50
n_{an} [min^{-1}]	1.480	1.480
n_{ab} [min^{-1}]	1.480	493,3
M_{an} [Nm]	18,1	18,1
M_{ab} [Nm]	18,1	54,3

b) F_{Feder} [N] = 5.409

c) L_h [h] = 6.831

d) φ [°] = 4,1

e) L_h [h] = 24.600

A.7.11   Treibscheibe Förderkorb

	a		b		c		d	
	mit Nutz-last	ohne Nutz-last	mit Nutz-last	ohne Nutz-last	mit Nutz-last	ohne Nutz-last	mit Nutz-last	ohne Nutz-last
S_Z/S_L	1,111	1,125	1,111	1,125	1,111	1,125	1,111	1,125
$e^{\mu\alpha}$	1,162		1,246		1,245		1,529	
Last übertragbar?	⊗ ja O nein	O ja ⊗ nein	⊗ ja O nein	⊗ ja O nein	⊗ ja O nein	⊗ ja O nein	⊗ ja O nein	⊗ ja O nein

A.7.12   Leertrumvorspannung, Übersetzung 1:1

		Belastbarkeit des Riementriebes voll ausgenutzt	Antriebsmotor 600 W Vorspannkraft wie bei Volllast	Antriebsmotor 600 W Vorspannkraft minimiert
Zugtrumkraft S_Z	N	1.950	1.131	984
Leertrumkraft S_L	N	296	296	149
Umfangskraft U	N	1.654	834	834
Moment M	Nm	236	119	119
Leistung P	W	1.189	**600**	**600**

A.7.13   Zugtrumvorspannung

Wie groß ist die Zugtrumkraft, wenn der Riementrieb an der Rutschgrenze betrieben wird?	S_Z	N	1.717
Wie groß ist dann die Leertrumkraft?	S_L	N	448
Wie groß ist die Radialkraft auf die Antriebswelle?	F_{Welle}	N	1.917
Wie groß ist die Radialkraft auf die Abtriebswelle?	F_{Welle}	N	1.917
Wie groß muss die durch die Spannrolle in den Riemen eingeleitete Vorspannkraft sein?	$S_{V\,12kW}$	N	1.717
Wie breit muss der Riemen mindestens sein?	b_{12kW}	mm	31,8
Die Antriebsleistung wird unter Beibehaltung der Drehzahl auf 8 kW reduziert. Wie groß muss dann die in den Riemen eingeleitete Vorspannung sein?	$S_{V\,8kW}$	N	1.145
Wie breit muss der Riemen mindestens sein, wenn die Vorspannung entsprechend angepasst wird?	b_{8kW}	mm	21,2
Wie lang ist der Riemen?	L_{Riemen}	mm	1.626

A.7.14   Minimaler Scheibendurchmesser eines Riementriebes

		$\mu = 0,5$	$\mu = 0,6$	$\mu = 0,7$	$\mu = 0,8$
$e^{\mu\alpha}$	–	4,81	6,59	9,02	12,35
S_Z	N	480	480	480	480
S_L	N	99,8	72,8	53,2	38,9
U	N	380,2	407,2	426,8	441,1
d_{min}	mm	83,7	78,2	74,6	72,2

A.7.15   Riementrieb mit kleinstmöglichem Achsabstand

S_Z	N	3.600
β	°	28,27
α	°	123,45
$e^{\mu\alpha}$	–	2,636
S_L	N	1365,3
U	N	2234,7
d_1	mm	225,5
d_2	mm	631,5
a	mm	428,5

A.7.16 Riementrieb, Variation von Vorspannung und Moment

$e^{\mu\alpha}$	7,706	S_{zul} [N]	1.680

	M = 77,7 Nm	M = 87,7 Nm	M = 97,7 Nm
$S_L = 48$ N	Rutschgrenze O nicht ausgenutzt O genau ausgenutzt ⊗ überschritten Festigkeitsgrenze ⊗ nicht ausgenutzt O genau ausgenutzt O überschritten	Rutschgrenze O nicht ausgenutzt O genau ausgenutzt ⊗ überschritten Festigkeitsgrenze ⊗ nicht ausgenutzt O genau ausgenutzt O überschritten	Rutschgrenze O nicht ausgenutzt O genau ausgenutzt ⊗ überschritten Festigkeitsgrenze ⊗ nicht ausgenutzt O ausgenutzt O überschritten
$S_L = 218$ N	Rutschgrenze ⊗ nicht ausgenutzt O genau ausgenutzt O überschritten Festigkeitsgrenze ⊗ nicht ausgenutzt O genau ausgenutzt O überschritten	Rutschgrenze O nicht ausgenutzt ⊗ genau ausgenutzt O überschritten Festigkeitsgrenze O nicht ausgenutzt ⊗ genau ausgenutzt O überschritten	Rutschgrenze O nicht ausgenutzt O genau ausgenutzt ⊗ überschritten Festigkeitsgrenze O nicht ausgenutzt O genau ausgenutzt ⊗ überschritten
$S_L = 388$ N	Rutschgrenze ⊗ nicht ausgenutzt O ausgenutzt O überschritten Festigkeitsgrenze O nicht ausgenutzt O ausgenutzt ⊗ überschritten	Rutschgrenze ⊗ nicht ausgenutzt O ausgenutzt O überschritten Festigkeitsgrenze O nicht ausgenutzt O ausgenutzt ⊗ überschritten	Rutschgrenze ⊗ nicht ausgenutzt O ausgenutzt O überschritten Festigkeitsgrenze O nicht ausgenutzt O ausgenutzt ⊗ überschritten

A.7.17   Riemenvorspannung durch Gewicht des Antriebsmotors

		Antreiben im Uhrzeigersinn	Bremsen im Gegenuhrzeigersinn
S_Z	N	195,4	64,59
S_L	N	29,67	9,81
U	N	165,8	54,78
M	Nm	13,59	4,49
P	kW	2,11	

A.7.18   Offener Riementrieb mit Federvorspannung

			antreiben	bremsen
Wie groß ist die Zugtrumkraft?	S_Z	N	1.099,6	658,5
Wie groß ist die Leertrumkraft?	S_L	N	366,9	219,7
Welches maximale Moment kann dann an der Motorwelle eingeleitet werden?	M_1	Nm	46,89	28,08
Welche Leistung kann übertragen werden?	P	kW	7,268	
Mit welchem Moment muss dann die Schenkelfeder an der Antriebswippe vorgespannt werden?	M_{Wippe}	Nm	18,3	11,0

A.7.19   Vorspannung durch Ausnutzung der Bandelastizität

Wie groß ist der Umschlingungswinkel?	α	°	125,12
Berechnen Sie den Eytelwein'schen Quotienten!	$e^{\mu\alpha}$	–	4,612
Wie groß kann die Zugtrumkraft maximal werden?	S_Z	N	3.168
Wie groß ist dann die Leertrumkraft?	S_L	N	687
Welche Umfangskraft wird dann wirksam?	U	N	2.481
Welches Antriebsmoment kann maximal an der linken Scheibe eingeleitet werden?	M_{an}	Nm	120,7
Welche Kraft muss durch den Vorspannvorgang eingeleitet werden?	S_V	N	1.927
Wie lang ist der Riemen?	L_{Riemen}	mm	1.011
Um welchen Betrag muss der Achsabstand gegenüber der ungespannten Lage vergrößert werden?	Δa	mm	11,7

A.7.20   Bandsäge

Der Antrieb erfolgt bei der Bandsäge über die untere Scheibe und wird durch die Eytelweinsche Gleichung beschrieben. Der Abtrieb erfolgt durch den Sägeprozess, der aber NICHT mit der Eytelweinschen Gleichung beschrieben werden kann, sondern sich durch die Fertigungstechnik des Sägens ergibt, die hier aber unbekannt ist. Das hat zur Folge, dass der kurze Bandabschnitt zwischen der unten angeordneten Antriebsscheibe und der Sägestelle Zugtrum ist, während der gesamte übrige Bandabschnitt Leertrum ist. Die obere Scheibe ist NICHT Abtrieb, sondern Spannrolle im Leertrum. Beim Bandschleifer und beim Förderband ist übrigens die gleiche Betrachtung anzuwenden.

$$\omega = \frac{v_{Schnitt}}{\frac{d}{2}} = \frac{35\frac{m}{s}*2}{0,9m} = 77,8s^{-1}$$

$$P = M*\omega \qquad \rightarrow \qquad M = \frac{P}{\omega} = \frac{7.500\frac{Nm}{s}}{77,8s^{-1}} = 96,43\,Nm$$

$$M = U*\frac{d}{2} \qquad \rightarrow \qquad U = \frac{2*M}{d} = \frac{2*96,43Nm}{0,9m} = 214,3N$$

$$\frac{S_Z}{S_L} = e^{\mu\alpha} = e^{0,4*\pi} = 3,514 \quad\rightarrow\qquad S_Z = 3,514*S_L$$

$$U = 214,3N = S_Z - S_L = 3,514*S_L - S_L = 2,514*S_L \qquad S_L = \frac{214,3N}{2,514} = 85,26N$$

$$S_Z = 3,514*S_L = 3,514*85,26N = 299,6N$$

$$\sigma_Z = \frac{S_Z}{A} = \frac{299,6N}{0,9mm*39mm} = 8,54\frac{N}{mm^2}$$

ΣM um das Gelenk des doppelarmigen Hebels:

$$2*S_L*130mm = G*x \qquad \rightarrow \qquad x = \frac{2*85,26N*130mm}{3,6kg*9,81\frac{m}{s^2}} = 628mm$$

Klären Sie zunächst durch Ankreuzen ab, um welche Art der Vorspannung es sich in diesem Fall handelt!	O Zugtrumvorspannung ⊗ Leertrumvorspannung O Bandvorspannung durch Ausnutzung der Bandelastizität		
Welche Winkelgeschwindigkeit liegt an der Antriebsrolle vor?	ω	s^{-1}	77,8
Welches Moment ergibt sich an der Antriebsrolle?	M	Nm	96,43
Welche Zugtrumkraft liegt im Sägeband vor?	S_Z	N	299,6
Wie groß ist dann die Leertrumkraft?	S_L	N	85,26
Mit welcher Zugspannung wird dann das Sägeband belastet?	σ_Z	N/mm²	8,54
Auf welchen Abstand muss das Gewicht eingestellt werden?	x	mm	628

A.7.21 Bandschleifer

Klären Sie zunächst durch Ankreuzen ab, um welche Art der Vorspannung es sich in diesem Fall handelt!	O Zugtrumvorspannung ⊗ Leertrumvorspannung O Bandvorspannung unter Ausnutzung der Bandelastizität		
Berechnen Sie die Zugtrumkraft im Schleifband!	S_Z	N	144.5
Wie groß ist dann die Leertrumkraft?	S_L	N	31,8
Welche Kraft muss dazu durch die Feder eingeleitet werden?	F_{Feder}	N	63,36
Wie groß ist der erforderliche, auf halbe Millimeter gerundete Drahtdurchmesser?	d	mm	2
Wie groß muss die Steifigkeit der Feder sein?	c	N/mm	15,84
Wie viele federnde Windungen müssen vorgesehen werden?	i_w	–	8,83

A.7.22 Förderband

Klären Sie zunächst durch Ankreuzen ab, um welche Art der Vorspannung es sich in diesem Fall handelt!	O Zugtrumvorspannung ⊗ Leertrumvorspannung O Bandvorspannung unter Ausnutzung der Bandelastizität		
Wie groß muss die Spannkraft sein, wenn möglichst viel Fördergut transportiert werden soll?	F_{Spann}	kN	23,38
Welches Moment kann dann auf die Antriebswalze aufgebracht werden?	M_{an}	kNm	5,493
Welche Nutzlast kann sich dann maximal auf dem Fördergurt befinden?	m_{max}	kg	46.661
Welche Antriebsleistung muss installiert werden, wenn 1.200 t Schüttgut pro Stunde über eine Entfernung von 800 m befördert werden sollen?	P_{an}	kW	104,6
Welche Bandgeschwindigkeit muss dann realisiert werden?	v_{Band}	km/h	20,57

Kreuzen Sie an, ob die folgenden Möglichkeiten infrage kommen, um die Förderleistung zu steigern, ohne das Band zu überlasten.	Steigerung der Vorspannung
	   O ja ⊗ nein
	Steigerung des Antriebsmomentes
	   O ja ⊗ nein
	Steigerung der Antriebsdrehzahl
	   ⊗ ja O nein		

Welche Folge ist zu erwarten, wenn die Drehrichtung umgekehrt wird und sämtliche anderen Parameter beibehalten werden?	Fördergurt wird durch Überlast zerstört
	   O ja ⊗ nein
	Fördergurt rutscht an der Antriebswalze durch ⊗ ja O nein
	Es tritt keinerlei Änderung ein
	   O ja ⊗ nein		

A.7.23   Rührwerkwelle

F_{Welle} [N] =   1.263

	statisch	dynamisch
L [N] = 0 Q [N] = 1.263 M_b [Nm] = 81,5 M_t [Nm] = 81,3	σ_{ZDstat} [N/mm²] = 0 τ_{Qstat} [N/mm²] = 0 σ_{bstat} [N/mm²] = 0 τ_{tstat} [N/mm²] = 17,0	σ_{ZDdyn} [N/mm²] = 0 τ_{Qdyn} [N/mm²] = 1,9 σ_{bdyn} [N/mm²] = 34,0 τ_{tdyn} [N/mm²] = 0
	σ_{vstat} [N/mm²] = 29,4	σ_{vdyn} [N/mm²] = 34,2

σ_{bW}	350	σ_{bSch}	530	σ_{bS}	530
$\sigma_{bW}{'}$	308	$\sigma_{bSch}{'}$	466	$\sigma_{bS}{'}$	466
σ_{GbW}	171	$\sigma_{AK}{'}$	225	σ_{GAK}	125

Wie groß ist die Sicherheit gegenüber Dauerbruch, wenn der Riementrieb als selbstspannender Riementrieb ausgeführt ist?	4,48

		oberes Lager	unteres Lager
Radialkraft	N	2.139	876
Axialkraft	N	285	–
äquivalente Lagerlast	N	1.561	876
L_{10}	–	538,5	3.047
Lebensdauer	h	12.128	68.626

L_{min} = 22,0 mm

A.7.24   Selbstspannender Riementrieb

ablesen: $\alpha = 140° = 2,443$ rad $\Rightarrow$ $\dfrac{S_Z}{S_L} = e^{\mu\alpha} = e^{0,35*\,2,443} = 2,35$

beim angegebenen Drehsinn muss der Zugtrum unten und der Leertrum oben liegen

- Der Abstand des Gelenkes zum Leertrum muss also optimalerweise 2,35-fach so groß sein wie der zum Zugtrum.

- Man zieht also beispielsweise eine Parallele zum (unteren) Zugtrum im Abstand von 10 mm nach oben. In gleicher Weise wird dann eine Parallele zum Leertrum im Abstand von 23,5 mm (= 2,35 * 10 mm) nach unten gelegt.

- Der Schnittpunkt dieser beiden Parallelen wird mit dem Schnittpunkt der Wirkungslinien von Zug- und Leertrumkraft verbunden. Auf jedem beliebigen Punkt dieser Verbindungslinie ist $S_Z/S_L = e^{\mu\alpha} = 2,35$ gewährleistet.

- Der Schnittpunkt dieser Verbindungslinie mit dem strichpunktierten Kreis markiert die Lage des Anlenkpunktes der Pendelstütze.

A.7.25   Biegeeinfluss Spannrolle im Leertrum

Wie groß sind Zug- und Leertrumkraft, wenn der Riementrieb an der Rutschgrenze betrieben wird?	S_Z S_L	N N	349 49
Wie groß muss der Laufrollendurchmesser mindestens sein, damit die Riemenbelastung im Leertrum nicht die im Zugtrum übersteigt?	d	mm	127,5

A.7.26   Ermittlung des Scheibendurchmessers

Welchen Durchmesser müssen die beiden Scheiben mindestens aufweisen, wenn ohne Berücksichtigung von Biege- und Fliehkrafteinfluss die zulässige Riemenspannung nicht überschritten wird?	d	mm	364,2
Um welchen Betrag muss der Achsabstand gegenüber der ungespannten Lage vergrößert werden, damit die Leistung ohne Gleitschlupf übertragen werden kann?	Δa	mm	8,5
Berechnen Sie die Biegespannung!	σ_b	$\dfrac{N}{mm^2}$	1,10
Berechnen Sie die Fliehkraftbelastung!	σ_{Fl}	$\dfrac{N}{mm^2}$	1,15
Auf welchen Betrag muss die Riemenvorspannkraft unter Einfluss des Fliehkrafteinflusses erhöht werden?	S_V	N	611
Um welchen Betrag muss der Riementrieb unter Berücksichtigung der Fliehkraft vorgespannt werden?	Δa	mm	9,2
Mit welcher Drehzahl kann der Riementrieb maximal betrieben werden, wenn auf eine Leistungsübertragung gänzlich verzichtet wird?	n_{max}	min^{-1}	6.410
Welche maximale Leistung kann mit dem Riementrieb übertragen werden?	P_{max}	W	28,9
Welche Drehzahl muss zur Übertragung dieser maximalen Leistung gewählt werden?	n_{opt}	min^{-1}	3.699

A.7.27   Schleifscheibenantrieb

Welche Leistung ist mechanisch übertragbar, wenn mit einer Schnittgeschwindigkeit von v = 20 m/s geschliffen werden soll?	P	W	6,371
Welche Schleifgeschwindigkeit ist maximal möglich (auch wenn keine Leistung übertragen werden soll)?	$v_{Schleifmax}$	m/s	119,8
Durch Änderung des Riemenwerkstoffs kann das spezifische Gewicht auf 0,9 kg/dm³ reduziert werden. Welche maximale Schleifgeschwindigkeit ist dann möglich?	$v_{Schleifmax}$	m/s	149,4

A.7.28   Spannrolle und Umlenkrolle

Berechnen Sie das zulässige **Ab**triebsmoment, wenn der Biegeeinfluss nicht berücksichtigt wird.	Nm	388,2
Berechnen Sie das zulässige **Ab**triebsmoment unter Berücksichtigung des Biegeeinflusses, wenn der Antrieb **links** herum dreht.	Nm	301,6
Berechnen Sie das zulässige **Ab**triebsmoment unter Berücksichtigung des Biegeeinflusses, wenn der Antrieb **rechts** herum dreht.	Nm	324,1

A.7.29   Belastung Fahrradkette

		M_{TL}	F_{Kette}	p_{KG}
		Nm	N	N/mm²
extrem	52 Zähne	133,4	1.269	72,6
(Wiegetritt)	30 Zähne	133,4	2.200	125,9
normal	52 Zähne	60,6	577	33,0
200W	30 Zähne	60,6	999	57,2

Der Vergleich mit der Tabelle aus dem Vorlesungsteil zeigt, dass die Flächenpressungen bei Betrieb mit 200 W durchaus den aus betrieblichen Erfahrungen heraus empfohlenen Grenzwerten standhalten. Die Belastung im Wiegetritt geht an die Grenzen dieser Empfehlungen heran und kann nur als kurzzeitige Lastspitze geduldet werden.

A.7.30   Verzahnungsgesetz

a) $i = 1,18$

b)   Punkt X

c)   Punkt S

d) $v_g = 4,05$ m/s

A.7.31 Überdeckungsgrad Evolventenverzahnung

	m = 1 mm	m = 2 mm	m = 4 mm	m = 6 mm
Zähnezahl des antreibenden Rades z_1	114	57	29	19
Zähnezahl des angetriebenen Rades z_2	286	143	71	48
tatsächliches Übersetzungsverhältnis i_{tats}	2,509	2,509	2,448	2,526
prozentuale Abweichung vom vorgegebenen Übersetzungsverhältnis Δi [%]	0,351	0,351	2,07	1,05
Wälzkreisdurchmesser des antreibenden Rades d_{w1} [mm]	114	114	116	114
Wälzkreisdurchmesser des angetriebenen Rades d_{w2} [mm]	286	286	284	288
tatsächlicher Achsabstand a_{tats} [mm]	200	200	200	201
Grundkreisdurchmesser des antreibenden Rades d_{b1} [mm]	107,125	107,125	109,004	107,125
Grundkreisdurchmesser des angetriebenen Rades d_{b2} [mm]	268,752	268,752	266,873	270,631
Kopfkreisdurchmesser des antreibenden Rades d_{a1} [mm]	116	118	124	126
Kopfkreisdurchmesser des angetriebenen Rades d_{a2} [mm]	288	290	292	300
Fußkreisdurchmesser des antreibenden Rades d_{f1} [mm]	112	110	108	102
Fußkreisdurchmesser des angetriebenen Rades d_{f2} [mm]	284	282	276	276
Teilung p [mm]	3,1416	6,283	12,566	18,850
Überdeckungsgrad ε_α	1,899	1,832	1,728	1,646

A.7.32   Gleitgeschwindigkeit

		m = 4 mm	m = 5 mm	m = 6 mm	m = 8 mm
z_1	–		41	33	27	21
z_2	–		115	92	76	59
d_1	mm		164,000	165,000	162,000	168,000
d_2	mm		460,000	460,000	456,000	472,000
i_{tats}	–		2,805	2,788	2,815	2,810
Δi	%		0,174	0,433	0,536	0,339
a_{tats}	mm		312,000	312,500	309,000	320,000
d_{b1}	mm		154,110	155,049	152,230	157,868
d_{b2}	mm		432,259	432,259	428,500	443,535
d_{a1}	mm		172,000	175,000	174,000	184,000
d_{a2}	mm		468,000	470,000	468,000	488,000
g	mm		21,169	25,958	30,543	39,573
v_{gmax}	m/s		2,256	2,766	3,254	4,216
ε_α	–		1,793	1,759	1,724	1,676

A.7.33   V-Null-Zahnradpaarung

		Rad 1	Rad 2
Zähnezahl z	–	31	49
tatsächliches Übersetzungsverhältnis i_{tats}	–	1,5806	
relative Abweichung von i	%	0,04	
tatsächlicher Achsabstand	mm	100	
Profilverschiebungsfaktor x	–	0,4	–0,4
Profilverschiebung v	mm	1,000	–1,000
Teilkreisdurchmesser d	mm	77,500	122,500
Wälzkreisdurchmesser d_w	mm	77,500	122,500
Betriebseingriffswinkel α_w	°	20	
Grundkreisdurchmesser d_b	mm	72,826	115,112
Kopfkreisdurchmesser d_a	mm	84,500	125,500
Fußkreisdurchmesser d_f	mm	73,250	114,250
besteht Unterschnittgefahr?		O ja ⊗ nein	O ja ⊗ nein
Profilüberdeckung ε_α	–	1,656	

A.7.34   Vorgegebener Achsabstand

Je nach Rundung der Zähnezahlen sind innerhalb der geforderten Toleranz des Übersetzungsverhältnisses zwei Lösungen möglich:

Lösung 1:

		Rad 1	Rad 2
Zähnezahl z	–	14	34
tatsächliches Übersetzungsverhältnis i_{tats}	–	2,429	
relative Abweichung von i	%	1,2	
Teilung p	mm	9,425	
Achsabstand a nicht profilverschoben	mm	72,000	
Profilverschiebung v	mm	0	−2,0
Profilverschiebungsfaktor x		0	−0,667
Teilkreisdurchmesser d	mm	42,000	102,000
Wälzkreisdurchmesser d_w	mm	40,833	99,167
Grundkreisdurchmesser d_b	mm	39,467	95,849
Kopfkreisdurchmesser d_a	mm	48,000	104,000
Fußkreisdurchmesser d_f	mm	34,200	90,200
Betriebseingriffswinkel α_w	°	14,863	
Profilüberdeckung ε_α	–	1,794	

Lösung 2:

		Rad 1	Rad 2
Zähnezahl z	–	14	33
tatsächliches Übersetzungsverhältnis i_{tats}	–	2,357	
relative Abweichung von i	%	1,7	
Teilung p	mm	9,425	
Achsabstand a nicht profilverschoben	mm	70,500	
Profilverschiebung v	mm	0,000	−0,500
Profilverschiebungsfaktor x	–	0	−0,167
Teilkreisdurchmesser d	mm	42,000	99,000
Wälzkreisdurchmesser d_w	mm	41,702	98,298
Grundkreisdurchmesser d_b	mm	39,467	93,030
Kopfkreisdurchmesser d_a	mm	48,000	104,000
Fußkreisdurchmesser d_f	mm	34,200	90,200
Betriebseingriffswinkel α_w	°	18,842	
Profilüberdeckung ε_α	–	1,614	

A.7.35   Vermeidung von Unterschnitt

			Rad 1	Rad 2
Zähnezahl	z	–	12	38
tatsächliches Übersetzungsverhältnis	i_{tats}	–	3,167	
relative Abweichung von i	Δi	%	1,04	
Profilverschiebungsfaktor	x	–	0,118	0,000
Profilverschiebung	v	mm	0,588	0,000
Teilung	p	mm	15,708	
Teilkreisdurchmesser	d	mm	60,000	190,000
Grundkreisdurchmesser	d_b	mm	56,382	178,542
Achsabstand	$a + \Delta a$	mm	125,588	
Betriebseingriffswinkel	α_w	°	20,724	
Wälzkreisdurchmesser	d_w	mm	60,283	190,894
Kopfkreisdurchmesser	d_a	mm	71,176	200,000
Fußkreisdurchmesser	d_f	mm	48,676	177,500
Profilüberdeckung	ε_α	–	1,522	

A.7.36   V-Plus-Zahnradpaarung

			Rad 1	Rad 2
Zähnezahl	z	–	6	25
tatsächliches Übersetzungsverhältnis	i_{tats}	–	4,167	
Profilverschiebung	v	mm	4	4
Teilung	p	mm	25,133	
Teilkreisdurchmesser	d	mm	48,000	200,000
Grundkreisdurchmesser	d_b	mm	45,105	187,938
tatsächlicher Achsabstand	$a+\Delta a$	mm	132,000	
Betriebseingriffswinkel	α_w	°	28,025	
Wälzkreisdurchmesser	d_w	mm	51,096	212,902
Kopfkreisdurchmesser	d_a	mm	72,000	224,000
Fußkreisdurchmesser	d_f	mm	36,000	188,000
Profilüberdeckung	ε_α	–	1,142	

A.7.37   Beanspruchung von Zahnfuß und Zahnflanke

Wie groß ist die Spannung im Zahnfuß?	σ_F	N/mm²	455,6
Welche Zahnflankenpressung entsteht bei dieser Belastung?	σ_{Hz}	N/mm²	1.344

A.7.38   Zahnradgetriebene Hubtrommel

	Zahnrad	linkes Lager (A)	rechtes Lager (B)
Kraft bei Volllast in y-Richtung [N]	20.688	29.474	3.575
Kraft bei Volllast in z-Richtung [N]	7.530	8.479	948
resultierende Kraft bei Volllast [N]		30.669	3.699
Äquivalente Lagerlast [N]		20.088	2.423
L_{10}		6,72	6,72
Erforderliche Tragzahl [N]		37906	4572

		m = 4 mm	m = 5 mm	m = 6 mm
z_1	–	22	18	15
z_2	–	90	72	60
d_{w1}	mm	88,000	90,000	90,000
d_{w2}	mm	360,000	360,000	360,000
a	mm	224,000	225,000	225,000
d_{b1}	mm	82,693	84,572	84,572
d_{b2}	mm	338,289	338,289	338,289
d_{a1}	mm	96,000	100,000	102,000
d_{a2}	mm	368,000	370,000	372,000
ε_α	–	1,711	1,671	1,632
σ_F	N/mm²	465	372	310
σ_{Hz}	N/mm²	1.159	1.146	1.146

A.7.39   Tragfähigkeit in Funktion des Moduls

Modul m	mm	1,25	1,50	2,00	2,50
Zähnezahl z_1	–	32	27	20	16
Zähnezahl z_2	–	102	86	64	51
Wälzkreisdurchmesser d_1	mm	40,000	40,500	40,000	40,000
Wälzkreisdurchmesser d_2	m	127,500	129,000	128,000	127,500
tatsächlicher Achsabstand a_{tats}	mm	83,75	84,75	84,000	83,75
Zahnbreite b	mm	31,25	37,50	50,00	62,50
zulässige Tangentialkraft F_t	N	3.374	4.858	8.636	13.494
Antriebsmoment M_1	Nm	67,6	98,37	172,73	269,89
Leistung P	kW	19,78	28,84	50,64	79,13

A.7.40   Erforderliche Zahnbreite

	m = 2,5mm	m = 3 mm	m = 4 mm	m = 5 mm
Zähnezahl antreibendes Rad z_1	22	18	14	11
Zähnezahl angetriebenes Rad z_2	84	68	53	
Unterschnitt?	O ja ⊗ nein	O ja ⊗ nein	O ja ⊗ nein	⊗ ja O nein
tats. Übersetzungsverhältnis i_{tats}	3,818	3,778	3,786	
Δi [%]	0,474	0,579	0,368	
Wälzkreisdurchmesser d_{w1} [mm]	55,000	54,000	56,000	
Wälzkreisdurchmesser d_{w2} [mm]	210,000	204,000	212,000	
tats. Achsabstand a_{tats} [mm]	132,500	129,000	134,000	
Δa [mm]	0,500	3,000	2,000	
Teilung p [mm]	7,854	9,425	12,566	
min. Zahnbreite b [mm] bei 20 kW	13,228	11,228	8,120	
min. Zahnbreite b [mm] bei 30 kW	19,843	16,842	12,180	

A.7.41 Optimale Zahnbreite

b	mm	5	10	20	30	40	50	60	70	80
z_1	–	14	14	14	14	14	14	14	14	14
z_2	–	59	59	59	59	59	59	59	59	59
m	mm	16	10	8	6	5	5	4	4	4
d_1	mm	224	140	112	84	70	70	56	56	56
d_2	mm	944	590	472	354	295	295	236	236	236
a	mm	584	365	292,0	219	182,5	182,5	146	146	146
$V_{Räder}$	10^6 mm^3	3,70	2,89	3,70	3,12	2,89	3,61	2,77	3,23	3,70

A.7.42 Schaltgetriebe mit zwei Übersetzungsverhältnissen

Übersetzung ins Langsame			Rad 1	Rad 2
Zähnezahl	z	–	17	34
Teilung	p	mm	4,712	
Wälzkreisdurchmesser	d	mm	25,500	51,000
Grundkreisdurchmesser	d_b	mm	23,962	47,924
Achsabstand	a	mm	38,250	

Übersetzung 1:1			Rad 1	Rad 2
Zähnezahl	z	–	25	26
Teilung	p	mm	4,712	
Wälzkreisdurchmesser	d	mm	37,500	39,000
Grundkreisdurchmesser	d_b	mm	35,238	36,648
Achsabstand	a	mm	38,250	

	1:1	1:2
minimale Zahnbreite b [mm]	14,4	21,2

A.7.43 Zahnradantrieb Energiesparfahrzeug

Welche Leistung muss der Motor aufbringen, wenn der Getriebewirkungsgrad zu 1 angenommen wird.	P	W	30,0
Welches Moment wird am Hinterrad wirksam, wenn der Anwendungsfaktor K_A = 1,25 ist?	M_{HRmax}	Nmm	1.152

			Ritzel	Großrad
Modul	m	mm	**1,0**	
Übersetzungsverhältnis	i	–	24,64	
Zähnezahl	z	–	**14**	345
Drehzahl	n	min⁻¹	7.661	310,9
Teilung	p	mm	3,142	
Wälzkreisdurchmesser	d	mm	14,000	345,000
Grundkreisdurchmesser	d_b	mm	13,156	324,194
Achsabstand	a	mm	179,500	
Kopfkreisdurchmesser	d_a	mm	16,000	347,000
Überdeckungsgrad	ε_α	–	1,702	
Tangentialkraft	F_t	N	6,68	
Zahnfußspannung	σ_F	N/mm²	4,90	

			Eingangsstufe		Endstufe	
			Ritzel Antriebs-welle	Großrad Zwischen-welle	Ritzel Zwischen-welle	Großrad Abtriebs-welle
Modul	m	mm	1,0			
Übersetzungsverhältnis	i	–	2,722		23,000	
Zähnezahl	z	–	**15**	**41**	**15**	345
Drehzahl	n	min⁻¹	5.025	**1.846**	**1.846**	80,26
Winkelgeschwindigkeit	ω	min⁻¹	526	193,3	193,3	8,41
Teilung	p	mm	3,142			
Wälzkreisdurchmesser	d	mm	15,000	41,000	15,000	345,000
Grundkreisdurchmesser	d_b	mm	14,095	38,527	14,095	324,194
Achsabstand	a	mm	28,000		180,000	
Kopfkreisdurchmesser	d_a	mm	17,000	43,000	17,000	347,000
Überdeckungsgrad	ε_α	–	1,600		1,710	
Tangentialkraft	F_t	N	97,2		265,5	
Zahnfußspannung	σ_F	N/mm²	71,3		194,8	

A.7.44 Zweistufiges Zahnradgetriebe

			Eingangsstufe		Endstufe	
			Ritzel Antriebs- welle	Großrad Zwischen- welle	Ritzel Zwischen- welle	Großrad Abtriebs- welle
Übersetzungsverhältnis	i	–	4,47		4,47	
Zähnezahl	z	–	14	63	14	63
Modul	m	mm	3		5	
Zahnbreite	b	mm	45		75	
Teilung	p	mm	9,425		15,708	
Wälzkreis	d	mm	42,000	189,000	70,000	315,000
Grundkreis	d_b	mm	39,467	177,602	65,778	296,003
Achsabstand	a	mm	115,5		192,5	
Kopfkreis	d_a	mm	48,000	195,000	80,000	325,000
Überdeckungsgrad	ε_α	–	1,627		1,628	

A.7.45 Zahnfußfestigkeit

		Rad 1	Rad 2
Zähnezahl z	–	14	53
tatsächliches Übersetzungsverhältnis i_{tats}	–	3,786	
relative Abweichung von i	%	0,376	
Profilverschiebung v	mm	+1,5	0
Profilverschiebungsfaktor x	–	+0,5	0
Teilkreisdurchmesser d	mm	42,000	159,000
Grundkreisdurchmesser d_b	mm	39,467	149,411
Betriebseingriffswinkel α_w	°	22,200	
Wälzkreisdurchmesser d_w	mm	42,627	161,373
Kopfkreisdurchmesser d_a	mm	51,000	165,000
Fußkreisdurchmesser d_f	mm	37,500	151,500
übertragbare Leistung P_{max}	kW	61,43	

A.7.46   Fliegend gelagerte Ritzelwelle

		Rad 1	Rad 2
Zähnezahl z	–	14	28
Teilkreisdurchmesser d	mm	70	140
Grundkreisdurchmesser d_b	mm	65,778	131,557
Wälzkreisdurchmesser d_w	mm	70	140
Kopfkreisdurchmesser d_a	mm	80	150
Fußkreisdurchmesser d_f	mm	60	· 130

Wie groß ist die Zahnfußspannung?	N/mm²	224

	statisch	dynamisch
L [N] = 0 Q [N] = 20 325 M_b [Nm] = 1 728 M_t [Nm] = 668,5	σ_{ZDstat} [N/mm²] = 0 τ_{Qstat} [N/mm²] = 0 σ_{bstat} [N/mm²] = 0 τ_{tstat} [N/mm²] = 27,2	σ_{Zddyn} [N/mm²] = 0 τ_{Qdyn} [N/mm²] = 10,4 σ_{bdyn} [N/mm²] = 140,8 τ_{tdyn} [N/mm²] = 0
	σ_{vstat} [N/mm²] = 47,1	σ_{vdyn} [N/mm²] = 141,9

σ_{bW}	400	σ_{bSch}	680	σ_{bS}	700
σ_{bW}'	328	σ_{bSch}'	558	σ_{bS}'	574
σ_{GbW}	152	σ_{AK}'	270	σ_{GAK}	125

Welche Sicherheit muss ermittelt werden?	O statische Belastung steigt, dynamische Belastung bleibt konstant O statische Belastung bleibt konstant, dynamische Belastung steigt ⊗ statische und dynamische Belastung steigen

Wie groß ist die Sicherheit gegenüber Dauerbruch?	1,06

A.7.47   Getriebewelle Schrägverzahnung

		linkes Rad	rechtes Rad
Tangentialkraft F_{tan}	N	172.993	57.664
Radialkraft F_{rad}	N	64.371	24.235
Axialkraft F_{ax}	N	36.771	33.292

Wie groß ist die Zahnfußspannung des linken Zahnrades?	σ_F	N/mm²	343
Wie groß ist die Zahnfußspannung des rechten Zahnrades?	σ_F	N/mm²	249

		linkes Lager Zylinderrollenlager	rechtes Lager Kugellager
Radialkraft y-Komponente	N	64.057	24.549
Radialkraft z-Komponente	N	115.329	0
Radialkraft F_{rad}	N	131.925	24.549
Axialkraft F_{ax}	N	0	3.479
L_{10}	–	528	528
C_{dyn}	N	869.989	198.425

A.7.48 Getriebewelle mit Riemenscheibe und Zahnrad

Umschlingungswinkel	α	°	145,1
Umfangskraft	U	N	1.108
Zugtrumkraft	S_Z	N	1.740
Leertrumkraft	S_L	N	632
Achslast	F_{Welle}	N	2.287
Riemenspannung	σ	N/mm²	19,3

		Rad 1	Rad 2
Zähnezahl z	–	14	42
Teilkreisdurchmesser d	mm	28	84
Grundkreisdurchmesser d_b	mm	26,311	78,934
Wälzkreisdurchmesser d_w	mm	28	84
Kopfkreisdurchmesser d_a	mm	32	88
Fußkreisdurchmesser d_f	mm	23	79
Teilung	mm	6,283	
Achsabstand	mm	56	
Profilüberdeckung ε_α	–	1,593	

Tangentialkraft	F_t	N	7.124
Radialkraft	F_r	N	2.593
Normalkraft	F_n	N	7.581

Zahnfußspannung	σ_F	N/mm²	392

Die Achslast des Riementriebs A und die Verzahnungskraft F_n wirken genau in					
		gleicher Richtung		**entgegengesetzter** Richtung	
		links	rechts	links	rechts
F_{Lager}	N	7.087	2.985	425	6.034
L_h	h	8.648	10.370	40.130.393	1.255

A.7.49   **Gegenüberstellung Reibradgetriebe – Flachriementrieb –**
               Zahnradpaarung

	d [mm]	F_{res} [N]
Reibrad	351	12.085
Flachriemen	233	833
Zahnrad	42	3.226

Das folgende Bild zeigt einen ungefähren Größenvergleich der drei Getriebebauformen mit untereinander gleichen Leistungsdaten.

Gegenüberstellung
Reibradgetriebe - Flachriementrieb- Zahnradpaarung

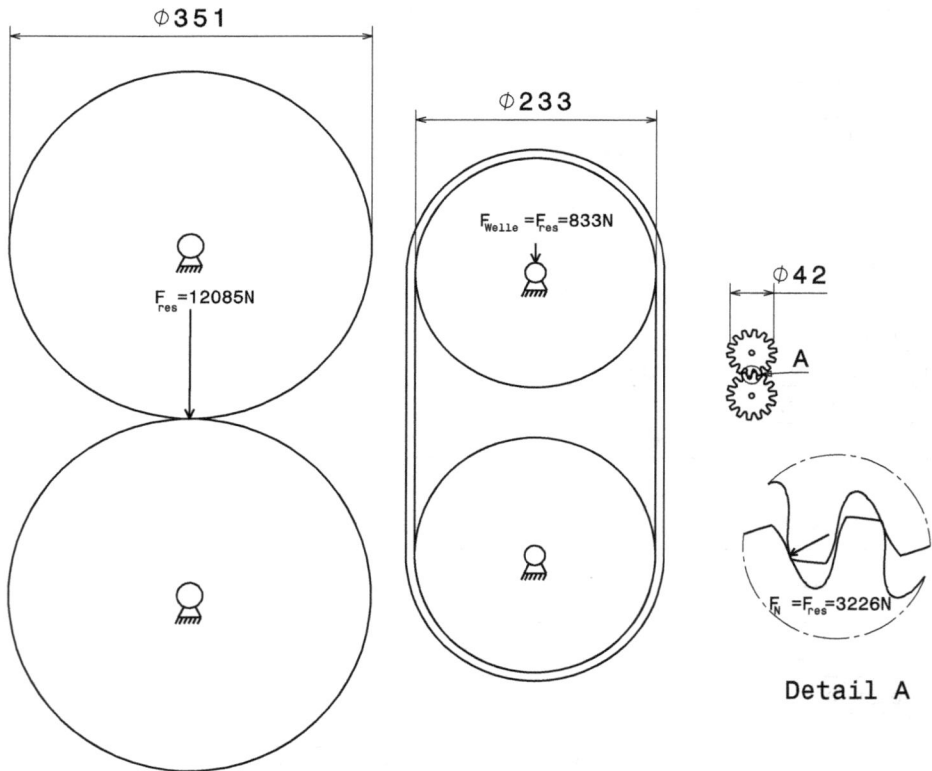

Ø351

F_{res} =12085N

Ø233

F_{Welle} =F_{res}=833N

Ø42

A

F_N =F_{res}=3226N

Detail A

A.7.50 Handrasenmäher

Wie groß ist die **gewichtsbedingte** Normalkraft auf ein einzelnes vorderes Laufrad?	F_{NGew}	N	22,9
Wie groß kann die durch das Schiebegestänge eingeleitete Handkraft maximal werden, ohne dass das Laufrad durchrutscht?	$F_{Handmax}$	N	43,2
Wie groß ist die Reibkraft, die am kurvenäußeren vorderen Laufrad übertragen werden kann?	F_{Reib}	N	30,5
Welche Leistung wird maximal durch ein Laufrad bei Kurvenfahrt übertragen?	P	W	33,9
Welche Leistung wird maximal bei Geradeausfahrt übertragen?	P	W	67,8

Welche Umfangsgeschwindigkeit soll an der Mähspindel auftreten?	$u_{Spindel}$	$\dfrac{m}{s}$	3,66
Welche Winkelgeschwindigkeit hat die Spindel?	$\omega_{Spindel}$	s^{-1}	52,3
Welche Winkelgeschwindigkeit hat das Laufrad?	ω_{Rad}	s^{-1}	9,91
Welche Übersetzung muss das Zahnradgetriebe aufweisen?	i	–	5,277
In welchem Modul muss die Verzahnung ausgeführt werden?	m	mm	1
Wie hoch ist die Zahnfußspannung?	σ_{FP}	$\dfrac{N}{mm^2}$	20,3

Index

https://doi.org/10.1515/9783110747072-005

www.ingramcontent.com/pod-product-compliance
Lightning Source LLC
Chambersburg PA
CBHW080122220326
41598CB00032B/4927